湖北古代建筑丛书

湖北传统建筑

湖北省古建筑保护中心
李德喜　编著

中国建筑工业出版社

图书在版编目（CIP）数据

湖北传统建筑/李德喜编著 . — 北京：中国建筑工业出版社，2014.12
（湖北古代建筑丛书）
ISBN 978-7-112-17556-7

Ⅰ.①湖… Ⅱ.①李… Ⅲ.①古建筑 – 研究 – 湖北省 Ⅳ.①TU-092.2

中国版本图书馆CIP数据核字（2014）第277952号

责任编辑：吴宇江
责任校对：张　颖　关　健

湖北古代建筑丛书
湖北传统建筑
湖北省古建筑保护中心
　　　　　李德喜　编著
＊
中国建筑工业出版社出版、发行（北京西郊百万庄）
各地新华书店、建筑书店经销
北京京点图文设计有限公司制版
北京画中画印刷有限公司
＊
开本：880×1230 毫米　1/16　印张：30¾　字数：785 千字
2015 年 10 月第一版　2015 年 10 月第一次印刷
定价：**288.00**元
ISBN 978-7-112-17556-7
　　　（26766）

版权所有　翻印必究
如有印装质量问题，可寄本社退换
（邮政编码　100037）

本书是一部全面而系统地介绍湖北传统建筑的专著。它收集了近半个世纪以来，湖北文物考古工作者的发现与研究成果，特别是第三次全国文物普查的最新成果。本书以时代先后为线索，通过大量的文字照片和线图向读者展示了湖北传统建筑的精华，以及各个历史时期湖北传统建筑的形制、功能及制作技术、装饰工艺等方面的内容。

本书资料齐全、内容丰富、图文并茂、实用性强，可供广大建筑专业人员、文物工作者、高等院校建筑专业师生及文化、艺术、民俗、旅游工作者阅读和收藏。

This book is a monographs that introduces in Hubei ancient pagoda comprehensively and systematically. It has a collection of discoveries and achievements by Hubei cultural relics and archaeology worker nearly half a century, especially the latest achievements of the Third National Cultural Relics Survey, such as a group of monk pagodas on the Taibai Ding, the main peak of Tongbai Shan in Suizhou. It fills the blank of introduces by the ancient pagoda in Hubei. This book's main introduction is the process of origin, development, evolution and the structure, function, manufacturing technology, decoration of Hubei ancient pagoda by the time of clues.

This book can be reading and collection by the majority of archaeological workers, fans of ancient pagoda, traveller, Buddhists people, cultural and educational people, construction professionals with it is complete, rich in content, pictures and practical.

湖北古代建筑丛书编纂委员会

主 任 编 委：黎朝斌

副主任编委：王风竹　邢　光

委　　　　员：（以姓氏笔画为序）

　　　　　　　王　吉　刘　彦　汤强松　吴　晓

　　　　　　　沈远跃　陈　飞　官　信

主　　　　编：黎朝斌

副　主　编：沈远跃　刘　彦

编　审　组：沈远跃　刘　彦　吴　晓　李德喜

《湖北传统建筑》编写组

顾　　　　问：高介华

本卷编著：李德喜

摄　　　　影：李德喜

制　　　　图：李德喜　谢　辉　李克彪　张　毅

目 录
Contents

概　述

一

地处长江中游的湖北省，东接吴越，西通巴蜀，南临洞庭，北连中原，土地肥沃，山川壮丽，物产富饶，交通便利，被誉为鱼米之乡，称作"九省通衢"，是中国历代政治、经济、文化发达的地区之一。

湖北是探索早期人类活动的重点地区之一。已发现的旧石器时代遗址分布在鄂西北及鄂西山地、江汉平原、汉江中游平原和鄂东南丘陵，其年代距今约 115 万～1 万多年，一般山地遗址时代较早，丘陵、平原遗址时代较晚。郧县学堂梁子遗址出土了 2 颗距今约 115 万～100 万年的完整的直立猿人头骨化石和大量粗大的砾石石器。旧石器时代中期遗址主要有长阳下钟家湾、枝城九道河和大冶石龙头。距今约 19 万年的著名"长阳人"的上颌骨及牙齿化石即发现于下钟家湾，属于早期智人类型。石龙头、九道河等地点共出土 500 余件各类粗大的打制砾石制品。

旧石器时代晚期遗址分布广泛，以荆州鸡公山、房县樟脑洞、丹江口石鼓等遗址为代表。其中鸡公山遗址面积约 1000m²，文化层分为上、下 2 层：上层年代距今约 2 万～1 万年，下层年代距今约 5 万～4 万年，发现 5 处由砾石围成的圆形石圈和脚窝遗迹（有学者认为可能是古人类的居住活动面），石圈南面有 2 处石器加工区，出土了各类刮削器、尖状器、砍砸器等石制品，石锤、石砧等加工工具，以及大量石核、石片。这些重要发现揭示出中国旧石器时代的人类在平原地带生存活动的状况，并为研究当时石器生产技术提供了珍贵的实物资料，具有重大学术价值。特别是郧县学堂梁子遗址出土 2 颗完整人类头骨化石，荆州鸡公山遗址揭露出居住遗迹和石器加工区，皆属中国旧石器时代考古的重大发现。

无论是旧石器时代早期的郧县学堂梁子直立猿人，还是晚期的房县樟脑洞遗址和长阳人，由于人类还处在幼年时期，生产工具主要是石器，生产力低下，靠狩猎和采集生活，过着十分艰苦的生活，只能选择天然洞穴作为栖身之所，以避免来自自然界的各种侵袭。总结其选址和使用要求，大致有以下几点：

（1）近水——生活用水和渔猎方便，选择平原或湖边及河岸附近。

（2）避免水淹——为防止涨水时被淹，洞口一般高于附近河流水面 10 ~ 40m
左右。

（3）洞口避风向阳——一般洞口朝南、东南或西南。

（4）洞内较干燥——选择洞底较平坦，钟乳石较少的喀斯特溶洞。

湖北境内发现的新石器时代遗址上千处，分布于全省各地。已发掘过的新石器
时代遗址达数十处，并已确立了湖北新石器时代考古学文化的基本序列。可分为城
背溪文化、大溪文化、屈家岭文化和石家河文化 4 个大的发展阶段。

城背溪文化为湖北省目前所发现的年代最早的新石器文化，因宜都城背溪遗址
的发现而命名。秭归朝天嘴、宜昌中堡岛、杨家湾、枝江关庙山、宜都红花套、江
陵朱家台等大溪文化代表遗址的发掘，为大溪文化分类分期研究提供了丰富、翔实
的科学资料，其中杨家湾、中堡岛遗址出土的百余片带有各种刻画符号的陶片，是
探索汉字起源的珍贵资料。屈家岭文化、石家河文化分别因京山屈家岭遗址和天门
石家河遗址的发现而命名。

湖北省已发现新石器时代城址有：天门龙嘴古城、天门石家河城、荆门马家垸
城、石首走马岭城、江陵阴湘城、公安鸡鸣城、应城门板湾古城等。这一时期的城
址平面形状有长方形、梯形、椭圆形等形状，形状都不甚规整。这主要是由于城址
构筑多依托岗地的陡坎和河道，受自然地理等因素制约，面积也大小不一。其中石
家河城最大，达 120 万 m²，石首走马岭城最小，只有 17 万 m²。古城的平面布局有
一定分区规划。如天门石家河古城内的谭家岭为居住区，邓家湾为家族墓葬区和宗
教活动场所，城外的罗家柏岭是玉（石）器作坊，肖家屋脊有居址、墓葬，并有祭
祀场所。城门根据需要而设，城垣上建有防御性建筑物。为解决用水和水上交通运
输，城垣上设有水门，石首走马岭、荆门马家院、荆州阴湘城均设有水门。城内古
河道与护城河以及自然河道相通。水门可以沟通城内外水道，使排水泄洪、防御护卫、
水运交通、日常饮水等多种作用结合于一体，增加了城市的活力，突出了其水乡风
韵。城垣外侧普遍挖筑壕沟——护城河。其做法通常是把人工开凿与利用相邻的自
然河道、沟壑结合起来，这样不仅减轻了工程量，同时也使防御功能更为有效实用。
古城城垣全部夯土筑成，夯层厚薄不一。城垣皆平地起建，不挖基槽，均采用堆筑法，
城垣和内外护坡一次筑成，未见有版筑痕迹。这种情况应与当地土质有关。江汉平
原地区土质硬，黏度大，与中原地区较为疏松的黄土不同，易于板结。与之相应的
建筑技术显现出比较强的地域特色。

二

在夏代，湖北为"九州"中的"荆州"。宜昌白庙子、随州西花园、黄陂王家嘴
等遗址出土的包含二里头文化因素的陶器，反映出中原夏文化对"荆州"土著文化
的影响。商王朝建立以后，湖北属甲骨文中所载的"南土"。

黄陂盘龙城是商代二里岗上层时期长江中游的一座重要城址，筑于盘龙湖畔的
高地上，城址规模较小，平面略呈长方形，南北长 290m，东西宽 260m，在城内东
北部的高地上保存有 3 座位于同一中轴线上的宫殿基址。其中 1 号宫殿基址可复原

为一座外设回廊、内分四室、木骨泥墙的"茅茨土阶"式高台寝殿建筑；2号宫殿基址可复原为一座两侧开门的厅堂式建筑，是中国"前朝后寝"建筑格局的最早实例。城外还发现手工业作坊区、居住区、平民与贵族墓地。

商代晚期的遗存在湖北境内也有所发现，如应城盛滩孙堰和黄陂泊木港出土的殷墟时期的铜罍和铜爵，崇阳大市出土的铜鼓，汉阳东城垸出土的铜尊，阳新白沙出土的铜铙，鄂城陈林寨出土的"父丁"铜爵等。在沙市周梁玉桥遗址中还出土了有刻画符号的商代甲骨。

西周时期文化遗存的分布在湖北境内比商代遗存更为广泛。重要的有蕲春毛家嘴、天门石家河、红安金盆等文化遗址和江陵万城、京山苏家垄、随县熊家湾等地的墓葬与出土铜器。蕲春毛家嘴发现的西周时期一组大型木构建筑遗迹，面积达5000m^{2}以上，有纵横排列的230余根木支柱和木板墙、平铺木板、木梯等，还发现有堆存粮食的遗迹，出土了一批陶器、铜器和漆木器等。这显然是一处奴隶主贵族建筑群。红安金盆发现的一处奴隶住宅遗址，简陋又窄小，属半地穴式建筑，与上述奴隶主遗址的木构建筑群形成强烈对比。它为西周阶级状况与建筑技术的研究，提供了重要的资料。

黄石大冶铜绿山古矿冶遗址，是西周至西汉时期的一处大型铜矿开采与冶炼遗址，开采年代早，延续时间长，反映了那时铜矿开采和冶炼的生产水平。保存完整的遗址，对中国冶金史的研究，具有很高的科学价值。

三

东周时期，湖北地处楚国腹地。发现的东周城址有10多座，这些古城的规模差异较大，依其性质可分为都城（或陪都）、县邑和军事城堡三类，构成了楚城多层次的网状体系。第一类为都城（或陪都），如经过发掘的楚国城址有江陵纪南城、当阳季家湖城、宜城楚皇城等，其中纪南城遗址的钻探和发掘资料可大体反映出楚郢都布局。城内分为宫殿区、贵族居住区、平民居住区、手工业作坊区等。宫殿区内夯土台基规模较大，分布密集，排列有序。城内河道纵横，较好地解决和满足了给排水和运输的需要。城外分布有贵族墓地和平民墓地。第二类为县邑。这类城址较都城规模稍小，归纳起来有2种情况：一是原为小诸侯国的都城，被楚灭后改置为县，如襄阳邓城（原为邓国都城）；二是因军事防御或经济发展的需要而建置的，如位于随枣走廊要冲的云梦楚王城。第三类军事城堡，如孝昌草店坊城、大冶鄂王城等。这类城址面积较小，平面形状也不规则，但非常注重地理环境的选择，一般依山傍水，扼守交通要道。城垣的外坡较陡，内坡较缓，拐角处有橹楼基址。

秦汉城址大多沿用战国时期的楚城，其中有些加以扩建，少数是因经济发展与军事设防的需要而建置。如江陵郢城，为秦汉时期新建置的，但面积较小，只有2km^2。黄陂作京城、洪湖州陵县城址、襄阳朝阳城、蕲春罗州城、赤壁土城等，多是在战国时期的楚城基础上扩建的。

历年发掘的东周楚墓数以千计，重要的有当阳赵家湖墓群，宜城凤凰山墓群，江陵雨台山墓群，江陵九店墓群，襄阳蔡坡墓群，山湾墓群，荆门包山2号墓，郭店 1 号墓，江陵望山墓群，马山墓群，天星观 1 号、2 号墓，枣阳九连墩墓群，黄冈国儿冲 1 号墓等。楚墓一般为土坑木椁墓，中型以上的墓葬设有封土和墓道，墓坑填土下有白膏泥（或青膏泥）层，将棺椁四周密封，墓坑坑壁设有多级台阶。一般大中型墓东向，小型墓南向。木棺有悬底方棺和悬底弧棺，棺髹黑漆，有的还在黑底上施红漆图案。

随县擂鼓墩曾侯乙墓，此墓年代为战国早期，是目前国内发掘的春秋战国时期最大的墓葬之一。曾侯乙墓的随葬器物十分丰富，共计 15404 件。特别是出土的一套 65 件青铜编钟，更是举世闻名。

包山 2 号墓是一座保存完好的战国楚墓，该墓出土了 2000 余件文物和大量竹简，其中 1 件漆奁上的彩绘车马人物图，由 26 人、4 车、10 马、5 树、1 猪、2 狗和 9 雁组成，生动逼真，是极为珍贵的艺术佳作。郭家岗 1 号墓出土的一具完整战国女尸，为医学史研究提供了珍贵的实物资料。

公元前 278 年秦将白起拔郢之后，湖北境内悉为秦地，楚风淡化，而秦文化风格日趋强烈。云梦、荆州（江陵）、沙市、宜昌、郧县、麻城、宜城、谷城、襄阳等地的秦墓发掘资料都清晰反映出这一时代变化。秦墓仍为土坑木椁墓，与楚墓比较，土坑坑壁接近垂直。中型墓有封土和墓道，少数墓葬还有二层台、壁龛及脚窝。

历年发掘汉墓近千座，其中江陵凤凰山 9 号墓、10 号墓、168 号墓，毛家园 1 号墓，张家山 247 号墓、258 号墓等 6 座纪年墓，是湖北地区西汉初年至文景时期墓葬的断代标尺。西汉前期墓葬基本沿袭秦墓葬制，在三峡地区发现有岩坑竖穴墓。西汉中期出现了形制特殊的土坑木椁墓，如光化五座坟 3 号墓的木椁为双层多室结构，6 号墓为一穴置二椁。西汉晚期出现砖室墓。西汉墓葬出土较多反映庄园经济的模型明器，早期为灶、仓，中期出现井，晚期出现较多家禽家畜。

东汉时期及其以后的墓葬盛行用小砖砌筑，在当阳、枣阳和随县等地还发现有东汉画像石墓。

四

三国时期，魏、蜀、吴势力曾先后在湖北省境内各占一方，留下了孙吴武昌故城、蜀将关羽葬身处——当阳关陵、诸葛亮隐居处——"襄阳古隆中"及南漳水镜庄、徐庶故里等三国遗存或纪念建筑，其中最具价值的当数武昌故城——鄂州吴王城遗址。黄初二年（221 年），孙权将统治中心东移鄂县继而筑城，寓"以武而昌"之意，命名"武昌"。孙权于黄龙元年（229 年）在武昌称帝，迁都建业后仍以武昌为陪都。甘露元年（265 年），后主孙皓又徙都武昌。曾二度为都的武昌故城依地势而建，其北垣和东垣北段以江湖为池并与城壕衔接，表现出长江中下游滨江城池的特点。

历年发掘了数百座三国至南北朝时期的墓葬，其中黄武六年（227 年）至普通元年（520 年）间十余座纪年墓为湖省六朝墓断代提供了可靠依据。东吴武昌故城附近历年发掘的数百座汉末至六朝时期的墓葬中，从东汉建安年间至吴晋之际的吴墓达百余座，可大体反映出吴墓的概貌，并从一个侧面反映出长江中游地区社会经济由凋敝而逐步兴盛的变化。鄂州吴墓的规模、布局均有简化趋势。6m 以上的大墓可分为横前堂双后室、横前堂单后室及横前堂单后室派生耳室的多室墓三种。前堂为四方叠涩而成的穹隆顶,从孙吴中期开始流行"四隅券进"式结顶方法。中小型墓有砖室墓和土坑墓两类,砖室墓的构筑方式可分为券顶和两面坡叠涩顶2种。吴墓中以赤乌十二年(249年)孙邻墓和其子孙述墓最为重要。孙邻系孙权之侄,曾任夏口沔中督,其子孙述曾任武昌督。孙邻墓出土的大型青瓷坞堡模型、"将军孙邻弩一张"鎏金铜管机,孙述墓出土的"孙将军门楼也"青瓷坞堡模型等珍贵文物,均为孙吴文物瑰宝。湖北省内六朝墓历年出土品类齐全的铜镜数百件,以重列神兽镜和环列神兽镜为主,多有铭文,是研究中国铸镜工艺史的重要资料。

三国至南北朝时期的墓葬中出土较多反映庄园经济的模型明器,是研究湖北建筑的珍贵实物资料。

宜昌市郊长江西陵峡口北岸所存南朝梁、陈时修筑的军垒,是一处重要的古代军事设施。

佛教在东汉初年传入我国,至东汉末年,逐渐在北方流行,并开始向南方传播。三国初年,大月支人支谦与天竺沙门维祇难、竺道炎来到武昌,共同翻译佛经。孙权在武昌先后建了昌乐寺、智慧寺等佛教寺院。1956年在武昌发掘的孙吴永安五年(262年)的古墓,墓中出土1件通体鎏金佛像,同墓出土的陶俑,额部塑有凸出的"白毫相",显然是受佛教的影响。三国时期,佛教主要还是在孙吴都城武昌及周围地区传播。如鄂州的西山寺(灵泉寺),据记载为东晋建武元年(317年),名僧慧远得"文殊师利菩萨金像"于吴王孙权避暑宫故址兴建,现仅存遗址。

西晋时,羊祜为荆州刺史时,在襄阳修建了武当山寺;江陵也有佛教寺院的记载。十六国时期,道安师徒在襄阳先后修建了白马寺、檀溪寺,翻译佛经,编制佛经目录。道安还派弟子到江陵创建佛寺,传播学说。仅弟子昙翼就先后建造了长沙寺、上明寺、西寺。

南北朝时期,梁武帝是著名的佞佛帝王,他把佛教几乎推到国教的地位。荆州乃"长江中游第一城",史称"江左大镇,莫过扬州"。各地官僚都花费大量钱财兴建佛寺,仅江陵一地梁时就兴建有瑶光寺、普贤尼寺、瓦官寺、天居寺、天宫寺、寿王寺。长沙寺当时号称"天下称最,东华第一"。佛教的传播与发展,是魏晋南北朝时期荆州地区文化兴盛的标志之一。只可惜当时所建的寺庙全都毁于兵火战乱,无一幸存。

五

隋唐时期是封建经济高度发展的时期,也是中国古代建筑发展成熟的时期。荆楚沃土孕育着灿烂的建筑文化,在继承了楚汉建筑文脉的基础上,又不断吸收、融合外来建筑的影响,形成了一个多元建筑文化重组的新格局,各式各样的建筑类型也不断丰富起来。

湖北佛教寺院建筑的大量出现是在隋代。据文献记载:隋文帝时湖北境内曾出现"寺塔遍布乡里,僧尼充溢荆楚"的局面。来凤仙佛寺石窟凿建于鄂西土家山乡,高7m的3座大型石窟下方设数十个小型石窟,共刻有佛像百余尊,是湖北省规模最大的中唐至五代石窟寺。

在黄梅县，有佛教禅宗唐代大满禅师弘忍创建的五祖寺，寺前至寺后长达 3km，殿宇巍峨，塔台林立，锦屏绣翠，山泉竞流，弘忍宗承师法，弘扬禅宗，使这里有"小天竺"之誉，成为闻名遐迩的佛教圣地和风景区。

这一时期，唐宋建筑仅保存一些砖石和金属佛塔，如麻城柏子塔、黄梅的毗卢塔、高塔寺塔、众生塔、玉泉铁塔、红安桃花塔等。

唐永微二年（651 年）建的四祖寺毗卢塔，方形单层，四壁设券门，室内壁四隅砖砌角柱，在内壁高 6.5m 处出"平板"，从栌斗口出挑，其他为双抄单拱计心造，上承檐板，补间铺作用双层人字拱，不出跳。塔身外檐斗栱形制略同。塔室内空，为一"蛋"形球栱，净高约 12m。顶作四阿式，上覆铁镬。此塔内圆外方，轮廓比例匀称优美，从单层四门塔的世系来看，它不愧为天下四门塔中的一颗明珠。麻城柏子塔，据史载，塔系唐德宗建中四年（783 年）虚应禅师所建。塔为砖仿木结构楼阁式砖塔，平面六角，边长 5m，9 级，是湖北楼阁式塔的最早实例。北宋大中祥符八年（1015年）建的高塔寺塔，八角，13 级，为湖北省密檐式古塔之最。北宋嘉祐六年（1061 年）建的玉泉寺铁塔，系分层浇铸后叠装而成，八角，13 级，楼阁式塔，其体量、高度、精美程度堪称中国宋代铁塔之首。北宋元丰二年（1079 年）建的众生塔（又名鲁班塔、鲁班亭）是一座造型独特的六角攒尖顶石塔。

宜昌三游洞因唐代诗人白居易、白行简、元稹于唐元和十四年（819 年）结伴探幽并撰《三游洞序》而得名，宋嘉祐元年（1056 年），宋代苏洵、苏轼、苏辙父子又同游洞中，史称"前三游"、"后三游"。洞内保存有欧阳修、黄庭坚、陆游等名家题刻。

黄州是宋代著名文学家苏轼贬居之地，他在这里写下的不朽名篇《念奴娇·赤壁怀古》和前后《赤壁赋》，成为千古绝唱；现存有纪念建筑群及历代文人留下的木刻、碑石，琳琅满目，美不胜收。北宋著名书画家米芾的故里襄阳城内，现有米公祠等建筑，祠内陈列有米芾手书法帖和黄庭坚、蔡襄、赵子昂等著名书法家的手迹刻石数十方，是国内外游人，特别是书画爱好者的向往之地。

隋唐墓重要墓葬有武昌隋唐墓群、安陆王妃墓和郧县李泰家族墓。武昌隋唐墓历年发掘的达 300 余座，墓葬平面以长方形、梯形及"凸"字形为主，墓壁装饰可分为墓砖侧面模印花纹、镶嵌画像砖、绘制彩色壁画三种。

安陆王妃系唐太宗第三子安州都督李恪之妻，该墓出有金凤冠等珍贵文物。李泰家族墓已发掘的有淄王李泰墓（653 年）、王纪阎婉墓（690 年）、嗣淄王李欣墓（724年）和新安郡王李微墓（684 年）。这些唐墓墓室一般长 4.5 ~ 5m，都装饰有壁画，出土有三彩器、瓷器、陶俑和金银玉器。隋唐以后的墓葬多为纪年墓。武昌傅家坡南宋墓所出墓志和黄州"宋武略大夫李椿墓"碑，分别记述了端平元年（1234 年）至淳祐二年（1242 年）和嘉定年间（1208 ~ 1224 年）至嘉熙元年（1237 年）当地人民抗金抗元的斗争，具有一定的史料价值。

六

湖北元、明、清时期的地面古建筑十分丰富。保存下来的建筑有城池、山寨、王府、府第、文庙、书院、祭祀、纪念、寺观、塔、会馆、戏楼、祠堂、民居、牌坊、桥、坊等。

湖北省现存的荆州城、襄阳城、武昌城、上京古城、归州城、应城故城等十余座明、清城池，有的保存完整，有的仅存部分城墙及城门。荆州城砖垣为后梁南平王高季兴于乾化二年（912 年）始建，数经兵燹，屡建屡废，而明代城池得以幸存，清顺治十三年（1656 年）全面修复。砖垣内壁设夯土护坡，垣外护城河古通长江，号称砖城、土城、水城造就的"铁打荆州府"，是我国保存最为完整的明代城垣之一。襄阳地处古代南北交通要冲，历来为兵家必争之地。襄阳城亦保存了明代旧制，北以汉水为池，其余三面护城河最宽处达 250m，被称为"城湖"。城西北角建有子城，名"夫人城"，因东晋梁州刺史朱序之母助子守城而得名。

通过第三次文物普查，湖北的山寨大约有 1500 余处，分布在鄂东的黄冈市，鄂西的襄阳市，鄂西北的十堰市，以及神农架林区。湖北山寨的分布特点：早期的山寨多集中在鄂西北的襄樊、谷城、保康、枣阳、南漳，鄂西北郧县、竹山、竹溪、丹江口、神农架地区；晚期的山寨广泛分布于鄂东、鄂东南、鄂西恩施地区，以及江汉平原。

明朝在湖北境内先后分封了 12 位藩王，以就藩于武昌的楚王延续时间最长。江夏（武昌）龙泉山天马峰和玉屏峰是历代楚藩王茔园所在地，葬有第一代昭王（朱元璋之子朱桢）和其后继藩的八代九王及其嫔妃，其墓葬年代从明前期至明末，多保存有茔垣、碑亭等地面建筑，是研究明代藩王埋葬制度及其演变的重要资料。

钟祥显陵是明世宗朱厚熜父母的合葬墓。朱厚熜之父朱祐杬于成化二十三年（1487 年）册封兴王，弘治七年（1494 年）就藩湖广安陆州（今钟祥市），正德十四年（1519 年）病逝，武宗赐谥曰"献"。正德十六年（1521 年）武宗驾崩，无嗣。朱厚熜"兄终弟及"继承皇位，是为世宗，年号"嘉靖"。世宗即位后力排朝臣异议，追尊生父为"恭睿献皇帝"，献陵亦由亲王规格升级为帝陵规制改建，称显陵。显陵是保存于京畿之外的一处重要明代王陵。其他重要的明墓还有著名药学家李时珍墓、藩王楚昭王墓、荆州湘献王墓、荆州辽简王墓、钟祥郢靖王墓、钟祥梁庄王墓、襄阳襄宪王墓、襄阳襄定王墓等。武汉发现有数座独具特色的碗葬墓，其中洪山朱显槐（朱元璋六世孙）夫妇合葬墓以糯米石灰浆粘合数千个瓷碗为椁，是一种很特殊的葬制。

明末农民起义军领袖李自成于清顺治二年（1645 年）埋葬于通山县九宫山北麓的小月山牛迹岭上。李自成墓为湖北省最具历史价值的清代墓葬。

文庙为祭祀孔子而设，因而又称孔庙、孔圣庙、夫子庙，是一种全国统一的祭祀性建筑。《礼记》中说："凡始立学者，必设奠于先圣先师。"自唐以后，文庙与官学结合，故又称学庙、学宫。较大的书院也设有文庙。

湖北的文庙由于社会历史的变迁，现存孔庙仅 20 余座，其中规模较大、相对保存完好有新洲孔庙（问津书院）、通山文庙、浠水文庙、荆州文庙等，其他的则仅存孔庙大成殿。

书院建筑的兴起在两晋时期。西晋时，羊祜镇守荆州，在襄阳"开设庠序"。西晋灭吴后，荆州刺史杜预又在江陵办学校，后废。东晋咸康元年（335 年），庾亮为荆州刺史，"镇武昌，盛修学校，高选儒官"，荆州的学校又得以恢复。东晋永和三年（347年）桓温将荆州州治移至江陵，自后至梁皆无变动。最早于江陵办学的是南齐时荆州刺史萧嶷。齐高帝建元二年（480年）夏，萧嶷在江陵南蛮园东南开馆办学。明清两代官方的地方教育主要是府州县学。明太祖洪武二年（1369年）诏谕天下府州县皆立学。湖北地区各府州县皆设立学校。清代学校制度基本承袭明代。湖北地方设立府州县学和乡间社学。此外，还有义学。鄂西等少数民族地区也特设义学。现存的湖北书院有新洲问津书院、利川如膏书院、蕲春金陵书院、神农架三闾书院、建始五阳书院、荆门龙泉书院、钟祥兰台书院等。

在湖北与历史名人相关的古迹名胜，几乎遍及全省各地。著名的有汉阳纪念琴师俞伯牙和樵夫钟子期的古琴台。襄阳古隆中，是三国时期著名的政治家、军事家诸葛亮早年隐居之所，保留有三顾堂、武侯祠、草庐亭等一批古建筑和《隆中对》、前后《出师表》及名人题诗题记等石刻。在当阳，还有纪念蜀汉名将关羽的关陵庙和赵子龙单骑救主的长坂坡。在蒲圻县境内的长江岸边，有当年诸葛亮"借东风"，孙权、刘备联军火攻而大破曹军战船的遗迹，现在赤壁矶头的崖壁上仍存有各种石刻文字和画像，山麓中亭台相望，林木葱翠，长江边山石嶙峋，激浪飞溅，成为历代名人凭吊吟咏之所在。

西陵峡南岸的黄陵庙和汉阳龟山脚下的禹王庙（禹稷行宫），是后世为追念大禹所建的纪念性庙宇，黄陵庙禹王殿内的立柱上还保存有清同治九年（1870年）洪水墨书印记。巴东县内的秋风亭，是纪念北宋政治家寇准的。黄陂城外的双凤亭，是纪念北宋理学家程颢、程颐的。

佛教在东汉初年传入我国，湖北佛教寺院建筑的大量出现是在隋代。保存至今的绝大多数是明清时期的建筑，如天台宗祖庭——当阳玉泉寺，早在隋开皇年间即与南京栖霞寺、山东灵岩寺、浙江国清寺并称为天下丛林"四绝"，现存的大雄宝殿，建于明代，重檐歇山顶，面阔7间，进深5间，梁架斗栱皆采用楠木，天花、藻井均施彩画。谷城承恩寺建于隋大业年间（605～618年），取名"宝严禅寺"。唐广德年间（764～765年）重修，天顺年间（1457～1464年），襄王朱瞻墡卜五朵山为寿茔，奏请于朝，英宗朱祁镇念其叔父"赤胆辅国，忠孝著闻"，特允所请。襄宪王感恩不尽，故复请改山为永安山，改寺为承恩寺。英宗帝又敕赐"大承恩寺"匾额。武昌宝通禅寺、汉阳归元禅寺、武汉莲溪寺、武汉古德寺，是清代具有相当规模的著名寺院。

湖北各地保存有不同质地的古塔百余座，按造型可分为亭阁式、楼阁式、密檐式、覆钵式和金刚宝座等。元至正三年（1343年）建的圣像宝塔为湖北省仅存的元代覆钵式喇嘛塔。广德寺多宝佛塔建成于明弘治九年（1496年），八角形塔座正中立一喇嘛塔，四隅各立六角攒尖顶楼阁式小塔，塔座和四小塔外壁共开48个石龛，龛内浮雕造型各异的汉白玉佛像，该塔融合了中国传统建筑风格和印度佛教建筑的特点，是中国现存优秀的金刚宝座之一。

道教形成于东汉，在此之前，湖北已有方士道人的活动。列入世界文化遗产名录的武当山古建筑群是中国道教圣地，始创于唐贞观年间，鼎盛于明永乐、嘉靖时期，在方圆800里范围内建成8宫、2观、36庵堂、72岩庙、12亭台和39座桥梁。现存的元代天乙真庆宫、太和宫铜殿、朝阳岩岩庙、尹仙岩岩庙和明代玄岳门、元和观、纯阳宫、复真观、南岩宫、紫霄宫、太和宫、紫金城、金殿等优秀建筑中，以皇室的宫观尤为雄奇。如明永乐十四年（1416年）的金殿雄居于海拔1612m的武当山主峰之巅，亦称"金顶"，为铜铸鎏金仿木构重檐庑殿顶，充分展现了中国古代建筑艺术及铸造、运载等方面所达到的高超水平。

著名的荆州三观：开元观，始建于唐开元年间（714～741年）；玄妙观，据《江凌县志》记载，"玄文妙观即天庆观，唐开元中建，宋真宗祥符二年诏天下州府监县建道观一所，以天庆为名。又内出圣祖神化金宝牌送诸路，天庆观迄元成宗大德年间诏易诸路天庆观改为元妙观"；太晖观，据《江陵县志》载：宋、元时曾有草殿，明洪武二十六年（1393年），湘献王朱柏"易而新焉，次年落成"，现存的建筑为明清时所建。

会馆是商业、手工业发展的产物。大多建在商业、手工业较发达的城镇。会馆分同乡会馆和行业会馆两类。前者为客居外地的同乡人提供聚会、联络和居住的处所，后者是商业、手工业行会会商和办事的处所。湖北的会馆多属前者。湖北至今尚存的保存较好的会馆大多集中在汉水流域的襄樊、十堰等地。如襄樊山陕会馆、襄樊抚州会馆、十堰武昌会馆、竹山黄州会馆等。戏楼有随州解河戏楼、钟祥石牌戏楼、沙市春秋阁、蕲春万年台戏楼、浠水福祖寺戏台等。

湖北各民族传统宗祠、民居多为清代建筑，数量多，分布广，风格各异，特色鲜明，既是劳动人民智慧的结晶，又是湖北民族文化的表现和社会历史的见证。众多民居质朴无华，与自然和谐共处，充满了旺盛的生命力，至今仍与当地的现代生活息息相关，融为一体。著名的有利川大水井古建筑群（李氏宗祠及庄园）、秭归新滩民居、丹江口饶氏庄园，以及竹山、竹溪两县交界处的三盛院等。

湖北江河湖汉众多，保存历代古桥数以千计，可分为石墩平梁桥、砖石拱桥、木桥和具有地方特色的风雨桥。年代较早的古桥有南宋景定五年（1264年）通城灵官桥、元至正九年（1349年）武昌南桥、元至正十年（1350年）黄梅灵润桥、明永乐十一年（1413年）武当山天津桥等。其中灵润桥横跨岩泉溪，单孔石拱桥桥面上建有长廊，桥下巨石上遗有唐代柳宗元、元代黄眉山人等名家题刻，是一座具有较高文物价值的古代桥梁。

湖北明以前的牌坊均已毁圮，现仅存明、清以降的遗物。大多为石构，也有木构。木、石牌坊有2种：一种是冲天式牌坊，另一种是非冲式天牌坊。冲天式牌坊主要是用华表柱（清代称冲天柱），上加额枋，在额枋上不再起楼，也就是不用屋顶。牌坊显然保留了较多的原始性，即从衡门、乌头门、棂星门演变的痕迹。非冲天牌楼则不用冲天柱，而是在额枋上起楼，有斗栱、屋檐，可用冲天柱，也可不用。砖牌坊常用作门面，这种门便常叫牌坊式门。无论砖牌楼或砖牌坊门全不用冲天柱式。湖北历代优秀牌坊以明嘉靖三十一年（1552年）"治世玄岳"坊为代表，4柱3间5楼石牌坊，其额枋、栏柱上浮雕或透雕各种花卉、仙鹤、游云和人物故事等图案，是古代石构建筑的精品。

第一章
史前时期的建筑（约公元前21世纪以前）

第一节　旧石器时代居住遗址

一、洞穴遗址

湖北是人类发祥的重要地区之一，有着悠久的历史和文化。湖北发现的旧石器时代洞穴遗址与人类化石产地有以下几处：

（一）巴东南方古猿

1968～1970年先后在长江流域的巴东县庙宇镇和建始县金堂村发现了距今约100万年以上的"巨猿"化石，同时还发现了"南方古猿"化石。[1]

（二）建始巨猿洞遗址

1968年在建始高坪镇麻扎坪村发现建始巨猿人洞遗址，时代属早更新世早期。[2] 为天然石灰岩穿山溶洞，东西走向。通长约150m，东洞口高6～7m，宽4～8m，西洞口高3～4m，宽2～15m。1968～2000年经十余次发掘，先后发现5枚早期直立人下白齿化石和包括巨猿在内的哺乳动物化石70多个种属，同时发现较多数量的石器、骨器。2006年由国务院公布为第六批全国重点文物保护单位。

（三）郧县梅铺遗址

1975年在郧县梅铺镇西寺沟村西北发现了被称为郧县梅铺猿人遗址，其地质时代稍早于著名的北京人。[3]遗址为天然洞穴，洞底高出河面约40m，洞口宽约8m，洞口高约4m，洞深达46m，底部平坦，堆集丰富。先后曾两次发掘。出土人工打击的石核、四枚人类牙齿化石，小猪、桑氏鬣狗等20余种哺乳动物化石，属大熊猫—剑齿象动物群。2013年由国务院公布为第七批全国重点文物保护单位。

（四）郧西白龙洞遗址

1976年在郧西县神雾岭东坡发现了郧西猿人遗址，其地质年代距今约50万～100万年，[4]晚于郧县猿人而与北京猿人大致相当。遗址为水平溶洞，洞口朝东，洞底高出河面约40m。洞口高约2.4m，宽2.6m。洞内被堆积物填充，深度不明。1975年、

① 王善才. 湖北地区古人类遗存的发现与展望 [J]. 江汉考古，1980 (2)。
② 李文森. 建始巨猿洞新发现巨猿牙齿 [J]. 江汉考古，1991 (4)。
③ 李建. 郧阳猿人 [J]. 江汉考古，1980 (1)。
④ 李建. 郧阳猿人 [J]. 江汉考古，1980(1)；王善才. 湖北地区古人类遗存的发现与展望 [J]. 江汉考古，1980 (2)。

1977 年、1982 年发掘。堆积共分 3 层：上层为棕褐色黏土，厚约 0.2m；中层为浅褐色含粗砂黏土，厚约 1.5m；下层为黄色砂质黏土，厚约 1m。中层含化石最为丰富。出土 8 枚猿人牙齿化石，19 种伴生动物化石及刮削器、尖状器、砍砸器、石片、石核等石制品。2013 年由国务院公布为第七批全国重点文物保护单位。

（五）房县樟脑洞遗址

1986 年在房县西部的中坝区龙滩乡青阳村发现了樟脑洞遗址，为崖屋式洞穴[①]。洞底距河流水面约 10m，洞口高 5m，宽 5.5m，洞内面积约 35m²。1986 年发掘，出土石核、石片、砍砸器、刮削器等石制品 2000 余件；伴生动物化石有大熊猫、剑齿象、梅氏犀、巨貘、苏门羚、鹿、羊等 13 种，分属 5 个目，属大熊猫—剑齿象动物群。1992 年由湖北省人民政府公布为第三批省级文物保护单位。

（六）宜都九道河遗址

1985 年在宜都枝城镇九道河村杨家祠堂对面山南麓发现九道河洞穴遗址，其时代为中更新世晚期，距今约 20 万～30 万年。[②]洞底高出九道河水面约 20m。1986 年、1987 年分三次全部发掘。洞内堆积物厚 3～5m，自上而下分为 4 层，出土有砍砸器、刮削器、石核、石片等 500 余件。石制品以石英石为主，少量为燧石结核。加工方法均为捶击法。器形简单，制作粗糙，加工技术较为原始。伴生的动物化石种属有豪猪、熊猫、中国鬣狗、东方剑齿象、犀、巨貘、牛、鹿等，属大熊猫—剑齿象动物群。

（七）长阳长阳人遗址

1956～1957 年在长阳县西南赵家堰下钟家湾关老山南坡的一个山洞内发现了长阳人遗址，为洞穴遗址，其时代距今约 10 万年。[③]洞口高约 3m，宽约 6m，平面呈不规则形状。

1956 年出土 1 块有 2 枚牙齿的人类上颌骨化石。1957 年试掘，洞内堆积为深黄色松软砂质泥土层和角砾岩层，出土一枚人类左下第二臼齿化石及大熊猫、东方剑齿象等 40 多种哺乳动物化石。2013 年由国务院公布为第七批全国重点文物保护单位。

无论是旧石器时代早期的建始巨猿人、郧县梅铺猿人、郧西猿人，还是晚期的房县樟脑洞遗址和长阳人，都居住在山区的天然崖穴，洞内堆集多种动物化石。由于人类还处在幼年时期，生产工具主要是石器，生产力低下，靠狩猎和采集生活，过着十分艰苦的生活，只能选择天然洞穴作为栖身之所，以避免来自自然界的各种侵袭。总结其选址和使用要求，大致有以下几点：

（1）近水——生活用水和渔猎方便，选择平原或湖边及河岸附近。

（2）避免水淹——为防止涨水时被淹，洞口一般高于附近河水面 10～40m 左右。

（3）洞口避风向阳——一般洞口朝南、东南或西南。

（4）洞内较干燥——选择洞底较平坦，钟乳石较少的喀斯特溶洞。

二、平地聚落遗址

（一）郧县学堂梁子遗址

1989 年在郧县青曲镇弥陀寺村曲远河口发现了郧县学堂梁子遗址，时代属早更新世晚期，距今约 100 万～115 万年。[④]遗址面积约 10 万 m²。基岩以上堆积物厚 18m 左右，含化石堆积物厚 3.5～4m。1990 年、1991 年、1995 年、1998 年共 6

① 李天元，武仙竹. 房县樟脑洞发现的旧石器 [J]. 江汉考古，1986(3)。

② 李天元. 枝江九道河旧石器时代遗址发掘报告 [J]. 考古与文物，1990(1)。

③ 王善才. 湖北地区古人类遗存的发现与展望 [J]. 江汉考古，1980(2)。

④ 李天元，冯小波. 郧县人 [M]. 武汉：湖北科学技术出版社，2001。

次发掘。出土 2 颗基本完整的人类头骨化石，蓝田金丝猴、桑氏鬣狗、武陵山大熊猫、小猪、李氏野猪、中国貘、中国犀、三门马等 20 余种哺乳动物化石，以及大量砾石石制品。人类头骨化石颅顶低平，眉脊粗厚，枕骨圆枕明显，颅骨最宽位置较低，属直立人类型。石器中较典型的厚尖状器与陕西蓝田公王岭的同类器物极为相似。2001 年由国务院公布为第五批全国重点文物保护单位。

　　（二）荆州江陵鸡公山

　　荆州江陵鸡公山旧石器时代遗址，是一处非洞穴居住遗址，位于荆州古城西北约 5km 处的长湖上的一座南北走向的小山岗上，相当于长江的二级阶地，遗址南北长约 500m，东西宽约 80m，面积约 40000m²（图 1-1-1）。遗址高出地面约 3 ~ 7m，北为长湖水所环绕。这里地处平原，土地肥沃，是远古先民进行耕作、狩猎、捕鱼、生活的良好场所。[①]

　　1992 年在发掘的 477m² 的范围内，发掘出一座较为完整的居住遗址，年代距今约 5 万年左右，这是我国旧石器时代考古的一次重要发现。已发现 5 个由砾石与石制品围成的圆圈，圆圈外径约 4m 左右，圈内面积约 5 ~ 8m²，空白区内有加工精细的石器。这种石圈结构应是原始人类的居住遗址。门南向，有出入口，其上应有原始的草木窝棚。圆圈外堆弃着大量的石器和石制品（图 1-1-2）。

　　在居住区南侧，发现了 2 个石器加工场所。其中在一处加工区内，当时有人蹲坐加工石器时留下的座位和脚窝仍清晰可见。在加工区南侧发现长 1m 左右，宽 0.5m 左右的屠宰场所。

　　鸡公山旧石器时代居住遗址的发现，把人类居住建筑的时间和人类穴居山野处到平原生活的时间提早了约 4 万年。它的发现为中国古代建筑史的研究提供了最早的实例，其学术价值之高，是不言而喻的。1996 年由国务院公布为第四批全国重点文物保护单位。

图 1-1-1　江陵鸡公山旧石器时代遗址平面图

图 1-1-2　江陵鸡公山旧石器时代遗址发掘现场

①刘德银. 我国旧石器时代考古的重大突破——湖北江陵鸡公山发现旧石器时代居住遗址 [N]. 中国文物报，1993-5-2（3）。
②湖北省文物考古研究所. 湖北省天门市龙嘴遗址 2005 年发掘简报 [J]. 江汉考古，2008（4）。

第二节　新石器时代古城

一、屈家岭文化古城

　　据考古报道，湖北境内屈家岭文化的城址目前发现的有：天门龙嘴古城、天门石家河城、荆门马家垸城、石首走马岭城、江陵阴湘城、公安鸡鸣城、应城门板湾古城等。

　　（一）天门龙嘴古城

　　天门龙嘴城位于天门市石河镇吴刘村三组与张巷村一组境内。[②]南距天门市区6.5km，北距石河镇 5.6km。1983 年文物普查时发现。龙嘴城址地处大洪山南麓向江汉平原过渡的山前地带，位于龙嘴岗地的南端，广沟溪绕遗址的西南注入西汉湖，海拔在 25.6 ~ 31.6m 之间。城垣依地势而建，残高 1 ~ 3.2m，底宽约 17m。城垣平面近圆形，南北长约 305m，东西宽约 269m，面积约 8.2 万 m²，城内面积约 6 万 m²。

其中，东城垣、南城垣和西城垣分别建筑在龙嘴岗地边缘的缓坡地带，北城垣建筑在龙嘴岗地的中段，而北城垣北侧的一条东西向壕沟将整个岗地人为切断。东城垣、南城垣和西城垣外侧的地势较低，系灰褐色淤土，深度超过 2.7m，可能系古湖汊区。壕沟南距北城垣约 12m，宽约 18m，其上部堆积为淤积层，底部为灰白色淤泥，一般深 1.5m 左右，最深的地方超过 2.7m。整体形成三面环湖、一面为壕的相对封闭的城垣结构，遗址的文化堆积多分布于城垣范围之内。城垣墙体并非一次堆筑而成，未发现夯筑痕迹，而是多次堆筑的结果（图 1-2-1）。

龙嘴古城的建筑年代，据遗迹和遗物分析，使用年代相当于该遗址的早期，即油子岭文化油子岭类型早期，约在其早期二段后逐渐废弃。其文化编年绝对年代在距今 5900 ～ 5500 年左右。另一方面，龙嘴古城的平面特点、建筑规模、堆筑方式以及三面环湖、一面为城壕的相对封闭的城垣结构等也符合目前长江中游地区发现的史前古城之变化规律，正处于该地区史前古城的早期阶段。[1]2014 年由湖北省人民政府公布为第六批省级文物保护单位。

（二）荆门马家垸古城

城址位于荆门市沙洋县五里镇显灵村。[2]城址选择高出周围地面约 2 ～ 3m 的平坦岗地上，其四周为宽阔的稻田。城址至今保存基本完整。城址平面南北略呈梯形，长约 640 ～ 740m，宽约 300 ～ 400m，面积约为 24 万 m²。其中南垣长 400m。底宽 35m，上宽 8m，高 5 ～ 6m。北垣长 250m，底宽 30m，残高 1.5m。东垣长 640m，底下宽 30m，残高 3m。西垣长 740m，底宽 35m，宽 8m，高约 4 ～ 6m。城垣为土筑，夯层清楚，夯层一般厚约 0.2m。城垣护坡外陡内缓，城内的护坡一般宽约 5m。城垣上有若干处高台，可能是防御性建筑台基。城垣之外有护城河，基本保存完好，河宽 30 ～ 50m，河床深约 4 ～ 6m。城垣的南、北、西中间和东垣的南端各有 1 个缺口，可能是城门遗迹。城内古河道自西城门曲经城内至东城门流出与护城河相连，其中东、西城垣中间各设一水门。南城门现存遗迹宽约 6m（图 1-2-2）。

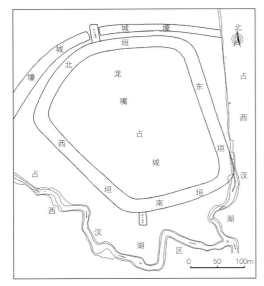

图 1-2-1　天门龙嘴古城址平面图
来源：湖北省文物考古研究所. 湖北省天门市龙嘴遗址 2005 年发掘简报 [J]. 江汉考古，2008（4）

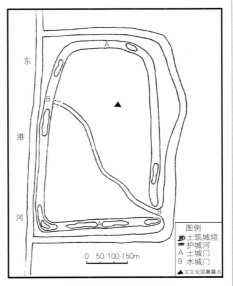

图 1-2-2　荆门马家垸城址平面图
来源：荆门市博物馆. 荆门马家垸屈家岭文化城址调查 [J]. 文物，1997（7）

①孟华平. 长江中游早期文明初步研究 [M]. 庆祝张忠培先生七十岁论文集. 北京：科学出版社，2004。

②荆门市博物馆. 荆门马家垸屈家岭文化城址调查 [J]. 文物，1997（7）。

城内东北为平坦的岗地，南北长约 250m，东西宽约 150m。岗地上文化层堆积厚约 1.5 ~ 2m，其上发现有大量新石器时代的生活器具和生产工具等，推测为先民住宅区。根据实际调查和采集的陶片、石器标本以及城垣断面所暴露的包含物来看，城址内的文化堆积为大溪文化、屈家岭文化和石家河文化，而以大溪和屈家岭文化为主，仅有少量石家河文化。因而初步认定这是一处屈家岭文化古城，其使用时间有可能延续到石家河文化早期。2006 年由国务院公布为第六批全国重点文物保护单位。

（三）石首走马岭古城

城址位于石首市焦山河乡走马岭村，1990 年发现。[①]城址平面呈不规则椭圆形，东西长，南北短。东西最大长度为 370m，南北最大宽度为 300m，城垣周长约1200m，总面积约 7.8 万 m²。城垣高 4 ~ 5m，宽 20 ~ 27m。城垣最高处距城内地面约 5m，距城外地面约 7 ~ 8m。城垣系夯土筑成，夯层一般厚 0.10 ~ 0.30m，夯土黄灰相间，夯层整齐，结构紧密。城垣外有护城河环绕，沟宽 20 ~ 30m（图 1-2-3）。除东南部城垣保存不甚完整外，其余城垣基本保存完好。城垣上有数处缺口，其中有的可能为城门遗迹。缺口的两边，有的保存着圆形的土台，可能是城门防御性建筑物台基。

城垣外的东、南面是明显的低洼地，形制也较规整，可能为当年修筑城垣时所形成的护城河。城内地势为东北高，西南低。房屋建筑主要发现于东北侧，西南垣以外不远是石首最大的湖泊上津湖，城内积水可顺势从西南水门直接排入湖中。

城垣的年代据地层堆集情况分析，下层为大溪文化，中层为屈家岭文化，上层为石家河文化早、中期，遗存的主要部分是屈家岭文化。据此，可知此城为屈家岭文化时期所构筑。2001 年由国务院公布为第五批全国重点文物保护单位。

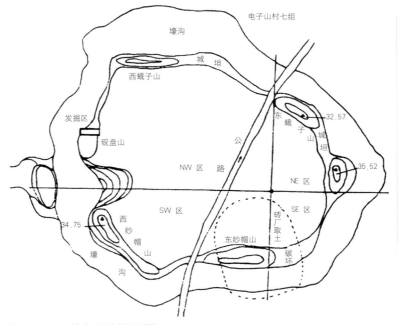

①荆州市博物馆等．湖北石首市
走马岭新石器时代遗址发掘简报
[J].考古，1998（4）。

图 1-2-3　石首走马岭城址平面图
来源：荆州市博物馆等．湖北石首市走马岭新石器时代遗址发掘简报 [J]．考古，1998（4）

（四）江陵阴湘古城

城址位于荆州市荆州区西北约 34km 处的马山镇阳城村。[1]据《江陵县志》载："阴湘城在县西北四十里，垣址宛然，不知建于何代，冈阜方平，土人以城名之。"城址平面长方形，略呈圆角，东西长约 580m，南北宽约 350m，面积约 20 万 m²。东、西、南三面城垣保存完好，南垣与东垣转角处略外凸，遗址北侧被湖水冲毁，北垣已无存。现存城垣全长约 900m，高出城内地面 1 ~ 2m，高出城外城壕约 5 ~ 6m，宽约 10 ~ 25m，夯层一般厚 0.05 ~ 0.2m，东垣墙基最宽处约为 46m。城垣四周有缺口，可能为城门遗址。其中北面的缺口最低，并与城外的菱角湖相通，当为水门遗址。从南垣的断面观察，城垣夯土有黄、灰二色，夯土厚度不均匀。城垣东、南都有护城河遗迹，宽约 30 ~ 40m。城西、北的护城河已被水淹没，城址高出地面约 4 ~ 5m（图 1-2-4）。

城址中部为一条宽约 50m，深约 4.5m 的南北低洼地，可能是一条古河道，向北与城外古河道相通，成为城内与城外的水上通道。

据城垣出土的陶器分析，城垣打破大溪文化层，因此它的构筑和使用年代应大致介于屈家岭文化早期偏晚阶段至晚期之间，距今约 4900 ~ 4600 年。时代属屈家岭文化第一期。

城内发现的房址中，以屈家岭文化房址保存较好，且具特色。F10 房址为一大型分间房屋，是平地起建的地面式建筑，平面呈长方形，东西长 10m，南北宽 7m，由一间大房子、两间小房子和走廊组成，大房子位于西端，室内长 6.3 m，宽 4.2m，两间小房子位于大房子东端，走廊位于西南角，走廊与西南角小房子之间有一门道相通。房子四周均挖有基槽，基槽宽 0.4 ~ 0.6m，深 0.3 ~ 0.6 m。基槽内发现大量柱洞，推测为木骨泥墙。2001 年由国务院公布为第五批全国重点文物保护单位。

（五）公安鸡鸣古城

鸡鸣城遗址位于公安县城西南约 30km 的狮子镇双船嘴村。坐落在一个狭小的平原上，东北不远处为低矮的缓丘，南距诡水河约 2km。[2]城址略呈不规则的椭圆形，呈东北~西南走向，东南和西南角有明显的转折。南北最大距离约 500m，东西约 400m，面积约 15 万 m²。一条水渠和简易公路横贯城址北部，将城址分割成南北两部分。城垣大部保存较好，仅东北部缺失。城垣周长约 1100 m，顶宽约 15m，底宽约 30m，一般高出城内外 2 ~ 3m，西北部城垣更高出城垣其他部位 1m 左右。城垣外有城壕环绕（图 1-2-5、图 1-2-6）。

城址中部有一处高出周围约 1m 台地，面积约 4 万 m²，当地人称沈家大山。台地上文化层堆积厚度约 2m。台地西北面的稻田因地层遭受破坏，耕土层下即可见到大面积的红烧土堆积，这一带应是城内居住区。从城址范围内采集的陶器残片，属屈家岭文化陶器。北城垣中也发现了屈家岭文化中常见的泥质红胎黑皮陶豆的口沿残片。根据出土器物判断，鸡鸣城应为屈家岭文化古城。2006 年由国务院公布为第六批全国重点文物保护单位。

（六）应城门板湾古城

门板湾遗址位于应城市西南 3km 的星光村，南北最大长度 1600m，东西宽度不等，遗址面积约 110 万 m²。[3]门板湾古城址位于整个遗址的中心地带，平面略近方形，

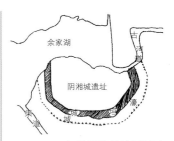

图 1-2-4　江陵阴湘城址平面图
来源：荆州市博物馆等. 湖北江陵阴湘城遗址东城墙发掘简报 [J]. 考古，1997（5）

①荆州市博物馆等. 湖北江陵阴湘城遗址东城墙发掘简报 [J]. 考古，1997（5）。
②贾汉清. 湖北公安鸡鸣城遗址的调查 [J]. 文物，1998（6）。
③李桃元. 应城门板湾遗址大型房屋建筑 [J]. 江汉考古，2000(1)；陈树祥，李桃元. 应城门板湾遗址发掘获重要成果 [N]. 中国文物报，1999-4-4。

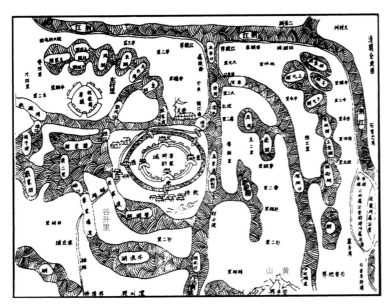

图 1-2-5   清《公安县志》上的鸡鸣城址

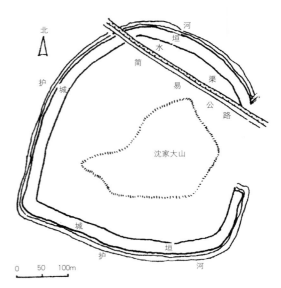

图 1-2-6   公安鸡鸣城址平面图
来源：贾汉清. 湖北公安鸡鸣城遗址的调查 [J]. 文物，1998（6）

南北最大长度 550m，东西最大宽度 400m，面积约 20 万 m^2。城垣保存较好，其中西垣距地表存高 3 ～ 5m，南垣仅 1 ～ 1.8m。西垣横断面为梯形，上窄下宽，上部残存宽度 13.5 ～ 14.7m，底部宽度近 40m。西垣中段有一宽约 40m 的豁口，推测为西城门（图 1-2-7）。城墙外坡陡峻，内坡稍缓，由黄土和淤泥夯筑而成，夯层厚薄不均，厚层 0.4m，薄层仅 0.03 ～ 0.05m。城墙填土中出土的陶片，有彩陶纺轮、彩陶杯、曲腹杯、彩陶鼎等器形，均属屈家岭文化遗物。

城垣外有壕沟环绕，以西面的城壕比较明显，现已形成 3 个水塘。城壕现存长度 260m，最宽处近 60m，距地表深约 1.8 ～ 3.5m。

在城内东北部保存有一个面积较大的土高台，应为建筑基址。城壕之外还发现点状分布并环卫城址的许家老屋台、许家大湾、上湾和下湾、门板湾老台、王湾老台等几个从属聚落的台子。2001 年由国务院公布为第五批全国重点文物保护单位。

二、石家河文化古城

（一）石家河古城

天门石家河城址位于天门石河镇北约 1km。[①] 1991 年发现。城址平面略呈圆角长方形，南北长约 1200m，东西宽约 1000m，面积约 120 万 m^2（图 1-2-8）。西垣、南垣西段和东垣中段至今仍保存于地面上，三段城垣合计约 2000m，其中西垣保存最好，高出地面部分相当规整，长达 1000m。城墙顶部宽 8 ～ 10m，底部宽 50m 以上，高出地面 4 ～ 6m。南垣和西垣的外侧可见护城河遗迹。主要经人工开挖而成，局部利用自然冲沟加以连通。城壕周长 4800m 左右，一般宽 80 ～ 100m，壕沟底部普遍积有一层水淤土。城垣为夯筑，夯层分明，平整，厚度一般 0.1 ～ 0.2m。城墙宽度约 30m，残高约 4m 左右。据遗迹和遗物分析，年代属屈家岭文化晚期，包括谭家岭、

① 湖北省荆州博物馆等. 肖家屋脊
[M]. 北京：文物出版社，1999。

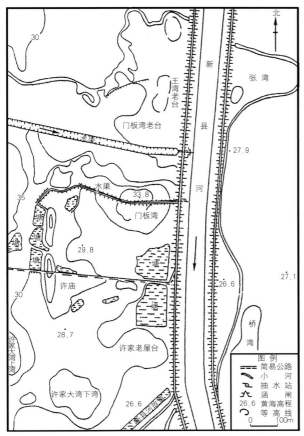

图 1-2-7　应城门板湾古城址平面图
来源：李桃元. 应城门板湾遗址大型房屋建筑[J]. 江汉考古，2000（1）

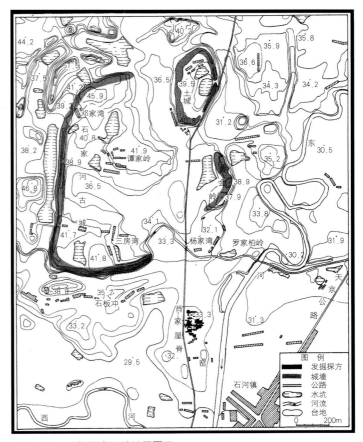

图 1-2-8　天门石家河城址平面图
来源：湖北省荆州博物馆等. 肖家屋脊（上）[M]. 北京：文物出版社，1999

土城、三房湾、黄金岭、邓家湾等遗址在内。1996 年由国务院公布为第四批全国重点文物保护单位。

石家河古城的构筑，充分利用了自然有利地形，选址于东河和西河之间，东、西城垣筑在土岗外侧，城垣外壁与土岗陡坡相接，增加了外壁的高度，减少了用土量。而城内则基本保留原始地貌，有明显的岗地和凹沟。一条南北走向的自然冲沟通过城内，在出入城处未见城垣遗迹，东南部又有很大一段无痕迹。

石家河古城的布局比较清楚。谭家岭遗址位居城内中央，面积 20 万 m²，遗存有屈家岭、石家河文化时期的房屋遗迹。

城内西北角的邓家湾，是一处从屈家岭文化到石家河文化早期的墓地，发现中、小型墓葬近百座。紧靠墓地的东边发现几种可能与宗教有关的遗迹。

城内西南部的三房湾，也发现有石家河文化房址，可能是专用的宗教祭祀用具和墓葬明器。

城外遗址以罗家柏岭和肖家屋脊最为重要。

罗家柏岭位于城外东南部，这里发现一组石家河文化早期庭院式建筑遗迹，它由土台和一堵长墙组成。此建筑遗迹出土石料及石器半成品 500 余件，玉器 40 余件，石器 70 余件，由此推断这里可能是一处制作玉、石器的作坊。

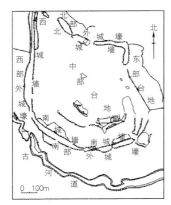

图 1-2-9　荆门城河城址平面复原示意图

来源：荆门市文物考古研究所. 湖北荆门市后港城河城址调查报告 [J]. 江汉考古，2008（2）

肖家屋脊在城外东南部，是一处比较重要的墓地和宗教活动场所，也是一个小的居民区。遗址在一个由东北向西南延伸的土岗上，东临东河，北与罗家柏岭、杨家湾两个遗址相连，面积约 15 万 m²。

（二）荆门城河城址

城河城址位于荆门市后港镇城河村六组。[①]城址东北倚西北—东南向的高岗地，以自然高岗为东北边的天然城墙，东、南、西北城垣以平地起筑。城址平面呈不规则椭圆形，西北部略内凹。城垣南北长 600 ～ 800m，东西宽 550 ～ 650m，不包括城壕，面积近 50 万 m²。城墙为土筑，堆筑层次清楚。保存较好的城墙主要是南城墙和北城墙西段。南城墙长约 650m，宽 5 ～ 38m，高 6 ～ 7m。从南城墙保存情况来看，城墙外壁较陡直，内坡平缓。西城墙长约 800m，宽 15 ～ 50m，残高 3 ～ 5m。北城墙长约 300m，残宽 8 ～ 50m。东北自然高岗地长 500m，宽 50 ～ 300，高 2 ～ 5m。东城墙残长 130m，宽 20 ～ 40m，高 1 ～ 1.5m。在城址东南角、北城墙西端中部、南城墙中部各有一处缺口。东南缺口宽约 3 ～ 5m，西北缺口宽 5 ～ 8m。西北、南、西城墙外有宽约 30 ～ 50m 的城壕，东北部自然岗地外城壕不清楚（图 1-2-9）。2008 年由湖北省人民政府公布为第五批省级文物保护单位。

与长江中游地区其他的早期城址相比，城河城址有以下特点：

（1）就城址的面积看，规模大，仅次于天门石家河城址。

（2）部分城墙利用自然高岗地作为天然城墙。

三、新石器时代古城特点

湖北江汉地区现已发现史前古城，均为屈家岭文化至石家河文化城址。从其分布地域来看，大都集中分布于江汉平原西部地带。从时间上看，最具代表性的是石家河古城，它不仅规模巨大，而且使用时间长。通过以上分析，可知这一区域的史前城址有如下特点：

（1）规模：古城周长一般在 1000 ～ 2000m 之间，城址面积较大，城址大都在 15 ～ 20 万 m² 左右，特别是石家河城址，竟达 120 万 m²，超过一般大型城址的三四倍，城垣范围面积之大，目前国内并不多见。这说明屈家岭文化古城的规模普遍是比较大的。与黄河流域龙山文化古城相比，只有山东城子崖城址比较大些，其他如河南平粮台古城、王城岗古城规模较小，其城垣边长仅 100 ～ 200m。[②]

（2）规划：古城的平面布局有一定分区规划。如天门石家河古城内的谭家岭为居住区，邓家湾为家族墓葬区和宗教活动场所，城外的罗家柏岭是玉（石）器作坊，肖家屋脊有居址、墓葬和祭祀场所。

（3）形制：屈家岭文化古城平面形状都不甚规整，有长方形、梯形、椭圆形等形状。这主要是由于城址构筑多依托岗地的陡坎和河道，受自然地理等因素制约，不像黄河流域龙山文化古城构筑在平原上那么规整。城门根据需要而设，为交通方便，有的还设置了水门。城垣上建有防御性建筑物，城内建筑物一般位于较高的自然土台上。以上情况表明，其古城的平面布局，起决定作用的因素是实际生活需要和自然地形，因此形制不一。

①荆门市文物考古研究所. 湖北荆门市后港城河城址调查报告 [J]. 江汉考古，2008（2）。

②马世之. 中国史前古城 [M]. 武汉：湖北教育出版社，2003。

（4）城内设施：古城内均未见排水管道，仍处在自然排水阶段。为解决用水和水上交通运输，城垣上设有水门，走马岭、马家院、阴湘城均设有水门。城内古河道与护城河以及自然河道相通。水门可以沟通城内外水道，将排水泄洪、防御护卫、水运交通、日常饮水等多种作用结合于一体，增加了城市的活力，突出了其水乡风韵。这与河南平粮台古城内已铺设下水管道相比，显然存在着差距。

（5）城壕：城垣外都有壕沟。根据江汉地区地下水、地面水和降雨量都较多的情况，在城外侧普遍挖筑壕沟——护城河。其做法通常是把人工开凿与利用相邻的自然河道、沟壑结合起来，不仅减轻了工程量，同时也使防御功能更为有效实用。这一地区史前城址的壕沟作用大于城垣，形成以壕（河）为主，垣、壕（河）配合的双重设防工程。

（6）建筑技艺：古城城垣全部夯土筑成，夯层厚薄不一。城垣皆平地起建，不挖基槽，均采用堆筑法，城垣和内外护坡一次筑成，未见有版筑痕迹。这种情况应与当地土质有关。江汉平原地区土质硬，黏度大，与中原地区较为疏松的黄土不同，易于板结。与之相应的建筑技术显现出比较强的地域特色。

第三节　新石器时代居住遗址

湖北新石器时代文化遗址，经调查和发现的遗址有上千处，遍布湖北全境。已发掘的有 60 余处。在这些遗址中，考古工作者经过科学的发掘，发现了在时间、地域、文化内涵等方面互有区别的古代文化的不同类型。按时间上的相对顺序主要有：城背溪文化（约公元前 6000 ~ 前 5000 年）、雕龙碑文化（约公元前 6000 ~ 5000 年）、大溪文化（约公元前 4400 ~ 前 3300 年）、屈家岭文化（约公元前 3000 ~ 前 2500 年）、石家河文化（约公元前 2500 ~ 前 2000 年）。

一、城背溪文化房屋遗址

城背溪文化是 1973 年考古学家通过对枝城北 10.5km 的城背溪遗址的调查发现的，因城背溪遗址而得名。城背溪文化是长江中上游地区，也就是清江口岸一带至三峡腹地年代最早的新石器时代文化遗存。[①]

城背溪文化的分布，就目前已知的情况，主要是在长江三峡及其近邻地区的枝城、枝江、长阳、宜昌、秭归、巴东等县市中。可以确认为城背溪文化的遗址在宜都市有城背溪、花庙堤、栗树窝子、孙家河、金子山、枝城北，在宜昌主要有路家河、三斗坪、窝棚墩等，秭归有朝天嘴、柳林溪，巴东有楠木园等。据考古专家研究，城背溪文化很可能到了江汉平原的江陵一带。[②]最西目前已知进入了巫峡。

秭归朝天嘴遗址发现房址 1 座，时代为城背溪文化偏晚。[③]从残存的房址看，平

①邓辉. 土家族区域的考古学文化 [M]. 北京：中央民族大学出版社，1999。

②张绪球. 长江中游新石器时代文化概论 [M]. 武汉：湖北科技出版社，1992；杨宝成主编. 湖北考古发现与研究 [M]. 武汉：武汉大学出版社，1995。

③国家文物局三峡考古队. 朝天嘴与中堡岛 [M]. 北京：文物出版社，2001。

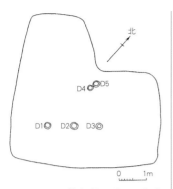

图 1-3-1　秭归朝天嘴 F1 房遗址平面图
来源：国家文物局三峡考古队．朝天嘴与中堡岛 [M]．北京：文物出版社，2001

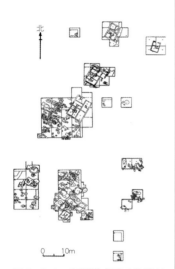

图 1-3-2　枣阳雕龙碑建筑遗址分布图

面呈刀把形，长 5.5m，最宽处 5.8m，最窄处 2m。由于上部地层的破坏，房址保存极差，仅存垫土。垫土距地表深度为 2.9 ～ 3.1m，厚为 0.2 ～ 0.5m。垫土为暗红色黏土，含砂量较大，少见包含物，仅发现一定数量的红烧土块，较大的红烧土块直径 0.1m 左右。未见夯筑迹象，估计为筑造房屋时平整场地的垫土。局部垫土上保留有较坚硬的平面，似为居住面。房址内发现柱洞 5 个，其中 D4、D5 距离较近，位于刀把弧折处。D1、D2、D3 位于房址中部偏南，排列有序，每两个柱洞之间的距离约为 0.7m。D1 内叠置有 3 块扁圆形卵石，其下垫有小石块，直径为 0.25m，深 0.2m。D2 中填置有卵石数块及残石斧 1 个，直径为 0.3m，深 0.2m。D3 为碎石块垫底，上部平压有圆形卵石，口径 0.25m，深 0.25m。垫土内所出陶片极少，多为夹砂、夹蚌、夹炭之绳纹陶片，另发现石斧 1 个，骨锥 1 枚（图 1-3-1）。

二、雕龙碑文化房屋遗址

雕龙碑遗址是我国长江与黄河流域交汇地带的一处新石器时代氏族聚落遗址。位于枣阳市鹿头镇北 3km 处，沙河及其支流小黄河分别从东向西和从东向西南流经遗址的南部和西部，交汇于遗址西南约 250m 处。遗址则坐落在两河交汇处的一个高台上。遗址南北长约 250m，东西宽约 200m，现存面积为 5000m²。1996 年由国务院公布为第四批全国重点文物保护单位。

1990 ～ 9992 年考古工作者先后进行了 5 次发掘，在揭露的 1480m² 的面积内，发现了早、中、晚 3 期不同时期的房屋建筑 20 座，灰坑 75 座，土坑竖穴墓 133 座，婴幼儿瓮棺葬 63 座，祭祀坑 37 座，出土陶质日用器皿、石器、骨器、蚌器、角器等生产工具和生活用品多达 2800 余件（图 1-3-2）。[①]

该遗址是一处距今约 6300 ～ 4800 年间延续发展的聚落遗址，根据出土遗迹和遗物分析，该遗址可分为 3 期文化遗存：第一期文化遗存可能距今 6300 ～ 5800 年，第二期文化遗存距今 5800 ～ 5300 年，第三期文化遗存则距今 5300 ～ 4800 年。

雕龙碑遗址共发现房屋遗址 20 座。其中第一期仅仅发现半地穴式房址 1 座，编号为 F11。

第二期共发现 8 座，皆地面建筑，土木结构，编号分别为 F1、F5、F6、F7、F8、F9、F10 和 F12。

第三期共发现 11 座，编号分别为 F2、F3、F4、F13、F14、F15、F16、F17、F18、F19、F20，除 F4 为圆形，属于非生活居住用房外，其余皆属生活居住用房。皆为土木结构，木骨泥墙。

20 座房屋遗址，可分为 3 种不同类型：

（1）半地穴式房屋遗址。F11 平面由东、西 2 个椭圆形坑并排相连接组成。两坑室面积大小、深浅不等：东坑室较大，长 2.9m，宽 1m，深 0.25m，坑室底面平坦，自东延伸出坑室外 1.3m；西坑室长 2m，宽 1.25m，深 0.45m。两坑室之间的生土隔墙宽 0.32 ～ 0.5m，在隔墙中部偏南开凿有一宽 0.32m，深 0.1m 的浅沟槽，作为两坑室跨越的通道。两坑室为沙性生黄土层，地面及其周壁均经火烧烤，结成厚 0.03 ～ 0.05m 灰色硬壳。门道朝东，与东坑室相连呈斜坡状。

①中国社会科学院考古研究所．枣阳雕龙碑 [M]．北京：科学出版社，2006。

（2）单间或双间的地面建筑。平面有正方形和长方形两种，建墙不挖基槽，墙体系木骨垛草拌泥而成，墙及居住面普遍烧成红烧土面，有的尚存灶址。

（3）圆形单间或长方形 3 ～ 4 间的地面建筑。墙挖基槽，有的垫红烧碎土块，居住面及墙均经烧烤，有灶址及贮藏室。

在发现的单间、双间和多间的地面式房屋建筑。平面呈长方形，面积大多在几十平方米到 100m² 之间。房屋建筑排列有序，呈东北—西南向，前后 2 排相距 20 余米，左右彼此间隔约为 5m。其中保存较好的 2 座大型多间式房屋，各有 7 间和 7 个推拉式结构的屋门。

（一）F1 房屋遗址

这是一座保存较好的单间地面式房屋，时代属雕龙碑遗址第二期文化遗存。平面方形，边长 4.2m，居住部分为 3.6m×3.6m，中间地势稍高，与四边墙壁相连略呈斜坡状，表层涂抹一层细泥，用火烧烤成棕红色。而在西北部有一块长方形的居住面，1.1m×2.4m，呈青灰色，表面坚硬平光，其上附有一薄层白灰面，形状规整，似经专门精细加工，推测可能是人睡觉的地方。门位于东墙南段，宽约 1.6m，门中间立一小柱，似为分开左右两小门之间的立柱。西、北两墙保存较好，东、南墙略残。现存墙体高 0.05 ～ 0.3m，厚 0.25 ～ 0.4m。墙体是用红烧土块夹草拌泥堆垛而成，墙内壁使用细泥涂平抹光，并经火烧烤。室内和墙体内共发现柱洞 13 个，柱径 0.1 ～ 0.4m，洞深一般 0.2 ～ 0.4m。灶位于房屋中部略偏北，近方形，西壁与青灰色居住面相连，东、南两壁保存完好，西、南两壁相连的拐角处残缺。东北角修筑一圆形泥台，其上置一火种罐，罐内积满黑色灰烬。灶围系用细泥围筑，并经火烧烤成棕红色。灶围内置有鼎 3 件，盆 1 件和器盖 1 件。在西北角缺口处外置有残陶灶 1 件。

根据以上遗迹，推测这座仅有 12m² 的方形房屋。四周墙壁等高，墙内柱子上架檩，四角架椽木交于中心，室内柱子随屋面坡度增高，承托屋面荷载，形成四角攒尖顶屋面，屋面为草拌泥屋面，檐口伸出墙外，以保护墙体不受雨水冲刷（图 1-3-3）。

（二）F6 号房址

属地面式两居室套间房屋，平面呈长方形，约 5.4m×4.2m。分东、西 2 间屋，东间 4.2m×2m，西间 4.2m×3.4m（图 1-3-4）。居住面保存完好。表层使用细泥涂平磨光，经火烧烤呈红褐色。东西两居室地面分别放有生产工具和饮食生活器皿。时代属雕龙碑遗址第二期文化遗存。

墙体既有四周围护墙，又有屋内的隔墙，皆为木骨泥墙，并同时起建，四周围护墙绝大部分不同程度地被破坏，仅存残迹，东墙中段尚存部分较好，局部残高不足 0.1m，宽不足 0.4m。其中在南墙和中隔墙体内可见有 23 个长方形排列有序的木骨洞。位于东西两屋之间的南北向隔墙保存较好，残长 2.9m，宽 0.22m，高 0.2m。墙体使用红土块砌筑，并用石灰泥浇灌，使其粘连形成整体，表层使用含有石灰的细泥涂抹，经火烧，平滑坚硬。柱洞共发现有 29 个。第一号门址为通往居室外面的门，位于东间的南墙上，宽约 1.05m，第二号门址为东西两屋相通的门道，位于中隔墙北部，在门道靠近西间的墙体上发现一段长约 0.65m，宽约 0.05m，深约 0.1m 的沟槽，沟

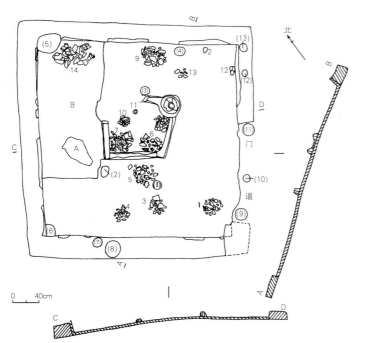

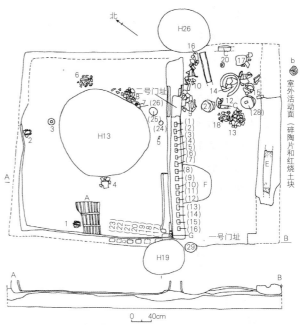

(1)～(13).柱洞 A.白灰面 B.青灰色居住面 C.灶台上固定的残火种罐 1、13.Ⅰ式小陶
盆 2.鸭嘴形錾手 3.BⅡ式敛口钵 4.盂 5.BⅠ式盆 6.AⅢ式罐形鼎 7.CⅢ式似釜形鼎 8.B Ⅱ
式罐形鼎 9.AⅡ式似釜形鼎 10.Ⅱ式附杯圈足盘 11.AⅠ式器盖 12.AⅠ式石斧 14.卷沿盘

图 1-3-3　枣阳雕龙碑 F1 号房址平面、剖面图
来源：中国社会科学院考古研究所.枣阳雕龙碑 [M].北京：科学出版社，2006

(1)～(29).柱洞 A.倒塌的墙体 B.矮土棱 C.灶围土棱 D.18 枚野猪獠牙 E.一段
圆木 F.坑 G.一堆河卵石 1.AⅠ式似釜形鼎 2.AⅡ式似釜形鼎 3.DⅡ式盆 4.C型圈足
盘 5.AⅠ式石斧 6、8.Ⅲ式鼓肩罐 7.EⅠ式陶纺轮 9.BⅢ式罐形鼎 10.Ⅰ式圆腹罐 11.筒
形瓶 12、20.AⅠ式碗 13.DⅡ式盆 14.BⅡ式盆 15.Ⅱ式附杯圈足盘 16.AⅡ式碗 17.Ⅲ式
盆形鼎 18.B型凹底罐 19.C型凹底罐

图 1-3-4　枣阳雕龙碑 F6 号房址平面、剖面图
来源：中国社会科学院考古研究所.枣阳雕龙碑 [M].北京：科学出版
社，2006

槽与墙体平行，可能是安装门板的设施，此门已初具第三期房屋建筑的推拉式屋门
结构的雏形。

灶位于东间北部。残存 4 段矮土棱，可以看出灶围平面形状呈梯形，东西宽
1～1.28m，南北长 1.3m，其东部附在东墙上。灶围南部发现两个相隔约 0.56m 的
圆形柱洞（D27、D28）。灶围内及其周围出土有鼎、盆、碗、附杯圈足盘和筒形瓶
等大量陶器。

（三）F13、F14 号房址

F13、F14 为地面建筑，两间相连，从其地基连为一体的情况看，是一次性建造
的。而从中隔墙无门道的情况看，又是互不相通的。两房的位置、结构及技术工艺
水平等方面完全相同。基址加工铺垫的面积大于房屋建筑面积。铺垫基址的材料和
加工方法是：首先在基址范围内整平地面，铺垫一层黄土，再用火烧烤使黄土表层
积留一层厚约 0.03m 的黑色灰烬，再在其上铺垫一层大小不等杂乱的红烧土块，在
四周围护墙及中隔墙底部铺垫的基料高于居室中部平面，呈斜坡状，高 0.24m，斜坡
长 0.6m。

F13 室内地面长 4.9m，宽 3.6m。中部偏东有一灶围，起建于居住面上，其东、
南、北面灶围墙仍存，西边残缺，其中北墙是高约 0.08m 的矮土棱，顶面圆弧，其
余墙残高尚存 0.15～0.25m,灶内置有 2 个陶碗。此灶围邻近的西和南部有一片台子，
上面置有石斧、石镰、陶纺轮、陶研磨棒等生产工具。在房屋的西南角用矮墙隔成
一间约 2m×2.1m 的储藏室，其面上放置有许多生活用具，如陶罐、鼎、盆和碗等。

F13 共发现有柱洞 56 个。

F14 室内地面长 4.7m，宽 3m，居住面上有一个残灶围位于东部，东、南、西三面是残高约 0.2m 的矮墙，北面残缺，灶围的围墙起建于居住面上，其西墙一直向北延伸，形成一条将房间隔成东、西两段的小墙（图 1-3-5）。墙体为直壁木骨泥墙。四周围护墙与中隔墙的构建略有不同：前者在基址上挖有浅槽，先竖栽木柱，然后构筑墙体；后者无槽，在基面上起建，同样是先竖立木骨后构筑墙体。墙体大多保存完好，特别是中隔墙，现存残高 0.2 ~ 0.6m，宽 0.45 ~ 0.6m，内、外墙壁表层使用黏泥涂抹，平整光滑。F14 共发现柱洞 26 个。

墙体为直壁木骨泥墙。四周维护墙与中隔墙的构建略有不同，前者在基址上挖有浅槽，先竖栽木柱，然后构筑墙体。后者无槽，在基面上起建，同样是先竖立

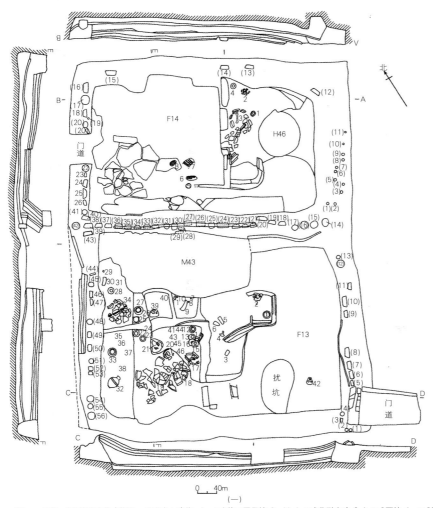

0   40m
（一）

(1) ~ (56) .F13 墙体木骨或柱洞　F13 出土遗物：1. I 式敛口圈足钵 2、11.A II 式盆形小碗 3.A II 式石钵 4. II 式陶研磨棒 5.F I 式石斧 6.A I 式石锛 7、8、10、29、31、38.陶纺轮 9.B II 式小陶盆 12. II 式石镰 13、14.A II 式陶足盘 15.A II 式圈足盘 16. II 式敛口圈足钵 17. II 式盆形鼎 18.A I 式盆 19.B II 式矮圈足罐 20.A II 式石镰 21、27.A I 式凹底罐 22.B I 型圈足盘 23.A I 式盆 24.B I 式陶镞 25.B I 式陶陀螺 II 式石弹丸 27. I 式小陶杯 30.A II 式石镰 32.矮圈足高领罐 33.A I 式凹底罐 34. I 式平底罐 35.A I 式陶陀螺 36.A I 式盆形小碗 37.角线轴 38.I 式陶多孔器 39.I 式陶多孔器 40、44. I 式陶多孔器 41.B I 式石凿 42.陶猴面塑像 43.A I 式空心陶球 45.BIV 式矮圈足罐 46.核桃壳

（二）

(1) ~ (26) .F14 墙体木骨或柱洞　F14 出土遗物：1、4~碗；2~罐；3~瓮；5~陶陀螺；6、7、8~陶多孔器

图 1-3-5　枣阳雕龙碑 F13、F14 号房址平面、剖面图

来源：中国社会科学院考古研究所. 枣阳雕龙碑 [M]. 北京：科学出版社，2006

木骨后构筑墙体。墙体大多保存完好，特别是中隔墙，现存残高 0.2 ~ 0.6m、宽 0.45 ~ 0.6m，内、外墙壁表层使用黏泥涂抹，平整光滑。

F13 的门道开在东南角，门道外铺有红烧土，门道内设有门槛，门及门道均宽 0.84m。F14 门宽 0.68m，门道两壁光平，明显与 F15、F19 的推拉门结构不同。F13 的地面较 F14 略高，证明 F13 与 F14 互不相连。2 间房内地面接近墙根的地方都有坡度较大的护墙。

根据倒塌堆积物分析，最上层堆积的红烧土块，上面抹有一层细泥，下面发现有茅草的痕迹，故推测房顶是茅草加泥顶结构。两面坡的倾斜度与 F15、F19 相同。

根据房址的平面、剖面图，主墙体结构较清楚，由于晚期遗迹的破坏，南山墙柱洞已无存，北山墙也只有很少的柱洞，而中间隔墙柱洞较密集。但从墙体结构上看，应与 F15、F19 相同，房顶也应该是南北两面坡式。窗开在东、西山墙的顶端。因为房间少，面积小，窗开在房檐下的可能性会更大。前面已经提到过，与它时代和地域比较接近的屈家岭文化应城门板湾 F1，就建有 7 个窗，其中 2 个开在房檐下，同时具有排烟和通风的功能（图 1-3-6）。

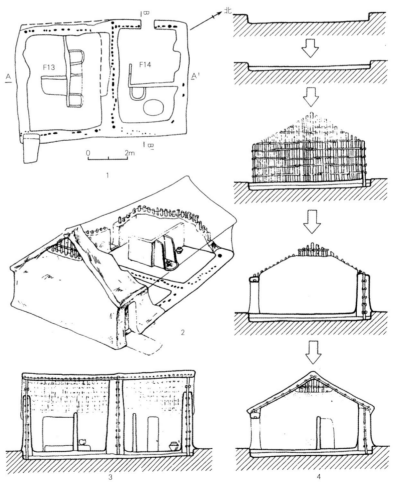

1—F13、F14 平面复原示意图；2—F13、F14 立体复原示意图；
3—F13、F14A—A′ 剖面复原示意图；4—F14 建造程序示意图（B—B′）

图 1-3-6　枣阳雕龙碑 F13、F14 号房复原图
来源：中国社会科学院考古研究所. 枣阳雕龙碑 [M]. 北京：科学出版社，2006

（四）F15 号房址

这是一座保存较好的大型多间地面式房屋基址，时代属雕龙碑文化第三期文化遗存。整体建筑保存基本完好，为研究新石器时代房屋建筑提供了珍贵资料。

F15 的主体结构呈"田"字形，南北长 11.5m，东西宽 8.8m，建筑面积 101.2m²。中部"十"字形主墙体将整栋房屋分成 4 个开间，其中东部的 2 个开间各为 1 大间，西北部的开间为 2 大间，西南部的开间为 3 间（2 大间 1 小间），以居住形式划分，一、二两间为 1 个单元，三、四两间为 1 个单元，五、六、七分别为 1 间 1 个单元。整体为 5 个单元 7 个房间的大型房屋（图 1-3-7）。

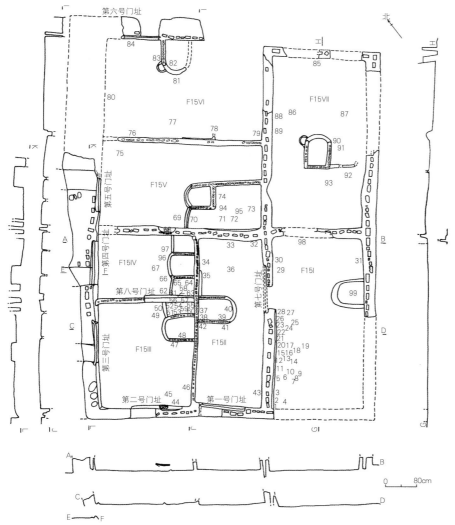

1.Ⅱ式敛口钵 2，78.D Ⅰ式石斧 3，44.A Ⅰ式石锛 4.B Ⅲ式器盖 5，7，9，52~55，61.F Ⅰ式陶纺轮 6，35.A 型石耜 8.B Ⅰ式石型 10.骨笄 11，15，57，63.F Ⅱ式陶纺轮 12，94.Ⅱ式小陶杯 13.Ⅰ式小陶钵 14.C 骨形镞 16，22.C Ⅰ式石斧 17，19，26.FⅣ式陶纺轮 18，47.Ⅰ式敛口圈足钵 20.B Ⅱ式石凿 21，30.BⅠ式石凿 23，24，66.BⅠ式骨镞 25，50.BⅡ式陶研磨棒 27.E 型陶杯 28.F Ⅰ式石斧 29，56，62.F Ⅰ式陶纺轮 31.C 型石锄 32.石球 34，65.A 型石锄 36，67.A 型矮圈足罐 37.矮圈足高领罐 38，69.曲腹杯 39.C Ⅰ式圈足盆 40.矮圈足盆 41.A Ⅰ式石斧 42.B Ⅰ式石耜 43，84.B Ⅱ式石型 45.C Ⅱ式石斧 46.Ⅲ式陶多孔器 48.A Ⅰ式小罐 49，90，91.Ⅱ式陶多孔器 51，71，95.Ⅰ式陶研磨棒 58.磨石 59.磨石 87.A Ⅳ式凹底罐 60.B 型石锛 64.C Ⅳ式石锛 68.B Ⅱ式石斧 70，73.A Ⅰ式碗 72.碗 75.A Ⅰ式圈足盘 76.A Ⅰ式矮圈足小瓮 77.Ⅴ式敛口圈足钵 79.F Ⅰ式石斧 80.Ⅲ式敛口圈足钵 81.A Ⅰ式盆形小碗 82.A Ⅳ式凹底罐 83.A 型骨镞 85.C 型石型 86，89.缸 88.D 型盆形小碗 92.B Ⅰ式石锄 93.Ⅱ式器盖 96.A Ⅰ式石凿 97.A Ⅰ式石镰 98.杏核 99.螺蛳壳

图 1-3-7　枣阳雕龙碑 F15 号房址平面、剖面图
来源：中国社会科学院考古研究所．枣阳雕龙碑 [M]．北京：科学出版社，2006

房基系用红烧土块填筑，经夯实平整后再挖墙体基槽。室内地面用石灰质掺和料抹平，然后抹光。墙体皆为木骨泥墙，经火烧烤成红色，因主墙与隔墙所处的位置和作用不同，使用的材料加工也有别。房屋采用红烧土块垫基，在主体墙内栽埋立柱，构成木骨架。另在柱的内外上下每隔0.3m左右束以粗细不等的木棍，用藤条和绳索绑扎成篱笆或骨架。主墙体使用红烧土块和草拌泥筑成，内外表面用草拌泥涂抹2～3层。5间小室的隔墙系用薄木板架立后，双面涂抹稻谷壳泥，厚约0.1m，平整细腻。有的居室之间安有推拉门。屋顶以"十"字形隔墙支承大跨度屋顶。塌落时房顶保存较好，为硬山式屋顶（图1-3-8）。

门址共发现有8个，皆为横向推拉式结构的屋门，它们是在建造墙体时专门留出，同时筑造一次性完成的。推拉门的构造，是在建造墙体时留出门框和滑动门槽。门框的下框呈沟槽状，沟槽内侧筑有高出室内地面的凸棱——门槛，与门的左右框架连成一体。推拉门框架一般宽约1.2m，净宽0.5m。推拉门在我国尚属首次发现。日本有关专家对雕龙碑遗址的许多发现，特别是对推拉门的发现具有极大的兴趣。日本和韩国流行的推拉门，起源于何时，与中国早期推拉门的关系，有待进一步探讨研究（图1-3-9）。

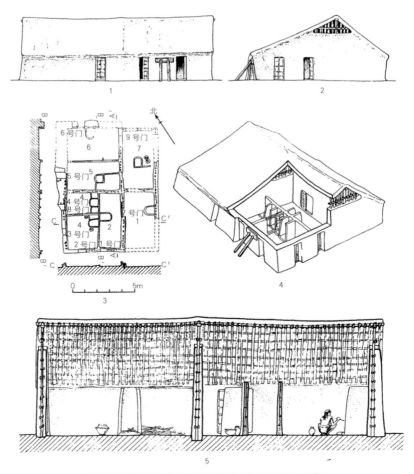

1.F15西立面复原示意图 2.F15南立面复原示意图 3.F15平、剖面图
4.F15立体复原示意图 5.F15A—A′剖面复原示意图

图1-3-8　枣阳雕龙碑F15号房复原图

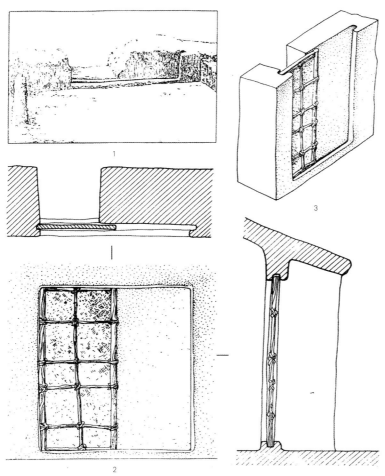

1.F15 第 4 号门址素描图　2.F15 推拉门平面、立面及剖面复原图

3.F15 推拉门立体复原示意图

图 1-3-9　枣阳雕龙碑遗址 F15 号房推拉门复原图

来源：中国社会科学院考古研究所. 枣阳雕龙碑 [M]. 北京：科学出版社，2006

在 F15 西墙中部第四号和第五号门址之间外侧，发现有 4 个柱洞。依据所处的位置，判断其与门址有关。推测 F15 第四、五号门址之间的 4 个木骨洞可能是用于支撑门楼的建筑遗迹。

室内各房间都有灶，灶围的分布很有规律，即一间一灶，估计是为了一家一户独立的生活需求而建，反映了当时氏族社会中家族生活的具体模式。灶围呈"簸箕"形，大多靠近墙体或借用墙体一面构筑，三面为直壁木骨泥墙。各灶围面积大小略有不同，大多为 0.8 ~ 0.9m²。有的在灶口处一侧构筑有置放火种容器的圆形土台，高出居住面约 0.08m。

（五）F19 号房址

F19 为地面建筑，主体部分为东北—西南方向的长方形，方向约 32°。东边的北段附建出一外间，此外间的北部又有一室外建筑，共由 8 小间组成，南北长 11.3m，东西宽 9.2m，总建筑面积约为 104m²。主体部分又分为南、北两大间，平面呈"日"字形。即在四面墙体之中略偏北筑有一道东西向主墙，此墙既能支撑大跨度的屋顶，又能以此房间分为南、北两个开间（图 1-3-10）。

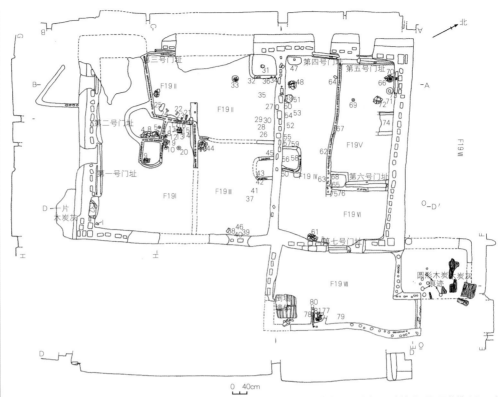

1、64.C Ⅰ 式石斧 2、B Ⅱ 式石磨盘 3、60、63.B Ⅰ 式石耜 4.A Ⅰ 式圈足盘 5.B Ⅰ 式器盖 6.Ⅰ 式小口圆腹罐 7、35.瓦纹罐 8.B Ⅰ 式陶环 9、57.A Ⅰ 式圈足盘 10、75.B Ⅰ 式矮圈足罐 11 ～ 13、15、17、26、27.F Ⅰ 式陶纺轮 14、16.F Ⅱ 式陶纺轮 18、23.F Ⅳ 式陶纺轮 19.Ⅱ 式平底罐 20.A Ⅰ 式圈足盘 21.A Ⅲ 式石镰 22.A Ⅰ 式石凿 24.A Ⅰ 式石凿 25.A 型石耜 28.矮圈足高领罐 29.刻槽盆 30.A Ⅰ 式矮圈足大瓮 31.A Ⅲ 式小陶罐 32.A Ⅲ 式石镰 33、78.Ⅰ 式陶多孔器 34.B 型石钺 36.Ⅱ 式陶研磨棒 37.Ⅱ 式陶多孔器 38.A Ⅰ 式石镰 39.A Ⅱ 式石锛 40.C 型石犁 41.Ⅲ 式陶多孔器 42.B 型圈足盘 43.Ⅰ 式陶研磨棒 44、54.A Ⅱ 式凹底罐 45.A Ⅰ 式石斧 46.石钺 47.C Ⅱ 式石斧 48.Ⅰ 式小口圆腹罐 49.A Ⅱ 式矮圈足大瓮 50.Ⅱ 式敛口圈足钵 51、55.A Ⅰ 式碗 52.不知名骨器 53、71.A Ⅰ 式凹底罐 56.A Ⅰ 式盆形小碗 58.Ⅱ 式敛口钵 59.B Ⅰ 式器盖 61.Ⅰ 式盆形鼎 62.B Ⅰ 式圈足钵 65.C Ⅱ 式石斧 66.Ⅰ 式敛口圈足钵 67.A Ⅱ 式盆 68.Ⅰ 式盆形鼎 69.C 型圈足盘 70.Ⅲ 式平底罐 71.A Ⅱ 式碗 74.B 型小陶罐 76.Ⅳ 式敛口圈足钵 77.Ⅰ 式石磨盘 79.B Ⅰ 式骨镞 80、81.小米

图 1-3-10   枣阳雕龙碑遗址 F19 号房平面、剖面图
来源：中国社会科学院考古研究所. 枣阳雕龙碑 [M]. 北京：科学出版社，2006

　　墙体皆为木骨泥墙，经火烧烤成红色。构筑方法和加工技术与 F15 墙体相同。从发掘出土的主墙体情况和平面结构，主墙体可能分 2 次建成，先建西半部 1 ～ 6 号房，东半部的 7、8 号房可能是后接出的，西墙明显加宽，分成两部分，内壁为坚硬的红烧土，外壁厚 0.3m，为没有经过烧烤的细黄土，说明当时房顶西坡对墙体的推力已经使西墙倾斜，才进行加固，以防止倒塌，或者是房顶西坡活动后，重新进行修筑时加厚的，复原高度同 F15。

　　残存在主墙、隔墙和灶围墙体的柱洞、木骨洞 333 个。绝大多数为长方形，极少数是方形，分大、中、小三种，其中最大的柱洞集中在四面主墙拐角处。但绝大多数立柱横断面为长方形，加工规整，四角的立柱十分粗大，基本上可以承受大跨度房顶的重量。估计木骨墙体的搭建过程为：在挖好的基槽里栽埋立柱，用长条方木固定在排柱顶端，再用藤条、绳索捆绑，使檩木与排柱接触更加紧密牢固。排柱中间每隔 0.3m 左右内外两面用横向木杆扎实。房顶的板椽也用此方法与脊檩、檐檩固定。由于房间内未发现柱洞，说明当时室内并无承重的立柱，估计南、北山墙与中部主隔墙之间也应有横木相连，与板椽形成纵横交织的网状结构，用以加强顶盖的承重能力（图 1-3-11）。

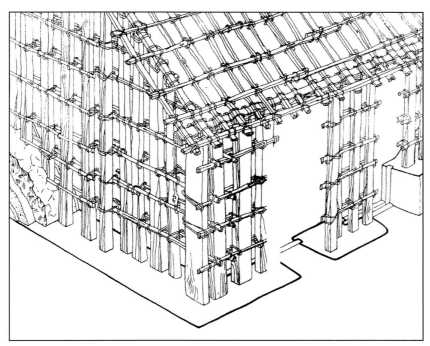

图 1-3-11　枣阳雕龙碑遗址 F19 号木骨结构示意图

F19 的顶盖应先建在"日"字形的主墙体上，它南北长 12m，东西宽 8m。从出土房顶橡木痕迹看，橡木均较细，宽度 0.04m 左右，因此，房顶的跨度不可能很大，估计是东西两面坡。F19 没有中部的南北向脊墙，估计是用 2 根脊檩分别连接南、北山墙和中间的山墙的山尖，再用较细的木料搭建网状屋盖。另据报道，2 号、3 号交界处，4 号的中部，5 号、6 号的大部分都发现有倒塌的房顶堆积，结构相同，在板橡上是一层 0.15m 左右的红烧土，其上为 3 层 0.03～0.05m 的红烧土，最上面是一层 0.02～0.04m 的白灰、细砂合成的混凝土，抹得十分平，为顶盖的复原提供了有力的依据。

F19 东半部后接出的 2 间，考虑房顶排水问题，南墙和北墙应是西高东低的单面斜坡形；房顶则在原西檐下顺势接出，为了保持房顶的高度，房顶的坡度估计十分平缓（图 1-3-12）。

门址共发现有 7 个，它们是在建造主墙和隔墙时专门留出，同时筑造一次性完成的。各个门框上的门槛和门道两侧的墙体上有一横、竖相接的凹槽，门槛上的凹槽少半在过道口，多半延伸到墙体内侧。门结构与 F15 基本相同，为单侧推拉门。现存门道 7 个，其中 5 个向外，2 个连通室内隔间。由于墙体多处被地层打破，估计 F19 还有门道存在，从房间布局结构情况看，2 号、3 号房之间应有一门，7 号房最北部应开一门，复原后的平面图应有 10 个门。

房屋性质依据 F19 整体房屋现存的情况，连同主体房外附建的 2 间房共计 8 间屋，其中主体房 5 间内的地面、墙壁均经过精细加工，且每间皆设置有饮食加工用的灶、生活器皿和多种生产工具等，足以证明是当时人类生活居住用房。而主体房外补建的附属房的性质则有所不同，两房内的地面、墙壁均未经过加工，残破不堪，尚不具备人长久居住的条件。特别是 F19 内的 7 号房地面土质斑驳，有机成分含量很大，

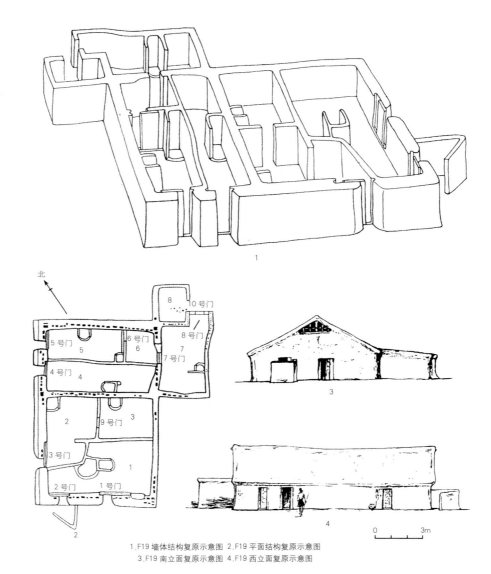

1.F19墙体结构复原示意图　2.F19平面结构复原示意图
3.F19南立面复原示意图　4.F19西立面复原示意图

图1-3-12　枣阳雕龙碑遗址F19号房复原图
来源：中国社会科学院考古研究所. 枣阳雕龙碑[M]. 北京：科学出版社，2006

再从出土的柱洞和木板块的遗迹、遗物分析，可能是饲养家畜的圈栏。

三、大溪文化房屋遗址

大溪文化因1959年发现于四川巫山县大溪遗址而得名。其分布东起鄂东南，西至川东，南抵洞庭湖北岸，北达汉水中游沿岸，主要集中在长江中游西段的两岸地区。

大溪文化的年代经C14测定，可分为4期：一期是初步形成期；二期是发展期；三期是繁荣期；四期是速变期，孕育着新的文化因素，处于母系氏族社会向父系氏族社会的过渡时期。大溪文化的居民以稻作农业为主，饲养家畜、渔猎、采集等辅助经济仍占有一定的比例，过着定居的生活。大溪文化的陶器以红陶为主，普遍涂红衣，有些外表呈红色，器内为灰、黑色。也有少量的彩陶，多为红陶黑彩，常见的是绚索纹、横人字纹、条带纹和漩涡纹。另有相当数量的实心陶球和空心里放泥粒的陶响球。

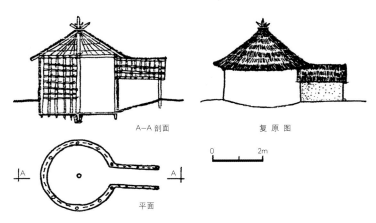

图 1-3-13　宜都红花套遗址 F302 号房址复原图

湖北境内发现大溪文化房屋建筑遗址主要有宜都红花套[1]、枝江关庙山等遗址[2]。

（一）宜都红花套房屋遗址

红花套遗址位于枝江市红花套镇北 1km 的长江右岸，面积约 2 万 m²。以大溪文化为主，分为 3 期，时代与关庙山遗址二、三、四期文化相当。

1973 ~ 1977 年调查发掘，发掘面积 3000m²，共发现多座房屋建筑，其编号为 F301、F302、F111 等，房屋形式有圆形的半地穴式和长方形地面式房屋建筑。

F302 号房址：

这是一座规模较小的圆形半地穴式房屋，周围用竹片竖排而成为竹篾墙壁骨架。门向西，设有门道，门道上架设雨篷。雨篷的设置，主要是为了防止雨水流进室内，同时增加室内空间。

据以上遗迹，其构架为：周围用竹片竖排成的竹篾墙骨架，两面抹泥，形成 1.8m 高的墙壁，屋盖由椽木交于室内的中心柱上，用藤篾绑扎固定，形成圆形攒尖顶屋面，上覆茅草或稻草而成为草屋面（图 1-3-13）。

（二）枝江关庙山房屋遗址

关庙山遗址位于枝江县城东北 11.5km 的向安乡南侧一个小土丘上，南距长江、东距沮漳河均为 8km。遗址为西北高，东南低，排水通畅。遗址南 0.5km 处有一条小河，全长 15km，盛产鱼虾。这里土地肥沃，适宜种植水稻；水源近，方便生活；地势高亢，无水患之害。2001 年由国务院公布为第五批全国重点文物保护单位。

1978 ~ 1980 年期间，中国社会科学院考古研究所先后两次发掘。关庙山遗址是长江中游地区母系氏族社会繁荣阶段遗址，包含有大溪文化、屈家岭文化和石家河文化 3 种文化遗存。其中以大溪文化为主，可分 4 期，内涵丰富，据 C14 断代并经校正，第二至第四期年代为公元前 3900 ~ 前 3300 年。

遗址原有面积约 4 万 m²，现存遗址南北长 230m，东西宽 130m，面积约 3 万 m²。两次发掘面积共约 2000m²。在 2000m² 的范围内，共发现多座房屋建筑，其编号为 F22、F26、F34、F35、F9、F30 等，均为地面式建筑，平面有方形和长方形。[3]

F22 号房址：

F22 号房址属大溪文化第三期，是遗址中保存最为完整的地面式建筑。平面呈方形，东墙长 5.8m，南墙长 5.67m，西墙长 5.74m，北墙长 6.4m，墙厚 0.27 ~ 0.33m。

① 李文杰. 大溪文化房屋的建筑形式和工程做法 [J]. 考古与文物，1986（4）。
② 中国社会科学院考古研究所湖北工作队. 湖北枝江县关庙山新石器时代遗址发掘简报 [J]. 考古，1981（4）；中国社会科学院考古研究所湖北工作队. 湖北枝江关庙山遗址第二次发掘 [J]. 考古，1983（1）。
③ 李文杰. 大溪文化房屋的建筑形式和工程做法 [J]. 考古与文物，1986（4）。

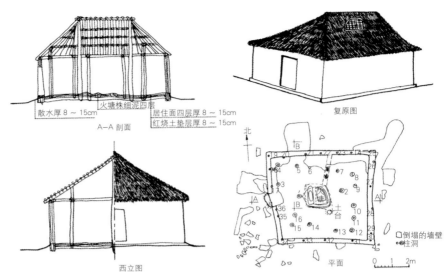

图 1-3-14　枝江关庙山遗址 F22 号房址复原图

建筑面积约 35m²。门设在西墙中部，宽 0.76 ~ 0.8m，门槛高于居住面。四周墙体内发现圆形柱洞 20 个，直径 0.07 ~ 0.13m。室内柱洞 16 个，直径 0.15 ~ 0.2m，深 0.13 ~ 0.32m。其中 1、2 号柱洞在中央火塘东西两侧，相距 2.3m，另有 14 个柱洞环绕火塘布置。形成内外 2 圈和东西 2 根柱子的平面布局。室内居住面系用黏土掺粉砂土抹成，并经火烤，厚 0.08 ~ 0.16m，高出室外散水 0.12 ~ 0.15m，故形成台基状。台基四周用红烧土块铺成。

墙基是先挖好长条形基槽，内用泥掺和红烧土渣筑成。墙基内立柱，柱与柱之间用劈成两半的细竹竿、树枝编成墙体骨架，再用灰土掺红烧土渣的泥筑成，内外墙面刷经淘洗的黄泥浆，并经火烤。墙高 1.75m，墙下宽 0.31m，上宽 0.13m，四周墙等高。

室内中央设长方形火塘，火塘东北角与北墙之间设有隔墙。

根据以上遗迹，可以大致地予以复原。这是一座面积约 35m² 的方形房屋。1、2 号柱子承托脊檩，四周墙壁等高，形成一圈檐檩，室内柱子随屋面坡度增高，协助檐檩和脊檩承托屋面荷载，形成四周椽木的结构方式。屋面复原为四坡顶，有一条东西向的正脊和四条斜脊，屋面为茅草泥屋面。檐口伸出墙外，用来保护墙体不受雨水侵刷（图 1-3-14）。

四、屈家岭文化房屋遗址

屈家岭文化因 1955 年发现于京山县屈家岭遗址而得名。其分布主要在湖北省境内，以江汉地区为中心，东到大别山南麓，西至三峡，北抵豫西南，南抵洞庭湖北岸。

屈家岭文化的陶器主要是泥质黑陶和泥质灰陶，尤其是薄胎晕染蛋壳彩陶最具特色。彩陶纺轮是重要的文化特征之一。这里遗存的建筑基址、生产工具和大量的稻谷壳表明，屈家岭文化的社会经济以农业为主，兼营饲养、渔猎、纺织等业，农业和手工业已有分工。农业的进步和象征父权的崇拜物——男性生殖器陶祖的出现，说明其社会性质已进入到父系氏族公社时期。

湖北境内发现的屈家岭文化的房屋建筑遗址主要有：京山屈家岭[1]、应城门板湾[2]、宜城曹家楼[3]、郧县青龙泉二期[4]、天门邓家湾等遗址[5]。

（一）京山屈家岭房屋遗址

屈家岭文化遗址位于京山县城西南约 30km 的屈家岭村。1988 年由国务院公布为第三批全国重点文物保护单位。遗址坐落在一片椭圆形的岗地之上，地势平坦，附近丘陵起伏，青木垱河和青木河由东西两侧环绕其南，交汇合流。这里土地肥沃，物产丰富，是远古先民耕作和捕鱼生活的理想场所（图 1-3-15）。

遗址面积约 4 万 m²。1955 年、1957 年、1989 年先后 3 次发掘，获得了一大批显著地方特色的遗迹和遗物，被命名为屈家岭文化。[6] 其文化层可分为早、晚两期，其年代经 C14 测定并经校正，晚期约为公元前 3000 ～ 前 2600 年。屈家岭文化的住屋多属方形、长方形的地面式建筑。一般筑墙先挖墙基，立柱填土，再以黏土或草拌泥掺加红烧土碎块筑墙壁。居住面下铺垫红烧土块和黄砂泥，表面涂抹细泥或"白灰面"，并经烧烤，以利防潮。在室内中部或偏一角处设有火塘，有的火塘附近还遗有保存火种的陶罐。

F1 房屋遗址：

F1 号房屋建在一个高 0.5m 的烧土台基上，东西长 8.9m，南北宽 6.62m。台基南北两侧棱线垂直而规整，保存较好。台基南北两侧各发现 4 个对称排列的柱洞，柱径 0.26 ～ 0.4m，深 0.4m。台基南边是低于台基 0.2 ～ 0.55m 的平坦红烧土，上面有不规则柱洞 16 个，柱径 0.13 ～ 0.4m。

房址上未发现墙基，只发现南北对称排列的柱洞 8 个。据遗迹可以复原成 3 间，两坡屋顶的房屋。屋架结构首先立柱，柱上端架檩，承托大叉手椽木，大叉手椽木交于中心承托脊檩，椽间填以树枝、芦苇，上盖茅草或稻草，形成草屋面。墙体是在立柱之间绑扎几根较大的木料，再用竹竿或树枝竖编成墙体骨架，最后两面抹草拌泥而形成木骨泥墙。鉴于台基南面有平坦的红烧土块，门应设在南面（图 1-3-16）。

这是一座非常重要的房屋实例，它标志着中国古代以间架为单位的"墙倒屋不塌"

[1] 中国社会科学院考古研究所. 京山屈家岭 [M]. 北京：科学出版社，1965。

[2] 李桃元. 应城门板湾遗址大型房屋建筑 [J]. 江汉考古，2000（1）。

[3] 武大历史系考古研究室等. 湖北宜城曹家楼新石器时代遗址 [J]. 考古学报，1988（1）。

[4] 长办文物考古队直属工作队. 1958 ～ 1961 年湖北郧县和均县发掘简报 [J]. 考古，1961（10）。

[5] 石河考古队. 邓家湾 [M]. 北京：文物出版社，2003。

[6] 湖北省文物考古研究所. 屈家岭遗址周围又发现一批屈家岭文化遗址 [J]. 江汉考古，1998（2）。

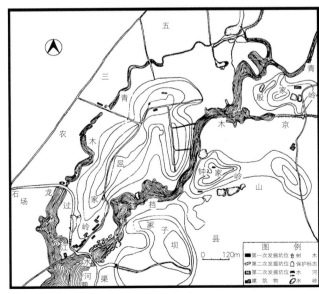

图 1-3-15　京山屈家岭遗址地形图

来源：湖北省文物考古研究所. 屈家岭遗址周围又发现一批屈家岭文化遗址 [J]. 江汉考古，1998（2）

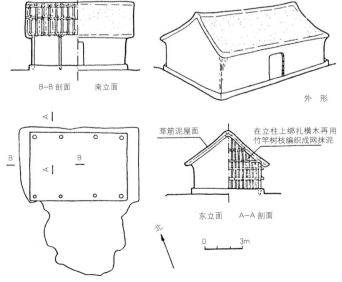

图 1-3-16　京山屈家岭遗址 F1 号房址复原图

的木构架体系已趋形成。室内未发现中心柱，在结构学上，说明原始先民已开始掌握木杆件架设空间结构技术，出现了斜梁，这正是大叉手屋架的启蒙。

（二）应城门板湾 F1 房屋遗址

门板湾遗址，2001 年由国务院公布为第五批全国重点文物保护单位。

1998 ~ 2000 年，在应城市门板湾遗址发现屈家岭文化时期的城址一座，在对城址西垣的发掘过程中，清理出一座保存完好的属屈家岭文化时期的大型房屋建筑。

F1 坐南朝北，方向 10°。墙体保存尚好，最高处达 2.2m，平均高度亦达 1.5m。该房子面阔 4 间 16.5m，进深 1 间 7m，建筑总面积为 115.5m²。自东向西依次有 4 个室（分别编号为 1 ~ 4 号），居中的 2、3 室面积较大，平面呈方形，使用面积约 17m²，两室面积几乎相当；旁边两室较小，平面为长方形，西边的 3 室较东边的 1 室面积要大一些。2 ~ 4 室北墙外有走廊，走廊处有保存完好的散水。

F1 墙体较厚，但不均匀，一般厚度为 0.4 ~ 0.5m，最厚处达 0.6m，墙表面皆抹有黄白色涂料，室内涂层较厚，室外涂层稍薄，墙面涂料中夹杂有大量稻草及谷壳。墙体为土坯砖砌筑而成，切面上土坯痕迹十分清晰，土坯砖长 0.35 ~ 0.44m，宽 0.17 ~ 0.25m，厚 0.05 ~ 0.07m。

F1 共设 9 个门，分别开在北墙、西墙、走廊外墙及各室山墙上，门上部均已坍塌，结构不明，门宽为 0.75 ~ 0.8m，走廊东端门结构遗迹现象得以保留，此门最大：另外还设有 7 扇窗，除一扇在北墙外，有 6 扇窗开在南墙上，除 1 室为小扁窗外，余 5 扇皆为落地式大窗，3 室北墙一扇窗通走廊，其他 6 扇窗均通室外。5 扇落地窗形制、大小皆相似，尤以 2 室两扇保存最为完好，有窗楣、窗台、窗框及一些细部结构，值得一提的是在窗框凹槽内还发现了一件用作垫窗扇轴的臼状圆形小石块。

4 个室中有 3 个室内修了火塘，除 I 室外。室内居住面光滑平整，地面抹有黄色涂层，并经过多次垫平，局部地方清晰可见席纹编织物铺地痕迹，四室地面不在一个水平面上。室外有走廊、门、窗的设置，亦体现出各室不同的使用功能和要求，其功能也显然不同（图 1-3-17、图 1-3-18）。

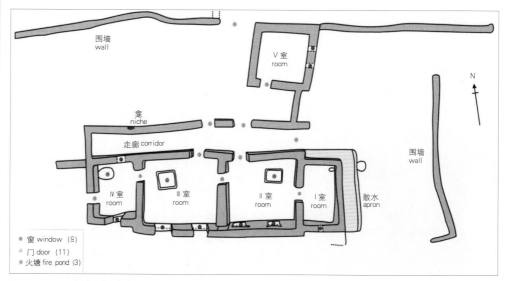

图 1-3-17　应城门板湾遗址 F1 平面图
来源：湖北省博物馆编. 屈家岭——长江中游的史前文化 [M]. 北京：文物出版社，2007

F1 为高台建筑，居住面高出周围活动面 0.4 ~ 0.5m，筑墙时还挖有基槽，基槽内亦以土坯砌墙基，居住面下还有早期文化层。

根据以上遗迹，可以大致地予以复原。这是一座面积约 115.5m² 的方形房屋。前后墙壁等高，两山墙壁高出前后墙，山尖搁檩，前后墙上搁檩，前后架椽木，协助檐檩和脊檩承托屋面荷载，形成前后两坡屋顶。檐口伸出墙外，用来保护墙体不受雨水侵刷。

（三）宜城曹家楼 F1 房屋遗址

这是一座长方形地面式房屋。室内中央有 6 个柱洞，与东、西墙平行，北面还应有 1 个柱洞。柱洞径 0.2 ~ 0.3m，深 0.25 ~ 0.3m；中央一排柱洞与西墙中部之间有 3 个柱洞，西墙中部有 2 个柱洞。从柱洞的排列和墙体走向，以及灶塘位置分析，门应设在西墙两柱之间。中央柱洞与西部柱洞构成西南套间。墙基内未发现柱洞。墙基宽 0.24m，深 0.2m。

据以上遗迹，大致可以复原。墙基内未发现柱洞，墙体应为红浇土块掺和黄泥筑成的承重墙，因墙基宽只有 0.24m，可知墙体不高，约 1.2m 左右，墙两面抹细泥。门开在西面。屋盖构造为东、西墙壁上安放檩条，中央柱上架脊檩，东西两边架椽木于檩上，用藤条或竹篾之类的绑扎固定，构成两面坡屋顶，椽木之间填充树枝、芦苇、上覆茅草或稻草，形面草屋面（图 1-3-19）。

（四）郧县青龙泉 F6 房屋遗址

这是一座长方形地面式双间房屋，南北长 14 m，东西宽 5.6 m，面积约 78 m²。室内有门互通二室。南北室内各有 3 个柱洞，南北排成一线。柱洞径 0.2m，深 0.05 ~ 0.15m。

墙壁用黏土掺和红烧土块垒筑而成，墙厚 0.5 ~ 0.6m，墙内未发现柱洞。二室中部各筑有一个土台，土台旁各埋有一个保存火种的陶罐，南室有灶塘。隔墙两侧居住面上，遗有竹编痕迹，应是睡觉的地方。室内遗有陶制品 20 余件。

据以上遗迹，大致可以复原。墙体内未发现柱洞，可知墙体为承重荷载墙，墙上架檐檩，室内柱上架脊檩，东西两边架椽木于檐檩和脊檩上，构成两坡屋顶，草屋面。两山及前后檐应有出檐，以保护墙体（图 1-3-20）。

图 1-3-18 应城门板湾遗址 F1 房址

来源：国家文物局主编. 中国文物地图集·湖北分册（上）[M]. 西安：西安地图出版社，2002

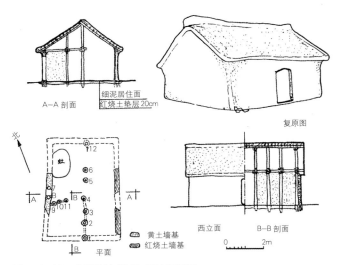

图 1-3-19 宜城曹家楼 F1 房址复原图

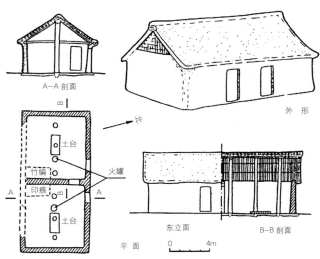

图 1-3-20 郧县青龙泉 F6 号房址复原图

这座房屋有 3 点值得注意：①双间，北室为卧室，南室为炊间，房屋在功能和使用上有了更明确的分工；②墙体内未发现柱洞，说明墙体为承重荷载墙，墙厚 0.5～0.6m，工程技术比以前进步；③柱洞极浅，说明立柱不靠栽埋，而早期靠柱上的横梁（脊檩）联系，同时也反映了脊檩已达两山。

（五）邓家湾房屋遗址

邓家湾遗址位于石河镇北 2.5km。遗址北端较高，南部和东部略低，面积约 6 万 m²。1987 年、1989 年先后 2 次发掘出屈家岭文化时期的房屋 3 座。经比较，各房屋的营建方法略有不同。总体而言，一般是在营建房屋之前先挖房基，后填黄土和红烧土块作为基础，之上做居住面，然后经火烧烤。①

F3 号房址：平面呈长方形，坐北朝南，方向 190°。室内用间墙分隔成东、西二间，东室南北长 3.4m，东西宽 2.94m；西室南北长 3.4m，东西宽 1.54m。北墙较完整，南墙设二门道。东门道位于东室南墙中部，宽 0.92m，西门道位于南墙偏西，宽 0.58m，间墙上北部留有宽 0.64m 的门道。墙体系用灰白色土垒筑在红褐色的台面上，宽约 0.25～0.27m，残高 0.15～0.2m。墙体内未发现柱洞痕迹。室内发现 8 件陶缸，未发现其他遗物。据此，此房屋可能为小型作坊（图 1-3-21）。

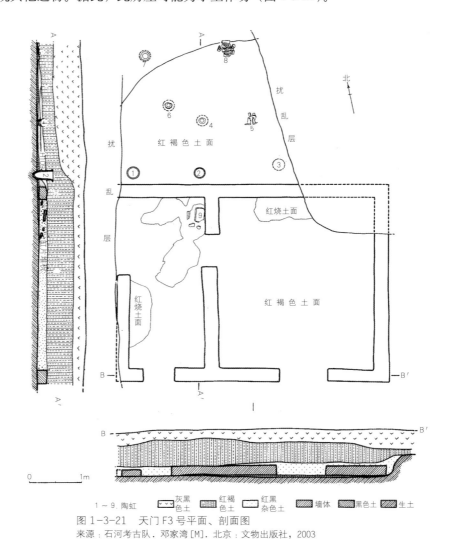

1～9：陶缸　⚟ 灰黑色土　⚟ 红褐色土　☐ 红黑杂色土　⚟ 墙体　⚟ 黑色土　⚟ 生土

图 1-3-21　天门 F3 号平面、剖面图

来源：石河考古队 . 邓家湾 [M]. 北京：文物出版社，2003

①石龙过江水库指挥部文物工作队 . 湖北京山、天门考古发掘简报 [J]. 考古通讯，1956（3）。

五、石家河文化房屋遗址

石家河遗址位于天门市石河镇北约 3km 处，是一处新石器时代晚期文化遗址。石家河的东河和西河由南向北流过，境内分布着 30 余处大小遗址。1954 年发现，1955 年对贯平堰、石板冲、三房湾、罗家柏等遗址进行了发掘，面积约 1600m²①。1996 年由国务院公布为第四批全国重点文物保护单位。

1987 ～ 1989 年又先后两次对谭家岭、邓家湾、肖家屋脊遗址进行了发掘。发现有石家河文化城址、房屋、墓葬、灰坑等。经分析研究，其文化上层为石家河文化，下层为屈家岭文化，表明石家河文化遗址群形成于屈家岭文化时期。②

石家河文化遗址群以石家河古城、谭家岭为中心，四周环绕分布着 30 余处中、小型遗址。谭家岭位于央中，地势也明显高出其他遗址，颇有一点君临城下的气势。

（一）谭家岭房屋遗址

谭家岭遗址位于石家河北，面积约 20 万 m²。1987 年、1989 年先后 2 次发掘，共发现房址 17 座，面积从十几平方米至几十平方米。平面有单间、双间和多间式房屋。1987 年共发现房基 6 座，皆为长方形单间。

F1 号房址：平面长方形，长 4.76m，宽 3.34m。墙厚 0.35 ～ 0.4m，残高最高处0.06m。东、北两面似有一个门道。室内灶塘位于中间偏南，平面近似椭圆形。居住面为平地起建，并经火烧烤，呈紫红色。室内及墙基未发现柱洞，可能柱子部位的房址已被毁。室内南侧地面铺有一层竹席，已炭化。室内火塘及旁边残存有生活用器和生产工具。从房址迹象看，此房因火灾而毁。从发掘现场观察，此类型的房屋在遗址中分布得较密集，它们可能是氏族部落中的一个小家庭的居室。

（二）肖家屋脊房屋遗址

肖家屋脊遗址是石家河文化遗址的重要组成部分，处于石家河遗址最南端。北边与罗家柏岭、杨家湾两个遗址相连，西北与石板冲、三房湾等遗址隔冲相望。遗址原有面积约 15 万 m²。1987 ～ 1991 年先后进行过 8 次发掘，发掘总面积 6710m²。共发现屈家岭文化第一期房屋 1 座，编号 F1；第二期房屋 6 座，编号为 F1、F2、F5、F11、F13、F15。发现石家河文化早期房屋 6 座，编号为 F6、F7、F9、F10、F12、F14；晚期房屋 1 座，编号为 F8。③

由于这些房屋距地表较浅，保存都不好。但从房屋遗迹还是可以看出，肖家屋脊房屋多为长方形地面式建筑，分单间和多间两种。房屋营建方法是：房屋结构为平地起建，墙体下一般先挖墙基，墙基内很少发现柱洞，说明此类房屋墙体结构应为板筑墙。室内多用细碎的红烧土块或纯净的黄土铺成，然后上面做居住面。门道清楚者都开在南面。有的房屋还发现灶坑，均为圆形，锅底状。

（三）房县七里河房屋遗址

七里河遗址位于房县县城西 3.5km 的七里河和横贯东西的马栏河交汇的二级台地上，遗址南面紧靠巫山山脉北麓的凤凰山二郎岗，其余三面是宽阔平缓的河谷阶地。遗址总面积约 6 万 m²。④1976 ～ 1978 年先后 3 次进行了发掘，发掘面积 1348m²。出土了大量的生活用器和生产工具，揭露了一批房屋基址、窖穴、陶窑和墓葬等遗迹。其文化内涵主要是相当于北方龙山文化时期的"石家河文化"青龙泉类型（青龙泉

①石河考古队．湖北省石家河遗址群 1987 年发掘简报 [J]．文物，1990（8）．
②石河考古队．邓家湾 [M]．北京：文物出版社，2003．
③湖北省荆州博物馆等．肖家屋脊[M]．北京：文物出版社，1999．
④湖北省文物考古研究所编著．房县七里河[M]．北京：文物出版社，2008．

三期）的文化遗存。2013 年由国务院公布为第七批全国重点文物保护单位。

1. 房县七里河 F21

房县七里河 F21 是石家河文化一期前段房屋，为半地穴式房屋，穴室平面呈不规则椭圆形，室口约大于居住面，近似鞋底状，长径为 9.80m，短径约 2.50 ～ 3.50m，深约 1.20 ～ 1.48m。保存较完好。房屋内尚存柱洞 8 个，其中 7 个柱子洞分别位于室内南边和北面地面上，1 个柱子洞位于居住面中部。

出入口设在北壁偏东部，穴室内保存有 5 级台阶，每级台阶的形状和大小不一，分别为长方形、梯形、椭圆形和三角形。室内遗存有火塘和生活遗迹。食物储藏区位于火塘北部，为不规则椭圆凹坑，长径为 2.72m，短径为 1.36m，低于居住面 0.20m 左右，表面有一层较薄的有机物腐蚀后（可能为粮食腐蚀）形成的绿灰土层，厚约 0.02m。

根据现存遗迹分析，这是一座长椭圆形半地穴式房屋，深约 1.20 ～ 1.48m。门设在北壁东部，与室内 5 级台阶连接，便于出入和上下。

根据房屋遗迹，柱洞 8 个，呈不规律排列。其中有 1 个柱洞位于室内居住面中部（可能两端还有柱子，已被破坏）。推测中心柱上架脊檩，脊檩搁在两端柱子上，檩前端伸出柱外，形成屋脊，南、北两边的柱子与脊檩交会，再用藤葛或竹篾绳索绑扎，形成南、北两坡屋面；根据此房为椭圆形平面，东、西柱子应与中心柱子相交，东、西、南、北用竹片或树枝横、竖排列，作为房顶的骨架，并用藤葛或竹篾绳索绑扎，形成原始的窝棚式屋顶，其上覆以茅草或稻草。东、西两侧的茅草式的山墙上及北屋面上可能开有窗子。穴壁内部涂抹黄白色土壁面，形成墙壁（图 1-3-22、图 1-3-23）。

2. 房县七里河 F8 号房址

房县七里河 F8 为石家河文化一期后段房屋，是一座长方形红烧土台基式房屋，台基高于当时四周地面约 0.30 ～ 0.60m，坐南朝北。面阔 4 室，东西长 18.57m（墙体中心至中心的距离），进深 1 间，南北宽 5.75m（墙体中心至中心的距离），房屋前檐（北）设有前廊，前廊宽约 1m（墙体中心至中心的距离）。红烧土铺筑地面，呈南高北低斜坡状。廊外设有间距基本相同，长宽基本相等，形制相同的南北向 3 个

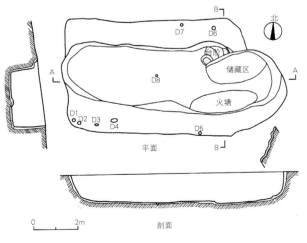

图 1-3-22 房县七里河 F21 遗址平面、剖面图

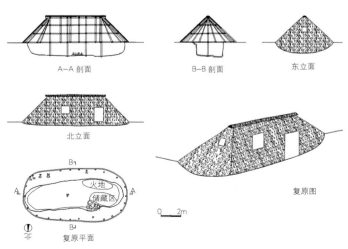

图 1-3-23 房县七里河 F21 复原图

门道。房屋四周墙壁和室内间隔墙为木骨泥墙，残存有墙基槽，基槽内残存有 103 个柱洞，墙基四周有红烧土构筑的斜坡散水，在门道外（北面）遗存有用红烧土铺筑的室外活动场地。

根据现存遗迹分析，这是一座长方形红烧土台基式房屋，坐南朝北，室内用间隔墙将房屋分成 4 间。前檐有 1m 左右的斜坡檐廊，廊外设有 3 个门道，长 1.50～1.60m，宽 1.45～1.50m，门净宽 1.20～1.25m。门道两侧遗存有小柱洞，当是架设雨篷的。

其构架应是：房屋墙基内发现大小不同的 103 个柱洞，从柱洞的排列来看，柱洞未形成柱网布局。台基四周铺设红烧土块斜坡散水。屋面前檐带前廊，并设有 3 个雨篷；墙体为木骨泥墙，为了室内采光，前廊的墙体可能不高，也可能只设有木骨泥栏杆；屋盖结构大致是在前后檐柱上安放檐檩，中心柱上架脊檩，脊檩伸出柱外，用藤葛或竹篾绳索绑扎，南、北架椽木交于脊檩上，椽间用树枝、竹竿、芦苇纵横绑扎，上铺茅草或稻草，而成为草屋面。内部抹白灰面，形成墙壁（图 1-3-24～图 1-3-26）。

值得注意的是 F8 由于地势南高北低，房屋紧靠山坡，为了更好地保护好房屋，在倚南墙外(后檐墙)，用红烧土构筑了一道与南墙并列的平行墙体。墙南侧立面较陡，墙面已遭破坏，墙体残长 16.40m，宽约 0.30～0.90m，残高约 0.20～0.40m。

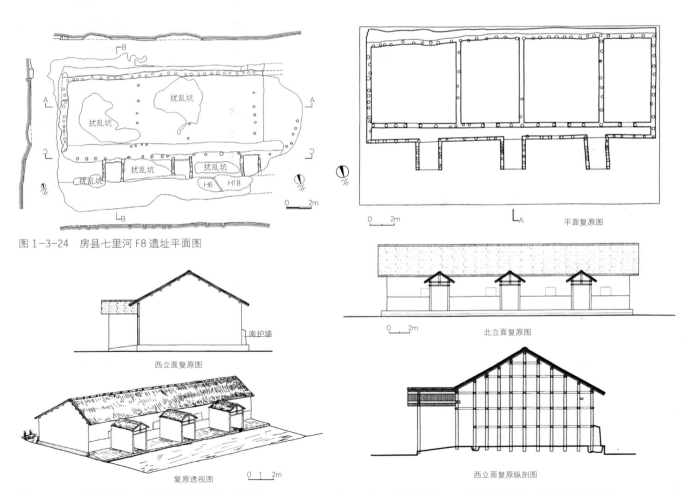

图 1-3-24　房县七里河 F8 遗址平面图

平面复原图

图 1-3-26　房县七里河 F8 号房复原西立面、透视图　　　图 1-3-25　房县七里河 F8 号房复原平面、南立面、剖面图

（四）郧县青龙泉 F1 房屋遗址

这是一座单间地面式房屋，面积约 10m²。[①]门向东，室内西北角设有一方形土台，附近遗有生活用器和生产工具。居住面上未发现灰烬和灶塘，只遗有生活器具和生产工具。F1 与 F2 之间的地面上，遗有成堆的石斧、石锛和一些未加工的鹿角。四周墙体内发现 30 多个小柱洞，室内未发现柱洞。从以上可知，F1 房屋是一处专门制造或加工工具的场所——手工作坊。墙体为木骨泥墙，屋盖由两边架椽木交于一点，形成双坡屋顶，椽间用树枝、芦苇纵横铺设，上覆茅草，形成草屋面。

六、石家河文化宗教遗址

邓家湾遗址的宗教遗迹有：祭址、陶缸遗迹。[②]祭址共发现 2 处，编号为祭 1、祭 2。其中祭 2 保留现象较多，祭 1 破坏较严重。祭 2 包括祭祀活动面、祭祀活动遗迹和覆盖层 3 部分。祭祀活动面暴露部分为长形，南、北边缘界线不甚明显。活动面又分南、北两片：北部有一块用纯黄土铺筑的平整地面，土质较紧密，南北宽 1.7 ~ 2.4m，暴露长 3m，厚 0.04 ~ 0.15m；南部面积较大，系黄褐色土夹陶片铺垫，不甚平整。所夹陶片中有较多的厚胎红陶缸片，特别在南部边缘更为明显。整个活动面未见夯迹，铺垫层依地形而厚薄不均。南北总长约 18m，暴露宽 4m，最厚 1.06m。

祭祀活动遗迹主要有陶缸、扣碗 2 种。陶缸基本为夹砂厚胎红陶筒形缸，据其分布情况可分 4 组：第一组在南部，南北范围约 6m。多成碎缸片，大体呈三角形堆放，较大块的又围绕碎片分布。第二组在中部，保存完整器较多，东北—西南方向排列，缸口向西或向东，平置。排列长度约 6.5m。第三组在北部黄土面上，大体呈圆形堆置，都已破碎，有的可复原。堆置范围直径约 1.5m。第四组在中部偏北处，被填于一条东西向的沟槽中，均为碎缸片，沟残长 2.4m，宽 0.7 ~ 1m，深 0.5m。

扣碗有 3 处，呈三角状分布于北部黄土面南侧，为 2 个陶碗口对口相扣，平置于活动面上。东部 1 对，西部 2 对，东西相距 1.9 ~ 2.2m，西部 2 对相距 0.5m。

陶缸遗迹是许多陶缸相互套接在一起，有 2 处。一处从东北角向西南角方向排列，呈波浪形曲折。有 2 排和 3 排的，每排之间缸腹基本相靠。东北端的缸口朝南或朝西南，中段的缸口向东北，南端的缸口朝北。缸口与缸底互相套接，缸底套入缸内一般约1/3。中排保存缸口较多，共有 24 件。陶缸延续总残长 10m，三排总宽约 1m。

另一处东西向排列成 2 排，方向为 100°。2 排相距 0.3 ~ 0.4m，基本呈直线平行排列，缸口一律朝西，北排保存较好，共保存陶缸 23 件；南排东段保存较好，有陶缸 13 件。陶缸 2 保存长度为 9.1m，东、西两端均有破坏现象，原延伸方向和总长度均不明。这种遗迹出现于祭址附近，应与祭祀有关（图 1-3-27）。

在邓家湾宗教遗址的东、西、南边缘部位，分布着形制大小不一的灰坑，坑内堆积是具有代表性的陶塑品。种类有狗（偶和狗、含物狗、驮物狗）、鸟（含物鸟、长尾鸟、短尾鸟、连体鸟）、猪、象、鸡、猫头鹰、鼠、兔、龟和抱物偶等，并以狗和鸡数量最多。出土陶器有罐、杯、豆、器盖、碗、钵、纺轮等。

这些陶塑品、器物和焚烧现象可能与祭祀有关；而陶塑堆积附近又未发现窑址，因此大量陶塑应属于祭祀活动的遗存。集中出土的陶偶、陶塑动物则似为祭品，因

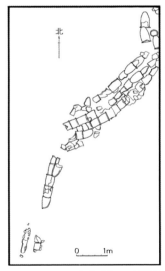

图 1-3-27　邓家湾陶缸 1 平面图
来源：石河考古队. 邓家湾 [M]. 北京：文物出版社，2003

①长办文物考古队直属工作队. 1958 ~ 1961 年湖北郧县和均县发掘简报 [J]. 考古，1961（10）。
②石河考古队. 邓家湾 [M]. 北京：文物出版社，2003。

此邓家湾可能是石家河古城的一处祭祖场所。

第四节　史前居住建筑的工程成就

一、室内高程演变

湖北省境内史前居住房屋室内高程演变与当时社会发展相符合。[①] 史前建筑圆形房屋室内高程演变过程为：半地穴式→地面式→半地穴式（图 1-4-1）。

方形或长方形房屋的室内高程演变过程为：地面式→台基→地面或台基（图 1-4-2）。

大溪文化房屋室内地面高程一般高于室外地面 0.1 ～ 0.3m，可以枝江关庙山 F22、F30 为代表；屈家岭文化的房屋室内地面一般高于室外地面 0.2 ～ 0.5m，可以屈家岭 F1、郧县青龙泉 F6 为代表；石家河文化的房屋室内地面一般高于室外地面 0.3 ～ 0.4m，可以通城尧家岭 F1、房县七里河 F8 为代表。这时期也保留有半地穴式房屋，但不是营建技术的倒退，而是阶级对立在建筑上的反映。

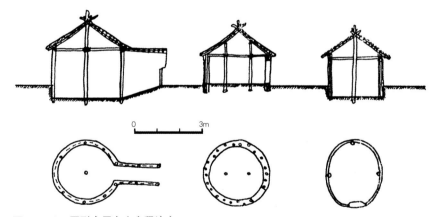

图 1-4-1　圆形房屋室内高程演变

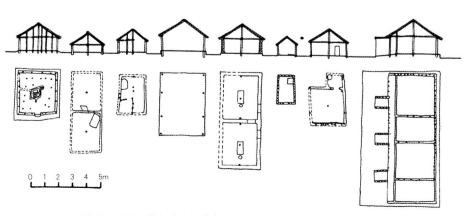

图 1-4-2　方形或长方形房屋的室内高程演变

①李德喜．江汉地区史前住屋概说 [J]．华中建筑，2005（S1）。

　　提高室内地面，不仅是为了适应南方多雨潮湿的气候条件，更重要的是原始先民在与危害健康、甚至致命的潮湿的斗争中，总结其生活经验教训的结果。所以墨子在论述原始社会地面建筑时说："室高，足以辟润湿"，是符合客观实际的，同时也是工程技术的进步。湖北境内的考古学材料也证明了原始社会的房屋已有了多种防潮措施。

二、居住建筑工程成就

　　（一）平面类别及使用功能

　　湖北境内史前房屋平面类型可归纳为以下几种：

　　（1）半地穴式圆形房屋；

　　（2）地面式圆形房屋；

　　（3）地面式单间房屋；

　　（4）地面式方形（套间）房屋；

　　（5）地面式长方形（双间或多间）房屋。

　　以上几种房屋平面从开始一直延续到原始社会末期。在平面组合上，由单间向套间、双间、多间发展，这是同人类文化发展相符合的。因为任何时间的建筑不可能脱离社会发展而独立存在，建筑的发展是人们生活需要和生产力有关的材料、工程技术等等的实际反映。

　　（二）室内地面

　　室内地面有 2 种：

　　（1）自然地面：就是把原来高低不平的地面用红烧土块垫平，稍作修整，作为房屋室内地面，这种做法比较原始，如均县朱家台 F2、郧县青龙泉 F2、F4。

　　（2）利用坚硬的黄土和红烧土块铺垫，一般厚约 0.15 ~ 0.5m，以巩固地基，这是比较先进的做法，如枝江关庙山 F22、F30，宜城曹家楼 F1，京山屈家岭 F1，郧县青龙泉 F6，房县七里河 F8 等。

　　不管哪一种地面做法，均在垫层上涂抹多层细泥，使居住面平整、光滑。有的抹面干燥后，再用火烧烤，使其防潮性能更好。

　　（三）立柱与柱础

　　房屋立柱一般采用较大的圆木，但也有用竹柱的，如宜都红花套 F111 号房的擎檐柱，外径 0.094m。

　　柱基的做法有 3 种做法：

　　（1）挖洞栽柱，原土回填，无特殊处理。因此发掘时只见木柱自然腐朽和烧毁后遗留下来的柱洞。

　　（2）柱基底部垫一层红烧土，陶片或卵石，周围用红烧土和黏土夯实，如关庙山 F22 的 11 号柱基。这种做法对柱脚防潮和加固柱子颇有改善，可增强柱脚的稳定性。这对绑扎节点的原始木构架来说是十分必要的。

　　（3）柱础石是用天然石块打制而成。宜都红花套一座圆形房址中心柱脚下垫有一块方形柱础石，青龙泉 F4 柱下也垫有石块。这反映了为防止立柱下沉而力图使柱基底部坚硬的想法，实际上在客观上符合加大承压面，减少压力的科学道理。

（四）门窗

门有 2 种做法：

（1）一种为长方形洞，有的有木门框，然后安门。

（2）一种为推拉门，如枣阳雕龙碑遗址 F15 号房门，是在建造墙体时留出门框和缩动门槽。门框的下框呈沟槽状，沟槽内侧筑有高出室内地面的凸棱——门槛，与门的左右框架连成一体。推拉门框架一般宽约 1.2m，净宽 0.5m。

窗有 2 种法：

（1）方形或长方形洞，有的安木框，然后安窗。

（2）长方形落地窗，如在应城门板湾 F1，有 6 扇窗开在南墙上，有 5 扇为落地式大窗，有窗楣、窗台、窗框及一些细部结构，值得一提的是在窗框凹槽内还发现了 1 件用作垫窗扇轴的臼状圆形小石块。

（五）墙基、墙体

墙基的做法是普遍开挖基槽，内填红烧土块，用以巩固墙基，增强房屋的稳定性。

墙体的构造，可分为木骨泥墙和承重荷载墙。

木骨泥墙的做法是在立柱之间，用树枝、竹片纵横编织成墙体骨架，也有采用竹片竖排而成为竹篱作为墙体骨架的，如红花套 F302 号房屋就采用这种方法。木骨泥墙是后世采用壁柱加固板筑墙的前身。木骨泥墙和承重荷载墙，均采用红烧土块，碎陶片掺和草拌泥堆筑而成。墙体内外用纯净的细泥抹面。为防止雨水冲刷墙面，有的待墙面干燥后，再用火烧烤整个墙面。这种用火烧烤的墙面温度很高，颜色很深，质地坚硬。这种烧烤墙面，不仅起到了保护墙面的作用，而且增强了墙体的牢固性和永久性。这是原始社会先民劳动智慧的结晶。

（六）屋盖

屋盖是由屋面和支承结构所组成。房屋支承结构有 2 种：

（1）柱上架檩椽承重，如宜都红花套 F302、郧县青龙泉 F4、枝江关庙山 F22、京山屈家岭 F1、宜城曹家楼 F1、房县七里河 F8 等房屋。这种柱上架檩,必然出现斜椽，如屈家岭 F1 屋架采用大椽木悬臂交接以提供顶部支点的结构方式，正是大叉手屋架的启蒙。

（2）墙体直接承重。如均县朱家台 F2，郧县青龙泉第二期 F6 等房屋，就是采用山墙承重搁檩条的做法。

以上两种结构方式，都在檩条上采用椽木绑扎。为了使屋面平整，椽木和檩条上均采用树枝、竹片、芦苇、植物茎叶作为填充材料，其上覆盖茅草或稻草，也有抹拌草筋泥的。

屋顶的形式有：圆形攒尖顶、四角攒尖顶、两坡悬山顶、四坡顶。结构上原始先民们已掌握了用木杆件架设空间的技术。房屋有低矮的台基，直立的墙体，倾斜的屋盖。技术上已基本解决了房屋承重构件与横向构件的结合。

（七）防水、防潮

潮湿对人体健康十分有害，长期居住，轻者致病，重者残废或死亡，所以《墨子》中有"下润湿伤民"的说法。考古发现也证明了这一点。原始先民生活的经验迫使人们开始探寻防潮方法。起初人们只是用红烧土块垫平高低不平的地面，作为一种防潮的手段，晚期用红烧土块、硬黄泥垫高居住面 0.1 ~ 0.5m，其上要抹一层细泥。提高室内高程和用细泥抹面本身就是一种很好的防潮效果。有的居住面还经火烧烤，虽然人工烧烤居住面，对防潮效果有所提高，但仍然受到潮湿的危害。推测当时人们寝卧之处主要是依靠竹席（青龙泉 F6 就有竹席的痕迹），较厚的茅草，皮毛之类的铺垫。

泥土陶化可以防水，这一制陶经验用于房屋墙面是很自然的。为防止雨水对墙体产生危害，墙体内外抹泥后，待干燥后进行烧烤。枝江关庙山 F22 墙面烧成的温度达 600℃。F30 温度达 900℃。烧烤过的墙面质地坚硬，不仅有很好的防水防潮效果，而且提高了墙壁的硬度，对于防虫，防鼠更为有利。

（八）散水

散水是湖北地区史前居住房屋较为普遍的一种防水防潮措施。散水的使用，是南方多雨气候条件所决定的。散水是为了更好地排水，避免墙基积水受潮，散水结合擎檐柱加大屋檐出檐，在一定程度上解决了原始房屋墙体的防潮问题。湖北地区至今农村还有使用碎砖乱瓦铺设散水，可见其源远流长。

（九）装饰技艺

泥土是一种可塑性的天然材料，这对于已经掌握了高超制陶技术的原始先民来说，已是常识。使用的建筑材料，加入稻壳和截断的稻草，起着筋骨和拉力作用，防止墙面开裂，是一种进步。他们在彩陶艺术上所表现的审美能力和创作水平，使我们深信用泥土建造的居住房屋，也会有某些装饰处理。特别是石家河文化的陶塑品中有人、鸡、长尾鸟、羊、龟、猪、猴、狗、象等，是我国原始文化的精华。这些造型朴素、形象逼真、姿态各异的艺术品，反映了我国远古时期原始艺术的光辉成就。从这些陶塑艺术品中，可以证明石家河文化在建筑装饰上已有相当的发展。

第二章
夏、商、西周时期的建筑（约公元前21世纪~前770年）

第一节　商、周时期的城址

一、商时期的城址

（一）武汉盘龙城遗址

盘龙城遗址位于武汉市北 5km 的黄陂区滠口叶店盘龙湖畔，东、南、西三面临湖，北面连着山冈。整个遗址分布在东西长 1100m，南北宽 1000m 的丘陵地带上。城址周围的山冈上，到处都分布着商文化堆积（图 2-1-1）。遗址为商代中期，年代约为公元前 15 世纪前后，距今约 3500 年。[①]1988 年由国务院公布为第三批全国重点文物保护单位。

盘龙城遗址于 1954 年发现，1963 年试掘，1974 ~ 1994 年先后又进行过发掘。发掘出古城址、宫殿建筑遗址和城外墓葬等。

盘龙城平面略呈方形，南北约 290m，东西约 260m，面积约 75400m^2（图 2-1-2）。城内地势东面及东北部高，西面及西南部低，东北部与西南部高差约 6m。东北隅地形呈三级台地状，向南、向西地势逐渐下降。东北部的最高处高程为 43.2 ~ 43.7m，第二级台地的高程为 41 ~ 42.3m，第三级台地的高程为 38.3 ~ 38.9m。城内东北部是人工填土平整加高而形成的台地，为大型建筑群所在的基地。已揭露出 F1、F2 两座大型宫殿建筑基址。

城址中轴线北偏东 20°。新中国成立时四周城垣残高约 4m 左右，现存 1 ~ 3m 左右。四周城垣为夯土筑成，墙体外坡陡，内坡缓。南垣：南城垣西段墙体较直，东段略向北斜弧，墙体内壁最高处高出城内地面近 4m，全长约 262m，残宽为 21 ~ 28m，距城外地面残高 3.3m。北垣：残存土垣基部。走向较直，全长约 261m，残基宽 21 ~ 38m，垣基残面中部以西稍高于城内地面，东段已低于城内现东北部高地。东垣：墙体已毁，仅存城垣基底内坡边缘，基底走向较直，全长约 287m。西垣：西城垣墙体北段较直，南段微内弧，内坡呈二层坡状，全长约 290m，残宽 18 ~ 45m，

①湖北省文物考古研究所. 盘龙城 [M]. 北京：文物出版社，2001.

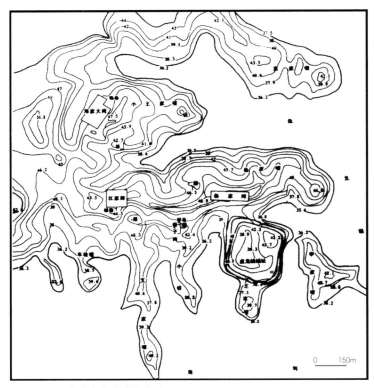

图 2-1-1　黄陂盘龙城遗址地形图
来源：湖北省文物考古研究所 . 盘龙城 [M]. 北京：文物出版社，2001

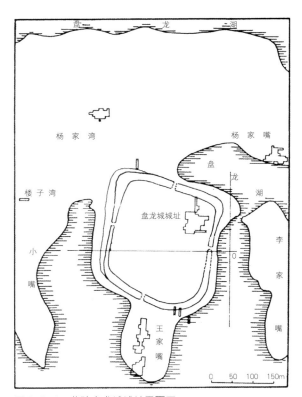

图 2-1-2　黄陂盘龙城城址平面图
来源：湖北省文物考古研究所 . 盘龙城 [M]. 北京：文物出版社，2001

距城外地面残高 2 ～ 3m。城址四角仅东北角破坏较严重，其余三个城角，地面形制清楚可见。西北角外缘近方角形，东南角、西南角外缘略呈圆角形。

城址的南、北、西三面中部各有一个豁口，均是原城门遗迹。南门豁口宽约3m，豁口西侧残垣高约 1 ～ 2m，东侧残垣高 2 ～ 3m。北门豁口宽约 3 m，仅见城垣基部低矮豁口遗迹。西门豁口宽 3.6m，豁口北侧残垣高 2m，南侧残垣高 1.5m。东城门残迹：东垣墙体全毁，仅在基底中部留有依稀凹痕残迹。

城垣由墙身、内、外护坡组成。墙身采用层层夯筑，每层厚约 0.08 ～ 0.1m，夯筑技术比较原始。内护坡采用斜筑来支撑城垣主体时使用的横板，说明用立柱加夹棍并以绳索固定横板的夯筑技术尚未出现。外坡陡峻以利防御，内坡缓和以利登临。

城垣外有宽约 14m，深约 4m 的护城壕，南城壕东段中发现有木柱痕迹，可能为当时的桥梁建筑遗迹。城内东北高，西南低，高差约 5m。城内东北部高地上，发现有大型的宫殿建筑遗址（图 2-1-3）。

城外四周分布着居住遗址、手工作坊和墓地，出土了大批珍贵的历史文物。

盘龙城城址规模不大，城垣倚宫殿而营筑，城内除大型宫殿建筑群外，未见有其他遗迹，显然，此城的功能乃是为保卫贵族奴隶主政权而建造的一座宫城。盘龙城宫城在规模上虽远不如郑州商城大，但在建造方法和夯筑技术上却与郑州商城大致相同，尤其是宫殿区布局皆在城内的东北部。

盘龙城宫城内，是奴隶主贵族的活动区，手工业作坊和平民区均设在城外。城

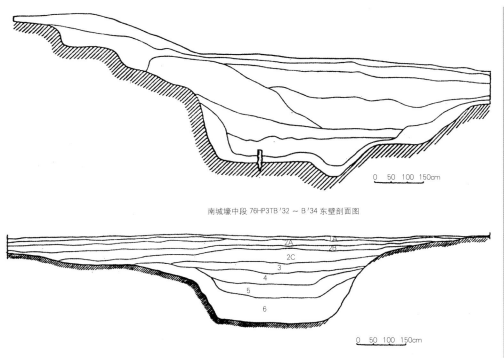

南城壕中段 76HP3TB′32～B′34 东壁剖面图

北城壕西段 79HP4TR′42～R′46 东壁剖面图

1A. 地表淤泥 1B. 棕褐土 2A. 黄土 2B. 黄锈斑土 2C. 灰黄土 3. 黄灰土 4. 灰斑土 5. 红黄斑土 6. 红褐土夹灰斑土

图 2-1-3　黄陂盘龙城城址南城壕、北城壕剖面图
来源：湖北省文物考古研究所. 盘龙城 [M]. 北京：文物出版社，2001

外四周分布着居住遗址、手工作坊和墓地，其布局为：北面有杨家湾及杨家嘴平民区与作坊遗址，南面有王家嘴作坊遗址，西面有楼子湾平民区和作坊遗址。城外的墓地有：东面的李家嘴贵族墓地，西面的楼子湾墓地，北面的杨家湾、杨家嘴墓地和童家嘴平民区与墓地。

　　盘龙城商代宫城与规模很大的郑州商城相比，可说是小巫见大巫。郑州商城城内既有宫殿区，也有手工业生产区，既有贵族活动中心，也有平民生活区。而盘龙城城内仅有宫殿。从这一意义讲，盘龙城这座商代宫城与商代都城相比更具有原始的形态。

　　盘龙城宫城十分注重防御设施。如城垣四壁的坡脚，外坡陡直，以防攀爬，内坡缓，既加固了城垣的护坡，又便于在城内登高远眺；在城外四周挖掘了城壕，深沟高垒以加强宫城的防御功能。

　　城外的城壕，不仅能严防外侵者，也有水路交通运输的功能。在南城壕东段已解剖的一段城壕内坡，发现一片横竖排列的木板结构遗迹。城壕外坡稍低于内坡，推测应与活动桥有关，南城壕中的两岸，多有木构方面的设施，显然是因南面有府河，为水路交通运输而设置。

　　盘龙城宫城地处长江中游北岸，水陆交通方便，向北可通过汉水与中原商王朝保持联系，向南可通过长江与南方诸部族交往，进行物质、文化交流。宫城周围拥有多处手工作坊表明，它是当时此地的一个手工业中心区。

二、西周时期的城址

（一）天门石家河土城

土城城址位于天门石家河镇土城村土城湾，1984 年文物普查时发现。[①]城址呈不规则的椭圆形，南北长约 510m，东西最宽处约 280m，面积约 42000m²。四周城垣保存较为完整，夯筑城垣底宽 10～20m，顶宽 4～6m，残高 4～6m。城垣外有壕沟遗迹，宽约 80～100m。1982 年、1989 年两次试掘，发现整个城垣构筑在石家河晚期文化层之上，从发掘和采集的遗物看，此城始建于原始社会，并留存有遗迹和遗物，如灰坑、窖穴、瓮棺等。至西周早、中期此城垣曾维修过，因此，城内还有同时期的遗迹和遗物。城垣包含物中时代最晚的可见西周陶鬲残片。城内有大面积西周文化堆积和遗物。从城内的地势看，东北高，西南低，呈缓坡状。部分夯土台基则位于东北部。

（二）天门皂市笑城

笑城城址位于天门市皂市镇笑城村二组与四组境内。[②]距天门市区 36.4km，距皂市镇 7.5km。城址地处山地向平原过渡的丘陵地带熊家岭岗地南端，岗地南北长约 1km，东西宽约 0.5km。土筑城墙至今仍大部分保存在地面，由于笑城城墙修建在岗地的缓坡上，形成城墙外高内低，城墙一般高出地面约 2.5～4.6m，底部宽约 20～22m，上部宽约 8～10m。在解剖的过程中未发现夯筑痕迹，从北城墙的堆积方式分析，城墙应为堆筑而成。2008 年由湖北省人民政府公布为第五批省级文物保护单位。

城址坐北朝南，平面呈"凸"曲尺形，东西长 250～360m，南北宽 156～305m，面积约 9.8 万 m²，城内面积约 6.3 万 m²。城址除城北有壕沟外，其余三面均为湖泊。城墙东西两面没有发现缺口，而南北城墙正中各有一残存缺口，可能为城门残迹。笑城城墙分属两个时代，早期城墙属于屈家岭文化晚期，晚期城墙为西周晚期和春秋中期。早晚城墙的修筑范围基本吻合，晚期城墙是在早期城墙的基础上加高而成（图 2-1-4、图 2-1-5）。

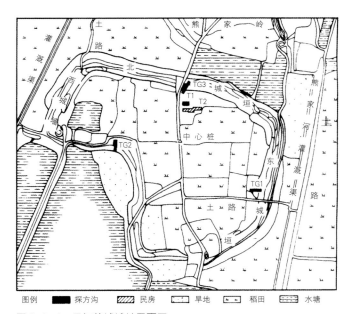

图例　■ 探方沟　▨ 民房　▢ 旱地　▤ 稻田　▦ 水塘

图 2-1-4　天门笑城城址平面图
来源：湖北省文物考古研究所等. 湖北天门笑城城址发掘报告 [J]. 考古学报，2007（4）

①国家文物局主编. 中国文物地图集·湖北分册（下）[M]. 西安：西安地图出版社，2002。
②湖北省文物考古研究所等. 湖北天门笑城城址发掘报告 [J]. 考古学报，2007（4）。

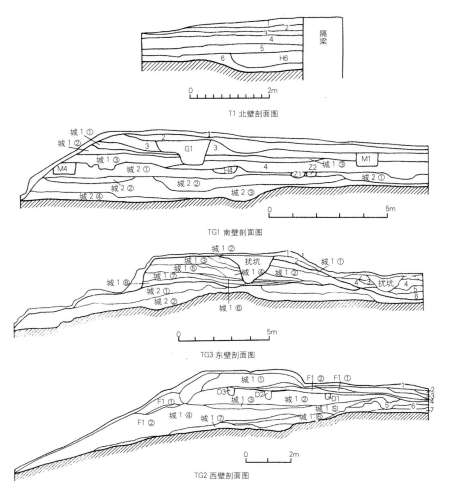

图 2-1-5　天门笑城城垣剖面图
来源：湖北省文物考古研究所等．湖北天门笑城城址发掘报告 [J]．考古学报，2007（4）

第二节　夏、商、周时期的房屋遗址

一、夏代房屋遗址

（一）宜昌白庙 F3 房址

1993 年在发掘宜昌白庙遗址时，清理出了一座相当于中原二里头文化（即夏文化）时期的地面式房屋基址，编号为 F3。[①]

F3 主要分布在 T32 和 T33，T26、T27 的东南部，T34 的西南部亦有分布。其西部被扰坑和池塘破坏，东北部为晚期地层扰乱，南部延续到公路下。房址面积较大，共跨有 5 个探方（每一个探方面积为 25m²），平面形状呈不规则形，方向和门道不清楚，只残存一段墙基，7 个柱洞及 4 处不规则形的红烧土硬面。表明当时修筑房屋时，地面用红烧土处理过。出土遗物不多，主要有石斧、陶罐、盘等残片。

①三峡考古队．湖北宜昌白庙遗址 1993 年发掘简报 [J]．江汉考古，1994（1）。

（二）秭归下尾子房址

1993 年春在秭归下尾子遗址夏文化时期的地层中清理出了一座房屋基址，该基址为当时房屋墙壁坍塌下来的红烧土块层，还发现有红烧土居住地面。红烧土块分布于 5 个探方。总面积约 100m²，在红烧土块西边发现 2 个柱洞（编号为 D1、D2）。D1 直径 0.45m，深 0.2m，柱洞洞壁明显，洞穴内填有密集的红烧土。D2 直径 0.3m，深 0.15m，柱洞内底部垫有一石块，两洞间距 1.45m。[①]

上述两种房址的建筑形式大致相同，都是地面式建筑，房内都铺垫有一层红烧土硬面，使房内地面平整，便于人们活动。房屋柱洞底部有的填红烧土，有的垫一扁石块，主要是起加固整个房体的作用。这种建筑形式与该地区新石器时代大溪文化、屈家岭文化、龙山文化时期的房屋建筑形式基本相似，可以说是三峡地区地面台式建筑的延续和发展。

二、商代房屋遗址

（一）武汉盘龙城宫殿基址

盘龙城宫殿基址位于城内东北部最高处，海拔 42.30 ～ 43.7m。发现有早、晚两期建筑遗址。[②]下层宫殿建筑建在生土之上，已发掘的上层建筑遗址，与城垣同时代。宫殿遗址所反映的营造程序是先平整地基，然后夯筑大规模的夯土台基。营建上层宫殿时，则先将东西 60m，南北 100m 的地段平整，夯筑高 0.1 ～ 1m 以上的夯土台基，再在上面修建宫殿。已发现 3 座前后并列，坐北朝南的大型宫殿建筑遗址，东西还有配房建筑遗址。其中 F1、F2 号基址已发掘，F3 未发掘（图 2-2-1）。

1 号宫殿建筑基址北距北城垣内基脚 36.6m，东距东城垣内坡基脚 36.5m。方位坐北朝南，方向 20°，与城垣走向一致。

1 号宫殿建筑基址平面呈长方形，建在一个东西长 39.8m，南北宽 12.3m 的台基上，台基高出当时地面 0.2 ～ 1m。1 号宫殿建筑是一座四周带回廊，中为并列四室的大型宫殿建筑。建筑以回廊外沿大檐柱柱中心计，总面阔为 38.2m，进深 11m。四室位于台基的中部，东西向排列于一条直线上。面阔以墙中心计，通面阔 33.9m，进深 6 ～ 6.4m。四室以木骨泥墙相隔。

四室以中间两室面积较大，略呈长方形，东西两端两室较小，略呈方形。由东往西编号为 1、2、3、4 室，以墙中计，其面阔分别为：第一室面阔 7.55m，第二、三室各面阔 9.4m，第四室面阔 7.55m。由于中间两室较宽，前后各有两门；东西两侧两室较窄，南面各开一门，门宽 0.9 ～ 1.2m。四室的门的前后均有门道，皆用红褐色土铺筑地面，土质坚硬，与台基上室内的红色地面相连接。前后门两侧的墙体均呈圆弧形，紧靠门道的东西两侧墙体内各有一个柱洞，可能与门框的支撑柱有关。

四室之外设一周回廊，以檐柱中心与四室墙中心计，回廊东、西、北三面均宽 2.5m，南面宽 2.4m。回廊四周围绕着擎檐柱穴 43 个，檐柱距夯土台基边缘 0.6m。每个檐柱础穴底部均置有础石。大檐柱洞两边各有直径较小的擎檐柱洞，可知房屋是有出檐的（图 2-2-2）。

①宜昌博物馆. 秭归下尾子遗址发掘简报 [J]. 江汉考古，1994(1)。
②湖北省文物考古研究所. 盘龙城 [M]. 北京：文物出版社，2001。

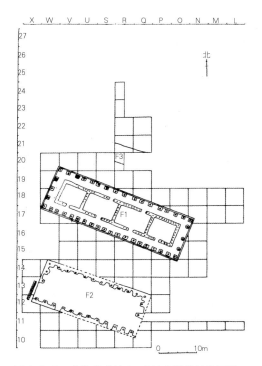

图 2-2-1　黄陂盘龙城 1、2 号宫殿基址位置图
来源：湖北省文物考古研究所.盘龙城 [M]. 北京：文物
出版社，2001

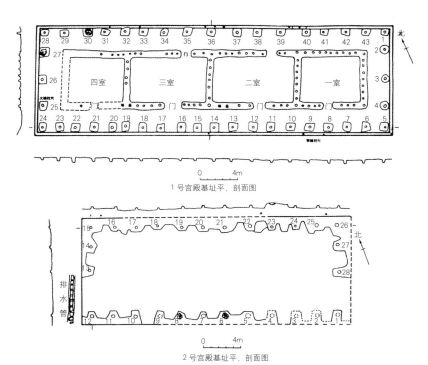

图 2-2-2　黄陂盘龙城 1、2 号宫殿平面、剖面图
来源：湖北省文物考古研究所.盘龙城 [M]. 北京：文物出版社，2001

　　台基四周有用陶片铺砌的斜坡散水。台基四周边缘向外延伸 0.4 ~ 1m 的斜坡地，是在倾斜度为 1/10 左右，其铺以层层疏密不一的陶片，以起散水作用。所铺陶片多为红陶缸片，亦有瓮残片。木骨泥墙，台基，散水的做法，是新石器时代房屋建筑的直接继承而有所发展。

　　在 F1 散水（南）与 F2 散水（北）之间,发现很大一片灰白色含黑点的坚硬土层，分析应为两座宫殿之间活动场地的地坪。

　　建筑物外部形制：据柱洞、墙体布置，可以复原成一座中央为四室并列，四周为木骨泥墙，四室与檐柱之间，形成一周宽敞的外廊平面。据文献记载屋顶可复原成茅茨铺装的"四阿重屋"（图 2-2-3、图 2-2-4）。[1]

　　张良皋在《先楚建筑一例——盘龙城 1 号宫殿复原讨论》一文将它复原成长脊短檐，四面加雨篷的"阶梯式"的建筑物（图 2-2-5）。[2]

　　2 号宫殿基址位于 1 号宫殿南面，北距 1 号宫殿约 13m，东距东城垣内基脚 47m。所在高程为 42.46m，方向坐北朝南，方向 20°，与 1 号宫殿方向同。它建筑在一个长 29.95m，宽 12.7m 的长方形夯土台基上。台基系用红土铺筑台面，是一座四周有 28 个大檐柱穴，中部呈空间式的殿堂建筑。面阔以大檐柱中心计 27.25m，进深 10.8m。其结构有：大檐柱础穴、础石、柱洞、擎檐柱穴、门道、散水和排水管等。

　　台基四周边沿分布有大檐柱础穴 28 个。南北（前后）的大檐柱础穴距台基边缘为 1m 左右，东西两面的大檐柱础穴，距台基边缘约 1.5m。28 个大檐柱穴均排列在台基四周的同一水平线上。南北檐柱础穴各为 12 个，东西两侧柱础穴各为 2 个，檐柱前后布局基本对称，未见分室,四周亦有回廊。大檐柱础穴为方形、近方形或长方形，

①杨鸿勋.从盘龙城商代宫殿遗址谈中国宫廷建筑发展的几个问题 [J].文物，1976(2)。
②张良皋.先楚建筑一例——盘龙城 1 号宫殿复原讨论 [M]// 楚文艺论集.武汉：湖北美术出版社，1991。

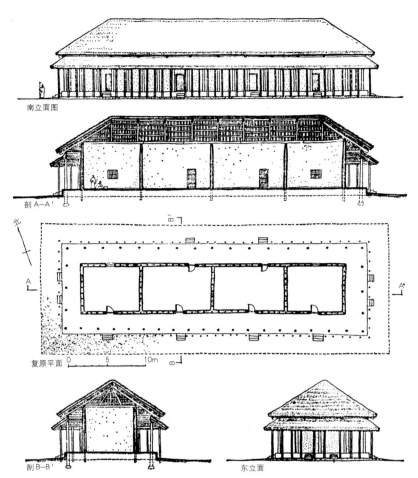

图 2-2-4　黄陂盘龙城 1 号宫殿复原模型

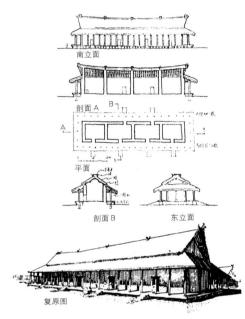

图 2-2-3　黄陂盘龙城 1、2 号宫殿复原图
来源：杨鸿勋. 从盘龙城商代宫殿遗址谈中国宫廷建筑发展的几个问题 [J]. 文物，1976（2）

图 2-2-5　黄陂盘龙城盘龙城 1 号宫殿复原图
来源：张良皋. 先楚建筑一例——盘龙城 1 号宫殿复原讨论 [M]. 楚文艺论集. 武汉：湖北美术出版社，1991

础穴内均填以黄色黏土。

　　2 号宫殿基址南面开有两个门，东西两侧各开一门。2 个南门，一个位于南面的偏东部位，即在柱穴 3 与柱穴 4 之间，门宽 2.6m，门口距台基边缘 1.1m。一个位于南面偏西的部位，在柱穴 9 与柱穴 10 之间，门宽 2.6m，门口距台基边缘为 1.1m。东西两门位于东面和西面南段。门宽 5.25m，门口距台基边缘 1.5m；西门门宽 5.45m，门口距台基边缘 1.1m。4 个门从门口通向门外的门道，均用红褐色土铺成地面，门道与室内红色台基面相连接。

　　在殿台基北缘外约 0.4 ～ 0.5m 处，发现擎檐柱穴 3 个。从发现的擎檐柱穴和大檐柱穴的相关位置看，擎檐柱栽立的部位与 1 号宫殿完全相同，即一个擎檐柱支撑两个大檐柱。

　　台基四周边缘有以斜夯筑成的散水护坡。向外伸约 2.5m 的护坡面上，铺有为加固护坡和利于排水而叠砌的陶片，其中以陶缸片为最多，也有陶瓮和陶鬲等残片。

　　排水管道，系地下排水设施。管道横列于西门口外，走向与西面台基边线平行。陶水管计有 11 节，除南端的一、二节陶水管被一大石块压损外，其余皆保存完好，

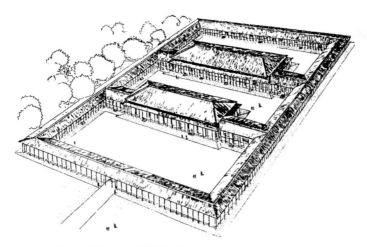

图 2-2-6　黄陂盘龙城 1、2 号宫殿鸟瞰图
来源：国家文物局主编. 中国文物地图集·湖北分册（上）[M]. 西安：西安地图出版社，2002

每节水管长短不一，水管对口相接连成一条排水管道，总长 5.4m。陶水管，夹砂陶，厚胎。外表呈黑灰色，胎为红褐色。直圆筒形，周身满饰斜行绳纹。最短的一节水管长 0.46m，最长的一节长 0.55m，一般长度为 0.49m。直径 0.24m，胎厚 0.018~0.02m。

估计 2 号宫殿房屋的构架比 1 号宫殿构架整齐，工程技术更精细。1 号宫殿 F2 建筑应为厅堂式建筑（图 2-2-6）。[1]

2 座房屋的性质可作如下推测，盘龙城是商朝在南方的一个军事据点，城内除宫殿建筑外，未发现其他房屋建筑遗址。可知城垣是为保护奴隶主而修建的。2 座房屋应是奴隶主治事和居住的场所。1 号宫殿房屋，并列 4 间，位于 2 号宫殿之北，应为寝宫。2 号宫殿，未见分室，位于 1 号宫殿之南，应为布政之所。推测前为朝，后为寝，与文献记载的"前朝后寝"的建筑布局极为相符，加之东西配房建筑。这种平面布局是已知我国最早的朝寝分立的宫殿建筑和四合院式的建筑实例，在中国古代建筑史上有着极为重要的地位。

2 座宫殿的营建程序是：①挖坑筑基；②挖基筑墙；③铺筑门道；④栽立大檐柱和擎檐柱；⑤铺筑散水。

城南外有面积约 100 万 m² 的商代遗址，四周分布着简陋的手工业作坊，中小型居住房屋遗址等，房屋有地面式和半地穴式，与前述宫殿建筑形成鲜明的对比，充分说明了阶级的分野已十分清楚了。

城东的李家嘴、城西的楼子湾、城北的杨家湾皆为墓葬区。李家嘴 2 号墓中曾发现奴隶主人殉葬的大批精美的青铜器和玉器，并有全国罕见的铜圆鼎、铜钺、铜提梁卣和大玉戈等文物出土。

（二）宜昌三斗坪房屋

1986 年在宜昌三斗坪遗址发掘时，在商代堆积层中清理出一座房屋基址，该房屋遗迹已遭到破坏，从清理出的残迹现象看，该房址为方形，不见有建筑台基，地面上铺垫有一层红烧土块，房屋柱洞皆在基址的外围，在房内还清理出了一灶坑。[2]

1984 年在宜昌上磨垴遗址发掘时，清理出了一座商代房屋基址。房子较小，为一长方形状，房屋共有 2 间。该房基的建筑特点是用一些不规则的石块垒砌墙体，

[1]国家文物局主编. 中国文物地图集·湖北分册（下）[M]. 西安：西安地图出版社，2002。
[2]杨权喜，陈振裕. 宜昌县三斗坪大溪文化与商周践址 [M]// 中国考古年鉴. 北京：文物出版社，1988。

房基的大半部分已遭破坏，无法复原原来的形制，仅只留下房基的北、东墙基的一部分。北墙基残长 11.85m。东墙基残长 3.55m。墙基宽 0.5～0.6m，残高 0.25～0.3m。墙底基部用块石砌成，上端用黄泥土垒筑而成。发掘时在墙基上清理出了一段残高 0.2m 的黄土墙。房内见有铺垫房屋地面用过的红烧土，没有发现柱洞。[①]

（三）秭归何光嘴 F2 房址

2000 年冬至 2001 年春，秭归何光嘴遗址中，发现属于商代中期的房址 4 处，编号为 F2、F3、F5、F6。但保存状况均不理想，只能从残存的遗迹中得以辨认。[②]F2 属地面式建筑，破坏严重，仅存有不规则的房屋面，东西残长 5.7m，南北残长 3.8m。其建筑的形状、方向、面积均无法判断。现存遗迹有：在其东南角，有一直径 0.2m，深 0.15m 的圆形柱洞，柱洞内填土为褐黄色沙土夹红烧土。2 条分别长为 2.25m，宽 1m，较直的红烧土垒与此柱洞相交并近垂直。这 2 条红烧土垒为 F2 的东南角边缘线，根据此房子的残迹看，其结构应为地面式建筑。在 F2 的范围内有零散的红烧土面，厚 0.05～0.15m。红烧土面较为平整，整个层面随坡面自南向北略倾斜。红烧土面上杂有较多的木炭屑、动物骨骼，其中鱼骨残片比较多。出土有石器、小砾石。在距房址东 0.8m 处，有 2 处堆放集中的 17 颗小砾石，从出土情况来看，应是有意放置的，这可能与 F2 的居民行为有关。

（四）秭归何光嘴 F3 房址

F3 属地面式多间建筑，现残存有 3 间相连接的不完整的房屋遗迹。房子的地上部分已毁，墙基的保存较差。柱洞多在房子基础之中。根据该房址的墙基、柱洞等情况来看，房子结构应为多室结构的地面式建筑，东西残长 7.8m，南北残宽 5.9m。现存总面积为 75m²，方向为 50°。

我们将现存的各室分别编号为 F3-1、F3-2、F3-3（图 2-2-7）。

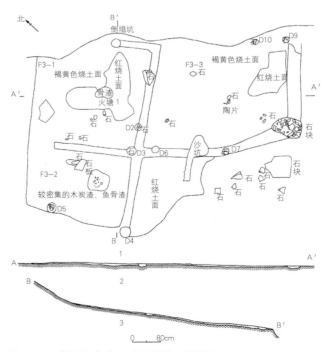

图 2-2-7　秭归何光嘴 F3 房址平面、剖面图
来源：国务院三峡工程建设委员会办公室等. 秭归何光嘴 [M]. 北京：科学出版社，2003

①杨权喜，陈镇裕. 长江西陵峡北岸的几处商周文化遗址 [M]// 中国考古年鉴. 北京：文物出版社，1986。

②国务院三峡工程建设委员会办公室等. 秭归何光嘴 [M]. 北京：科学出版社，2003。

F3-1，形状略呈正方形；东面墙基比较明显，墙体较为方正，宽 0.25m，深 0.05～0.12m，内填红烧土及褐黄沙土；西面墙基无保存，只能靠房屋地面的红烧土来辨认。南北两面墙基均有断残，宽 0.25m，深 0.02～0.12m，填土为红烧土及褐黄沙土。F3-1 内红烧土面保存较好，有些地方呈红色，有些地方呈橘黄色。

F3-2，东面墙基宽 0.25m，深 0.02～0.06m，填土为红烧土夹褐黄沙土。西、南两面房墙无存，只能以房屋内烧土范围来辨认其位置。室内中部偏东北有一直径约 0.65m，厚 0.05m 的近圆形的红烧土块，其烧土中杂有较为密集的木炭渣、螺蚌碎片等。F3-2 室内红烧土面保存较薄，其南端暴露出原始坡面。室内存有极少的石块、陶片等。

F3-3，西与 F3-1 相隔。东、南两面的墙基不太明显，且不太规整。东面、西面墙基残断。北面墙基因坡体早期坍塌无保存。现存形状为不规则略长的方形，墙基宽 0.2～0.35m，深 0.02～0.09m。室内红烧土面保存较好，大部分呈烧土集密状，表面较平滑。

F3 共发现大、小圆形柱洞 10 个，且大都分布于墙基内。有的内填红烧土块及黄沙土，有的内有础石，有的柱洞内有较多的碎石块等。

另外，在 F3-2 之东，F3-3 之南位置，有一些残存的红黄色土层和零星的红烧土面，其面上有一些大小不等的石块。从这些遗存所处的位置和 F3 的建筑结构来看，此地也应是 F3 的建筑范围，只不过因所处位置坡度较大，早期地层破坏严重而未能保存。

（五）秭归何光嘴 F6 房址

F6 属地面式多间建筑，残存三面墙基，东面墙基已不见。根据现存墙基和柱洞的分布情况看，房子结构应为单间略呈正方形的地面式建筑，东西残长 3.65m，南北残宽 3.59m。面积约 12m²，方向 120°。墙基面与房屋内地面均随坡体自西南向东北略倾斜，南基槽位置被一圆形扰乱沙坑打破。现存墙基宽 0.25～0.4m，深 0.04～012m。基槽内填土为红烧土块杂褐黄色沙质土，土质板结，但不见夯层。房子中有不太规整的红烧土堆积，可能是房子墙体废弃倒塌所致。

在现存的墙基内，发现有 3 个圆形柱洞。D1 位于西面墙基中的偏西位置，直径 0.3m，深 0.11m，填土为褐黄色含沙土质，夹较多的木炭屑和红烧土屑；D2 大致在墙基的西北角位置，直径为 0.4m，深 0.11m，填土为大量的红烧土块夹杂木炭屑；D3 位于现存的墙基的南端，直径为 0.35m，深 0.07m，内填褐黄色沙土杂木炭屑。

另外，在 F6 的东北端，东面墙基残缺位置，有一宽约 0.2m，长约 0.7m 的不太规则的长条石块。石块平置，表面较平坦，似与此房子有一定关系，可能是其门道遗迹（图 2-2-8）。

三、西周时期房屋遗址

（一）红安金盆房屋遗址

1957 年发现，整个遗址为土墩形，面积 3600m²。包含有新石器和西周两个时代的文化堆积。在西周文化遗存中发现房子 1 座和墓葬 1 座。房子近圆形，东西长 5.2m，南北长 3.67～5.14m。居住面南部近水平，北部渐坡下，近北边缘有一个半圆形凹穴。

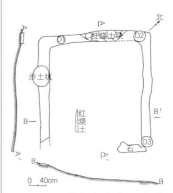

图 2-2-8 秭归何光嘴 F6 房址平面、剖面图
来源：国务院三峡工程建设委员会办公室等. 秭归何光嘴 [M]. 北京：科学出版社，2003

居住面上有柱子洞3个，三角形排列，洞为圆锥形，洞底都在一个水平上。东边及西边的洞，柱径0.3m，深0.4m，东北边的柱径0.33m，深0.2m。居住面的一圈边墙较平整。墙外有小沟围绕，沟宽0.34～1.34m，深0.2～0.3m不等，东北角有0.68m宽的出道，可能为门道。遗址中出土有陶器、石器和铜器等文化遗物。红安金盆文化遗存带有强烈的中原周文化影响，又有明显的地方特色，此外还受到长江下游的湖熟文化影响。[①]

（二）蕲春毛家嘴干阑建筑遗址

西周前期重要的干阑式建筑遗址，距今约3000年。遗址位于蕲春县城东北30km处。由3个水塘相连，面积约2～3万m²。木构建筑遗迹达5000m²以上。1957年发现，1958年进行发掘，揭露的面积约1600m²，共发现230余根木柱纵横分布，木柱直径约0.2m，排列较为整齐。周围有残存的木板墙、木楼梯、横枋等。从建筑的规模和出土的遗物来看，应是西周奴隶主占有的一处建筑物。[②]2013年由国务院公布为第七批全国重点文物保护单位。

根据残存的木板墙角和木柱排列的形状，可复原2座长方形的房屋。

1. F1号房址

F1号房屋长8.3m，宽4.7m。房屋内有18根立柱，纵三横六排成方格形。纵间距约2m，横间距约2～3m。

2. F2号房址

F2房屋长8m，宽4.7m，房屋内有木柱15根。纵三横五，柱子排列较F1整齐。

从现存的较完整的F1、F2房屋的柱网可知。2座房屋平面均为长方形，朝向西南。推测此房屋下部架空，中间搁置楼板，并设有楼梯，即后世所谓的干阑式建筑。木构架由前后檐柱和中柱构成，木柱直接埋入土中，以木板为墙壁（图2-2-9）。

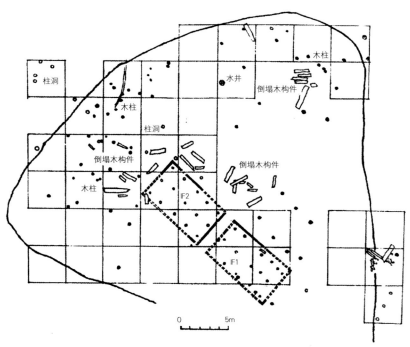

①湖北省文物管理处. 湖北红安金盆遗址的探掘[J]. 考古,1960(4)。
②国科学院考古研究所湖北工作队. 湖北蕲春毛家嘴西周木构建筑[J]. 考古, 1962（1)。

图2-2-9 蕲春毛家嘴1号干阑式建筑遗址平面、剖面图
来源：中国科学院考古研究所湖北工作队. 湖北蕲春毛家嘴西周木构建筑[J]. 考古, 1962（1）

另一处木构遗迹，主要分布在大型水塘内，遗迹范围较大，共发现粗细木柱 171 根，房屋 2 间，木板残迹达 13 处，还有一处长 23m，宽 28m 的平铺木板遗迹(图 2-2-10)。

干阑式建筑在长江下游的浙江和江苏等地的新石器时代遗址中屡有发现，湖北地区很少发现。遗址出土的器物具有明显的越文化风格。这似可说明蕲春毛家嘴干阑式建筑受越文化影响所致，同时也说明干阑式建筑是长江下游所流行的一种古老的建筑形制。

（三）秭归庙坪 F2 房址

秭归庙坪西周晚期 F2 房址，房址破坏严重，为地面式建筑。[①]平面呈不规则形，不见门、门道、灶、墙等痕迹。垫土为一层厚 0.10 ～ 0.16m 的纯黄土，南北残长 9.5m，东西宽约 6m。东部残存东西长 1.7m，南北宽约 0.7m 的红烧土面，表面光滑，质地坚硬，系在黄色垫土上烧烤而成，厚约 0.1m。垫土下有一层厚 0.4m 的含木炭的黑灰土。房址东部和东、北部残存 8 个圆形柱洞，编号为 D1 ～ D8。D1 直径 0.5m，深 0.58m，垫夹砂褐陶片。D2 直径 0.34m，深 0.34m。D3 直径 0.34m，深 0.14m。D4 直径 0.21m，深 0.124cm。D5 直径 0.25m，深 0.18m。D6 直径 0.17m，深 0.2m。D7 直径 0.46m，深 0.5m。D8 直径 0.4m，深 0.25m。柱洞填土均呈灰黑色。另在红烧土面南约 0.2m 处，残存一陶瓮，它置于一直径 0.9 ～ 1m，深约 0.53m 的圆形土坑内，瓮上盖压一直径 0.29m，厚 0.05m 的扁平鹅卵石，瓮内有一陶鬲（图 2-2-11）。

（四）天门笑城城 F1 房址

天门笑城西周晚期 F1 房址，房址破坏严重，为干阑式建筑。[②]平面呈长方形，方向 185°。根据烧土面和柱洞分布范围进行复原，东西长 3m，南北宽 5m。F1 堆积分 2 层。由于西部未发掘，其整体建筑结构不明，而在烧土面与柱洞附近又未发现墙基，从总体分析，推测为干阑式建筑。可分为凹坑烧土面和斜坡烧土面两部分。凹坑烧土面，位于城墙主体中南部，平面呈长方形，地面较平坦，用火烧烤，呈暗

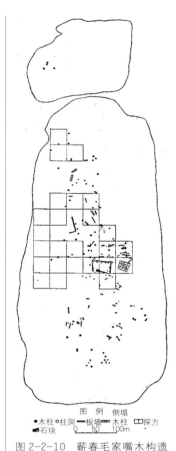

图 例 倒塌
●木柱 ○柱洞 ▬板墙 木柱
石块 0 50 100m

图 2-2-10 蕲春毛家嘴木构遗迹二平面、剖面图
来源：中国科学院考古研究所湖北工作队. 湖北蕲春毛家嘴西周木构建筑 [J]. 考古，1962（1）

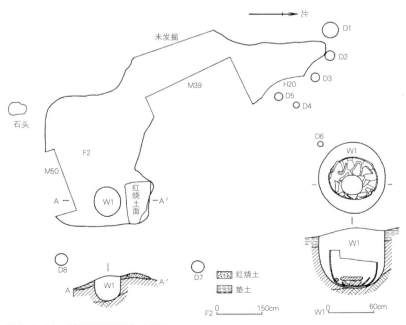

图 2-2-11 秭归庙坪 F2 房址平面
来源：湖北省文物事业管理局等. 秭归庙坪 [M]. 北京：科学出版社，2003

①湖北省文物事业管理局等. 秭归庙坪 [M]. 北京：科学出版社，2003。

②湖北省文物考古研究所等. 湖北天门笑城城址发掘报告 [J]. 考古学报，2007（4）。

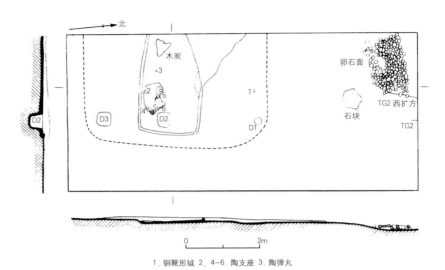

1. 铜靴形钺 2、4~6. 陶支座 3. 陶弹丸

图 2-2-12　天门笑城 F1 房址平面图
来源：湖北省文物考古研究所等. 湖北天门笑城城址发掘报告 [J]. 考古学报，2007（4）

红色，东西残长 2.89m，南北宽 1.76m，深约 0.03m。凹坑内呈东西向堆放大量柱状木炭，小炭屑掺杂其间，坑内出土 4 个陶支座（垫）和弹丸等。斜坡烧土面位于城墙主体中北部，从凹坑向北延伸，与北部坡下的卵石地面相连，地面由南向北倾斜，烧土面的火候较低。烧土面东部发现柱洞 3 个，呈南北排列。2 号柱洞处于烧土凹坑的东部，柱洞内填黄褐色土，夹少量红烧土粒。D1 直径 0.2m，深 0.28m。D2，直径 0.42m，深 0.35m。D3，直径 0.4m，深 0.3m。烧土面北侧坡下有一块用卵石铺的地面，卵石大小基本相同，平面呈不规则形，在房内部分南北长 1m，东西宽 1.90m。卵石地面东南部还有一块不规则形的大石块（图 2-2-12）。

第三节　夏、商、周时期的墓葬建筑

一、武汉盘龙城李家嘴2号墓

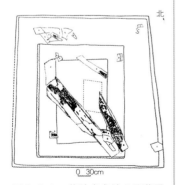

图 2-3-1　黄陂盘龙城 2 号墓平面图
来源：湖北省文物考古研究所. 盘龙城 [M]. 北京：文物出版社，2001

①湖北省文物考古研究所. 盘龙城 [M]. 北京：文物出版社，2001。

　　武汉黄陂盘龙城李家嘴 2 墓，方向 20°，是一座长方形土坑竖穴墓，墓室面积达 12m²，1 棺 1 椁。[①]墓四壁略内收，口略小于底。南北长 3.67m，东西宽 3.24m，底部南北长 3.77m，东西宽 3.4m。墓坑四壁不太规整，东壁较西壁略长。椁室在墓室中间。用木板做成，椁板虽腐，仍可见椁室轮廓，木椁平面长方形，长 2.78m，宽 2.02m，高约 0.65m（图 2-3-1）。椁板残片发现较多，有的素面，有的涂朱，更多的则是雕刻出饕餮纹和云雷纹等图案。另外在棺椁之间，随葬器物之下还发现有漆黑色的木器痕。棺置于椁室中间，略呈长方形，南北长 2.06m，东西宽 1.03m。棺底中部偏东处有腰坑，内埋一狗。坑内出土一件断成 3 截的玉戈，疑为下葬时故意打断。随葬器物达 77 件。墓内有 3 名殉葬奴隶，2 个成人，1 个孩童。

二、黄陂鲁台山西周墓葬

鲁台山西周墓地位于湖北黄陂县城关镇东，坐落在长江北岸的滠水河畔。为一处高出现今地面约 10m 的椭圆形台地。地势由东北向西南倾斜，台地东濒流矢湖，南连丘陵地。遗址南北长 1625m，东西宽约 775m，总面积约 1259375m²。其北部主要是遗址区,南部主要是墓葬区。[①]1981 年由湖北省人民政府公布为第二批省级文物保护单位。

北部遗址区以郭袁嘴为中心，位于鲁台山的西北。形状作椭圆形，中间地势凸起如台地，北面是梯田，南边为洼地。遗址面积约 10000m²。

南部墓葬区主要集中在 2 个地方：一是以伍家港为中心，位于鲁台山南缘，是一片地势平缓的岗地。已发现有几座东周墓葬；二是以鲁台湾一带为中心，位于鲁台山南部，在滠水大桥东南约 30m。地势较高，东南为缓坡，分布着密集的东周墓葬。墓葬间隔最密者仅有 3m。在东周墓群中又发现西周墓葬 5 座。

1977 年至 1978 年 1 月黄陂县文化馆为配合滠水改道工程，在鲁台山西南，滠水左岸的一段东西长 300m，南北宽 100m 的范围内，清理了古墓 35 座。其中 5 座为西周时期的墓葬（编号为 M28、M30、M31、M34、M36）。

墓葬均属中、小型墓，均为长方形土坑竖穴，南北方向。个别有墓道，墓坑口大底小，坑壁略为倾斜。填土上层为五花土，下层为白膏泥（个别例外）。棺椁周围有二层台，墓室内铺有朱砂，有的墓底有腰坑。

M30 号墓室长 6m，宽 3m。平面作圆角长方形；有单墓道，平面作"甲"字形。墓道设在南壁，南北长 8m，东西宽 1.8m。由 16 级台阶组成，各台阶连接处均为圆角，台阶规整划一。墓室内有椁室，棺椁大部已腐，从残存的盖板和底板可知，椁室平面呈"H"形，长 2.8m，宽 1.2m，高 0.9m。木质主要为樟木和楠木 2 种。椁底板平铺方木 7 块，自东向西纵向排列，长 2.7m，椁底板下横置 2 块垫木。墓内随葬铜礼器有：圆鼎 1 个，方鼎 4 个，甗 2 个，簋 2 个，卣 2 个，爵 2 个，觚 1 个，以及车马饰玉瑗等。其中圆鼎、方鼎、簋和卣上皆铸有铭文，圆鼎铭文为"长于狗作父乙宝尊彝"，方鼎等铭文为"公大史作姬眷宝尊彝"（图 2-3-2）。[②]

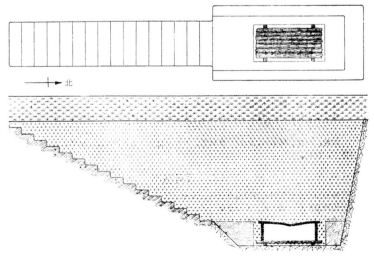

图 2-3-2 黄陂鲁台山 30 号西周墓平面、剖面图
来源：黄陂县文化馆等. 湖北黄陂鲁台山两周遗址与墓葬[J]. 江汉考古，1982（2）

①黄陂县文化馆等. 湖北黄陂鲁台山两周遗址与墓[J]. 江汉考古，1982（2）。
②杨宝成主编. 湖北考古发现与研究[M]. 武汉：武汉大学出版社，1995。

　　根据墓葬内出土的青铜器的形制、组合、纹饰以及铭文特征，可推定 M30 号墓的时代均为康王时期。

　　36 号墓墓口残长 4m，宽 2.5m，距地表深约 1.1m；墓底长 3.8m，宽 2.3m，距地表深 4.4m。墓内填土共分 3 层。第一层：五花土，深至 3m，厚 3m，出土有少数鹅卵石和商代鬲足。第二层：朱砂，分布在墓室中部，其范围南北长 2.8m，东西宽 1.4m，厚 0.02m。第三层：白膏泥，约深至 3.32m，厚 0.3m。墓室有熟土二层台。墓底正中偏北有一长方形腰坑。长 0.8m，宽 0.4m，深 0.4m。棺椁已腐，从木质印痕可知，椁长约 2m，宽约 1m（图 2-3-3）。

　　随葬器物分布于北部墓坑内和二层台上。铜器有鼎、爵、觯、尊、车马器，陶器有鬲、簋，瓷器有豆，玉器有戈、璇、串珠等。

　　31 号墓墓口长 2.4m，宽 1.4m，深 1.4m，墓壁笔直。墓坑填土分 2 层：第一层为五花土，厚 1.26m；第二层：白膏泥土，厚 0.14m。棺椁已腐，但痕迹尚存。长 2m，宽 0.6m。棺椁上面平铺一层朱砂，厚约 0.01m，棺椁之下还发现有一薄层白膏泥，厚约 0.05m。由此可知，该墓的修筑方法是：先挖墓坑，所在墓底填一层白膏泥，再放置棺椁，周围铺朱砂再填白膏泥，最后填五花土，经夯筑而成（图 2-3-4）。

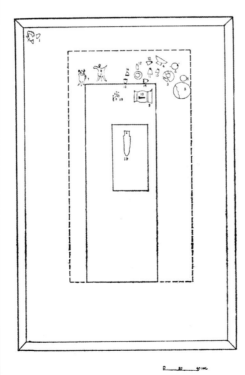

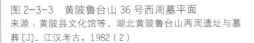

1. 陶鬲 2. 陶杯 3.4. 瓷豆 5. 铜鼎 6. 铜爵 7. 铜爵 8. 铜觯
9. 铜尊 10. 铜泡 11 ～ 16. 铜铃 17. 玉串珠 18. 玉璇玑 19. 玉
戈 20. 玉佩

图 2-3-3　黄陂鲁台山 36 号西周墓平面
来源：黄陂县文化馆等. 湖北黄陂鲁台山两周遗址与墓葬 [J]. 江汉考古，1982（2）

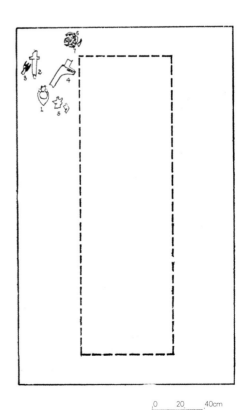

1. 铜爵 2. 铜戈 3. 铜镞 4. 铜戈 5. 铜镜 6. 石珠 7. 陶罐

图 2-3-4　黄陂鲁台山 31 号西周墓平面
来源：黄陂县文化馆等. 湖北黄陂鲁台山两周遗址与墓葬 [J]. 江汉考古，1982（2）

随葬器物放置墓圹的西北角，铜器有爵 1，戈 2，镞 1，镜 1；陶器有罐 1，爵 1，出土时陶罐倒置，内装红红、白、黑三色石丸各 5 颗。

①宜昌地区博物馆. 当阳磨盘山西周遗址试掘简报 [J]. 江汉考古，1984（2）。

第四节　西周时期的筒瓦、板瓦

《江汉考古》1984 年第 2 期报道：

1982 年在当阳磨盘山西周晚期遗址中，经试掘出土有筒、板瓦。皆泥质红陶。下层筒、板瓦内外表全部素面，筒瓦弧度约 4°，顶端有瓦舌。上层筒、板瓦皆泥质红陶。形制与下层相同，但板瓦出现了绳纹，这说明早在西周中晚期，南方已经开始了用瓦时代（图 2-4-1）。[①]

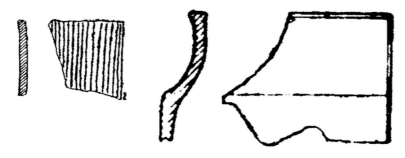

图 2-4-1　当阳盘山西周晚期遗址出土板瓦
来源：宜昌地区博物馆. 当阳磨盘山西周遗址试掘简报 [J]. 江汉考古，1984（2）

第三章

春秋、战国、秦汉时期的建筑（约公元前770～前221年）

第一节 春秋、战国、秦汉时期的城址

一、春秋、战国时期的古城址、建筑遗址

（一）大冶五里界城

大冶五里界城位于大冶市东南部的大箕铺镇五里界村。[①]四周城垣呈南北向长方形，绝大多数地段的城垣仍耸立在地面，保存较好。城址南北长405m（南、北垣基外），东西宽308m（东、西垣基外），周长1426m，面积124740m²。城垣依地势就地取土夯筑而成。四周城垣距城外地表高度不一。南城垣东端高出城外地表18m，为整个城址城垣顶面与城外地面高差最大处。东城垣高出城外地表4～7.5m，北城垣高出城外地表4.5～6m，西城垣高出城外地表5～7m（图3-1-1）。东垣内侧与外侧分两次堆积筑建，外侧用红土掺夹大块卵石与小块岩石夯筑，剖面呈梯形。东垣墙体长405m，面宽12m，底宽22m，墙体残高1～3m。南垣是四面城垣中保存最好的一面城垣。城垣夯土可分为主墙体和垣外护坡。主墙体为红褐色黏土，土质致密坚硬，外护坡为纯黄土，土质松软。南垣墙基长308m，面宽约10m，底宽约15m，残高1.35～2.7m。西垣外分布着一些小土丘，为大箕山的二级阶地，近大箕山渐高。城垣以中偏南段保存较好。铲探表明，城垣夯土的横断面呈梯形堆积。墙基长406m，面宽8m，底宽约22m，高约3.5m。北垣外有低矮的土包相连，城垣凸现地面的高度不一。东段保存较好，西段保存较差，东段明显高于西段。以城垣东西向中心线为界，据夯土土色土质不同分为南（内）北（外）2部分，北填红、黄花土，南填红色黏土。北垣墙体长307m，残存面宽10～12m，底宽20～22m，高2～3m。城门在东垣北端缺口发现两座城门，一座为主体城门，一座为侧门，两门相距约8.25～10.25m（图3-1-2）。五里界城垣外挖有壕沟。四周壕沟与城垣距离不等，宽窄不一，深浅不同。五里界城（城垣）建筑在两周之际，春秋中期偏晚废弃。城内钻探发现的遗迹主要有路基、路沟、夯土建筑台基、水井、灰坑等。城内出土的遗物可以分为两大类：

①朱俊英等. 大冶五里界——春秋城址与周围遗址考古报告 [M]. 北京：科学出版社，2006。

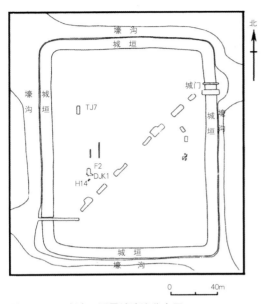

图 3-1-1　大冶五里界城遗迹分布图
来源：朱俊英等. 大冶五里界——春秋城址与周围遗址考古
报告 [M]. 北京：科学出版社，2006

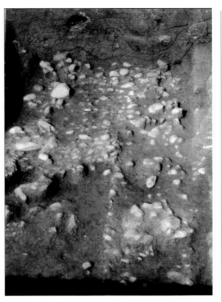

图 3-1-2　大冶五里界城东垣北端侧门
来源：朱俊英等. 大冶五里界——春秋城址与周围
遗址考古报告 [M]. 北京：科学出版社，2006

一类是生产工具，一类是生活用具。

关于城址性质，有学者认为是一座与铜矿采冶直接相关的古城。五里界城仅东垣北段有城门，而城门南部有天然河道，水上运输极为方便，与以往发现的作为当地政治、经济、军事中心的古城有明显的区别。1992 年由湖北省人民政府公布为湖北省第三批省级文物保护单位。

（二）襄樊邓城

邓城位于襄樊北约 6km 处。为西周邓国都城。邓国曼姓，周封为候。楚文王十二年（公元前 678 年）灭邓国后，地归于楚，成为楚国之重要城邑。战国时楚人常以鄢（楚之陪都）邓并称。战国后期，秦昭王子悝里为邓侯。秦统一后邓城属南阳郡，汉为邓县治所。

城址东距柏庄约 0.5km，北离贾家庄约 300m，邓城村坐落其上。古城地处肥沃的南阳盆地南端，南接汉水北岸冲积平原，往北约 1km 为绵延的低矮岗丘地。其东有小清河，南有汉水，故邓城交通极为便利，战略地位也较为重要。城址至今保存较好，城内外保存的地下文物亦较为丰富，专家学者多认定它为邓国都城遗址。[①]

现存城垣基址，平面近似方形，城垣周长约 2900m，东、南、西、北城墙分别长约 600m、825m、675m、800m。现一般高 3～5m，东南角为最高点，高出地面约 6m。城墙顶部及两面护坡因长期耕作而呈缓坡状。城垣四面中央各有城门，城外有护城河，宽 40m；已淤为水田，但痕迹尚可辨，其中东西部分别利用黄龙沟与普陀沟而设。城东南外有烽火台，高约 3m。城内有十字形街道，西北部有明建宁国寺（图 3-1-3）。

城内外地下遗存亦颇丰富，特别在城北 3km 处西周时期墓葬中出土有包括邓、楚、吴、上鄀、蔡、余、曾等的大量青铜器。总之，邓城及周围遗址、墓葬的发掘将对研究邓国历史，邓与邻邦的关系，以及楚文化方面具有十分重要的意义。2006 年，由国务院公布为第六批全国重点文物保护单位。

图 3-1-3　襄樊邓城城垣及护城河

①叶植主编. 襄樊市文物史迹普查实录 [M]. 北京：今日中国出版社，1995。

①杨权喜. 当阳季家湖楚城遗址 [J].
  文物，1980（10）。

（三）当阳季家湖楚城

东周楚国城址，位于当阳县城东南 40km 处的季家湖西岸。[①]城址呈不规则长方形，南北长约 1600m，东西宽约 1400m，面积约 2.24km^2。城垣构筑在新石器时代晚期文化层上，底部宽 13.4m，残高 1.4m。城垣系夯筑，夯层厚 0.08m，内外筑有护坡。城外有护城河，宽 9.8m，深 0.98m。城内经试掘，发现有多处房屋基址、制陶作坊和窖穴等遗址（图 3-1-4）。1987 年在 1 号台基上出土 1 件弧形金釭和"秦王卑命"铜甬钟。城外不远处有赵家湖楚墓群。城址年代为春秋时期，早于江陵纪南城，因此有学者认为是楚国早期的郢都。2001 年由国务院公布为第五批全国重点文物保护单位。

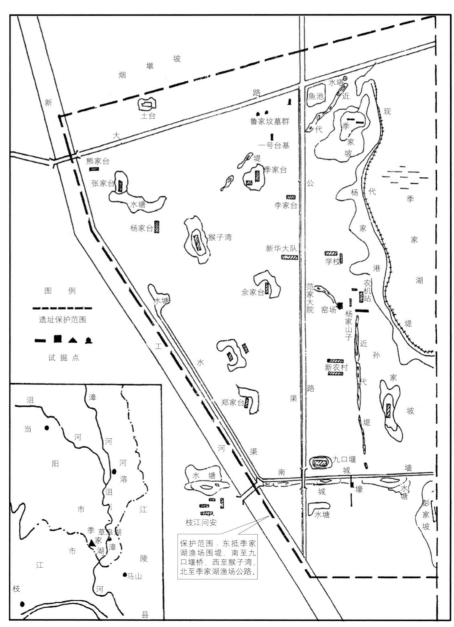

图 3-1-4　当阳季家湖城址平面图
来源：杨权喜. 当阳季家湖楚城遗址 [J]. 文物，1980（10）

（四）荆州纪南城遗址

东周楚国城址，位于荆州城北5km处，是春秋战国时期楚国郢都故址，当时称郢都，因在纪山之南，亦称纪郢，是迄今为止我国南方发现的最大的一座古城。纪南城自楚文王元年（公元前689年）迁都纪南城，至楚顷襄王（公元前278年）秦将拔郢，前后411年，共有20代楚王在此建都，是楚国政治、经济、文化的中心，为当时南方第一大都会。[①]1961年由国务院公布为第一批全国重点文物保护单位。

城址平面略呈方形，东西长4500m，南北宽3500m，面积约16km²。四周城垣保存较好，残高约3.9～7.6m，底宽30～40m，顶宽10～14m。南垣中部偏东有一段向外凸出，其上有似烽火台形制的构筑物，应为城防设施。城垣由墙身、内、外护坡组成，内坡斜缓，外坡陡峻。城墙基建在生土之上，并施夯筑，坚实牢固。经钻探，四周城门7座：即东垣南门、南垣东门、南垣西门、西垣南门、西垣北门、北垣东门、北垣西门。其中南垣西门和北垣东门为水城门。城外有护城河遗迹，护城河与城内4条古河道相通，与城东的长湖组成一个完整的排灌体系（图3-1-5～图3-1-7）。

经钻探，城内已知东周时期的夯土台基84座。大部分集中在东南部，台基的东、北发现城垣，似为宫城城垣，此处当为宫殿区；西南部发现有铸炉、炉渣、锡饼、陶范、鼓风管和与铸造相关的陈家台遗址，此处应为以铸造为主的作坊区；城中部龙桥河两岸分布着密集的水井、窑址，当为制陶作坊区；城东北有大型的夯土台基，可能为贵族邸宅区。南城垣外部分布着一些夯土台基，战国时期的25具彩绘编磬就出土在一个直径约20m的夯土台基之上，这一带可能为宗庙区。城外四周分布着数以千计的大、中、小型楚墓。

（五）纪南城南垣西水门

纪南城南垣西水门是河道流经城垣时的水城门，建筑年代为春秋晚期至战国早、中期。[②]1973年发掘，古河道面宽18m，底宽6m，河底距今地表深约4m。遗址平面呈长方形，门道南北长11.5m，东西宽约15m，由6排木柱和2排挡板组成，木柱南北排列成行，东西不成列。中间4排是主体建筑，两侧是其附属建筑。主体4排各由10根木柱组成，连同2排挡板，构成一门三道。门道从东至西宽分别为3.5m、3.5m、3.7m。发现柱洞49个。木柱有方有圆，下置板础。板础作长方形和不规则梯形，最大者长0.58m，宽0.49m，厚0.08m；最小者长0.46m，宽0.2m，厚0.08m。板础与柱洞深浅不一，但同一木柱的上端基本等高。两边各立的一排木柱，是为了加强主体建筑而设。水门的主体建筑由4排木柱支承，实际上构成了排架式桥墩（图3-1-8）。

据以上遗迹，可以大致予以复原。[③]复原后，水门实为3层建筑；下层为桥梁，作为城内外交通运输用，并安有门闸，以便检查过往船只；中层用于军事防御和安置辘轳以起吊门闸，对城邑来说起保卫作用；上层为3间单檐四阿屋顶城楼，屋顶覆盖灰色筒板瓦，作为瞭望和守城宿值士卒的住所（图3-1-9、图3-1-10）。

南垣水门集桥梁、住所、城楼为一体，在建筑形制、空间组织上无疑是楚人的一种首创，对后世的飞阁复道、风雨桥建筑无不产生深远的影响，在中国桥梁史上写下了光辉的一页。

图3-1-5　楚都纪南城城址平面图
来源：湖北省博物馆. 楚都纪南城的勘查与发掘（上、下）[J]. 考古学报，1982（3、4）

图3-1-6　楚都纪南城南城垣

图3-1-7　楚都纪南城北城垣

① 湖北省博物馆. 楚都纪南城的勘查与发掘（上、下）[J]. 考古学报，1982（3、4）。
② 湖北省博物馆. 楚都纪南城的勘查与发掘（上）[J]. 考古学报，1982(3)。
③ 郭德维，李德喜. 楚都纪南城西垣北门和南垣水门的复原研究（下）[J]. 华中建筑，1994(1)。

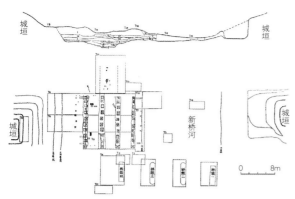

图 3-1-8　纪南城南垣水门遗址平面、剖面图
来源：湖北省博物馆．楚都纪南城的勘查与发掘（上）[J]．考古学报，
1982（3）

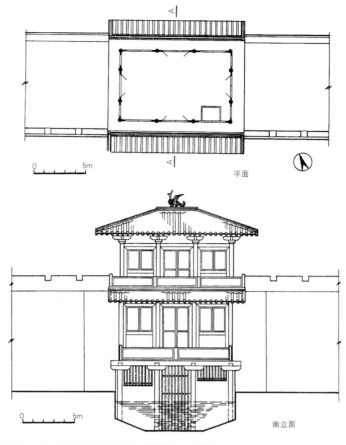

图 3-1-9　纪南城南垣水门复原平面、立面图
来源：郭德维，李德喜．楚都纪南城西垣北门和南垣水门的复原研究（下）．华中建筑，
1994（1）

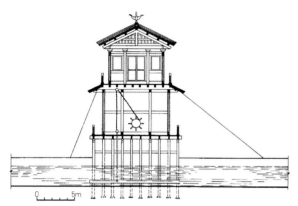

图 3-1-10　纪南城南垣水门复原剖面图
来源：郭德维，李德喜．楚都纪南城西垣北门和南垣水门的复原研究
（下）[J]．华中建筑，1994（4）

（六）纪南城西垣北门

纪南城西垣北城门，时代为战国早、中期。[①] 1975 年发掘，城门由 3 个门道构成，3 个门道之间用 2 座夯土隔墙隔开，隔墙宽 3.6m，长 10.1m。中间门道宽 7.8m，两边门道宽约 3.8 ~ 4m。3 个门道与城垣基本垂直，门道内和隔墙上均未发现柱洞之类的建筑痕迹。中间门道内发现当时的路土，并留有 1.8m 宽的车辙痕迹。城门内侧紧靠南、北城垣，各有门房基址 1 座（图 3-1-11）。

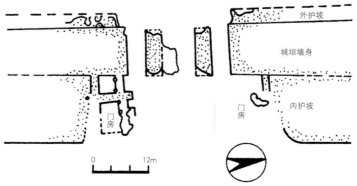

①湖北省博物馆．楚都纪南城的勘
　查与发掘（上）[J]．考古学报，
　1982(3)。

图 3-1-11　纪南城西垣北门遗址平面图
来源：湖北省博物馆．楚都纪南城的勘查与发掘（上）[J]．考古学报，1982（3）

南门房址保存较好，2 间，东西并列。西边一间室内南北长 3.8m，东西宽 3.8m。墙基之前，有东西宽 3.7m，进深 1.4m 的门槽。东边的一间东西残长 2m，南北深 3.8m，亦有门槽。门房后墙基宽 1.4m，其余的墙基宽 2m。墙基内发现柱洞，直径 0.35～0.4m。城门遗址内出有建筑材料和生活陶器。

遗迹保存的是城门的基址，从基址往上，需要全部复原。首先需要复原的是城墙高度，纪南城城垣保存最高处为 7.6m，而东周列国城垣，保存最好的如赵邯郸城的高度为 12m。[①]《墨子·备城门》提到大城的高度为三丈五尺（按战国 1 尺 =0.23m 计算），即高度为 8.05m。《墨子·备城门》又说："城厚以高"，就是城墙的高度应与城墙的厚度相等。墨子是战国人，纪南城在战国中后期经几次修筑，高度会超过墨子所说之数。故此，城垣高度复原高为 10m 左右。

城门之上应建有城楼。《考工记》所载"王宫门阿之制"，就是城楼。《墨子·备城门》有："置坐候楼。"毕沅注《通典·守拒法》："却敌上建候楼，以版跳出为橹，与四外烽戎昼夜瞻视"，可知汉代城门上都建有城楼。城楼的形制可参考战国时期铜器上的建筑图形进行复原。门楼的下部，门道两旁应为木架构成的门道，以保护夯土隔墙。城垣上部为木结构的重檐四阿屋顶的城楼（图 3-1-12～图 3-1-14）。[②]

西垣北门一门三道的建筑形制，早在春秋时期就以出现，它提供了我国古代城市交通采取人车分流的最早实例。

（七）宜城楚皇城遗址

东周楚国城址，位于宜城市东南 7.5km 处的郑集。[③]城址平面呈不规则矩形，方向略为 20°。城址周长 6420m，其中东垣 2000m，南垣 1500m，西垣 1840m，北垣 1080m，城内面积 2.2km²。城垣由墙体和内、外护坡组成，墙基断面呈梯形，底宽 13.05m，上宽 11.3m，一般在 1m 以上。墙体下部宽 8.65m，上部略窄，残高 1.6m。城垣夯筑，夯层厚约 0.08～0.12m。城垣四面各有两个缺口，称为大、小城门。城垣四角隆起，似为烽火台，实则为当年屯兵之所。城内东北部有一高地被称为"金城"、"散金坡"、"晒金坡"，出土有金币"郢爰"，可能为宫殿基址。北面倚北城垣，其他

① 邯郸市文物管理所. 河北邯郸市区古遗址调查简报 [J]. 考古，1980(2)。
② 郭德维，李德喜. 楚都纪南城西垣北门和南垣水门的复原研究（上）[J]. 华中建筑，1992(2)。
③ 楚皇城考古发掘队. 湖北宜城楚皇城勘查简报 [J]. 考古，1980(2)。

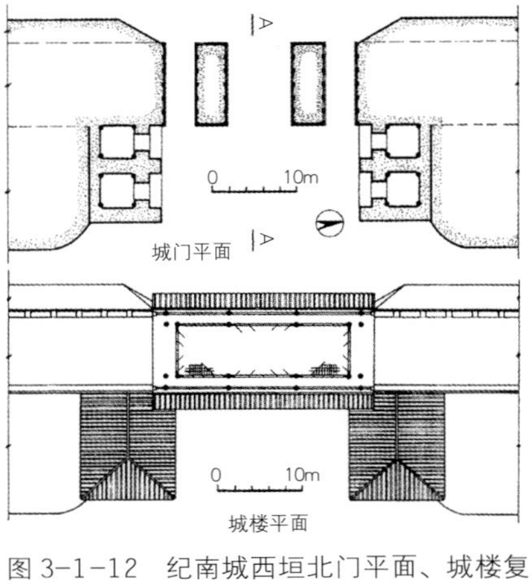

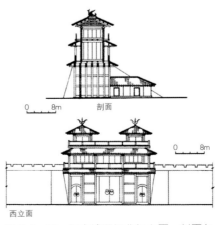

图 3-1-12　纪南城西垣北门平面、城楼复原图

来源：郭德维，李德喜. 楚都纪南城西垣北门和南垣水门的复原研究（下）[J]. 华中建筑，1994（1）

图 3-1-13　纪南城西垣北门立面、剖面复原图之一

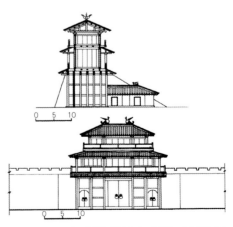

图 3-1-14　纪南城西垣北门立面、剖面复原图之二

来源：郭德维，李德喜. 楚都纪南城西垣北门和南垣水门的复原研究（下）[J]. 华中建筑，1994（1）

图 3-1-15　宜城楚皇城平面、剖面图
来源：楚皇城考古发掘队. 湖北宜城楚皇城勘查简报[J]. 考古, 1980（2）

三面另筑城垣，面积约 0.38km²，约为秦、汉时所构筑。它是春秋时期鄀国都城，后并于楚，成为楚国陪都，楚昭王避吴难曾迁都于此，称鄀郢。有学者认为此城是春秋楚鄀都，汉代的宜城县，也有学者认为它是春秋时期的楚郢都，汉时南郡的江陵城。据解剖城垣和城内出土遗物分析，城址年代为春秋战国时期（图 3-1-15）。2001 年由国务院公布为第五批全国重点文物保护单位。

（八）秭归楚王城

东周楚国城址，位于秭归县郭家坝镇楚王井村东南 100m，坐落在长江上游的西陵峡内，长江南岸，西北与秭归县城隔江相望。楚王城地处山冈，跨两埠，西部为冲地，名曰大沟。东部和南部有古老的自然河流，即旧州河，流入长江。北部紧靠长江，城内地势南北两端高，中间低洼，呈 4 ～ 5 级坡地（图 3-1-16）。[①]

楚王城平面近似椭圆形，南北最长 930m，东西最宽为 210m，城周总长约 22800m，面积约 0.2km²。南垣部分经勘探亦可发现城垣遗迹，其他部分的城垣则已荡然无存。从地形上分析，东部和北部均为悬崖，当时的东垣和北垣，可能是依崖而筑。东南地势较高，名曰望江楼，推断可能为城的东南拐角。城垣残存高度最高为 2.7m，最宽处 2m。城垣外侧系用石块堆砌而成，内侧用泥土填实夯打。城内西北部有一不规则形台基，残高 3m，面积约 3600m²。城内采集陶片以泥质灰陶为主，有少量夹砂红陶，纹饰有绳纹，器形有鼎、鬲、钵及筒瓦、板瓦等。1992 年由湖北省人民政府公布为第三批省级文物保护单位。

（九）云梦楚王城

东周至秦、汉城址，位于云梦县城城关。[②]城址南近涢水，城址高出地面 2 ～ 4m，平面呈"日"字形，城址由东、西二城组成，东城略小，西城较大。东西长约 1900m，南北宽约 1000m，夯土城墙总长约 9700m，城址总面积约 1.9km²。现东、南、北三面及中部尚有高出地面 2 ～ 4m 的土垣。南垣截面呈梯形，顶部宽 9.5m，底部宽 12.5m，残高 1.7m。城垣下面挖有基槽，基槽深 0.5m。城垣由黏土夯筑，夯层厚 0.05 ～ 0.17m。夯面一般较平，有的铺有草茎并残留锈斑。城垣内外有护坡。城外有宽 40 余米的护城河环绕。已发现 5 座城门遗址，城内有 3 座大型夯土台基（图 3-1-17）。城内文化堆集丰富，有春秋至秦汉时期的生活用器和建筑材料等。

①湖北省博物馆江陵工作站. 秭归楚王城勘探与调查[J]. 江汉考古, 1986（4）。
②孝感地区博物馆. 湖北孝感地区两处古城遗址调查简报[J]. 考古, 1991（1）；湖北省文物考古研究所等. 92 云梦楚王城发掘简报[J]. 文物, 1994（4）。

图 3-1-16　秭归楚王城地形图
来源：湖北省博物馆江陵工作站. 秭归楚王城勘探与调查[J]. 江汉考古, 1986（4）

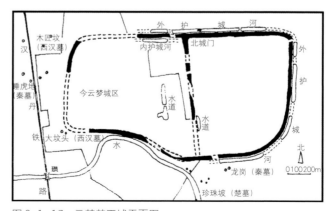

图 3-1-17　云梦楚王城平面图
来源：孝感地区博物馆. 湖北孝感地区两处古城遗址调查简报[J]. 考古, 1991（1）

城郊发掘了一批战国至秦汉时期的墓地，如城东的长辛店战国墓地、龙岗秦汉墓地，城西的睡虎地秦汉墓地、木匠坟秦人墓地、大坟头西汉墓地，城南的珍珠坡战国秦汉墓地。这些墓地均距城外不远。从某种意义上说，它们与楚王城应有一定的内在联系，也就是说这些墓地是城址在使用时期修造的，城址废弃以后，才出现了墓葬埋于中垣的现象。

云梦楚王城始筑于战国中晚期，到西汉初年加筑中城垣，城址的废弃当在东汉早期或更早。对城址有如下几说：①郧国都城；②楚昭王城；③安陆县城；④江夏县城。1992 年由湖北省人民政府公布为第三批省级文物保护单位。

（十）大悟吕王城

东周城址。位于大悟县城东约 75km 的吕王镇吕王村。[1]城址东临滠水河，西近仙居河，三面环水，一面依山。城址平面呈长方形，南北长 1500m，东西宽 500m，面积约 70 万 m²。城垣残存约 200m，底宽约 35m，面宽约 20～30，残高约 1.5m。城垣系黄土夯筑而成。经钻探，遗址可分为 4 大区域；即北部的卢家沟区，西部为陈家岗区，东为天灯岗，南为吕王镇所在地。各区文化堆积不一致，北区均为东周时期文化堆积，东区堆积有新石器时代、西周、东周和汉代遗存，西区堆积有新石器时代、西周和东周时期遗存，南区堆积有东周和汉代遗存。城内文化层中出土有新石器时代、西周和东周时期的遗物(图 3-1-18)。城内发现有水井和大量的建筑材料。1992 年由湖北省人民政府公布为第三批省级文物保护单位。

（十一）大冶鄂王城

战国楚国城址。位于大冶县城西南约 58km 的高河乡胡彦贵村岗陵上。[2]城址平面呈不规则长方形，东西长约 500m，南北宽约 400m，周长 1533m，面积约 0.1125km²。城垣夯筑，夯层厚 0.1m，城垣底宽约 20m，残高 4.5m。城垣上现有 7 处缺口，其中东垣偏北缺口，宽约 15m，北垣中部缺口，宽约 12m，可能分别为东城门和北城门。有的可能为城门遗址。城外有护城河。城垣东北、西北和东南拐角处均有高台楼橹遗址（图 3-1-19）。城内高附近地面约 5～10m，西南部较高，东北部较低。城内南部有文化遗存一处，残存面积约 2000m²，文化层中包含大量板瓦、半圆瓦当、小砖等。城内西垣南端和东垣中部均在靠近城垣部位，发现椭圆形窑址。城内西部文化遗物暴露较多，如筒瓦、板瓦、瓦当和鼎、豆、盆、盂等陶器，戈、镞、戟等铜器，斧、刀、鼎等铁器和金币"陈爰"等。传说楚王熊渠封次子红为鄂王时，即驻此城，故名。2001 年由国务院公布为第五批全国重点文物保护单位。

（十二）赤壁土城

战国城址，位于湖北省赤壁市东 15.5km 的新店镇土城村，土城亦名太平城、大古城或小古城。据《大明一统志》载："太平城，在蒲圻县西南八十里，吴孙权遣鲁肃征零陵于此筑城。"1995 年版《蒲圻志》记载为"太平城"。2002 年由湖北省人民政府公布为第四批省级文物保护单位。2013 年由国务院公布为第七批全国重点文物保护单位。

城垣呈南北向长方形，局部保存较好，最高处在 3m 左右，最低处 1～2m。城垣东、南、西、北垣均较直，四角呈切角。城址以中轴线为准，南北长 978m，东西宽 762m。东垣长 868m，南垣长 605m，西垣长 886m，北垣长 580m。城垣周长

图 3-1-18 大悟吕王城平面图
来源：孝感地区博物馆. 湖北大悟吕王城遗址 [J]. 江汉考古，1990（2）

[1] 孝感地区博物馆. 湖北孝感地区两处古城遗址调查简报 [J]. 考古，1991（1）.
[2] 大冶博物馆. 鄂王城遗址调查简报 [J]. 江汉考古，1983（3）.

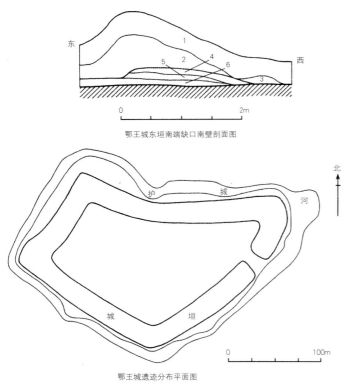

图 3-1-19　大冶鄂王城平面图
来源：大冶博物馆. 鄂王城遗址调查简报 [J]. 江汉考古, 1983（3）

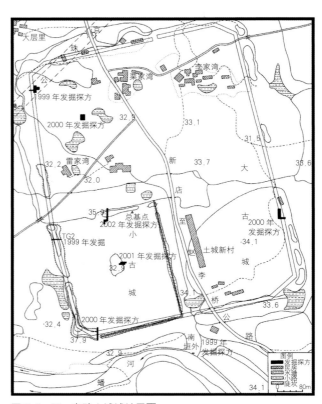

图 3-1-20　赤壁土城城址平面
来源：湖北省文物考古研究所等. 赤壁土城——战国西汉城址墓地调查勘探发掘报告 [M]. 科学出版社, 2004

3265m，面积 745236m²。城垣墙体用灰夹白、黄色土夯筑，土质略软。城垣外一周有护城壕，宽度 20 ～ 32m，深约 3.5 ～ 4m。护城壕与蟠河相连，一是从南垣中部向南流入蟠河；二是从城西北角向西经过一条小溪与蟠河相通，护城壕流经蟠河进入黄盖湖，再经黄盖湖注入长江。[①]

城垣四面各设一城门，东城门位于东垣南段，缺口宽 22m；南城门位于南垣中段偏东，宽 22m；西城门位于西垣中段，城门门道长 27m，残存宽 8m；北城门位于北垣中段略偏东，缺口平面呈"八"字形，宽约 20m。北城门门道长 28m，宽 12.5m（图 3-1-20）。

（十三）孝昌草店坊城

战国城址，位于孝昌花园镇中心村草店陈湾东 40m。[②]城址南临澴水河，北依山冈。城址平面呈不规则长方形，南垣向外作尖状突出。城垣周长 1326m，其中南垣东段长 283m，西段长 253m，北垣长 357m，东垣长 223m，西垣长 210m。城内面积约 0.11km²。城垣夯筑，夯层厚 0.18 ～ 0.2m，保存较好，残高约 2.6 ～ 5.5m，城垣面宽约 17.5m。仅在南垣东段探明一座城门，残宽约 22.5m。城垣共有 5 处拐角。其中在东北、西北、西南拐角处已探明各有一座建筑遗址，3 座台基呈正方形，其中东北角台基南北长 58m，东西宽 45m。西北角台基南北长 40m，东西宽 31m；西南角台基南北长 40m，东西宽 37.5m；台基建在城垣之上并向城外两边凸出。内边为两垣相交的弧度，由此可知，在修筑城垣时就已打好台基基础。高出城垣 1.5 ～ 2.1m，

①湖北省文物考古研究所等. 赤壁土城——战国西汉城址墓地调查勘探发掘报告 [M]. 北京：科学出版社, 2004。
②孝感地区博物馆. 湖北孝感地区两处古城遗址调查简报 [J]. 考古, 1991（1）；草店坊城联合考古勘察队. 孝感市草店坊城的调查与勘探 [J]. 江汉考古 1990（2）。

这种台基似为楼橹遗址（图 3-1-21）。城垣的东、西、北三面有护城河，南面可能以
潕水为护城河，护城河面宽约 18.5 ～ 20m，深约 2.15 ～ 3.35m。城内中部略偏北发
现一曲尺形建筑遗址，南北长 60m，东西宽 35m。面积约 1750m²。城内遗物有战国
晚期至秦汉时期的日用陶器和建筑材料等。城外有战国至秦汉时期的墓葬。关于城
址的性质，有学者认为此城是战国至两汉时期的一座军事城堡。1992 年由湖北省人
民政府公布为第三批省级文物保护单位。2013 年由国务院公布为第七批全国重点文
物保护单位。

　　城址内勘探出房屋建筑台基 2 座。1 号台基位于城内东北部，东距东城垣 166m，
北距北城垣 316m。台基平面呈不规则的"十"字形，台边垂直，拐角都是直角。台
基南北、东西最长与最宽均为 140m，残存高度 1m 左右。2 号台基位于城内西北部，
西距西城垣 130m，北距北城垣 210m。平面呈东西向长方形，四边较直，用黄、褐
色土夯筑。台基东西长 53m，南北宽 32m，残高约 0.55m。

　　城外共发现战国墓地 3 处，即花园岭墓地、王家岭墓地和猪头墩墓地。

二、秦、汉时期的古城遗址

（一）江陵郢城

　　秦、汉代城址，位于荆州纪南乡郢城村境内。西南距荆州城约 1.5km，西北
离楚故都纪南城 3km。城址的东北 3km 处有长湖的叉湖海子湖环绕，南距长江约
2km。[①] 2013 年由由国务院公布为第七批全国重点文物保护单位。

　　郢城地面上至今保存有较为完整的夯土城垣，城内地形平坦。城垣呈正方形，方
向 5°。东垣长 1400m，面宽 15m，底宽 28.5m，内护坡长 11.3m，外护坡长 5.8m，高 3.5m；
南垣长 1283.5m，面宽 17m，底宽 27.6m，内护坡长 10.5m，外护坡长 6.9m，高 6m；
西垣长 1267m，面宽 18m，底宽 35m，内护坡 12.5m，外护坡 6.9m，高 4.5m；北垣
长 1453.5m，面宽 9m，底宽 27m，内护坡坡长 11m，外护坡长 7m，高 4m。城址面
积为 1963208m²（图 3-1-22）。

　　城垣用黄褐土夯筑，土质坚硬，夯层厚约 0.13 ～ 0.17m。城垣的断面呈梯形，
内外有护坡，筑构方式是先筑主墙体，再筑内外护坡，内护坡较宽，坡度较平缓，

图 3-1-21　孝感草店坊城平面图
来源：草店坊城联合考古勘察队 . 孝
感市草店坊城的调查与勘探 [J]. 江汉
考古，1990（2）

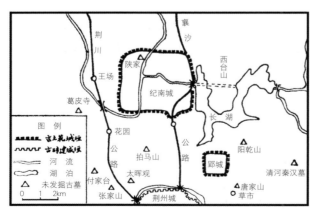

图 3-1-22　江陵郢城平面图
来源：江陵郢城考古队 . 江陵县郢城调查发掘简 [J]. 江汉考古，1991（4）

① 江陵郢城考古队 . 江陵县郢
城调查发掘简 [J]. 江汉考古，
1991(4)。

外护坡较窄，急陡。主墙和内外护坡都是建立在清除地表土后的褐色生土上。

城垣的西南角于早年被大水冲溃，其余的东南角、东北角、西北角三个拐角之上各有一座夯土台基。三座台基为长方形，高约 2 ～ 5m 不等，台基上有大量的瓦砾堆积和草木灰烬，应是当时城垣上的建筑遗迹。

城门位于城垣四周中部。经钻探在西城门发现一层结构紧密，宽约 0.8 ～ 1.2m，厚约 0.15 ～ 0.2m，向城内外延伸的路土。在路土的东西两旁，发现有瓦砾堆积，瓦砾堆积全是秦汉时期的绳纹筒瓦、板瓦，厚约 0.4m。在路土的东西对称有两块凸出的黄褐色夯土，这应是当时的门墩建筑遗迹。门墩比城垣要窄，突出的部分东西长约 8m，南北宽约 7m，门道宽约 11m。门墩上的瓦砾堆积应与城门的附属建筑有关。

城址四周的护城河开口面宽 41 ～ 52m，底宽约 32 ～ 41m，河深 2.5 ～ 3.1m。河边的外沿坡度较陡，内沿坡度平缓。

城内共发现 16 座夯土台基，夯土台基分长方形和方形两种。但台基上部都建有现代民房。城内暴露在地面的文化遗物大都是秦汉时期的陶器残片，尤以瓦类居多，也有极少数战国晚期的陶器残片。

（二）黄陂作京城

汉代城址，位于黄陂县城西北约 24km 的李集镇。[①]城址临近白庙河。城址四周中部均向外凸出，平面呈"亚"字形，形制较为特殊。城垣保存较好，残高约 2 ～ 6.5m，底宽约 31m，上宽 12m。周长 1092m，面积约 0.0288km²。城垣东、南、北三面中部均有缺口，缺口两例各附有一段凸出的城垣。以夯土筑成，由主城墙、内护坡和外护坡三部分构成。横断面略成梯形，夯层厚 0.18m。城垣东、南、北三面中部的缺口，应为城门的所在。东城门在城垣中间稍偏南，门道长 92m，宽 50m。南城门在城垣中间稍偏东，门道东壁长 80m，西壁长 60m，宽 50m。北城门在城垣中间稍偏东，门道长 92m，宽 54 ～ 70m。城垣四周有护城河，宽约 20 ～ 30m，深约 2 ～ 4m。东、南、西三面较深，北面凿在红砂岩上，尚可看出 1 ～ 1.5m 的陡峭石壁（图 3-1-23）。

城内东北部发现有东周至汉代建筑遗迹，可能为当时贵族居住区。城内出土有生活陶器和建筑材料。此城始建于战国时期，沿用至汉代。城外东南和南部有带封土堆的墓葬。1992 年由湖北省人民政府公布为第三批省级文物保护单位。

（三）洪湖州陵县城址

城址位于洪湖市新堤镇东北 21km 乌林镇境域。[②]大城濠城址呈长方形，东西长约 500m，南北宽约 280m，面积约 14 万 m²。方向 245°。城址西垣顶距地表 5m，顶宽 10 ～ 20m 不等，底宽 30 ～ 50m 不等。南垣扰动较甚，被铲平拓宽，改造成一般公路，宽 3.5m，仍高于一般农田 1.2m 左右。东垣 20 世纪 50 年代挖渠时被全部挖断。北垣亦仅存西北角一段，扰动也较大。城址东部，因开挖河渠，不见护城河痕迹。西部是否在小城濠遗址内开挖护城河，抑或继续使用、重复利用小城濠遗址西护城河，尚待进一步探查。南垣外的护城河已经干涸，其西端与小城濠遗址南护城河相接，东端为建设渠所断，护城河以南的断续条状土台与南垣间距约 80m。北垣外的护城河与小城濠遗址北护城河相通，仅西端存少量水域，辟为水池，水面宽约 90m，其余河段已干涸，退为水田。由于现存城垣扰动较大，城门已无明显迹象可见。城址西北部，俗称大城濠，其东边的土台，俗称鲁公台，传三国时东吴鲁肃"食州陵"

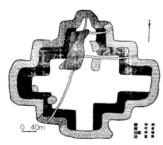

图 3-1-23　黄陂作京城平面图
来源：黄陂县博物馆. 黄陂作京城遗址调查简报 [J]. 江汉考古，1985（4）

① 黄陂县博物馆. 黄陂作京城遗址调查简报 [J]. 江汉考古，1985(4).
② 洪湖市博物馆. 湖北省洪湖市小城濠、大城濠、万铺塌遗址调查 [J]. 江汉考古，1992（4）。

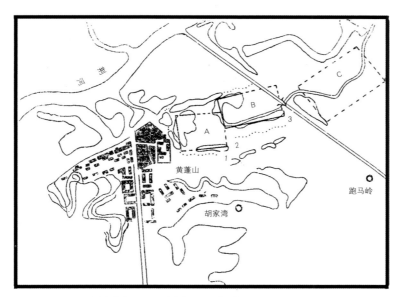

A. 小城壕城址　B. 大城壕城址　C. 万铺塌遗址　1～3. 断壁剖面
图 3-1-24　洪湖小城濠、大城濠、万铺塌遗址范围方位示意图
来源:洪湖市博物馆. 湖北省洪湖市小城濠、大城濠、万铺塌遗址调查[J]. 江汉考古,1992(4)

等四邑时屯兵于此（图 3-1-24）。

经实地勘查，在城址南垣东端断壁剖面中，可见有 0.6m 堆积层，文化层厚 1.09m。在城址地表采集到各类陶、石器标本 170 多件。器形可分鼎、豆、罐、瓿、瓮、缸、灯、拍及瓦当、筒瓦、板瓦、花纹砖等。从城址保存状况推测，城址西北部应为该城的房屋建筑区。2008 年由湖北省人民政府公布为省级文物保护单位。

（四）襄阳朝阳城

汉代城址。1957 年发现，城址位于襄阳县城北黑龙集镇朱杨村东南 1km 处。[1] 城址处于一平缓的台地上，较周围略高，四周十分开阔。遗址东西长 2000m，南北宽 1500m，面积约 10 万 m^2。遗址西北角有一座近正方形夯土城垣，边长 250m，残高 1.5m。曾在城垣内发现有砖砌下水管道，8m 宽的街道及陶质水井。采集有石斧、石磨、铜镞、弩机、"长宜子孙"镜、"五铢"、"大泉五十"钱和陶片等。陶片以泥质灰陶为主，有少量泥质红陶，纹饰有绳纹、瓦楞纹、方格纹，器形有罐、壶、盆、瓮及板瓦、筒瓦、瓦当等遗迹遗物。1992 年由湖北省人民政府公布为第三批省级文物保护单位。

城址据《南阳府志》载:"朝阳北属邓州，南属襄阳，今去襄、邓各八十里……。城址周不及三里，瓦砾犹在，俗讹为朝王城。"城址在鄂、豫交界处，地处襄阳、邓县之间，距襄阳、邓县分别为 40km，与史载基本吻合。又据清《襄阳县志》载，朝阳城"今黑龙集南五里，俗讹为朝王城……北距邓州，南至县治各八十里，汉置朝阳县，即以其地为治府"。

（五）枣阳翟家古城

城址位于枣阳市西南约 22km 处翟家村西北，1957 年文物普查时发现。[2] 城址地处一平缓的坡地上，地势北高南低。坡地南、北、西三面被滚河所环绕。城址平面呈长方形，东西长约 1000m，南北宽约 800m，面积约 80 万 m^2。城垣破坏严重，仅

①叶植主编. 襄樊市文物史迹普查实录[M].北京:今日中国出版社，1995。
②叶植主编. 襄樊市文物史迹普查实录[M].北京:今日中国出版社，1995。

存西北角一部分，呈曲尺形。长约250m，城垣高出地面约1～2.5m不等，城墙基宽约16m。城东的护城河保存较好，宽约10m，深约1m。城内其文化遗物极为丰富，主要有生活日用陶器残片和大量的瓦当、筒瓦、板瓦残片。据《枣阳县志·舆地志·古迹》记载："蔡阳故城在县西南。汉置县，属南阳郡。"从采集的标本形制特征及所处的位置分析，该城址应为汉代蔡阳故城。1992年由湖北省人民政府公布为第三批省级文物保护单位。

（六）蕲春罗州城

罗州城是蕲春县汉代的所在地，位于蕲春县漕河镇西北2.5km的蕲水南岸，京九铁路的北侧，介于西河驿、枫树林、宋家堰村之间，归辖于漕河镇。城址整体呈一不规则圆角长方形，为东北—南走向，城址的中轴线走向约20°。该城为两重城垣组成：第一重城垣为汉城垣，二重城垣为唐宋城垣。① 2014年由湖北省人民政府公布为第六批省级文物保护单位。

汉代的罗州城，平面呈不规则方形，总面积15万m²，不少地段至今仍有城垣耸立在地面上，尤其是西、北两面，最高处达5m左右。

东城垣长263m，垣宽7～8m，高4～5m；南城垣长450m，宽7m，高1～1.5m。东、西两段分别向外斜向拐折，中段较直。西城垣通长349m，分南、北两段，北段长135m，高3～4.5m，西城垣南、北两段交界处有一长18m的豁口，疑为城门。北城垣全长314m，由东、西两段组成，东段残长170m，西段长114m东、西两段城垣分别自东北、西北城角向外斜凸，垣宽7～8m，高4～5.4m（图3-1-25）。

城门共发现4座，东、南、西、北四面城垣各有一座城门，其中以北面城垣的城门保存较好，余三门毁坏严重。

东城门位于东垣的中部，宽约18m；南城门长11m，宽8m；西城门宽约18m；北城门宽约30m。城门的西侧保存有夯土台基遗迹，台基呈长方形，东西宽10m，南北长15m，夯土厚3.2m，直接筑在灰黄色的生土上，可能是门阙基址；城门东侧的台基已全部毁坏；在现城垣地面上只存有宽16m，深1.2m的凹口。

罗州城城垣的西、北、南三面，仍有部分城壕存在，尤以北面城壕保存较好。

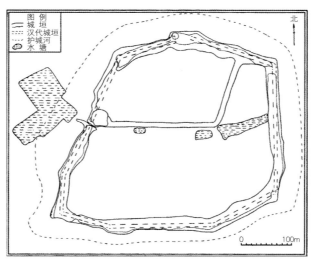

图3-1-25　蕲春罗州城平面图
来源：黄冈市博物馆等. 罗州城与汉墓[M]. 北京：科学出版社，2000

①黄冈市博物馆等. 罗州城与汉墓[M]. 北京：科学出版社，2000。

城壕距城垣一般 5～10m，宽 16～30m。西部城壕较宽，在近西门处，有水道通往蕲河，水道宽达 100 余米。

汉以后的历代对罗州城进行了多次的改建、扩建，对汉罗州城址的破坏甚大，在勘探中只发现汉代建筑台基残部 2 处和汉代水井 1 口。

1 号台基位于城内西北侧。平面呈长方形，长 38m，残宽 11m。

2 号台基位于 1 号台基东约 100m，平面呈长方形，长 50m，残宽 14m。

2 个台基均由黄色黏土夹灰褐土夯筑而成，距地表深 1.6m，厚度为 0.3～0.6m。台基南、北两侧均被晚期建筑打破，形状不明。在台基内发现了少量的汉代陶器残片和绳纹瓦片。

（七）赤壁土城

西汉城址，位于湖北省赤壁市东 15.5km 的新店镇土城村。战国城址内的西南部，是战国城址废弃后，利用战国城址的西垣南段、南垣西段重新修筑的一座新城址，西汉城址约占战国城址面积的 1/5。土城亦名太平城、大古城或小古城。[①]据《大明一统志》载："太平城，在蒲圻县西南八十里，吴孙权遣鲁肃征零陵于此筑城。"1995 年版《蒲圻志》记载为"太平城"。2013 年由国务院公布为第七批全国重点文物保护单位。

城垣呈南北向长方形，城址南北长 415m，东西宽 366m，四垣较直。城垣周长 1449m，面积 151890m²。其中东垣长 410m，地面残存高度 1m，宽 8m，地面以下高度 1.2m，底部宽度 20m 左右。南垣长 314m，面宽 11.5m，底宽 20m，残存高度 1～4.7m。西垣长 365m，面宽 10m，底宽 21m，残高 2～4.6m。地面的城垣宽 8m，高 1m。北垣长 360m，面宽 11m，底宽 22m，残高 0.7～1.2m。城垣夯筑，夯层厚 0.1m 左右。城垣保存最好的高出地面近 5m。城垣四周有护城壕，西垣、南垣外护城壕是在修筑西汉城垣时利用了战国城址的西垣南段与南垣西段护城壕，对战国城壕进行清淤修整后继续利用。北垣护城壕与西垣护城壕口宽 20m，底宽 16m，深 3.8m 左右。

东、南、西、北垣各有一处城门。东城门位于东垣中段，城门缺口宽 7m，门道长约 20m，宽 6m。门道两侧城垣拐角成直角，门道底部未发现路土。南城门位于南垣东段，城门缺口宽 7m，现地面略低于东西两侧残垣。东西两侧城垣拐角成直角。门道长 20m，宽 6m。西城门位于西垣中段，缺口似"八"字形，宽约 14m，底部有路土，路土呈褐黑色，向城内外断续延伸，长度约 18m。门道南北两侧城垣拐角呈直角。门道长 21m，宽 10m。北城门位于北垣中段略偏西，宽约 30m。门道长 22m，宽 12m。在门道西侧发现一条南北向排水沟从城内通向城外护城壕。四座城门中以西门、北门较宽，南门、东门较窄，这种宽窄不同的城门设置可能与城址周边的地理环境或与军事防御有关（图 3-1-26）。

城址的排水系统与护城壕的流向也沿用了战国城的排水通道：一是经东南角城垣外，利用战国南垣外中部壕沟进入蟠河；二是从城垣外西北角经一条小溪向西北流入蟠河。

城内探出夯土建筑台基 6 座。1 号台基距北垣 122m，距东垣 120m。台基呈东西向长方形，东西长 63m，南北宽 36m，高出地面约 1m。台基用黄灰土夯筑。

城外发现 2 处西汉墓地：烂泥冲墓地和家后背山墓地。

西汉城址部分，是当时汉中央政府在鄂东南、湘东北地区设立的县一级行政机构的所在地。

① 湖北省文物考古研究所等. 赤壁土城——战国西汉城址墓地调查勘探发掘报告 [M]. 北京：科学出版社，2004。

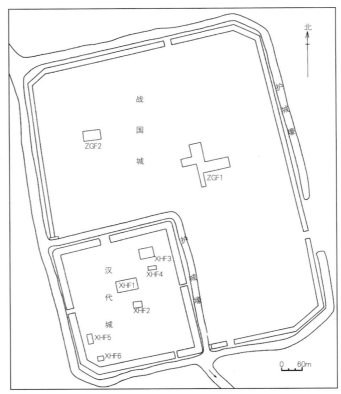

图 3-1-26　赤壁土城平面图
来源：湖北省文物考古研究所等. 赤壁土城——战国西汉城址墓地调查勘探发掘
报告 [M]. 北京：科学出版社，2004

（八）大冶草王嘴城

汉代城址，位于大冶市城区西郊的金湖街道办事处田垅村四、五组，东距大冶市区约 6.5km，东南距铜绿山古矿冶遗址约 2.7km。[①] 1992 年由湖北省人民政府公布为第三批省级文物保护单位。

古城处在由南部幕阜山余脉鹿耳山、马叫山延伸而来的一条起伏不大的岗陵山地北部尾端，除东南角有"陆路"与东南部的大箕铺和南部的殷祖丘陵地带相连外，西南、西、北、东面均临湖水（现为水田）。

城址周围为低山、丘陵和沉积盆地。城址平面呈不规则长方形，南北长约 280m，东西宽约 228m，周长约 945m，面积约 55000m²。城址的城垣为土筑，高出四周地面 3 ～ 9m，垣顶面基本处在同一水平线上。南、北城垣依山丘地势而建，蜿蜒曲折，不规整。东、西城垣较笔直，城垣拐角基本为 90°。南城垣外弧，长约 220m，上宽 13 ～ 19m，底宽 24 ～ 26m，残高 5 ～ 6m。北垣依凭几个山包地势修筑，西端内弧，中部外凸，东端内收，曲折蜿蜒，长约 210m，上宽 11、底宽约 30m。东城垣长约 300m，残高 3 ～ 5m，现存垣面宽（弧形坡）30m，北端内弧，中部缺口南北宽约 18m，垣南壁截面上宽 13m，高 3m，灰褐色土夯筑。西城垣长约 260m，上宽 11m，底宽约 30m，北端转角处高出垣外地面 5m 以上，中段缺口南北宽 75m，现有一条排灌渠从西垣北端流经中部缺口处向东拐入城内（图 3-1-27）。

东、西城垣中段各有一个缺口，两个缺口遥遥相对。据剖面土质土色观察，西

图 3-1-27　大冶市草王嘴城遗迹图
来源：湖北省文物考古研究所. 湖北省大冶市草王嘴城西汉城址调查简报 [J]. 江汉考古，2006（3）

① 湖北省文物考古研究所. 湖北省大冶市草王嘴城西汉城址调查简报 [J]. 江汉考古 2006（3）；大冶县博物馆. 大冶县发现草王嘴城采矿古城遗址 [J]. 江汉考古，1984（4）。

城垣缺口宽度约 20 余米。东城垣缺口宽 18m，内窄外宽呈八字形。城垣至缺口附近逐渐变窄变陡。从地形上观察，西垣缺口所处地势高，东垣缺口所处地势低，西垣缺口至东垣缺口地势逐渐低矮，相对应的两个缺口可能为城门。从城内外地形地貌看，西垣缺口可能为陆地城门，东垣缺口直通城外水域，可能为水上城门。

城址的南北两面为岗地，东西两面为低洼地。北垣外有宽约 45m 的低洼地，洼地紧邻城垣，随着北垣的走向通向东西两侧的城外洼地，这应该是北垣外的城壕遗迹。历史时期北垣外 300～400m 处的大冶湖水可沿着山丘间的沟壑流入这片洼地。城址的南垣与岗地之间，其中段和西段垣外有一道宽约 40m 的洼地，与城外西部水域相通，这应该是南垣外城壕。城址的东、西垣外是宽阔的低洼地，没有发现城壕遗迹，低洼地当年应是与大冶湖相连的水域。

城内地势西南高于东北部，文化堆积极为丰富，出土有东周时期的建筑材料、铜器、陶器等。此城与著名的大冶铜绿山古矿冶遗址仅距 2.7km。推测古城与铜绿山古矿冶遗址有着密切的联系。其主要功能是当时当地的采矿、冶炼生产过程中的管理、仓储、转运中心。

第二节　春秋、战国、秦汉时期的建筑遗址

一、春秋、战国时期的建筑遗址

（一）潜江龙湾建筑址

东周遗址，潜江龙湾遗址位于潜江县西南约 35km 处的龙湾镇瞄新村九组，西距龙湾镇约 4km。遗址范围东西长 2000m，南北宽 1000m，总面积达 200 万 m^2。[①]由水章台、华家台、放鹰台、荷花台、郑家台、打鼓台等十多个台基组成。其中最显赫的是位于遗址群东部岗地上的放鹰台，放鹰台地貌为一高出周围地面约 0.7～6m 的呈东南—西北走向的不规则长方形岗地。东西长约 350m，南北宽约 120m。经考古勘探，放鹰台由 4 个夯土台基连成一体而组成规模宏大的丛台建筑群。其中：1 号台基面积约为 75m×60m，2 号台基面积约为 65m×50m，3 号台基面积约为 50m×45m，4 号台基面积约为 60m×40m（图 3-2-1）。2001 年由国务院公布为第五批全国重点文物保护单位。

（二）放鹰台 1 号台基

经试掘的放鹰台 1 号台基，是 4 个夯土台基中现存最高的一个，海拔高度 26～28m。面积 15600 m^2（图 3-2-2）。

1 号台为 3 层重台。一层台是最底层的夯土台基，台基高约 1～1.5m，由黄色黏土夯筑而成，有的地方利用了早期夯土台基。夯层厚 0.08～0.15m。台基四周主要遗迹有东、西侧门，贝壳路与红烧土沟槽，红烧土墙，台阶，内廊，外长廊，地下排水管，水坑，回廊与天井，柱洞，红烧土面。一层台中部还有二层台、三层台。

①荆州地区博物馆等. 湖北潜江龙湾发现楚国大型宫殿遗址 [J]. 江汉考古，1987（3）；陈跃钧. 湖北潜江龙湾章华台遗址的调查与试掘 [M]// 湖北省考古学会编. 楚章华台学术讨论会论文集. 武汉：武汉大学出版社，1988；荆州市博物馆等. 湖北潜江龙湾放鹰台 1 号楚宫基址发掘简报 [J]. 江汉考古，2003（3）。

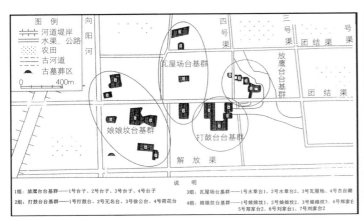

图 3-2-1   潜江龙湾遗址群平面示意图
来源：荆州市博物馆等. 湖北潜江龙湾放鹰台 1 号楚宫基址发掘简报 [J]. 江汉考古，2003（3）

图 3-2-2   潜江放鹰台 1 号台基
来源：荆州市博物馆等. 湖北潜江龙湾放鹰台 1 号楚宫基址发掘简报 [J]. 江汉考古，2003（3）

二层台位于三层台西北侧的一层台上，紧靠三层台西北部，其东墙与三层台西墙共体。台基呈东西向，长方形，长 9.7m，宽 6.3m，现高出一层台基面 0.6 ～ 1.1m。台基周边陡直，其西南壁被烧烤成红色。台体系灰黄色土夯筑而成，夯层厚 0.08 ～ 0.1m，夯窝直径 0.05 ～ 0.06m。台基上分布有夯土墙、柱洞等遗迹。

三层台位于一层台东部，平面呈曲尺形。现存残高（距一层台地面）1.2 ～ 2.5m。台体东壁南北长 24.65m，北部东西宽 12.8m；南壁东西长 25m，西部南北长 12.9m。台体建在 0.1 ～ 0.2m 厚的瓦碴层上，选用较纯净的灰白或灰黄土夯筑而成，非常结实、坚硬。夯层厚 0.04 ～ 0.06m，夯窝直径 0.05 ～ 0.06m，深 0.01 ～ 0.02m，墙面均抹有约 0.01m 厚的草拌细泥，现被大火烧烤成红色，烧烤台体宽度约 0.5m 左右，台体向内渐变为灰色。台基上分布有壁槽、红烧土柱洞、红烧土地沟（埋地梁）、壁带、横沟（梁）、纵沟（梁）、斜沟（梁）等遗迹（图 3-2-3、图 3-2-4）。

根据已暴露的建筑遗迹和勘探提供的情况，初步推测 1 号台宫殿基址的台基东部为 3 层台建筑（系宫殿主体建筑，其朝向为坐北朝南）；西部为二层台建筑；台南地貌平坦，似为广场式建筑；台北、台东为亭廊环绕的园林式建筑。台周曲廊环绕，台内曲径穿梭于一、二、三层之间，台东有大河奔流，台西、北有湖水漾波。整体布局充分利用了高岗、湖泊等地理环境。宫殿建筑气势磅礴，雄伟壮观（图 3-2-5）。

放鹰台 1 号台基的始建年代上限晚于春秋晚期。据文献记载，楚灵王于公元前 535 年建章华台。公元前 278 年秦将白起拔鄂，同时章华台也被付之一炬。故章华台的使用年代当为春秋晚期至战国中期偏晚，使用期长达 257 年。文献记载与 1 号宫殿基址的考古学断代是基本一致的。

《水经注》云，离湖在华容县东七十里，"湖侧有章华台，台高十丈，基广十五丈"，台基的高宽比为 2∶3。放鹰台所处的地理位置和自然环境，与《水经注》上的"湖侧有章华台"的记载极为近似，遗址所处的方位和楚郢都纪南城的距离，与《渚宫旧事》注中章华台在江陵县东百余里的记载亦十分吻合，出土的遗物为春秋中晚期，与楚灵王筑章华台的时间极为吻合。因此我们初步认为潜江龙湾放鹰台基址就是文献上记载的楚灵王修建的章华台。

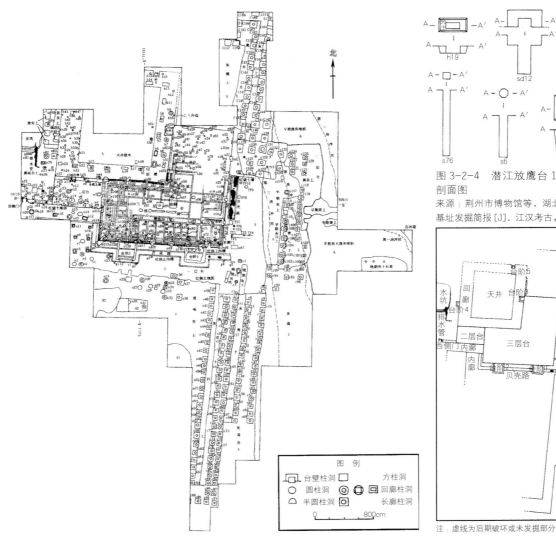

图 3-2-3　潜江放鹰台 1 号台基遗迹平面

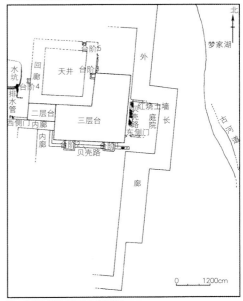

图 3-2-4　潜江放鹰台 1 号台基典型柱洞平面、剖面图

来源：荆州市博物馆等. 湖北潜江龙湾放鹰台 1 号楚宫基址发掘简报 [J]. 江汉考古，2003（3）

图 3-2-5　潜江放鹰台 1 号台基平面布局示意图

注：虚线为后期破坏或未发掘部分

　　章华宫是春秋时期楚国修建的一座规模宏大的王家园林化离宫。《左传·昭公七年》载："楚子（灵王）即位，为章华之宫，纳亡人以实之……。楚子成章华之台，愿与诸侯落之"。说明章华宫是一组建筑群，章华台是章华宫的主体建筑，为楚灵王所建。[①]

　　放鹰台 1 号台基虽然未全部发掘，但从已揭露的部分来看，遗址在建筑构造技艺方面有几点值得特别注意：

　　（1）整体浇灌台基：上层台基是先在夯土台基上挖基槽，内填碎陶片夯实，然后用稀而细的泥浆一层一层的浇灌，每层厚约 0.06～0.07m。这种整体浇灌台基是楚人的又一大创造，可视为后世整板基础的最早起源。

　　（2）焙烧红砖护面台基：经钻探，1 号台基中心部分即为夯土台，但迹象表明，上层台基的侧面有焙烧红砖镶砌的护墙，厚度达 0.5～0.7m，可视为后世砖镶台筑和砖镶城墙构造的最早起源。

　　（3）瓶形柱洞：第二层台基立柱系倚靠台基外侧嵌入台基内，不但增强了立柱

①高介华. 楚国第一台——章华台 [J]. 华中建筑，1989（2、3、4）。

图 3-2-6　潜江放鹰台 1 号台基
贝壳路

的稳定性，同时也加固了台基。立柱基础为瓶口形，与现代立柱瓶口基础有异曲同工之妙。

（4）砖坯门洞：下层台基东侧门两侧的门垛采用砖坯砌筑，呈曲尺形。其断面外侧均有凹进的折线，不但使门樘安装牢固，亦反映了当时门窗的复杂程度。

（5）贝壳路：在上层台基的东侧和南面均发现贝壳路面，其中南面的一条保存完好。贝壳色泽晶亮，呈横人字纹铺砌，排列整齐，十分美观，使人叹为观止。用贝壳缀砌路面首次发现于楚国宫殿建筑遗址，在全国考古发现中也是第一次，弥为珍贵。屈原《九歌•河伯》中就有"鱼鳞屋兮成堂，紫贝阙兮朱宫"描写，这里描写的虽然是水神的宫殿建筑，但却是以现实生活为基础的（图 3-2-6）。

（6）带钩穿洞筒瓦：此瓦规格极高，系用于宫殿建筑。此瓦曾在周原和燕下都各出有一片。此瓦安装时，下片瓦的瓦钩钩住上片筒瓦之孔内，搭接牢固，系直接铺在瓦椽上，没有后世的苫背，更适宜于南方地区。此瓦的出现亦说明此建筑非同一般。

（7）金属构件：遗址所出土的青铜门环，直径超过 0.12m，环身粗大，可想见其铺首之大和复杂，而梁柱构架的结合锚固可能采用青铜或铁制构件。

（三）纪南城松 30 号台基

楚都南郢（纪南城）位于荆州区境内，是迄今我国南方发现的东周时期最大的一座古城。20 世纪 70 年代发掘了两座建筑遗址（松 30 号 F_1、松 30 号 F_2）[1]。现据发掘报告，拟对松 30 号台基遗址试作初步探讨。

遗址所反映的建筑形制据报告，松 30 号台基遗址位于纪南城内东南部，南距南城垣约 1300m，东距东城垣约 1400m。

楚时在此进行过两次建置。第一次（下层，松 30 号 F_2）年代为春秋中、晚期，台基南北 34m，东西 26m。台基上有墙基，建筑为东西向。因未全部揭露，具体情况不明。

第二次（上层，松 30 号 F_1）年代为战国早、中期，是在下层台基扩建而成。台基座东西 80m，南北 50m。夯土台基东西 63m，南北 43m，台基残高 1.2～1.5m，建筑为南北向。台基中央发现南、北隔墙，间距 14m，东、西山墙，中间用间墙分隔成东、西 2 室。墙基底宽 3m，向上收成梯形，墙身厚 1m。北墙基中部南、北两侧发现壁柱洞。台基南、北有排列整齐的磉墩，磉墩中距：北侧 6.8m，南侧 5.8m。台基上有东、西排列的柱洞，台基南、北发现有散水，陶质排水管道。遗物中有筒、板瓦、瓦当及错银铜铺首衔环。

从以上情况可以得出以下建筑形制。

（1）松 30 号 F_1 由台基座和台基 2 部分组成。基座东西 80m，南北 54m。台基东西 63m，南北 43m。建筑按中心计算，通面阔 61.4m。计东室 33.4m，西室 26m，墙宽均为 1m。通进深 39m。计中间 13m，北墙外 12m 和南墙外 14m 处各有一排磉墩，磉墩宽 0.8～1m。其跨距分别为南跨 14m，中跨 13m，北跨 12m。北面柱距 6.8m，南面柱距 5.8m。中跨为承重墙，采用壁柱加固，又因承受南、北屋面荷载，所以壁柱间距缩小到 4.5～5m。松 30 号 F_1 是在下层 F_2 台基上扩建而成。发掘时台基残高 1.2～1.5m，台面残高不等。在台基外发现散水。台基高度目前缺乏同时代的参考材料。

①湖北省博物馆. 楚都纪南城的勘查与发掘（下）[J]. 考古学报，1982（3）。

假定上部被损 0.5m，加上现高 1.2m 或 1.5m，松 30 号 F_1 台基高约 1.7～2m，加上散水高约 0.45m，台基总高度约为 2.2～2.45m（图 3-2-7）。[①]

（2）柱洞、礎墩的布置东西成行，南北不成列。据柱洞、礎墩及墙体走向，推测松 30 号 F_1 结构为夯土墙体和木柱梁混合承重结构，屋面采用纵向构架，屋顶为四阿重檐屋顶。遗址出土大量筒、板瓦等建筑材料，可知屋顶瓦顶，屋脊上应有脊饰（图 3-2-8）。

（3）遗物中出有大量的筒、板瓦及陶质排水管道，特别是 3 件错银卷云纹铺首衔环，从门环铺首用材之高级及制作之精细，室内外排水设施之完备，皆可想见该建筑室内外装饰之华贵（图 3-2-9）。

遗址所反映的工程技术：

（1）夯土台基：夯土台基源于江汉平原屈家岭文化中、晚期和盘龙城商代宫殿建筑，这正孕育着春秋战国乃至秦汉盛行的高台建筑。松 30 号 F_1 夯土台基继承了

① 李德喜. 楚南郢松 30 号台基殿堂复原初探[J]. 华中建筑，2000(1)。

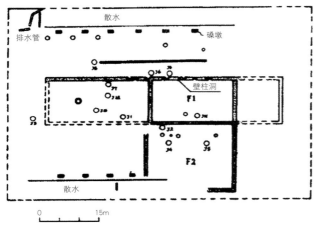

图 3-2-7　纪南城松 30 号宫殿遗址平面图
来源：湖北省博物馆. 楚都纪南城的勘查与发掘（下）[J]. 考古学报，1982（3）

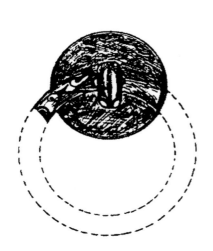

图 3-2-9　纪南城松 30 号宫殿出土错银铺首衔环
来源：湖北省博物馆. 楚都纪南城的勘查与发掘（下）[J]. 考古学报，1982（3）

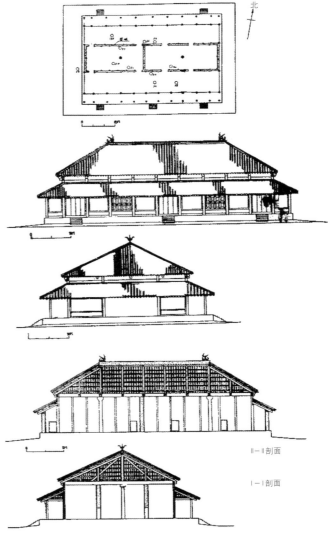

图 3-2-8　纪南城松 30 号宫殿复原平面、立面、剖面图
来源：李德喜. 楚南郢松 30 号台基殿堂复原初探[J]. 华中建筑，2000（1）

屈家岭文化和商代宫殿建筑手法而有所发展。

（2）墙基、墙体：墙基采用"筑基"法，即在需要筑墙的地方，用土筑成宽约3m，高约1m的墙基，向上收成梯形。墙身采用"挖基"法，即在夯筑好的台基上，按墙体走向下挖墙基槽，基槽内立内方外圆的木柱后用土夯筑至台基面。墙基两侧发现的壁柱洞，排列不成柱网，它是作为加固夯土墙的木柱与墙体连为一个整体。这种承重墙是一种土木混合结构构件，它显然是对江汉地区新石器时代木骨泥墙与荷载承重墙的继承和发展。地面墙体已不存，做法不明，但可参考潜江龙湾章华台宫殿墙体做法。章华台宫殿3层，台基上有焙烧红砖镶砌的护墙，墙面上抹一层草筋泥。墙面抹草筋泥的做法，江汉地区早在新石器时代中期业已广泛采用，商周时有所改进和提高。

（3）磉墩、柱基：磉墩是在筑好的台基上向下挖坑，再填以碎陶片、瓦片，掺杂红烧土块和黏土夯筑而成。这种柱基础，正是古文所说的"磉"。《广韵·荡韵》："磉，柱下石也。"《正字通·石部》："磉，俗呼础为磉"。磉的作用是将柱身的荷载布于地上较大的面积。柱础在文献上最早见于《淮南子》："山云蒸，柱础润"。实际考古发现比文献更早，如大溪文化遗址中就有未加工的方形柱础石，殷墟遗址中发现有卵石柱础和铜质。《战国策·越策》："董子之治晋阳也，公宫之室皆以炼铜为柱质。"可见战国时仍用旧法。故此，推测松30F$_1$磉墩上可能安有石柱础或铜质。室内柱洞内均有碎陶片、瓦片和红烧土垫层。

（4）地面、散水：松30F$_1$室内地面无存。松30F$_2$发现一块灰白色地面。从室内水井分布和室外排水暗管推测，松30F$_1$室内地面做法可能有两种：一是在夯土面上铺一层纯净的灰白色土或黄土，平整后为室内地面；一是用空心花纹砖铺设地面。

散水的主要功能是更好的排水，避免台基受潮。散水早在大溪文化建筑中就有使用，商代和春秋战国时期的建筑普遍使用散水。松30F$_1$台基散水，是用烧土块、碎陶片铺设，散水呈斜坡状。至今江汉平原广大农村还使用碎砖乱瓦铺设散水。

（5）木屋架：战国时期铜器上刻画的建筑图形，为我们提供了这方面的形象资料。图形多为2层建筑，结构相同。下层两侧刻画单坡屋面，上层似为四阿顶，但两侧檐口低，中间檐口高。两侧柱子细矮，中间柱子高粗。柱头上有栌斗，中部柱头上承纵向大梁，梁上刻画枋或梁断面。上、下柱子不在一中线上，可能表示上层较下层收进。从大梁刻画的梁或枋判断，其结构是在纵向构架上再加排列较密的横向构架。山西长治、江苏六和出土铜匜上刻画得极为准确，似可说明纵向构架是这一时期结构形式的一大特点。松30F$_1$柱洞、磉墩排列东西成行，南北不成列。据此，松30F$_1$木构架为纵向构架。屋顶形式仍因袭商周旧制，采用四阿屋顶，坡度据《考工记》："瓦屋四分"设定。出土的筒瓦、板瓦，说明屋顶覆盖灰色筒瓦、板瓦，脊上有凤鸟装饰。

（6）门、窗：楚国建筑的门、窗在战国时期的楚墓中有比较完整的反映，并且极为精致。门一般为双扇板门，门上安铺首衔环；也有格子门，如故宫藏战国铜钫上的门窗花纹为"田"字纹，山东临淄郎家庄战国漆盘上绘有"复斗"纹门窗，曾侯乙墓内棺足档上绘有"田"字形窗，壁板上绘有"复斗"纹双扇格子门。据此，松30F$_1$门窗制作及花纹可以参考楚墓出土的板门及铜器、漆器上所绘门窗纹样。

（7）油饰彩绘："网户朱缀，刻方连些。""红壁沙版，玄玉梁些。""仰光刻桷，画龙蛇些。"这是《楚辞》对楚国建筑雕刻和油饰彩绘的描述。楚国漆木器纹饰丰富多彩,绚丽多姿。楚人尚东,拜日,崇赤。松 30F₁ 建筑当以"赤"色为主调,室内墙面,间有壁柱加固,正好绘制壁画。整座建筑物,除立柱以外的木构件表面,当以红色为主调,并用黄、红、金、灰、白、绿、赭、蓝等色描绘花纹,纹饰题材大体上有几何图案、自然物象、花卉禽兽、人物行为 4 类。

建筑物的性质：

松 30F₁ 建筑性质可作如下推断：

（1）经钻探,纪南城内有东周时期的夯土台基 84 座,其中 61 座集中在东南部。在 30 号台基东边有南北向的古河道,河西发现城垣,城垣北部向西拐。有研究者认为此城为宫殿城垣,也有人认为是春秋时期南郢城垣。不管是宫城城垣还是南郢城垣,松 30F₁ 位于此城东北隅,外临古河道,交通方便。松 30F₁ 对面有 9 号台与此相仿,两台西边有 7 号台,规模比 9 号台和 30 号台还大,9 号台、30 号台和 7 号台呈"品"字形排列。从三台规模和平面组合看,这个地段非一般百姓居住区。[①]

（2）楚时在此进行过两次建置。此台与纪南城内最大的台基 130m×100m 相比,属中型。建筑结构和工程技术远不能代表楚国建筑的最高水平。1987 年发掘的潜江章华台遗址,年代为春秋中、晚期,规模虽小于松 30F₁,但时代早,技术水平之高,用材之高级,装饰之华丽,可代表楚国建筑之最高水平。[②]

（3）台基上共发现 12 口水井,其中 12 号水井与松 30F₂ 同时代,1～11 号水井与松 30F₁ 同时代。发掘表明,水井是在台基夯筑好后开凿的。从水井出土物看,主要为日用陶器。水井的作用有二：一是生活用水；二是作为冰窖来保存食物。从室内发现水井之多,深达 7m 以上,加之室内外排水设施之完备,说明这些水井并非生活用水,很可能是作为冰窖存放食物的。

（4）据贺业钜同志对《考工记》营国制度研究后得出的结论,宫城规划将府库、膳房、作坊布置在宫城主体建筑的两侧和宫城四隅。[③]松 30F₁ 正好与此相仿,它正位于宫城东北隅。

综上所述,我们认为松 30F₁ 建筑不是楚国宫殿区的主要建筑,也并非一般居住用房,很可能是楚国宫殿区的一座府库。

二、两汉时期建筑遗迹与住宅模型

（一）建筑遗迹

赤壁土城干阑式建筑遗迹位于湖北省赤壁市东 15.5km 的新店镇土城村汉代城址南垣外蟠河边,北距东南拐角 130m。木构建筑遗迹南北最长 26600m,东西最宽 25600m,面积 6.8 万 m²。[④]

木构建筑遗迹被第 6 层叠压,坐落在第 8 层（生土）之上。呈西南～东北向分布。木构建筑垮塌后建筑材料从上自下的叠压关系为：黑色树皮—篾席—红色树皮—篾席—横木板—竖方木。树皮宽度 0.2m,残存最长者 2m。树皮韧性强,保存较好。横木板有 5 块,每块木板宽约 0.08m,残存最长的约 1.9m,5 块横木板排放间距不等,最宽处 0.2m。竖方木呈方形,厚薄宽窄不等,自西南向东北排列,间距最大为 0.2m（图 3-2-10）。

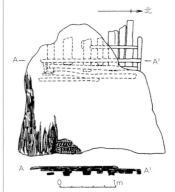

图 3-2-10　赤壁土城西汉干阑式建筑遗址平面、剖面图
来源：湖北省文物考古研究所等. 赤壁土城——战国西汉城址墓地调查勘探发掘报告 [M]. 北京：科学出版社,2004

① 刘彬徽. 楚郢都建置考 [M]// 楚文化新探 [M]. 武汉：湖北人民出版社,1981。

② 高介华. 楚国第一台——章华台 [J]. 华中建筑,1989(2、3、4)。

③ 贺业钜. 考工纪营国制度研究 [M]. 北京：中国建筑工业出版社,1985。

④ 湖北省文物考古研究所等. 赤壁土城——战国西汉城址墓地调查勘探发掘报告 [M]. 北京：科学出版社,2004。

从建筑遗迹分析，这是一座建在蟠河边的干阑式建筑房屋，建筑以穿斗式结构，有方形立柱、横梁、木板活动地面、用树皮和篾席作为屋顶。房屋的性质可能是船码头或哨所之类的建筑。

（二）住宅建筑模型

汉代住宅建筑模型，主要是出土于墓葬中的陶明器，大致有以下几种：

1. 小型住宅

规模较小的住宅，平面多为方形和长方形。屋门开在房屋的当中，或偏在一侧。房屋的构造除少数用承重墙外，大多数采用木构架结构。窗的形式有方形和长方形。如宜昌前坪113号东汉墓出土的4件陶屋，皆泥质红陶，形制相同。其中最大的一座，平面长方形。长0.292m，宽0.176m，通高0.184m。前檐左侧开长方形门，门侧开长方形窗，硬山式屋顶。正脊两端和垂脊前端微向上翘，正脊中央有装饰构件（图3-2-11）。[①]

荆门玉皇阁东汉墓出土的2层陶屋，悬山式顶，泥质红陶，施绿釉。平面长方形，长0.296m，深0.11m，通高0.34m。上、下层正面设二门，门两侧饰有长方形钮。上层前檐设有走廊，宽0.03m。屋面饰七道半圆形凸楞，象征筒瓦。屋面长0.385m，厚0.08m。[②]

襄樊杜甫巷东汉墓出土的陶屋，泥质红陶。平面长方形，面阔0.40m；进深0.24m，通高0.456m。内空，"人"字形屋顶，两面坡起瓦垄，正脊两端上翘。屋正面下部有一长0.96m，宽0.64m的长方形孔，内装挡板，挡板中心和壁两侧各穿一眼。墙壁四周有彩绘痕迹（图3-2-12）。[③]

秭归县泄滩乡方家山蟒蛇寨东汉19号墓中出土1件陶楼，泥质红陶。平面呈长方形，面阔2间，类似干阑式，2层，楼长0.49m，宽0.13m，高0.336m。上层悬山顶，屋脊两端微上翘，屋顶前坡设筒瓦七组。上层宽檐额，左右墙前立角柱，檐额中立柱，柱上设一斗三升斗拱檐枋，中为门道。门前设有回廊，廊栏上透雕2组三角形镂孔；下层两侧山墙各设一圆孔，底有长方形大孔，孔长0.272m，宽0.54m（图3-2-13）。[④]

2. 院落式住宅

襄阳东汉墓出土的绿釉陶楼，平面长方形，2层，通高0.56m，四阿屋顶。下层

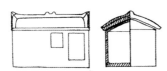

图3-2-11　宜昌前坪113号东汉墓出土陶屋
来源：宜昌文管处等. 宜昌市前后坪古墓1981年发掘简报[J]. 江汉考古，1985（2）

①宜昌文管处等. 宜昌市前后坪古墓1981年发掘简报[J]. 江汉考古，1985（2）。

②荆门市博物馆. 荆门玉皇阁东汉墓[J]. 江汉考古，1990（4）。

③襄樊市博物馆. 襄樊杜甫巷东汉、唐墓[J]. 江汉考古，2000(2)。

④广东省文物考古研究所等. 秭归蟒蛇寨汉晋墓群发掘报告[M]//国家文物局编著. 湖北库区考古报告集（第一卷）. 北京：科学出版社，2003。

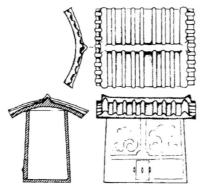

图3-2-12　襄阳杜甫巷出土东汉陶屋
来源：襄樊市博物馆. 襄樊杜甫巷东汉、唐墓[J]. 江汉考古，2000（2）

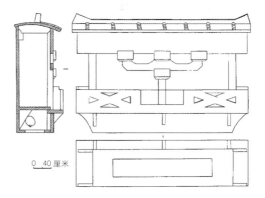

图3-2-13　秭归蟒蛇寨出土东汉陶屋
来源：广东省文物考古研究所等. 秭归蟒蛇寨汉晋墓群发掘报告[M]. 国家文物局编著. 湖北库区考古报告集（第一卷）. 北京：科学出版社，2003

正面左边开门。二层出平座，四周安直棂栏杆。中部开壶形门，内有 1 人。楼前三面有围墙，上有双坡层顶。左侧建有一悬山顶门楼（图 3-2-14）。门楼、正楼屋脊上均有动物形装饰。[1]

当阳刘家冢子东汉画像砖石墓中，共出土 3 件住宅建筑。其中 1 件为泥质红陶，施绿釉。平面近方形，主楼 2 层。通高 0.58m，重檐四阿式瓦屋顶。下层前檐中间开门，后檐开 2 门。上层前檐中央开门，右侧开一菱形花纹窗。上层四周设有平座栏杆，花纹为斜方格纹。上层檐下用一斗二升斗栱承檐。正脊、垂脊、戗脊均有脊饰。前面院落中设有 3 间门楼，明间开双扇板门，次间为菱形花纹窗。左次间窗下留有一洞，供家禽出入（图 3-2-15）。门楼檐下也用一斗三升斗栱承檐，悬山式屋顶，正脊和垂脊上均有脊饰。[2]

宜昌前坪东汉晚期 18 号墓出土陶楼，[3] 泥质褐陶，表面尚可见部分红彩。平面长方形，面宽 0.332m，进深 0.105m，主楼 4 层，通高 0.695m。三层檐四阿式屋顶，正中置正脊，四角各置一戗脊，正脊两端与戗脊尽端的翼角均起翘。陶楼脊饰翘起的构件已初具后世吻兽的雏形。前檐底层开拱形门，门外左侧设楼梯通二层楼门。二层门开在左边，门右有一凸出的方窗，上饰斜方格纹窗棂。左右山墙各开 1 门，后墙又置左右二门。左面山墙上悬挑一单坡吊楼。三、四层前檐中央开网格纹方窗。前面院落进深 0.175m，左边开双扇板门，并刻画出上、下槛和抱框，上有双坡屋顶。整体结构严谨，高大豪华，气势森严，是当时豪族坞堡建筑的真实写照，为研究汉代建筑提供了实物资料（图 3-2-16）。

随州西城区东汉墓，在享堂中部出土一件陶楼，内空，土红色，表面满施黄绿色釉，部分已脱落。[4] 楼平面长方形，面阔 0.235m，进深 0.95m，楼通高 0.67m。楼前面 4 层，楼后面 3 层，四阿顶，屋面盖瓦。楼及侧室屋顶都有脊饰及鸱尾。底层有前院，前院面阔 0.14m，进深 0.131m。院右侧有配院，院墙正面左右有门，中间有一圆形窗户。

[1] 张光忠. 襄阳出土汉绿釉陶楼 [J]. 文物, 1979 (2)。

[2] 沈宜扬. 湖北当阳刘家冢子东汉画像石墓发掘简报 [J]. 文物资料丛刊, 1977 (1)。

[3] 湖北省博物馆. 宜昌前坪战国两汉墓 [J]. 考古学报, 1976 (2)。

[4] 王善才, 王世振. 湖北随州西城区东汉墓发掘简报 [J]. 文物, 1993(7)。

图 3-2-14　襄阳出土汉绿釉陶楼

来源：张光忠. 襄阳出土汉绿釉陶楼 [J]. 文物, 1979（2）

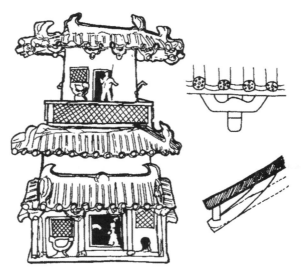

图 3-2-15　当阳刘家冢子东汉画像石墓出土陶楼

来源：沈宜扬. 湖北当阳刘家冢子东汉画像石墓发掘简报 [J]. 文物资料丛刊, 1977（1）

图 3-2-16　宜昌前坪 18 号东汉墓出土陶屋

来源：宜昌文管处等. 宜昌市前后坪古墓 1981 年发掘简报 [J]. 江汉考古, 1985（2）

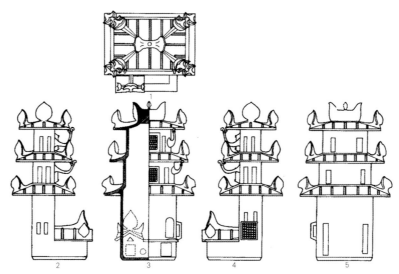

1.俯视图　2.右侧视图　3.正剖面图　4.左侧视图　5.背视图　(1/12)

图 3-2-17　随州东汉墓出土陶楼
来源：王善才、王世振.湖北随州西城区东汉墓发掘简报 [J].文物，1993（7）

侧室面阔 0.131m，进深 0.085m。侧室为悬山顶，前有门。前面第二层较高，左边有门，门前有弧形楼梯通往前院，右边有并列的 3 个长方形窗户。左侧面上有并列的 2 个长方形窗户，下有向外凸出的长方形直棂窗。右侧面及背面亦有并列的 2 个长方形窗户。第 3、4 层正面中间都有向外凸出的方形直棂窗，两侧均有长方形窗户和龙形支撑。后面两边也有窗户（图 3-2-17）。

　　云梦陶楼出土于一座东汉末年的砖室墓。[①]平面呈长方形，总体布局为：岗棚、主楼、碉楼、炊间、厕间、猪圈和院落组成（图 3-2-18）。

　　岗棚位于主楼左前方，平面近方形，四壁各开一椭圆形门，通高 0.238m，四阿式瓦屋顶，正脊两端和垂脊尽端均向上翘起。

　　主楼 2 层，底层 3 间，上层 4 间。底层有前后坡水，上层为四阿式瓦屋面，通高 0.29m。二层两山各建一吊楼。吊楼下有撑栱支承。前檐下层各间开门，门上及两侧刻垂帘状。后檐明间、次间有门通碉楼和炊间。上层前檐和山墙开长方形窗，安装百叶窗。

　　碉楼位于主楼右后侧，3 层，通高 0.562m，3 层檐，悬山式屋顶。一、二层有门与主楼相通，三层四周各开 1 门 2 窗，安百叶窗，供瞭望和守卫之用。

　　炊间紧靠碉楼，通高 0.486m，悬山式瓦屋顶。前檐有门与主楼通，左山墙上开一三角形窗。

　　厕间在炊间左，高 0.32m，悬山式瓦屋顶。

　　猪圈在厕间之左，屋顶为前后坡屋顶。

　　院落与左山墙齐平。利用主楼与厕间、猪圈的空隙，形成天井式院落。

　　云梦陶楼规模宏大，结构严谨，布局合理，屋面高低错落，造型优美。此楼最大的特点是窗上安装百叶窗。百叶窗的设置，既可以避免阳光直射，不受风雨影响，又可保证室内外空气的自然流畅，使人们生活条件更加舒适，是南方建筑的一大特色。它的发现，为我国早期使用百叶窗的历史提供了最早的实物资料。此楼是东汉地主

①云梦县博物馆.湖北云梦瘌瘌一号墩墓清理简报 [J].考古，1984（7）。

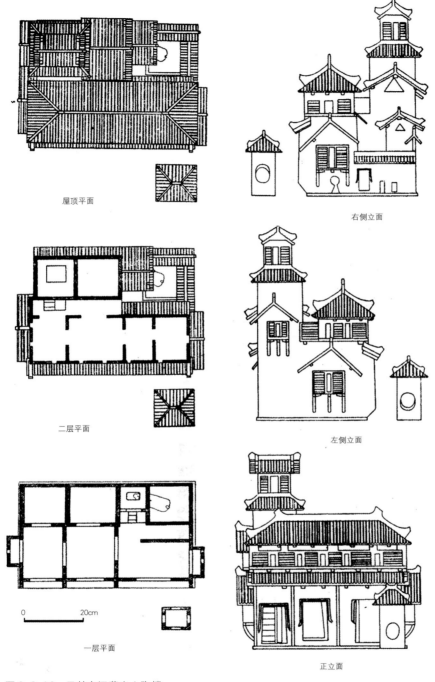

屋顶平面

右侧立面

二层平面

左侧立面

0　　　20cm

一层平面

正立面

图 3-2-18　云梦东汉墓出土陶楼
来源：云梦县博物馆. 湖北云梦痢痢一号墩墓清理简报 [J]. 考古，1984（7）

庄园的真实写照，为中国古代建筑史的研究提供了实物资料。

3. 陶仓

　　1975 年江陵凤凰山 167 墓出土圆形陶仓。[①]通高 0.345m，腰径 0.2m。泥质灰陶。仓由盖、身、底座三部分构成。盖作圆攒尖顶，顶上立一振翅陶鸟。仓身近圆筒状，上有一方形窗。底座下有两个对应的凹缺。有弦纹和附加堆纹等纹饰。形制新颖，烧制精细。出土时内盛鲜黄稻穗四束（图 3-2-19）。

图 3-2-19　江陵凤凰山一六七号汉墓出土陶仓
来源：凤凰山一六七号汉墓发掘整理小组. 凤凰山一六七号汉墓发掘简报 [J]. 文物，1976（10）

①凤凰山一六七号汉墓发掘整理小组. 凤凰山一六七号汉墓发掘简报 [J]. 文物，1976(10)

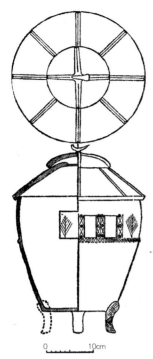

图 3-2-20　荆门瓦岗山西汉墓出土陶仓

来源：荆门市博物馆. 荆门市瓦岗山西汉墓[J]. 江汉考古，1986（1）

1985 年荆门瓦岗山西汉墓出土 3 件陶仓。[1]其中 1 件圆形陶仓，高 0.427m，口径 0.272m，最大腹径 0.277m，底径 0.16m。由仓身、仓盖和盖帽三部分组成。盖帽呈弧形，四条瓦楞凸出，盖顶立一小鸟；盖作伞形，上有 8 条瓦楞凸出；仓身敛口，鼓腹，腹下部内收，平底，三蹄足外撇。腹上部开有两窗口，窗两侧饰菱形纹，内填凹圆纹，窗外侧刻划树叶纹，紧临窗口下突出一周，有折线纹和斜线纹，足上压印斜方格纹（图 3-2-20）。此器为西汉常见之物，反映了西汉时期新兴地主阶级庄园经济的发展。

1972 ~ 1973 年宜昌前坪 35 号西汉墓出土的 1 件陶仓。[2]仓体圆筒形，通高 0.31m。正面有门和阶梯。仓下有四立柱支承仓身。仓盖为四阿式瓦屋顶，屋顶上又叠压一四阿式顶。前坪 32 号东汉墓出土的 1 件陶仓，长方形平面，长 0.275m，宽 0.227m，通高 0.355m。正面开一方形仓门，仓下四立柱支承仓身，屋顶为悬山式，正脊两端和前后垂脊尽端微向上翘（图 3-2-21）。

2002 年 11 月至 2003 年 1 月黄州区龙王山村的对面墩东汉墓出土陶仓 1 件。[3]泥质灰陶。仓身平面为长方形，长 0.52m，宽 0.222m，通高 0.55m，悬山顶，屋面有瓦陇，两山有排山勾滴。四方形座，底部有 2 个圆孔与仓身上的 2 个孔相合。上腹部正面和两山有斗栱承檐，背面设有斗栱，正面上方开一方形窗，下方近底处有等距离分布的 3 个圆形透气小孔。斗栱上下有涂白色的痕迹（图 3-2-22、图 3-2-23）。

4. 猪圈

随州安居西汉晚期墓出土 2 件陶猪圈。[4]1 件红陶，方盘，四面环墙，盘中间立一陶猪，在盘边一角有一猪舍。圈长 0.28m，宽 0.265m，猪舍高 0.24m。陶猪高 0.074m，长 0.135m。另 1 件灰陶，长分形，三面环墙，右侧有一猪舍。圈内立一陶猪，立姿

图 3-2-21　宜昌前坪西汉墓出土件陶仓

湖北省博物馆. 宜昌前坪战国两汉墓[J]. 考古学报，1976（2）

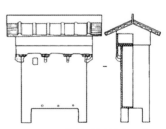

图 3-2-22　黄州对面墩东汉墓出土陶仓之一

图 3-2-23　黄州对面墩东汉墓出土陶仓之二

来源：湖北省文物考古研究所等. 湖北黄冈市对面墩东汉墓地发掘简报[J]. 考古，2012（3）

① 荆门市博物馆. 荆门市瓦岗山西汉墓[J]. 江汉考古，1986（1）
② 湖北省博物馆. 宜昌前坪战国两汉墓[J]. 考古学报，1976（2）
③ 湖北省文物考古研究所等. 湖北黄冈市对面墩东汉墓地发掘简报[J]. 考古，2012（3）。
④ 随州市博物馆. 随州安居镇汉墓[J]. 江汉考古，1987（1）。

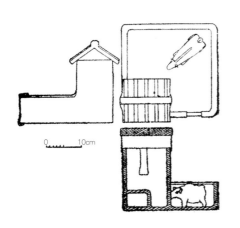

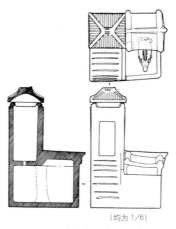

（均为 1/6）

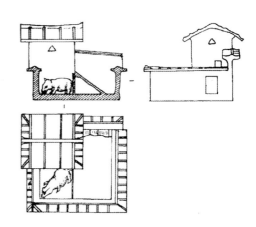

图 3-2-24　随州安居西汉晚期墓出土猪圈
来源：随州市博物馆. 随州安居镇汉墓 [J]. 江汉
考古, 1987（1）

图 3-2-25　随州东汉墓出土猪圈
来源：王善才、王世振. 湖北随州东城区东
汉墓发掘简报 [J]. 文物, 1993（7）

图 3-2-26　南漳城关东汉墓出土猪圈
来源：南漳县博物馆. 南漳城关东汉墓清理简报 [J].
江汉考古, 2000（2）

高 0.065m，长 0.093m。圈长 0.22m，宽 0.12m（图 3-2-24）。

　　1990 年在随州东城区 1 号东汉墓出土猪圈 1 件[1]。内为土红色，外施黄绿色釉。圈内置一猪，猪通体施黄绿色釉。长 0.12m，高 0.065m。圈上左侧附厕所 1 间，下有一立柱承托，圈顶为四阿顶。厕所前有方形门，门前往下的斜坡上阴刻横线 7 条，以示楼梯。厕所底板中间有一长方形斜洞，与下面猪圈相通。猪圈面宽 0.225m，进深 0.21m，通高 0.398m（图 3-2-25）。

　　1998 年在南漳城关东汉墓中出土 1 件院落式猪圈[2]。泥质灰陶。方形，除一角起 2 层小楼外，余为院墙围护。小楼两面坡式顶，上层四壁设有三角形小窗，下层朝内一壁开 2 个长方形窗，另一壁贴墙有一楼梯。院内被分为 2 部分，外为院，内为猪圈，有墙相隔，圈内一角有猪槽，并置猪一头。院长 0.30m，宽 0.29m，通高 0.235m（图 3-2-26）。

　　1995 年在襄樊杜甫巷 1 号东汉墓出土猪圈 1 件[3]。泥质红陶。平面长方形，四面有矮墙围护，圈一角设条形猪槽，槽三面有围墙，盖四坡式屋顶，圈内有陶猪一头，圈表面施银粉。圈边长 0.18m，通高 0.156m。

　　襄樊杜甫巷 2 号东汉墓出土猪圈 2 件。1 件红陶。平面呈长方形，四壁设矮墙，平底直壁。一边为猪舍，猪舍上起陶屋 1 间，四壁上顶，四面坡式顶，下面开一长方形门，门内设斜道。圈内置椭圆形猪槽一口，陶猪一头。圈长 0.268m，宽 0.2m，通高 0.232m。1 件灰陶。平面呈圆形，周围矮墙，平底直壁。圈和进料口间由一道弯墙相隔，圈内置陶猪两头。圈径 0.3m，高 0.088m（图 3-2-27）。

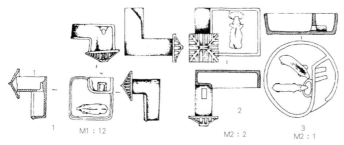

M1：12

M2：2

M2：1

图 3-2-27　襄樊杜甫巷东汉墓出土猪圈
来源：襄樊市博物馆. 襄樊杜甫巷东、唐墓 [J]. 江汉考古, 2000（2）

①王善才，王世振. 湖北随州东
　城区东汉墓发掘简报 [J]. 文物,
　1993（7）。
②南漳县博物馆. 南漳城关东汉墓
　清理简报 [J]. 江汉考古, 2000(2)。
③襄樊市博物馆. 襄樊杜甫巷东汉、
　唐墓 [J]. 江汉考古 2000（2）。

（三）汉代住宅建筑的特点

1．平面布局

湖北出土的两汉住宅建筑，小型单层的住宅一般采用极简单方形或长方形平面。二、三层楼房的住宅，更多地采用院落式平面布局。住宅前、左、右用墙围成院落，正中或左边置有门楼，整体平面略呈长方形。如云梦痢痢陶楼，正楼平面非对称布局，左次间大于明间，碉楼、炊间、厕间、猪圈都在正楼之后，布局灵活。正楼的两山和碉楼的右山墙上设置吊脚楼，不仅可以联系室内外空间，而且增强了建筑外观艺术造型。[①]

光化五座坟西汉墓椁室平面布局，下层东南角留有院落，东边的南侧设有院门，上层分南、北2室。当阳刘家冢子画像石墓平面呈"十"字形，由前、后室和左、右耳室组成，反映了大型住宅建筑平面布局。

2．台基

中国古代建筑，在立面布局上，明显地分为台基、墙柱构架、屋顶三部分。台基早在新石器时代业已出现，春秋至两汉时期是高台建筑的鼎盛时期，重要的宫殿建筑多采用高台基。湖北两汉住宅建筑，都有低矮的台基，但门前均无设置踏步。

3．柱与础

湖北两汉住宅建筑，前檐都刻画出柱子与柱础，柱有方形和圆形。当阳刘家冢子陶屋门楼，台基上安柱础，础上立柱。明间的上、下槛，抱框都刻画得非常逼真。有的只有柱子，而无柱础，这恐怕是明器的缘故吧。山东肥城孝堂山墓祠和山东沂南画像石墓中的八角形柱，以及四川柿子湾汉墓中的束竹柱，柱下都有圆形或方形的柱础。但山东武梁祠画像石墓中的柱础，向上凸起，插入柱的下部，虽说可联系柱与础，然得不偿失，以后渐被淘汰。[②]

4．构架

中国古代建筑是以木构架为主体的结构方式，汉代的木构架从明器、画像砖、画像石刻中可以看到，抬梁式和穿斗式构架都已经发展成熟。湖北出土的陶屋因内部结构全部省去，只在前、后檐刻划柱、枋、斗栱等构件。从湖北的地理位置，以及现存湖北古代建筑构架分析，湖北汉代住宅建筑构架当以穿斗式构架为主。另有井干式构架。《汉书·郊祀志》："立神明台，井干楼高五十丈，辇道属焉。"颜师古注："井干楼积木而高为楼，若井干之形也。井干者，井上之栏也，其形或八角或六角。"《史记索引》："积木为楼，言筑累万木，转向交架，如井干。"虽然湖北目前还未发现井干式结构的房屋资料，但光化五座坟3号墓椁室完全是模仿生前住宅平面设计的，可以为证。墓上的封土实为屋盖，即所谓"封之为屋盖"者。

干阑式建筑是长江以南地区少数民族的传统建筑形式。湖北干阑式住宅建筑在赤壁土城已有发现，宜昌前坪32号墓出土1件干阑式陶仓，平面长方形，单檐悬山顶，前檐下部开门。另在宜昌前坪15号墓、17号墓、35号墓出土圆筒形干阑式陶仓，单檐四阿顶，仓身的上部开有仓门。[③]这似可说明湖北两汉干阑式建筑只用于粮仓之类的建筑。

5．斗栱

斗栱是中国古代建筑木构体系中独具风格的构件，最早见于西周初年到战国时

①李德喜．从出土文物看湖北两汉住宅建筑[M]．建筑与文化论集（第五、六卷）．武汉：湖北科学技术出版社，2002。
②刘敦桢主编．中国古代建筑史[M]．北京：中国建筑工业出版社，1980。
③湖北省博物馆．宜昌前坪战国两汉墓[J]．考古学报，1976(2)

期的若干铜器装饰图案中。汉代斗栱不仅见于汉代文献，还见于石阙、崖墓和明器、画像砖、画像石上的建筑中。湖北两汉陶楼虽简化了室内梁架结构，但室外却保存了早期斗栱的特点。云梦痢痢陶楼两山山墙和碉楼右山墙各建一吊脚楼，楼下用 3 根挑枋承托，枋的一端插入墙内，一端由曲撑（栾）支承。这曲撑是插栱的早期形式。当阳刘家冢子陶楼，檐下用斜昂，昂前端加一斗二升斗栱承檐口，这种做法与日本奈良法隆寺五重塔相同。这说明唐代所用的昂式，至少在东汉时期业已出现，同时也说明在汉代昂已经与横栱组合使用了。

6. 平座与栏杆

湖北出土二层以上的陶楼，上层都装有栏杆。有的设在腰檐之上，或另用斗栱承托，有的设在平座之上。栏杆的式样有二例：一例是当阳刘家冢子陶楼，二层四周设回廊，栏杆的做法为寻杖、地槛与两端望柱相连接，中间用木条做成斜方格纹。一例是襄阳陶楼，二层四周栏杆在寻杖下安蜀柱，用木条做成几何花纹栏板。

7. 门与窗

汉代明器和画像砖、画像石中常见的门，是饰有具大铺首衔环的板门、格子门。有单扇、双扇。湖北两汉陶屋的板门，是在两柱之间安上、下槛，上、下槛之间安抱框，与楚墓椁室所设门一样。从这里也可以看出，汉代住宅建筑深受楚建筑文化的影响。云梦痢痢东汉陶楼，正楼下层门框上和左右两侧有阴刻线条，作卷起的垂帘状。这种门饰对后世佛教建筑尖拱龛门具有一定的影响。襄阳出土的陶楼，上层开壶形券门，是较早的实例。

汉代窗的形状，以长方形较常见，也有方形、圆形、三角形等。有的只有一个空洞。《说文·穴部》："窗，通孔也"。即指这种形式而言。冬季为了御寒，常将窗户堵塞。《诗·七月》："塞向谨户"。"向"，即"北出牖也"。汉代在一定程度上沿用此法。甚至雒阳南宫复道，冬季也要"完塞堵窗，望令致寒"（《后汉书·马鲂传》李注引《观汉记》）。普通的窗户多装直棂，讲究的窗户则装格子窗棂，菱形花纹也较常见。至于云梦痢痢东汉墓出土的陶楼上，安装百叶窗，这些百叶窗雕塑的十分逼真。百叶窗在汉代极为罕见，它的发现，为我国早期使用百叶窗的历史提供了最早的实物资料。百叶窗的设置，既可避免阳光直接照射，不受雨水与强风的影响，又可保证室内外空气的自然流畅，使人们居住条件更为舒适，而且美观大方，这是由南方炎热的气候条件所决定的，是南方建筑的一大特色。

8. 屋顶与脊饰

中国古代建筑很重视屋顶的美。《诗·斯干》中已用"如鸟斯革，如翚斯飞"来形容舒展的屋面。汉代的屋顶有五种形式：四阿（庑殿）、歇山、悬山、硬山、攒尖。四阿、悬山屋顶多用于陶楼、陶仓、猪圈等屋顶；四阿、攒尖顶也用于陶仓上，使用最多的是四阿和悬山。其中四阿屋顶的使用不像明、清时期那样严格，在汉代连猪圈、厕所、粮仓都可使用，可见汉代对屋顶式样的限制并不严格，其他屋顶也运用自由。如云梦痢痢出土的陶楼、岗棚、正楼用四阿，炊间、厕间用悬山。当阳刘家冢子陶楼正楼用四阿，门楼用悬山。仓房，圆囤也有用四阿顶。从目前湖北出土的明器来看，似以四阿、悬山较为普遍。硬山屋顶只见于宜昌前坪 32 号墓出土的圆形陶仓。宜昌前坪 35 号墓出土的西汉圆形陶仓，在四阿屋顶之上，还加罩一层小四阿顶，两者形成一个台阶，似可说明屋顶结构还欠严密，四周椽子集中在一点还有困难。荆门瓦岗山汉墓出土的西汉圆形陶仓，情况与宜昌前坪相同。

脊饰是中国古代建筑屋顶结构的重要组成部分。战国时期铜器上刻划出来的房屋上就已出现了脊饰。秦汉时期，尤其是东汉时期的石阙、陶屋、画像砖、石刻中所表现出来的脊饰，式样相当丰富。正脊两端的构件，汉代称鸱吻，后世称大吻或正吻。垂脊上的称垂兽，角脊上的称走兽。湖北两汉陶屋最简单的脊饰是正脊两端和垂脊前端微向上翘起，如云梦痢痢出土陶屋。复杂的喜用动物作脊饰，如襄阳出土陶楼，正脊、垂脊上均有鸟、龟、蛇等动物作脊饰。最具代表性的是江陵凤凰山167号墓出土圆形陶仓，圆形攒尖顶上立一振翅奋飞的凤鸟。宜昌前坪52号墓出土的陶仓上，圆形屋顶上又有一条短脊，脊两端各立一凤鸟，应是楚的遗风。汉代盛行凤鸟脊饰的一个原因是，汉高祖刘邦乃楚人。楚人乃祝融的后裔。祝融原名重黎。"重黎为帝喾高辛居火正，甚有功，能光融天下，帝喾命曰祝融"[①]，故祝融生为火官之长，死为火官之神。楚之先人崇火，而且尊凤。这也是湖北楚文化中崇火、尊凤、尚赤的原因之一。

屋顶以四阿和悬山居多，屋面和檐口均为平直，还未出现反宇屋面和起翘的屋角。正脊、垂脊前端微微翘起，脊上喜用凤鸟和其他动物作装饰。这些特点说明两汉住宅建筑继承了楚建筑文化风格。

第三节　春秋、战国、秦汉时期的墓葬建筑

一、春秋、战国时期的墓葬建筑

（一）楚国王陵

属纪山楚墓群，位于楚都纪南城北约20km的纪山寺西北约2km处大薛家洼，是一处规模宏大的楚国王陵建筑。[②] 1996年，纪山古墓群由国务院公布为第四批全国重点文物保护单位。

陵园坐北朝南，建在一南北走向的自然山冈上，岗地高于四周地面约20m，南北长650m，宽300m，整个岗地经人工修整，在岗地的南部和中部，南北排列2座大冢，两冢相距75m：南冢座封土直径68m，高10.5m；北冢直径55m，高7.6m。在北大冢之北，即整个岗地的北部正对着北冢，南北整齐地排列着40座（陪葬）小冢，占地面积8000m²。这些小冢规模相等，最大直径约13m，高约1.5～2m。4行10排，间距4m。在大冢东西有宽阔平坦的"祭坛"。西面因岗地坡面短，只有一级。矩形台呈东西向，祭台在矩形台北，东西长66m，宽25m，北接陪冢区。东边台阶五级，陵园每级高度和宽度均不一致，第一级台阶宽5m，第二级台阶宽37.5m，第三级台阶宽25m，第四、第五级台阶宽15m，其每级台阶高约1～1.5m左右，宽5～25m。从整体观察，陵园建筑十分考究，为独立的整体，陵园南向开阔，与楚都纪南城遥

① 《史记·楚世家》。
② 荆门市博物馆. 纪山楚冢调查 [J]. 江汉考古 1992（1）；李兆华. 荆门发现楚大型陵园建筑 [N]. 中国文物报，1991-8-4（1）。

遥相对，前面没有任何古冢遮挡。陵园两边又各有一南北走向的山冈，其上古冢累累，前遮后挡，与此陵园形成鲜明的对比。比较而言，此陵园布局幽深有序，具有一种无形的磅礴气势，仿佛是至高无上的；而非陵园的建筑，三五成群，杂乱无章。这表明，此处规模宏大的陵园建筑，墓主人可能是楚国当时的一位国王（图 3-3-1）。

据《诸宫旧事》卷二原注引《荆南志》载："庄王墓在江陵西三十里，周回四百步，前后陪葬数十冢，皆自为行列也。"江陵正西原是湖区，现属太湖农场，不可能有大冢和陪葬冢。这里显然指的是江陵西北，这属于八岭山的范围，均未发现与文献相符的情况。然而在纪山寺西北部，现名大薛家洼的地方，发现有与文献记载相似的情况。这排列整齐的 40 座陪葬冢，自然可视为"皆自为行列也"。这一场面十分宏伟壮观，在已发现的楚冢中也不多见。大冢是王墓的可能性极大，是否如此，有待今后的发掘来证实。

（二）当阳赵家湖楚墓

当阳赵家湖楚墓群，面积约 2km^2，由郑家洼子墓群、赵家螃墓群、金家山墓群、杨家山墓群、李家洼子墓群、赵巷墓群组成。1973 ~ 1979 年发掘 294 座中小型竖穴土坑墓。[①]葬具有 1 椁 1 棺、无椁并棺、无椁单棺、无椁无棺 4 类，葬式均为仰身葬。其中 237 座墓出土有随葬品，按质地划分有陶器、铜器、锡器、铁器、玉器、石器、料器、水晶器、漆木器、竹器及丝麻织品等，以陶器、铜器为主，共计 2500 余件。墓群时代从西周晚期延续至战国晚期。1992 年由湖北省人民政府公布为第三批省级文物保护单位。

294 座分为三种类型：其中甲类墓 18 座，墓口一般为 20m^2 左右，均为竖穴长方形土坑墓。墓坑以坑底计，长在 3.5 ~ 4m 之间，宽 2m 左右，设有墓道的 6 座。18 座墓棺椁具备，1 椁 1 棺墓，椁长 3 ~ 3.5m，宽在 1.05 ~ 1.9m 之间。

随葬青铜礼器和仿铜陶礼器。最大的几座未被盗的 1 椁 1 棺墓，如 2 号墓、3 号墓、4 号墓、8 号墓、9 号墓、229 号墓等，前五座均出有铜礼器，有铜鼎 1 ~ 2 件，铜簠 2 件，并出有 1 组磨光黑陶器，器物均放在木俎上；后一座则出有一大批陶礼器，有鼎 5 件，簋 2 件，敦 2 件，壶 4 件，豆 4 件，盘 1 件，匜 2 件，勺 2 件，罍 1 件，另外还有兵器、车马器等。

这 18 座墓，按东周时期的用鼎和棺椁制度来衡量，甲类墓大概属于有田禄可以自造祭器的元士（即上士）一级墓。

2 号墓为长方形竖穴宽坑墓。墓口长 3.7m，宽 2.4m，墓底长 3.7m，宽 2.4m，墓坑深 2.68m。墓壁垂直于墓底。墓坑填黄褐色五花土，椁四周填厚约 0.2m 的白膏泥，均夯实。

棺椁结构：椁长 3.10m，宽 1.56m，高 1.54m，由盖板、壁饭、挡板、底板构成。盖板用 9 块木板平列横铺在椁室之上，每块残长约 1.4m，宽 0.26 ~ 0.4m，厚 0.20m。椁壁板、挡板每边由 3 块木板竖拼而成。壁板每块长 2.82m，高 0.3 ~ 0.5m，厚 0.2m，挡板每块长 1.56m，高 0.3 ~ 0.59m，厚 0.2m，通高 1.18m。壁板的两端分别嵌入挡板内侧的竖浅槽内。底板用 4 块木板平列竖铺，每块长 3.1m，宽 0.35 ~ 0.45m，厚 0.2m。4 块木板总宽 1.56m。椁底板直接铺在墓坑底，无垫木。

棺紧靠椁室内的西、北壁，椁室南部空出 0.32m，东部空出 0.20m。棺为悬底方

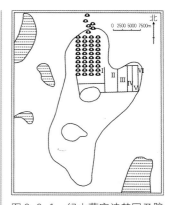

图 3-3-1　纪山薛家洼楚冢及陪葬冢示意图
来源：荆门市博物馆. 纪山楚冢调查[J]. 江汉考古，1992（1）

①湖北省宜昌地区博物馆. 当阳赵家湖楚墓[M]. 北京：文物出版社，1992。

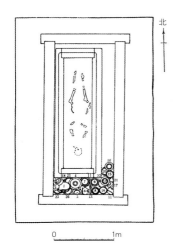

图 3-3-2　湖北当阳赵家湖 2 号
楚墓平面图
来源：湖北省宜昌地区博物馆. 当阳
赵家湖楚墓 [M]. 北京：文物出版社，
1992

棺。人骨架已腐朽，从残骸痕迹看，仰身直肢，双手交于腹部（图 3-3-2）。

3 号墓随葬品有铜礼器鼎 1 件，簋 2 件；磨光黑陶器鼎 2 件，簋 4 件，鬲 9 件，豆 4 件，罐 4 件；木俎 4 件。随葬品均置于棺头一端椁的空隙处，并用木俎架放。

（三）随县擂鼓墩墓群

随县擂鼓墩墓群，时代为东周—东汉，位于随州南郊街道办事处擂鼓墩村、马家榨村。面积约 20 万 m²。1978 ～ 1985 年先后勘探发现 100 余座竖穴土坑墓，已清理 34 座。其中东周大型墓 M1 墓、M2 墓和王家包墓、蔡家包墓，擂鼓墩曾侯乙墓最为重要（图 3-3-3）。[①] 1988 年由国务院公布为第三批全国重点文物保护单位。

曾侯乙墓位于随县城关镇西北郊擂鼓墩附近的一座小山岗上。1979 年中国人民解放军某部扩建厂房平整土地时被发现，当年发掘。此墓年代为战国早期，是目前国内发掘春秋战国时期最大的墓葬之一。曾侯乙墓的随葬器物十分丰富。按质地可分为：青铜、漆木、铅锡、皮革、金、玉、竹、丝、麻、陶等。按用途可分为乐器、礼器、车马器、兵器、甲胄、生活用器及竹简等，共计 15404 件。特别是出土的一套 65 件青铜编钟，更是举世闻名。

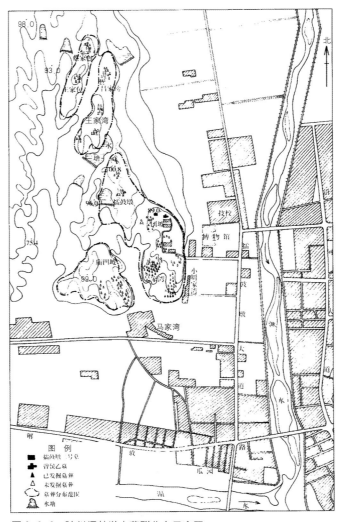

图 3-3-3　随州擂鼓墩古墓群分布示意图
来源：随州市博物馆. 随州擂鼓墩 2 号墓 [M]. 北京：文物出版社，2008

①湖北省博物馆编. 曾侯乙墓 [M].
北京：文物出版社，1989。

此墓为岩坑竖穴木椁墓，平面呈多矩形组合平面，方向正南。发现时墓口东西最长处 21m，南北最宽处 16.5m，总面积 220m²。残存墓口距墓底最高处为 11m，墓壁垂直，修削比较规整。

墓坑的底部，构筑木椁室。椁室由底板、墙板、盖板组成。分东、北、中、西四室。每个室相对独立而又互相沟通。在每个椁室之间，其底部都有门洞相通，门洞呈方形。四室面积尺寸为：东室，东西长 9.5m，南北宽 4.75m，深 3.36 ～ 3.5m；中室，南北长 9.75m，东西宽 4.75m，深 3.3 ～ 3.36m；西室，南北长 8.65m，东西宽 3.25m，深 3.15 ～ 3.36m；北室，南北长 4.25m，东西宽 4.75m，深 3.1 ～ 3.3m（图 3-3-4）。在椁室墙板上发现有悬挂帷幔或悬挂香囊的木钉。此椁共用成材 378.633m3，折合圆木 500 多立方米。

此墓的平面布局仿生前建筑构造。东室置主棺，另有 8 具殉葬棺绕主棺环列，殉葬者都为青年女性（可能为曾侯乙的宠妃）。室中置有金杯、金盏等贵重生活用具。另有用 1 件象征吉祥的青铜鹿角立鹤。东室应为曾侯乙的寝宫。

中室面积最大，室内陈设着钟、磬、鼓、琴、笙、箫、笛等名目繁富、品种齐全的乐器，以及代表身份的九鼎八簋等礼器。中室可能是对楚国"地室金奏"的模仿。

西室与中室相通，陈放着 13 具殉葬棺，陪葬者经鉴定为 13 ～ 23 岁的青少年，可能是歌舞伎。

北室出土有竹简和种类齐全的青铜车马器、革盾、盔甲等，当为文档武库。

此墓值得注意的是墓主外棺的青铜构架。外棺呈长方盒形，长 3.2m，宽 2.1m，高 2.19m。它由铜框架嵌木板，上部四角与两边中部共有 12 个铜榫，下部装有 10 个铜足，中间镶板，然后髹漆彩绘而成。足端挡板右下方留有一个方形门洞，高 0.24m，宽 0.25m。留下这个门洞，大概是为了方便墓主的灵魂可以出入（图 3-3-5）。

棺身由底带 10 个铜足和铜方框架以及上部的 10 根立柱组成。底部方框由两纵两横的铜梁结合而成。梁横断面呈直角形，底宽 0.18m，高 0.08m，厚 0.015m。立

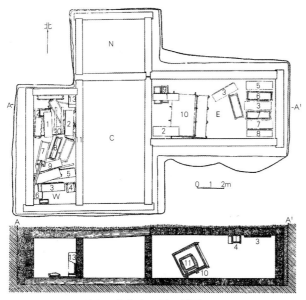

图 3-3-4　随州曾侯乙墓椁室平面、剖面图
来源：湖北省博物馆编. 曾侯乙墓 [M]. 北京：文物出版社，1989

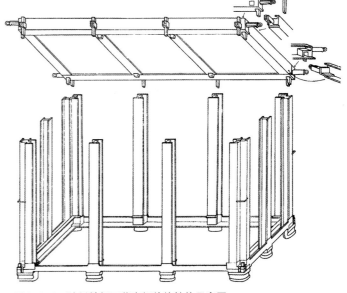

图 3-3-5　随州曾侯乙墓青铜外棺结构示意图
来源：湖北省博物馆编. 曾侯乙墓 [M]. 北京：文物出版社，1989

柱的分布，两侧各 4 根，两端中间各 1 根。有立柱处，立柱呈"工"字形立于角铜内。它的横断面为两个槽形连在一起，一个槽朝里，用于嵌棺底板，一个槽朝上，用于嵌棺挡板。

棺身结构最复杂的是底部的四角。四角除有纵横铜梁结合外，还有立柱，下有铜足。

铜立柱除棺身四角各设 1 根外，两端中部各有 1 根，两侧各有 2 根，均高 1.74m，形成面阔 3 间，进深 2 间的外观形式。四角立柱为 2 个槽形铜直角衔接，一个槽嵌棺之壁板，一个槽嵌棺之挡板。当中的立柱，断面呈"工"字形，两边都有槽，以便嵌棺壁板。立柱与底部铜方框的结合为焊接。在有立柱的地方，上下均加厚 0.02m，其下部正好安装铜足。棺盖铜方框由 2 纵 4 横榫卯结合而成。纵梁断面呈不等边的槽形，两端下半部加焊一块铜方块，并做出长 0.22m 榫头，其榫头处又开卯眼，以供铜楔，扣住下方的铜柱。中部也有 2 个卯眼，以供横梁的榫穿出，纵梁两端封闭。横梁共 4 根，长 1.77m。中间 2 根结构一样，两端 2 根结构一样。其断面呈不等边槽形，两端下部呈直角形缺口，正好与纵梁的不等边槽形相衔。最末端呈半封闭状，外部做出方形榫头，榫头上又做卯眼，以便扣住立柱。中间 2 根横梁实际上是 2 块铜板。横梁的两端做出榫头，榫头上再做卯眼，上楔以扣住立柱，末端有环钮。铜楔的作用一来是使纵横梁结合牢固；二是卡住棺身立柱，使棺身与棺盖扣合得更加严密。

木板的嵌装，棺底板为纵铺，壁板和挡板均为竖装，盖板为横铺。外棺全身（包括铜足、铜框架）外表都以黑漆为地，彩绘朱色间黄色花纹。棺的足挡板右下方留有一方形门洞，高 0.34m，宽 0.25m，供死者灵魂出入自由。

外棺铜框架的铸造，绝大多数采用泥模范铸，部分构件采用了铸接与焊接等手段。铜框架构思之巧妙，结构之复杂，铸造之精密，油彩之繁复，工艺之精美，都是前所未有的。铜框架所用的角形铜、"工"字形铜、槽形铜、铜板等，与现代钢材形状相似，在春秋战国时期楚人就能制造，并加以具体运用，不能不叫人感到惊叹。

（四）擂鼓墩 2 号墓

位于随州市曾都区南郊办事处擂鼓墩村，距随州城区西北约 2km 呈南北走向的山冈上。[①] 1981 年发掘。2 号墓坑位于曾侯乙墓以西 102m 处。为岩坑竖穴木椁墓，无墓道，方向为正东西向。发现时封土堆已毁。

墓坑凿岩为穴，建造在白垩系上统胡岗组砂岩上。发现时墓坑已被推掉大半，残存墓口近正方形，南北长 7.3m，东西宽 6.9m。墓圹不很规则，但墓壁较光滑，墓底平整，近正方形，长 6.3m，宽 6m，残深 1.4m。墓内是用原凿岩为坑的土回填的，没有经过夯实，所以在填土中还保留有较大的红砂岩土块。墓的底层有 0.2m 厚的青膏泥，无腰坑。在底部南北两端平面以下有宽 0.3m，深 0.2m 的沟槽，均呈东西向，槽内各留有 1 根枕木腐烂痕迹。葬具为木椁，发掘时木椁已腐烂，仅见残痕，其结构难以辨认，木椁痕沿四壁呈方形，椁室内未分箱，椁室痕迹南北长 5.74m，东西宽 5.47m。椁痕宽约 0.22m。随葬器物上残留有 1 层黑色木椁盖板灰痕，应为墓椁顶盖板倒塌所致。墓底留有 1 层南北向的木椁底板朽痕，在木椁底板之下，有并排放置呈东西向的 2 根枕木痕迹，长 5.87m，宽 0.22m，二者间距为 4.22m（图 3-3-6）。

①随州市博物馆. 随州擂鼓墩二号墓 [M]. 北京：文物出版社，2008。

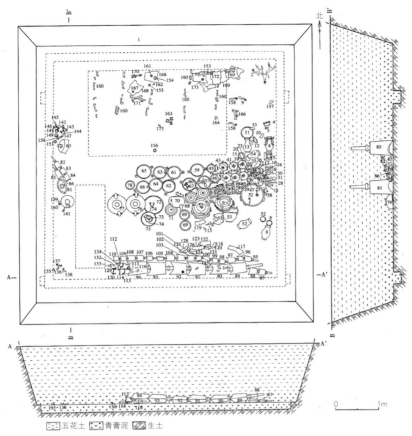

图 3-3-6　随州擂鼓墩 2 号墓平面、剖面图
来源：随州市博物馆 . 随州擂鼓墩二号墓 [M]. 北京：文物出版社，2008

　　主棺在椁室北部居中位置，出土时已腐朽，仅存痕迹，其形制不清。从残留痕迹观察，约呈长方形，为东西向，东西长约 3.2m，南北宽约 2m。其范围较大，推测应为内外两层的套棺。出土时，在棺痕范围内散落有较多的铅锡棺构件，其形状有方框形和半方框形两种。主棺棺痕范围内残存人骨痕迹，附近有玉器和白色穿孔蚌饰。棺痕四周散落有青铜鸟形、板形饰件及铅锡合金鱼形等棺饰件。椁室西南角有一具小棺，出土时已腐烂，其结构不清。

　　该墓椁室内未见分箱，随葬遗物主要分布在椁室的中、东、南部和西部，北部放置主棺。遗物基本上保持了下葬时的位置。2 号墓随葬遗物十分丰富，保存相对完整的共计 449 件。按其质地可分为青铜器、玉石器、陶器、角器、料器、蚌器和铅锡器。根据遗物的用途可分为礼器、乐器、生活用器、车马器、饰件和丧葬用器。

　　（五）荆州天星观墓群
　　战国时期楚国贵族家族墓地，位于荆州沙市区观音垱镇天星观村，面积约 2.1 万 m²。原有 5 座封土堆，自东向西呈弧形排列。封土底径 40 ~ 80m，残高 7 ~ 9.5m。1978 年、2000 年发掘 2 座，即天星观 1 号、2 号墓。现存 4 座封土堆。2006 年由国务院公布为第六批全国重点文物保护单位，合并第一批全国重点文物保护单位——纪南城故城。

　　天星观 1 号墓位于沙市区观音垱镇天星观村（原属荆州地区江陵县观音垱公社五山大队，1995 年荆州地区与沙市市合并后改称今名）。东临长湖，西距楚都纪南

①湖北省荆州地区博物馆. 江陵天星观 1 号楚墓 [J]. 考古学报, 1982（1）。

城约 24km。清代时在其冢上建有"天星观"道观，故名。1 号墓位于"五山"东侧，为最大的一座①。

此墓是一座带斜坡墓道的长方形竖穴土坑木椁墓，是迄今发掘的较大的楚墓之一。此墓封土呈平顶圆锥状，南北长 25m，东西宽 20m，高 7.1m。墓坑平面长方形，南北长 41.2m，东西宽 37.2m。坑四壁设有 15 级台阶，阶梯状逐渐内收，形制规整。坑底平面长方形，南北长 12.1m，东西宽 10.6m，墓口至坑底高 12.2m。

此墓葬具为 1 椁 3 棺，保存较好。木椁长 8.2m，宽 7.5m，高 3.16m。面积为 61.5m²，用材达 150 余立方米。椁室由盖板、分板、侧板、挡板、底板及垫木组成。椁内分 7 室（图 3-3-8）。

此墓值得注意之处是在椁室的横隔板上绘有 11 幅精美的彩绘壁画。在南、西室北壁与中室、西室相对应的地方，绘长方形壁画四幅，平行排列，构成一个整体。壁画上端绘一根枋子，上饰菱形纹。枋两侧和中间绘三根菱形纹立柱，与枋子和椁底板平齐。西侧的两幅为金底色，两侧和上端用红、黄、蓝绘三角形云纹，下端饰红彩，中间彩绘长方形"田"格纹，方格上的花纹与周边相同，长方形"田"格中用红、蓝绘菱形纹。东侧的两幅也为金底色，上端和两侧彩绘三角形花瓣状云纹，下端饰红彩。长方形"田"格上绘卷云纹，"田"格中填菱形纹。南、西室东西两壁正中各彩绘壁画一幅，其纹饰与南、西室北壁壁画相同（图 3-3-9）。

东室南壁与南、东室北壁壁画对应处和西壁中部，各绘长方形壁画一幅，大小、结构、色彩、纹饰与南、西室北壁东侧单幅壁画相同。

此墓随葬器物分别为：南、北两室主要放置青铜容器、漆木器；东室置乐器；

图 3-3-7　江陵天星观楚墓分布图
来源：荆州市博物馆. 荆州天星观 2 号楚墓 [M]. 北京：文物出版社，2003

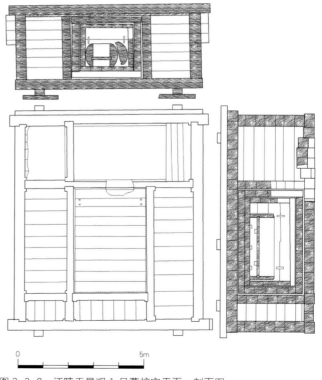

图 3-3-8　江陵天星观 1 号墓椁室平面、剖面图
来源：湖北省荆州地区博物馆. 江陵天星观 1 号楚墓 [J]. 考古学报，1982（1）

西室置兵器、车马器、竹简等；中室置主棺，有少量的玉器、石器。该墓早年被盗，仅北室遗物保存较好。残存的器物有陶器、漆器、竹木器、玉石器和竹简等，共计 2440 余件。据竹简所记，墓主是番勋，身份为邸阳君，系楚国封君。时代为战国中期。

（六）荆州天星观 2 号楚墓

战国时期楚国贵族家族墓地。位于荆州市沙市区观音垱镇天星观村一组，地处该村北部的长湖南岸湖滩上，紧挨着天星观 1 号墓。西距楚故都纪南城和荆州古城 24km，南距观音垱镇 8.9km，东距习家口 4km，北面是长湖。①

2 号墓为长方形竖穴土坑带墓道的木椁墓，墓道向南，方向192°。封土及墓坑上部填土早年被湖水冲毁。墓坑残长 9.1m，宽 8m，深 4.5m。墓道残长 5.28m，北部残宽 3.9m，南部残宽 3m（图 3-3-10）。

葬具为 2 椁 2 棺。木质坚硬，并在外椁盖板上局部发现有席痕。外椁呈长方形，南北长 5.72m，东西宽 4.8m，深 3m。用横梁和隔板将其分隔为 5 室，即东室、东南室、南室、西室和主室（图 3-3-11）。

南室东西长 2.9m，南北宽 1.24m，深 2.4m。残留有铜鼎等几件铜礼器；东南室南北长 1.24m，东西宽 1.04m，深 2.4m；东室南北长 3.76m，东西宽 0.52m，深 2.4m。主要放置乐器、铜器、漆木竹器等；西室南北长 3.76m，东西宽 0.84m，深 2.4m。主要有铜礼器、漆木器、银器和骨器等。

内椁南北长 3.58m，东西宽 2.34m，深 2.3m。内置二重棺，椁室内早期被盗，仅存有 1 件玉璧，1 件石圭。另在盗洞口发现 1 块石磬和人骨多块。

外棺长方盒形。长 3.14m，宽 1.9m，高 1.8m。内棺悬底弧棺。残长 2.66m，宽 1.34m，高 0.9m。

墓中出土器物 1417 件，有铜器、漆木竹器、骨角器、玉石陶杂器、银器、丝麻织品、皮甲等。按用途可分为礼器、乐器、生活用具、兵器、车马器、工具、丧葬用器等。许多器物造型精美，还有一些器物属首次发现，也有的则与宗教、神话有关。根据墓中出土器物的组合与特征等，判定这座墓葬属战国中期，墓主人应是楚国的贵族。

①荆州市博物馆. 荆州天星观 2 号楚墓 [M]. 北京：文物出版社，2003。

图 3-3-9　天星观 1 号墓室壁画
来源：湖北省荆州地区博物馆. 江陵天星观 1 号楚墓 [J]. 考古学报，1982（1）

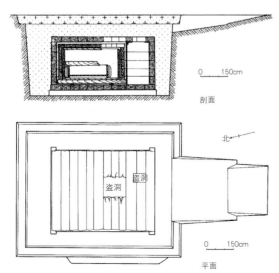

图 3-3-10　荆州天星观 2 号楚墓平面、剖面图

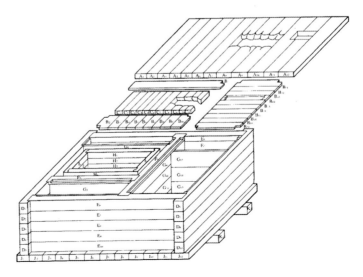

图 3-3-11　荆州天星观 2 号楚椁室构件示意图
来源：荆州市博物馆. 荆州天星观 2 号楚墓 [M]. 北京：文物出版社，2003

①湖北省文物考古研究所．江陵望山沙冢楚墓 [M]．北京：文物出版社，1996。
②湖北省荆沙铁路考古队．包山楚墓 [M]．北京：文物出版社，1991。

由于与天星观 1 号墓并列埋葬，且有许多共同点，也因 2 号墓与 1 号墓相比出土兵器极少，推测墓主有可能是 1 号墓墓主的夫人，即邸阳君番勅的夫人墓。

（七）望山 1 号墓

望山 1 号墓位于荆州城西北 18km 处的裁缝乡，处于八岭山东北麓一片较为平坦的岗地上，1965 年发掘①。

此墓是一座战国中期的中型楚墓，有封土堆，是带斜坡墓道的竖穴土坑木椁墓。残存的封土堆呈不规则的椭圆形，直径 18m，高 2.8m。封土经夯筑。墓坑为长方形，东西长 16.1m，南北宽 13.5m，深 4.9m。坑四壁设有 5 级台阶。

葬具为 1 椁 2 棺，保存较好。木椁用厚木枋构筑，由垫木、底板、壁板、挡板、盖板组成。椁室长方形，东西长 6.14m，宽 4.08m，高 2.28m，面积为 25m²。椁室由横梁、竖梁、隔板、立柱将其分隔成头箱、边箱和主室 3 部分（图 3-3-12、图 3-3-13）。

此墓随葬器物十分丰富，共计 783 件，质地分为：陶、铜、漆、木、竹、铁、铅、锡、玉、石、骨、皮、丝等。其分布为：头箱置青铜兵器、文书工具、铜礼器、陶礼器及生活用器；边箱置乐器、酒具、铜车马器、木竹生活用器及竹简等；主室置 2 棺，棺内放兵器、玉石器，以及服饰器等，举世闻名的越王勾践剑就出于此墓内棺。

此墓年代为战国中期。墓主名悼固，身份为下大夫。

（八）荆门包山 2 号楚墓

战国时期楚国贵族的家族墓地。位于荆门十里铺王场村的包山岗地，岗地南北长 600m，东西宽约 200m，高出周围地面约 2 ～ 6m。岗地上分布着封土冢 6 座和无冢墓 3 座。1986 ～ 1987 年配合荆沙铁路工程调查并发掘②。最大的 2 号墓，即包山大冢（图 3-3-14）。

2 号墓位于岗地中部，位置稍偏东，其西南是 1 号墓。2 号墓地面封土呈半球形

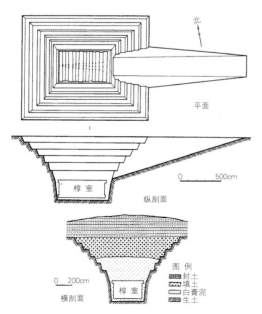

图 3-3-12　江陵望山 1 号墓椁室平面、剖面图

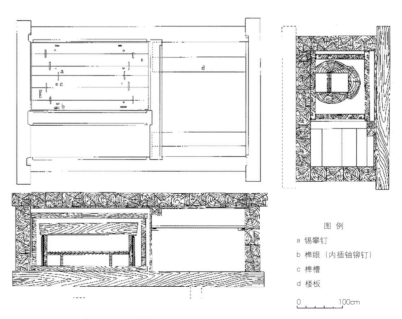

图 3-3-13　江陵望山 1 号墓椁室平面、剖面图
来源：湖北省文物考古研究所．江陵望山沙冢楚墓 [M]．北京：文物出版社，1996

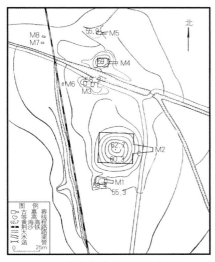

图 3-3-14　荆门包山墓地墓葬分布图
来源：湖北省荆沙铁路考古队．包山楚墓[M]．北京：
文物出版社，1991

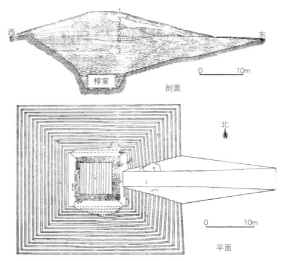

图 3-3-15　荆门包山 2 号墓坑平面、剖面图

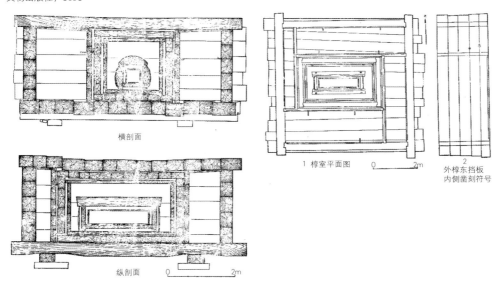

图 3-3-16　荆门包山 2 号墓椁室平面、剖面图
来源：湖北省荆沙铁路考古队．包山楚墓[M]．北京：文物出版社，1991

　　土冢。封土直径 54m，高 5.8m。墓道东向，东边有斜坡墓道，长 19.8m，坡度 16°。
墓坑平面近正方形，东西长 34.4m，南北宽 31.9m，深 12.45m。坑壁设 14 级生土台阶，
台阶逐渐内收，形制规整。每级台阶宽 0.35～0.65m，高 0.35～0.8m（图 3-3-15）。
墓坑底部中间挖一腰坑，内葬一幼山羊。

　　葬具为 2 椁 3 棺，棺椁保存完好。椁室由垫木、底板、墙板、盖板组成，共用
木材 68.57m³。椁分外椁和内椁，外椁置于墓坑中部，长 6.32m，宽 6.26m，高 3.1m，
面积约 40m²。其内以隔板分为 5 室，长宽尺寸分别为：东室 4.14m×0.62m；南室
4.47m×1.5m；西室 3.88m×0.44m；北室 4.93m×1.23m；中室 3.84m×2.49m，居于
4 室正中。内椁置于中室内。内椁长 3.76m，宽 2.36m，宽 2.24m。内椁之中，安置
套合严密的 3 重木棺：外棺，为长方盒形棺；中棺，为悬底弧形棺；内棺，为彩绘
长方形棺（图 3-3-16）。

　　墓主为 50 岁左右的男性，名邵**𧊒**，官居左尹，身份为上大夫级，下葬年代约在楚怀王十三年（公元前 316 年）前。随葬品极为丰富，出土各种器物共计 1935 件（不含北室的 448 枚竹简）。分不同类别置于各室：东室置礼器和饮食器，遣策称之为"饮室"；南室置车马器和兵器；西室置生活用器，与遣策所记"厢尾之器所以行"基本吻合；北室置竹简和日常用具；中室主棺内放墓主人的佩剑、玉璧、衣物等贴身之物。

　　（九）枣阳九连墩墓群

　　战国时期楚国贵族家族墓地，位于襄樊枣阳县城东南约 25km 的吴店镇东赵湖村与兴隆镇乌金村以西一带，地处枣阳南部大洪山余脉的一条南北向低岗上，海拔高程在 110 ～ 135m 之间。[①]岗地南约 1km 有滚河由东向西流经。墓地全长约 3km，北高南低，低缓起伏，现存大中型墓冢 9 座，大致呈南北向排列在岗脊上。按照从南到北的顺序，封土大小分别为：1 号墓直径 41m，残高 4.2m；2 号墓直径 32m，残高 1.2m；3 号墓直径 15m，残高 2m；4 号墓直径 20m，残高 3m；5 号墓直径 20m，残高 3m；6 号墓直径 15m，残高 3m；7 号墓直径 40m，残高 1.5m；8 号墓、9 号墓直径约 40m 左右，封土早年被毁平。2002 年 9 月～ 2003 年 1 月，湖北省文物考古研究所枣阳九连墩墓地 1 号墓、2 号墓及其 1 号、2 号车马坑进行了抢救性发掘（图 3-3-17、图 3-3-18）。2006 年由国务院公布为第六批全国重点文物保护单位。

　　1 号墓墓坑平面呈长方形，方向 105°。坑口东西长 38.1m，南北宽 34.8m，坑深 12.8m。坑壁设 14 级台阶。斜坡墓道位于墓坑东面，坡长 36.1m，墓道入口处宽约 4m，西端上口宽约 15m。墓坑填土分层夯筑。

　　1 号墓 2 椁 2 棺。外椁长 8m，宽 6.82m；内椁长 3.25m，宽 2.2m。外椁框架结构，以隔板分成 5 室，其盖板及底板皆依室分别铺设，椁底垫木。外棺为长方盒形棺，长 2.86m，宽 1.7m；内棺为悬底弧棺，长 2.48m，宽 1.06m。棺内尸体仅存骨架，其上残留有腐烂丝织物。墓主头向东。

　　1 号墓随葬器物主要分置东、南、西、北 4 室内，出土有礼器、乐器、车马器、兵器、生活用器及丧葬用器等，共计 617 件套（图 3-3-19）。

　　1 号车马坑位于 1 号墓西壁外约 25.2m 处，坑口平面呈长方形，南北长 52.7m，东西宽 9.5m，残深 2.3m。坑西壁开斜坡坑道 3 个。坑内随葬车辆为南北向双排横列，

图 3-3-17　枣阳九连墩墓地远景
来源：湖北省博物馆编．九连墩——长江中游的楚国贵族大墓[M]．北京：文物出版社，2007

图 3-3-18　枣阳九连墩 1 号、2 号墓及 1 号、2 号车马坑全景
来源：湖北省国宝档案资料

①刘国胜．湖北枣阳九连墩楚墓获重大发现[J]．江汉考古，2003(2)．

图 3-3-19　枣阳九连墩 1 号墓坑
来源：湖北省国宝档案资料

图 3-3-20　枣阳九连墩 2 号墓坑
来源：湖北省国宝档案资料

共葬车 33 乘，马 72 匹。其中处于车马坑中部的 13 号车驾马 6 匹，其两侧的 12 号车、15 号车驾马 4 匹。坑南部的车辆保存较好，部分车辆的辕、衡、轭、箱舆、轮、毂清晰完备。1 号车马坑出土有包金车饰件、青铜云纹车舆构件等车马器。

2 号墓封土局部残高约 1.4m。墓坑平面呈长方形，方向 107°，墓坑南壁与 1 号墓北壁之间的直线距离约为 18m，坑口东西长 34.7m，南北宽 32m，坑深 11.6m。坑壁设 14 级台阶。斜坡墓道位于墓坑东面，坡长 33.65m。墓道入口处宽约 3.5m，西端上口宽约 14.5m。墓坑填土夯筑。墓坑底部中间挖有 1 方形腰坑，腰坑内葬羊 1 只。

2 号墓 2 椁 2（3）棺。外椁长 7.45m，宽 6.8m，内椁长 3.25m，宽 2.2m。外椁为框架结构，以隔板分成 5 室，其盖板及底板皆依室分别铺设，椁底垫木。外棺为长方盒形棺，长 2.76m，宽 1.72m。内棺为悬底弧棺，长 2.36m，宽 1.26m。棺内包裹尸体的衣服已腐烂，人体骨架姿态尚存，墓主头向东。

2 号墓东、南、西、北四室随葬有礼器、乐器、生活用器、丧葬用器、车马器等，共计 587 件套。2 号车马坑位于 2 号墓西壁外约 26.8m 处。坑南壁距 1 号车马坑北壁约 19.5m。坑口呈长方形，南北长 22.2m，东西宽 6.2m，残深 1.7m。坑西壁开斜坡坑道 1 个。坑内随葬车辆 7 乘，另有 1 件方形有盖车舆。随葬车辆中有 1 乘驾马 4 匹，余为 1 车 2 马，全坑共葬马 16 匹。7 号车保存有较完好的车轮牙、车辐及车耳，5 号车保存有较完好的车轼、车辐、屏泥，2 号车马坑出土有错金银铜轭首、错金银铜衡木、错金银铜柱帽及青铜云纹车軎等（图 3-3-20）。

另外在 1 号墓封土南、北两侧及 2 号墓封土南侧各发现 1 处墙体遗存。

1 号墓封土南侧墙体宽约 3.5m，残长 28.7m，北侧墙体宽约 3.2m，残长 19m。南、北两侧墙体相距约 40m。墙体均为褐色黏土夯筑而成，垂直打破并部分叠压墓葬封土外缘。墙体内侧面较直，外侧面为坡状。

2 号墓封土南侧墙体宽约 2.7m，残长 18.6m，形制特征与 1 号墓封土南、北两侧墙体相似。2 号墓封土南侧墙体与 1 号墓封土北侧墙体距离约 7m。

1 号、2 号墓是迄今为止除荆门包山 2 号楚墓外，仅见的 2 座未被盗的楚高级贵族墓。两墓共出土 1000 多件套文物，包括礼器、乐器、生活用器、车马器等在内的随葬器物，都是不可多得的珍贵楚文物。

两座车马坑均规模巨大，其中 1 号车马坑是目前所见楚国最大的车马坑。车马坑所葬车马总体保存较好，十分难得，对于研究楚国车乘制度和楚车型式类别、制

①孝感地区文物考古训练班. 湖北
　云梦睡虎地十一号秦墓发掘简报
　[J]. 文物，1990（6）。

作技术等提供了第一手资料。

　　1号、2号墓墓葬形制及其随葬器物的特征初步推断，两墓墓主身份约为"大夫"级，下葬年代约在战国中晚期。两墓应是楚墓之中常见的夫妻异穴合葬墓。

二、秦、汉时期的墓葬建筑

（一）湖北云梦睡虎地秦墓

　　湖北云梦睡虎地秦墓，墓坑平面呈长方形，没有墓道。墓坑口一般长3m多，宽2m多。墓底略小，一般深3m以上，有少数墓底有生土二层台，有的坑壁上留有供上下用的足窝。墓坑内填五花土，椁室四周填青灰泥，都经过夯打①。

　　椁室由盖板、底板、左右侧板、前后挡板平铺垒砌而成。底板下面还有2根枕木承垫。椁室内设棺室和头箱，有的还加设边箱。棺室、头箱、边箱分别用横梁分隔开，其上加盖顶板。有的在横梁下面置双扇板门，可开阖。棺室放木棺，头箱、边箱放随葬器物。木棺呈长方盒形，髹漆，内红外黑。棺的四壁板、盖板、底板，均由2块厚木板用搭边榫相接，并用小木栓加固。有的木棺近两端处各有1道麻绳痕迹，这应是吊棺下葬的系绳。椁盖上铺1层杂草（或树皮），盖板下垫芦席。有的墓底四隅有灰烬痕迹。这些迹象，应是入葬后填土前举行的祭祀仪式的遗存（图3-3-21）。

（二）江陵凤凰山168号墓

　　江陵凤凰山168号汉墓位于楚都纪南城内东南部的凤凰山上，1975年发掘，时

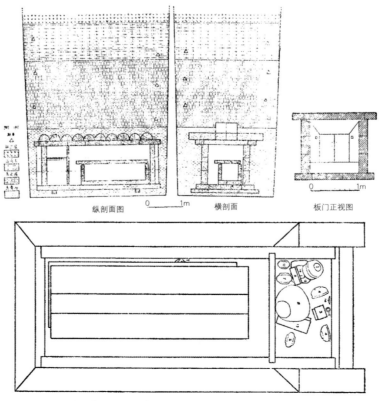

纵剖面图　　　　横剖面　　　　板门正视图

图3-3-21　云梦睡虎地11号秦墓
来源：睡虎地秦墓编写组. 云梦睡虎地秦墓[M]. 北京：文物出版社，1990

代为西汉早期。墓坑打破了春秋战国时期的楚国大型夯土台基，墓口东西长 6.2m，南北宽 4.8m，自地面至椁盖板深达 7.9m。[1]

葬具为 1 椁 2 棺，均保存完好。椁室平面呈长方形，东西长 4.29m，南北宽 3.14m，高 1.55m。椁室由垫木、底板、墙板、挡板和盖板组成。椁室用横梁与直梁分隔成头箱、边箱和棺室 3 部分。棺室与头箱之间装有 1 门 2 窗，其做法与现代门窗无异（图 3-3-22）。

随葬品有 500 多件。主要有漆、木、竹、铜、陶和玉石等器，以漆器、木器数量最多。漆器计 160 余件，其中耳杯 100 件，盘 26 件，还有盒、盂、壶、樽、卮、盘、案、奁、匜等。木器主要有木俑、车、船、马、牛、狗、梳、篦等。以木俑数量最多，达 61 件。该墓出土竹简数十枚，其中墨书竹牍 1 枚，上书"十三年五月庚辰，江陵丞敢告地下丞，市阳五大遂，自（一释'少'）言与大奴良等廿八人，大婢益等十八人，轺车二乘。牛车一一辆，骑马四匹，聊马二匹，骑马四匹，可令吏以从事，敢告主"。据此推测，墓主极可能是江陵县令（或者社会地位与县令相当）。葬于文帝十三年（公元前 167 年）。棺内男尸保存完好，比长沙马王堆女尸还要早，现藏于荆州博物馆。

（三）光化五座坟墓群

汉代墓葬，1992 年由湖北省人民政府公布为第三批省级文物保护单位。位于老河口李楼街道办事处刘营村，面积约 25 万 m²。1973 年发掘了 7 座长方形竖穴土坑墓（图 3-3-23）。墓口一般长 4m 以上，墓坑内填有木炭和白膏泥。椁室由长条方木构成，不承垫木，椁室内放木棺，棺内外髹黑漆。其中 3 号墓椁室内作楼房式结构，棺置于楼上，棺底以 8 匹马承托，形式特殊。它冲破了旧的葬俗格局，将椁室精心构筑成楼房式的建筑。[2]

3 号墓为土坑竖穴木椁墓，方向 114°。椁室长方形，东西长 5.12m，南北宽 4.2m，高 3m，全用厚木枋构筑。椁室分上、下两层。下层在椁室中间东西方向立柱，上架东西直梁，将椁室分为南、北二室。其上再架南北横梁，形成二层楼面。南室的东侧安装双扇板门，门高 1.95m，宽 1.56m。门向椁室可以开启。北室的东南侧设有楼梯，可上二楼（图 3-3-24）。

①纪南城凤凰山一六八号汉墓发掘整理组. 湖北江陵凤凰山一六八号汉墓发掘简报 [J]. 文物，1975（9）。
②湖北省博物馆. 光化五座坟西汉墓 [J]. 考古学报，1976（2）。

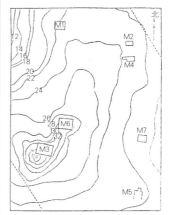

图 3-3-23　光化五座坟墓分布图

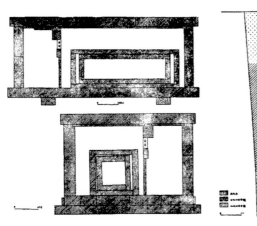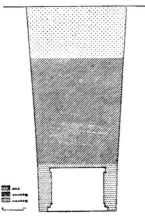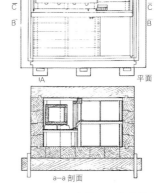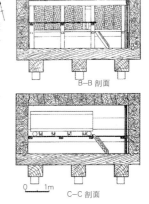

图 3-3-22　纪南城凤凰山 168 号墓剖面与棺椁剖面图
来源：纪南城凤凰山一六八号汉墓发掘整理组. 湖北江陵凤凰山一六八号汉墓发掘简报 [J]. 文物，1975（9）

图 3-3-24　光化 3 号墓棺椁平面、剖面图
来源：湖北省博物馆. 光化五座坟西汉墓 [J]. 考古学报，1976（2）

二层平面呈曲尺形，南部东侧约 1/3 的空间未铺楼板，可能象征庭院。二层楼中间东西方向用木板间隔，分成南北二室。中间设门。门东装修三块镂空的雕花板，门西装修 5 块镂空雕花板。二层楼南高北低，南楼距椽底板高 1.04m，北楼低于南楼0.34m，门北设二级楼梯，通南北二室。

主人居楼上北室东部，南室象征厅堂；楼下置生活用器及奴婢和车马禽兽成群。这种布局，描绘了一幅汉时地主阶级骄奢淫逸的生活图景。

（四）当阳刘家冢子东汉画像砖石墓

刘家冢子位于当阳县城东南 15km 处，北距沮河约 2km。刘家冢子 1、2 号墓相距 20m，上有高约 2m 的封土堆。墓葬形式为画像石的多室墓，墓由甬道、前室、后室和南北耳室组成，平面呈"十"字形（图 3-3-25）。砖为青灰色，分条砖和楔形砖，条砖为 0.34m×0.17m×0.065m。砖的花纹多以菱形为主的几何形。2 号墓也有少量的鱼纹砖。[①]

甬道：两壁用条砖错缝平砌，前有封门砖墙。

前室：平面长方形，四壁用条砖错缝平砌，砌至 2.83m 处内收为四角攒尖顶。前室与甬道相接处，立两石柱于石门槛上，柱上置石横额，设双扇石门，石门可以自由开启。门扇上有浮雕朱雀铺首衔环。

后室：平面呈长方形，四壁用条砖平砌，砌至 2.37m 处内收为四角攒尖顶。与前室相接处为石门。三石柱立于石门槛上，上置横额，未设门扇。

耳室：耳室在前室左右，结构大小相同。四壁用条砖错缝平砌，砌至 0.4m 处开始起券，为券顶。两耳室都设有石门框，但无门扇。

1 号墓前室用薄石片铺地，后室和北耳室用砖铺成"人"字纹，南耳室铺地砖呈横直交错。

画像石主要分布在门柱、门楣、门扇上。内容有朱雀铺首衔环，持盾掩面门吏、

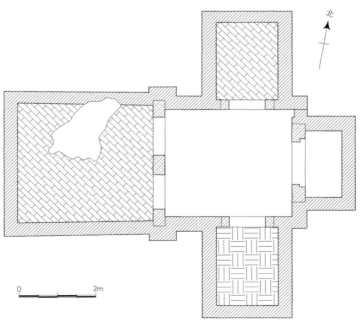

图 3-3-25　当阳刘家冢子东汉画像石墓平面图

来源：沈宜扬. 湖北当阳刘家冢子东汉画像石墓发掘简报 [J]. 文物资料丛刊，1977（1）

①沈宜扬. 湖北当阳刘家冢子东汉画像石墓发掘简报 [J]. 文物资料丛刊，1977（1）。

持笏门吏、持慧门卒、龙虎对舞、枭树、人身兽爪、双鸟啄鱼、蹶张射虎等神话故事。

此墓出土文物有铜钱、日用生活陶器、陶俑和建筑模型等。

（五）云梦痢痢东汉墓

云梦痢痢东汉墓位于云梦县城西郊，南距睡虎地秦汉墓地约 2km。墓室平面呈"T"字形。由甬道、前室、后室和东耳室组成。[①]

甬道为券顶，后接前室。前室长方形，券顶。后室紧接前室，长方形，券顶，耳室在前室东侧，长方形，券顶。整座墓壁用 0.36m×0.18m×0.06m 的条砖错缝平砌，墓顶采用 0.36m×0.18m，上厚 0.06m，下厚 0.04m 的楔形砖错缝券顶。墓门用长方形条砖平行嵌封。铺地砖呈"人"字形纹。砖上饰有绳纹和对角几何等纹饰（图 3-3-26）。

随葬品主要是陶器和青瓷及少量的铜器等。

值得注意的是此墓出土 1 件大型楼阁宅院。总体布局由岗棚、南楼、碉楼、炊间、厕间、猪圈和院落组成（见本章第二节"二、两汉时期建筑遗迹与住宅模型"）。

（六）武汉葛店东汉墓

1980 年发掘。墓葬形制为长方形带耳室的砖室墓，墓室由甬道、墓室和耳室组成。[②]墓室全长 4.92m，宽 1.36m，高 11m。墓顶为券顶，墓壁以三平一竖的方法砌筑，在壁墓高 0.9m 处呈弧形起券，壁厚 0.18m。墓底铺砖呈人字形。甬道长 1.42m，高 0.94m，甬道口用砖平砌封闭。墓室长 3.5m，宽 1.36m，高 1.1m。棺床左边设一耳室，长 1.44m，宽 0.77m，高 0.82m。墓砖均为青灰色，有长方形和刀形两种，长方形砖长 0.36m，宽 0.18m，厚 0.065m，一边饰细绳纹，一边素面。刀形砖长 0.34m，宽 0.16m，厚 0.06m，素面（图 3-3-27）。

① 云梦县博物馆.湖云梦痢痢 1 号墓清理简报 [J].考古，1984（7）。
② 武汉文物管理处.武汉葛店化工厂东汉墓清理简报 [J].考古，1986（1）。

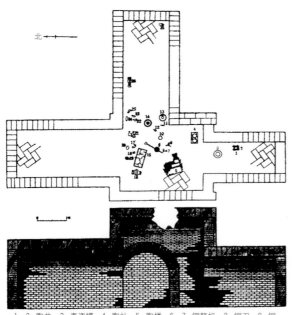

1、2.陶井　3.青瓷罐　4.陶灶　5.陶楼　6、7.铜弩机　8.铜刀　9.铜镜　10.陶炉　11、12.铜勺　13.铜盆　14.陶案　16.陶壶　17～20.陶耳杯　21.陶狗　22～25.陶磨　26.陶碓　27.陶猪（陶楼猪圈内）

图 3-3-26　云梦痢痢 1 号墓平面、剖面图
来源：云梦县博物馆.湖北云梦痢痢一号墩墓清理简报 [J].考古，1984（7）

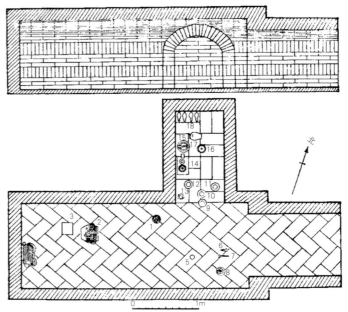

1、8.铜镜　2、13.陶罐　3.石板　4.陶牲畜窝　5.银环　6、7.银钗　9、10.瓷碗　11、12、16.陶钵　14.陶灶　15.陶井　17.瓷罐　18.陶鸡、鸭

图 3-3-27　武汉葛店东汉墓平面、剖面图
来源：武汉文物管理处.武汉向葛店化工厂东汉墓清理简报 [J].考古，1986（1）

出土器物有陶器、瓷器、漆器、银器等20余件。墓中出土2件铜镜，一件蝙蝠柿蒂纹铜镜，径0.11m，边厚0.02m。紧靠座的四方有"位至三公"四字，在缘面上刻有"王府吏李翕镜广四寸八分重十两"的铭记。表明这座墓的墓主很可能就是"王府吏李翕"。汉代二千石以上高官设府治事，府吏即其属吏。如太守为二千石高官，即有太守府，除都尉，长史、郡丞由朝廷任命外，众多属吏由太守自辟，由本郡人士担任。这些属吏官秩不高，属低级官吏。《孔雀东南飞》的男主人公焦仲卿，便是庐江府的府吏，序中说他是"庐江府小吏"。故张玉谷《古诗赏析》卷七也说"府吏小役"。所以此墓墓主李翕为"王府吏"，应当也属此类低级官吏。

（七）宜都陆城东汉墓

1985年发掘，该墓为长方形竖穴券顶砖室墓，此墓由甬道及前、中、后3室组成[①]。属夫妻合葬墓。墓室全长10.45m，宽2～2.2m。甬道及券顶已毁。墓室皆长方形，各室之间无砖墙间隔。前室与中室之间，中室与后室之间的南北两侧的墙壁上分别有从上至下相互对称的垂直分界线，砖墙由此分界线各向两边砌筑，现分为前、中、后3室。前室长2.3m，宽1.85m，铺地砖为单层，平铺横列错缝。中室长2.45m，宽1.65～1.83m，铺地砖为单层，纵横相间。后室长5.15m，宽1.8m，铺地砖亦为纵横错缝平铺。墓壁平砖错缝砌筑，封门砖为斜叠轮砌。墓砖青灰色，少数褐色。规格3种：一种砖长0.34m，宽0.19m，厚0.055m，砖面饰细绳纹，一侧素面，一侧有交叉菱形纹；一种砖长0.33m，宽0.17m，厚0.06m，两侧饰菱形几何纹；一种砖长0.36m，宽0.17m，厚0.06～0.07m，砖侧面印"七"字纹（图3-3-28）。

墓内棺木已朽，出土物除陶器外，有数量较多的青瓷器、釉陶器、铜器，还有一些金、银饰件。墓中出土1件龟钮银印"偏将军印章"，刻铸精美，严谨工整。"偏将军"在东汉属于杂号将军。《后汉书·百官志》说：东汉时"前、后、左、右、杂号将军众多，皆主征伐，事讫皆罢"。《汉书·王莽传》："莽见四方盗贼多，复欲厌之，又下书曰：'……内设大司马五人，大将军二十五人，偏将军百二十五人，裨将军千二百五十人'……于是置前后左右中大司马之位，赐诸州牧号为大将军，郡卒正、连帅、大尹为偏将军，属令长裨将军……"可见当时"偏将军"尚比较尊贵，位次

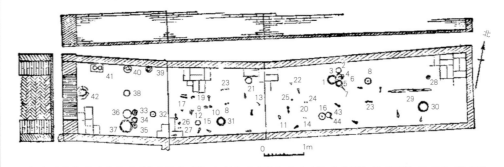

1.铜洗 2.铜烧 3.青瓷碗 4.釉陶水盂 5.铜勺 6.铜碗 7.铜熨斗 8.金戒指 9.金手镯 10.银手镯 11.玉块 12.银发钗 13.耳挖 14.琉璃器 15.银项圈 16.铜镜 17.金戒指 18.铜镜 19.银手镯 20.金鸟 21.铜碗 22.金珠 23.钱币 24.金狮子 25.银印章 26.金花饰 27.金花饰 28.青瓷水盂 29.铁剑 30.铜洗 31.铜洗 32.铜镜 33.釉陶罐 34.陶罐 35.青瓷罐 36.青瓷盒 37.青瓷盆 38.青瓷碗 39.青瓷罐 40.瓷罐 41.陶灶 42.陶罐 43.铜碗 44.铜勺（余为棺钉）

①宜昌地区博物馆等. 湖北宜都陆城发现一座东汉墓[J]. 考古，1988（10）。

图3-3-28 宜都陆城东汉墓平面、剖面图
来源：宜昌地区博物馆等. 湖北宜都陆城发现一座东汉墓[J]. 考古，1988（10）

① 《后汉书·光武帝纪》。
② 襄樊市博物馆.襄樊杜甫巷东汉、唐墓 [J].江汉考古，2000（2）。

大将军下，裨将军之上，大致同于大尹（太守）。东汉初期一些临时设置的杂号大将军，就常以"偏将军"为之。如"偏将军盖延为虎牙大将军"[1]。此墓年代在东汉晚期。印文规整有法度，符合汉代印绶制度。属战乱期间用原官印殉葬，不是别刻的殉葬官印。此墓墓主能用龟钮银印入葬，地位应当是比较高的。据《后汉书·舆服志》注引《东观书》说：二千石"皆银印青绶"。又《汉旧仪补遗》卷上云："二千石银印龟钮，文曰章。"因此推测此墓的墓主是相当于二千石的官秩。

（八）襄樊杜甫巷东汉墓

墓葬位于襄樊市中心的长虹大桥樊城桥头以西约 800m 处的杜甫巷。[2]2 号墓墓室呈"凸"字形，长 6.44m，宽 4.54m，高 2.8m。墓砖为 0.32m×0.24m×0.05m，楔形砖为 0.32m×0.24m×（0.03～0.05）m，铺地砖为 0.32m×0.16m×0.05m。三种规格砖均为长方形，青灰色。砖一面饰有绳纹。

甬道长 1.2m，宽 1.26m，高 1.36m。两壁为平砖错缝叠砌，至 0.95m 处发券。封门墙为 2 层或 3 层平砖错缝叠砌至券顶，略向外突。前室平面呈横长方形，内长 4.06m，宽 2.06～2.3m，内空高 2.56m。墓壁平砖错缝叠砌，两长壁砌至 1.7m 高时起券，券顶有 6 道沟槽，沟深 0.07m，宽 0.05m。墓室底大部分用横行错缝侧立砖铺地。与三后室交接处改用直行侧立砖铺地。后室分北、中、南 3 室。平面均呈长方形，南北两室内长 2.75m，宽 1.12m。中室较短，内长 2.65m，宽 0.96m，间以砖墙分隔，隔墙为一丁一顺砌置。南北两壁与前室相连，平砖错缝叠砌至 0.78m 处开始起券。西壁为平砖错缝砌至券顶。后室底部高出前室 0.22m。铺地砖的铺法与前室相同，只是室口侧立直铺，室内侧横铺。北、中两室各有人骨架 1 具，中室人骨架头朝东，北室骨架头朝西，面均朝上，仰身直肢葬。2 具骨架均离墓底约 0.4m，应当是因为早期墓室内积水，棺木浮起所致。在淤土中清出漆片和棺钉，棺木已朽。北室南墙内侧清理出"五铢"铜钱若干枚，中室清理出铜带钩 2 件，铁削 1 件，"五铢"铜钱若干枚。南室放置主要随葬器物，出有陶壶、罐、仓、井等（图 3-3-29）。

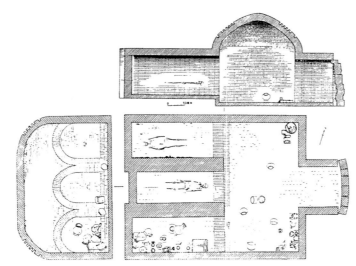

1,2.圈 5,13.陶盒 7.陶奁 3,6,31,44,45,47.罐 32.瓮 8.釜 9.狗 10.灶 11,12,33.瓿 14.碓 15.磨 16,17,18,19.鸭 39.灶 20,21.鸡 22.铁打 4,29.井 24,25,26,40,42,46,30.仓 28,41.壶 27,43,48,49,51.仓盖 34,37.博山炉 35,36.博山炉 38.炙炉 50,52.铜带钩 53.铁削 23,54,55,56,57,58,59,60.铜钱（未注明质地者均为陶器）

图 3-3-29　襄樊杜甫巷东汉墓平面、剖面图
来源：襄樊市博物馆.襄樊杜甫巷东汉、唐墓 [J].江汉考古，2000（2）

①湖北省文物考古研究所等. 湖北
黄冈市对面墩东汉墓地发掘简报
[J]. 考古，2012（3）。

（九）黄冈东汉墓

位于黄州区龙王山村的对面，2008 年由湖北省人民政府公布为第五批省级文物保护单位。2002 年 11 月至 2003 年 1 月共发掘 3 座，分别编号 1 号、2 号、3 号。①

1 号墓为双室砖墓，曾经被盗，保存有封土、斜坡墓道、墓圹和砖砌墓室等部分。封土现存部分外观近梯形，直径 21.1-31.6m，最高处为 5.53m。土坑墓圹呈"十"字形，北、东面高，南、西面低，长 12.2m，宽 10.06m。由于墓葬采取原地保护，未发掘至底，墓圹的实际深度和坑底情况不清楚（图 3-3-30、图 3-3-31）。

墓室呈对称的"十"字形，总长 11.9m，最宽处为 10.8m，自西向东由斜坡墓道、甬道、前室和左、右耳室、过道、后室组成，方向为 265°（图 3-3-32）。

墓道呈斜坡状，位于墓室之西，正对墓门，与土圹相连，长 2m，宽 1.42m，坡度为 12°，坡面铺 1 层碎砖渣。

甬道紧邻墓道，与前室相连。平面呈长方形，甬道内空长 4.1m，宽 1.4m，高 1.48 ～ 1.5m。券顶用楔形砖顺砌，夹有少量长条形砖。封门砖砌成斜"人"字形，共 11 层，与券顶之间有缝隙。门的第二道券拱砌在墓门两侧南高北低的熟土垛

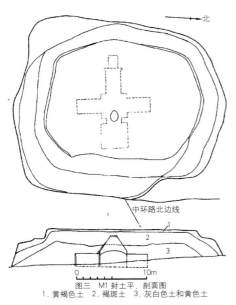

图 3-3-30　黄冈 1 号墓封土平面、剖面图

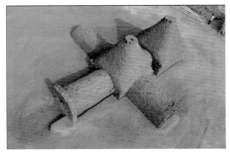

图 3-3-31　黄冈 1 号墓全景（西南—东北）

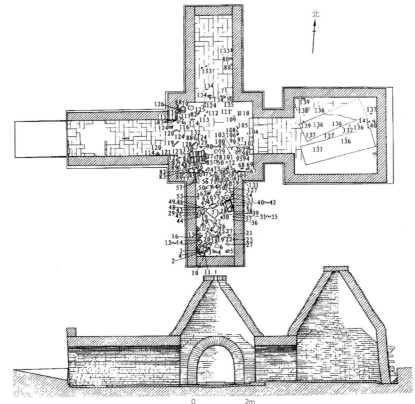

1、85. 釉陶罐　2、10、11、14、16、22、25、26、28、31 ～ 42、46 ～ 48、55、59、60、63 ～ 65、69、81、84、86、94、96、102、103、109、130、132. 陶耳杯　3、5、6、8、13、18、23、49、62、76、92. 陶盘　4、71. 铜泡钉　6、8. 釉陶盘　7、29. 陶椭案　9、19、20、61、67、124、131. 陶碗　17、21、30. 釉陶耳杯　24. 陶器盖　27. 陶屋形仓　43. 陶方盒　44、54. 陶魁　45、70. 釉陶囷　50. 釉陶案　51. 釉陶樽　52. 陶灯　53、95、104、105、108、113. 陶勺　56、141. 残铜构件　57. 釉陶灶　58. 釉陶器盖　66. 陶板瓦　68. 釉陶井　72. 釉陶小瓶　73、110、112. 铁削刀　74、88. 釉陶壶　75、98、118. 残铜片　77、135. 陶钵　78、87、122、138、139. 铁钉　80、82、133. 陶筒瓦　82、133. 陶盆形尊　83. 陶壶　89. 铁镜　90、93. 铜扣饰　91. 铜杯耳　97、136、137. 铜钱　99. 铜带钩　100、101. 铜印章　111. 玉剑璏　115. 青瓷碗　116、140. 陶椑　117. 铁剑　119. 铁环首刀　120、121. 陶平盘　123. 金指环　124 ～ 129. 陶瑞兽座　134. 金箔

图 3-3-32　黄冈 1 号墓室平面、剖面图

上。在甬道中部发现 1 块带铭文的铺地砖，文字颇难辨识，初步观察可能是"□□四百二"，所指的具体内容不明。

前室在甬道与过道之间，左、右两侧与耳室相通。平面近方形，内空长 2.8m，宽 2.82m，高 4.0.2-4.08m，顶部被盗洞破坏，室内满是积土，西南角的铺地砖被撬起。墓壁先用长条形砖纵横相间错缝叠砌 20 层，之上由四角开始用梯形砖向上叠涩垒砌，呈圆弧状内收为四角攒尖顶；顶部用长条形砖砌平，俯视呈"亚"字形。

左右耳室位于前室南、北两侧，平面呈长方形，券顶。

过道连接前、后室，券顶，内空长 1.54m，宽 1.4m，高 1.34～1.4m，比两耳室低矮，有两层铺地砖，中间被撬起。

后室位于最东端，平面呈正方形，内空长 3.12m，宽 3.02m，高 4.22～4.36m。室内见东北—西南向放置的长方盒形双棺，棺底灰烬中夹杂方格纹织物残片及一些铜钱，从后室内壁见到最高达 0.7m 的水痕看，墓室曾经积水，棺的位置应有所移动。墓壁的砌法与前室相同，从铺地砖之上第 22 层起，由四角开始用梯形砖向上叠涩垒砌，呈圆弧状内收为四角攒尖顶；顶郡用长条形砖砌平，俯视呈"亚"字形。

此墓所用墓砖均为青灰色，分长条形、楔形、梯形三种，砖正面饰绳纹，背面光素，一侧面有模印花纹，长条形砖用于砌墓壁、封门和铺地，大部分长 0.34m，宽 0.16m，厚 0.07m，楔形砖用于券顶，梯形砖用于前、后室的攒尖顶，长条形砖所饰花纹各室一致，以菱形纹为主，钱纹和乳丁作为点缀；楔形砖饰菱形纹、对称三角纹。梯形砖多饰网纹、车马纹、人面纹、鸟纹和车轮纹（图 3-3-33）。另外，后室外壁还有少量饰树纹和"十"字纹的花纹砖，砖有花纹的一侧均朝向墓室内，总体而言，墓砖的规格大体一致，砖纹分布也有一定规律，再加上墓葬形制较为规整，说明此墓修建时经过周密的设计和施工。

后室壁面上有铁钉，有的外露一端弯曲，有的钉帽在外。结合陶瑞兽座，下葬时应为悬挂帷帐的构件（图 3-3-34、图 3-3-35）。后室东壁与土圹之间在底部用长条形砖砌成向西倾斜的沟槽，以利于排水。

1、3. 车马纹　2. 人面纹　4. 鸟纹

图 3-3-33　黄冈 1 号墓砖花纹拓片

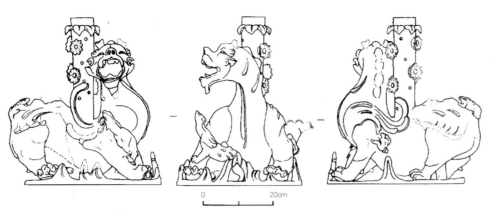

图 3-3-34　黄冈 1 号墓出圭陶兽座

图 3-3-35　黄冈 1 号墓出圭陶兽座
来源：湖北省文物考古研究所等．湖北
黄冈市对面墩东汉墓地发掘简报 [J]．考
古，2012（3）

　　1 号墓出土的遗物共 141 件（套），包括陶器、釉陶器、青瓷器、金器、铜器、玉器和铜钱等。

　　黄州对面墩 2 号墓为双室砖墓，毁坏严重，保存有封土、墓圹、砖砌墓室和排水沟等部分。[①]墓圹整体呈不规则的长方形，长 10.02m，宽 4.45 ～ 5.66m；坑壁与墓壁的间距不等，最宽处为 0.2m，最窄处只有 0.06m，墓圹从当时地表下挖 0.07 ～ 1.12m，坑底有焚烧植物留下的灰烬。

　　墓室近长方形，总长 9.9m，最宽处为 5.32m，最高处残存 2.6m，自西向东由甬道、侧室、横前堂和双后室组成，方向为 280°（图 3-3-36）。从残存的墓壁看，皆用长条形砖纵横相间错缝叠砌。铺地砖在甬道、侧室和横前堂为两层，下层均铺作人字形，上层在甬道、侧室为横向平铺，横前堂为纵向错缝平铺。双后室则只有一层人字形铺地砖，地面比横前堂高约 0.07m。

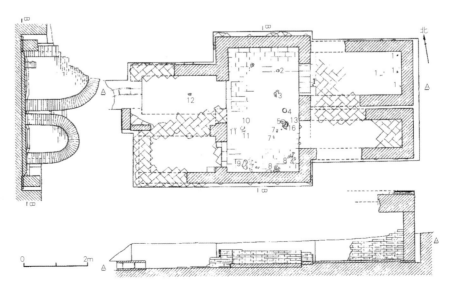

①湖北省文物考古研究所等．湖北
黄冈市对面墩东汉墓地发掘简报
[J]．考古，2012（3）。

1.铜钱　2.4.青瓷碗　3.硬陶罐　5.铁镜　6.9.陶盆　7.11.铁器残片　8.陶罐　10.硬陶釜　12.残陶片　13.金饼

图 3-3-36　黄州对面墩 2 号墓平面、剖面图

甬道位于西北部，与侧室平行。平面呈长方形，内空残长 2.62m，宽 1.42m，封门砖已无存。门外南侧一个熟土垛上砌有一排砖，疑为第二层封门砖的残迹。侧室位于甬道南侧。平面呈长方形，内空长 2.28m，宽 1.3m；有一门道与横前堂相通，门宽 0.92m。前室平面呈长方形，内空长 4.54m，宽 2.52m，前后有四门分别与甬道、侧室和双后室相通。东北后室平面呈长方形，内空长 3.2m，宽 1.58m，高 2.1m。从残存的部分看，应为券顶，用楔形丁砖顺砌。由于部分砖墙被毁，两后室之间是否有门相通不清楚。东南后室平面呈长方形，券顶，内空长 3.2m，宽 1.02m，高 1.37m。双后室之间有宽约 0.1m 的间隔，直至横前堂东壁。

排水沟位于甬道封门砖下，紧连铺地砖。由 4 块长条形砖围成近方形的中空沟孔，由东向西南延伸，因被毁坏，长度不清。

此墓现存的墓砖均为青灰色，分长条形和楔形两种。长条形砖用于砌墓壁、铺地和砌排水沟。砖正面饰绳纹，背面光素，一侧面模印菱形纹、对称三角纹和平行线段纹，间以圆圈、线段相三角形图案；有花纹的一侧均朝向墓室内。

第四节　春秋、战国、秦汉时期的建筑材料

一、春秋、战国时期的建筑材料

（一）青铜建筑构件

1974 年在当阳季家湖古城内 1 号台基出土了 2 件金釭，其时代为春秋中期[①]。金釭呈曲尺形，中空，重 7.5kg，圆弧形拐角，通长 0.5m，通宽 0.245m，壁厚 0.05 ~ 0.1m。外壁四周用细龙纹或三角蟠虬纹作边框，中间用棘刺，底纹，饰以粗壮的回形纹（图 3-4-1）。这种金釭是加固版筑墙体所用的壁柱、壁带之类的附件。版筑承重墙施壁柱，附带加固，是一种古老的做法。它是从新石器时代木骨泥墙蜕变而来。这是 1 件木构直角相交的联系金属构件。虽然只出土了 1 件，但它比陕西秦都雍城遗址出土的 64 件金釭年代要早。[②]

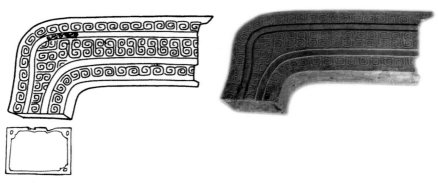

图 3-4-1　当阳季家湖出土金釭
来源：杨权喜 . 当阳季家湖楚城遗址 [J]. 文物，1980（10）

①杨权喜 . 当阳季家湖楚城遗址 [J]. 文物，1980（10）。
②凤翔县文化馆等 . 凤翔先秦宫殿试掘及其铜质建筑构件 [J]. 考古，1976（2）。

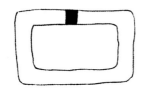

铜抓钉（江陵天星1号墓出土）

铜抓钉（淅川下寺楚墓出土）

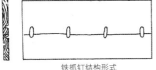

铁抓钉结构形式

图 3-4-2　楚国出土的扒钉
来源：河南省文物研究所等.淅川下寺春秋楚墓[M].北京：文物出版社,1991；湖北省荆州地区博物馆.江陵天星观1号楚墓[J].考古学报,1982（1）

图 3-4-3　楚都纪南城出土铜质饰件
来源：湖北省博物馆江陵工作站.1979年纪南城发掘简报[J].文物,1980（10）

①河南省文物研究所等.淅川下寺春秋楚墓[M].北京：文物出版社,1991。
②湖北省博物馆江陵工作站.一九七九年纪南城发掘简报[J].文物,1980（10）。
③罗西章.扶风云塘发现西周砖[J].考古与文物,1980（2）。
④叶植主编.襄樊市文物史迹普查实录[M].北京：今日中国出版社,1995；王善才.襄阳、宜城几处东周遗址的调查[J].江汉考古,1980（2）。
⑤湖北省博物馆.楚都纪南城考古资料汇编[G].1980。

（二）金属扒钉

扒钉是现代木构建筑工程中的重要构件之一。从现有的考古材料看，扒钉的发明和使用应归功于楚人。目前在大中型楚墓中常有发现。其形制为"∏"字形、"回"字形。其质地有铜、锡之类，是否有铁质，尚需以后的考古材料证实。

偏圆形者均为春秋时期之物，河南淅川，下寺春秋楚墓中较为多见①。方体形者大多出于战国时期大、中型楚墓中。如荆门包山2号墓外棺盖板两侧与壁板结合处，每侧置2枚铜扒钉，扒钉长0.18m。江陵天星观1号楚墓外棺的侧板、挡板、盖板的各木板之间以及盖板与侧板之间均用铅锡攀钉和铜扒钉扣合。攀钉的安装方法是：先在2块木板连接处的两边凿两端穿透的对应浅槽，槽长0.24～0.3m，深、宽各0.02～0.04m，断面呈"回"字形。然后将铅液注入槽内，凝固后2块木板即被扣紧。春秋战国时期的楚墓中出土的扒钉及结构形式都大同小异。在楚都纪南城内西南区陈家台遗址出土的锡扒钉，两端折曲，长0.183m。这种扒钉与现代建筑工地普遍采用的铁扒钉在制作形式上没有什么区别（图3-4-2）。

1979年在楚都纪南城中部的龙会桥河南岸的1口水井中出土了1件铜质构件②。长方形，中空，一端封闭。长0.091m，宽0.08m，高0.105m。正面饰有浮雕的蟠螭纹，每面4组。一面有直径0.07m的孔洞1个，为固定时穿钉用（图3-4-3）。显然这是一件用于建筑木构件上的遮朽。

（三）砖、瓦及排水管

1.砖

我国目前发现最早的砖，是在陕西扶风云塘张家村西周灰窖中出土的。③湖北境内发现的焙烧普通砖，系宜城市胡岗东周遗址出土。④另外在潜江放鹰台遗址已发现多种规格的焙烧红砖。

在楚都纪南城内发现有多种艺术空心砖，皆为印纹硬陶（图3-4-4）。长方形，表面有浮雕花纹，制作相当精美。纪南城南垣水门、龙桥河西段等遗址都有发现。如龙桥河出土空心砖，表面上釉，浮雕"米"字纹和"双龙戏珠"图案；有的在砖的一面或一侧，有大方格套小方格纹，大小方格之间有卷云纹组成的四瓣纹⑤。春秋战国时期的空心砖，主要用于楚国的宫殿上。

图 3-4-4　江陵纪南城出土的空心砖
来源：湖北省博物馆编.楚都纪南城考古资料汇编[G].1980

2. 筒瓦

筒瓦为覆盖屋顶的陶质建筑材料。

1987 年在潜江龙湾放鹰台遗址出土的瓦当、筒瓦、板瓦，时代属春秋中晚期[1]。其中有一种带钩筒瓦，瓦虽已残破，所幸钩、孔皆存。盖瓦时，此种瓦以瓦钩钩于上片筒瓦的孔内，搭接牢固，直接铺盖在于椽子上，没有后世的苫背（图 3-4-5）。

筒瓦在纪南城内，自 1965 年发现以后，又相继在遗址的东北部、东南部（松 30 号台基）、南垣水门、西垣北门等遗址中大量发现。质地有泥质灰陶、红陶 2 种。器表饰较粗的绳纹，器内除素面外，往往有麻点纹、斜方格纹、菱形纹等纹饰。1979 年在纪南城龙会桥南岸水井中出土的完整筒瓦颇具代表性。筒瓦呈半圆形，外表饰绳纹，内表高低不平，有明显的手工痕迹。一般长 0.4～0.5m,宽度不等，一般宽 0.1～0.135m。瓦舌可分尖、圆 2 种，最长者 0.037m，最短者 0.026m（图 3-4-6），时代属战国中期。[2]

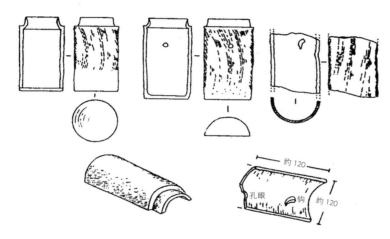

图 3-4-5　潜江龙湾放鹰台遗址带钩筒瓦
来源：荆州地区博物馆等 . 湖北潜江龙湾发现楚国大型宫殿遗址 [J]. 江汉考古，1987（3）

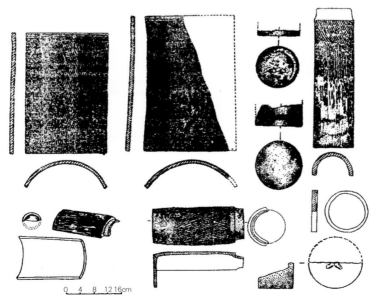

图 3-4-6　纪南城出土筒、板瓦、瓦当
来源：陈祖全 . 纪南城 1979 年古井的发掘 [G]// 湖北省博物馆 . 楚都纪南城考古资料汇编，1980

[1] 荆州地区博物馆等 . 湖北潜江龙湾发现楚国大型宫殿遗址 [J]. 江汉考古，1987（3）。
[2] 陈祖全 . 纪南城 1979 年古井的发掘 [G]// 湖北省博物馆 . 楚都纪南城考古资料汇编，1980。

3. 板瓦

板瓦是与筒瓦配套使用的底瓦,在春秋战国时期的遗址中多有发现。呈长方凹槽形,弧长约为圆形的 1/4。一般瓦头有凹弦纹,内表多为素面,少量有麻点和方格纹。尺寸一般长 0.4m 左右,宽约 0.28m 左右。一般为手制,两边和后端经切割,瓦头经陶轮修整。内外皆不平整,显得较粗糙,但质地坚硬。其盛行时代为春秋中期至战国晚期。[①]

4. 瓦当

瓦当是覆盖屋顶檐椽的陶质建筑材料。瓦当与筒瓦相接,盖于檐椽,主要起装饰和加固作用。瓦身的制法与筒瓦相同,有的有一两个瓦钉孔;后部为当部,为半圆形和圆形,一般为素面无纹饰,罕见花纹。直径一般 0.1 ~ 0.15m。半圆形瓦当,当属当阳季家湖古城内出土的最早,时代为春秋时期。花纹瓦当在松滋大岩嘴东周墓[②]、江陵纪南城、襄阳欧庙遗址都有出土。大岩嘴 14 号墓和襄阳欧庙的瓦当为卷云纹;纪南城松柏 81 号水井的瓦当为四瓣花瓣纹,直径约 0.14m;宜城曾家洲东周遗址出土的圆形瓦当,泥质灰陶,直径 0.156m,素缘外突,圆座略隆,内饰双线四分式卷云纹。[③]

湖北东周时期流行的瓦当,绝大多数为圆形素面。圆形素面瓦当是楚国瓦当的一个特点。

5. 陶排水管

2001 年在潜江市龙湾放鹰台 1 号台基东周楚宫殿基址一层台回廊西部,出土地下排水管 1 处。水管为筒瓦对应扣合、首尾相接而成。管道由三道水管并列铺设,南北走向、南高北低,全长 4.7m。北端入水坑,南端向东拐弯接回廊外侧。可能是排回廊外侧积水之用。筒瓦径 0.14 ~ 0.15m,长 0.45 ~ 0.47m 之间。[④]

1975 年在纪南城松柏 30 号台基的散水面上出土的陶排水管,共保存 21 节,完整的 7 节。皆泥质灰陶,圆筒形,两头为平口沿,表面施绳纹。长 0.665m,两头稍内收,两头之直径为 0.18 ~ 0.19m,壁厚 0.015m。[⑤]

1988 年在纪南城龙桥河南岸松柏鱼池 F2 号房址夯土中发现两条排水管道。共清理 14 节,每节长 0.59m,直径 0.225m。形制相同,均为夹砂红陶,圆筒形,表面不很平整。外表饰绳纹,内表素面(图 3-4-7)。[⑥]

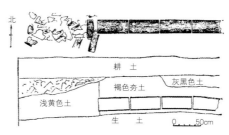

楚纪南城松柏鱼池 F2 排水管

楚纪南城松柏鱼池制陶作坊排水管

图 3-4-7 江陵纪南城出土陶排水管
来源:湖北省文物考古研究所. 1988 年楚都纪南城松柏区的勘查与发掘 [J].
江汉考古,1991(4)

①湖北省博物馆. 楚都纪南城的勘查与发掘(上、下)[J]. 考古学报,1982(3、4)。
②程欣人. 从松滋楚墓中圆瓦当说起 [J]. 江汉考古,1986(S2);陈祖全. 纪南城 1979 年古井的发掘 [G]. 湖北省博物馆. 楚都纪南城考古资料汇编,1980。
③王善才. 襄阳、宜城几处东周遗址的调查 [J]. 江汉考古,1980(2)
④荆州市博物馆等. 湖北潜江龙湾放鹰台 1 号楚宫基址发掘简报 [J]. 江汉考古,2003(3)。
⑤湖北省博物馆. 楚都纪南城的勘查与发掘(上、下)[J]. 考古学报,1982(3、4)
⑥湖北省文物考古研究所. 1988 年楚都纪南城松柏区的勘查与发掘 [J]. 江汉考古,1991(4)

二、秦、汉时期的建筑材料

（一）砖

从春秋战国、西汉末到东汉，墓室结构由木椁墓逐步发展为砖石墓，解决了商代以来木椁墓所不能解决的防腐和耐压问题。当时拱券除用普通条砖外，还用特制的楔形砖和企口砖，如前述当阳刘家冢子所用的砖。

1981 年在江陵郢城出土的方形花纹砖，皆泥质灰陶[①]。形体较大，较薄。背面无纹饰，正面有凸起的菱形、"回"字纹、三角形等几何形纹。在城内砚田 T1 出土的一块，砖宽 0.288m，厚 0.024m。正面由凸起的菱形纹和曲折带纹组成，2 种纹饰错开。时代为秦代（图 3-4-8）。

在城内庄王庙 T1 出土的残砖，厚约 0.052～0.056m。砖面有凸起的大方格纹。时代属西汉。

谷城路家沟汉代遗址中出土的长方形砖[②]，泥质灰陶，上下平面及短侧面无纹饰，仅一个长侧面饰菱形格纹。砖长 0.332m，宽 0.176m，厚 0.052m（图 3-4-9）。[③]

（二）筒、板瓦

1981 年在江陵郢城北垣出土的筒瓦，泥质灰陶，陶质坚硬，呈半圆筒形。榫头短且尖，榫尖交界处内侧有榫扣，外饰斜绳纹。城内砚田出土的筒瓦，榫头上翘呈弓形，内有榫扣和布纹。时代为西汉时期。

1981 年在江陵郢城出土的板瓦，时代属秦汉时期。板瓦微弧，有泥质灰陶和红陶，陶质较硬。庄王庙出土的板瓦，瓦头较直，并有三道凹弦纹，瓦内无纹饰，外有斜绳纹，瓦身较长。郢城的板瓦，泥质红陶，内有麻点纹，外饰绳纹。

1981 年在郢城的砚田出土的圆形瓦当，皆泥质灰陶。瓦当面有黑衣，外表凸起较高，瓦当有 4 组双线卷云纹，中心由双线组成圆圈，圆圈内有网格纹，直径 0.15m。时代属西汉。同地出土的卷云纹瓦当，直径 0.152m。外廊凸起较高，廊内圆圈内有 4 组双线卷云纹，卷云纹之间有圆点纹和三角形纹，中心圆呈半球形状凸起。时代为西汉（图 3-4-10）。

1989 年在孝感草店坊城内出土的西汉卷云纹圆形瓦当，泥质灰陶，外廊圆圈较高，外区由双线卷云纹分成四区，中心圆凸起较高。[④]

襄阳区望城岗遗址出土的柿蒂纹瓦当，直径 0.14m，泥质灰陶。圆形，宽平素缘外突，圆座微隆，座外有两圈凸棱，内饰柿蒂纹。时代为汉代。

襄阳九女城南遗址出土的汉代瓦当，泥质灰陶，圆形，素缘外突，圆座隆起。内饰乳点纹夹树叶纹，筒瓦背饰绳纹，直径 0.144m。筒瓦直径 0.128m，外饰双线带纹。一瓦当直径 0.128m，外饰四分式双线卵点卷云纹。

枣阳李庄遗址出土 1 件汉代瓦当，直径 0.128m，泥质灰陶。圆座，素缘均外突，区内饰三线四分式"桃"形纹。

枣阳邱庄遗址出土的汉代瓦当，夹砂灰陶。[⑤]圆形，外素缘凸起较高，外区饰四分式双线卷云纹，内区饰双线"人"字纹（图 3-4-11）。

大冶草王嘴城采集到西汉瓦当、筒瓦、板瓦[⑥]，其中瓦当 8 件：

2 件泥质灰陶，模制，圆形，残。瓦当正中圆圈内为圆弧状凸起，圆圈外用双

图 3-4-8　江陵县郢出土秦代方砖
来源：江陵郢城考古队. 江陵县郢城调查发掘简报[J]. 江汉考古, 1991（4）

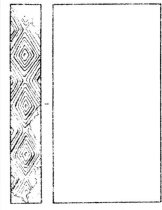

图 3-4-9　谷城路家沟遗址汉砖
来源：叶植主编. 襄樊市文物史迹普查实录[M]. 北京：今日中国出版社，1995

①江陵郢城考古队. 江陵县郢城调查发掘简报[J]. 江汉考古, 1991（4）。

②叶植主编. 襄樊市文物史迹普查实录[M].北京:今日中国出版社, 1995。

③叶植主编. 襄樊市文物史迹普查实录[M].北京:今日中国出版社, 1995。

④草店坊城联合考古勘察队. 孝感市草店坊城的调查与勘探[J]. 江汉考古, 1990（2）

⑤叶植主编. 襄樊市文物史迹普查实录[M].北京:今日中国出版社, 1995。

⑥湖北省文物考古研究所. 湖北省大冶市草王嘴城西汉城址调查简报[J]. 江汉考古, 2006（3）。

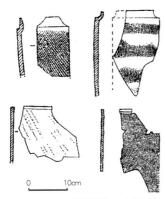

图 3-4-10　荆州郢出土筒瓦、板瓦
来源：江陵郢城考古队. 江陵县郢城调查发掘简报[J].江汉考古,1991(4)

图 3-4-11　襄阳出土的汉代瓦当
来源：叶植主编. 襄樊市文物史迹普查实录[M]. 北京：今日中国出版社, 1995

线凸棱纹相隔分4区，每区内饰压印凸起直行对称双线卷云纹。直径0.132m。

2件泥质陶，浅灰衣红褐胎。模制，残存半圆形。瓦当面模印花纹分内外区。内区在圆心处呈半球钮状，较平，绕半球钮有半周凸棱。该凸棱与当面边缘2周凸棱之间为外区，外区又用双线凸棱分成4区，每区饰凸棱单线内卷云纹。当内面边缘有0.02～0.03m宽的带状凸棱，凸棱带面饰弧形纹。

2件泥质浅灰陶，陶质较软。瓦当正中有弧凸状钮和2圈圆圈阳纹，圆圈外饰外卷草叶阳纹，卷草叶纹之间用直行双线凸棱纹分隔，当缘边饰2周凸棱纹。瓦身为弧面，饰竖向细密绳纹。

2件泥质灰陶，模制。其中一件残。一件圆形瓦当面，壁较厚实，瓦当面与瓦内面凹凸不平。用双线凸棱将当面分成两部分，再分别用1道凸棱将每一部分又分成两小部分，即当面被分成四个小区，每小区饰一朵卷云纹。当面边缘饰一周凸弦纹。瓦身为弧面，饰细绳纹。当面直径0.14m。

筒瓦5件。均为泥质灰陶，平榫或榫微翘，斜肩。肩部绳纹抹平，瓦身施粗斜绳纹或直绳纹。筒瓦半筒形，榫头较短，微弧，榫尖上翘，肩较斜。

板瓦12件。其中10件为泥质灰陶。瓦面压印粗绳纹，瓦头饰1～2道凹弦纹。1件泥质灰泛黄褐陶。弧长方形，弧形显平。外饰中绳纹，瓦两头及中间绳纹被抹平。瓦厚度均匀。1件泥质浅灰陶。弧形，宽大，较厚。弧面有数道深而宽的凹弦纹，一部分凹弦纹压在斜绳纹上，另一部分先压印凹弦纹，后压印数道细密的斜绳纹。瓦凹面与弧面细密绳纹相对应的一端压印网格纹（图3-4-12）。

（三）脊兽、脊瓦

1960年在荆州沙市北约2.5km的徐家台附近发现一处古文化遗址。遗址的中心部位为一个坡度平缓的椭圆形台地，面积约十多万平方米。出土的一件西汉初期纪年的筒瓦脊兽最为珍贵。[①]

筒瓦脊兽为青灰陶质，火候较高，筒瓦和脊兽连制烧成，筒瓦为素面，一端作子口，通长0.25m，内径0.14m，厚0.016m，子口部分长0.037m，厚0.01m，在瓦内壁靠后部刻有"元光元年"4字，为阴刻隶书，苍劲有力，4字共长0.1m，字径0.02m，在字的周围加1道阴刻边框，呈长方形，犹如一长方印章。兽蹲立在筒瓦的脊背上，前腿直立，后腿蹲坐，作昂首注视远方的姿态，身刻鳞形纹，脊作鳍状纹，头作独角形，带有疏朗发纹数道，整个形象气势雄壮，雕刻简练，是1件极为写实的艺术作品。脊兽通高0.261m，全长0.23m，身宽0.046m。与这件筒瓦脊兽共同出土的还有1件脊兽，大小差不多，只是头向下俯视；另外还有碎筒瓦片和陶方筒下水道等遗物。这些都是极为珍贵的共存资料，对研究该处遗址的建筑物具有重要价值（图3-4-13）。

元光是我国西汉初年汉武帝的第二个年号，"元光元年"即公元前134年，距今已有2100多年了，就目前所知，这件筒瓦脊兽是我国现存古代建筑中最早的一件记年文物。

1981在荆州郢城砚田出土1件汉代残脊瓦，断面呈"∧"形，外饰绳纹（图3-4-14）。[②]

①丁安民. 我国现存最早的纪年脊兽[J]. 江汉考古,1884(1).
②江陵郢城考古队. 江陵县郢城调查发掘简报[J]. 江汉考古,1991(4).

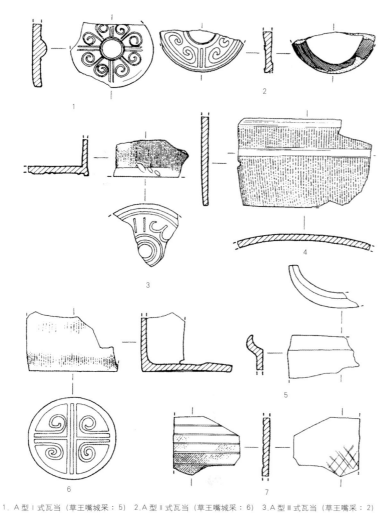

1．A 型 I 式瓦当（草王嘴城采：5）　2．A 型 II 式瓦当（草王嘴城采：6）　3．A 型 III 式瓦当（草王嘴采：2）
4、7．板瓦（草王嘴城采：3，草王嘴城采：7）　5．筒瓦（草王嘴城采：4）　6．B 型瓦当（草王嘴城采：9）

图 3-4-12　大冶草王嘴城西汉筒瓦、板瓦、瓦当
来源：湖北省文物考古研究所．湖北省大冶市草王嘴城西汉城址调查简报 [J]．江汉考古，2006（3）

图 3-4-13　荆州出土汉代脊兽
来源：丁安民．我国现存最早的纪年脊兽 [J]．江汉考古，1884（1）

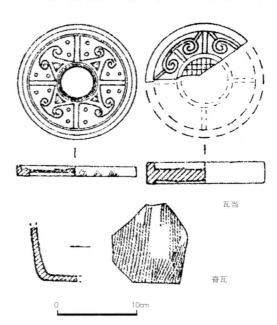

瓦当

脊瓦

0　　　　　　　10cm

图 3-4-14　荆州郢出土脊瓦、瓦当
来源：江陵郢城考古队．江陵县郢城调查发掘简报 [J]．江汉考古，1991（4）

第四章

三国、两晋、南北朝时期的建筑（公元 220~581年）

第一节 三国、两晋、南北朝时期的城址

（一）鄂城吴王城城址

三国吴王城，又名武昌城。位于鄂城区凤凰街道办事处东部，现属鄂州市区。它东有洿湖，西屏樊山，南临南湖，北依长江，形势险要，为六朝时期的军事重镇。据《三国志·吴书·吴主传》载：魏黄初二年（221年）"四月，刘备称帝于蜀，权自公安都鄂，改名武昌。……八月。城武昌。吴黄龙元年（229年）秋九月，权迁都建业"。[①]城建于此年，距今已有1783年的历史，是南方现存六朝古城中最早的一座。史载：黄龙元年（229年），孙权在武昌称帝。由于孙吴政权的根据地是在江东，且江东又有较武昌地区更为富饶的经济基础，所以孙权在称帝的同年旋即迁都建业（今南京），只留下陆逊辅佐太子镇守武昌。[②]其后，武昌城一直作为孙吴王朝的陪都和西都。直到甘露元年（265年），吴后主孙浩又徙都武昌一年有余，后因遭全国上下一致反对，次年又迁都建业。因此，武昌曾两度作为孙吴王朝的都城或陪都，时间长达10年左右（图4-1-1）。2013年由国务院公布为第七批全国重点文物保护单位。

吴王城平面长方形，东西长约1100m，南北宽500m，周长约为3300m，约合汉代的8里（图4-1-2）。城的东、西、南现存有城垣，为夯土筑成，夯层厚0.1m。现仅存南垣有断断续续的夯土城垣遗迹，地面所见其基部长约100m，宽为12~18m，现存顶部距地面高约6m。南垣中部外墙面上还有"马面"痕迹，马面长17m，宽7m，夯土筑成（图4-1-2）。[③]

现存古城的北部边缘紧靠江滩，其断面高出今江水面约10m左右，有长期被江水冲刷、浸蚀的痕迹，断崖之北仍有规律地分布着一些汉末六朝时期的井窖遗迹，说明古城的北垣，还应向北延伸。古城的北垣是一片沿江丘陵地带，因此古城是否有北城垣，还是临江居险，不设北垣，尚需进一步考证。城垣东、西、南均有护城河。南垣护城河底宽约50~70m，深约5m以上；东垣护城河宽约50m，西城垣护城河

①陈寿．《三国志·吴书·吴主传》。
②《资治通鉴》卷七十一《魏纪三》。
③鄂州市博物馆等．六朝武昌城考古调查综述 [J]．江汉考古，1993(2)；蒋赞初．六朝武昌初探 [M]．中国考古学会第五次年会论文集．北京：文物出版社，1988。

图 4-1-1 清光绪年间武昌城图
来源：清光绪《武昌县志》

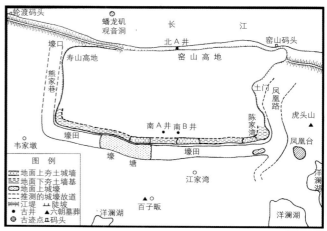

图 4-1-2 鄂州三国东吴古城平面图
来源：鄂州市博物馆等. 六朝武昌城考古调查综述 [J]. 江汉考古，1993（2）

宽约 50 ～ 90m；西垣和东垣北段是利用自然江湖之险作为屏障，故未发现城壕遗迹。

据《太平寰宇记》卷 112 载：武昌"有五门，各以所向为名，唯西南一门，谓之流津"。流津门外即是当时江边码头所在，是因有水路而特设的。通过考古调查钻探，发现古城的东、南门比较清楚。南门位于南垣中部，宽约 20m，并发现当时的路土。东垣中部有一向内凹进之处，应是武昌城东门所在地。西垣上现分布着密集的民居、机关和学校，故无法探知。北垣已被江水冲刷，无痕迹可寻。

武昌城的四角，均发现有夯土建筑基址，应属于古城的角楼。其中城垣东南角一处夯土台基东西长 120m，南北宽 60m，其上有汉至六朝时期的绳纹筒板瓦等建筑材料。

城内东南角的南侧发现长 100m，宽 60m 的制陶作坊遗址，西南角发现古代冶铁遗址。

在城西西山南麓（今鄂城钢铁厂）、城南百子畈、莲花山等地发现六朝时期墓葬。

武昌城内的主要建筑是孙吴时期的武昌宫和东晋时期的南楼。唐人许嵩《建康实录·卷一·太祖》上载：东汉建安二十八年（222 年）"冬十一月，权就吴王位于武昌，大赦，改年号为黄武元年（222 年）"。"黄武二年（223 年）。春三月，城江夏武昌宫"。《建康实录·卷二·太祖》又载："黄武八年（229 年），夏四月。立坛于南郊，即帝位，柴燎告天，礼毕，法驾旋武昌宫，升太极殿。"宋人王象之《舆地纪胜》云："太极殿在安乐宫。"《实录》又云："吴大帝南郊即位，盖吴宫之正殿也。"由此可知，武昌宫建于黄武二年，又名安乐宫，太极殿是其宫中之主殿。武昌宫于赤乌十年(247 年)由吴王下诏拆除，将其建筑材料运至建业修建建业宫，但仍留有端门等建筑。此后，文献又载：有吴将诸葛恪、后主孙皓曾先后两次修缮过武昌宫。后主孙皓将武昌宫更名为"西宫"。

关于武昌城的面积，据《舆地纪胜》载："吴王城在武昌东，周四百八十步。"如以汉尺计，周长仅 662.4m，仅为现存武昌城的 1/5。故有人推测，这应是指武昌宫的周长，其说可信。

至于武昌宫在城内的具体位置，文献无确指。但从现存地面来看，城内北部高，南部低。北部散布着大量的汉末至孙吴、两晋时期的绳纹、叶脉纹和填线方格纹的筒瓦和板瓦碎片，以及两晋时期的青瓷碗、罐残片。还发现有九处排列有序的井窖底部遗址。此外，在城内还未发现像这样集中的、大面积的建筑遗址，故推测，武昌宫应位于武昌城的北部。

武昌城外东南有一处高地名虎头山，又称凤阙。孙吴起就建有凤凰台，是武昌城外的著名胜迹之一。城南南湖畔的百子畈高地，是孙吴时的"南郊坛"所在地。今西山一带应是孙吴的皇家苑囿所在，山巅据说有孙权的南郊天坛（又名即位坛），还有吴王台、避暑宫、吴王岘、吴王井，以及吴王试剑石等遗迹。

城内外历年来清理十余座水井，分木质、藤质、陶质、砖质和土井五类，有方形和圆形两种。出土有青瓷碗、壶、罐，黄武元年（222 年）铭文铜釜，"半两"、"五铢"、"直百五铢"、"货泉"铜钱等。

（二）荆州万城

三国城址，位于荆州西 20km 李埠镇万城义合村，原名方城，宋末改名万城。传为东吴时修筑。南距万城镇约 200m，西傍荆江大堤，北与丁家嘴水库相望，东为水渠，地势较平。城址南北长 1000m，东西宽 800m，略高出周围地面。城垣为黄土夯筑。夯层厚 0.13m，夯窝直径 0.09 ～ 0.11m，北城垣保存较好，残长 800 余米，基宽 20 ～ 30m，面宽 10 ～ 20m，高 3 ～ 5m。南城垣由于明代居民傍城垣建造砖窑，取墙土制作砖坯，致使墙体单薄，清乾隆五十三年（1788 年）万城堤溃口，遂被冲毁若干，现残存部分，成为民居台基。西城垣在修筑堤防时被挖毁[①]。1956 年由湖北省人民政府公布为第一批省级文物保护单位。

古城有四座城门，现仅存北城门，北城门高 2.1m，宽 3.2m，用小青砖发券砌成拱顶。但门洞损坏严重，急待修葺。从断面上可以明显看出城门的建筑时代晚于城垣。城周有护城河，除西侧外，其余仍可以看出大致轮廓。北门城楼右侧有清乾隆四十九年（1784 年）所修祖师庙旧址。城内义合寺传为唐德宗行宫，距城 1km 的青冢子，传为唐郭爱墓（图 4-1-3）。

城内现为村舍农田，其东部和西南部，掩埋有大量窑址。窑址有 2 种形状，一为椭圆形，后有夹墙，出胚胎较薄的青砖，可能为宋窑，一为圆形，烧制出与荆州城的城砖规格一致的大砖，砖上铭文记有提调官、监造人、粮户、工匠等内容，为明窑。城内还保存有清代石碑 1 块，内容为叙述万城之沿革掌故。

万城的建筑年代据清代顾祖禹《读史方舆纪要》和清《江陵县志》称，万城古名方城，系三国时东吴所建。东晋时于此置南蛮校尉府。南宋时，荆湖制置使赵方之子赵葵守方城，避父讳改为万城。按城垣的夯筑方法推断，其建筑时代至迟在三国。北城门用砖为宋砖，并与城垣有明显的叠压关系，表明南宋时该城曾进行过较大规模的整修加固。

1961 年在城北之万城支渠发掘出土 17 件西周时期邶国铜器。1984 年在城东北发现青冢子东周遗址。万城是一座古文化气息极为浓厚，有很高研究价值的古城。

（三）荆门何桥古城

何桥古城位于荆门市沙洋县十里铺镇何桥村五组，西南距十里铺镇约 10km。[②]城垣地面保存较好，平面近方形，东西长 240m，南北宽 220m，方向 10°。地面城

图 4-1-3 荆州万城城垣
来源：肖代贤主编. 中国历史文化名城丛书·江陵 [M]. 北京：中国建筑工业出版社，1992

①肖代贤主编. 中国历史文化名城丛书·江陵 [M]. 北京：中国建筑工业出版社，1992。

②湖北省文物考古研究所. 湖北荆门市十里铺镇何桥古城遗址试掘简报 [J]. 江汉考古，2001（4）。

墙除西南角被破坏外，仍可见到封闭的土筑城垣。地面现存城垣的高度1～3m，宽度5～7m。

整个城垣除东城端中段有一缺口，可能为出入的城门外，其他三面皆为全封闭的土筑城端。从地理学的角度考察，这应是一座坐东向西的独门城池（图4-1-4）。

经逐层解剖城墙，城墙截面为梯形，分两步筑成，即第一步先筑主体城墙，第二步再在主体墙外加筑内外护坡，整个城墙面上宽5.4m，底宽13m，高1.5m。城墙内坡较缓，坡度16°；外坡较陡，坡度45°。顶端面宽3.6m，底宽12.4m，现存高度1.5m。城墙的构筑方法是直接在原生土上面铺垫一层宽12.4m，厚0.1～0.4m的灰黄色土，并夯筑成一基面，然后往靠近城外的一面缩进2m，以45°的坡度依次向上分层垫土夯筑成城墙。城墙外则形成了一条宽2m的台面。主城端的墙体夯层明显，自下而上可分6层，由灰白色和灰黑色土交叠夯筑，夯层厚0.15～0.3m，夯窝为圆形，直径0.15m。外护坡则是紧贴主体城墙外侧依次垫土夯筑而成，二者土色有较大区别，截面可明显看出是加筑的。加筑的外护坡超出了主体城墙的墙基面，城墙外侧则仍然留有一条宽约2.5m的台面，但比原台基面高出了0.75m，外护坡的外坡比主体城墙的外坡更陡，坡度为62°。加筑的墙面现存宽度为1.8m，加筑的外护坡夯筑方法、夯窝大小及夯层厚薄与主体城墙相同，皆为黄褐五花土（图4-1-5）。

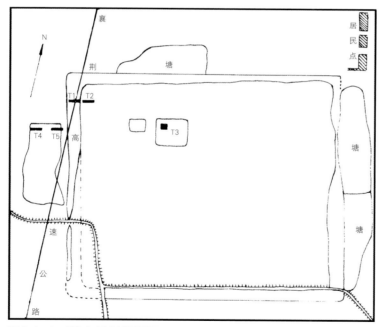

图4-1-4　荆门何桥古城平面图
来源:湖北省文物考古研究所. 湖北荆门市十里铺镇何桥古城遗址试掘简报[J]. 江汉考古, 2001（4）

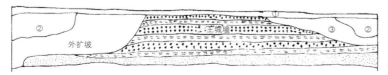

图4-1-5　荆门何桥古城北壁剖面图
来源:湖北省文物考古研究所. 湖北荆门市十里铺镇何桥古城遗址试掘简报[J]. 江汉考古, 2001（4）

护城河位于城墙的外侧。环城墙外的地面迄今仍可见到一周低洼地，应为护城河遗痕。已试掘出的护城河紧邻城墙外侧，东部边缘距两城墙的边约6m，护城河开口在生土层上，弧壁平底，河口宽2m，现存深度0.50m。

通过发掘证实，城墙的构筑极具防御功能，其横截面呈梯形，内坡缓，外坡陡，城墙外再加筑外护城坡，城墙分层夯筑，城外设宽大的护城河，这与商周通行的都邑及军事城堡有着诸多的相似因素，但在其细部结构上又有着独特因素。诸如，城址的规模小，城外再加筑一道外护坡，城门仅东部一处。从这些特殊结构分析，该城极有可能就是六朝时土族大地主所构筑的一座地主院落庄园，也即东汉后兴起的坞堡，坚固的城池则反映了土族大地主对农民的统治和镇压。这与当时的历史背景是相吻合的。当然，也不排除该城为当时的一座驻军堡垒的可能。

何桥古城位于荆门市的中部，南与楚故都纪南城相距约30km。荆门介于荆州和襄阳之间，其地北可望襄阳，南可瞰江陵，境内重关复壁，利于阻守，素有"荆楚门户"之称，历来为兵家必争之地。这里自旧石器时代起就有人类在此生息，新石器至殷商遗址比比皆是，东周时其地尽为楚有，境内楚遗址和楚冢林立，南北朝时，萧磐（519～562年）曾久攻江陵不克，退居今荆门拾回桥镇再筑白阳城，聚兵屯粮以图再起，终于在公元555年称帝江陵。荆门何桥古城的发现和发掘，再次证明了荆门有着灿烂的历史和文化。

（四）赤壁太平故城

太平城建于东汉建安十六年（212年）。《大明一统志》记载："太平城，在蒲圻县西南八十里，吴孙权遣鲁肃征零陵于此筑城"。其他省、县、府等方志作了同样的记述。鲁肃征零陵，即鲁肃奉令向关羽索收长沙、桂阳、零陵、武陵等四郡，与关羽以战促和于湘江，《三国志》有此记载，《三国演义》中"关云长单刀赴会"亦记此事。太平城即以吴蜀湘江会盟，从此太平无战事而得名。[①]

城址位于赤壁新店镇土城村，北距蒲圻县新店镇8km。一面环水，三面依田，为古代兵家粮草囤积之所。城址平面长方形，南北长约900m，东西宽约750m。内套小城，南北长400m，东西宽300m，当地曰"大古城"、"小古城"。总面积约1km²，城墙由泥土、沙石夯筑，墙宽7m，高3m，城门已不可知。现残存西南城垣100余米，城垣底宽7m，高3m左右，泥土沙石夯筑，墙体内夹杂大量汉代汉砖、板瓦、筒瓦、陶鬲足等残片。

太平城于清末民初已遭受破坏。1977年平整土地时，除留100余米作为保护遗址外，其余已全部毁坏。

（五）天门霄城

六朝时期城址，霄城在天门市李场乡黄家店东南2.2km处。[②]地面现存土筑城垣。周长918m，现残高4m，城垣宽6.5m，土层经过夯打。南北各有一城门，城外有护城河环绕。城西北有一突出的圆形高台，可能是烽火台。城垣断面上暴露有新石器时期和西周时期的陶片，城内外有汉代和六朝时期的遗物和遗迹。据史料记载：东晋时始设霄城县，梁时竟陵郡移至霄城。西魏时，废竟陵，其地入霄城，属沔阳郡。北周时改沔阳郡为复州，废霄城县复置竟陵县。由此可知，霄城应为六朝时期县城遗址。

（六）蔡甸临嶂古城

又称沌阳城，位于蔡甸区新农镇汉水南岸临峰山头。[③]1983年被武汉市人民政

①冯金平. 太平城 [J]. 江汉考古，1985(2).
②湖北省志编纂委员会编. 湖北省志·文物名胜 [M]. 武汉：湖北人民出版社，1996：65.
③武汉文物丛书编委会. 武汉不可移动文物精华 [M]. 武汉：武汉出版社，2006.

府公布为市级文物保护单位。东晋建兴元年（313 年），在临嶂山下置沌阳县，临嶂山上筑沌阳城，作为江夏郡治所。东晋义熙年间（405 ~ 418 年），江夏郡治迁往夏口城（今武昌），原城便成为沌阳县治所，直至南朝宋、齐两代。梁代沌阳县并入安陆县，此城成为戍守要塞，隋朝仍长期派兵镇守。南宋咸淳七年（1271 年）因避元军，临嶂城曾一度作为德安府治所。临嶂城遗址尚存长约 50m 夯土城墙(图 4-1-6)。

图 4-1-6　蔡甸临嶂古城城墙
来源：武汉文物丛书编委会. 武汉不可移动文物精华 [M]. 武汉：武汉出版社，2006

第二节　房屋建筑模型

一、小型住宅

1986 年出土于武昌东湖三官殿一座梁普通元年（521 年）砖室墓中，平面长方形，长 0.11m，宽 0.08m，台基高 0.1m，通高 0.15m。[①]正面中央开一长方形门，屋顶为双坡悬山顶，前后有垂脊，正脊两端安有鸱尾（图 4-2-1）。

1991 年于鄂州西山南麓东吴孙邻墓中出土的屋舍，平面呈长方形，墙与顶连成一体。[②]正面开一窗户，长 0.046m，高 0.026m，窗下置窗台，四壁均饰斜方格网纹。通体施青绿釉，部分已脱落。长 0.335m，宽 0.185m，通高 0.172m（图 4-2-2）。

二、院落式住宅

（一）鄂城孙将军门楼

1974 年出土于鄂城孙将军墓。门楼一套 14 件，保存较完整。整套院落由门楼、角楼、院墙及前堂、后室、左右厢（房）等部分组成。[③]围墙为灰陶，其他为青瓷，施有谷黄色釉。

院墙平面略呈方形，进深 0.44m，宽 0.51m。围墙高 0.9m，厚 0.015 ~ 0.25m，墙上覆盖双坡屋顶。前面院墙正中开方形门，门上设一门楼，长方形，宽 0.13m，进深 0.12m，高 0.09m。四面开有门窗。四阿式屋顶，檐头施有瓦当，正脊两端微向上翘。楼顶内刻有"孙将军门楼也"六字。院墙后面正中亦开有门，较前门略小（图 4-2-3）。

① 武汉市博物馆. 武昌东湖三官殿梁墓清理简报 [J]. 江汉考古，1991(2)。
② 鄂州市博物馆等. 湖北鄂州鄂钢饮料厂一号墓发掘简报 [J]. 考古学报，1998 (1)。
③ 南京大学历史系考古专业等. 鄂城六朝墓 [M]. 北京：科学出版社，2007。

俯视

正视

图 4-2-3　鄂城东吴孙将军墓陶楼
来源：南京大学历史系考古专业等. 鄂城六朝墓 [M]. 北京：科学出版社，2007

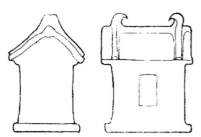

图 4-2-1　武昌东湖三宫殿梁墓出土陶屋
来源：武汉市博物馆. 武昌东湖三宫殿梁墓清理简报 [J]. 江汉考古，1991（2）

0　　　　10cm

图 4-2-2　鄂州西山东吴孙邻墓出土屋舍
来源：鄂州市博物馆等. 湖北鄂州鄂钢饮料厂一号墓发掘简报 [J]. 考古学报，1998（1）

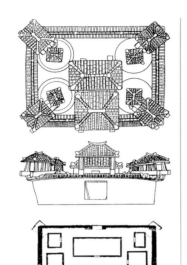

图 4-2-4　鄂城东吴孙将军墓陶
楼平面、立面、屋顶平面图
来源：南京大学历史系考古专业等.
鄂城六朝墓 [M]. 北京：科学出版社,
2007

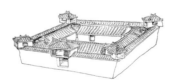

图 4-2-5　鄂城东吴孙将军墓陶
楼透视图
来源：南京大学历史系考古专业等.
鄂城六朝墓 [M]. 北京：科学出版社,
2007

1.33 号 2.34 号 3.35 号 4.36 号 5. 鸭舍
图 4-2-6　鄂城东吴孙将军墓出
土陶屋
来源：鄂城博物馆. 鄂城东吴孙将军
墓 [J]. 考古, 1978 年（3）

①李权时, 皮明庥主编. 武汉通览
[M]. 武汉：武汉出版社, 1988。
②武汉市博物馆等. 江夏流芳东吴
墓清理发掘报告 [J]. 江汉考古,
1998(3)。

院墙四角顶上均设有角楼, 平面长方形, 宽 0.07m, 进深 0.05m, 通高 0.05m。角楼顶亦为庑殿式顶, 但戗脊较短；角楼向外的两壁均开窗。

进门内正面为前堂, 长方形平面, 宽 0.23m, 进深 0.075m, 高 0.075m。悬山式屋顶。前檐开一门。

前堂之后, 院内之正后部设寝室, 与前堂之间有天井相隔。长方形平面, 宽 0.21m, 深 0.1m, 高 0.085m。悬山式屋顶。前檐开一门。

前堂和正房两侧之间有配房, 左配房宽 0.18m, 深 0.10m, 高 0.07m；右配房宽 0.165m, 深 0.08m, 高 0.07m。均为悬山式顶。前檐开一门（图 4-2-4、图 4-2-5）。

院内所有的建筑如前堂后室、左右厢房的门均向院内中心天井而开。此外, 院内四角还分别有角室一个, 角室皆庑殿顶, 进深 0.06m, 宽 0.08m。青瓷, 灰白胎, 青黄釉大多已脱落。该门楼作为地主阶级庄园的缩影, 形象地反映了当时的建筑风格。

另出土房屋明器 5 座, 形制都与前述院落内的房屋相同, 大小不等, 四阿式屋顶。有的门开在正面, 有的在正面和左右各开一门, 有的在门两侧还刻画出假窗。

33 号进深 0.16m, 宽 0.215m, 高 0.18m；

34 号进深 0.13m, 宽 0.18m, 高 0.12m；

35 号进深 0.1m, 宽 0.125m, 高 0.095m；

36 号进深 0.085m, 宽 0.09m, 高 0.075m；

37 进深 0.08m, 宽 0.11m, 高 0.08m（图 4-2-6）。

（二）黄陂青瓷院落

1986 年出土于黄陂县滠口刘集乡的一座吴末晋初的砖室墓中。院落平面呈长方形, 长 0.62m, 宽 0.49m, 通高 0.37m。院落由围墙、门楼、角楼、正房所组成。四周围墙顶上有双坡瓦顶。前、后院墙中部开门, 前门敞开, 后门作关闭状。[①]

前门院墙上方置门楼, 平面长方形, 二层, 底层四面设箭孔, 上层四周设回廊, 回廊上留有垛口。楼顶四阿式, 上覆瓦屋面, 正脊两端, 垂脊尽端向上翘起。

院墙四角上方各置一角楼（碉楼）, 形制与做法同门楼, 只是体量略小于门楼。

院中左、右、后三方各有一座平房, 呈三合院式的布局, 平房平面长方形, 前檐中间开门。四阿式瓦屋顶, 正脊两端, 垂脊尽端均向上翘。整座院落饰以青绿色釉（图 4-2-7、图 4-2-8）。

与此器共出的还有家丁武俑, 生活操作俑, 家畜禽舍等模型等。此建筑模型揭示了东汉时期地方豪强定割据一方, 自成一体的地主庄园经济的特征, 同时又是研究古代建筑艺术的实物资料。

1998 年 4 月江夏流芳东吴墓出土一件青瓷院落, 青瓷, 胎质灰白, 釉呈黄褐色。[②]整体平面呈横长方形, 长 0.7m, 宽 0.5m。由围墙、前门楼、四隅角楼、左右厢房和四个谷仓组成, 布局基本对称。院落外绕围墙, 墙高 0.186m, 檐宽 0.06m, 墙厚 0.02m。墙头有双坡檐顶。前墙正中开一门。门内有两根支柱, 上有两根横梁, 横梁与门上方有门楼一座。楼顶为庑殿式, 屋面作瓦纹, 檐头有瓦当。楼外有迴廊, 楼内四壁有窗, 正面有门。楼中跪坐人, 作奏乐状。门楼进深 0.19m, 宽 0.22m, 高 0.19m。院落围墙四角各设一角楼, 屋顶与门楼相同, 四壁均开有窗, 进深 0.105m, 宽 0.12m, 高 0.15m, 右后角角楼已残损。院内两侧有厢房, 左厢房进深 0.16m, 宽 0.28m, 高

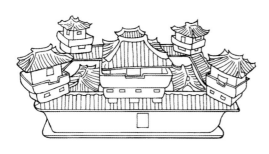

图 4-2-7 黄陂县滠口吴末晋初墓青瓷院落
来源：李权时，皮明麻主编.武汉通览[M].武汉：武汉出
版社，1988

图 4-2-8 黄陂县滠口吴末晋初墓青瓷院落透视图
来源：李权时，皮明麻主编.武汉通览[M].武汉：武汉出版社，1988

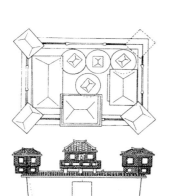

图 4-2-9 江夏流芳东吴墓出土
院落平面、立面图
来源：武汉市博物馆等.江夏流芳东
吴墓清理发掘报告[J].江汉考古，
1998（3）

图 4-2-10 江夏流芳东吴墓院落平面、立面图
来源：武汉市博物馆等.江夏流芳东吴墓清理发掘报告[J].江汉
考古，1998（3）

图 4-2-11 均县吕家村"双冢"出土
陶屋
来源：湖北省文物乏理委员会.湖北均县"双
冢"清理简报[J].考古，1959（12）

0.18m，右厢房进深0.125m，宽0.19m，高0.17m。屋顶与楼相似。院内正中和后墙
边有4个盖钵式谷仓，圆形，直径0.12m，高0.17m，上大下小。上端有透气孔，孔
上有屋顶，屋面与门楼相同。门楼与角楼四周都饰有斜方格网纹，左右厢房只在门
窗周边饰斜方格网纹（图4-2-9、图4-2-10）。

　　该墓出土的一整套模型明器，有青瓷俑、倒立俑、青瓷鸭舍、角楼、粮仓、烛台、
狗、盖、车轴、马、牛、车轮、碓房、多子盒、烛台、三足盘、羊舍、鸡舍等，是
当时封建庄园经济，士族门阀豪强地主拥有大量部曲、田客、奴仆、仪仗的真实写照。
装饰繁杂华丽的墓室，说明门阀等级制度的发展。

　　1959年在均县吕家村发掘"双冢"六朝早期墓出土1件陶屋，下部残缺不全，
上部由楼座、屋、顶三部组成。[①]楼座由四面围栏和楼板五面粘合而成，板中间有精
圆形孔，与楼屋相通，围栏四周印有斗栱，一端有支柱，斗两侧印有兽首，而前围
栏有六个穿孔。楼屋置于座内，三壁素面，仅前壁印有斜方格纹的窗，门与窗并列，
中间有兽形座。屋顶为庑殿式，有六个向上翘的鸱尾，正脊当中安鸟形脊饰，鸟头残。
红陶胎，模制。顶面涂有黄、绿、白色釉，釉色不匀，大部脱落。楼屋和楼座皆为
草绿色釉，保存较好。通高0.305m（图4-2-11）。

　　同墓出土屋顶1件，下部已毁，屋顶呈两坡式，胎质、色釉、鸱尾均与前述陶
屋相同。长0.278m，宽0.142m（图4-2-12）。

图 4-2-12 均县吕家村"双冢"
出土陶屋顶
来源：湖北省文物乏理委员会.湖北
均县"双冢"清理简报[J].考古，
1959（12）

①湖北省文物乏理委员会.湖北均县
"双冢"清理简报[J].考古，1959（12）。

图 4-2-13　鄂州西山东吴孙邻
墓出土坞堡式粮仓
来源：鄂州市博物馆等．湖北鄂州鄂
钢饮料厂一号墓发掘简报 [J]．考古
学报，1998（1）

三、粮仓

1991 年出土于鄂州西山南麓东吴孙邻墓中的坞堡式粮仓，整体平面呈横长方形，由围墙、门楣、仓廪、房舍等部分构成。[①]围墙绕院落一周，面宽 0.64m，进深 0.515m，高 0.318m，厚 0.02～0.025m。墙头上有双坡檐顶。围墙正中开一门，门宽 0.104m，高 0.095m。门上设门楼一座，四面无墙，在东、西两端各平置对称的梁，四角各置一立柱，托起楼顶四角，顶为庑殿式，四面饰瓦纹，檐头有瓦当。在围墙四角，各设一碉楼。四面无墙，结构和顶式与门楼同。进深 0.129～0.135m，面宽 0.106～0.118m，高 0.13～0.146m。

院内正中置 4 根立柱，立柱上托 2 根平梁，平梁上横置 1 禽舍，该舍四墙封闭无门，仅在前壁顶端正中置一宽 0.033m，高 0.02m 的小窗户。顶式与门楼亦同。进深 0.148m，面宽 0.252m，高 0.146m。在院内四角，各设一个圆形仓廪象征屯粮，仓廪均带盖，仓身为长方形，小口，直领，上腹呈"斗笠"形，下腹呈上大下小的筒形，平底。口长 0.048～0.052m，宽 0.046～0.048m，最大腹径 0.179～0.182m，底径 0.112～0.114m，高 0.197～0.212m。整个仓廪均施青绿釉，胎釉结合较好。整个仓廪进深 57.5，面宽 71.8m，通高 31.8cm（图 4-2-13）。

前面围墙上方置 1 门楼，4 柱支承四阿式屋顶，檐头饰以瓦当。门楼四面空透。围墙四角各置 1 角楼（碉楼），形制和做法同门楼。

院内正中置 1 粮仓，面宽 0.252m，深 0.148m，高 0.146m。四面仓门封闭无门，仅在前檐墙壁上开一小窗。仓房四角阴刻四柱，四阿式屋顶，檐头饰瓦当。院内四角各置一圆囷，囷下圆上方，平底，呈上大下小的圆形。囷最大腹径 0.179～0.182m，底径 0.112～0.114m，通高 0.197～0.212m。顶为四阿式瓦屋顶。

鄂城六朝 12 座墓中出土粮仓 31 件[②]，每座墓出土 1～4 件不等。均为圆形，一般都有顶或盖，少数仓没有顶或盖。仓身多留有出粮孔。依据仓形和有无仓顶及顶的形式，可分为 5 种。

一种是仓顶和仓身为分体式。圆形攒尖仓顶，顶面呈蘑菇状微微隆起，顶尖有钮。仓身敛口，弧腹，出粮口呈方形。陶质。M1002：29，仓顶较大，顶钮已残。灰黄陶。通高 0.19m，底径 0.094m。M4004：9 及 M4004：1，仓顶稍小，顶端有 1 鸟形钮，应即所谓的"观风鸟"。灰陶。通高 0.151m，底径 0.088m（图 4-2-14）。

一种仓顶和仓身亦是分体式。圆形攒尖仓顶，顶面斜，顶尖有钮。仓身直口，直壁。M2162：15，仓身略呈鼓形，方形出粮孔两侧有 1 对竖栓钮。仓顶面被堆塑的 3 条瓦脊分隔成 3 部分，其间雕刻出瓦垄，顶尖端塑出 1 只"观风鸟"。青瓷，胎色灰白，青黄釉已脱。通高 0.172m，底径 0.116m。M2215：27，仓身斜直，有 1 出粮孔呈方形。仓顶较大，顶端有 1 较高的尖钮。灰陶，质地坚硬，制工规整（图 4-2-15）。

一种仓顶和仓身相连为一体，已明显呈退化形式。仓顶斜直近平，顶面有 2 钮，仓身直壁。M2184：16，仓身斜壁，方形出粮孔有向内开启的仓门。仓顶面倾斜，顶尖端有 1 个小尖突为钮。青瓷，灰白色胎，青黄釉富有光泽，保存较好。通高 0.109m，底径 0.062m（图 4-2-16、图 4-2-17）。

①鄂州市博物馆等．湖北鄂州鄂钢饮料厂一号墓发掘简报 [J]．考古学报，1998（1）。
②南京大学历史系考古专业等．鄂城六朝墓 [M]．北京：科学出版社，2007。

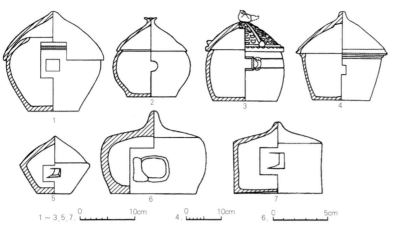

1.I 型 1 式（M1002：29）　2.I 型 1 式（M4004：9，1）　3.I 型 2 式（M2162：15）　4.I 型 2 式（M2215：29）
5.I 型 3 式（M2184：16）　6.I 型 3 式（M4031：7）　7.I 型 3 式（M4006 右：5）

图 4-2-14　鄂州六朝墓出土粮仓
来源：南京大学历史系考古专业等.鄂城六朝墓[M].北京：科学出版社，2007

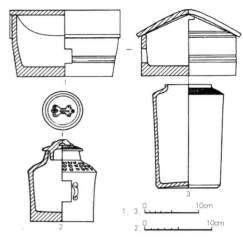

1.Ⅲ型（M5014：8）　2.Ⅱ型 1 式（M2081：8）　3.Ⅱ型 2 式（M2019：4）

图 4-2-16　六朝墓出土粮仓
来源：南京大学历史系考古专业等.鄂城六朝墓[M].北京：科学出版社，2007 年

1.I 型 1 式（M1002：29）　　　　4.I 型 2 式（M2162：15）

2.I 型 1 式（M4004：9，1）　　　5.I 型 2 式（M2215：27）

3.I 型 1 式（M4008：8）　　　　6.I 型 3 式（M2184：16）

图 4-2-15　鄂州六朝墓出土 I 型粮仓
来源：南京大学历史系考古专业等.鄂城六朝墓[M].北京：科学出版社，
2007 年

1.I 型 3 式（M4006 右：5）

2.I 型 3 式（M4031：7）

3.Ⅱ型 1 式（M2081：8）

4.Ⅱ型 2 式（M2019：4）

5.Ⅲ型（M5014：8）

6.Ⅱ型 2 式（M2019：5）

图 4-2-17　鄂州六朝墓出土 Ⅱ 型粮仓
来源：南京大学历史系考古专业等.鄂城六朝墓[M].北京：科学出版社，
2007

一种仓盖、仓身为分体式。仓身为小口直筒腹瓶形。M2081：8，仓身直口，肩斜折，仓身中部开一方形出粮孔，孔的两侧有栓钮。仓盖呈子口置于仓口内，盖面平似瓶盖，盖顶端有 1 伏兽钮。仓肩部雕刻出瓦垄。灰白胎，青黄釉已脱落。通高 0.128m，底径 0.94m（图 4-2-16、图 4-2-17）。

一种为圆形仓身，悬山式仓顶。青瓷。M5014：8，仓身直壁粗矮，出粮孔呈方形。仓顶较大。灰白胎，坚硬致密，青黄釉已脱落。通高 0.129m，底径 0.176m（图 4-2-16、图 4-2-17）。

四、碓房、禽舍、畜圈

（一）碓房

1998 年 4 月江夏流芳东吴墓出土碓房 1 件，青瓷，胎质灰白，施青釉。[1]平面呈长方形，碓房由六根圆柱支撑屋顶，屋顶为庑殿式五脊小屋，瓦沟与脊分明。房内有脚踏碓置于其中，碓后有操作俑用脚踏碓。通高 0.22m，长 0.168m，宽 0.201m（图 4-2-18）。

（二）禽舍

1998 年 4 月江夏流芳东吴墓出土鸡舍 1 件。[2]青瓷，胎质灰白施青釉。长方形，顶为悬山式小屋。内有鸡 3 只。鸡舍外四壁皆饰斜方格网纹，前壁有 4 个方形小门，门前有一台阶。通高 0.20m，长 0.084m，宽 0.16m。

1998 年 4 月江夏流芳东吴墓出土羊舍 1 件，青瓷，胎质灰白，施青釉。呈长方形，屋顶为庑殿式五脊小屋。圈内有 1 只母羊和 1 只羊羔。前开长方形门，门两侧有三组对称的窗。四壁皆饰斜方格网纹。通高 0.13m，长 0.16m，宽 0.115m。

1998 年 4 月江夏流芳东吴墓出土鸭舍 1 件，青瓷，胎质灰白，施青釉。呈长方形，顶为庑殿式小屋。圈内并排有 3 只鸭。站立着头向门窗。其圈前开有长方形门，在门两侧有三组不对称的小窗。四壁皆刻有方格网纹。通高 0.125m，长 0.16m，宽 0.11m（图 4-2-19）。

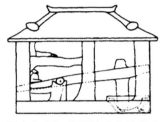

图 4-2-18　江夏流芳东吴墓出土碓房
来源：武汉市博物馆等 . 江夏流芳东吴墓清理发掘报告 [J]. 江汉考古，1998（3）

1. 鸡舍　2. 羊舍　3. 鸭舍（3/16）

图 4-2-19　江夏流芳东吴墓出土鸡舍、羊舍、鸭舍
来源：武汉市博物馆 . 江夏区文物管理所 . 江夏流芳东吴墓清理发掘报告 [J]. 江汉考古，1998（3）

①武汉市博物馆等 . 江夏流芳东吴墓清理发掘报告 [J]. 江汉考古，1998(3)。

②武汉市博物馆等 . 江夏流芳东吴墓清理发掘报告 [J]. 江汉考古，1998(3)。

鄂城六朝墓出土禽舍 26 件（套），分别出自 5 座墓中。基本造型为长方形小屋，内附鸡或鸭等，青瓷质 8 件，余为陶质。根据禽舍的顶式，可分为 2 种类型。[1]

类型一：5 件。分别出自 2 座墓中。舍顶为五脊四阿式，正脊甚短，戗脊的长度不及屋角，五脊的尽端皆微微翘起，顶面刻印瓦垄，似为仰砌的板瓦。青瓷质。其中一件前壁开有两个门，舍内分别放置 2 只鸡或 2 只鸭，门之两侧壁面上刻划斜网格线纹。一件通长 0.132m，通宽 0.099m，通高 0.106m。一件与前 2 件同出，舍形稍大，舍内家禽已失。通长 0.235m，通宽 0.172m，通高 0.178m。另两件造型相同，前壁开门洞 3 个，正中门洞较大，近方形，两旁各开 1 长条形小门洞。舍内分别放置鸡、鸭。一件通长 0.166m，通宽 0.12m，通高 0.116m（图 4-2-20）。

类型二：6 件。分别出自 3 座墓中。舍顶皆四阿屋式，顶面亦刻印瓦垄。青瓷质 3 件，陶质 3 件。一件舍脊两端略上翘。前壁正中开方形门洞，并有门向外开，四壁均刻划叶脉状线纹。舍内置 2 只鸡。青瓷，灰白胎，青黄釉已脱落。通长 0.13m，通宽 0.10m，通高 0.118m。一件比前者略大，造型相同，四壁均开长条形的窗洞，形似栅栏，前壁偏右有 1 方形门洞，门洞两侧各有 1 插门闩的竖钮。青瓷，灰白胎，坚硬致密，青黄釉已脱落。一件通长 0.17cm，通宽 0.144m，通高 0.15m（图 4-2-21）。

[1] 南京大学历史系考古专业等. 鄂城六朝墓 [M]. 北京:科学出版社，2007。

1. I 型 (M2081：31)

2. I 型 (M2081：33)

3. I 型 (M2184：19：1)

4. I 型 (M2184：19：2)

5. II 型 (M2162：28)

图 4-2-20　鄂城六朝墓出土禽舍之一
来源：南京大学历史系考古专业等. 鄂城六朝墓 [M]. 北京：科学出版社，2007

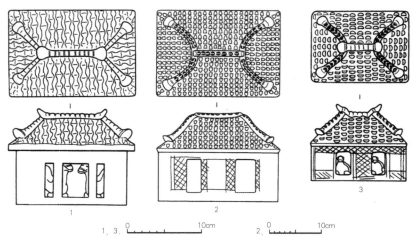

1. I型禽舍(M2184:19:1) 2. I型禽舍(M2081:33) 3. I型禽舍(M2081:31)

图4-2-21　鄂城六朝墓出土禽舍之二
来源：南京大学历史系考古专业等．鄂城六朝墓[M]．北京：科学出版社，2007

　　武汉莲溪寺东吴墓出土鸭舍，陶胎紫灰色，施青绿色釉，平面长方形，长0.172m，宽0.133m，通高0.13m，四阿屋顶，前檐门两侧刻画有斜方格纹，内有陶鸭3只。

　　武汉莲溪寺东吴墓出土鸡舍，陶胎紫灰色，施青绿色釉，平面长方形，长0.18m，宽0.127m，通高0.128m，四阿屋顶，前檐双开门门，门前设有小台，内有陶鸡3只。

　　武汉莲溪寺东吴墓出土羊舍，陶胎紫灰色，施青绿色釉，平面长方形，长0.173m，宽0.188m，通高0.137m，四阿屋顶，前檐门两侧刻画有斜方格纹，内有陶羊3只。

　　（三）畜圈

　　鄂城六朝墓出土畜圈15件。[①]由畜圈和厕所两部分组成。有青瓷质3件，余均为陶质。根据畜圈的平面形制，可分为两种。

　　一种4件，分别出自4座墓中。长方形。青瓷质1件，余皆为陶质。

　　M2215墓出土畜圈2件，圈、厕合而为一，可以自由拆合。圈墙呈栅栏式，内置1头猪和4只鸡、鸭。圈的前壁有1个小门洞，圈之上部有长方形厕所。厕所为悬山式顶，其前壁开有长方形门，方形窗。厕所底部有蹲坑与圈相通。灰陶，较坚硬。制作较规整。通长0.378m，通宽0.268m，通高0.225m。

　　M2162墓出土畜圈，圈的四周为矮墙，仅前壁开方形小门，圈内有1头母猪和2头猪崽；圈后部有两根立柱支撑长方形厕所，厕所顶为悬山式，厕所前壁中间向外开有一个小门，圈的后面设一斜梯通向厕所，厕所门内另设一道矮墙，矮墙后有一蹲坑，坑与圈通。厕所四壁表面刻画有叶脉纹。青瓷，灰白胎，黄褐釉。通长0.19m，通宽0.13m，通高0.18m。

　　M3028墓出土畜圈，圈墙为栏杆式，圈内无底板，圈内所置家畜已不见。圈的后面上部设长方形厕所，顶为悬山式，侧壁开长方形小门，厕所内有蹲坑与圈相通。灰黄陶。通长0.232m，通宽0.176m，通高0.216m（图4-2-22）。

　　Ⅱ型11件。分别出自11座墓中。圆形。青瓷质2件，余均是陶质。

　　M2140墓出土畜圈，圈呈浅盆形，开有一缺口，缺口处的圈墙向内卷，圈内置一头猪；圈墙支撑圆形厕所，顶部情况不明，壁上开方形窗，内底有蹲坑与圈相通。

①南京大学历史系考古专业等．鄂城六朝墓[M]．北京:科学出版社，2007。

灰黄陶。通高 0.159m。

M2184 墓出土畜圈，圈为宽平沿直腹盆形，圈内家畜已不见。圈内有两根立柱与圈墙共同支撑一个厕所；厕所略呈圆形，无顶；厕所有方形小门向内开启，厕所底有一蹲坑与圈内相通。青瓷，灰白胎坚硬致密，青黄釉已脱落。通高 0.129m。

M4022 墓出土畜圈，圈墙较高，墙顶似有瓦檐，墙面开有方形圈门，出土时圈内已无家畜；圈内有矮四根立柱支撑厕所；厕所圆形，顶为四阿式，正脊似有实无。厕所壁上开有门，相应处的圈墙有一缺口，有斜梯相通。灰陶。通高 0.25m。

M2148 墓出土畜圈，浅盆形圈，有 1 缺口作为圈门。圈内立有 1 柱和缺口处的内圈墙共同支撑厕所；厕所略呈方形，无顶。厕所向外的一壁开门，与附于圈壁外的斜梯相通；厕所底有蹲坑与圈相通。灰黄陶。通高 0.12m。

M4004：7，圈墙为栅栏式，内有两根立柱支撑厕所；厕所顶为悬山式，顶面呈圆弧状。灰陶。通高 0.184m（图 4-2-23）。

1991 年于鄂州西山南麓东吴孙邻墓中出土的畜圈[①]，整体呈曲尺形。分上下 2 层，两层间有台阶相通，下层为畜圈，院墙上无檐，前墙右边开 1 长 0.051m，高 0.07m 的豁口，畜圈内有 1 猪，体形肥壮。在猪圈后部有房 1 间，正面开 1 门，五脊庑殿式顶，顶面饰瓦纹。墙外侧上端四周饰有网格纹，围墙长、宽为 0.24m，高 0.08m，畜圈通高 0.25m（图 4-2-24）。

① 鄂州市博物馆等. 湖北鄂州鄂钢饮料厂一号墓发掘简报 [J]. 考古学报，1998（1）.

图 4-2-24　鄂州西山南麓东吴孙邻墓中出土的畜圈

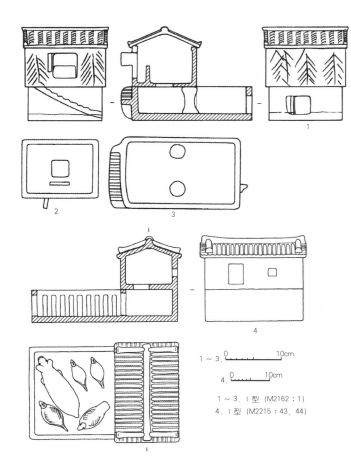

图 4-2-22　鄂城六朝墓出土畜圈之一
来源：南京大学历史系考古专业等. 鄂城六朝墓 [M]. 北京：科学出版社，2007

1. Ⅰ型（M2215：43、44）

2. Ⅰ型（M3028 左：4）

3. Ⅰ型（M2162：1）

4. Ⅰ型（M2162：1）

5. Ⅱ型（M2140：8、9）

6. Ⅱ型（M2184：20）

图 4-2-23　鄂城六朝墓出土畜圈之二
来源：南京大学历史系考古专业等. 鄂城六朝墓 [M]. 北京：科学出版社，2007 年

五、建筑材料

（一）砖

荆门十里铺镇何桥古城出土有方形砖 7 件。分青砖和橙黄陶红砖两种，砖底面有模印痕，侧面有切割痕，砖长一般为 0.32m×0.16m×0.045m。砖一面刻划有棋盘，泥质灰陶。[①]

出土的花纹砖 1 件，砖烧时已裂变，砖的一面模印有花瓣纹（图 4-2-25）。

鄂城六朝墓砖，泥质，多呈青灰色，少量呈红、褐色。形制有长方形、刀形、斧形、子母口长方形和搭口长方形等几种。[②]长方形砖数量最多，是砌筑墓室、墓顶和附属设施的主要材料，以长 0.28～0.38m，宽 0.12～0.20m，厚 0.04～0.05m 的为最常见。刀形和斧形砖数量少，刀形砖一般用于单层券顶，斧形砖一般用于双层券顶，两者的长、宽与长方形砖相仿，一侧或一端较薄。子母口长方形砖仅在南朝墓 M2222 号墓中发现，为专门用于砌建排水沟的特制砖，一端有凸榫头，另一端留出与榫头相嵌合的凹槽，长 0.31m，宽 0.08m，厚 0.04m。搭口长方形砖见于两晋之际墓 2087 号墓祭台，用作面砖，砖之侧面呈"凸"字形，使用时砖与砖正反相搭嵌合，长 0.4m，宽 0.21m，厚 0.07m，为鄂城六朝墓中所见最大的砖（图 4-2-26）。

砖多为素面，花纹砖较少。花纹砖平面多饰绳纹，或拍印钱纹为中心的放射状、叶脉纹、菱格纹和菱格绳纹等。砖之侧面和端面则以模印各式对角线几何纹为主，还有菱格纹等。

鄂州泽林南朝墓墓砖，其砖的纹饰计有：几何纹，钱币纹，叶脉纹，绳纹等几种。[③]这几种花纹有的集中于一砖之上，使整个墓室显得富丽堂皇。

叶脉纹花纹砖：第一种，砖正面为叶脉纹图案，反面为细绳纹。横侧面只见一侧有几何纹交叉组成的花纹图案；竖侧面的两侧各由二个钱币和一个几何纹组成。这种砖一般长 0.336～0.34m，宽 0.16～0.17m，厚一端 0.045～0.055m，另一端 0.06～0.062m。这种花纹的"刀形砖"多为修砌券顶，砖柱之用，墓壁只见一部分。

①湖北省文物考古研究所．湖北荆门市十里铺镇何桥古城遗址试掘简报 [J]．江汉考古，2001（4）。

②南京大学历史系考古专业等．鄂城六朝墓 [M]．北京:科学出版社，2007。

③武汉大学历史系考古专业．鄂州市泽林南朝墓 [J]．江汉考古，1991（3）。

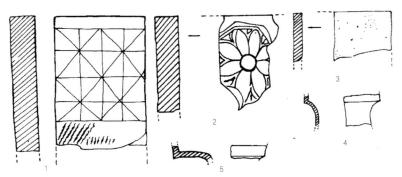

1. 长方形砖（T1④：3）　2. 花纹砖（T3③：1）　3. 瓦（T3④：2）
4. 盘口壶（T3④：3）　5. 盘口壶（T1主城墙：5）(1/8)

图 4-2-25　荆门何桥古城出土砖
来源：湖北省文物考古研究所．湖北荆门市十里铺镇何桥古城遗址试掘简报 [J]．江汉考古，2001（4）

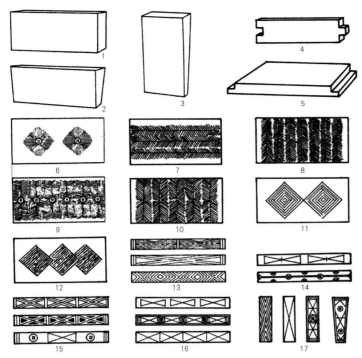

1. 长方形砖　2. 刀形砖　3. 斧形砖　4. 子母口长方形砖　5. 搭口长方形砖　6 ～ 12. 砖的平面纹饰　13 ～ 16. 砖的侧面纹饰　17. 砖的端面纹饰

图 4-2-26　鄂城六朝墓砖
来源：南京大学历史系考古专业等. 鄂城六朝墓 [M]. 北京：科学出版社，2007

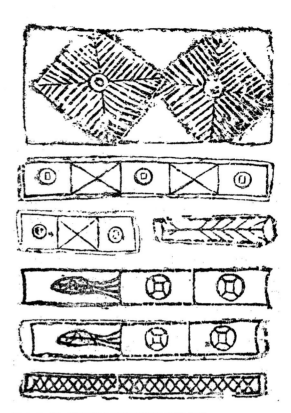

图 4-2-27　鄂州泽林南朝墓墓砖花纹拓片
来源：武汉大学历史系考古专业. 鄂州市泽林南朝墓 [J]. 江汉考古，1991（3）

钱币纹和叶脉纹花纹砖，砖的五个面为钱币纹和叶脉纹组成，但砖的反面，横、竖侧面均为素面。这种砖长 0.325 ～ 0.33m，宽 0.155 ～ 0.16m，厚 0.055 ～ 0.06m。此砖多用在修筑墓室墓壁上面，南室封门亦用这种砖。

细绳纹花纹砖，砖的五面为细绳纹，反面为素面。横、竖侧面只见一端有钱币纹和几何纹组成的图案，另一面则无纹饰。此种花纹形制的砖主要用于壁龛，作为顶盖之用（图 4-2-27）。

1972 年在武昌吴家湾发掘一座南朝古墓，结构为长方形券顶花纹砖室墓。[1]墓砖向室内的一面或一端都有模制花纹。墓通长 6.5m，壁厚 0.44m。主室长 4.2m，宽 1.9m，棺床占主室面积 2/3，棺床高 0.28m。棺床上为双莲花砖横竖相拼铺地。墓室两侧壁砖，除最下层为平砌 4 层外，以上皆为三横一竖的砌法，共 4 层。横砌砖侧面花纹为"忍冬"，竖砌砖自下而上有 3 层是立像人物造像砖，两壁人物的头饰有所不同，最上端花纹为"飞天"。后壁砌砖结构与两侧相接，竖砖头端为盆兰花纹（图 4-2-28）。

（二）瓦

1959 年在均县吕家村发掘"双冢"六朝早期墓[2]，出土 1 件圆瓦当，位于甬道后半部中间。为泥质灰陶，模制，阳文。12 个小乳钉围镶着中心的半球形纽，外围有相对 4 组卷云纹，再绕以三角和菱形组成的纹饰带 1 周。瓦当直径 0.127m，厚 0.014m，唇宽 0.012 ～ 0.013m，唇厚 0.06m（图 4-2-29）。

[1]武汉市革命委员会文化局文物工作队. 武昌吴家湾发掘一座古墓 [J]. 文物，1975（6）。
[2]湖北省文物管理委员会. 湖北均县"双冢"清理简报 [J]. 考古，1959（12）。

①湖北省文物管理委员会. 武昌莲溪寺东吴墓清理简报 [J]. 考古, 1959 (4)。

②鄂州市博物馆等. 湖北鄂州鄂钢饮料厂一号墓发掘简报 [J]. 考古学报, 1998 (1)。

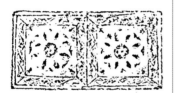

图 4-2-28 武昌吴家湾南朝墓墓砖花纹拓片

来源：武汉市革命委员会文化局文物工作队. 武昌吴家湾发掘一座古墓 [J]. 文物, 1975 (6)

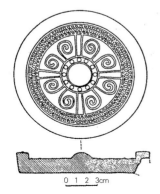

图 4-2-29 均县吕家村"双冢"出土圆瓦当

来源：湖北省文物管理委员会. 湖北均县"双冢"清理简报 [J]. 考古, 1959 (12)

武昌莲溪寺东吴墓出土筒瓦 1 件，长 29cm，宽 13.5cm。①

第三节　墓葬建筑

（一）鄂城孙邻墓

孙邻墓位于鄂城西山南麓鄂钢饮料厂，时代为孙吴中期，1991 年发掘。②墓圹在棕色砂岩层中凿穴而成，南北向，圹口南北长 14.72m，东西宽 2.1 ~ 6.2m；圹底南北长 14.54m，东西宽 1.94 ~ 5.74m；残深 3.8 ~ 5.2m。砖砌墓室，营造在墓圹中。墓室全长 14.5、最宽 5.68、最高 3.22m。自北向南由棺室、过道、横前堂、甬道、东西耳室等六部分组成（图 4-3-1）。

棺室（后室）位于墓室北部。长方形。南北长 5.8m，东西宽 3.3m；内空南北长 5m，东西宽 2.58m；券顶高 2.76m。棺室的东西两壁砌法相同。皆为自下而上采用六组三平一丁。棺床呈长方形。南北长 3.8m，东西宽 2.54m，高 0.06m。用两层砖组成。棺床下有一凸字形坑。南北 0.4m，东西 0.54m，深 3m。过道位于棺室与横前堂之间，保存较完整。南北长 2.5m，东西宽 1.2m，高 1.46m。

横前堂北接过道，南与甬道相通。形制为长方形。东西长 5.02m，南北宽 3.08m。北壁连接过道；南壁与甬道及东、西两耳室咬合。残高 3.22m。在东、西壁上端各有一个灯龛。宽 0.32m，高 0.36m。距铺地砖高 2.52m。在横前堂的西北 和东北角各有一祭台。相互对称。祭台平面呈长方形，南北长 2.04m，东西宽 1.42m，高 0.3m。

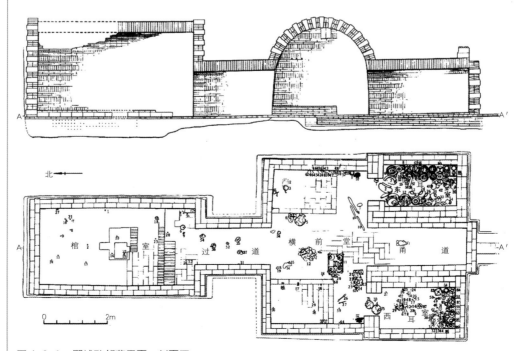

图 4-3-1 鄂城孙邻墓平面、剖面图

来源：鄂州市博物馆等. 湖北鄂州鄂钢饮料厂一号墓发掘简报 [J]. 考古学报, 1998 (1)

耳室分东西两个。东耳室位于甬道东侧。北侧有门与横前堂相通。平面呈长方形，南北长 2.4m，东西宽 1.36m。券顶内空高 1.46m。西耳室位于甬道西侧。有门与横前堂相通，平面呈长方形。南北长 2.44、东西宽 1.32m，建造方法与东耳室同。甬道位于横前堂正南。与棺室、横前堂在同一中轴线上。北与横前堂有门连通。平面呈长方形，南北长 3.22、东西宽 1.26m。券顶内空高 1.46m。此墓的意义在于出土的房屋建筑模型和坞堡式粮仓。

（二）鄂城孙将军墓

孙将军墓位于鄂城西山南麓，1967 年 4 月鄂城钢铁厂建造职工浴室时发现并清理。因墓内器物自名"孙将军"，故名。[①]

墓室平面呈"十"字形，由甬道、前室及左右耳室、过道和后室等部分组成。墓室全长 8.50m，总面积 21.02 m²。

甬道平面现呈长方形，长 1.34m，宽 1.2m，高 1.28m；前室为横长方形，长 2.1m，宽 3.78m，高 2.62m；其左右各附一个相同形式和大小的耳室，耳室长 1.42m，宽 0.9m，高 1.1m。前室后有一略呈方形的过道，与后室相通，过道长 1.1m，宽 1.2m，高 1.28m。后室长方形，长 4m，前宽 1.8m，后宽 2m，高 2m。

墓底用砖斜行错缝平铺一层。铺地之上，前室左、右侧各砌一个结构和大小相同的长方形祭台，祭台长 2.1m，宽 0.94m，高 0.15m，表层用砖纵向平铺。后室中部紧贴左壁有一砖砌长方形棺床，棺床长 2.34m，宽 1.42m，高 0.15m，表层用砖纵向平铺。棺床表层砖除贴墓壁的一边外，其他三边均内收缩 0.09 ~ 0.25m。墓壁采用"三顺一丁"和错缝顺砌法，其中甬道和耳室的下部砌两组"三顺一丁"，再错缝顺砌到顶；前室、过道和后室的下部砌三组"三顺一丁"后，再错缝顺砌到顶，前室、过道和后室壁为双层。墓顶均为券顶结构，其中前室、过道和后室亦为双层顶。封门墙砌法不详（图 4-3-2）。

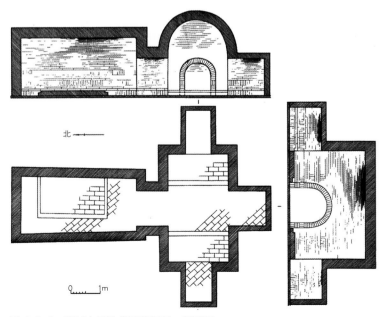

北

图 4-3-2　鄂城东吴孙将军墓平面、剖面图
来源：南京大学历史系考古专业等. 鄂城六朝墓 [M]. 北京：科学出版社，2007

①南京大学历史系考古专业等. 鄂城六朝墓 [M]. 北京：科学出版社，2007。

①南京大学历史系考古专业等. 鄂城六朝墓[M]. 北京:科学出版社, 2007。

②湖北省文物管理委员会. 武昌莲溪寺东吴墓清理简报[J]. 考古, 1959(4)。

③武汉市博物馆等. 江夏流芳东吴墓清理发掘报告[J]. 江汉考古, 1998（3）。

此墓早年被盗，器物已遭盗扰，位置不明。此墓出土器物比较丰富，计有瓷器和模型、鎏金铜器、金器、残漆器和钱币等，其中一组带碉楼的院落模型，对研究中国古代建筑提供了实物资料。在屋顶内面刻有"孙将军门楼也"6个字，表明了墓主人的姓氏和身份。据先期发表的简报考证，墓主可能为孙坚之兄孙贲的后人，或为孙贲之孙——武昌督孙述之墓。①

（三）武汉莲溪寺东吴墓

湖北武汉莲溪寺的永安五年（262 年）墓，该墓为长方形券顶墓，双室，全长8.48m，宽 5.6m，深约 3m。②由墓门、甬道、前、后室组成。砖封墓门，甬道长 1.5m，宽 1.12m，高 1.42m。前室平面长方形，长 2.58、宽 2.52m，前室西北角有一小砖台。前室左右各有一个耳室。深 1.4m，宽 0.87m，高 0.87m。前后室之间有甬道相连，长 0.8m。后室长方形，3.58m，宽 1.7m。后室铺地砖比前室高 0.06m，为人字形。墓壁用几何花纹砖平叠砌筑。随葬品有陶器、釉陶器、青瓷器、铜器、铅器、铁器、石器等。铅器上刻有"永安五年七月辛丑□十二日王子丹杨石城者……校尉彭庐年五十九居沙羡县界以……今岁吉良……"

（四）江夏流芳东吴墓

江夏流芳东吴墓，为多室砖墓，坐东向西，方向 260°，通长 13.8m，宽12.7m。③由券门、甬道、左右耳室、前室、后室、北侧室和后龛构成。排水沟接左耳室通向两面的港汊内，长约 130m。墓门及甬道宽 1.14m，长 3.8m，高 1.2m。封门墙厚 0.74m，残高 0.44m。甬道两侧带 2 个耳室，左右基本对称，券为 2 层，中间用楔形砖嵌牢，厚 0.5m，保存完好。左右耳室内空长 1.98m，宽 1m，高 1.2m，过道宽 0.72m，进深 0.5m，高 0.82m。前室为正方形，长宽为 3m，内空高 14.04m，弯窿顶大部分毁坏。前室南北两侧各有一对称的侧室，形制基本相同。过道进深 1.1m，宽 0.9m，高 1.3m。两个侧室内空长 3.26m，宽 1.28m，高 2.4m。清理时发现有漆皮及锈蚀的棺钉，但棺木痕迹不明显。后室平面为长方形。内空长 0.45m，宽 2.1m，高 3.4m。有过道与前室相连。过道长 1.12m，宽 1.1m，高 1.62m。后壁上有一龛，龛长 0.76m，宽 0.7m，残高 0.7m。清理时未发现其他随葬品。只是在近铺地砖时，从淤土中发现零星的彩绘漆皮和 1 块金饰片，判断棺内金饰被盗取，棺木及人骨已全部腐朽（图 4-3-3）。

墓砖较大，长 0.5m，宽 0.25m，厚 0.08 ～ 0.09m，楔形砖长宽相同，楔边厚 0.04m。墓为四隅券进式筑法，双层券顶，厚 0.5m，墓壁为双砖错缝平砌法。设计巧妙，结构牢固，形制完备。除前室和甬道券顶被盗墓者打破毁坏外，其余部位都保存完好。铺地砖均为斜人字纹，只是南、北侧室及后室铺 3 层砖，形成台阶，高出前室 0.25m，便于排水。所有的墓砖一侧都有花纹，多为几何纹，有一类为叶脉纹。后室券顶面上有的砖上有"钱"、"利"、"四"等文字。墓砖花纹全部面向墓室，使整个墓室内显得非常华丽（图 4-3-4）。

此墓出土 1 套模型建筑明器，计青瓷院落、禽舍等计 19 件。皆为青瓷，胎质呈浅灰色，施青釉。

（五）枝江姚家港晋墓

1974 年发掘的枝江姚家港 2 号、3 号东晋墓，两墓并列，相距约 7m，2 座墓平

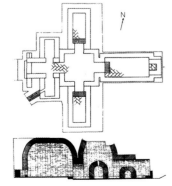

图 4-3-3　江夏流芳东吴墓平面、剖面图
来源：武汉市博物馆等. 江夏流芳东吴墓清理发掘报告[J]. 江汉考古, 1998（3）

①姚家港古墓清理小组. 枝江湖北
　枝江姚家港晋墓 [J]. 考古，1983
　（6）。
②湖北省博物馆. 武汉地区四座南
　朝纪年墓 [J]. 考古，1965(4)。

1. 券顶砖文字　2. 前室外右角砖文字

图 4-3-4　江夏流芳东吴墓砖纹拓片
来源：武汉市博物馆等. 江夏流芳东吴墓清理发掘报告 [J]. 江汉考古，1998（3）

面呈"凸"字形，单室，券顶，前带甬道。[①]3 号墓全长 6.5m，宽 2.66m，壁厚 0.32 ～ 0.34m，
为两顺一丁和三顺一丁，各砌 2 层，其上平砌到顶。甬道内长 0.82m，宽 1.19m，
券高 1.73m。墓室长 4.9m，宽 2m，券顶高 2.51m。墓室底中间略高，两边低，作
龟背形，有排水设施。墓底铺地砖 3 层，上下 2 层作"人"字形，中间 1 层平铺。
在墓室的东南角，用砖竖砌 1 小台。墓门封砖 2 层，一层为顺砌，二层为一顺一丁，
共砌 7 层，其上为顺砌。2 号、3 号墓砖均为青灰砖，墓砖为 0.32m×0.16m×0.05m。
2 号墓砖上有菱形纹、几何纹与水波纹，3 号墓砖上有"太吉宜子孙"、几何纹与钱
纹（图 4-3-5）。

墓早年被盗，仅出有青瓷器、铁钱 5 枚和铜印章 1 枚。印章方钮，钮上有 1 小
孔。6 面均有印文：上为"印完□"，下为"王义之"，旁边为"王子晋"、"王之言疏"、
"王义之白记"、"义之白疏"。印出于死者棺室偏中，应为死者印章，姓王名义之（图
4-3-6）。

（六）武昌何家大湾 193 号墓

1953 年在武昌何家大湾发掘的 193 号墓，单室，券顶，有甬道，平面略呈"吕"
字形。[②]墓全长 8.4m，宽 2.96m。主室长 4.84m，宽 2m。甬道长 2.56m，分前后两部分，

图 4-3-5　枝江姚家港晋墓平面、剖面图
来源：姚家港古墓清理小组. 枝江湖北枝江姚家港晋墓 [J]. 考古，1983（6）

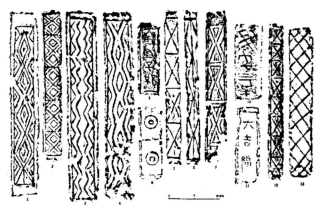

1. 菱形纹　2、4、7-9、12-13. 几何纹　3. 水波纹　5. 大吉宜子孙 6. 钱纹
10. 隆安三年　11. 大吉阳（祥）（1-4.M2）、5-9（M3）、10-13（M4）

图 4-3-6　枝江姚家港晋墓墓砖拓片
来源：姚家港古墓清理小组. 枝江湖北枝江姚家港晋墓 [J]. 考古，1983（6）

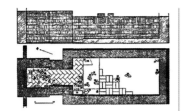

图 4-3-7　武昌何家大湾发掘的
193 号墓平面、剖面图
来源：湖北省博物馆 . 武汉地区四座
南朝纪年墓 [J]. 考古，1965（4）

前部长 1.34m，宽 41.16m；后部长 1.32m，宽 0.94。封门砖的左右和向外砌出单砖翼墙。墓四壁皆为三平一竖砌法。墓底有较高的砖砌棺床，长 3.36m，宽与墓室齐。棺床前用花纹砖砌成长 0.9m 的供台。墓底为人字形交接平铺，棺床和墓底铺地砖为素面砖，其余四壁和供台均为卷草形花纹砖。墓砖为 0.37m×0.18m×0.05m（图 4-3-7）。

出土文物有买地券、青瓷器、陶器、铁器、铜钱、陶动物等 40 余件。

买地券长 0.5m，宽 0.23m，厚 0.08m。分券身和券盖。从买地券上可知，墓主人姓刘名觊，葬于南齐永明三年（485 年）。买地券上刻楷书 21 行，满行 19～21 字不等，少部分字迹模糊。

（七）武昌东湖三官殿梁墓

1996 年在武昌东湖三官殿清理了一座梁武帝元年（520 年）铭文砖室墓。[①]该墓由前室、后室和甬道组成。通长 7.74m。前室长 1.10m，宽 8.50m，甬道长宽均为 1.3m。后室长 4.6m，宽 2m，方向北偏东 40°。前室西、南两壁无存，东壁中段，即后室前方壁砖较低且松散，似为早年动过，墓壁自前室至棺床处 0.75m 以下为三顺两丁，其他均为三顺一丁砌法，墓壁残高 2m 左右，在墓室中发现一定数量的楔形砖，故推知为券顶。后室有棺床，棺床长 3.6m，高出墓底 0.2m。棺床和铺地砖自下而上，下层是 3 层"人"字形，中为楔形砖交错竖铺 1 层，上面用长方形砖平铺 1 层，总共 5 层，厚达 0.36m，其他部分为 3 层"人"字形。出土文物有青瓷器、陶器、陶俑、陶屋、动物、人骨和棺钉等。

此墓墓砖有四神砖、人物画像砖、铭文砖，青龙砖上方为云气纹；青龙居中，富于动感。龙的正前方有"五行"之一的"火"字。朱雀砖内容丰富，构图复杂，砖的上方左右两角均有一对圆形图案，图中分别为蟾蜍和三足鸟之类。砖的中上方是由 8 个椭圆形组成的图案，似应与表方位的"八卦"有关，图中有赤体小人；双手持物，与古代神话中的"雨师妾"有关。图案正中有"五行"之一的"水"字（图 4-3-8）。

人物画像砖，有男画像和女画像砖。男女画像砖均为捧手侍立状，在墓壁上排列为每两男侍一组和两女侍一组，组组交错而立，犹如一列列秩序井然的仪仗为墓主人拱手侍立。

铭文砖集中在甬道靠近后室的一侧，铭文分别为："大梁普通元年大岁庚子三月乙亥五日乙卯合葬于城山垲地"，"大梁普通元年大岁庚子三月乙亥五日乙卯"。

梁为南朝中晚期南方短命王朝之一，经过魏晋南北朝长期封建割据，群雄纷争，社会动荡，人民流离，此时南方却出现相对稳定，经济复苏的局面，梁武帝登基之

①武汉市博物馆 . 武昌东湖三宫
　殿梁墓清理简报 [J]. 江汉考古，
　1991(2)。

图 4-3-8　武昌东湖三官殿梁墓朱雀砖
来源：武汉市博物馆 . 武昌东湖三宫殿梁墓清理简报 [J]. 江汉考古，1991（2）

初为取信于民，一方面大兴佛事，一方面采取较为宽松的政策，"普通元年春，正月乙亥朔，改元大赦天下，赐文武劳位，孝悌力田爵一级，尤贫之家，勿收常调，鳏寡孤独，并加瞻恤"，使封建经济出现"回光返照"。

（八）孝感永安铺南朝墓

孝感永安铺南朝墓，共发掘 5 座。[1]这一时期的砖室墓一般建于事先挖好的墓圹内。

墓葬可分为大型墓和小型墓两种。大型墓 1 座，正南北向，设下水道、甬道、左右耳室、棺床等。用砖讲究，结构较复杂，室通长 6.04m，有花纹铺底砖，墓壁采用"三平一丁"砌法，墙底外沿呈锯齿边装饰。

其中 1 号墓，平面呈"凸"字形，长 7m。墓顶残。由墓门、甬道、下水道、墓室四部分组成。墓门券拱残，宽 0.6m，残高 0.6m，封门砖为"三平一丁"砌法。

甬道长 2.24m，宽 0.56 ~ 0.6m，壁残高 0.7m。用楔形砖和长方形砖采用"三平一丁"法砌成。甬道左右附耳室，左耳室深 0.37m，宽 0.52m，右耳室深 0.76m，宽 0.62m，壁残高 0.7m，厚 0.4m。下水道设于墓门外的封门墙下，向南延伸，长 15m，宽 0.36m。由长 0.36m，宽 0.18m，厚 0.06m 的青砖砌成。砌法为两横一直，分 3 层错缝平砌，中间留 1 个宽 0.05m 的排水孔。墓室平面呈梯形，长 3.8m，南宽 1.64m，北宽 1.92m。南部左右各附耳室 1 个，左耳室深 0.76m，口稍内收，最宽处 0.6m，壁残高 0.5m，厚 0.34m。墓室南部底与甬道底部平齐，均平铺 3 层地砖，厚 0.18m。其下面 2 层地砖为纵横平铺，表层铺地砖呈"人"字形。墓室北部设棺床，床面长 2.66m，南宽 1.7m，北宽 1.92m，高出墓室底部 0.22m，南边沿处设踏步 1 级。棺床共用砖 8 层平砌而成，面层即用长 0.25m×0.125m×0.05m 的莲花纹砖纵横错缝平铺；下 6 层用长 0.36m×0.18m×0.06m 砖和 1 种薄片砖叠压平砌；底层则铺成"人"字形，伸出墓壁底外 0.2m，外边呈锯齿状。

整个墓室壁残高 0.34m，厚 0.34m，用"三平一丁"法砌成。墓内棺木及人骨腐烂无存，仅在右耳室内出土小瓷碗 1 件。

五号墓长方形，单室，长 3.64m，宽 0.98m，壁残高 0.56m，厚 0.18m。四壁均用长 0.36m×0.16m×0.05m 的青砖错缝平砌而成，砌法为单砖"六平一丁"。砖的平面饰绳纹，横侧面和纵侧面分别饰有几何纹、鱼纹、铜钱纹等。墓室底部有一层厚 0.05m 的腐烂物。偏中部出土瓷碗 1 件，银指环 1 枚，五铢钱 6 枚。墓底有铺地砖一层，平面呈"人"字形（图 4-3-9）。

（九）秭归小厶姑沱六朝墓

2002 年在秭归小厶姑沱清理出一座六朝时期大型石室券顶墓，位于长江北岸山坡上，海拔 90m。[2]墓平面呈"凸"字形，整体宽 12.8m，进深 12m 以上，占地面积 150 多平方米。由墓道、甬道、墓室组成。墓道前有牌墙、台阶等，均用规整的条石砌成。

石牌墙分上下两堵，上牌墙残长 2.75m，高 0.8m。下牌墙残长 9.85m，高 1.15m，上牌墙底与下牌墙顶相平，二者之间形成宽 0.5m 的台面，上铺薄平板石；上牌墙顶部盖有石瓦、石瓦当。下牌墙前有台阶，长 12.8m，高 0.3m，台阶与下牌墙之间有宽 1m 台面，两侧各有 1 尊石人和石羊，雕工栩栩如生，石人头部残，高 0.73m，石羊高 0.63m，长 0.72m。牌墙和台阶左侧还保留有转角石护墙。

①孝感市博物馆. 孝感永安铺南朝及唐代墓葬清理简报[J]. 江汉考古，2005（2）。

②国务院三峡工程建设委员会办公室、国家文物局编. 湖北库区考古报告集（第三卷）[M]. 北京：科学出版社，2006。

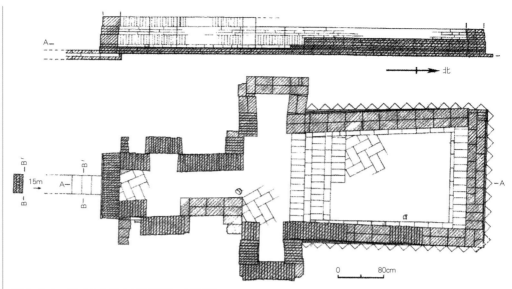

图 4-3-9　孝感永安铺南朝墓平面、剖面图
来源：孝感市博物馆. 孝感永安铺南朝及唐代墓葬清理简报 [J]. 江汉考古，2005（2）

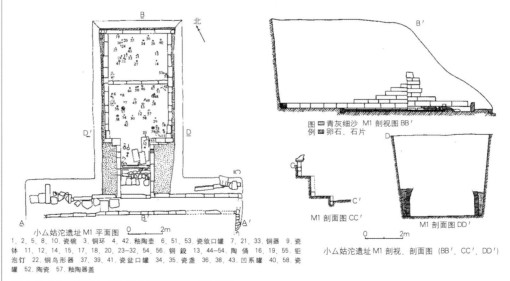

小厶姑沱遗址 M1 平面图
1、2、5、8、10. 瓷碗　3. 铜环　4、42. 釉陶壶　6、51、53. 瓷敛口罐　7、21、33. 铜器　9. 瓷钵　11、12、14、15、17、18、20、23~32、54、56. 铜钹　13、44~54. 陶俑　16、19、55. 钜泡钉　22. 铜鸟形器　37、39、41. 瓷盆口罐　34、35. 瓷盏　36、38、43. 凹系罐　40、58. 瓷罐　52. 陶瓷　57. 釉陶器盖

小厶姑沱遗址 M1 剖视、剖面图（BB'、CC'、DD'）

图 4-3-10　秭归小厶姑沱六朝墓平面、剖面图
来源：国务院三峡工程建设委员会办公室、国家文物局编. 湖北库区考古报告集（第三卷）[M]. 北京：科学出版社，2006

　　墓圹呈长方形，宽 5.25m，长 11m，深 6m，墓圹内用条石垒砌墓室、墓道等，墓圹与墓外壁之间空隙用碎砂石混泥浆土夯实，墓室、甬道底部在凿平的基岩上平铺一层小河卵石以渗水，最后在墓道前置石牌墙以屏障主室（图 4-3-10）。

　　墓道（包括甬道）内空长 3.7m，宽 1.75m，残高 2.35m，正中有墓门，墓门由带凹槽的条石组成，石板正中均穿孔，可能有门栓。墓室内空长 6.5m，宽 3.5m，残高 0.25 ~ 1.53m，正中用条石分割成前、后二室，后室高出前半室 0.3m。前室从高 0.8m 处起券，但墓顶已全部坍塌。

　　室内见有棺钉、漆皮痕。随葬品陶俑、陶仓、灶、瓷器、铜钱等，器物都有比较典型的六朝早期风格，初步推断此墓为蜀汉晚期至晋初。

第四节　佛教在湖北的传播

一、佛教在湖北的传播

佛教是两汉之际传入我国的外来宗教，至东汉末年，逐渐在北方流行，并开始向南方传播。三国初年，大月支人支谦与天竺沙门维祇难、竺道炎来到武昌，共同翻译佛经。孙权在武昌先后建了昌乐寺、智慧寺等佛教寺院。1956 年在今武昌发掘的孙吴永安五年（262 年）的古墓，墓中出土一件鎏金佛像，佛像铜片呈杏叶状，长 0.0305 m，宽 0.031m，厚 0.01m。通体扁平而微弯曲，上部有管状长圆孔。通体鎏金，呈金黄色（图 4-4-1）。[1]同墓出土的陶俑，额部塑有凸出的"白毫相"，显然是受佛教的影响。但三国时期，佛教主要还是在孙吴都城武昌及周围地区传播。

西晋时，佛教传播区域逐渐扩大，羊祜为荆州刺史时，在襄阳修建了武当山寺；江陵也有佛教寺院的记载。[2]

十六国时期，佛教在北方盛行，后赵以佛教为国教。后赵灭亡后，大批佛教徒向东晋境内流徙，当时来到荆州的有道安师徒。道安师徒在襄阳先后修建了白马寺、檀溪寺，翻译佛经，编制佛经目录。道安还派弟子到江陵创建佛寺，传播学说。仅弟子昙翼就先后建造了长沙寺、上明寺、西寺。

南北朝时期，佛教已深入人心，上至世家大族，下至平民奴婢，几乎每一个阶层都有人信教。梁武帝是著名的佞佛帝王，他把佛教几乎推到国教的地位。荆州乃"长江中游第一城"，史称"江左大镇，莫过扬州"。荆州地区的佛教在梁时也达到了鼎盛。各地官僚都花费大量钱财兴建佛寺，仅江陵一地梁时就兴建有瑶光寺、普贤尼寺、瓦官寺、天居寺、天宫寺、寿王寺。原有的寺院规模也继续扩大，长沙寺当时号称"天下称最，东华第一"。佛教的传播与发展，是魏晋南北朝时期荆州地区文化兴盛的标志之一。

只可惜当时所建的寺庙全都毁于兵火战乱，无一幸存。

二、古灵泉寺

鄂州西山寺其址是三国吴王孙权避暑宫的故基，原名圆通阁，又名灵泉寺，又名资福寺。史载，东晋初陶侃为广州刺史，有渔人夜见海上神光涌起，数日不灭，于是报告了陶侃。陶侃使人捕捞，得一金像。视其款识，为印度阿育王所铸文殊师利佛像，遂送往武昌寒溪寺（本名资圣寺）供奉。约在东晋太元六年（公元 381 年），佛教"净土宗"的初祖高僧慧远拟去广东罗浮山传教，途经武昌（今鄂州），见其山水清幽，遂挂单于寒溪寺。因寺小场窄，又辟吴王避暑遗宫而建西山寺。自此后历代相传，西山便成为我国佛教"净土宗"在江南的发祥地[3]。

寺外有泉，色白而甘，号菩萨泉，或称灵泉。"古灵泉寺"寺名的来历即与此泉有关。苏东坡曾撰《菩萨泉铭》以记其事，后乃有灵泉寺之称。泉流入涧成溪。"寒溪"之名由此而来。

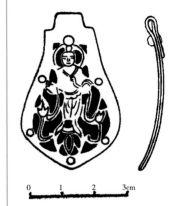

图 4-4-1　武昌孙吴永安五年墓中出土鎏金佛像
来源：程欣人．武昌东吴墓中出土的佛像散记 [J]．江汉考古，1989（1）

[1]湖北省文物管理委员会．武昌莲溪寺东吴墓清理简报 [J]．考古，1959(4)；程欣人．武昌东吴墓中出土的佛像散记 [J]．江汉考古，1989（1）：1．

[2]湖北省社会科学院历史研究所．湖北简史 [M]．武汉：湖北教育出版社，1994．

[3]《续高僧传》卷 16，《释法京传》。

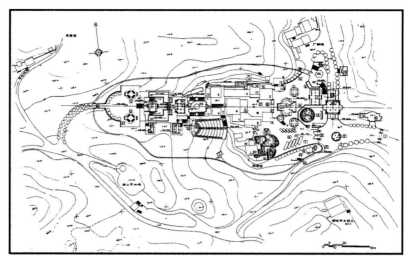

图 4-4-2　鄂州古灵泉寺总平面图
来源：高介华. 中国佛教净土宗第一寺——古灵泉寺·增建重建重修及环境改造详规挹略 [J].
华中建筑，1997（4）

图 4-4-3　鄂州古灵泉寺纵剖面图
来源：高介华. 中国佛教净土宗第一寺——古灵泉寺·增建重建重修及环境改造详规挹略 [J]. 华中建筑，1997（4）

图 4-4-4　鄂州古灵泉寺弥勒殿

图 4-4-5　鄂州古灵泉寺大雄
宝殿

慧远在鄂州西山的遗踪，还有"远公桥"和"菩萨泉"。

据《西山志稿》记载，古灵泉寺建起来后1700多年间，寺名几经变更。三国时为"圆通阁"，魏晋时名"西竺兰若"，北朝称为"积翠山房"，宋元中始定名为"灵泉寺"，明代又改称"资福寺"，清代复又更名为"古灵泉寺"一直沿用到今天。

西山寺几经兴废。现在的庙宇是清同治三年（1864年）由湖广总督官文捐资修建。[①]建筑面积4700m²，中轴对称布局，有文殊堂、天王殿、拜殿、大雄宝殿、观音殿、武圣殿、藏经阁、三贤亭及偏殿等。殿堂全为砖木结构，莲花斗栱支架，重檐飞阁，红椽碧瓦（图 4-4-2、图 4-4-3）。

弥勒殿位于灵泉寺前部。面阔3间15.5m，进深3间14.5m。单檐歇山琉璃瓦顶，砖木结构，明间抬梁式构架，两山抬梁、穿斗混合构架，檐下施如意斗栱。殿内供弥勒像（图 4-4-4）。

大雄宝殿位于灵泉寺弥勒殿后。面阔5间17m，进深3间12m。单檐歇山琉璃瓦顶，明、次间抬梁式构架，两山抬梁、穿斗混合构架。檐下施如意斗栱，柱、枋、檩全施彩画。殿内供释迦牟尼像（图 4-4-5）。

观音殿位于灵泉寺弥勒殿东侧。面阔3间12m，进深3间11m。单檐歇山琉璃瓦顶，砖木结构，明间抬梁式构架，两山穿斗式构架。供奉观音像。

武圣殿位于灵泉寺弥勒殿西侧。面阔3间14m，进深3间13m。单檐歇山琉璃瓦顶，砖木结构，明间抬梁式构架，两山穿斗式构架。供奉武圣像。

① 高介华. 中国佛教净土宗第一
　　寺——古灵泉寺·增建重建重修
　　及环境改造详规挹略 [J]. 华中建
　　筑，1997(4)。

第五章
隋、唐、宋时期的建筑（公元581～1271年）

第一节 隋、唐、宋时期城址

（一）蕲春罗州城

罗州城是唐代至南宋时蕲春县城的所在地，是在汉代城址上扩建的[1]，位于蕲春县漕河镇西北 2.5km 的蕲水南岸。2014 年由湖北省人民政府公布为第六批省级文物保护单位。

城址平面呈不规则长方形，东西宽约 950m，南北长约 1350m，总面积约 1.3km²。西、北部被蕲水河切去一角，东、南垣及北垣东段保存尚好。东垣位于罗州城第一重城垣（汉代城址）东 300m，全长 1420m，宽 6 ～ 13m，高 1 ～ 2m。东垣北段较直，长 820 余米，南段长约 600m。南垣通长 780m，南垣宽 8 ～ 15m，高 1.5 ～ 2.5m，整体近直，中间部分向内稍弧，东部与东垣南端弧接成圆状城角。西垣仅存南段，北段被蕲水主河道的东大堤切断。两垣残长 400m，宽 18 ～ 36m，高 1.2 ～ 1.8m，西垣北部连接蕲水东大堤，南接南垣西端。北垣仅存东段的一部分，残长 430m，宽 18 ～ 22m，高 2 ～ 2.5m。西段大部分毁坏，其东端与东垣北端相接（图 5-1-1、图 5-1-2）。

现存第二重城的东、南城垣上已改作渠沟，因不同程度地进行过加工，耸立于地面的城垣各段无断裂和豁口，不见城门遗迹现象，但推测原来的城垣上应该设有城门。

城壕外的设有护城河（即城壕）绝大部分已淤塞、填平或改建成耕地，在京九铁路罗州城段的施工过程中，分别在西垣和南垣外发现有城壕遗迹。据施工所掘断面可知，城壕距离城垣的外坡脚下一般为 1 ～ 2m，城壕宽 30 ～ 35、深 5 ～ 6.5m。

勘探发掘结果表明，第二重城垣的始建年代为隋唐，下限为宋代。

（二）鄂州城塘城

隋代城址，位于鄂州华容区葛店镇东南 700m。据清《武昌县志》载：城系隋初县令羲士喧奉命修筑，开皇九年（589 年）城废。[2] 1992 年由湖北省人民政府公布为第三批省级文物保护单位。

①黄冈市博物馆等. 罗州城与汉墓 [M]. 北京：科学出版社，2000。
②国家文物局主编. 中国文物地图集·湖北分册（下）[M]. 西安：西安地图出版社，2002。

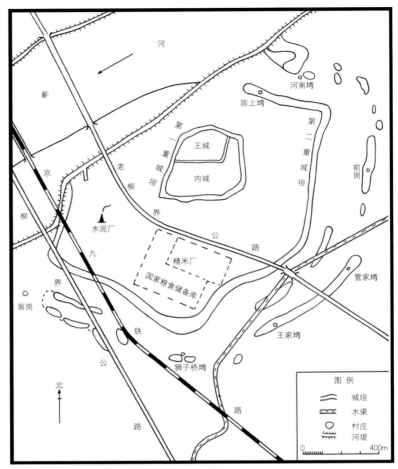

5-1-1　蕲春罗州城平面图
来源：黄冈市博物馆等.罗州城与汉墓[M].北京：科学出版社，2000

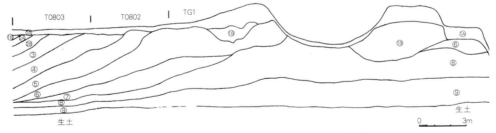

ⒶA灰黑土　ⒷB灰黄土　②A红褐土　③褐黄土　③A灰黄砂土　④褐黄斑土　⑤褐黑黄斑土　⑥夹层夯土　⑦灰黑夯土　⑧灰黄砂土　⑨黑淤泥

图 5-1-2　蕲春罗州城剖南垣东壁地层剖面图
来源：黄冈市博物馆等.罗州城与汉墓[M].北京：科学出版社，2000

　　城址略呈方形，南北长约 380m，宽约 315m，面积约 1.2 万 m²。城垣东、西、北三面部分保存较好，北面以观音山为屏障。宽 12 ～ 15m，高 0.5 ～ 3.9m，均夯筑。墙垣外护城河宽约 40m，据查，当年护城河用水与长江贯通。城内东南部暴露出水井和隋代砖室墓。从城内采集的墓砖和瓷片来看，多为唐宋时期；城外东南端的庙基高、徐家畈发现有六朝时期的古墓葬。

（三）仙桃复州故城

　　唐宋城址，市级文物保护单位。位于沔城回族镇沔城街东 1km。[1]城址平面呈

①国家文物局主编.中国文物地图集·湖北分册（下）[M].西安：西安地图出版社，2002。

长方形，东西长约 2000m，南北宽约 800m，面积约 1.6km²。城垣夯筑，现存东、南面部分城垣。其中东垣残长 500m，宽 11m，高 1.4m 左右；南垣残长 600m，宽 12m，高 2m 左右。城外有护城河遗迹。城内采集有莲花纹瓦当、青瓷碗底及铜镜、"元丰通宝"铜钱等。据《元和郡县志》《沔阳州志》载，唐贞观七年（633 年）置复州，州治沔阳。

（四）巴东旧县坪故城遗址

巴东旧县坪故城遗址位于巴东县东壤口镇焦家湾村五组。它处于巫峡口外侧的长江北岸，是古代三峡交通中的重要集镇，是人们通往三峡途中的歇脚点。北宋初年，寇准任巴东县令 3 年，使巴东成为中国历史上的一座文化名城，其所建的"秋风亭"、"白云亭"，以及随后为纪念他而建的"双柏堂"、"寇公祠"等，名噪一时，仅北宋年间就有苏轼、苏辙等诸多名人在这里留下诗文，南宋陆游曾游访于巴东，在《入蜀记》中详细地记载了此地的情况。

旧县坪遗址的发掘工作取得了令人瞩目的重大成果，其中六朝至北宋是遗址的繁荣期。六朝时期这里曾是归乡县治、信陵郡治所，后周又作为乐乡县治。隋开皇十八年（598 年）作为巴东县治，后一直到南宋年间才迁往今江南巴东县城关（图 5-1-3）。[①]

旧县坪遗址考古发掘面积达十余万平方米，遗迹、遗物十分丰富。整个遗址以一条大冲沟为界，东区稍高于西区，东区以宋代以前的遗迹、遗物为主，西区则以宋代的遗迹和遗物为多。考古发掘的材料中，西区的街、巷明确，东西向的为街道，南北向的为巷道，并通向了后山山坡高处。建筑则顺着街、巷布局，发现的建筑中，有重要的文化设施建筑——庙宇，也有县衙门建筑、仓库、亭台和民居建筑。其规模在山区的地理上说（特别是三峡巴东段、长江岸边），可谓是规模宏敞，富有气魄。从发掘出来的房屋基础看，有四合院式的建筑，中有回廊相通连，也有长方形的单体建筑，其建筑以大木柱为骨架的梁架建筑，也有木骨泥墙形式的壁面建筑。就发

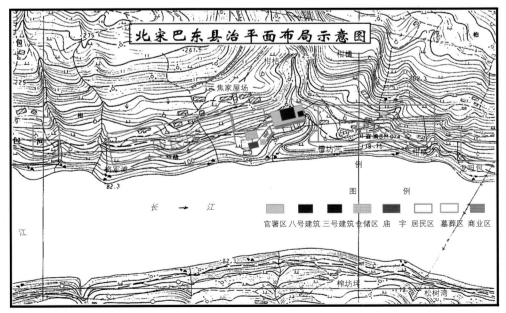

图 5-1-3　巴东县治平面布局示意图

①朱世学. 鄂西古建筑文化研究[M]. 西安：北京：新华出版社，2004。

①邓辉．宋代三峡居民的经济生活——巴东宋城遗址中生活习俗特点分析 [M]// 三峡文物保护与考古学术研讨会论文集．北京：科学出版社，2003。

现的木骨泥墙而言，墙体中的木骨部分有小树条状的，也有竹篾块状的木骨架，所有的木条在 1 ~ 2cm 间；竹篾片状的也在 1 ~ 2.5cm 间，从有些材料看，这些竹片均有过编织交叉的过程（主要是从烧土材料中可见）。在发现较多的红烧土中，有的竹片在其中，那都是墙壁上脱落下来的，有的还可以看出墙壁表面抹上了一层白灰面，且平整光滑，其厚度在 1 ~ 2mm。白石灰粉面的墙壁，说明了室内是明敞的，这也充分展示了唐、宋时代的巴东县城中的一般建筑情况。①

　　室内地面一般都经过平整和夯筑，在城中最重要的建筑上，有的还使用了石柱础，有些石柱础还进行了加工，呈圆鼓形状或四方形状，柱础直径大多在 35 ~ 37cm 间，这应表明了立柱的大小尺寸。这一现象告诉我们，宋代的房屋建筑是很规范的，特别是这座城镇里较重要的建筑是这样。相比而言，民居建筑从面积到用材都要差一些，所用柱础皆为自然石块而已。这些建筑分布在不同的位置，而又多在边缘区域里。整个遗址，特别是宋代社会阶段，盖瓦是十分普遍的，重要的建筑上面，还使用各式各样的瓦当和脊饰（图 5-1-4 ~ 图 5-1-8）。

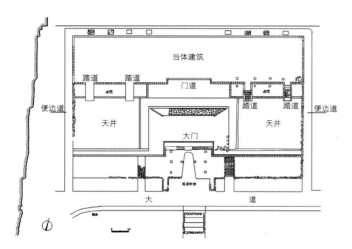

图 5-1-4　巴东县治后衙 F8 平面图

图 5-1-5　巴东县治后衙 F8 房址

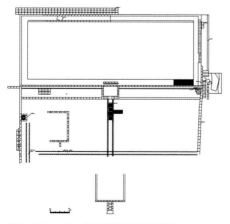

图 5-1-6　巴东县治后衙 F28 平面图

图 5-1-7　巴东县治后衙 F28 房址排水沟

图 5-1-8　巴东县治遗址出土的吻兽残件

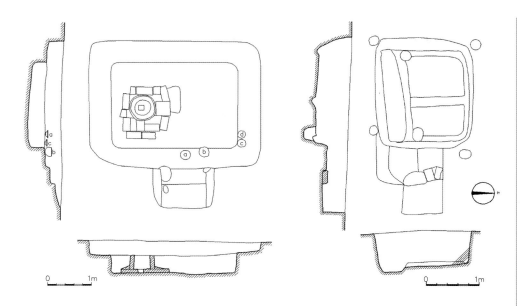

图 5-1-9　巴东县治后衙 1 号仓平面、剖面　　　　图 5-1-10　巴东县治后衙 2 号仓平面、剖面

在县治遗址内还发现了储藏粮食的粮仓，粮仓平面有长方形、圆形，均呈地穴式，地面用条砖铺砌，上部已毁（图 5-1-9、图 5-1-10）。

在布局上，重要建筑、街、巷、引水和排水的沟渠，都是经过考虑，精心策划，然后实施建筑的。其房屋都是顺街巷而建，表现了整体的功能和特点。虽然说遗址上有过多次的建筑过程，但这些街道与巷道的通连仍然重复在早已有的街面上，它是山区特别是三峡区域里沿江建筑中的重要典范。

南宋时期的街巷、建筑，较早期建筑的风格特点又有所不同，这时主要以草棚式的建筑为多。所发现的建筑基础一类遗迹单元中的石块就没有较早时期的规矩，并多是利用已使用过的和未经加工的自然石块，所以它表现了较早期建筑粗糙的特点，另外房间也是小型的开间，这也就应对了南宋诗人陆游所说的"县署以下皆茅茨"的风格特点。

通过对旧县坪遗址的发掘，对当时巴东旧城中居民的经济生活特点也有所了解，在出土众多的实物资料里，不见有农耕生产工具，所有的发现都是与居室生活及经济生活密切相关的生活用品，如碗、罐、碟、杯、砂锅、酒壶等，厨房所用的菜刀、水瓢，以及与经商有关的秤盘及大量的唐代和宋代的钱币，还有就是与书写有关的衙署内文书类人员所用的笔墨砚台，女人们所用的粉盆以及养花养鸟的鸟食罐等。专家们通过对这些出土物的分析考证后认为，宋代巴东城中的居民，已经间接地脱离了农业生产，是以经营者或称之为商业劳动者的身份出现的，当时巴东旧城中的社会活动、生活特点是以城市消费为主的经济社会。也就是说，作为三峡行道中的重要集镇，其商业活动是较为繁荣的。

六朝至唐宋时期的城址特点有以下几点：

一是受地埋条件的限制，峡区的城址多滨江而建，平面多不规整，以东西向的狭长条形的居多。

　　二是有城垣的城址，墙体充分地利用自然地理形势，在遗址边缘地形不规整、坡度较缓的地方夯筑墙体，而在一些陡峭处则利用陡坎和夯筑的墙体连成一体，共同形成城址的保护圈，有些城址的城墙并不高出城内地面。从外向里看，可见陡峭雄伟的墙体，墙体顶部则和城内地面连成一块平地。巴东旧县坪遗址发现的六朝归乡县、乐乡县、信陵郡城的城墙即属于这一类。遗址的东区已发现100多米长的夯土城墙，城墙基础宽20～25m，最高处8m；夯层厚5～8cm。城门遗址位于西墙的中部，有一条长8m，宽6m，坡度为8°的道路，由西向东穿越城墙，道路两侧有石垒的护墙，城墙内侧路旁还有砖砌的房屋。应该说这一类的城更具有山城的特点。在今天鄂西、川东保留着不少这一类型的古代城址。[①]

　　（五）江陵偃月城

　　偃月城位于江陵县观音挡镇偃月村，西邻丑潭店（亦名绸缎店）。[②]城址据清乾隆《江陵县志·名胜·古迹》丑潭城条载：偃月城"在郡东北七十里。东邻襄堤，为关羽屯兵之所。翼城左右，大冢对峙，以意度之，皆为壁垒。城状如偃月，一曰偃月城，城西里许有祠"。

　　城址周围为平原地带，地势西北稍高，东南稍低。城址破坏严重，平面布局已难以查清。现仅东、西城垣各残存一小段墙基。东垣残长30m，形如土台，西垣残长200m，残高3～4m，基宽为15m，面宽为3～5m，城墙离地面1m以上为夯筑，夯层厚0.2m，未发现夯窝；1m以下未发现夯层，为黑生土，城墙表面1m以下的堆积物中含有大量砖瓦残片及瓷片。城内东部有一条南北向水渠，西部曾取土烧窑。城内暴露的断面显示城址文化堆积厚约3m。采集的标本多为瓷片，有矮圈足白瓷碗、高圈足青瓷碗；陶片中有1件钵，泥质灰陶，素面，陶质较硬，均为宋代遗物。

　　新中国成立后调查其城垣上有清代石碑，文曰："关圣帝偃月城故址"。丑潭店内亦有清代石碑，文称："丑潭店者，关圣帝旧驻军处也。"该城因平面状如偃月，人们以关羽之偃月刀为名，称为"偃月城"。

　　（六）恩施柳州城

　　恩施南宋旧州城城址，今俗称为"柳州城"，位于里坪乡柳州城村椅子山。[③]南宋开庆元年（1259年）郡守谢昌元为抗击蒙古军移州城于此，咸淳二年（1266年）迁出。城依椅子山形状而建，属南宋代晚期为保全恩施而修建的军事堡垒城池，且保存较好。平面半圆形，占地面积约5000m²。山顶平旷，四周多为高10m以上的悬崖峭壁，东北面据悬崖为险，西北面石砌城墙，残长约300m，宽1m左右，高1～2m。西、南、北面各设一门，仅存缺口。且沿着绝壁还修建了一道女儿墙，现残高约0.5～1m不等。绝壁悬崖占城墙长度的3/4。较平缓的山垭口则用规整的块石垒砌成高7～8m的石墙，至今仍然保存完整。城有四门，今犹存地名，南门口、北门槽、西门口等。在西门外的山坡下方，是当年郡守官员们的驻地（图5-1-11）。

　　城内就遗迹而言，则有操练的教场坝、点将台、灵光殿基址等遗迹。另外，在城的南门外，发现有当年为修凿入城道路的石刻碑文，"咸淳丙寅季冬，郡守张朝宝削平险响，拓彻此路，以便行役"等大字。在城西门外二台坪，还保留一块十分重要的有关南宋石刻——引种瓜果的西瓜碑（图5-1-12）。2006年由国务院公布为第六批全国重点文物保护单位。

①王然．三峡库区六朝—唐宋时期大型遗址发掘的几点思考[M]//三峡文物保护与考古学术研讨会论文集．北京：科学出版社，2003。

②肖代贤．中国历史文化名城丛书·江陵[M]．北京：中国建筑工业出版社，1992。

③邓辉．土家族区域的考古文化[M]．北京：中央民族大学出版社，1999。

图 5-1-11　恩施柳州城南门遗址

图 5-1-12　恩施柳州城内西瓜碑

第二节　隋、唐、宋时期的佛寺、古塔

一、佛寺

（一）来凤仙佛寺

仙佛寺位于来凤县城东北约 8km 处翔凤镇关口村酉水西岸高十余米的佛潭岩上，唐代至清代的寺庙建筑。[①]始凿于初唐至盛唐时期，其后历代均有增凿，清代于龛上设檐。在 200 余米长的红色泥砂岩壁上开龛造像，现存有北龛、中龛、南龛和南侧中型龛 4 个较大佛龛，共造像 13 尊。中型龛南侧并列 16 个小龛，一龛一佛。造像均采用半圆雕技法。北端刻"仙佛寺"题名及"咸康元年五月"款。其中最大的 3 尊佛像经专家研究和鉴定，是迄今为止湖北最著名的、年代最早的摩崖造像（图 5-2-1）。2006 年由国务院公布为第六批全国重点文物保护单位。

北龛（石窟北部，五代至宋代），地面至龛顶高 13.6m，龛高 6m，龛内雕 1 佛 2 弟子。坐佛通高 5m，坐高 3.4m。弟子通高 4m，坐高 3.1m，坐佛低肉髻，着双领下垂袈裟，僧祇支作交领衣，结跏趺坐于圆莲座上。2 弟子均立于圆莲座上，着交领架裟。座前雕壸门，弟子着交领袈裟。佛右手置于膝，左手抚膝，为降魔触地印。

中龛（唐代），地面至龛顶高 13.85m，龛高 6.3m，龛中凿 1 佛 2 弟子，2 菩萨，共 5 尊像。坐佛通高 5.3m，坐高 3.7m，左弟子通高 3.2m，右菩萨通高 2.8m。佛低平肉髻（清代修补为螺髻），着双领下垂袈裟，内着僧祇支，右手残损，左手上举，执转法轮印。双腿下垂为善跏趺坐式，大衣下摆作同心圆式，披覆于座上，佛座似为束腰仰莲圆座。2 弟子着袈裟，双手合十侍立，袈裟下摆内束。菩萨戴高冠，帔帛垂于腹腿之际 2 道，中间作结，左手下垂，右手上举，右菩萨右手似持净瓶。

南龛（唐代），地面至龛顶高 14.6m，龛高 6.2m，龛中凿 1 佛 2 弟子，坐佛通高 5m，坐高 3.4m，左弟子通高 3.8m。坐佛着双领下垂袈裟，右手抚膝，左手已残。佛身后彩绘头光与背光，缘饰火焰纹（图 5-2-2）。

南侧中龛（唐代）。中型龛，地面至龛顶高 11.3m。龛中凿二尊立菩萨，右菩萨残破，左菩萨通高 2.7m，着宝冠，帔帛垂于腿际二道，中间作结，胸饰三条垂式璎珞，左手上举，右手提净瓶。

图 5-2-1　来凤仙佛寺石窟全景
来源：湖北省文物局编 . 全国重点文物保护单位——湖北文化遗产 [M]. 文物出版社，2009

图 5-2-2　来凤仙佛寺石窟之主窟
来源：湖北省文物局编 . 全国重点文物保护单位——湖北文化遗产 [M]. 北京：文物出版社，2009

① 邓辉 . 土家族区域的考古文化 [M]. 北京：中央民族大学出版社，1999；来凤文物普查资料。

图 5-2-3　清代木刻四祖寺图
来源：赵金桃. 禅宗四祖寺 [M]. 北京：
宗教文化出版社，1995

南侧中龛（唐代），中型龛，地面至龛顶高 11.3m。龛中凿 2 尊立菩萨，右菩萨残破，左菩萨通高 2.7m，着宝冠，帔帛垂于腿际 2 道，中间作结，胸饰 3 条垂式璎珞，左手上举，右手提净瓶。

石窟左边壁上有"咸康元年五月六日"字样。"咸康"年号在东晋成帝和五代前蜀王衍（925 年）皆曾取用，距今均在千年以上。但此石像为盛唐所凿。此处原建有佛寺，依崖建造，殿宇木构，3 层重檐，高约数十米，惜"文革"时被毁。现寺北山门外，石壁上有"仙佛寺"3 字。

（二）黄梅四祖寺

四祖寺，又名正觉寺。位于黄梅县城西 15km 的西山四祖寺西侧的山坡上。[1]西山，又名破额山和双峰山。四祖寺是佛教禅宗第四代法祖道信所创，也是五祖弘忍得法受衣之处。相传禅宗的创始人，是 5 世纪印度人菩提达摩，下传慧可、僧璨、道信，至五祖弘忍而分成南宗慧能，北宗神秀，时称"南能北秀"。第四代祖师道信（580 ～ 651 年），7 岁出家，后随第三代祖师僧璨修禅业，继承其衣钵。又游历吉州、江州，最后迁居湖北黄梅西山，创建道场——四祖寺（图 5-2-3、图 5-2-4）。

寺建于唐武德七年（624 年），明正德、万历，清同治年间多次重建。原有建筑规模庞大，宋至清，历经火灾兵患，屡兴屡圮。盛时，寺内主体建筑有：天王殿、大佛殿、祖师殿、课诵殿、地藏殿、钟鼓楼、祖堂、慈仁阁、华严阁、半弓庵、王爷庙、毗卢塔、鲁班亭、普月塔、传法洞、灵润桥等建筑。现仅存唐时的毗卢塔和众生塔，宋时的灵润桥，以及清代重建的四祖殿和蕉云阁等建筑。现存有毗卢塔、鲁班亭、衣钵塔、灵润桥、四祖殿、蕉云阁及多方摩崖石刻，尤以唐宋古塔最为珍贵（图 5-2-5、图 5-2-6）。2001 年由国务院公布为第五批全国重点保护文物。

1. 灵润桥

又名花桥。[2]位于黄梅四祖寺一个岩泉小溪上，单孔石造，发券为纵列式，净跨 7.35m，净高 3.7m，通长 18.65m，券顶砌 1 层条石，其上为压面石，桥面石铺，桥

①赵金桃. 禅宗四祖寺 [M]. 北京：宗教文化出版社，1995；国家文物局主编. 中国文物地图集·湖北分册（下）[M]. 西安：西安地图出版社，2002。
②杨永生主编. 古建筑游览指南 [M]. 北京：中国建筑工业出版社，1986。

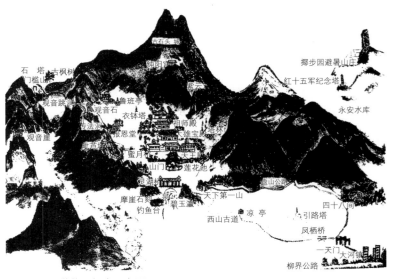

图 5-2-4　黄梅四祖寺示意图
来源：赵金桃. 禅宗四祖寺 [M]. 北京：宗教文化出版社，1995

图 5-2-5　黄梅四祖寺山门

图 5-2-6　黄梅四祖寺全景

上建有长廊式桥屋，阔 5 间，深 3 间，抬梁式构架，前后敞开，两端设五花山墙，墙一开券门，门高 2.67m，宽 1.57m，为后世所建。桥券拱石西端刻："石桥初创至正庚寅年二月攻石，至本年十一月廿五日毕工，住持祖意募缘钞定……名□列于后；吉安玉……当代主持松柏禅师祖意，大元至正十年十一月右吉日□。"从题字可知，此桥建于元至正十年（1350 年）。在桥下一小矶石上刻"碧玉流"3 个斗大字，相传为唐代文学家柳宗元所刻，稍前有一高 1.87m 的"泉"字，字体遒劲有力，是清光绪元年（1875 年）南阳布衣邓文宾所刻。另有元代黄眉山人题"碧流堪洗钵，白石可参禅，坐到石矶上，王侯莫并肩"。此外，还有明清诗文、题刻等（图 5-2-7、图 5-2-8）。

四祖寺内留下了许多唐代至清代的摩崖石刻。

如唐代的"碧玉流"摩崖石刻，刻于灵润桥下一面石鱼矶上。落款"柳公权书"（图 5-2-9）。

图 5-2-7　黄梅四祖寺灵润桥

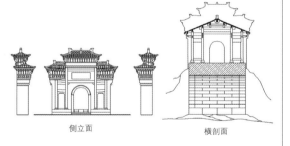

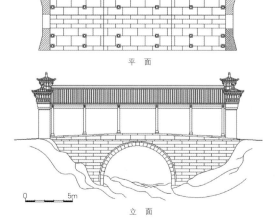

图 5-2-9　黄梅四祖寺灵润桥下碧玉流石刻　　图 5-2-8　黄梅四祖寺灵润桥平面、立面、剖面图

明嘉靖三十九年（1560年）诗文摩崖石刻，刻于灵润桥下西南瀑布斜坡岩石上。"破额山前碧玉流，骚人遥驻木兰舟；春风无限潇湘意，欲采苹花不自由。"落款："大明嘉靖庚申胡效忠来游刻石"。

明万历八年（1580年）"南无阿弥陀佛"摩崖石刻刻于灵润桥东南石板路旁岩石上。落款："万历庚辰仲春"。

明代崇祯元年（1628年）石楚阳题词，刻于灵润桥下面南瀑布的斜坡岩石上。落款："崇祯戊辰无看居士石楚阳"。

明代李得阳题诗，刻于灵润桥下一面长方形石矶上。落款："明□□李得阳"。

明代刘南金题咏刻于灵润桥下西南瀑布的斜坡岩石上，落款："□山大梁刘南金题"。

清代康熙三十一年（1692年）王辅元题词刻于灵润桥下西南约8m²的岩石上。落款："康熙壬申春壬知黄州府事襄平王辅元公氏题"。

清代光绪元年（1875年）"泉"字石刻，刻于破额山出水口的石鱼矶上。字上横书："清光绪元年有本如是"，题："南阳布衣"，款："邓文滨"。

清代"长春门"摩崖石刻，刻于观音岩洞口旁岩石上。

清代"观音岩"摩崖石刻，刻于观音岩内面积约35m²的长方形岩石上。

清代黄氏题诗摩崖石刻，刻于灵润桥下的石鱼矶上，"双峰一片白云飞古塔松苔紫气微坐听桥头流碧玉心随清响落渔矶"。落款："南昌黄仁□题"。

清代石鱼矶五言诗摩崖石刻刻于灵润桥下的石鱼矶上，"碧流堪洗钵白石可参禅坐到忘机处王侯莫并肩"。落款："黄□山人黑吉□□"。

清代"慧珠"摩崖石刻刻于灵润桥下的石鱼矶上，落款："姑射山人贾题"。

清代"洗心"摩崖石刻刻于灵润桥下一块约5m见方的岩石上，落款："南阳布衣邓文滨"。

清代"洗笔"摩崖石刻，刻于灵润桥下的石鱼矶上。

2. 黄梅毗卢塔

黄梅毗卢塔，又名慈云塔，位于黄梅县城西15km的西山四祖寺西侧的山坡上。[①]相传四祖寺为佛教禅宗第四代法祖道信所创的道场，也是五祖弘忍得法受衣之所，对五祖弘忍创建中国禅宗起蒙作用，在佛教禅学史上具有较大影响，是闻名遐迩的禅宗古刹，此寺建于唐武德年间（618～626年）。法祖道信圆寂后安葬于此，因此，又名真身塔。塔建于唐永徽二年（651年）。塔为砖石砌成，仿木结构，单层重檐亭式塔，高约15m，下设近似正方形基座，长10m，宽9.5m。台基上用砖砌成高大的须弥座，其上雕刻卷草、莲瓣和忍冬草纹饰，线条浑厚流畅。座上东、西、南、三面设弧形券门，可入塔内，北为假门。室内壁设有角柱，在内壁高6.5m处出"平板"，从栌斗口出跳，斗栱为双杪单栱计心造，上承檐板，补间用双层人字栱，不出跳。塔身外檐斗栱形制略同。额枋、斗栱、檐椽全部砖砌。四面墙头砖上雕有"迦毗罗国诞生塔"、"摩迦国园诞生塔"、"迦护国转法轮塔"、"舍己国现神通塔"等文字。塔内为一"蛋"形球拱，净高约12m。顶作四柱式，上覆铁镬。此塔内圆外方，轮廓比例匀称优美，从单层四门塔的世系来看，它不愧为天下四门塔中的一颗明珠（图5-2-10、图5-2-11）。2001年由国务院公布为第五批全国重点文物保护单位。

图 5-2-10　黄梅四祖寺毗卢塔

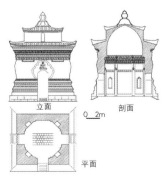

立面　剖面　0　2m

平面

图 5-2-11　黄梅四祖寺毗卢塔平面、立面、剖面图

①作者与聂志国调查。

3. 黄梅众生塔

塔位于黄梅县城西北 15km 处的四祖寺西北破额山腰上，传说为古代建筑师鲁班所建，故又有鲁班亭之名。[①]实为宋时所建。相传，四祖道信在修建大佛殿时，急需 200 多棵楠木，庐山一些信士弟子得知后，主动捐献了 200 多根。可是这些楠木由庐山搬回四祖寺，不知道要花费多少工夫。兴建大殿的木工主师是鲁班第十八代子孙，他自幼聪明好学，手艺高强，并精通道法。这时，他来到双峰山顶上，手持 1 件百衲衣，使用一个道法，将白衲衣化成一朵白云飘向庐山，不一会儿，这朵白云又飘回来了，刚一落地，只见 200 多根楠木整整齐齐地摆在寺庙工地上。后来为了纪念鲁班子孙建殿的功绩，特建此亭。

图 5-2-12　黄梅众生塔

该塔为亭式塔，系麻石仿木结构，高约 7m。攒尖顶。平面六角，基座每边宽约 3m。其格局、构架，甚至门窗装修，无不仿木作方法。檐下外侧单栱承枋，内侧出两跳承椽，并在两柱头上架梁立"蜀柱"，以支承 12 根攒尖石角梁。瓦面用圜和的石板叠铺，中置宝盖、莲钵和宝珠顶刹。西南面设石门，其余五面设球纹格眼窗。此塔朴素厚重，用材丰硕浑厚，轮廓圜和优美。鲁班本是木工，此亭以鲁班命名，十分确切。塔内正中须弥座上，设一椭圆球形卵状的小石塔，别具一格，此类塔又称无缝塔，或称卵塔，当地俗称"凤凰窝"（图 5-2-12、图 5-2-13）。2001 年由国务院公布为第五批全国重点文物保护单位。

4. 黄梅衣钵塔

位于黄梅四祖寺西北 500m，宋代建筑。[②]该塔为单层仿木构石塔，塔基平面呈四边形，边长 2.32m，高 0.44m，六角形须弥座，高 0.8m，鼓形塔身，宝瓶式塔刹，通高 3.17m。基座上置的六边须弥座，束腰处每面分别雕刻象、狮、葵花、荷花等图案。塔身一面刻壶门，高 0.5m，宽 0.33m。门为板门式，门心配有石锁。塔身上端用整块麻石凿成翘角飞檐，瓦面雕刻精细逼真，顶冠置莲瓣、宝珠、宝瓶塔刹。该塔造型别致，轮角圜和优美，雕刻艺术有宋代的风格（图 5-2-14、图 5-2-15）。相传，四

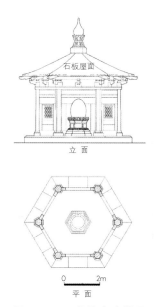

图 5-2-13　黄梅众生塔平面、立面图

图 5-2-14　黄梅四祖寺衣钵塔

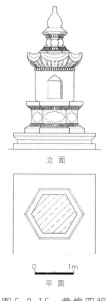

图 5-2-15　黄梅四祖寺衣钵塔平面、立面图

①赵金桃. 禅宗四祖寺 [M]. 北京：宗教文化出版社，1995：9-10.
②赵金桃. 禅宗四祖寺 [M]. 北京：宗教文化出版社，1995：9-10.

祖道信大师晚年在此将衣钵传给了他的得意弟子五祖弘忍大师，为纪念此事，特造此塔。2001 年由国务院公布为第五批全国重点文物保护单位。

（三）黄梅五祖寺

宋、明、清、民国时期的佛寺，2006 年由国务院公布为第六批全国重点文物保护单位。位于黄梅县五祖镇北 2.5km 的东山（一名冯茂山），是中国禅宗第五代祖师弘忍（602 ~ 675 年）师承道信，于唐咸亨年间（670 ~ 674 年）创建的道场，当五祖传法于六祖慧能后在东山建庙仍继续宣扬禅宗法经，这就是今天东山五祖寺的创始，又名东山禅寺。[①]也是六祖慧能得法受衣之圣地，被誉为"天下祖庭"，驰名古今中外。弘忍本姓周，籍贯黄梅（一说浔阳，今江西九江），7 岁出家师承四祖道信，21 岁承四祖衣钵，弘忍逝世后，被禅宗门徒尊为五祖。据说弘忍"肃然静坐，不出文记"。唐显庆四年（659 年）高宗召请，弘忍谢客而不出山。他的法门叫东山法门，弟子众多，最杰出的是慧能和神秀。慧能是继承四祖五祖衣钵，真正创立中国佛教禅宗的僧人。

五祖寺整个寺院建筑群依山势建于东山之阳，从南山麓一天门到山顶白莲峰，以蜿蜒石路为中轴线平行布局，层次分明，结构严谨，形式多样，风貌古朴。

寺始建于唐咸亨三年（672 年），上元二年（675 年）名法雨寺，大中十三年（859 年）更名东山寺。南唐加师号曰"广化"，宋真宗景德年间（1004 ~ 1007 年）改赐曰"真慧"寺，为该寺鼎盛期，僧人千余，殿堂庵阁房屋多达 900 余间。明万历年间（1573 ~ 1620 年）寺毁于火，而后重建。清咸丰年间（1851 ~ 1861 年）又毁，再建仍未能恢复原貌，占地面积约 2.5km²。寺依山势而建，自前向后有毗卢殿、圣母殿、千佛殿、真身殿、方丈堂、禅堂、寮房、客堂、戒堂、白莲池、讲经台和多座佛塔及多处摩崖石刻（图 5-2-16、图 5-2-17）。

①何立松，赵金桃. 东山重辉 [M].
北京：宗教文化出版社，1996；
国家文物局主编. 中国文物地图
集·湖北分册（下）[M]. 西安：
西安地图出版社，2002。

图 5-2-16　清代木刻五祖寺图
来源：何立松、赵金桃. 东山重辉 [M]. 北京：宗教文化出版社，1996

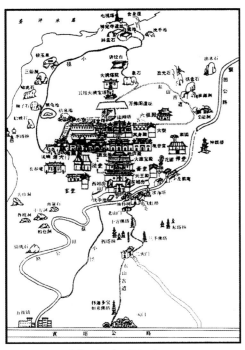

图 5-2-17　黄梅五祖寺平面示意图
来源：何立松、赵金桃. 东山重辉 [M]. 北京：宗教文化出版社，1996

1.一天门

建于北宋宣和年间，地处东山南麓古驿道北边三岔路口，为四足落地式门楼，以巨块青石砌成，跨登山古道两旁，设计精巧，镌刻细腻。可惜上部已毁（图 5-2-18）。

进入一天门，便望见一条用雕琢石板铺成的小路蜿蜒在茂林修竹之间，这便是东山古道，据传为宋代寺僧化缘而修。沿古道而行，不远处就是释迦多宝如来石塔，迤逦而上，途中有二天门（图 5-2-19～图 5-2-21）。三千佛塔、半山亭、十方佛塔等。路边还有僧人塔林，路西为西塔林，路东为东塔林，再上，过饮马池、大佛塔，进入老山门，越飞虹桥，绕过千年菩提树，拾级而上即是新建的石质结构大山门。山门后面是新建的天王殿，殿后为大雄宝殿基址。沿着放生池侧面而上，就到了麻城殿、圣母殿、观音堂、真身殿，这是五祖寺保存下来的古建筑群体。

2.飞虹桥

俗名花桥。桥位于黄梅县城东12km处的五祖寺一天门内，为入寺通道。建于元代。此桥横跨于两山涧谷之上，单孔发券，长 33.65m，宽 5.16m，高 8.45m。雄伟壮观，状如飞虹。桥两端建有牌坊门楼，中门开半圆形券门。东、西门额上刻有"放下着"、"莫错过" 6 个大字，落款为清代"蕲春郡庠行王万彭领众士敬献"，"世孙当山方丈醒之修新重修"。桥下流泉飞溅，瀑布飞崖挂壁。桥侧嵌一方石，上刻楚人蓝军恒题："东山突起镇中央，玉带双飘锁凤凰"，概述了此山的胜景（图 5-2-22、图 5-2-23）。

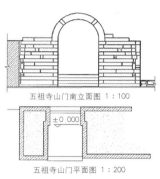

五祖寺山门南立面图 1:100

±0.000

五祖寺山门平面图 1:200

图 5-2-18　黄梅五祖寺一天门平面、立面图

二天门立面图 1:50

门槛（已毁）

图 5-2-19　黄梅五祖寺二天门平面、立面图

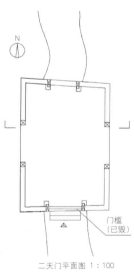

二天门平面图 1:100

门槛（已毁）

图 5-2-22　黄梅五祖寺飞虹桥

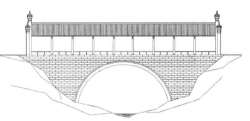

侧立面图 1:200

平面图 1:200

图 5-2-20　黄梅五祖寺二天门

图 5-2-21　黄梅五祖寺二天门梁架

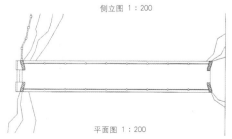

图 5-2-23　黄梅五祖寺飞虹桥平面、立面图

图 5-2-24　黄梅五祖寺原山门

图 5-2-25　黄梅五祖寺新山门

图 5-2-26　黄梅五祖寺大殿

图 5-2-27　黄梅五祖寺毗卢殿

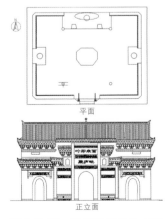

图 5-2-28　黄梅五祖寺毗卢殿
平面、立面图

3. 山门

在五祖寺南 100m 处，宋代建筑。麻条石券顶门，高 2m，宽 2m。山门两侧残存石砌围墙，长约 2m，宽 1m，高 1～2m（图 5-2-24、图 5-2-25）。

山门后面是新建的天王殿，天王殿是寺院主要殿堂之一。此殿始建于唐大中年间（874～859 年），后多次遭兵灾。1986 年由文化部门拨款重建，后因风格不一，1992 年又进行翻修。同时新塑四大天王、弥勒佛和韦驮等神像。

殿后为大雄宝殿，殿始建于唐大中年间（859～874 年），千百年来，它历经沧桑，几经复毁，最后一次兵焚于清咸丰四年（1854 年），仅存四面基石和石刻大佛须弥座。1985 年 3 月，昌明法师倡议，要求修复大雄宝殿。1988 年 12 月 6 日举行修复大殿奠基典礼，1983 年 10 月 13 日大殿落成竣工，前后历时 5 年。该殿是按原貌进行设计的，建筑全部采用钢筋水泥结构，殿为七大开间前后走廊，2 层飞檐斗栱，48 根大柱落脚，建筑面积为 865.7m²。大殿宽 34.1m，长 25.3m，高 19.8m，是中南地区最大的一座大雄宝殿。赵朴初先生为该殿题写了"大雄宝殿"4 个大字，（图 5-2-26）。

4. 毗卢殿

据传此殿系麻城信徒朝拜五祖显灵，从麻城挑来一砖一瓦修起一座殿堂，故而得名。该殿始建于唐大中年间（847～859 年），后多次兴毁，清光绪年间（1877 年）重建。1930 年毁于战火，但四面基石完好无损。新中国成立后，1962 年寺庙僧人募化修建，1981 年、1985 年又将殿堂维修一新。1987 年将麻城殿更名为毗卢殿，新塑毗卢佛像 1 尊，供奉于殿中。现殿堂面阔 3 间 14.15m，进深 3 间 11.76m。单檐硬山灰瓦顶，砖木结构，抬梁式构架。门额上书"西来四叶"4 个篆字。檐下遍饰斗栱。以毗卢殿为中心，东有千佛殿，西有圣母殿，后有真身殿（图 5-2-27、图 5-2-28）。

5. 圣母殿

清代建筑。系供奉五祖弘忍大师母亲周氏的殿堂。据记载：圣母周氏是唐朝女皇武则天赐封的。面阔 3 间 22m，进深 1 间 7.4m。单檐硬山灰瓦顶，砖木结构，抬梁式构架。门额隶书"圣母殿"。该殿始建于宋代，后几经兴毁，1984 年 8 月开始进行维修，1985 年 6 月完工，恢复了历史面目，重现风采。同时还新塑了圣母周氏神像，东西两边各塑了 5 尊侍女，姿态庄重，形态优美逼真，仿佛时刻听从圣母召唤。殿后墙嵌记事碑 1 通（图 5-2-29、图 5-2-30）。

6. 真身殿

原名祖师殿，乃是供奉五祖弘忍真身的殿堂。原在讲经台下，唐咸亨五年（674 年）修建，北宋元祐二年（1087 年）移至今址重建。自宋以后，屡建屡毁。殿面阔 3 间 17.2m，进深 1 间 8.1m。单檐硬山灰瓦顶，砖木结构，抬梁式构架。此殿分前、后 2 殿，两殿之间有一个大藻井，高大突兀，错落嵯峨，与毗卢殿的浑实形成鲜明的对比。殿后部中间有"法雨塔"，五祖真身即藏于此。塔壁四周上层，有数以百计的石刻小佛像和镌刻匾额。殿前左为钟楼，右为鼓楼。二楼造型一致，相互对称（图 5-2-31、图 5-2-32）。

殿内五祖真身（肉身）佛，据有关资料记载，毁于 1927 年兵灾。但民间传闻，兵灾时，五祖寺有一僧人趁兵荒马乱之机，偷偷地将弘忍大师的真身背下山来，藏到安徽宿松一带的大山洞中。近几年来，海内外佛教界人士纷纷打电话来信来函，

图 5-2-29　黄梅五祖寺圣母殿

图 5-2-31　黄梅五祖寺真身殿

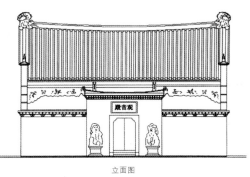

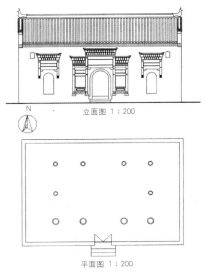

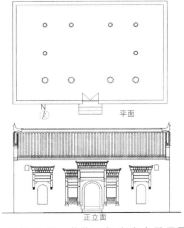

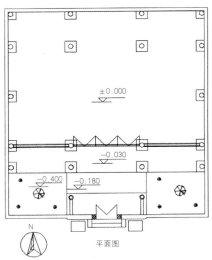

图 5-2-30　黄梅五祖寺圣母殿平面、
立面图

图 5-2-32　黄梅五祖寺真身殿平面、
立面图

图 5-2-33　黄梅五祖寺观音堂平面、立面图

有的还专程到黄梅五祖寺询问此事，有的是弘忍大师后继门徒弟子，愿出巨资寻找，至今仍不得而知。

7. 千佛殿

原名藏经阁，俗称观音堂。始建于唐大中年间（847 ～ 859 年），后几经兴毁，清光绪二十二年（1896 年）重建。殿面阔 3 间 20.1m，进深 1 间 7.9m。单檐硬山灰瓦顶，砖木结构，抬梁式构架。堂前有一门楼，门额隶书"观音堂"。1985 年 8 月新塑 1 尊观音佛像，栩栩如生（图 5-2-33）。

方丈室，清代建筑。建于乾隆四十八年(1783 年)。面阔 3 间 15.5m，进深 1 间 7.7m。单檐硬山灰瓦顶，砖木结构，抬梁式构架。双柱单间仿木结构牌楼式门，额隶书"方丈"2 字。殿西壁嵌石碑 1 通。

禅堂为清代建筑。面阔 3 间 9.7m，进深 1 间 5.9m。单檐硬山灰瓦顶，砖木结构，抬梁式构架。

白莲池为清代建筑。平面长方形，长 17m，宽 15m，深约 2m。麻石垒砌池壁。据《黄梅县志》载："五祖手植白莲于白莲峰顶"，故名。

主殿东侧有关圣殿、松柏堂、延寿殿，及第庵、华严庵、佛殿、斋堂、大寮房等；主殿西侧有长春庵、娘娘殿、方丈室、监院室、库房、小寮房等。

殿后为讲经台，宋代建筑。麻石依山垒成。平面方形，边长 7.87m，高 3m。相

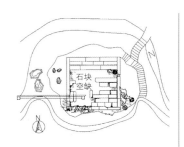

图 5-2-34　黄梅五祖寺讲经台平面图

传五祖生前及此后的历代主持僧俱于此讲经说法（图 5-2-34）。台东有授法洞，上可容十余人。洞上的舍身岩，高 200 余米，岩壁刻径 1m 的"德福" 2 字。岩南棋盘石下有莲花洞，洞旁有莲花池，相传弘忍亲手植莲于此。自古"东山白莲"便被誉为黄梅十景之一。

五祖寺内留下了许多宋代至清代的摩崖石刻。

8. 黄梅释迦多宝如来佛塔

位于黄梅县城东北 13km 的东山南麓小岗上，五祖寺一天门内的小山坡上。[①]东山，又名冯茂山。五祖寺，原名东山寺，亦名东禅寺，是佛教禅宗五祖弘忍大师亲手创建于唐永徽五年（654 年），也是六祖慧能大师得衣钵之地。相传，释迦、多宝二佛来五祖仙山圣境游览，在此休息。寺庙住持夜梦二佛到此，顿时大悟，特命造此塔以示纪念（图 5-2-35、图 5-2-36）。

塔为纪念释迦牟尼所建，建于北宋宣和三年（1121 年）。塔用青灰花岗石砌成，仿楼阁式石塔。平面八角，5 级，高约 6m。塔基平面正方形，边长 1.9m。上设八角形莲瓣束腰须弥座塔基，须弥座高 0.86m，束腰处饰壶门，壶门内各刻瑞兽纹饰，转角处上雕有挺拔的托塔力士 1 尊，庄严肃穆，威武劲健，栩栩如生。基座上置塔身，一层塔身高 0.8m，塔身上下两端均作卷杀，形如立鼓。每层塔身为山花蕉叶式檐，每层形制结构基本相同，最上一层设莲瓣宝盖，塔顶以仰覆莲刹座，上置覆钵和宝珠塔刹。塔体端庄稳重，雕刻秀雅玲珑，为省内所不多见。1956 年由湖北省人民政府公布为第一批省级文物保护单位。

第一层塔身南面凿有佛龛，内供跏趺坐佛像 1 尊，龛右壁镌"释迦多宝如来石塔"，左壁镌"住持僧法演沙门表白石口，宣和三年辛丑岁二月十六日"。右侧刻"僧惟口外化信土同建此塔"。背面三方均刻有建塔施主姓名。二级以上逐层收分减低，外形相同为立鼓式。向南面都是浮雕佛龛坐佛造像，唯二层右壁镌"上报"，左壁镌"四恩"；三层左壁依次为"下资有情"，"同沾功德"，"法界含情"。后方刻有"宣和三年辛丑"，"岁二月十六日记"，"当□匠人□周法用□修造人□邹"。塔檐均为山花蕉叶式。上置素面宝瓶刹顶。

图 5-2-35　黄梅释迦多宝如来佛塔

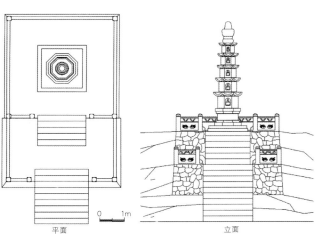

图 5-2-36　黄梅释迦多宝如来佛塔平面、立面图

9. 黄梅十方佛塔

又名七佛塔、七如来佛塔。塔位于黄梅县城东 13km 的东山五祖寺东山古道东侧。[①]北宋宣和三年（1121 年）由住持僧表白所建。塔为青灰花岗石构，仿楼阁式塔，平面八角，7 级。通高 5.4m。塔基立于自然岩块顶部。须弥座由 4 块岩块拼成八角形，须弥座高 0.67m，束腰镌有莲花状壸门装饰，已漫漶不清。须弥座上砌第一层塔身，第一层塔身特高，直如柱状，高 1.1m，正南面雕壸门，高为 0.9m，中部辟一火焰拱门佛龛，龛上有竖刻"十方"2 字，龛下刻一"佛"字，遂以此称塔名为十方佛塔。龛深 0.67m，内室高 0.9m，中设佛座但无佛像。塔身七面沿顺时针方向依次镌刻"南无多宝如来"、"南无宝胜如来"、"南无妙色身如来"、"南无广博身如来"、"南无离怖畏如来"、"南无甘露王如来"、"南无阿弥陀如来"等 7 佛名号，故又称为"七佛塔"或"七如来佛塔"。第二级塔身骤然缩短，仅 0.5m，其上则逐级减低，上下端收分很少。第二、三、四层南面均刻有佛龛，龛内雕刻佛像，神态俊俏，生动逼真，是石雕艺术的杰作。第五、六、七层无龛，皆单件叠砌，为八方素面。塔檐均为山花蕉叶式，塔顶上安莲瓣刹座，上安僧帽式塔刹，在湖北乃至在全国，这种塔刹都十分罕见（图 5-2-37、图 5-2-38）。

该塔有 3 个特征：一是低矮的须弥座与特高的第一层塔身，相似密檐塔形制。二是 7 级塔身，是五祖寺现存诸塔中之独见。三是独特的塔刹形制。由于该塔坐落于自然上举的岩石之上，愈显挺拔刚劲，体态秀美，形态俏俊，结构严谨，是研究宋代石塔的又一珍贵实物资料。

相传弘忍大师的十大弟子，在全国各地继承大师禅法，弘扬"东山法门"，但在世时他们没有机会相聚，圆寂后，他们相遇来东山朝拜祖师真身。其时，寺庙住持僧打坐时，禅悟梦见大师十大弟子齐到东山，特造此塔纪念。

10. 黄梅三千佛塔

位于黄梅县城东 12km 的东山五祖寺内二天门外东边 300m 处。该塔系宋宣和三年（1121 年）住持僧表白初建。挺拔俊秀，庄严辉煌，为寺庙一大名胜。[②]

塔平面八角，5 级，高约 6m，楼阁式塔，用青灰花岗石砌筑。下设八角双层须弥座塔基，高 0.8m，上雕仰覆莲瓣，束腰部刻四季花卉与瑞兽，相间四角各刻浮雕托塔力士 1 尊。第一层塔身用一整块八角形的石柱砌成，一级塔身高 0.7m，正面中部辟方形佛龛，深 0.69m。其余 7 方素面。各层出檐用 2 块青石合拼而成，呈蕉叶式出檐。其他层形制和结构与第一层相同，不过随塔身递减而尺度渐小。顶上设莲瓣宝盖，盖上安覆钵和宝珠塔刹。塔身第一层正面刻佛龛，第二、三、四层正面刻莲座佛像 1 尊。二层以上塔身渐次收分减低，各级正面浮雕莲花顶佛龛，佛像跏趺坐于莲座上。此外，在第二层塔身佛像右壁镌"三千"2 字，左为"佛塔"，以此合为塔名（图 5-2-39、图 5-2-40）。

相传，一天五祖寺正准备做法会，约有 3000 善男信女上山朝拜，走到此处。大雨倾盆。五祖真身命一僧人托起袈裟，把东山古道上空盖住，使上山参加法会的信徒未遭雨淋。后人建此塔纪念。

11. 黄梅法演禅师塔

塔位于黄梅五祖寺东 500m 处，宋代建筑。[③]八角形须弥座，五层，仿木结构楼

图 5-2-37　黄梅十方佛塔

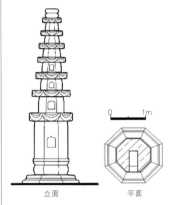

图 5-2-38　黄梅十方佛塔平面、立面图

立面　　平面

①作者与聂志国调查；丁安民. 黄梅古塔 [J]. 江汉考古,1980 (2)：104-105。

②作者与聂志国调查；丁安民. 黄梅古塔 [J]. 江汉考古,1980 (2)：104-105。

③黄梅县博物馆第三次文物普查资料，聂志国提供；国家文物局主编. 中国文物地图集.湖北分册（下）[M]. 西安:西安地图出版社，2002：464。

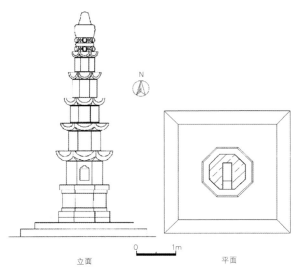

图 5-2-39　黄梅三千佛塔　　　　　　　　图 5-2-40　黄梅三千佛塔平面、立面图

图 5-2-41　黄梅法演禅师塔

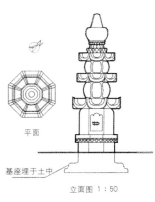

图 5-2-42　黄梅法演禅师塔平面、立面图

①李德喜. 麻城柏子维修设计方案
[R].2007。国家文物局已审批。

阁式石塔。塔为青灰花岗石垒砌，楼阁式塔。平面八角，3 层，高约 3m。须弥座下半部埋入土中，纹饰不详，上枭可见覆莲瓣纹饰。一层塔身粗壮，为八角柱体，上下无明显收分，高 0.67m，向南面作浅浮雕莲花拱门形象，门为板式，上刻门钉，中部浮雕门锁状物，穿于上下扣环中。二级塔身正面镌有"当山十二代法演禅师塔"，左侧面刻"十三世住山远立"，风蚀严重。可知此塔乃法演高徒"三佛"之一的佛眼清远为其师所立。二、三层塔身平矮，高仅 0.28 ~ 0.3m，均为金瓜形态，其 8 条棱角用凹陷刻纹取代，分离如瓜瓣，唯瓣面仍为平面，立面上下各有收分而略呈鼓状。塔檐为山花蕉叶式，顶部有高 0.25m 的 3 层仰覆莲瓣刹座，上置高 0.5m 的巨大的宝瓶塔刹，使全塔更显庄严稳重（图 5-2-41、图 5-2-42）。

　　法演禅师塔身这种立面的收分卷杀和瓜形断面同时结合于多层塔身造型的做法，是继承魏晋时代造塔的古老工艺，其形态只见于石刻和壁画。而五祖法演禅师墓塔堪称国内极为少见的现存于地面的实物形态，亲临塔前的古建专家均叹为观止。这种艺术上的独创性和古老的造型艺术手法，为我国研究古塔造型工艺史提供了极为珍贵的实物资料。

　　法演禅师为继五祖弘忍后数百年间本寺最负盛名的住持，世称五祖再世，名扬全国。其墓塔形制为本寺现有历代墓塔中所独有。名僧美塔，当为本寺镇山之宝。

二、古塔

（一）麻城柏子塔

　　位于麻城市东北 10km 的九龙山上。①据史载，塔系唐德宗建中四年（783 年）虚应禅师所建。也有传说是唐太宗为镇邪，命大将徐懋功所建。因塔顶有柏树盘根于中，逢立秋日午，塔四面无影，故名柏子塔。清代麻城文人郭兆春有诗云："孤塔势峻曾，丹霄插几层。虬枝蟠老柏，鹤梦落青藤。秋至日无影，石尖云起棱。斜阳一寻眺，何处问高僧。"

　　塔为砖仿木结构楼阁式砖塔，平面六角，边长 5m，9 级，抗日战争时期，遭日军炮击，毁损 1 级半，现残存 7 级半，残高 34.7m。塔基砌在由北向南的斜坡岩石上。塔身第一层南面设半圆形券门可进塔室，塔室长 1.7m，宽 1.6m，内设佛龛。东北面设半圆形券门，由此可入塔内，一至四层有穿心式阶梯直达五层，五层以上为螺旋式阶梯，可登顶远眺。塔身用青砖筑成，第一、二、三、七层东北、西南设门，三、五层南面设门，四层西南、北面设门，六层西北设门，其余各层设假门、假窗。塔檐一至六层用铺作砖雕斗栱承檐，七层以上改为四铺作斗栱承檐。斗栱之上的檐椽、飞椽，屋面结构相同。塔檐之上为平座斗栱，二、三层为五铺作斗栱，四层为四铺作斗栱，五层为 3 层仰莲承托平座，六层为 2 层仰莲承托平座，七层以上无平座，塔檐直接承托塔身。此塔收分圆和，递缩严谨，斗栱宏大，分布疏朗，假门、假窗雕饰精细（图 5-2-43 ～图 5-2-45）。1956 年由湖北省人民政府公布为第一批省级文物保护单位。2006 年由国务院公布为第六批全国重点文物保护单位。

　　柏子塔所在之地，是春秋时期著名的吴楚柏举之战的古战场。鲁定公四年（公元前 506 年），吴将孙武、伍子胥率吴军伐楚，会战于此，大败楚军，乘胜攻陷楚都城郢。另外，明代著名思想家李贽讲学，著名的龙潭寺、钓鱼台遗址，亦在附近。柏子塔是麻城的三台八景之一，民间有诗云：

　　"龟峰旭日报天明，道观烟霞万树倾。定慧海棠香千里，龙池月夜照三更。

　　桃林春色风光好，柏子秋阴气味清。瀑布流泉供远眺，麻姑仙洞唱幽情。"

　　（二）黄梅塔畈塔

　　位于黄梅柳林乡塔畈村。[①]塔平面方形，为 3 层楼阁式塔，麻石仿木结构，高 3m。塔身下设 3 层方形基座，3 层基座高 1.06m，上立方形塔身，第一层塔身边长 0.58m，高 0.69m，第二层塔身边长 0.5m，高 0.32m，第三层塔身边长 0.30m，高 0.30m，塔身上、下两端均作卷杀，形如立鼓。二、三层塔身正面均有浅浮佛龛，每层塔檐均为山花蕉叶式檐，形制结构基本相同。塔刹为仰覆莲刹座，其上有僧帽式塔刹（图 5-2-46、图 5-2-47）。整座塔造型古朴，端庄大方，其建筑形制、风格极具唐代特征。相传为一富家子弟为纪念五祖弘忍大师而建。

　　（三）黄梅高塔寺塔

　　又名百尺塔、乱石塔。塔位于黄梅县城东南隅。建于北宋天禧年间（1017 ～ 1021

图 5-2-43　麻城柏子塔

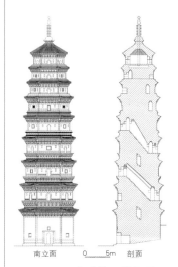
南立面　　0　5m　剖面
图 5-2-44　麻城柏子塔复原立面、剖面图

图 5-2-45　麻城柏子塔一层琉璃脊砖、斗栱

图 5-2-46　黄梅五祖塔畈塔

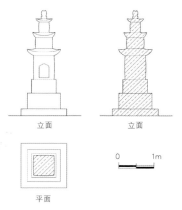
立面　　立面
平面　　0　1m
图 5-2-47　黄梅五祖塔畈塔平面、立面、剖面图

①作者与聂志国调查。

①作者与聂志国调查。
②王正明. 黄梅出土北宋塔铭 [J].
江汉考古，1987（1）：32。
③玉泉寺志编纂委员会编制. 玉泉
寺志 [Z]. 2000:35-39;周天裕. 中
国第一铁塔——当阳玉泉寺棱金
铁塔 [J]. 华中建筑，1998（1）：
119-125。

年）。相传塔前唐代建有古刹，初名弥陀寺，兵乱被毁。据史载："北宋天禧年间，沙门仁禀建殿堂舍宇及砖塔一座，13 级，高 170 尺，内有铁铸菩萨 1 尊，名高塔寺。"①

塔为清水砖塔，青薄砖砌筑，仿木结构密檐式塔，平面八角，边长 4.06m，13 级，高 32.84m。底层南向设半圆形门，入门后有长 2.8m 的甬道，内为长方形塔室，面积约 10m²。原有铁铸四大部洲菩萨 1 尊，现已不存。甬道和塔室均为叠涩圭形券顶。除底层设塔心室外，其他各层均为实心不能攀登，一层特高，高 5.65m，二层以上各层递减，每层塔檐施菱角牙子，在转角与补间处，施仿木构斗栱承檐，上雕檐椽和飞椽，然后又反叠涩砌出瓦面，最上层为叠涩圆锥顶式。各层塔身相间设有直棂窗或槅眼窗。在第三层每面嵌有 4 块雕字方砖，上面刻有"皇帝万岁"，"重臣千秋"，"民安物泰"，"□及有情"，"同□功德"，"共成佛道"、"上视当今……"等字样。此塔浑厚庄重，巍峨耸立，雄伟壮观（图 5-2-48 ~ 图 5-2-50）。高塔寺塔的塔身为"弧身"做法，即建筑平面的各边向里凹曲成曲线，在湖北地区是独一无二的，在我国的古建筑中也较为罕见。高塔寺塔的塔身做成"弧身"，使得塔体的抗风能力大大加强，充分反映了我国古代建筑技术的高度成就和匠师们的聪明才智。1956 年由湖北省人民政府公布为第一批省级文物保护单位。

此塔据碑文和志书载，弥陀寺建于唐，北宋天禧四年（1020 年）建塔。可是在 20 世纪 80 年代维修时，在塔的最上层塔心中，出土了一方塔铭，一面刻有"建塔施主唐守忠、守清、守贞、守珪，谨自大中祥符八年（1015 年）乙卯岁闰六月十五日癸巳安葬砖塔第一层舍利不住，砌二层安葬，至天禧元年（1017 年）丁巳岁四月十八日丙戌安葬十三层舍利砌毕，故书承记，院主仁禀"。据塔铭可知，此塔为唐姓宗族合资兴建，历时 3 年建成，从而纠正了碑记和县志上记载的时间。同时还出土有石函、银瓶、舍利子、金丝纽、水晶珠、唐、宋铜钱、石罐等。高颈荷叶盖银瓶，瓶内装有舍利。另有铜饰件、金弹簧、水晶球等文物。石罐内外置大量"五钵"、"开元通宝"及北宋年号铜钱等，也为我们提供了宝贵的科学资料。②

（四）当阳玉泉寺铁塔

玉泉寺位于当阳境内的玉泉山东麓。东距三国古战场长坂坡 12km。③玉泉寺依山而建。玉泉山原名覆船山，因形似巨船覆地而得名，山高 900 丈，气势磅礴，雄

图 5-2-48　黄梅高塔寺塔位置图

图 5-2-49　黄梅高塔寺塔

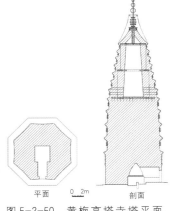

平面　　0 2m　　剖面

图 5-2-50　黄梅高塔寺塔平面、剖面图

伟壮观。山上古木参天，堆蓝叠翠，奇洞怪石，幽谷深藏。因其佳境独擅而享有"三楚名山"之誉。东汉建安年间，普净和尚在此结茅为庵。南北朝大通二年（528 年），梁武帝敕建覆船山寺。隋开皇十三年（593 年），高僧智顗奉诏建寺，因见山下珍珠泉清澈晶莹，泡似珠玉，将其改名玉泉，山以泉名，寺名亦由此而定，晋王杨广赐额"玉泉寺"。与栖霞寺、灵岩寺、国清寺并称天下丛林"四绝"。

玉泉寺中轴线上布置了天王殿、大雄宝殿、毗卢殿，坐西朝东。寺前溪流横贯，此塔建在溪东的小土丘上，丘南建有三楚名山青砖牌坊，皆偏离了中轴线。据清《当阳县志》载："铁塔在殿前，十三级，高七丈，重十万六千六百斤"，经实测塔通高 17.9m。第二层塔壁铭文云：塔系荆门军当阳市玉阳乡山口村八渠堡佛弟子郝言及其姨母等人，舍铁七万六千六百斤铸造。县志所载"十万"当系"七万"之误。据铭文，建塔的目的：一为做功德，奉佛；二为追荐先考先妣，祈求佛祖保佑"生界合家大小平安"。除郝言的亲属多参与了建塔外，赞助者还有本县大梨庄韩天锡夫妇一家，亦捐铁捐钱。地方官吏及邻县官吏、寺内僧众，都解囊相助，铸造了第三层，其铸造工匠及领班也有记载。铭文落款为"北宋嘉祐六年八月十五日"。其间历经风雨战乱，塔并未遭到大的毁坏。

塔原名"如来舍利塔"，因在玉泉寺前，俗称玉泉铁塔。塔身全为生铁铸造。平面八角，13 级，高 17.9m，是一座忠实仿木结构建筑的楼阁式铁塔。塔基座为双层须弥座，边长 1.3m，每层每边铸有"八仙过海"、"二龙戏珠"和仙山、海水、海藻等花纹图案，线条流畅，粗犷自如。塔隅各铸一托塔力士，全身甲胄。脚踏仙山，背负塔座，壮极威猛。塔身每层设腰檐平座，斗栱出檐。一至六层檐下斗栱为双杪单下昂六铺作偷心重栱造，平座为双杪六铺作偷心造，七层以上檐下为单杪五铺作偷心造，平座为单杪四铺作偷心造。塔身每层每面分别设 3 开间，明间大，次间稍小。明间设一壶门，次间各设一壶形假门，每层门窗，皆隔层相闪，其余的四面铸佛像。塔身二层的南、北、东、西四面分别铸有塔名、塔重量、铸造时间、工匠姓名及有关事迹。塔体构件系分件铸造，逐层装配，不加焊接，虽历经千年，坚实如一体。每层的柱、枋、斗栱、檩、椽都模仿真实，栱眼壁上都铸有佛像，耐人寻味。每层角梁前端铸出凌空龙头，悬挂风铎。此塔玲珑剔透，挺拔纤瘦。铁塔无论在铸造技术和艺术精巧上都达到了极高的成就（图 5-2-51 ～ 图 5-2-54）。1956 年由湖北省人民政府公布为第一批省级文物保护单位，1982 年被国务院公布为第二批全国重点文物保护单位。

图 5-2-51　当阳玉泉寺铁塔

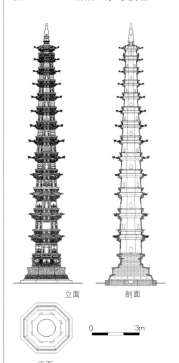

立面　剖面

平面

0　　　3m

图 5-2-52　当阳玉泉寺铁塔平面、立面、剖面图

图 5-2-53　当阳玉泉铁塔细部

图 5-2-54　当阳玉泉铁塔托塔力士

图 5-2-55　浠水舍利宝塔

图 5-2-56　红安桃花塔

图 5-2-57　红安桃花塔平面、
立面图

①李克彪. 湖北当阳玉泉铁塔塔基
　及地宫清理发掘简报 [J]. 文物,
　1996 (10)：43-50。
②作者与万小中调查；叶向荣. 浠
　水发现北宋"舍利宝塔" [J]. 江
　汉考古, 1982 (2)：36。
③作者与李文奇调查。
④作者与夏红胜调查；国家文物局
　主编. 中国文物地图集. 湖北分
　册 (下) [M]. 西安：西安地图
　出版社, 2002：473。

　　1993 年 2 月开始对铁塔进行解体拆卸抢修。由于塔基东北角下陷，塔身倾斜，1994 年 10 月 23 日开始对地宫进行清理。在清理塔基、地宫时发现了宋代回廊、供亭等建筑遗迹。①

　　（五）浠水舍利宝塔

　　位于浠水县城北 30km 的斗方山北麓，斗方山是鄂东佛教名山之一，因山势险峻，山形如斗而得名。②山上有古寨遗址，系蕲、黄"四十二寨"之一。山寨内有斗方禅林，系唐同光元年（923 年）无著禅师始建，宋代佛印禅师曾驻此传经。舍利宝塔建于北宋元丰五年（1082 年）。该塔原为 9 级，现残存 5 级半，残高 4.86m。石结构，全用素面灰砂岩石砌成，楼阁式，平面六角，塔基为须弥座式，高 0.65m。座周长 3.42m。塔身从第一层起，层层出檐，每层呈山花蕉叶形。每层塔身上、下两端带有收分，形如立鼓。第一层塔身西面刻一小龛，龛两侧各雕一佛像，形如武士，佛像刚健有力，栩栩如生。第二层塔身北面阴刻"舍利宝塔"4 字，西南面刻有"团陂市朱天觉舍钱造，刘良献勾当，元丰壬戌三月十二日癸巳"。三层以上皆素面。该塔设计巧妙，结构严谨，秀丽柔和，在秀丽山川的衬托下，其姿色更加诱人（图 5-2-55）。2008 年由湖北省人民政府公布为省级文物保护单位。

　　（六）红安桃花塔

　　位于红安永河镇桃花村。据《黄安县志》载，塔建于宋代，因地处桃花古镇，故名。其下原有寺院名"桃花大寺"，故桃花塔又称为"大寺塔"。③2008 年由湖北省人民政府公布为第五批省级文物保护单位。

　　塔平面六角，7 层，楼阁式空心砖塔，塔刹已毁，现残存高度 14.85m。塔基座为须弥座式，边长 2.4m。其上为塔身，塔身边长 2m。一层塔身特高，以上各层塔身逐层递减收分，各层塔身形制、式样基本一致。各层每面均面阔一间，第一层至第五层檐部均设斗栱，除一、二层塔身内部为空心体外，其他各层均为实心体。一层塔身砖砌，一层南向面均辟券门，内置方形神龛，神龛上部为叠涩式藻井，由条石拼砌。其中第一层神龛内部宽 1.0m，深 1.75m，顶高 1.70m，供奉太阳菩萨。每层六面正中嵌方形汉白玉匾，浮雕人物故事。第二层塔体除南向面辟券门外，其他各面正中均镶嵌白色石块，石块上浮雕灵芝纹图案，其中一面较清晰，其余各面剥蚀严重，图案模糊；第三层及其以上塔体均为砖块砌筑，其中第三层 6 面正中均置特制黑色砖块，其上浮雕如意纹图案，除 1 面损毁外，其余各面较清晰；其余塔层均无特殊装饰，顶部残缺，无塔刹（图 5-2-56、图 5-2-57）。

　　塔前约 20m 处原有桃花书院，现仅存遗址，毁于何时不可考。塔下百余步的山洼里有桃花大寺，最早见于《黄安县志》记载。屡建屡毁，最近一次毁于 1930 年。

　　（七）红安大圣寺塔

　　又名双城塔。相传，此塔原址有一座寺庙，香火旺盛。寺庙内有养猴之爱好，几经繁殖，猴群较大，经常盘绕于塔顶及各层沿壁上。又由于《西游记》孙悟空的传说，于是这座寺庙被人称为"大圣寺"。后几经战乱，寺毁猴散，仅存双城塔耸立在柳林河畔。④

　　塔位于红安县城北七里坪镇柳林河村（双城旧址附近），倒水支流柳林河右岸的岗地上。相传为唐时所建。据《黄安县志》载：元末农民起义军红巾军邹普胜、冯煊率部驻扎时所建。清同治十一年（1872 年）重修。2013 年由国务院公布为第七批全国重点文物保护单位。

塔为砖砌，仿木结构楼阁式塔，平面六角，13 级，高约 40m。塔门东向，循阶梯可盘旋至顶。塔身由下而上逐层递减，各层斗栱、腰檐、勾栏、门窗、神龛等，均以特制的砖件拼装，榫卯相扣，严密合缝。塔檐一至六层为五踩砖雕斗栱承檐，七层以上改为三踩斗栱承檐。斗栱之上的檐椽、飞椽、屋面结构相同。二、三层塔檐之上设有平座，其他层无平座，塔檐直接承托塔身。此塔收分圆和，递缩严谨，斗栱宏大，分布疏朗，假门、假窗雕饰精细。塔内顶棚与内壁均有斗栱承托天花，天花以莲花、牡丹、双线纹等装饰，布局有致，精巧玲珑。各层佛龛内供奉佛像，底层供奉地藏王。塔内设有阶梯，采用穿心式和螺旋式相结合的方法（图 5-2-58 ～图 5-2-60）。大圣寺塔通体比例均衡，收分圆和，形态健美，气势凝重，具有宋代建筑风格，理由如下：

（1）平面：大圣寺塔平面六角，砖仿木结构，与麻城柏子塔（唐塔）、红安桃花塔（宋塔）平面相同，是湖北唐宋塔最流行的平面。

（2）斗栱：斗栱做法，与麻城柏子塔、红安桃花塔相同。塔檐为砖仿木结构，一至六层为五铺作砖雕斗栱承檐，七层以上改为四铺作斗栱承檐。二、三层塔檐之上设有平座，平座为四铺作斗栱。四层以上无平座。檐下斗栱宏大，分布疏朗，结构逼真。

（3）结构：大圣寺塔属"砖阶梯塔"，其结构属"穿心式塔"和"回旋式塔"混合结构。与唐德宗建中四年（783 年）所建麻城柏子塔结构相同。塔身一层西面设有半圆形券门，内设塔心室。东面设半圆形券门，由此门进入塔内，一至三层设穿心式楼梯直达四层，四层为顺时针方向的螺旋式楼梯，可登顶远眺。

（4）天花：塔内顶棚与内壁均有斗栱承托天花，天花以莲花、牡丹、双线纹等装饰，布局有致，精巧玲珑。

（5）门窗：塔身一至十三层设有门、窗。门有真门、假门，窗为球纹格子窗。

（6）脚手架：从塔身外观察，当时修建塔身的外脚手架的洞还在，并未封闭。为我们提供了搭建脚手架的资料，十分难得，弥为珍贵。

（7）外观：大圣寺塔每层塔檐翼角升起，使塔檐成为圆和曲线，与黄梅城内高塔寺塔如同一辙，檐椽、飞椽、砖雕瓦面逼真。通体比例均衡，收分圆和，形态健美，气势凝重，具有宋代建筑风格。

（八）当阳清溪寺塔

位于当阳市玉泉办事处三桥村。[1]清溪寺据《重修青溪寺碑记》载："……自晋惠远祥师开基，继为卧云禅师道场，由晋历隋唐至明，中间千有余年，叠圮叠修，其祥远不可记。（明）弘治七年（1494 年），寺僧了仪重振宗风，寺遂以盛。嘉（靖）隆（庆）以来，……寺田日就荒芜，兼为豪强侵占，是时壁颓墙倾，几于香消烟冷矣。万历五年（1577 年）重修，天启七年（1627 年），寺僧洪定踵前人遗规，更加式廓，寺前溪环五曲桥，列三渡，寺中丰融，是荆郡一大丛林也。明末兵火屡惊，村舍半为丘墟，而大殿独岿然如鲁灵光殿，疑有神灵呵禁，历今百有四十余年，物久必敝，禁远则驰，昔时旧规，日渐陵夷。（清）乾隆丙子十一年（1756 年）重修，别院七处，

图 5-2-58　红安大圣寺塔

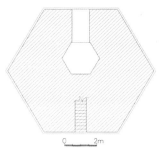

图 5-2-59　红安大圣寺塔平面图

图 5-2-60　红安大圣寺塔斗栱

①作者与李克彪调查。

图 5-2-61　当阳三桥村清溪寺塔

图 5-2-62　武昌兴福寺塔

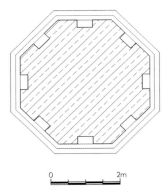

0　　　　　2m

图 5-2-63　武昌兴福寺塔平面图

散列大殿前后左右，参差不相联属。"民国年间寺院全毁，仅存清溪寺石塔。新中国成立后在此修建水库，石塔现耸立于水库之中，塔平面六角形，水上 4 层，水下不知几层，按水库深度，此塔可能为 7 级佛塔。现水面上二层刻有文字，模糊无法辨认。

此塔的年代，碑文和志书上均无记载，无法确认其年代，但从塔身、出檐的做法与黄梅五祖寺十方佛塔（1121 年）、浠水县城北斗方山舍利宝塔（1121 年）基本相同，因此我们判断此塔可能建于宋代（图 5-2-61）。

（九）武昌兴福寺塔

又名无影塔，位于武昌洪山西麓。传说夏至中午时分，此塔无影，故称"无影塔"，因兴福寺塔体小于宝通寺塔，俗称"小塔寺"。[①]兴福寺原名晋安寺，兴福寺始建于梁元帝萧绎承圣年间（552 ~ 555 年），原名晋安寺，隋文帝仁寿年间（601 ~ 604 年）始改今名。塔建于南宋咸淳六年（1270 年）。近代清军和太平军争夺武昌城时，寺院建筑物除石塔外，全部被毁。

塔原在洪山东端山麓（原中南民族学院内，今湖北省军区内），1953 年，因中南民族学院修建校舍，兴福寺塔被围入学院内。当时石塔已破裂倾斜，由文化部门将它迁移至今址——洪山西麓复原（图 5-2-62、图 5-2-63）。塔的前方是唐代著名学者和书法家李邕（北海）的故居——修静寺遗址。

塔为南宋度宗咸淳六年（1270 年）所建，石仿木结构的楼阁式建筑，高11.25m。塔基八角形，边长 2.4m，其上为八角形须弥座台基，边长 1.77m，再上为 4 层塔身，每层出檐，檐下刻四铺作和"人"字形斗栱。每面四周砌假门，其上浮雕佛祖、菩萨、罗汉、天王、力士、供养人和花卉动物等装饰，刀法曲折隐现，变化多端，极为生动。此塔为偶数分层，与我国一般佛塔奇数分层不同，形制较为特殊，为我国佛塔所少见。在塔南面小龛左侧刻有"住大洪山□□胜象兴福寺重修开山当代住持传法沙门静聚建"，右侧刻有"□□咸淳六年（1270 年）岁次庚午四月浴佛日知事僧宗杰趷"。由此可知，此塔重建于南宋咸淳六年（1270 年），从建塔到现在已有近 750 年的历史了。拆迁时，在塔身第一层的小方室内清理出 1 座鎏金立式佛像和 200 余枚宋代铜钱，现藏武汉市博物馆。兴福寺塔为武汉市现存年代最早的塔。2013 年由国务院公布为第七批全国重点文物保护单位。

第三节　隋、唐、宋代墓葬建筑

一、隋代墓葬建筑

（一）武昌东湖岳家嘴隋墓

1982 年在武昌东湖岳家嘴发掘一座隋墓，全长 7.94m，由券顶、甬道、前室、过道、后室和后耳室组成。[②]甬道长 1.3m，宽 1.12m；前室 1.32m，宽 3.64m；过道长 1.32m，

①丁安民. 无影塔 [J]. 文物，1960
　　（8-9）：95。
②武昌市文物管理处. 武汉市东湖
　　岳家嘴隋墓发掘简报 [J]. 考古，
　　1983（9）。

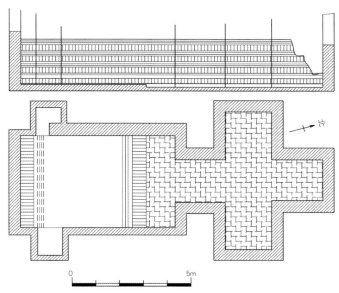

图 5-3-1 武昌东湖岳家嘴隋墓平面、剖面图
来源：武昌市文物管理处.武汉市东湖岳家嘴隋墓发掘简报 [J]. 考古，1983（9）

宽 1.12m；后室长 2.44m，宽 4m，后耳室长 0.74m，宽 0.64m；后室设有棺床，长 3.28m。墓室顶部已毁（图 5-3-1）。

墓室用 0.3m×0.17m×0.05m 模印的花纹砖砌筑，砌法为三顺一丁。花纹砖模印的部位不同，顺砖一侧为卷草花纹，丁砖一端印卷草花纹或女侍及持幡羽人。甬道、前室的丁砖是 2 块并列的女侍和 2 块并列的卷草纹砖相间砌筑，后室和后耳室是由 2 块并列的持幡羽人砖和 2 块卷草纹砖相间砌筑，墓顶楔形砖上也模印花纹。墓室嵌有画像砖：前室东、西中间各嵌 1 对男、女侍画像砖；过道东、西壁各嵌 2 对男、女侍画像砖；后室东壁嵌青龙，西壁嵌白虎。动物花纹砖 0.34m×0.17m×0.6m。墓室铺地砖为 2 方连续的莲花砖纵横交错铺砌，前室两侧和耳室为单向铺砌。

由于墓早年被盗，仅出有陶器、瓷器、残墓志等。

此墓规模较大，装饰华丽，随葬大批陶俑，可见墓主人的官阶和地位较高。

（二）武汉测绘学院隋墓

1982 年在武汉测绘学院校内发掘了两座隋墓，两座墓皆属长方形砖结构墓葬。[1] 32 号墓为双室墓。有东、西并列的两个长方形墓室，墓底长度均为 3.55m，东室底宽 1.06m，西室底宽 1.1m，二室之间有一个砖砌的长方形小孔相通，形成一个双室墓。两个墓室内各建有一个砖砌棺床，占据了墓室的绝大部分，东室的东壁、西室的西壁各筑有一个小龛，西室的前端安有排水管道。墓砖的规格有两种：砌墙砖为 0.35m×0.17m×0.06m，铺地砖为 0.36m×0.175m×0.35m。墓壁系用三顺一丁的砌法，壁厚 0.17m，恰是一块砖的宽度（图 5-3-2）。

四壁的墓砖，朝室内的一面，模印有二方连续的卷草花纹，棺床用莲花纹砖铺砌。并用两横两竖交错铺砌，形成四方连续图案。其他铺地砖为素面砖。另外在扰乱的墓砖中发现了两块造像砖，人物为一男一女，从人物造型来看，是武汉地区隋墓中常见的形象。

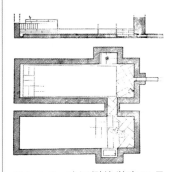

图 5-3-2 武汉测绘学院 32 号隋墓平面、剖面图
来源：武汉市文物管理处.武汉测绘学院院隋墓发掘简报 [J]. 江汉考古，1984（1）

①武昌市文物管理处.武汉市东湖岳家嘴隋墓发掘简报 [J]. 考古，1983(9)。

图 5-3-3　武汉市周家大湾 241 号隋墓造像砖

来源：湖北省文管会. 武汉市周家大湾241号隋墓清理简报[J].考古通讯，1957（6）

（三）武昌周家大湾 241 号隋墓

武昌周家大湾 241 号隋墓，长方形券顶砖室墓。墓坐北向南，由甬道、前室、后室组成。[1]墓室通长 9.28m。甬道长 1.41m，宽 1.28m。其内为长方形前室，长 1.53m，宽 1.28m，左右砌有耳室，耳室深 1.54m，宽 1.52m。由前室至后室有甬道相连，甬道长 1.53m，宽 1.52m。在后室的左右，分别置有耳室，耳室深 0.93m，宽 0.83m。墓室四壁遭到破坏，但仍可看出其结构是比较精致的，墓壁用四侧带卷枝叶形的花纹砖三横一竖垒砌而成，前、后甬道及前耳室嵌有造像砖（图 5-3-3），而后室左右除嵌有"青龙"、"白虎"砖外，另砌放置十二生肖的小方龛。墓室地面用莲花纹砖铺面，铺法是二直一横平铺，墓壁四周有排水沟，经墓门之排水管通往墓外。

随葬品有瓷器、铜器、铁器、钱币等共计 120 余件。

二、唐代墓葬建筑

湖北地区的隋唐墓，依据其建筑形制、尺寸、随葬品的数量和组合，以及壁画装饰的不同，大致可分为三型。

（一）Ⅰ型墓

Ⅰ型墓有长斜坡墓道，部分墓葬的墓道内还设有天井和过洞。砖甬道、砖室。这类墓葬又由于墓主身份的不同，而有所区别，可分为两个等级。

第一等级的有双室和单室砖墓。墓室和甬道的全长在 10m 以上，甬道的两侧有四个耳室，墓室的平面为长方形、弧方形或方形，穹隆顶。随葬品的数量多、种类全，一般有陶瓷器、铜器、金、银、玉制的装饰品，出有较多的陶俑，均装饰有壁画。这类墓葬有郧县李泰墓[2]、安陆吴王妃墓[3]。

1. 唐吴王妃杨氏墓

唐吴王妃杨氏墓位于安陆县城王子山南岗上，1979 年发掘。此墓是一座有封土带斜坡墓道的大型砖室墓。由墓道、甬道、前室、后室及耳室所组成。全长 34.4m，宽 6～8m，深 14.5m。平面呈"中"字形，方向 180°。墓道长 13.3m，宽 3.4m。甬道长 9.15m，宽 3.1m，残高 1.35～2.1m。东西两壁用条砖错缝平砌，甬道口砌"八"字墙。道口之后 0.9m 处安木质门框，木板门，门上安铜铺首一对，另有铜泡钉出土。甬道北端为前室，平面长方形，长 5.5m，宽 3m。前室中间和甬道两侧均设有排水管道，前用条砖封门。东西两侧各有 2 个耳室。长宽均为 1.44m，高 2.2m，用砖封门。后室紧接前室，条砖封门。后室平面略呈方形，长 6.5m，宽 6m，残高 0.45～0.6m。东西壁为一横二竖条砖砌筑，南北为二横二竖砌筑。后室西北部设有棺床，长 4.9m，宽 2.15m，高 0.15m。棺床上未发现棺木和人骨架。随葬品均出于后室，有陶器、陶俑、陶家禽、陶模型、金头饰、波斯银币、铜器、珠玉器及墓志等 300 余件。

此墓早年被盗，壁画被毁。墓室排水管道设计巧妙，起于后室门口，贯通四个耳室，至前室门口向东西分开进入甬道，沿两壁下侧至第一道墓门两边洞口流出（图 5-3-4）。

据墓志载，大唐吴王妃杨氏为吴王李恪之妃。李恪为唐"太宗第三子，武德三年（620）封蜀王，授益州大都督。贞观十年（636 年）又改封吴王。十二年（638 年）累受安州（今安陆）都督"。唐永徽四年（653 年），吴王因涉嫌谋反，"免官"，"诛恪"。

①湖北省文管会. 武汉市周家大湾 241 号隋墓清理简报 [J]. 考古通讯，1957（6）。

②郧县李泰墓的资料尚未正式发表，资料现存湖北省文物考古研究所内。

③孝感地区博物馆等. 安陆王子山唐吴王妃杨氏墓 [J]. 文物，1985（2）。

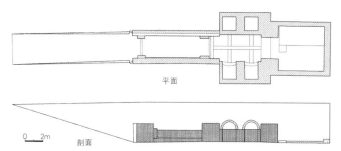

图 5-3-4　安陆王子山唐吴王妃杨氏墓平面、剖面图
来源：孝感地区博物馆等. 安陆王子山唐吴王妃杨氏墓 [J]. 文物，1985（2）

杨氏因而受株连，并招至挖墓抛尸的处置。

第二等级的单室砖墓，砖甬道的两侧多不设耳室，个别墓设有两土龛。墓室的平面为方形或斜方形，甬道偏向墓室的一侧，穹隆顶或四角攒尖顶，墓室和甬道的总长在 7m 左右。随葬品的数量和种类比较第一等级墓略少，也有壁画。这类墓有湖北郧县唐王李泰家族墓葬。

唐王李泰家族墓地位于湖北郧县城关东南隅，古称马檀山，这里三面环水，海拔高度为 150～170m。1973 年以来，在这里共发掘 4 座唐墓。其中有魏王李泰墓，其妃阎婉墓，长子李欣墓，次子李徽墓。李泰墓位于墓地的最南端，其妃阎婉与次子李徽墓略居中，长子李欣墓在偏北处。

2. 阎婉墓

阎婉墓是一座有封土带斜坡墓道的砖室墓，方向为南偏西 10°。[①] 由墓道、过洞、天井、甬道和墓室组成（图 5-3-5）。甬道及过洞均系直接在墓道与墓室之间掏洞修筑。天井一个，方形。甬道长方形，券顶以双层竖砖砌成。墓室呈方形，南北长 4.24～4.42m，东西宽 4.32～4.36m。墓室用三平一竖砌法，墓顶为错缝平砌的穹隆顶。棺床紧靠西壁，高 0.6m，宽 2.1m。墓壁绘有大量的壁画，但保存不好。只在甬道东西两侧留有四个男侍吏。出土遗物有陶、铜、银及铁器，共 34 件。

从墓志可知，阎婉为李泰之妃，是阎立德之长女。她伴随李泰父子两代颠沛流离，最后在与长子李欣赴环州居地途中，李欣遇难后，"羁旅艰虞，沉忧成疾"，于唐天授元年（690 年）薨于邵州官舍，享年 69 岁。后由李欣之妃周氏奉枢还葬洛州龙门，30 年后，又由其孙李峤迁葬郧乡（图 5-3-5）。

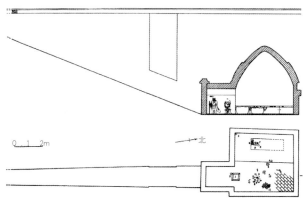

图 5-3-5　郧县唐阎婉墓平面、剖面图
来源：湖北省博物馆. 湖北郧县唐李徽、阎婉墓发掘简报 [J]. 文物，1987（8）

①湖北省博物馆. 湖北郧县唐李徽、阎婉墓发掘简报 [J]. 文物，1987（8）。

阎婉壁画保存情况较差，清理时已所剩无几。甬道东西两壁尚存 4 个人物，每壁 2 人，均为男侍吏。人物形体较大，其中保存较完整的一个高约 1.34m。人物均以黑线勾勒，填以不同色彩，因墓壁过于潮湿，壁画色泽已非常黯淡，但从人物的轮廓可以看出，画的技法娴熟，线条流畅，人物表情栩栩如生。甬道顶上原绘有星宿图，现大部也已脱落，但仍可看到部分红点及黑圈状的星宿，直径约 2cm。从地上厚约 10cm 的壁画残片堆积以及四壁残图画面看，墓室四壁原有通壁壁画。东壁的下半部尚隐约可见 2 个半身侍女。棺床侧面绘有壸门形图案，用黑线勾勒，填以红彩，状似床榻。棺床上亦用红彩画边，彩边宽约 0.10m。

此墓壁画脱落严重，一方面因墓室潮湿，另一方面则因壁画的制作问题。5 号墓是将白灰直接抹在砖墙上，然后在灰面上作画。6 号墓则是先在砖墙上抹一层黄泥，黄泥外涂白灰，再在白灰上作画。天长日久，当黄泥从砖墙上剥离时，壁画也一同大块大块地残损脱落了。

3. 唐嗣濮王李欣墓

这是一座有封土带斜坡墓道的砖室墓，方向为南偏东 22°。由墓道、过洞、天井及砖砌甬道、墓室所组成。[①]墓道与过洞，天井均用土填实。墓道南压在公路下，只清理北段 3.9m，宽 1.8m。过洞 2 个，顶为拱顶。天井 1 个，方形。甬道长 2.85m，宽 1.47m，高 2.5m，券顶。甬道东西两侧各砌一壁龛，高 1.25m，宽 .8m，深 0.16m。甬道与过洞之间用砖封护。墓室方形，各长 5m，高 6m，穹隆顶。墓室墙壁共砌 5 个壁龛，龛为券顶。西部为生土棺床，高 0.76 m，宽 2.84m，上面平铺条砖。棺床东西发现两排石柱础，中间遗有一截铁杆。据此分析，石础应是插挂幔帐用的。

此墓由于被盗，墓内大量进水，致使壁画被毁，仅在甬道西侧残存一戴进贤冠饰金蝉珥貂的侍臣头像。残存的随葬品也不多。

据墓志铭载，李欣是在携母阎氏赴荒僻的环州中途突然身亡的。后由李欣之妃周氏奉灵柩还葬于洛州龙门，30 年之后，由阎氏之孙李峤迁葬郧乡，时为唐开元十二年（724 年）六月二日。

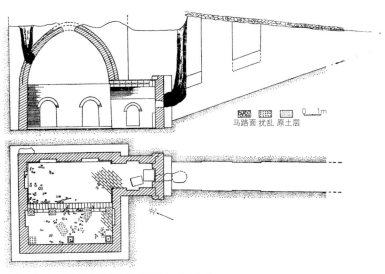

图 5-3-6　郧县嗣濮王李欣墓平面、剖面图
来源：高仲达．唐嗣濮王李欣墓发掘简报 [J]．江汉考古，1980（2）

①高仲达．唐嗣濮王李欣墓发掘简报 [J]．江汉考古，1980（2）。

4. 李徽墓

李徽墓位于郧县砖瓦厂东南方向的土包上。[①]墓向南偏西 10°。由墓道、甬道、墓室 3 部分组成（图 5-3-7）。墓道在甬道以南，残长 7m，从地表测得宽度为 1.75m，底部北端宽 1.96m，南端宽 1.80m，坡度为 22°。甬道两壁均涂厚约 1.5 ~ 2cm 的白灰层，其上原绘有图案，现因灰层剥落而无法辨清。甬道南端东西两侧各置 1 龛，平面略呈长方形，龛门砖砌，龛内为土洞，上涂 1 ~ 2cm 厚的白灰。东龛前宽 0.58m，后宽 0.66m，深 0.62m，高 0.9m，西龛前宽 0.44m，后宽 0.6m，深 0.56m，高 0.9m。两龛门均以红彩勾勒边线。南道南端以砖封门，共 3 层，皆为平砌。

墓室略呈方形，四壁内弧，每壁长度为：北壁 3.70m，南壁 3.84m，西壁 4.20m，东壁 4.06m。墓室残高 4.20m，盝顶。棺床位于墓室西部，与西壁相接，由 3 层平砖垒砌而成，长 3.80m，宽 1.66m，高 0.16m。上有朽木痕迹，并散落大量棺钉。甬道接墓室南壁，略偏东，长 2.96m，宽 1.34m，高 1.64m。甬道底部大多铺砖，仅在与墓室相接处一段宽 0.60m 的地段上无砖。恰于此段甬道两壁高 1.35m 处，发现东西对称的 2 个直径为 15cm 的土洞，疑为门轴；此处出土一鎏金铁锁，并有倒塌于墓室的一堆朽木痕迹，应为墓门所在。

砌筑墓室时先挖墓圹，铺地砖，然后起四壁，最后筑顶、封土。甬道则是由墓道北端挖洞，与墓室相通，然后铺地砖，砌两壁，最后起券、封门。墓室四壁错缝平砌，至 1.62m 高处四壁向内凸约 6cm，向上再砌五层，然后起券。在墓室各壁的正中，都砌有一个砖制的仿木斗栱。斗栱凸出墓壁约 0.05、高 1.62、宽 0.16m，上有彩绘，四栱各不相同。墓室四壁绘壁画，可惜多已剥落。

据墓志记载，墓主人李徽，字玄祺，陕西狄道人，系唐太宗之孙，濮王李泰次子。"贞观十一年封顺阳县开国侯"，"永徽四年改封新安郡王"；"永淳二年（683 年）九月二十三日寝疾薨于均州郧乡县"，享年 40 岁，"以嗣圣元年（684 年）三月十四日迁窆于马檀山"。

李徽墓墓道、墓门、甬道、墓室四壁及墓室顶部都绘有壁画。[②]壁画均系在白灰底上直接绘制而成。保存较完好的为墓室东壁，画面以壁中部的斗栱为中心分为对

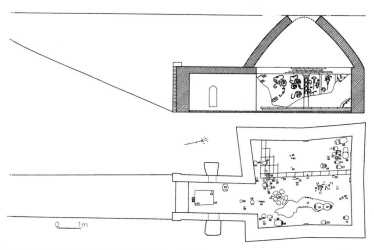

图 5-3-7　郧县新郡王李徽墓平面、剖面图
来源：湖北省博物馆. 湖北郧县唐李徽、阎婉墓发掘简报 [J]. 文物，1987（8）

①湖北省博物馆. 湖北郧县唐李徽、阎婉墓发掘简报 [J]. 文物，1987（8）。

②湖北省博物馆. 湖北郧县唐李徽、阎婉墓发掘简报 [J]. 文物，1987（8）。

称的两部分，原绘四个人物，每部分二人。靠近墓门的两人为一男侍和一女侍。男侍戴幞头，穿红色圆领长袍，腰系带，双手拱于胸前，端正肃立。女侍上穿红衣，下着绿花黄裙，腰系带，头梳螺形髻，黑眉朱唇，在面颊近眼处有一红点，左手执扇，右手下垂。另两人中一人画面已脱落，一人为女侍，发髻垂于两鬓，上穿红衣，下着绿花黄裙，腰系带，双手捧物。三人皆面向墓门。东壁斗栱上绘缠枝花草，红蔓上间以绿叶点缀，色彩绚丽。

北壁的壁画亦以斗栱为中心分为东、西 2 部分。东部绘 1 男侍手执缰绳，立一高头大马旁。人、马均着红彩，周廓及眉眼等处以黑彩勾勒，人、马比例悬殊，特别突出了马的高大剽悍。斗栱西部画面四周画一红框，又以 2 条红色竖线将画面分为 3 部分，形似屏风；3 部分壁画内容相同，均为大笔写意的花卉图案，白底红彩，间或有些绿彩相衬。斗栱上绘有圆吐状花纹。

西壁的北部壁画与北壁的西部相同，也、在一红框内以两条粗红竖线将画面分成三部分，均绘花卉。斗栱的南部亦绘花卉，与北部不同的是，没有画出屏风格式。斗栱上绘桃形花纹，一一相连，上下排列。

南壁因大部倒塌，壁画几乎荡然无存。

仅甬道门的两侧还可见一些残存的红彩痕迹，并隐约可见一人物穿下半截红袍。计原画应为两男侍于门的两侧相向而立。

墓室顶部原绘有星象图，但已剥落，仅可看到散布于室顶各部位的数十颗红点星宿，直径约 2 ~ 4cm。墓顶东部还依稀可辨一直径约 40cm 的大红斑，左右分置四足，形态近似蟾蜍。棺床的东南两边各有一道红彩边框。甬道券门上同样有红彩，由于剥落严重，只能看出花蔓枝条缠绕于券门周围。

（二）Ⅱ型墓

Ⅱ型墓有墓室、砖砌甬道、券顶。墓室的平面为长方形，甬道或墓室内有 2 ~ 6 个耳室不等，墓葬的总长在 5m 以上。随葬品的种类和数量均较 Ⅰ 型墓少，以陶器、瓷器为主，仍有较多的俑出现，但金、银、玉制的饰品很少见到。墓室内装饰有花纹砖和造像砖，未见有壁画。这类墓葬有武昌石牌岭唐墓。

武昌石牌岭唐墓

1982 年 12 月在武昌石牌岭湖北省轻工业学院内发现一座古墓。[①]墓位于该院运动场中部小土丘南麓，墓底距现地表约 3m 左右。是一座砖室墓，平面近似凸字形。方向为南偏西 60°。此墓前端甬道及墓顶均已残缺，现残长 7.2m，宽 2.66m，残高约 1.2m 左右。墓内遗有较多楔形砖，推测原为券顶。墓室由甬道、主室、耳室组成，甬道残长 2.5m，甬道底比主室低 0.24m。主室长 3.7m，主室的前端两侧有耳室，后壁下有一个小龛。左、右耳室规格一致：宽 0.62m，深 0.58m，券顶，高 0.80m。后壁小龛深 0.62m，宽 0.8cm，顶部已被破坏，残高 0.68m（图 5-3-8）。

三、宋代墓葬建筑

湖北宋代的墓葬，从构造形制看，可分为砖石墓和土坑墓两大类。墓室平面有多角形单室墓、方形或长方形单室墓、长方形双室和三室墓。

①武汉市文物管理处. 武昌石牌岭唐墓清理简报 [J]. 江汉考古，1885（2）。

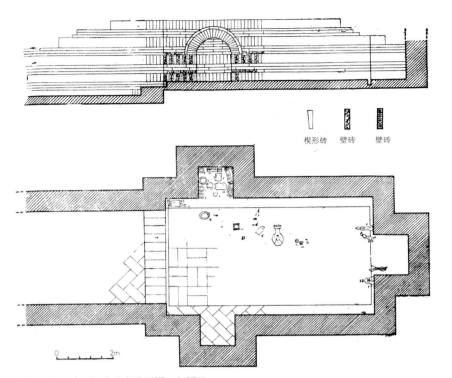

楔形砖　　壁砖　　壁砖

图 5-3-8　武昌石牌岭唐墓平面、剖面图
来源：武汉市文物管理处. 武昌石牌岭唐墓清理简报 [J]. 江汉考古, 1885（2）

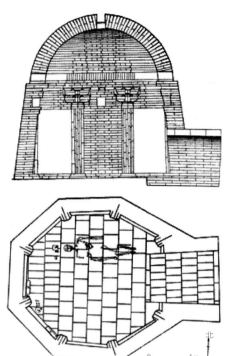

图 5-3-9　襄阳磨基山宋墓平面、剖面图
来源：襄樊市博物馆. 襄阳磨基山宋墓发掘简报 [J].
江汉考古, 1985（3）

（一）多角形单室墓

1979 年在襄阳磨基山清理的北宋崇宁三年（1104 年）张氏二娘墓，仿木结构砖室墓[①]。由墓道、甬道、墓室 3 部分组成，甬道长 1.28m，宽 1.24m，高 1.08m。墓室平面呈八角形，靠甬道一面宽 1.58m，其余方面各宽 0.9m，高 3.4m。墓室八角均砌倚柱，柱高 1.7m，宽 0.22m，向外凸出 0.01m。柱头上承普柏枋，柱头铺作斗栱为单杪单栱四铺作，每角 1 攒，共 8 攒，斗栱比立柱向外凸出约 0.06m。墓室墙壁均为平砖错砌，逐渐向内收缩。在至墓底 1.62m 处设有对称的 4 个小龛，小龛高 0.22m，宽 0.18m，深 0.18m。在高 2.14m 处内砌成穹隆顶。穹隆顶中央用铁链悬挂一面铜镜。墓室墙壁原涂有红色，似有壁画（图 5-3-9）。

（二）方形或长方形单室墓

湖北郧西校场坡 1 号宋墓[②]，平面呈"甲"字形，单室砖室墓，由墓道、墓门、墓室 3 部分组成（图 5-3-10）。墓道正南，清理前已遭破坏，残长 1.1m，宽 1.16m，地面用长方形砖铺地。墓门南接墓道，门上用长方形砖砌成仿木构建筑门楼，上部已遭破坏。通高 2.8m，两柱上砌出柱头铺作一朵，柱间砌补间铺作一朵，均为一斗三升出头的"把头绞项造"。门道深 0.8m，宽 0.84m，高 1.2m。东西二壁在高 0.85m 以下为平砌直壁，以上系出檐砌合而成的叠券。地面用方砖铺地。门用长方形砖封闭。墓室方形，长、宽各 2.6m，顶已塌，似为攒尖顶。四壁用砖和略加工的长砖砌成，东、西二壁中央各砌 1 柱，北壁砌 2 柱，斗栱为"把头绞项造"。北壁砌有板门和直棂窗。墓室内的棺床，分东西两棺床，用素面砌成，上用铭文砖铺面，棺床长 2.58m，宽 0.86m，高 0.1m。葬具已配，仅存人骨架，为仰身直肢葬，头南足北。

① 襄樊市博物馆. 襄阳磨基山宋墓发掘简报 [J]. 江汉考古, 1985(3)。
② 王假真. 湖北郧西校场坡一号宋墓 [J]. 考古, 1989（9）。

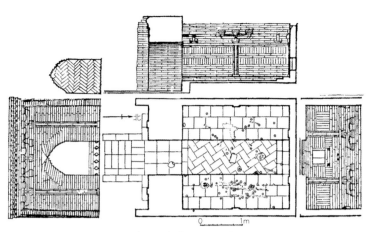

图 5-3-10　湖北郧西校场坡 1 号宋墓平面、剖面图
来源：王假真. 湖北郧西校场坡一号宋墓 [J]. 考古，1989（9）

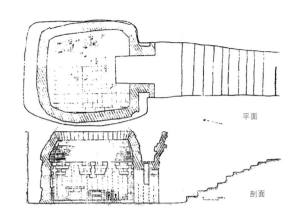

图 5-3-11　襄阳刘家埂北宋 5 号墓室平面、剖面图
来源：襄樊市博物馆. 湖北襄阳刘家埂唐宋墓清理简报 [J]. 江汉考古，1994（3）

出土的随葬品有陶器、瓷器、银环、铜钱、画像砖和铭文砖，共计 122 件。

1992 年在襄阳刘家埂发掘了 4 座北宋中期墓葬①，皆为仿木结构的穹隆顶砖室墓，均有"八"字形阶梯墓道，除 4 号墓壁为单砖错缝平砌外，其余为横顺错缝平砌。墓室结构除 1 号墓简陋外，其他 3 座均为庭院式建筑风格。墓有牌楼、甬道、墓室等部分组成，墓室底部铺地砖呈"凹"字形，甬道处无铺地砖。这 4 座墓平面呈方形和近方形，墓内四角均有立柱。各墓室高矮不一，至普柏枋处，在墓室内西壁都绘有 1 桌 2 椅图案，东壁筑有灯台，上置 1 陶盏。整个墓室内和牌楼迎面用石灰粉刷，并绘有彩画，现已脱落，仅见痕迹。

5 号墓墓道朝南，残长 5.5m，宽 1.4 ～ 2m，残存阶梯 13 级。墓门两侧有立颊，上方有门额，门额上承雕砖单杪，五铺作斗栱 3 攒，上托方形檩条和方形飞椽，再上为砖雕瓦面，残高 2.5m。封门砖横斜错缝平砌，呈锯齿状。

墓室底部平面近方形，南北长 3.32m，东西宽 3.5m。墓室内壁呈弧形；东西两壁各宽 2.3m，北壁宽 2.2m，高 1.3m。四角立柱上托斗栱，四面墙中间各安 1 朵斗栱，形成一周，共 8 朵，每朵宽 1m，斗栱上有普柏枋一周，再上聚砌成穹隆顶。券顶已残。墓室内下部墙面分别砌饰有家庭陈设图案。从图中可以看出，西壁应为客室，砌有一桌两椅，桌上放有方形物；北壁应为卧室，中间下部有门，门的两侧为百叶窗；东壁为厨房，墙面中间有 1 案板，上放 1 圆形砧板，北侧有 1 饭桌；南侧放置有火钳和勺及灯台等物（图 5-3-11）。

买地券 1 方，石质。方形（一角已残），较薄。正面有字 4 行，每行 4 字，右上角缺 2 字："（天）（圆）地方，律令九章，合立宝契，永镇墓堂。"周边有"八卦"文，表示天、地、水、火、山泽、雷风等。背面书写正文 16 行，现已脱落，周边为波涛及云纹。

5 号墓为夫妻合葬墓。4 座墓出土器物较少，仅有的几件石器、瓷、陶器、铜钱等。从墓坑的排列看，是从东至西排列，无扰乱现象，这可能是一处家族墓地。5 号墓处于最东端，并用木棺，墓室也最豪华壮观，因此认为此墓是这个家族中最高权威者。

①襄樊市博物馆. 湖北襄阳刘家埂唐宋墓清理简报 [J]. 江汉考古，1994（3）

（三）长方形双室墓

1．稀水城关侯严墓

稀水城关北宋元祐四年（1089 年）侯严墓，位于浠水县龙潭山南坡，坐北朝南。[1] 此墓原地理位置与环境较好，依山濒湖，背风向阳，前后青山绿水辉阳，堪称风水宝地。

该墓双室，全为石板构筑，系夫妻分室合葬，男右女左。两室均为长方形，室前均设有同等大小的享堂（或前堂）。墓室长 6.07m，前宽 3.2m，后宽 3.78m，总面积为 23m²。享堂盖板虽与主室盖板同高平齐，但底石抬高，故享堂比主室的内空高度为小，仅高 1m。左右两主室的高宽相同。主室后部高 1.77m，前部略低，宽度也比后部略微窄小。两室中部均宽 1.4m。室长 3.96m。

墓室盖板和周围墙壁以及中间隔墙的石板、石条均系灰麻石。各盖板之间以子母口相搭接。墓室的两边墙和中间隔墙以及北头横档墙均为 6 块长条石叠砌而成。墓室四角均有方形石柱，以子母口衔接和稳固纵横两墙的条石。左右两边墙中间各有长方形石柱 1 根，亦以子母口衔接和稳固边墙两头的条石。

享堂和主室中间的横隔墙均有似门的结构，但门扇呈关闭状，不能活动。左室似门的石板上有似乳钉状的小凸饰，每扇门上有 4 排，每排 6 个。两享堂之间的中隔墙有 1 窄狭门洞，门洞一侧紧靠主室前墙，另一侧有 1 石质立柱。除立柱外，即由上下一宽一窄的 2 块石板侧立构成隔墙。两享堂的外墙均为长条石叠砌，接近顶处则用 1 块石板向内倾斜 40°左右，呈覆斗状（图 5-3-12）。

墓内葬具已朽，仅存杉木棺材底板。出土随葬遗物比较丰富，有石质墓志铭、瓷器、陶器、石器、铜器、铁器、银器、木器以及铜质钱币等多种，共 110 多件。

墓志铭 2 块，一为墓主"宋隐居侯君墓志"，一为墓主夫人"宋故夫人墓志"。均为青石制成，皆为墓碑形状。"侯君墓志"置于右空前面的享堂，"宋故夫人墓志铭"置于墓室。

2．麻城阎良佐墓

1964 年在麻城县阎河发现的北宋阎良佐墓。[2] 墓室平面近方形，双室，全部用麻石切成，圆券顶。墓全长 4.84m，两室宽 4m，高 2.06m。左右两室又各分为享堂和棺室 2 部分，享堂在前，棺室在后，中间设门相通。门在棺室与享堂之间，向外各设两扇门扉，每扇系一整石，上无纹饰，各扇门扉大小相同。门高 1.16m，宽 0.63m，厚 0.08m。门扉上下有轴，似可自由开启。在门的横石上又砌有双重门楣，上重呈半圆形，与墓顶相接。享堂深 0.78m，宽 1.76m。堂中间置 1 长方形石祭台，台长 0.94 ～ 0.96m，宽 0.4 ～ 0.44m，高 0.26 ～ 0.32m。台上放着随葬品。棺室长方形，长 3.62m，宽 1.56m，高 1.72m。右室墓底用条石平铺，棺床用 3 列条石平铺，长与室同，宽 1.08m，高 0.14m。左室用青砖铺地。两室之间紧嵌一合墓志铭，墓志将两前室隔开，互不相通。墓壁和隔墙以石条平铺叠砌，墓壁壁脚呈覆盆形，壁的上檐呈栌斗形，其上托着券顶。前壁系用 11 块条石侧立嵌砌，衔接处凿有子母榫，榫卯间有粘合料，异常牢固，后壁置有方龛，龛高 0.98m，深 0.18m 宽 1.08m（图 5-3-13）。

该墓出土器物计有墓志 1 盒，陶坛、白瓷坛、影青瓷缸、铜灯、铁锁、石砚各 1 件，影青碗 2 件，铜镜 3 面，金质饰片 6 件，铜币 1000 余枚。墓志记载：墓主死于大观

[1] 浠水宋墓考古发掘队. 浠水县城关镇北宋石室墓发掘简报 [J]. 江汉考古，1989(3)。

[2] 王善才等. 湖北省麻城北宋石室墓清理简报 [J]. 考古，1965（1）。

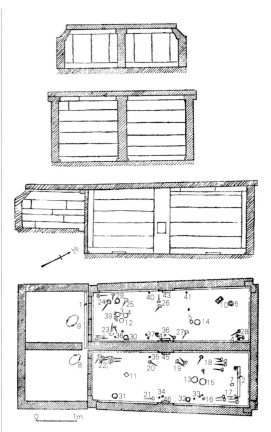

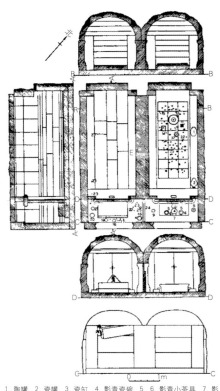

图 5-3-12　浠水县城关北宋石室墓平面、剖面图
来源：浠水宋墓考古发掘队. 浠水县城关镇北宋石室墓发掘
简报 [J]. 江汉考古，1989（3）

图 5-3-13　麻城阎良佐石室墓平面、剖面图
来源：王善才等. 湖北省麻城北宋石室墓清理简报
[J]. 考古，1965（1）

1. 陶罐　2. 瓷罐　3. 瓷缸　4. 影青瓷碗　5、6. 影青小茶具　7. 影
青小瓷碟　8. 影青瓷托盏　9、21. 绿釉小碗　10. 大铜镜　11. 方
形铜镜　12. 菱形铜镜　13. 金饰片（共六片）　14. 石砚　15. 银
钗　16. 铜灯　17~19. 影青小瓷碟　20. 影青白瓷碗　22. 铜钱
23. 小铁钉　24. 墓志　25. 瓷片　26. 铁锁

四年（1113 年），葬于政和三年（1113 年），有明确纪年。他未做官，是一个拥有土地较多的地主，他的 6 个儿子有 5 个中了"进士"，他的女婿也是"进士"，并和"士大夫亦多与游焉"。这对了解北宋的葬俗和科举制度有一定的意义。

3. 茅竹湾胡氏墓

1986 年发掘的英山茅竹湾村的北宋政和四年（1114 年）胡氏墓，该墓为岩坑竖穴双室石椁墓[①]。墓坑凿岩而成，南北长 6.2m，东西宽 3.7m，深 2.6m。石椁仿木结构，由青麻石条、石板嵌砌，整体呈长方形，椁长 5m，宽 3.4m，前堂椁高 2.26m，双室椁高 2m。椁盖石板规格不一，分东西 2 列，东列 7 块，西列 6 块。堂室之间设石门沟通，棺室由隔梁纵向隔成 2 室，隔梁由 3 根立柱和条石在柱间叠砌而成，隔梁中立柱的上端呈斗栱状，斗栱上横置 1 块凿有云纹图案的石条。二室共一前室，前室净高为 1.9m，宽 2.84m，进深 1.08m，中部立 1 根八方石柱擎托石梁，构成东西 2 个八方穹隆顶，穹隆盖石下面，分别各置青铜镜 1 件，铜镜镶嵌严密，互为对称。

前堂有门通墓室，门高 1.36m，宽 1.26m，厚 0.09m，二门均用 3 块长、宽、厚相等的石板横嵌，结构十分严密。石门由门柱、门额、门楣、门扉组成，石门高 1.08m，宽 0.59m，厚 0.12m，能向前堂方向启动，门扉外面有 2 把铁锁。从棺室内可见门楣呈垂帘状饰，门扉背面有阳刻四瓣勾连变形花草图案，门扉正面阳刻有心形图案。

双室等大，长 3.46m，宽 1.24m，净空高 1.48m，两室中部，各有带榫槽的弓形石条，

①黄冈地区博物馆等. 英山县茅竹湾宋墓发掘 [J]. 江汉考古，1988（1）。

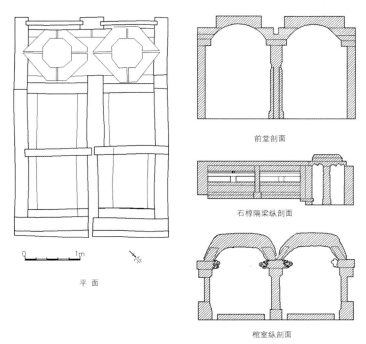

图 5-3-14　英山县茅竹湾宋墓平面、剖面图

来源：黄冈地区博物馆等. 英山县茅竹湾宋墓发掘[J]. 江汉考古，1988（1）

分别插入向内倾斜的两边墙板上，以承受盖顶石的压力。墓室头部设小龛，龛高 1.18m，宽 1m，进深 0.34m，龛上顶部呈垂幔状。双室底部，平铺有石板棺床，棺床两侧，设置有排水沟糟，宽深均为 0.12m，绕棺床延伸至室门，汇集于前堂，从棹门中间石柱流向堂外（图 5-3-14）。

此墓出土墓志一方。从墓志可知，此墓为夫妻合葬墓。墓主为胡氏夫人，葬于北宋政和四年（1114 年）。

4．柏泉北宋墓

1982 年的在武汉市东湖柏泉农场红星大队祝冲生产队发现古砖室墓一座。[1] 墓顶距地面高约 1.1m，墓底距地面高约 2.75m。此墓是一座分室合葬的砖室墓。两室平面呈狭长椭圆形。两室紧靠，互不相通，各有墓门，平砖封门。墓室用灰色砖砌筑，砖长 0.3m×0.14m×0.04m，砖上无任何纹饰。

两墓室通宽 3m，相连处隔墙宽 0.2m，隔墙上部已被破坏；可能为盗墓者所毁。西室长 3m，中宽 1.34m，前端宽 0.9m，后宽约 0.8m，墓门宽 0.70m，门柱长 0.38m，宽 0.26m。东室长 3.1m，中宽 1.46m，前端宽 1.1m，后墙宽 0.70m。墓门宽 0.88m，门柱长 0.30m，宽 0.27m。两室边高 0.7m，由 11 层砖砌成，砌法由下而上是横六竖一和横三竖一。再上由砖（东面墙 17 层，西面墙 15 层）平行内收叠涩砌成狭长覆形墓顶。两室顶部均遭破坏。墓内葬具已全腐烂，残存有棺钉，在南室后部发现有漆皮（图 5-3-15）。

5．孝感大吉湾杜氏墓

1976 年 3 月在孝感大吉湾清理的靖康元年杜氏墓，属于长方形双室并列墓，两室大小相同，各长 3.3m，宽 0.88m，高 0.94m。[2] 四壁用砖错缝迭砌，至高 0.8m 处迭砌红条石一周，以红石条横向并列盖成平顶，双室之间开有通道，通道直壁券顶，墓底平铺一层青砖、两棺底部均垫枕木（图 5-3-16）。

①武汉市文物管理处. 武汉市东西湖区柏泉北宋墓发掘简报[J]. 江汉考古，1983(1)。

②孝感市文化馆. 湖北孝感大吉湾北宋墓[J]. 文物，1989（5）。

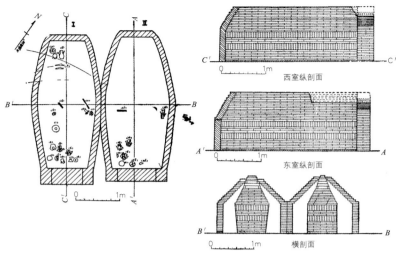

图 5-3-15　武汉东西湖区柏泉北宋墓平面、剖面图
来源：武汉市文物管理处. 武汉市东西湖区柏泉北宋墓发掘简报 [J]. 江汉考古，1983（1）

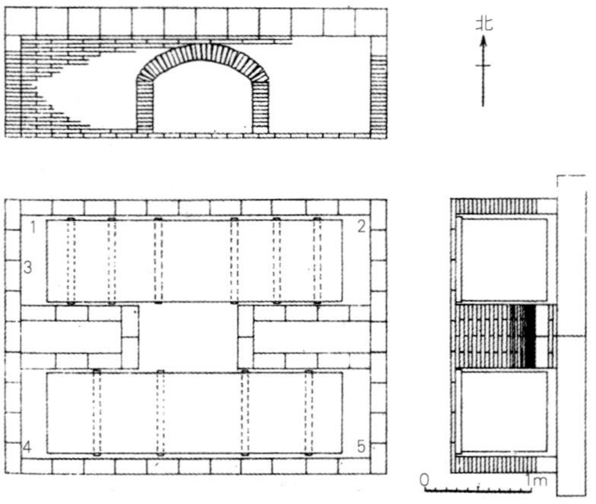

图 5-3-16　孝感大吉湾杜氏墓平面、剖面图
1、4—铁牛；2、5—铁猪；3—铁地券
来源：孝感市文化馆. 湖北孝感大吉湾北宋墓 [J]. 文物，1989（5）

　　随葬品计有瓷碗 2 件，瓷碟 2 件，铁猪、铁牛各 2 件，石质买地券 2 方，铜钱 15 枚。买地券记载：北室所葬者杜氏卒于宋徽宗宣和二年（1120 年），葬于宋钦宗靖康元年（1126 年），有明确纪年。此墓出铁猪、铁牛反映了道教的影响。买地券正文冠以"合同"2 字，颇为少见。

　　6. 云梦罩子墩北宋墓

　　1983 年在云梦罩子墩发掘的罩子墩 2 号墓、3 号墓。[①]2 号墓墓室（或称椁室）平面呈长方盒形，椁长 3.52m，宽 1.66m，高 1.7m。平顶，椁室上横铺八块长 1.6～1.74m，宽 0.36m 的红砂条石，椁墙均用长约 1.7m，宽 0.36m 的条石嵌砌而成。石椁分棺室与头箱两部分，头箱与棺室以石门间隔，石门上置门楣，门楣下嵌工字形门框，门前设有宽 0.84m，厚 0.37m，高 1m 的两块封门石，棺室内仅存腐烂的棺板，随葬品放在头箱。出有瓷碗、瓷盥各 2 件，器座 1 件，铜钱 56 枚。

　　1983 年在云梦罩子墩发掘的罩子墩 3 号墓，平面呈长方形，椁长 3.9m，宽 1.62m，高 1.94m。椁室上用三层角石拱砌金字塔式墓顶，椁室四壁均用长 0.95m，宽 0.37m 的红砂石条嵌砌而成。在墓壁与墓顶接合部的条石上浮雕着影作木（斗拱）结构，椁室内分椁室和头箱二部分，头箱与棺室之间由石门间隔，石门上有门楣，门楣下置拱形门框，棺室内的木棺已腐烂，随葬器物均置于头箱与棺内，出有银碗 2 件，银豆 1 件，银盘 3 件，银奁 1 件，银水盂 1 件，银匕 1 件，银筷 1 双，铜币 68 枚（图 5-3-17）。

　　两墓埋葬的时间都在北宋后期，他们的墓室规模虽然相距不远，但在墓室结构和随葬品的类别上存在着明显差异，反映了墓主人社会地位和经济实力的不同，罩子墩三号墓这批银器的出土，对研究当时地方社会经济应具有一定的价值。

　　（四）三室墓

　　1. 秭归杨家沱宋墓

　　1997 年在秭归县沙镇溪镇杨家沱发掘 1 座三室相连的拱顶砖空墓。[②]墓坑长 4.2m，宽 3.4m。三室为东、中、西室，皆残存后部券顶。东室券顶高 1.7m，内空长 2.8m，宽 1.1m，高 1.55m；中室券顶高 1.85m，内空长 2.8m，宽 1.2m，高 1.7m；西室券顶

①张泽栋. 云梦罩子墩宋墓发掘简报 [J]. 江汉考古，1987（1）。
②国务院三峡工程建设委员会办公室，国家文物局编. 湖北库区考古报告集（第三卷）[M]. 北京：科学出版社，2005。

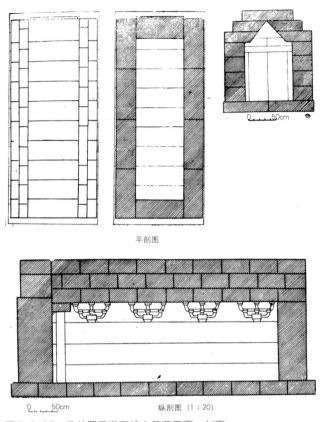

平剖图

纵剖图（1：20）

图 5-3-17　云梦罩子墩石椁 3 号墓平面、剖面
来源：张泽栋. 云梦罩子墩宋墓发掘简报 [J]. 江汉考古，1987（1）

高 1.75m，内空长 2.8m，宽 1.1m，高 1.6m。三室并列，互不相通，券顶都用长方形楔形砖，用石灰勾缝，墓顶也有一层薄薄的石灰，石灰质地较纯，没有加其他混合物。

东室后壁有 3 个长方形小拿，有长方形砖铺地砖，均为横砌。中室后壁有 1 个二层台，为祭台，祭台上部已被破坏，有铺地砖，为方形砖。西室后壁有与东室一样的 3 个长方形小龛、后壁上刷有石灰，石灰上绘有壁画。西室没有铺地砖，只在墓底均匀地铺盖 1 层黄沙（图 5-3-18）。

东室与中室，西室与中室相连的墓壁为空心墙结构，中间填充有黄土。因早年破坏，清理祭台、壁龛中均没有发现随葬物品。

西室后壁上绘有为一副供奉的神龛图，1 男 1 女居于 1 斗栱结构的房屋之中，2 人之间还有 1 朵盛开的莲花，1 只展翅的小鸟。男者红衣白裙，女者白衣红裙。二人皆为站立姿势，脚下为 1 脚踏，上有 3 朵红色花纹。二人所居的红色帷帐、发式也清晰可见。壁画所用颜色主要为红、黑二色，为含矿物质的颜料，虽历经千年风雨却依然清晰可辨。

由于该墓经多次扰乱，随葬品仅发现 1 枚"元祐通宝"，系北宋哲宗年间（1086～1193 年）铸造使用。杨家沱发现的壁画墓在整个三峡地区尚属首例，这对研究当地的民风及葬俗颇有价值。

2. 武昌傅家坡南宋墓

武昌傅家坡南宋墓，为长方形单室砖石结构，全长 4.6m，宽 1.84m，残高 1.3m。[①]

图 5-3-18　秭归杨家沱宋墓
来源：国务院三峡工程建设委员会办公室、国家文物局编. 湖北库区考古报告集（第二卷）[M]. 北京：科学出版社，2005

①湖北省博物馆. 武昌傅家坡宋墓发掘简报 [J]. 江汉考古，1988（3）。

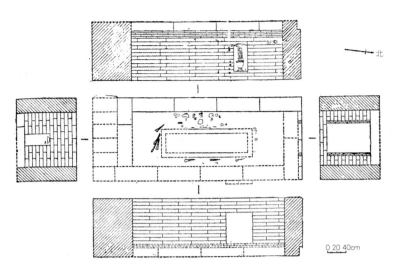

1. 魂瓶　2. 碗　3. 盆　4. 碗　5、6. 盆　7. 罐　8. 碗底　9. 钵　10. 石饰　11. 铜钱　12. 棺钉　13. 墓志

图 5-3-19　武昌傅家坡南宋墓
来源：湖北省博物馆. 武昌傅家坡宋墓发掘简报 [J]. 江汉考古，1988（3）

墓室砌法与宋代一般墓葬相同。其东、西、南三壁均为错缝平砌，自底而上先用大型灰砖（长 0.64m，宽 0.44m，厚 0.08m）平砌十二层或十四层，然后再砌二～四层小砖（长 0.24m，宽 0.08m，厚 0.03m）。北壁较特殊，除转角处为砖砌外，中间部分则是以墓志封门，然后在四壁上沿墓圹砌一周石条，最后仍以石条盖顶。石条都经过切凿修整，一般长 0.73～1.03m，宽 0.35～0.37m，厚 0.20～0.21m。墓室内东、西、南三面墓壁内砌有小龛。西壁龛为长方形，仅上边为弧状，龛高 0.62m，宽 0.30m，深 0.23m，距底 0.2m，龛内置一谷仓罐。东壁龛因墓壁在清理前已破坏，故不知其全高。残高 0.72m，宽 0.58m，深 0.40m，距底 0.32m；南壁龛亦残，残高 0.56m，宽 0.26m，深 0.26m，距底 58m，龛内有一碗。墓砖均素面无纹。墓室无底砖，土质呈黄褐色，较纯净。墓底中部尚存棺木残迹，四周并有黑色炭灰及大量棺钉。由此现象测算，棺木长约 1.8m，宽 0.62m（图 5-3-19）。

残存的随葬品有谷仓罐、长颈瓶、澄滤器各 1 件，瓷碗 2 件，钵 2 件，陶罐 3 件，墓志 1 方，铜币 2 枚。

从墓志上看，墓主人曾担任过都统制的官职，是南宋末年抗金抗元战斗的参加者。此墓发现，是南宋荆襄地区（今湖北）人民进行英勇的抗金抗元斗争的历史见证，对于湖北地区南宋地方史的研究是难得的珍贵资料。

3. 孝感西北部南宋墓

1984 年 3 月在孝感西北郊发现的一座南宋理宗时期的单室船形墓，墓全长 3m，中部最宽处 1.68m，高 1.5m，券顶。[①]东西两侧墓壁均呈弧形，壁厚 0.35m。墓顶近似券顶，顶部平盖 4 块不规则的麻片石。墓门宽 0.68m，用砖叠砌呈"人"字形。整个墓室用长 0.34m，宽 0.16m，厚 0.05m 和长 0.356m，宽 0.17m，厚 0.05m 静青灰砖砌成。墓壁砌法为一横一直错缝平砌而成，距墓底 0.7m 以上每层砖攒进 0.02m 收顶。墓底作横砖错缝平铺一层（图 5-3-20）。木棺保存较好，底板由一整块木板制成，并与墙板子母口相扣合。棺的两头横板嵌入两边墙板子母口内，四围墙板均嵌置在底

①孝感市文化馆. 孝感市郊宋墓清理 [J]. 江汉考古，1985（4）。

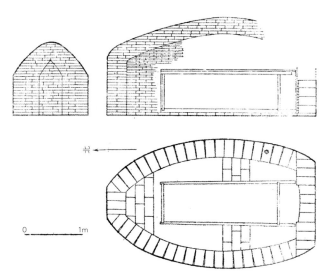

图 5-3-20　孝感南宋墓平面、剖面图
来源：孝感市文化馆. 孝感市郊宋墓清理 [J]. 江汉考古，1985（4）

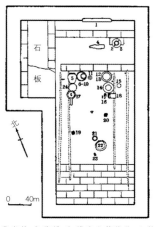

1. 墓志铭 2. 陶罐 3. 罐内之筷状物 4. 铁板
5. 乌釉陶罐 6. 铜盂下部 7. 银碗 8~10. 瓷碗 11. 瓷
瓶 12. 漆盘残底 13. 瓷碗（破）14. 铜盂之盘 15.
银碗 16. 铁剪 17. 铜镜 18. 石砚 19、20、23. 铜
钱 21. 玉镯 22. 铜钵残痕 24. 铜盘（残）

图 5-3-21　武昌卓刀泉南宋墓平面
来源：湖北省文物管理委员会. 武昌卓刀
泉两座南宋墓的清理 [J]. 考古，1964（5）

板子母口内。

随葬品出铜镜 1 面，纱织品残片 4 块，铜钱 50 枚。所出铜钱最晚的年代为"皇宋通宝"，纱织品残片呈黑色，花纹为米格形，这在湖北省宋墓中是少有的发现。

4. 武昌卓刀泉南宋墓

武昌卓刀泉南宋墓，为一带耳室长方形单室砖墓，在距北墙 0.2m 处砌一道夹墙，墓室底部内长夹墙至南墙 3m，宽 1.36 ～ 1.42m，墓室北壁正中嵌立着一块墓志。[1]墓室西部设一耳室，耳室平面长方形，长 1.4m，宽 0.59m。墓室与耳室以及四壁，皆以灰砖错缝平砌。灰砖一般长 0.24 ～ 0.25m，宽 0.12m，厚 0.03 ～ 0.04m，砖皆为素面，陶质细腻。墓室、耳室底部用砖铺面。墓室铺地砖上加铺了两道砖枕，是为放置葬具之用。葬具已朽，从木迹看，应有棺有椁，棺椁残迹边缘有红色的漆痕（图 5-3-21）。

随葬物品有石器、玉器、铜器、铁器、陶器、瓷器、银器、漆器等。

5. 武汉青山任忠训墓

武汉青山任忠训墓，为砖石结构，平顶，通高约 1.38m。[2]墓室平面呈长方形，长 3.44m，两室宽 3.74m。两室以隔墙分开，其中南室长 2.67m，宽 1.3m；北室长 2.67m，宽 1.7m。隔墙砌有门窗，使双室相通，窗仿直棂窗，1 扇，位于隔墙西部，宽 1.11m，高 04m，中开 3 孔。门洞为长方形，开在隔墙东部，宽 0.4m，高 0.8m。门上有砂岩质石门楣，门楣现已残断，宽 0.4m，厚 0.12m。两个墓室的东西两端各有 1 个小壁龛，龛俱为抹角平顶，平面呈长方形。其中南室的东、西龛各宽 0.3m，深 0.22m，高 0.22m，龛底距墓底高约为 0.52m；北室的东、西龛各宽 0.25m，深 0.22m，高为 0.18m，龛底距墓底高约 0.64m。四龛内各置釉陶碗 1 个，应为灯龛。墓壁以青砖顺铺叠砌。四壁和隔墙均厚 0.4m。墙壁上部叠涩起檐，以承平铺的石板，构成墓顶。石板有砂岩石、石灰石和白色矾石等质，宽度和厚度也不统一。墓底无铺地砖，每室墓底仅以大砖铺垫 2 道，以充棺枕（图 5-3-22）。

①湖北省文物管理委员会. 武昌卓
刀泉两座南宋墓的清理 [J]. 考古，
1964（5）。
②武汉市文物处. 武汉市青山墓清
理简报 [J]. 江汉考古，1986（4）。

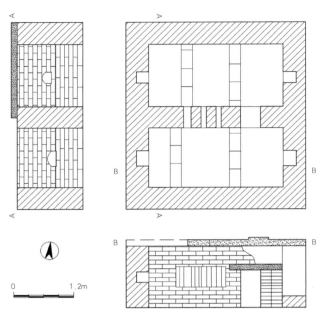

0　　　　　1.2m

图 5-3-22　武汉青山任忠训墓平面、剖面图
来源：武汉市文物处. 武汉市青山墓清理简报 [J]. 江汉考古，1986（4）

随葬品出陶质龙虎瓶 2 件，陶碗 4 个，瓷碗 4 个，瓷罐 1 个，铜镜 1 面，铁铺首 4 件，买地券 1 方，铜钱 36 枚。

此墓买地券记载，墓主任忠训为"总管"，称其夫人蒋氏为"孺人"，任忠训卒于南宋宝祐四年（1256 年），蒋氏也卒于同年。在宋代"总管"多为"兵马总管"的省称，执掌府、州兵马，官阶不低于六品，但到南宋后多为闲官。"孺人"按宋制乃授予通直郎（从六品）以上官员之母或妻子的封号，此墓虽出土文物不多，但买地券提供了明确纪年和社会身份。这对探讨武汉地区南宋墓的断代及武汉地区的地方史有一定的意义。

6. 麻城上马石村墓

麻城上马石村墓，为土坑竖穴石椁墓，墓室平面呈"品"字形的双棺室并列，另设一横置前堂。[1] 墓圹长 6.4m，宽约 4.3m。石椁采用经凿磨加工的规整花岗石条和石块嵌砌，结构严密牢固。两棺室并列，结构相同，左室稍宽，为 1.52m，长为 3.92m；右室稍窄，为 1.45m，因前端已毁，应与左室同长。墓室壁砌法采用上下对称的叠涩与束腰组成的"须弥座"式，以 7 层条石叠砌。两室中间共 1 石壁，石壁后端有小龛门相通，门宽 0.55m，高 0.54m，龛门上方两边设三角形切角。两棺室顶各自用"八"字形拱覆盖，砌拱块石除向土圹的一面未作加工，显得粗糙不平外，四边均作规整加工，向室内的面与砌壁石面一致，均经磨平，长短一致，但宽窄各异，正好错缝嵌砌。棺室内高度为 1.68m。室底采用单面加工的块石铺地，在铺地石上，两边或三边凿出凸棱形成棺床。左室棺床为两条凸棱不相连，后端靠中，前端敞开；右室棺床为离室壁等距的三边凸棱相连接。棺床高出底面 0.05m。在进入前堂的室门外，两边各设有近圆的门臼。石门已不存在。从墓中积土中清理出带有门枢的块石残件，厚约 0.08m，表面经磨光，正面饰有圆形乳钉，说明该墓早年已被盗扰，石门在盗扰时被砸成碎块。

[1] 麻城市博物馆. 麻城上马石村宋墓清理简报 [J]. 江汉考古，2007（2）。

前堂已被破坏掉一半，仅存左室前面部分。从结构分析，右室的前堂部分应与左室的前堂部分相同。其总宽度应与两棺室同宽，从棺室口至封门石的进深为1.48m，高为1.52m。左壁石条为双面叠砌，从下往上第二块条石上双线刻出阳文花纹装饰2处，一为团锦花形，一为莲花绶带形。正面为墓门，封门石嵌在两垛带槽的立柱上，共5层封门条石，并在上面一层封门石外附靠一条石以最后封口。堂顶结构为，先在中间立柱与左右室之间的隔墙上设一横梁，然后分左右两组条石平铺，右组已毁，左边存平铺条石5块。堂底亦用单面加工不很规整的块石铺地，部分已破坏（图 5-3-23）。

该墓由于早期被盗扰，出土器物较少，多为残破件，共出土陶、瓷器7件，石砚1件，金饰1件，铜钱52枚。

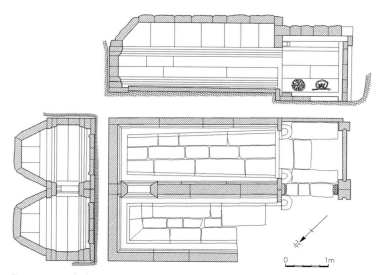

图 5-3-23　麻城上马石村宋墓平面、剖面图
来源：麻城市博物馆. 麻城上马石村宋墓清理简报[J]. 江汉考古，2007（2）

第六章
元、明、清时期的建筑（公元1271～1911年）

第一节　元、明、清时期的城址、山寨

一、元、明、清时期的城址

（一）荆州城

明、清城址，1996年由国务院公布为第四批全国重点文物保护单位。江陵，古为"云梦泽"。南朝·宋·盛宏之《荆州纪》云："此地江陵，近处无高山，所有皆陵阜，故名江陵。"江陵扼巴蜀之险，据江湖之会，地理位置十分重要，是历代兵家必争之地。江陵气候温和，物产丰富，誉为"鱼米之乡"，是长江流域重要的商业都会。《汉书·地理志》云："江陵，古郢都，西通巴蜀，东有云梦之绕，亦都会也。"

江陵为荆州治所，一城二名。迄今已有2600多年的历史，为历代封王置府之地。相传大禹治水时，划天下为九州，荆州即其一。春秋战国时期是楚国楚之船官之地。秦改置南郡，汉为江陵县治，三国蜀汉刘备据荆州，南北朝时梁元帝肖绎和五代南平王高季兴均在此建都，明有藩湘献王和辽简王宫邸亦建于此。东晋时期，由于荆州刺史定治江陵，江陵城开始称为荆州城，为州郡治所。[①]现为荆州市政府所在地（图6-1-1）。

荆州城墙可分为六个大的发展阶段。第一阶段，三国至西晋时期，三国时期关羽镇守荆州达10年之久，为了北抗曹操，东拒孙吴，加固和修筑城墙。已发掘的三国土城墙，虽已埋入城内地表下3m多深，其城墙顶部宽达十余米，可窥见三国城墙之高大。[②]

第二阶段为东晋至隋唐时期。《荆州府志》载："晋永和元年（345年）桓温督荆州、镇夏口，八年还江陵，始大营城橹"。桓温为荆州刺史十余年，荆州为屯兵之镇，多次征讨都从荆州出发，对荆州城墙的修茸、加固应是桓温镇守荆州的首要任务。根据《江陵府志》记载，荆州城"隋唐修建无考"。此次发掘表明，在六朝墙体之上，有一层隋唐时期的夯土堆积，说明在隋唐时期，荆州城墙有过简单的加固。

①肖代贤主编. 中国历史文化名城丛书·江陵 [M]. 北京：中国建筑工业出版社，1992。
②陈跃钧，张世松. 荆州城墙考古发掘获丰硕成果：三国、五代、宋明土城、砖墙相继出土 [N]. 中国文物报，1998-10-7（1）。

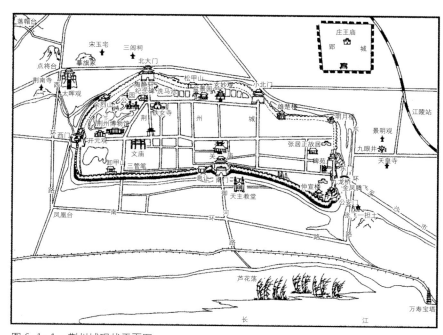

图 6-1-1　荆州城现状平面图

来源：肖代贤主编.中国历史文化名城丛书·江陵 [M].北京：中国建筑工业出版社，1992

第三阶段为五代至北宋时期。《荆州府志》载：后梁"乾化二年（912 年），（南平王）高季大筑重城，复建楚雄楼，望沙楼为捍蔽，执畚锸者数十万人，将校宾友皆负土相助。郭外五十里冢多发掘取砖，以甃城。工毕，阴惨之夜，常闻鬼泣及鳞火焉"。在卸甲山发掘的城墙宽达 14m，高 7m。说明此次工程浩大。在砖城墙之上有砖土混合夯筑墙，所用砖均为东汉至隋唐墓砖，与文献记载吻合。五代砖城墙的发现，使荆州城修建砖城的历史提前了 400 多年。

第四阶段，南宋至明初。《江陵府志》记载："宋经靖康之乱，雉堞圮毁，池隍亦多淤塞。南宋淳熙年间（1174～1189 年）安抚使赵雄奏请修筑，始于（宋孝宗淳熙）十二年（1185 年）九月，越明年七月乃成，为砖城二十一里，营敌楼战屋一千余间"。此次发掘仍为墓砖，不见宋代城墙砖。

第五阶段，明初至清初。《江陵府志》记载："元世祖至元十二年（1275 年），诏隳襄汉荆湖诸城，明太祖甲辰年（1364 年），平章杨璟依旧基修筑，周一十八里三百八十一步，高二丈六尺五寸"。明代砖城墙是建在宋代旧城墙之上，对土垣部分也只是局部加高。明代城墙与宋代城墙相互衔接，表明用墓砖筑城的历史已经结束，用统一形制的城砖筑城时代的开始。

第六阶段，清代。据《江陵县志》记载："崇祯十六年（1643 年）流贼张献忠陷荆州，夷城垣"。清顺治三年（1646 年）"兵民重筑，悉如旧址"。以后在雍正五年（1727 年）、乾隆二十一年（1756 年）、五十三年（1788 年）对荆州城进行过维修，特别是"乾隆五十三年六月二十日，万城堤决，水从西门入，城垣倾圮"，钦差大学士阿桂等依旧址补修。

荆州城为三国时关羽所筑，原为土城。至南宋淳熙十三年（1186 年）始建砖城，全长 10.5km。元至元十三年（1276 年）被毁，明初复建，明末又毁。现有城墙是清顺治三年（1646年）依旧基重建，保存了明代风格。荆州城平面东西3.75km，南北1.2km，平面呈不规则长方形，城垣周长11.28km，高8.83m（图6-1-2）。城墙基全部用条石砌筑，城墙砖与砖之间用石灰糯米浆填缝，十分坚固。城内侧有底宽8.5～40m的夯土护坡，城垣外围环绕宽10～120m的护城河，分别俗称砖城、土城、水城。城墙底宽10.5m，顶宽3～5m，外壁砖墙高出顶面1.3～1.5m，设有城垛4567个，炮台25座，藏兵洞4座（图6-1-3）。城东垣、北垣各设2门，南垣、西垣各设1门。六城门均设瓮城。城门上均建有城楼，惜大部分被毁圮。惟大北门城楼——朝宗楼依然如故。重檐歇山顶，高敞轩朗，巍峨壮观。

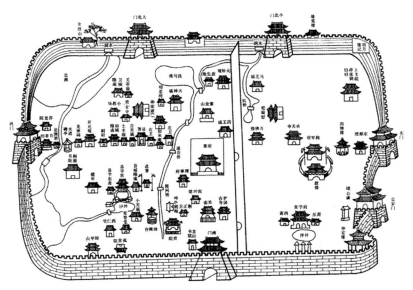

图6-1-2　清乾隆荆州府城图

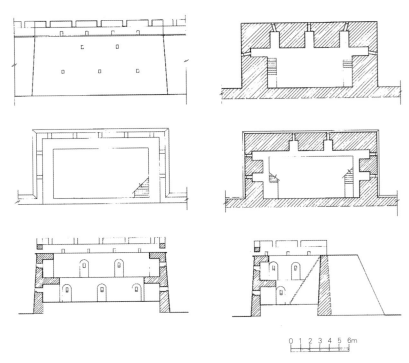

0 1 2 3 4 5 6m

图6-1-3　荆州城北城墙藏兵洞

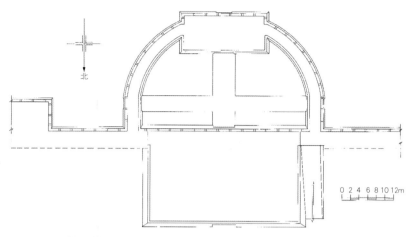

0 2 4 6 8 10 12m

图 6-1-4 荆州城南城门城台平面

1. 城门与城楼

荆州城六座城门城台长 34.8m,宽 13.4m,高 9m,设有城垛、马道,门洞宽 4 ～ 5m,高 5 ～ 7m。城门上曾建城楼,东曰宾阳楼、东南曰楚望楼、南曰曲江楼、西曰九阳楼、北曰朝宗楼、东北曰景龙楼。[①]惜大部废圮,唯清道光十八年（1838 年）重建之朝宗楼尚存,屹立于拱极门城头。

六座城门均设有瓮城,平面呈圆角长方形或不规则椭圆形,长约 55m,宽约 30m,门道宽约 20m,深约 10m,城台前设有箭台（图 6-1-4）。

2. 拱极门与朝宗楼

拱极门,明代称拱辰门,俗称大北门,柳门。据《江陵县志》记载,此门是通往京师的大道,古时仕宦迁官调职皆出此门,官员们在此折柳相赠,故又名“柳门”。宋·苏轼在《荆州十首》诗中写道:“柳门京国道,驱马及阳春。野火烧枯草,春风劲绿芸……”拱极门城楼,明清两代均称朝宗楼。

拱极门城台东西长 34.8m,南北宽 13.4m,面积 466.32m²。城台高 9m,城台北设有垛堞。城台东西两侧与城墙马道之间设有踏跺上下,东西两侧又各设一道礓磋作为上下城台的通道。[②]

城台前设有瓮城,瓮城呈椭圆形。有箭台而无箭楼。箭台两侧有马道与城台相连,马道宽 3.2m。箭台长 19.4m,宽 8.8m,面积 170.72m²。箭台高 8m。箭台、马道外侧设垛堞,垛堞上留有垛口,下设箭孔,垛口与箭孔错位排列。箭台、马道内设女儿墙,城台、箭台、马道地面全部用城砖墁地（图 6-1-5 ～ 图 6-1-7）。

拱极门城台为正南北向,箭台偏东 55°。城台、箭台下部用五层条石垒砌,上部用城砖垒砌台身,箭台两侧马道与城台东西礓磋墙体全部用城砖垒砌。城台、箭台门洞皆五券五伏尖券顶做法。为御敌,城台、箭台外门洞各设双扇木制板门,外包铁皮,以防火攻。因江陵城建在河湖港汊之间,为了防止水患,在城台门洞内设木制闸门。

朝宗楼是大北门——拱极门的正楼。据《江陵县志》记载:清“道光十八年重建拱极门城楼”。朝宗楼脊枋下有“大清道光十八年岁次戊戌九月壬戌初十戊申吉日丁巳时重建”的墨迹,与文献记载吻合。朝宗楼高二层,高 11m,但这座重檐歇山

① 《江陵县志》卷四《建置·城池》。
② 李德喜. 江陵城的拱极门与朝宗楼 [J]. 江汉考古, 1987(2)。

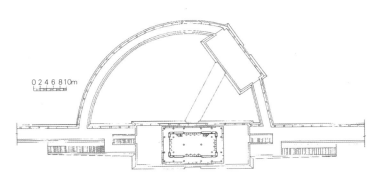

图 6-1-5　江陵城拱极门与朝宗楼平面图

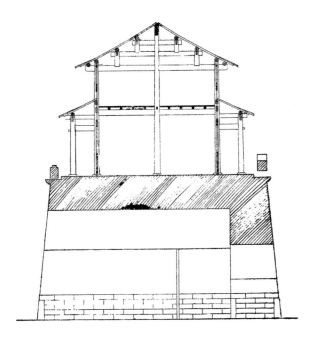

图 6-1-7　江陵城拱极门与朝宗楼剖面图

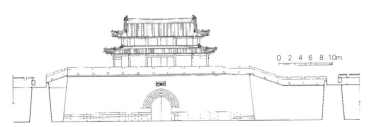

图 6-1-6　江陵城拱极门与朝宗楼立面图

图 6-1-8　江陵城拱极门城楼

顶的城楼屹立在高 9m 的拱极门城台之上，所以显得更加宏伟壮观。

一层面阔 5 间，进深 3 间，四周回廊。台明通面阔 18.7m，进深 11.9m。室内用城砖墁地。二层平面面阔 5 间，进深 3 间。二层共计 287.81m^2（图 6-1-8）。

朝宗楼梁架结构采用了抬梁式与穿斗式相结合的结构方式。明间梁架采用穿斗式构架，次间梁架采用抬梁式结构，仔角梁采用南方嫩戗起翘的做法，老角梁与仔角梁之间用三角形木填充。上檐翼角的老角梁直接搁在下金檩上、檐檩、挑檐檩上。

屋顶为重檐歇山顶，覆盖灰筒、板瓦。正脊、垂脊、围脊、戗脊全部用砖垒砌。正脊两端安大吻，垂脊安垂兽，围脊安合角吻，上、下戗脊，每条脊安仙人走兽 5 个。

下檐面阔与进深明间均用五抹头槅扇门装修，其余全部用砖墙封护，内白外红。上檐四周全部用槛窗装修。门、窗槅心采用步步绵纹样。

在一层次间设单跑楼梯，供人们登楼远眺，饱览古城风光。

东门城楼重建于 20 世纪 80 年代，面阔 5 间，进深 5 间，抬梁式构架，重檐歇山顶，灰筒瓦屋面（图 6-1-9 ～图 6-1-10）。

（二）襄阳城及夫人城

明、清城址，位于汉水南岸，与樊城隔江相望。它南跨汉沔，北接京洛，地处

图 6-1-9　荆州城寅宾门宾阳楼正面

图 6-1-10　荆州城寅宾门宾阳楼侧面

图 6-1-11　荆州城寅宾门宾阳楼箭台

南北要冲之地，水陆交通十分方便，历代为兵家必争之地。

　　襄阳城始建于汉代。据《襄阳县志》载："县附郡城，自刘表莅襄为荆州牧治。晋羊祜朱序、宋吕文焕所守，皆此城也。"宋时由原土城改为砖城，南北长约 1.6km，东西宽约 1.4km，周长约 6km。明洪武年间，湖广行省平章邓愈对古城又进行了全面维修，为使城北与汉水紧连，加强东北角的防御能力，遂开拓东北角。由旧城大北门外濒临汉水绕过东门，环属东城为新城，遂使古城面积达到 2.5km²，周长 7.3km。明正德、嘉靖、隆庆年间，汉水数次溃堤坏城，清顺治始修堤浚濠十余次，得以加固。①2001 年由国务院公布为第五批全国重点文物保护单位。

　　现城墙除临江西岸部分内凹和东北角外凸之外，平面基本上呈梯形，东西长约 1.6 ～ 2.2km，南北宽约 1.4 ～ 2.4km。墙由夯土筑成，外砌大城砖。现城墙高约 8.5m，宽约 5 ～ 15m，周长 6km。四面六门。清顺治二年（1645 年），知县董上治将各城门楼题横额，东门曰"保厘东郊"，南门曰"化行南国"，西门曰"西土好音"，北门曰"北门锁钥"今字迹消失。北城墙濒临汉水，是天然屏障，其余三面围有护城河，河宽 130 ～ 250m，深 2 ～ 3m，如同湖面，被誉为"城湖"，为我国现存最宽的护城河（图 6-1-12）。

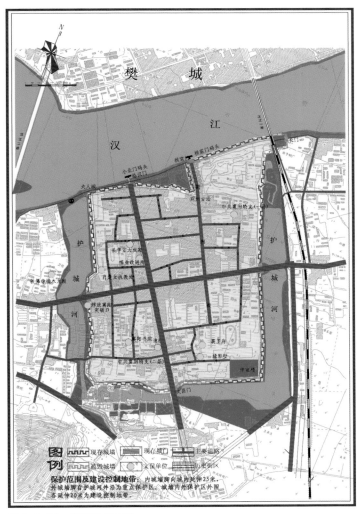

图 6-1-12　襄阳城平面图

①叶植主编. 襄樊市文物史迹普查实录[M].北京:今日中国出版社，1995。

城垣屡圮屡建，但仍保存明时旧制。现全城轮廓尚存，尤以北城墙保存最为完整。襄阳城上原有角楼三座，东南角城楼台为仲宣楼，为纪念东汉王粲名作《登楼赋》而命名。楼西有奎生楼，乃清同治年间襄阳知府杜养老性建。狮子楼在西南城上，为明洪武初建，因绘狮子于壁，后又易高文许石狮三尊，故名。现仅恢复了仲宣楼。

1. 城门与城楼

襄阳城六座城门，据《襄阳县志》载："明万历四年（1576 年），知县万振孙题，东门曰阳春、南门曰文昌、西门曰西成、大北门曰拱宸、小北门曰临汉、东长门曰震华"。现存临汉门城楼、拱良门瓮城及震华门瓮城。

临汉门城楼，位于襄阳城北城墙中西部，又称小北门城楼。砌于拱券门洞上，门洞宽 4.1m，高 11m，深 14m，前、后端各有两扇铁叶大木门。城楼面阔 3 间 15.7m，进深 3 间 9.2m，抬梁式构架，2 层，重檐歇山灰瓦顶，覆盖灰筒、板瓦。正脊、正脊两端安大吻，垂脊安垂兽，围脊安合角吻，上、下戗脊，每条脊安仙人走兽 3 个，前后设槁扇门（图 6-1-13 ～图 6-1-16）。

拱宸门瓮城，位于襄阳城北城墙中东部，又称大北门瓮城。瓮城残高 6m，内长 22.8m，宽 10.75m。东、西、南各有一券门，南门即拱宸门，宽 3.7 ～ 4.4m，高 3 ～ 4.5m，深 11.5m。

震华门瓮城，位于襄阳城北城墙东端，又称长门瓮城，南墙已被破坏。瓮城内长 34.5m，残高 6m，宽 25.5m。拱券式门洞朝东，宽 3.7 ～ 4.4m，高 4.4m，深 34.4m。

图 6-1-13　襄阳城临汉门城楼

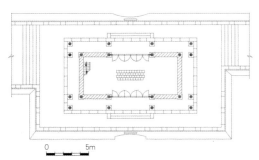

图 6-1-14　襄阳城临汉门城楼平面

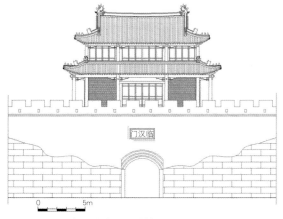

图 6-1-15　襄阳城临汉门城楼立面图

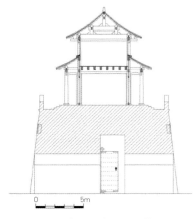

图 6-1-16　襄阳城临汉门城楼剖面图

2．夫人城

明、清城址，2001 年由国务院公布为第五批全国重点文物保护单位。位于襄阳城西北角，是襄阳城西北角向外凸出的一块方形城垣，名"夫人城"。[①]东城墙与襄阳城墙相连，南、西、北墙分别长 21.7m，29.2m，19.2m，高约 11m，宽约 18m，坚固雄伟。外砌大条砖，内以土夯筑。夫人城据《晋书》载：东晋梁州刺史朱序镇守襄阳。他错误地估计前秦无船，难渡汉水。东晋孝武帝太元三年二月（378 年），前秦苻坚派秦丕攻打襄阳城，朱序之母韩夫人登城巡视，见西北角城垣防守薄弱，遂带领女婢及城中妇女增筑内城达 20 余丈。后秦苻丕可真向城北角发起攻击，突破外城。晋军坚守新城，方击退苻丕。为纪念韩夫人筑城抗敌之功，后人称此段城墙为"夫人城"。城墙上嵌石碑，镌"夫人城"三字，下嵌石碑数通，其中清同治年间石碑上有"襄郡益民胜迹夫人城为最"等字样。1982 年修复城墙、城垛，并建纪念亭于城上，内塑韩夫人像（图 6-1-17）。

（三）武昌城

武昌城又名夏口城，史载始于三国孙吴控制江南武昌地区的时候。据《三国志•吴书》上说："二年春正月，城江夏山。"二年是指孙权黄武三年，即公元 223 年，江夏山即黄鹄山。黄鹄山自西徂东，形如长蛇，故俗名蛇山。又据《水经注》："黄鹄山东北对夏口城。对岸则入沔津，故城以夏口为名。"《后汉书》章怀太子贤注称："夏口又为沔口，实在东北，孙权于江南筑城，名为夏口，而夏口之名，移于汉南。"顾炎武的《肇城志》上说："依山负险，周回仅二三里。"可知孙权江夏山的城名夏口，它背靠蛇山，面向大江和沙湖，周围二三里路，是一座土石结构的军事堡垒，也是武昌最早的城垣。属于当时沙羡县的一部分。[②]

唐敬宗宝历年间（825 ~ 827 年）武昌军节度使牛僧孺，以夏口城为基址扩建为砖城。据顾祖禹《读史方舆纪要》："唐宝历初，牛僧孺帅武昌，始改筑之。"《唐书•牛僧孺传》："土恶亟圮，岁增筑，赋茅于民，吏倚为扰。僧孺陶甓以城，五年毕。无复岁费。"鄂州城是在夏口城的基础上向北、东、南扩展而筑，城址西临大江，北至沙湖，东到凤凰山，南近长湖。

明太祖朱元璋手下战将周德兴，建国后封为江夏侯，认为武昌城范围太小，乃于洪武四年（1371 年）进行"增拓，周二十里有畸，计二千九十八丈。东南高三丈一尺，西北高三丈九尺"。

"为门九：东曰大东、小东；西曰竹排、汉阳、曰平湖；南曰新南、曰保安、曰望泽；北曰草埠。"[③]嘉靖十四年（1535 年），都御史顾玲置修，并改大东为宾阳，小东为忠孝，竹牌为文昌，新南为中和，望泽为巴山，草埠为武胜。其余仍沿袭旧名。由此可见，我们现在所称"大东门"、"小东门"等，都还是沿用明代初叶的地名。

清代历经七次修葺，最后的规制为：城周围十六又三分之一里，东西径五里，南北径六里。高二丈八尺。基址厚六丈八尺。顶厚丈文四尺。汉阳、平湖、武胜三门临大江。东、南、北三西有壕堑，深二丈，宽二丈八尺（图 6-1-18）。

1906 年张之洞在中和、宾阳二门之间增辟通湘门，辛亥革命后将中和门改称起义门。1926 年国民革命军攻克武昌后，将城墙城门逐一拆除（仅留起义门），并修起了环城马路，使城垣遗址湮没。

图 6-1-17　襄阳夫人城、韩夫人亭

图 6-1-18　清同治武昌府城图

① 叶植主编．襄樊市文物史迹普查实录 [M]．北京：今日中国出版社，1995．

② 陈七．武昌城垣小考 [J]．武汉春秋，1982(2)；徐实，江夏．汉阳城县的变革 [J]．武汉春秋，1982(5)．

③ 乾隆五十八年 (1793 年)《江夏县志》．

图 6-1-19　武昌城中和门城楼

剖面

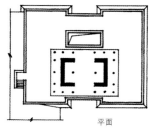

平面

图 6-1-20　武昌城中和门城楼
平面、剖面图

图 6-1-21　武昌城中和门城楼
梁架
来源：北京市建筑设计院等.建筑实
录（1）[M].北京：中国建筑工业出
版社，1985

图 6-1-22　清道光施南府城图

① 北京市建筑设计院等.建筑实录
（1）[M].北京：中国建筑工业
出版社，1985。
② 国家文物局主编.中国文物地图
集·湖北分册（下）[M].西安：
西安地图出版社，2002。

从周德兴扩建（明洪武初），到 1927 年开始拆除，武昌城共存 556 年，城址一直未变迁。站在 1981 年为纪念辛亥革命七十周年修复的起义门上，可以领略旧武昌城垣的面貌。

武昌起义门原为清末武昌城的中和门，由于它在辛亥革命起义中的重要作用，民国初年改为武昌起义门。原城楼新中国成立前已毁，修复工程是根据遗址现状及历史照片进行设计的。[①] 1956 年由湖北省人民政府公布为第一批省级文物保护单位。

城楼采用钢筋混凝土仿木构架形式，预应力水泥管柱，梁枋现捣，檩椽预制。室内椽望露明，屋顶盖青瓦。细部装修如撑栱、梁头、隔扇等则仍用木制。以加强建筑的本质感。复建后，基本上保持了历史原貌和地方风格（图 6-1-19 ～图 6-1-21）。

（四）恩施故城

明、清城址，2006 年由国务院公布为第六批全国重点文物保护单位。位于舞阳坝街道办事处。始建于宋，原为土城，明洪武十四年（1381 年）施州卫指挥使朱永建改建砖城，周长 3.5km，设四城门，清乾隆年间进行大规模维修。现仅存西、南城门，以及"洗马池"碑（图 6-1-22、图 6-1-23）。[②]

西城门位于舞阳坝街道办事处西街，又名"金华"门。石砌拱门，高 4.5m，宽 3.2m，进深 16.4m。两侧城墙残长约 40m，高 7m。城台上建有城楼，面阔 5 间 23m，进深 4 间 12.3m，单檐歇山灰瓦顶，穿斗式构架，现残损严重（图 6-1-24）。

南城门位于舞阳坝街道办事处南街，又名"朝阳"门。石砌拱门，高 4.5m，宽 3.2m，进深 16.4m。两侧城墙残长约 25m，高 7m。城台上建有城楼，面阔 5 间 18m，进深 4 间 8.8m，单檐歇山灰瓦顶，穿斗式构架（图 6-1-25、图 6-1-26）。

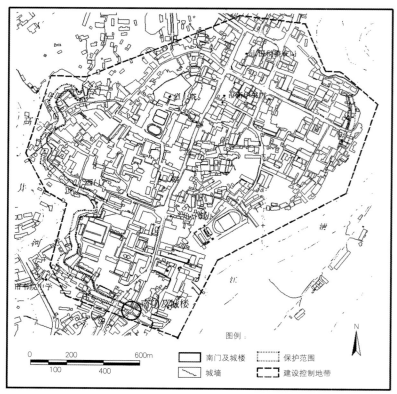

图 6-1-23　施南府城总平面图

图 6-1-24 清恩施故城城门

图 6-1-25 清恩施故城城门楼

图 6-1-26 清恩施故城城内街道

"洗马池"碑在舞阳坝街道办事处西门北城墙外壁，共两通，青石质，碑文楷书。碑一横书"洗马池"；碑二为重修洗马池题记，左下有两个篆文方印，落款"光绪壬辰春日楚南熊朝鉴题"。洗马池原为施南府马队为净马而设，今废。

（五）归州故城

清代城址，2014 年由湖北省人民政府公布为省级文物保护单位。位于秭归县归州城区。平面呈葫芦形，故有"葫芦城"之称；因城墙为石头垒砌，又名"石头城"（图 6-1-27）。相传城为三国刘备蜀章武元年（221 年）七月，刘备为关张二弟报仇，在秭归垒石筑城。明嘉靖四十年（1561 年）知州郑乔修复，历时三年，筑土城四百丈，周围三里，高一丈九，建迎和、景贤、瞻夔、拱极、鼎新五门。明隆庆元年（1567年），知州王良用改土城为砖城，广四百五十丈。清嘉庆九年（1804 年），知州甘立朝改砖城为石城，周围五百四十二丈七尺。由于水患、战争，归州城江南江北反复迁徙，屡遭破坏。现存"周长五百四十二丈、高一丈九尺"城墙，"迎和"、"景贤"二座城门。[①]

图 6-1-27 清光绪归州城图

景贤门，也称景圣门，是古归州城的南门，位于解放街南端。城门洞宽 3.58m，深 9m。门洞为拱券结构，条砖发券，三券三伏。金刚墙为大块红砂岩石砌筑，券砖纵列砌置，城台上还保留有菱角牙子。门楼、城垛均不存。城砖上有"嘉庆九年"及"归州"等字样。

迎和门是古归州城的东门，位于建设街东端。城门洞宽 3.1m，深 6.4m，城门洞为拱券结构，条砖发券，三券三伏。门外的匾额上阴刻"迎和门"三字。金刚墙为砂岩石砌筑，券砖纵列砌置。门楼、城垛均不存（图 6-1-28）。

迎和门、景圣门是归州古城仅存的两个城门，已成为城关镇重要的文物古迹。这两座城门是归州古城墙的重要组成部分，特别是城砖上的纪年刻字非常清楚地记载了秭归古城的建造史实，迎和门现已搬迁到新县城凤凰山重建（图 6-1-29）。

（六）上津古城

城址位于郧西县城西北 70km 的上津镇，又名柳州城，与陕西省漫川镇接壤，南临江汉流域，北枕秦岭山脉，古城坐落于汉江支流金钱河下游东岸，素有"朝秦暮楚"之称，历为交通、政治、文化、商贸、军事之要地。此城建于明嘉靖二至三年（1523 ~ 1524 年），清嘉庆七年（1802 年）重修。现城垣完整，城内建筑大部分为原貌（图 6-1-30）。[②] 2013 年由国务院公布为第七批全国重点文物保护单位。

城垣周长 1236m，东西长 261m，南北长 306m，呈不规则的正方形砖石城，面

① 杭侃，吴晓. 湖北秭归归州城址调查 [J]. 江汉考古，1998(2)。
② 湖北省志编纂委员会. 湖北省志·文物名胜 [M]. 武汉：湖北人民出版社，1996。

图 6-1-28　秭归归州城现状图
来源：杭侃、吴晓．湖北秭归归州城址调查 [J]．江汉考古，1998（2）

图 6-1-29　秭归归州城迎和门

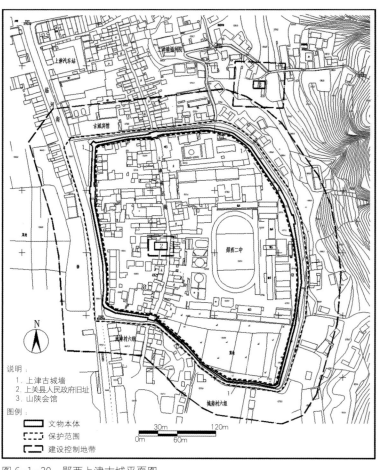

说明：
1. 上津古城墙
2. 上关县人民政府旧址
3. 山陕会馆
图例：
☐ 文物本体
☐ 保护范围
☐ 建设控制地带

图 6-1-30　郧西上津古城平面图

积约 8 万 m²。城墙平均高 6.8m，墙基宽 6.12m，上宽 4.6m，呈梯形，为青砖砌成，均为下石上砖，白灰勾线；城四方各有一个城门，分别叫作接秦、达楚、通汉、连郧，西南一角还有为方便百姓劳作而开的角门。城门的名称也直观地反映出了上津四通八达的重要地理位置。城门均为青砖砌成，其中有阳文纪年砖，一面为"上津公修"，一面为"嘉庆七年"。城门深 9.1m，高 3.4m，门内右侧有登道至城楼。护城河宽 35m，深 6m，现满积淤泥。城中轴线偏西有一条南北向主街，接辖南北二门，长 287m，宽 3m。从西门至主街有一小街，长 60m，宽 1.5m。街道正中有青石板铺面，旁为卵石漫路，街檐设下水道。房屋建筑多为砖木结构，隆脊吻檐，饰有山水、花鸟图案，一进多重（图 6-1-31～图 6-1-33）。

图 6-1-31　郧西上津古城城台

图 6-1-32　郧西上津古城城墙

图 6-1-33　郧西上津古城街道

（七）咸丰土司城址

明、清城址，2006 年由国务院公布为第六批全国重点文物保护单位。土司城，俗称"皇城"。位于咸丰县城西北 30km 尖山乡唐崖司村的玄武山下，唐崖河西岸。唐崖土司为覃姓世袭，为咸丰境内三个土司之一。文献及《覃氏族谱》载：唐崖土司城系覃姓唐崖土司远祖谭启创建于元至正六年（1346 年）。清雍正十三年（1735 年）改土归流，废唐崖司，裁其地入咸丰县。元时，土家族人谭启有军功，朝命镇守唐崖，以武略将军任事，授唐崖宣慰使任职（从三品），建土司王城，世代相传。朱元璋建立明朝后，征调十分频繁。天启元年（1621 年）至天启三年（1623 年）唐崖宣慰使谭鼎，先后三次奉调征伐渝城（今重庆市），水西（今黔西县），军威显赫，战功显著，朝廷赐建石牌一座，扩建土司城，以示嘉奖。唐崖土司由此奠定鼎盛基业，成为名震楚蜀地区的政治、经济、文化中心。[①]

城址左为青龙山，右为白虎山，前有唐崖河，后有玄武山，城依山傍水，气势巍峨。城址平面近圆形，东西长 2.5km，南北宽 1.5km，面积约 3.75km²。建有三街十八巷，三十六院，内有帅府、官言堂、书院、存钱库、左右营房、跑马场、花园、万兽园等建筑。现大部分已毁不存，留存下来的建筑遗迹主要有"城墙"、"街巷"、"牌坊"、"衙门基址"、"石象生"、"土司王坟"等，文化内涵十分丰富。

唐崖土司城墙始建于明代，以自然石块稍微加工后垒砌而成。现存东、西、北面各存一段，总长约 1000m，残宽 1 ~ 1.7m，残高 1m 左右，而临河的一面保存最好，高达 2.5m 左右。现存城墙基宽 3.2m，在城的东门处，原有城楼基础墙体大于城墙的宽度，现残宽 6m，长 7m 左右。西城墙依山势筑上、中、下三道。下部以条石、块石筑基，上为夯土城墙，东、西面各设三座城门，北面设一座城门，均已倾圮，仅余缺口，残宽 2.2m（图 6-1-34、图 6-1-35）。

城址中的街巷，始建于明代，相传有"三街十八巷"，至今仍整体可见，传称土司城中三街自城东入，城西出。分上、中、下三街，呈不规则的街道，全长计

① 林奇. 唐崖土司皇城及其废考 [C]. 湖北省考古学会选编. 湖北省考古学会论文集（二）. 江汉考古编辑部，1991；咸丰县宣传部. 唐崖土司概况 [Z]. 1987；朱世学. 鄂西古建筑文化研究 [M]. 北京：新华出版社，2004。

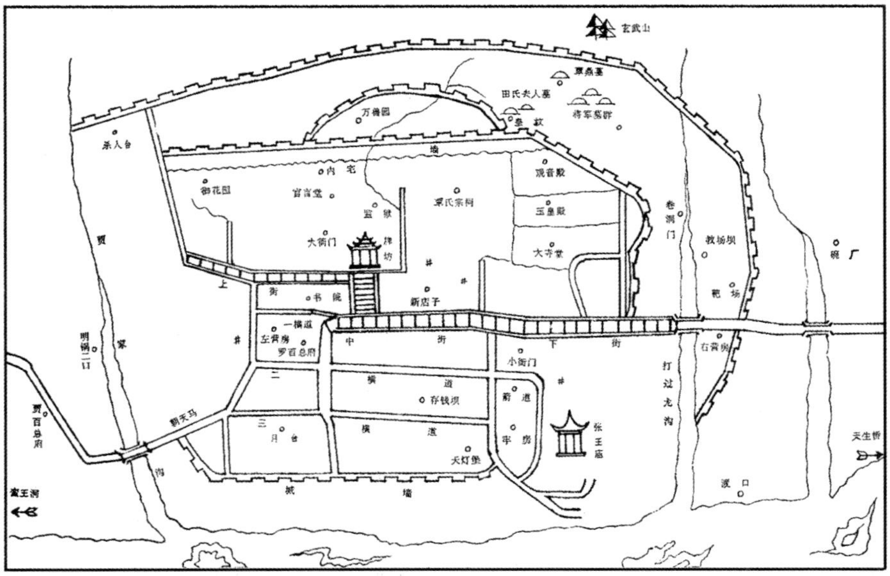

图 6-1-34　咸丰唐崖土司城平面图
来源：咸丰县宣传部. 唐崖土司概况 [Z]. 1987

图 6-1-35　咸丰唐崖土司城城墙

图 6-1-36　咸丰唐崖土司城荆南雄镇石坊

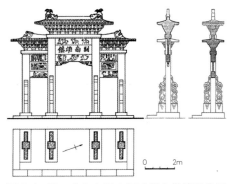

图 6-1-37　咸丰唐崖土司城荆南雄镇石坊平面、立面、剖面图

800m。现存牌坊处为中心（图 6-1-36、图 6-1-37），称中街，街面保存完整，并以规整的条石铺成，中段宽 2.6m，上、下段宽 2.2m。街面以长 2m 条石，宽 0.3m，厚 0.3m 的砂岩条石并列平铺。街中心平铺相接，两侧顺街铺砌，形成整体的街面。小巷道仍铺以石块，随地形连接街道，四通八达。

在中街的后面（现石牌坊后）发现房屋基础，属土司衙署的建筑遗址之一。一排十分整齐的柱础和以平薄石板嵌成的地面，系明代土司时期的建筑。房屋以柱础计算，其开间为 4.3m，房屋面阔 12.9m，进深 6.6m，建筑面积 85m²。柱础圆形，高 0.15m，径 0.47m，两柱础之间距为 1.64m，并以薄条石嵌扶柱础，柱础无雕刻花纹。

城址东南唐崖河边台地上，有印官田氏夫人和钦峒主覃杰，为纪念土王覃鼎出征功绩，在张王庙（即桓侯庙已毁）。建有存有石人石马各一对，左右并立，"马俶傥权奇，势若腾骧，石人执辔其旁，如控驭状"。马身饰鞍、蹬、缰辔；马倌着盔甲，配剑带伞，持缰绳立于马旁。二马势作奔驰状，人、马栩栩如生。马背的缰绳上刻有"万历辛亥岁季二十四日良旦，峒主谭杰同男覃文仲修立"。左侧马缰绳上有"万历辛亥（1661 年）岁季夏月四日良旦，印字覃夫人田氏修立"字样（图 6-1-38、图 6-1-39）。

城址后玄武山下的土司皇坟，墓侧后有覃鼎夫人田氏墓、将军覃光烈等墓群。

二、山寨

（一）京山绿林寨

京山绿林寨，位于荆门市京山三阳镇东山村、双桥村。据南朝宋范晔《后汉书·刘玄传》载："王莽末，南方饥馑，人庶羸入野泽，掘凫茈而食之，更相侵夺。新市人王匡、王凤为平理诤讼，遂推为渠帅，觽数百人。于是诸亡命马武、王常、成丹等往从之；共攻离乡聚，臧于绿林中，数月闲至七八千人。"这里是当年王匡、王凤领导的绿林起义策源地，也是汉光武帝刘秀的发祥地，这里有两千年的古烽火台、古城墙、古兵寨、古战场、古汉梯田，也有抗日战争旧址。当年轰轰烈烈的绿林起义席卷全国。他们杀富济贫，开仓放粮，号称绿林军，安营扎寨，出没于绿林山中，迎敌于云杜，也就是今天的京山，大破官军，攻竟陵，击安陆，威震荆楚，义军达 5 万余众，推翻了王莽"新"朝，为后来东汉王朝两百年的和平局面奠定了基础。"绿林"二字也便成为后世的好汉代名词。2008 年由湖北省人民政府公布为湖北省第五批省

图 6-1-38　咸丰唐崖土司城内民居

图 6-1-39　咸丰唐崖土司城石人、石马

级文物保护单位。

绿林寨由南、北两寨组成，平面均呈不规则三角形。南寨面积约 14 万 m²，寨墙用块石垒砌而成，东、西、南三面设门，采集有石斧、凿和陶片、瓷片。北寨面积约 18 万 m²，寨墙用不规则片石砌成，暴露有大量砖块、瓦片。至今南北两城（寨）遗迹尚存。其中北城毁损严重，但南城保存较好（图 6-1-40、图 6-1-41）。

现在遗址有：汉天门、好汉石、会盟台、日月池、歃血石、斧劈关、擂鼓峰、栖凤寺等遗址。[1]

（二）罗田天堂寨

罗田天堂寨，宋、元、明、清建筑。[2]位于黄冈罗田九资河镇天堂寨林场多云山，寨址筑于海拔 1729m 的多云山上，面积约 300 万 m²。石砌寨墙依山势而建，宽 3m，残高 2 ～ 4m。寨内残存有建筑基址。据王葆心《蕲黄四十八寨纪略》载：南宋末年丞相文天祥派进士程纶进大别山抗元，于景炎二年（1277 年）在此首建天堂寨，后兵败溃散。元末，当地布贩徐寿辉、江西僧人彭莹玉、麻城铁匠邹普胜共商反元起义，推徐主盟，并于 1351 年重建天堂寨，聚众数万揭竿而起，号称"红巾军"。同年 8 月，取罗田，克浠水，称帝清泉寺，国号"天完"，建元"治平"。声势浩大，席卷东南数省，割据一方，称帝 11 年。在天堂寨留下的天塘、走马场、造钱凹、逍遥宫、无敌碑、神谷仓等遗址尚依稀可辨。明初，设多云巡检司，驻军防守（图 6-1-42）。

明末 1641 年，活动于大别山区的农民军马守应、罗汝才、贺一龙等为与张献忠合兵，曾猛攻天堂寨，多云巡检孙大奇率军民 10 万任山势天险，死守天堂寨。农民军久攻不下，乃久围以困之，直到过时寨内粮尽，又逢大疫，军民皆殁。寨内饿殍遍地，白骨成堆，因称饿殍坑。遗址尚可考辨。1646 年，归陷家乡罗田大河岩葫芦脑的原明河南监军王鼎出山组织反清义军，被永历帝封为兵部尚书，总督凤阳义军。王以天堂寨为中心，指挥义军转战鄂豫皖三省十余州县，达四五年之久，使天堂寨声名远扬。1752 年，农民马朝柱在天堂寨发动白莲教教徒起义，震惊湖广。现山中马家屋基尚存。1859 ～ 1864 年间，天堂寨更成为太平天国军与清军、民团争夺的战略要地，当时湖广总督胡林翼论及此山说："内可固鄂，外可图皖，大力经营，守备完固，则平时有藜藿不采之威，临时得高屋建瓴之势，中枢独运，妙利无穷"。

（三）广水龙爬寨

广水龙爬寨，明代建筑，位于随州市广水蔡河镇大贵山大贵寺周围，元末红巾军所筑。[3]因寨墙形似爬动的龙脊，故名。平面呈三角形，寨墙长约 80 余米，占地面积约 50 万 m²。寨墙以块石、片石砌筑。寨墙宽约 0.8 ～ 1m，高 1.5 ～ 3.7m。寨墙依山势北高南低，寨墙上设有登道、雉堞、瞭望孔。寨门有东、南、西门，西门保存完好，高 2.5m，宽 1.5m。寨内有塘、井、石房、藏兵洞等。寨内有石台阶由南往北直达金顶，金顶坐落在寨内北端。大贵寺就坐落在寨内南部（图 6-1-43、图 6-1-44）。1992 年由湖北省人民政府公布为第三批省级文物保护单位。

（四）南漳樊家寨

南漳樊家寨位于襄阳市南漳板桥镇双龙寺村北一座山峰的顶部，地势较为险峻。始建于明朝完善于清代，系当地民众为抵御流寇而修建的一处石构城堡式建筑。坐西朝东，平面长方形，横向分布，有城有廊，内城面阔 79.40m，纵深 36.50m，面

图 6-1-40　京山绿林寨（南寨）

图 6-1-41　京山绿林寨（北寨）

图 6-1-42　罗田天堂寨寨址

图 6-1-43　广水龙爬寨全景

图 6-1-44　广水龙爬寨寨墙

①湖北省文物局第三次会文物普查资料。
②湖北省文物局第三次会文物普查资料。
③国家文物局主编. 中国文物地图集·湖北分册·下 [M]. 西安：西安地图出版社，2002。

积 5160m²，建筑面积 560m²，设有东、西大门，门上建城楼，门的内侧置有上城的踏步，正面南、北城角分别建有碉楼，呈"八"字形向外伸出，防御北、东及南三面来敌。碉楼下部的两侧建有瞭望孔或射击孔，互为照应，守卫着寨堡的安宁。堡墙宽大厚实，高耸峭立，平均高度近 6m，墙厚 1.5m，墙头内侧设有一周宽 1.05m 贯通全堡的环城箭道，外沿的挡墙上设有垛口及瞭望孔，其整体轮廓雄伟壮观。外城仅剩断墙，但尚有 3 ～ 5m 高的很规整的墙体，外城南北长 102m，东西宽 68m，总面积达 6900m²（图 6-1-45、图 6-1-46）。南漳山寨群 2013 年由国务院公布为第七批全国重点文物保护单位。2008 年由湖北省人民政府公布为第五批省级文物保护单位。

　　20 世纪 70 年代原樊家寨村部曾将寨堡作为办公场所，之后村部迁建，村民将堡内房屋及其他设施拆除辟为农田，堡墙上部有局部损坏，今荒弃山野。[①]

　　樊家寨布局规整，坚固森严，主体结构保存完好，具有很高的研究和观赏价值。

（五）南漳春秋寨

　　南漳春秋寨位于襄樊市南漳县东巩镇陆坪村陆坪自然村三组，呈南北走向，始建于明、清时期，东、西、北三面临水，南面是"断崖"，寨墙周长 1150m，南北长 490m，东西宽 20 ～ 50m，石垒房屋 153 间。清乾隆年间，重建五层"春秋楼"，民国 16 年（1927 年）续修春秋寨。该寨堡布局合理，坚固森严，是记录历史的有力物证，有较高的研究和观赏价值。[②]

　　整个山寨南北长 1200m，东西宽 20 ～ 40m 不等，建筑面积 3 万多平方米。山寨的寨墙全部由当地特有的片石砌成，厚度 0.4 ～ 0.6m。

　　据当地文物工作人员介绍考证，春秋寨又称"邓家寨"，是邓家一名叫邓九公的祖先为防匪患带人修建的，距今已有 400 多年的历史。因传说三国时关羽曾在此地夜读《春秋》，该寨又名春秋寨。目前，山寨主体结构保存较好，具有极高的研究和观赏价值（图 6-1-47、图 6-1-48）。2002 年由湖北省人民政府公布为第四批省级文物保护单位。南漳山寨群 2013 年由国务院公布为第七批全国重点文物保护单位。

（六）南漳卧牛寨

　　南漳卧牛寨，又称太平寨，清代建筑[③]，2002 年由湖北省人民政府公布为第四批省级文物保护单位。南漳山寨群 2013 年由国务院公布为第七批全国重点文物保护单位。地处于南漳、荆门、当阳、安远之要冲，在荆山山脉余脉九里岗终端的卧牛山上，山脉呈南北走向，主峰海拔高度 620.55m。寨墙依山势而建，跨越三座山峰，蜿蜒起伏，自古以来为兵家所看重，显然是一个巨大的军事山寨，驻守此地，进可以出兵驰援他地；退可以长期坚守，拒敌进攻。山寨周长约 3500m，南北长约 1400m，东西宽约 550m。全部由块石垒砌而成，设有东、西、南、北门四个寨门，寨墙高 3 ～ 5m，厚 1 ～ 1.5m；上有箭垛口、掩体 85 个、瞭望台 7 个、炮台 20 个，分布在 27 个区段（图 6-1-49、图 6-1-50）。城墙蜿蜒盘旋，气势磅礴，雄伟壮观。城墙内则依山就势建有石屋，现有房屋有 100 多间，相对集中建于大东门、小东门、大西门附近，多为三、五间以上的排屋，其中有 8 间房屋上有建房者刻写的简单的碑记或题记，如大东门口一小碑上刻有："原籍安陆府钟祥县麻铺人氏，姓郑，（名）先陵，字西泉，因天下大乱，□完至此，见太平寨山高崎岖，修瓦房三间，万古为记"。无疑题刻碑记的房屋是外地人所建。

图 6-1-45　南漳樊家寨寨墙

图 6-1-46　南漳樊家寨南门内景

图 6-1-47　南漳春秋寨寨址北段

图 6-1-48　南漳春秋寨寨墙

①湖北省文物局第三次会文物普查资料。
②湖北省文物局第三次会文物普查资料。
③湖北省文物局第三次会文物普查资料。

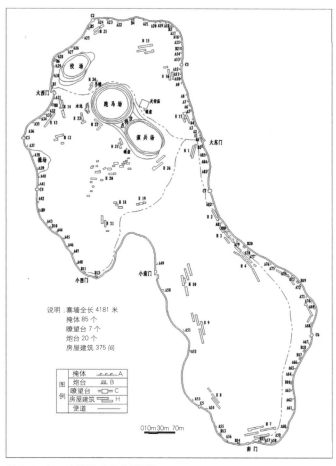

图 6-1-49　南漳卧牛山寨平面图

据《后汉书》记载，建武十一年（35 年），刘秀二十八宿将之一的臧宫率兵至中庐（今南漳），驻守骆越。骆越人谋划叛汉从蜀，臧宫当时兵少，力不能制。适逢汉朝所控的属县运输车数百乘到达这里，臧宫夜里命人将各城门的门槛锯断，再令运输车不停地穿梭于城中，车声彻夜不断直至天亮。骆越侦探人员闻车声不绝，而门限锯断，相互转告说汉兵大至。其渠帅乃奉牛酒以劳军营。臧宫陈兵大会，杀牛备酒，以款待骆越人，由是驻地遂安。这个骆越之地，从地理方位来看，很可能就是卧牛寨这个地方。

（七）丹江口市髻鬏山寨

丹江口市髻鬏山寨，清代寨址，位于十堰市丹江口市丁家营镇中岭村的鬏鬏山顶，海拔 520m。始建于咸丰年间（1851～1861 年），同治、光绪年间扩修。平面近圆形，占地面积约 1 万 m²。寨墙绕鬏鬏山顶一周，周长 333m，宽 1m 左右，高 3～5m，以条石、石块垒筑而成。东、西、南、北各设一门，高 2.2m，宽 1.05m，门两侧有枪眼（图 6-1-51）。山顶玉皇大殿保存尚好，面阔 3 间 8.35m，进深 4.56m，石木结构，硬山灰瓦顶，明间抬梁式构架，两山橡檩落于石墙上。另有玉泉殿半间，龙虎殿半间，弥勒殿 1 间，三清观 1 间，均以石块砌成，仅余残垣。周围散置建修、扩修山寨、神庙记事碑 3 通，其中两通已残断，字迹模糊不辨，一通高 2.2m，宽 0.9m，厚 0.18m，阴刻楷书碑文，题"亿万斯年"，正文 297 字，记重修庙宇事，陈恬（致远）撰，陈烽（泽厚）书，刻于同治元年（1862 年）。[1]

图 6-1-50　南漳卧牛山寨西门

图 6-1-51　丹江口市髻鬏山寨寨门

①国家文物局主编. 中国文物地图集·湖北分册（下）[M]. 西安：西安地图出版社，2002。

图 6-1-52　利川鱼木寨寨门

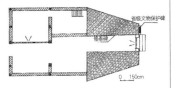

图 6-1-53　利川鱼木寨寨门平面

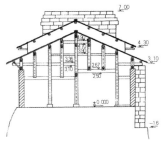

图 6-1-54　利川鱼木寨寨门剖
面图
来源：朱世学. 鄂西古建筑文化研究
[M]. 北京：新华出版社，2004

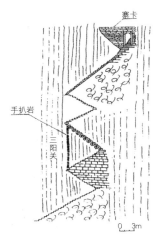

图 6-1-55　利川鱼木寨三阳关
来源：朱世学. 鄂西古建筑文化研究
[M]. 北京：新华出版社，2004

①朱世学. 鄂西古建筑文化研究
　[M]. 北京：新华出版社，2004。

（八）利川鱼木寨

利川鱼木寨位于利川县城西 80km 处大兴乡谋道镇鱼木村群山中一条垂直高 500 余米的悬崖顶部，占地面积约 9km²。四周悬崖绝壁，沟壑环绕，惟寨西南有一石板古道与外界相通。古传要攻破此寨如"缘木求鱼"，故以得名。明属龙阳峒土司地。鱼木寨东南与铜锣关、龙阳峒土司祖墓凤凰山一脉相连，西南与夔东十三家之一谭宏早期所建的大寨岩对峙，正北与明代龙潭安抚司舍把黄俊之子黄中结寨反明据点支罗锁船头寨隔涧相望，昔为土家族马土司固守处。清嘉庆年间曾修葺，现存寨门楼、寨墙、寨卡、栈道、民居及清代至民国初年墓葬十余座。[①] 2006 年由国务院公布为第六批全国重点文物保护单位。

从大兴场至鱼木寨，有一条石板古道直通寨门，全长 3km，临近寨门一段长约 50m，宽约 2m，两侧悬崖绝壁。上建寨楼一座，寨楼前、左、右三方墙壁与山脊绝壁取齐，寨门两边悬崖万丈。寨楼建于山寨的入寨口，始建于嘉庆四年（1799 年）。坐北朝南，分前后两部分。前楼面阔 1 间 5.04m，进深一间 5.6m，分上、下两层，以条石砌筑，悬山顶，下层中间开门，门额嵌"鱼木寨"石匾。寨门通道东壁立一清嘉庆四年（1799 年）"奉修鱼木寨功德碑" 1 石碑，记述乡绅为防白莲教集资修建寨楼始末。上层设炮台，高 1.2m，宽 18m，南壁设两排九个枪眼；后屋面阔 2 间 7.4m；进深一间 4.8m，单檐悬山灰瓦顶，木构建筑，穿斗式构架。有人把寨楼的雄奇险要描述为："悬崖脊上建寨楼，一夫把关鬼神愁"（图 6-1-52 ～图 6-1-54）。

寨墙位于寨门楼东、西侧崖下，残存两段，用大条石垒筑，各长 200m，宽 3m，高 5m。

三阳关卡：位于寨东北出口处，原有三道寨卡，现仅存此卡，两边为悬崖，隘墙长 4m，宽 3m，高 3m，以大条石砌筑，门洞宽 1.25m，高 2.3m，进深 2.5m（图 6-1-55）。

进寨门，山寨顶面平坦略呈椭圆形，南北长约 2km，东西宽约 1.5km。栈道位于山寨西北、东北、东南角悬崖绝壁上。设寨卡三处。其中"亮梯子"直上直下，长达 60m，堪称天险。亮梯子建于寨东北的二迭绝壁之上，共 28 级，每级用长约 1.5m，宽约 40cm 的石板，一头插入岩壁，一头悬空建成，每两级间互相亮开，故名。人行梯上，头顶是渺渺蓝天，脚下是万丈深谷，既惊、又险、又奇；"九道拐"两旁，古木参天，怪石嵯峨，蹬道曲折，卡门陡耸，奇危非凡；"垛子扁"底部，两道长约 200 余米，高 5m，厚 3m 的石砌寨墙，峥嵘突兀，雄浑壮观，确有一夫当关，万夫莫开之势。

进入寨内，则呈另一景观，良田菜畦 500 余亩，寨上现存古人居住、织布、榨油、铸币崖穴近百处，屋角檐牙花木掩映，奇石异穴，清溪傍流，石板小径回环多致，文化层深厚。鱼木寨一带洞穴中多采光良好，冬暖夏凉，曾有人居住。新中国成立后调查，仅鱼木寨及附近，就有 120 余户住在洞穴中，现全部搬出洞穴。从今遗存看，居住洞穴前均为条石砌成，有的洞内布局讲究，厅堂卧室井然有序，石门石窗坚固大方，楼上楼下石梯回转。从今存古洞名看，有鱼木洞、兵洞、造枪岩洞、造钱岩洞、榨房岩洞、相房岩洞等，不仅说明了当年鱼木寨重兵屯集、刀光剑影的历史，而且也从一个侧面反映了当时生产发展状况。

寨内有古墓 10 多处，掩映在崇山峻岭之中，古墓的牌楼和墓碑，其手法各异，有镂空、浮雕、阳刻、阴刻等，雕刻精细，工艺精湛。图案花纹有迎亲图、荣归图、戏虎图、凤尾龙身交尾八卦福字图等，内容丰富。此古时是军事设施与生活生产相结合的封闭小天地，勤劳好客的土家族人民所具特色鲜明风俗习惯，更使文人学士争欲采风。

（九）利川睦家寨

利川睦家寨，原名"木佳寨"，位于恩施土家族苗族自治州利川建南镇黎明村三组，寨顶南高北低，形如顶子（清朝官帽）。平面呈不规则三角形，面积约 2 万 m²。[1] 睦家寨始建年代不详。据夏氏家普载，清乾隆壬寅年（1782 年）夏氏高祖诰封微仕郎晋封奉直大夫夏定万、诰封微仕郎晋封奉直大夫夏永富（字长春）从武昌马七里迁至庙梁范家沟，见此地山清水秀，环境优美，遂择"庙梁而始基之固"，在庙梁修建祠堂（现建筑部分尚存），在范家沟修建住宅（现大部分尚存），后家道日丰。清嘉庆八年（1803 年），夏氏高祖夏世清（号竹泉山人）在木佳寨大兴土木，建院筑寨。寨名"睦家寨"，院名"明德书院"。寨堡建成后，夏世清就在书院安心教育子孙，后夏氏人才辈出，鼎盛一时。书院一直保存完好，直到"文革"期间，才遭到破坏。寨堡虽毁，仍存高 1～5m，厚 2～3m，长约 600m 的寨墙一段，城门炮台遗迹清楚，楹联题记随处可见。特别是寨上 2 处摩崖题刻和 1 处摩崖造像，不仅保存好，而且规模大，强烈地反映出寨上浓浓的文化氛围。两处题刻一处为"睦家寨"三个大字，镌刻于南寨门外的崖壁上，楷书阴刻，笔力遒劲，保存完好；一处为"福"和"明德书院地"。位于寨北门外的崖壁上，笔法圆润，结构严谨，"福"的左上方和右下方分别楷书阴刻"咸丰八年（1803 年）"和"夏昌猷书"几个字。整个题刻分布在长 15m，高 5m 的崖壁上，十分壮观（图 6-1-56～图 6-1-58 年）。

图 6-1-56 利川睦家寨西侧寨墙

图 6-1-57 利川睦家寨"睦家寨"摩崖石刻

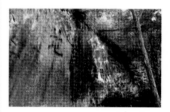

图 6-1-58 利川睦家寨"明德书院地"摩崖石刻

第二节 王府、府第

一、王府建筑

（一）襄阳襄王府

襄阳藩王府位于襄樊市襄城区南街绿影壁巷，系明仁宗第五子襄宪王朱瞻墡的府第。襄宪王朱瞻墡永乐二十二年（1424 年）封，宣德四年（1429 年）就藩长沙。正统元年（1436 年）襄王上奏"长沙卑湿，愿移亢爽地"，英宗准许其迁往襄阳。[2]

襄王府在襄阳城东南襄阳卫公署的基址上改建，襄阳卫公署因此移至襄阳城北。[3] 正统元年（1436 年）七月甲辰，襄阳王府工程完毕，英宗因书告襄王，"令择日起行迁移，仍敕湖广三司量遣人船护送，毋有稽缓"[4]。

襄阳王府在正统元年（1436 年）襄王迁往襄阳之时，只是在襄阳卫公署的基础上初步改造完成。此后不久，襄王就"以其府第四散，不相连属，请更造"。英宗"敕湖广三司勘实，绘图以闻。"正统三年（1438 年）七月，"事下行在工部，尚书吴中言：如图更造，合用夫匠万余人，计工三年可毕。上曰：人力方艰，岂可复有此劳扰，

①湖北省文物局第三次会文物普查资料。

②正统元年七月，"命襄王瞻墡自长沙迁居襄阳、先是，襄王奏长沙卑湿，愿移亢爽地。上命有司于襄阳度地为建王府。至是有司以工备来告。上书与襄王，令择日起行迁移，仍敕湖广三司量遣人船护送，毋有稽缓"。《明英宗实录》卷二十，390～391 页。

③正统二年三月，"湖广襄阳卫奏：本卫公署改为襄王府，城内稍北有卫国公邓愈没官地闲旷，乞以为卫公署。许之"。《明英宗实录》卷二十八，565 页。

④《明英宗实录》卷二十，390～391 页。

姑仍旧第修理之"[①]。

　　明代王府建筑制度《明会典》等文献中有较为详细的记载。基本的布局可以概括如下：王府一般为两重围墙，内称砖城，外称萧墙。萧墙四门，四面各一门。王府的主要建筑位于砖城内。砖城四门，南端礼门，北广智门，东体仁门，西遵义门。由端礼门入城内，有承运门，门内便为王府的正殿承运殿，承运殿后有圆殿或穿堂，堂后为存心殿，存心殿后为王宫，有王宫门。中轴左右另配置世子府、家庙、书堂以及其他服务设施。社稷坛、山川坛和王室宗庙按照左祖右社的布局，分列砖城南，端礼门外东西。总体来看，王府的格局与明代帝王宫殿的格局同属于一体系，比如内外两重城、前朝后寝、左祖右社，以及三殿制度等，都非常类似，而二者之间存在严格的等级关系。明代宫殿建设承袭元代而来，但礼制方面着意变革和比附先秦儒家的说法。比如天子宫殿的三朝五门，诸侯宫殿减为三门。明代王府宫前由南而北为萧墙南门（史料中一般称棂星门）、砖城南门（端礼门）、承运门。

　　从襄阳王府现存的遗迹来看，绿影壁以北至明代府学北墙之间应该为萧墙，南门至端礼门的区域，府学北界以北才可能是王府宫殿所在的主要区域。[②]现存的绿影壁应该是棂星门的照壁。需要说明的是，在明代王府的研究中可以发现，并非所有的王府都呈现完整的内外两重墙垣的形式，内垣也并非一定是砖城的形式，尤其在永乐朝之后，从以上史料中，襄王府基址所受的种种限制来看，襄王府应当也同王府制度规定的情况不完全相同。萧墙不具备环绕王府内垣四周的条件，王府内垣也不一定是砖城的形式，另外，内垣外的城濠也不一定存在。尽管没有萧墙的完整区域，但是象征礼制和等级的王府中轴的入口序列仍然是王府建设必不可少的部分。所以，在襄王府南侧轴线上，即与绿影壁相对的位置，仍然有棂星门的设置（图6-2-1、图6-2-2）。

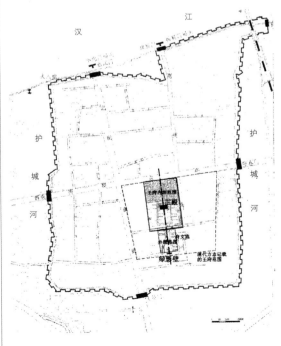

图 6-2-1　襄樊襄王府在襄阳城内位置示意图
来源：白颖. 襄阳明代王府建筑初探 [J]. 华中建筑，2008（4）

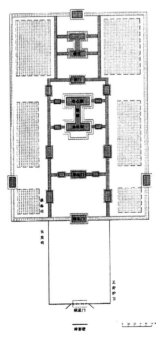

图 6-2-2　襄樊襄王府平面布局示意图
来源：白颖. 襄阳明代王府建筑初探 [J]. 华中建筑，2008（4）

① 《明英宗实录》卷四十四，857页。
② 白颖. 襄阳明代王府建筑初探 [J]. 华中建筑，2008（4）：27-31。

襄阳这块世袭藩王领地，代代传承，直到明末农民起义领袖张献忠杀了第八代襄阳王朱翊铭，才算结束了它的"使命"。崇祯十五年（1642 年）闯王李自成率军攻占襄阳，在藩王府登基，自立新顺王。一年后，李自成北上，一把火把豪华的府第化为一片瓦砾，然而只有精美绝伦的艺术瑰宝绿影壁却幸存下来。

2007 年，考古发掘了襄王府大殿的台基数据，为东西长 51.5m，南北宽 26m。[①]襄王府门楼和大殿重建于 20 世纪 90 年代，但无论建筑样式，还是基址规模均非明代襄王府原貌（图 6-2-3～图 6-2-5）。

绿影壁系明代襄阳王府门前的照壁，因全系青绿色石块雕刻砌筑而成，故名"绿影壁"。坐北朝南，全系仿木构石作，是一座四挂三间三楼一字型影壁，其壁顶、柱枋、框架、须弥座都用榫卯相接。影壁立面由三间组成，全长 26.2m，厚 1.6m，明间高，高约 7.6m，左右两次间略低，高 6.7m，由 62 块绿矾镶嵌。照壁庑殿顶，瓦葺飞檐，脊崇吻兽。明间浮雕"二龙戏珠"，翻腾飞舞于一片汹涌澎湃的云水之中，争相斗戏一颗火焰宝珠。左右次间各雕刻一巨龙飞舞于"海水流云"之中，龙昂首阔翘须，张牙舞爪，将神话中的龙刻画的惟妙惟肖。[②]2001 年由国务院公布为第五批全国重点文物保护单位。

影壁的四周，均以汉白玉石镶嵌边框，上雕小龙 99 条，首尾相接，姿态各异，栩栩如生。屋脊庑殿顶全用绿矾石雕成，两对鸱吻高立于正脊两端，正脊两边雕流云飞龙 6 条，戗脊有戗兽。左右次间正脊各雕流云行龙 3 条，戗脊无戗兽。檐下枋浅浮雕斜格形如意云。额枋有"普照乾坤"枋心，如意结盒子，藻头饰以轱辘钱、西番莲。箍头浮雕江崖海水流云图样。壁下部有石雕须弥座，三座相连，中座略高，左右稍低。上刻仰覆莲瓣、缠枝牡丹和忍冬草花纹，刀法圆润简练，线条优美流畅。整座影壁设计严谨，造型庄重，结构别致，雕刻精良，风格豪放，不论在建筑技艺和艺术上都显示了我国古代劳动人民高度智慧和才能，是石刻中珍贵的艺术品之一。

绿影壁几经沧桑，壁身略有倾斜。1993 年仿照当时的建筑风格，在绿影壁北侧王府旧址上，现已复建襄王府大门、正殿，陈列着襄樊市及所属各县出土的文物。如今，消失 360 多年的襄阳王府连同维修后的绿影壁和襄王府，正以它的新姿迎接中外游客（图 6-2-6、图 6-2-7）。

①该考古数据只是基于初步公布的考古资料的描述，具体的尺寸以日后正式的发掘报告为准。

②叶植主编. 襄樊市文放史迹普查实录 [M]. 北京，今日中国出版社，1995。

图 6-2-3　襄樊襄王府门楼

图 6-2-4　襄樊襄王府大殿

图 6-2-5　襄樊襄王府大殿上、下檐斗栱

图 6-2-6　襄阳王府绿影壁

北立面图 1:40

东壁倾斜现状　东侧立面图 1:40　1-1 剖面图 1:40　西侧立面图 1:40　西壁倾斜现状

图 6-2-7　襄阳王府绿影壁平面、立面图
来源：张毅绘

图 6-2-8　蕲州城城墙

图 6-2-9　蕲州圣医阁

（二）蕲州荆王府

蕲州城据明嘉靖《蕲州志》载："其城周围九里三十三步，一千一百三十丈，高一丈八尺……城门六座。"是鄂东最大的城池。蕲州古城始建于南宋末年，到了明代，这座长江之滨的州城日渐繁华，她优越的地理条件和自然条件，被明世宗朱高炽的第 6 个儿子荆宪王朱瞻堈看中，他于正统十年（1445 年）将自己的王府从江西建昌（今江西省南城县）迁到蕲州城（图 6-2-8、图 6-2-9）。2002 年由湖北省人民政府公布为第四批省级文物保护单位。

岁月流逝，沧海桑田。当年的蕲州城到底是怎样一副繁华景象，后人已无法知道了。但至今还有一些地名可以见证得到，比如：阅马场（古代官府练兵阅马的操场）、官井（官府用的水井）、官塘（官府用的池塘）、鼓楼洞（蕲州城边放大鼓的地方）、西门街（通往蕲州城西城门的一条街）、东门口（蕲州城东城门的出口）、一关（蕲州城第一道关）、枣子林（蕲州城城角边成片的枣树成林）、竹林湖（湖边蕲竹成林）、元丰里、四牌楼、雄武门、易家弄等等，多不胜数。

2009 年蕲春县第三次文物普查小组在该县大同镇柳林村一带，发现了四栋荆王朱氏家庙和后裔旧居。这四栋荆王后裔旧居分别为半边山塆"朱氏家庙"和八斗塆"朱氏老屋"，陈塆"朱氏老屋"，老屋塆"朱氏老屋"。[①]

据清代的地方志和当地《朱氏家谱》记载：明正统十年（1445 年），明仁宗第六子朱瞻堈从江西建昌迁入蕲州，在麒麟山麓建起金碧辉煌的荆王府。明崇祯十六年（1643 年），张献忠起义部队攻陷蕲州城，一把火烧掉荆王府。荆王的后裔逃至本县大同田桥一带隐居（图 6-2-10）。

朱氏家庙位于黄冈市蕲春县大同镇柳林村东边埫，建于清代，坐东南朝西北，建于游架山西北一块平地上，三面为游架山环抱。

平面为二进一天井布局，面阔 3 间 15m，深 16.3m，木结构，抬梁式构架，青砖墙，单檐硬山顶，小青瓦屋面。前檐大门内凹，石质门框，木板门，原大门上部石方框内有"朱氏家庙"四字（已毁），正厅后部上方木横枋上浮雕"二龙戏珠"图案，其

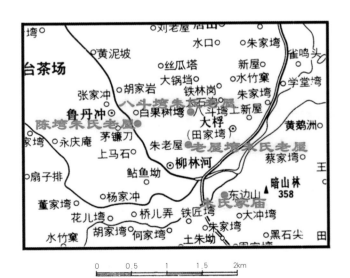

图 6-2-10　蕲春荆王后裔旧居位置图
来源：蕲春县博物馆

①黄冈日报,2009-2-25；蕲春县第三次文物普查资料。

他穿枋上的浮雕有仙鹤、凤凰、鹿、松树等图案。据朱氏家谱记载，当地朱姓村民为明代蕲州荆王后裔，明末张献忠攻破蕲州城，其中一支逃避至此，安家落户，繁衍生息，朱氏家庙的发现，对研究明代蕲州荆王后裔家庙建筑提供了珍贵的实物资料（图 6-2-11～图 6-2-13）。

1．八斗湾朱氏老屋

八斗垸朱氏老屋，位于黄冈市蕲春县大同镇柳林村八斗垸，是一处清代民居建筑，建于一块四周群山环抱的盆地上，屋基东高西低呈三层台地，坐东朝西，背依后山，西面一口池塘，南北为民居，整体呈"凹"字形平面，木结构，抬梁式构架，青砖墙，体 单檐硬山顶，小青瓦屋面。三进二天井，南北各有两列厢房向西前伸，现残宽 22m，进深 25m，高 8m，面积 550m^2。北侧四列厢房西部被后人改造。八斗湾朱氏老屋风格独特，保存较为完整，为研究蕲春县传统民居建筑提供了珍贵的实物资料（图 6-2-14～图 6-2-16）。

整体建筑风格已被局部破坏，南外侧两列厢房被拆除，北部厢房西部被拆重建。房屋因年久失修，长年雨水侵蚀，部分屋顶青瓦被拆，木质构件有所腐朽，部分房屋垮塌。

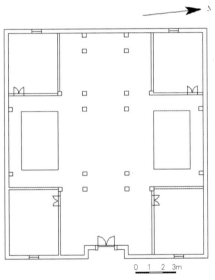

图 6-2-11　蕲春富顺王朱厚焜后裔家庙平面
来源：蕲春县博物馆

图 6-2-13　蕲春富顺王朱厚焜后裔家庙
山墙
来源：蕲春县博物馆

图 6-2-15　蕲春八斗湾朱氏老屋山墙
来源：蕲春县博物馆

图 6-2-12　蕲春富顺王朱厚焜后裔家庙正面
来源：蕲春县博物馆

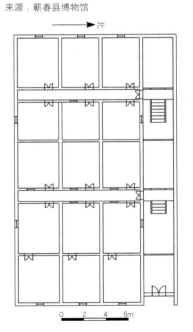

图 6-2-14　蕲春八斗湾朱氏老屋平面
来源：蕲春县博物馆

图 6-2-16　蕲春八斗湾朱氏老屋梁架
来源：蕲春县博物馆

图 6-2-17　蕲春陈湾朱氏老屋
正面
来源：蕲春县博物馆

图 6-2-18　蕲春陈湾朱氏老屋
侧面
来源：蕲春县博物馆

图 6-2-19　蕲春陈湾朱氏老屋
挑檐
来源：蕲春县博物馆

图 6-2-20　蕲春陈湾朱氏老屋
戏楼
来源：蕲春县博物馆

图 6-2-21　蕲春陈湾朱氏老屋
旗杆石
来源：蕲春县博物馆

2. 陈湾朱氏老屋

陈湾朱氏老屋，位于黄冈市蕲春县大同镇石坪村，陈湾老屋是一处清代建筑，坐东北朝西南，朱氏老屋平面为三进二天井布局，面阔 5 间，建筑整体呈凹形，内有 48 个天井，木结构，抬梁式构架，青砖墙体，单檐硬山顶，小青瓦屋面。老屋后面有一圈依山而修的挡土围墙。老屋前左右各立一个边长为 0.85m 的立方体整青石，上面正中有一圆形石孔，直径为 0.26m，四面均雕有花纹图案，右边的石墩上面阴刻楷书"道光四年"四个大字，石墩间相距 9.2m（图 6-2-17 ～图 6-2-21）。

老屋主体结构基本保持原貌，梁架和基础保存较好，部分墙体有所损坏，字迹、雕刻花纹清楚。

3. 老屋湾朱氏老屋

位于黄冈市蕲春县大同镇柳林村朱老屋垸，是一处明朝荆王后裔清朝时期遗留的建筑。坐东朝西。平面呈"凹"字形，二进一天井布局。面阔 5 间 20m，进深 17m。建筑面积约 340m²。砖木结构，抬梁式构架，小青瓦屋面。大门石门框。正厅相对保存较好，厢房损毁严重，屋顶可见当年原貌（图 6-2-22 ～图 6-2-24）。

（三）钟祥兴王府

明朝先后有 3 位藩王受封于钟祥，分别是：郢靖王朱栋（1388 ～ 1414 年），太祖朱元璋第二十三子。洪武二十四年（1390 年）封郢王，永乐六年（1408 年）就藩。据《兴都志•卷之七•典制七》载："郢王府，在兴都城西北隅，洪武二十七年（1394 年）锦衣卫指挥刘贵、郎中曹贵等督工鼎建拜，开垦田地既成"。

钟祥梁庄王朱瞻垍（1408 ～ 1441 年），仁宗朱高炽第九子。永乐二十二年（1424 年）封梁王，宣德四年（1429 年）就藩。据《兴都志》卷之七《典制七》载："梁王府即旧郢王府，仁宗昭皇帝第九子，永乐二十二年册封，有诏即郢王旧府，略加修治，宣德四年（1429 年）建国。王与宫眷乘黄船自北而南，即以北来之船载郢王官眷入南京旧内。凡郢府所遗田宅并给梁府主之。"

兴献王朱祐杬(1476 ～ 1519 年)宪宗朱见深次子。成化二十三年(1487 年)封兴王，弘治七年(1494 年)就藩，正德十四年(1519 年)薨，葬于城东北之松林山(今纯德山)。

兴王府，又称凤翔宫。位于钟祥市王府大道南端东侧，即今钟祥二中所在地。为明世宗嘉靖皇帝朱厚熜的诞生地和其父恭穆献皇帝朱祐杬的封国藩府。明弘治五年（1492 年）动工兴建，两年建成。弘治七年（1494 年）兴王朱祐杬就藩。嘉靖十八年（1539 年），为嘉靖帝南巡钟祥事，对王府进行了大规模的整修，最大的变化就是将昔日王府中轴线上建筑屋面的绿、黑色琉璃瓦全部改换成了天子等级的黄色琉璃瓦。嘉靖十九年（1540 年），依照嘉靖皇帝南巡时钦定"图式"，在王府东侧增建"世子府"，"以补昔日龙潜未备之意。"此时的王府，为东西两大区域。居古城正中，规模巨敞，建筑华美。《兴都志》云："其矩式之祥，深严之秘"，"创以藩府之制，饰以天子之规，内外合一，先后相辉，实海内所创见都焉！"明崇祯十六年（1643 年），兴王府大部分建筑毁于兵燹。清乾隆二十五年（1760 年）、四十五年（1780 年）兴王府建筑得以重建和维修。后立县学于此。1992 年由湖北省人民政府公布为第三批省级文物保护单位。

兴献王府据《兴都志•卷七•典制七》载："龙潜旧邸在兴都城极中，弘治六年

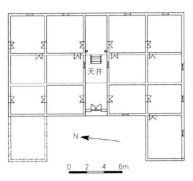

图 6-2-22　蕲春老屋湾朱老屋总平面
来源：蕲春县博物馆

图 6-2-23　蕲春老屋湾朱老屋俯视
来源：蕲春县博物馆

图 6-2-24　蕲春老屋湾朱老屋大门
来源：蕲春县博物馆

（1493 年）建，先是郢、梁二府，皆国於城中，而其址乃在极西隅，今承天卫其故处也，大抵形势卑僻，风气缓散"（图 6-2-25）。

兴献王府坐北朝南，地处佳境，风景秀丽，四周环以红色围墙，是一个庞大的建筑群，占地面积约 3 万 m²。据《兴都志·卷之七·典制七》载：

"龙飞殿七间，即旧承运殿，歇山转角，吻兽则系以镀金，铜索檐钉，则贯以镀金铜帽，下则白石须弥宝座，龙柱雕栏，柱下皆为小龙头，四隅各为大龙头，前为丹陛，陛级皆以白玉石为之，中则金龙五彩燕尾天花，碾玉点金，枋梁斗栱青碧，椽桷丹漆，柱栋壁以黄泥铺，以方甓，外则朱漆菱花，大槅五间，小槅二间，钉环梭叶，皆龙凤镀金，周回檐栱蒙以铜罘罳，陛中为白玉石升降龙纹御道。"

"殿后为穿殿五间，制视龙飞殿，稍间其金龙藻，采雕画粧饰并同。"

"殿前为左右廊各二间，又东西转角回廊各三十间，是为外朝之制。南为龙飞门五间，即旧承运门，朱扉金钉，陛以白石，门外左为东顺门三间，右为西顺门三间，

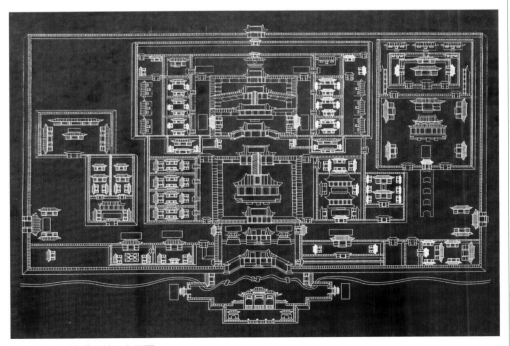

图 6-2-25　钟祥兴献王府平面

房各六间。又南为丽正门五间，即旧端礼门。门外左为鼓楼，右为名钟楼，旁各廊三间。又南为重明门，即旧棂星门，左右门房各三间，二门制俱龙飞门，稍简（间）以上俱属外朝。"

"龙飞殿之北为卿云宫五间，即旧前寝宫。宫前为卿云门三间，左右直房各三间。门内东为日升门，西为月恒门，各五间。宫后为穿殿七间，穿殿之北为凤翔宫，即旧后寝宫，宫前周回廊房共三十有六间。"

"宫后为凤翔门三间，左右廊房共二十有四间，二宫制俱视龙飞殿，是为内宫之制。由凤翔门而北，东为关雎门，西为麟趾门，又北为弘载门，即旧广智门，其日升、月恒之内，为东西两夹道，内为六所，所各前厅三间，后厅五间，左右厢六间，六所之外连房三座，各九间，浆粒房六间，净房三间，以上俱属内宫。"

"龙飞殿之东为纯一殿，乃先帝斋居之所。前后各五间，左右厢共十有二间，门三间，卿云门之西为中正斋，乃今上作圣火居，正殿五间，左右厢各三间，门三间。重明门之南为御沟一道，中为御桥一座，三首白玉石龙凤雕栏，左右各平桥一座，桥南为三楼五脊坊一座，其上金书横匾，中之前曰：'时乘御天'，北曰：'龙潜旧氏'，南之左曰：'云行'，右曰：'雨施'，北之右曰：'圣作'，左曰：'物睹'"。

"坊前碑亭二座，左为'恩诏'文碑，右为'圣谕'文碑。坊后东西各为坊一座，左曰从岵街，右为阳春街。"

"萧墙周回计五百五十丈二尺，四面各有直宿更铺。东为春晖门三间，即旧体仁门，左右门房共六间，监库一所，共十有八间。秋朗门三间，即旧遵义门，左右门房共六间。銮驾库一所，正房三间，左右厢共六间，门三间。御马房一所，正房三间，后房五间，左右厢十有四间。承奉司一所，正堂五间，左右厢各三间，门三间。东西各住宅二所，典宝、典膳、典服三所，各正堂三间，后堂五间，左右厢六间，广充仓厅三间，仓厅三间，仓房三连共二十有七间，门三间，广充库库房二座，每座五间，门二座，悉列于宫殿之侧"。

此外，还存云龙丹墀 2 块，故宫后宰门石门框 1 座。

据《兴都志》卷之七载：龙飞"殿内设金雕九龙宝座一座；朱红五彩祥云贴金金梁 1 根，系以黄织金云龙纻丝绿边绒缠；朱红油灯龙帘一扇；沉香色书案一座；沉香色宝案一座，各墩褥毯袱之盛及阁宝卓、册宝卓、冠服卓、锦墩卓诸器之美，不能备举。"

世子府在兴王府内之东，面积据《兴都志·卷七》载："红墙周回一百一十有四丈"。其布局为："前为大殿五间，重檐歇山转角，须弥宝座，云龙栏杆，前后盘龙御道，皆白玉石，吻索钉帽，龙凤梭叶，寿山福海，皆铜镀金。天花燕尾，方板斗栱，皆金龙五彩，菱花槅扇、大柱门枋，皆朱红重漆，覆地则细方甓，涂壁则丹黄泥。后为退殿三间，制并同前。前殿左右各为便殿三间，陛以青石，槅用朱红，天花用五彩。退殿左右亦各为殿五间，制并同前。前殿之前为门三座，朱扉金钉，白玉石须弥宝座。退殿之后为宫中前殿五间，后殿三间，宝座栏杆俱用青白石，槅扇用古老钱，天花用云锦鸾鹤，余并同前。殿前左右各为门三间，转角回廊各十有三间，前左右房四间，后左右朝南，房各六间，宫前为门三间，制同前。北为库楼三连各七间，左右连房各十间"。

王府建筑，昔于明末毁于兵燹。至清乾隆，部分建筑得以重修。西区现存凤翔宫、御沟桥，东区现存前殿、后殿、库楼和后宰门等建筑。[①]

2003 年，兴王府第一期保护维修工程——凤翔宫维修工程竣工，包括新建的门楼和凤翔宫维修。兴王府景点，即"明世宗嘉靖皇帝朱厚熜故居"正式对外开放（图 6-2-26）。

凤翔宫在御书斋西侧，是嘉靖皇帝的出生地，明正德二年（1507 年）八月十日中午，嘉靖帝在此降生。凤翔宫面阔 5 间 22.4m，进深 3 间 12.4m。砖木结构，抬梁式构架，单檐歇山琉璃瓦顶，前檐 3 间设 1.5m 宽的前廊，明间设陛，陛中为白玉石升降龙纹御道。前檐 3 间设槅扇门，两稍间设槛窗。两山墙和后檐用砖墙封护（图 6-2-27～图 6-2-29）。

荷花池在凤翔宫前，平面呈椭圆形，长径 14m，短径 8m，池深 2.5m。青条石叠砌池壁，池边设石护栏。池四角各有一吸水兽。池中间有一座长 13.6m，宽 2.3m 的三孔石拱桥（图 6-2-30、图 6-2-31）。

御书斋在凤翔宫东侧，四合院式布局，有前厅、厢房、后堂。前厅面阔 7 间 35m，进深 3 间 9.7m，砖木结构，穿斗式构架，单檐硬山灰瓦顶，前设 1m 宽的回廊；后堂面阔 5 间 21m。进深 1 间 7m，砖木结构，抬梁式构架，单檐硬山灰瓦顶（图 6-2-32～图 6-2-35）。

①国家文物局主编．中国文物地图集·湖北分册·下 [M]．西安：西安地图出版社，2002。

图 6-2-26　钟兴献王府门楼

图 6-2-27　钟祥凤翔宫

图 6-2-28　钟祥凤翔宫梁架

图 6-2-29　钟祥凤翔宫槅扇门

图 6-2-30　钟祥凤翔宫御沟桥

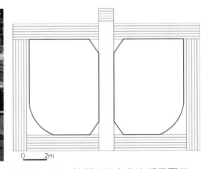

图 6-2-31　钟祥凤翔宫御沟桥平面图

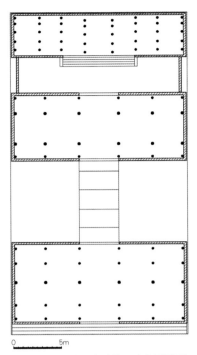

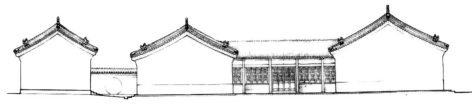

图 6-2-33　世子府后殿、连房侧立面图

0　　　　5m

图 6-2-32　世子府后殿、连房平面图

图 6-2-34　钟祥世子府正面

图 6-2-35　钟祥世子府含春堂正面

二、府第

（一）通山王明璠府第

王明璠府第，位于通山县大路乡吴田村，由旧宅和府第二部分组成。旧宅为王明璠父辈所建，位于府第的右前方。府第原主人王明璠，咸丰年间举人，先后任江西上饶、南康丰城、瑞吕、萍乡等地知县。清同治十二年（1873 年）告老还乡，该府便是其回乡所建，建于清同治年间（1864 ～ 1874 年）。[①] 湖北省保存完整的古建筑之一。2013 年由国务院公布为第七批全国重点文物保护单位。

旧宅为王明璠父辈所建，位于府第的右前方。由 4 进三天井组成，建筑面积1400m²。建筑为砖木结构，硬山顶，小青瓦屋面。四周用墙砖封护。室内为土坯墙承重。

府第为王明璠所建，分为主体建筑和附属建筑两部分。主体建筑坐西北朝东南，建筑采用中轴对称的形式，平面由三条纵轴线组成，中间一条轴线直通到底，尽端设置宗祠和戏楼；两边由东西并列的五进四天井宅院组成，宅院内共有 28 个天井，天井之间夹厢房。建筑为砖木结构，硬山顶，猫拱式山墙。小青瓦屋面，四周用砖墙封护。

主体建筑东、西山墙外有偏房，前面东为磨坊、西为厨房，东北设有马厩、后有后花园。前为开阔的青石庭院，靠门楼处有自备水井、鱼塘，东侧为府第的第一道院门，门上石匾题字为"竽园"。前院内南原置有学堂、仓储和各种手工作坊，是封建社会自给自足的庭院经济的典型体现。府第南北长 105.50m，东西宽 84.12m，占地面积 8874.66m²（图 6-2-36、图 6-2-37）。

梁架有 2 种：一种为抬梁，用于东、西轴线的第二、三进主体房屋，用来扩大

①李德喜．王明璠府第的建筑特色
[M]．高介华主编．全国第八次
建筑与文化论集．北京：机械工
业出版社，2006。

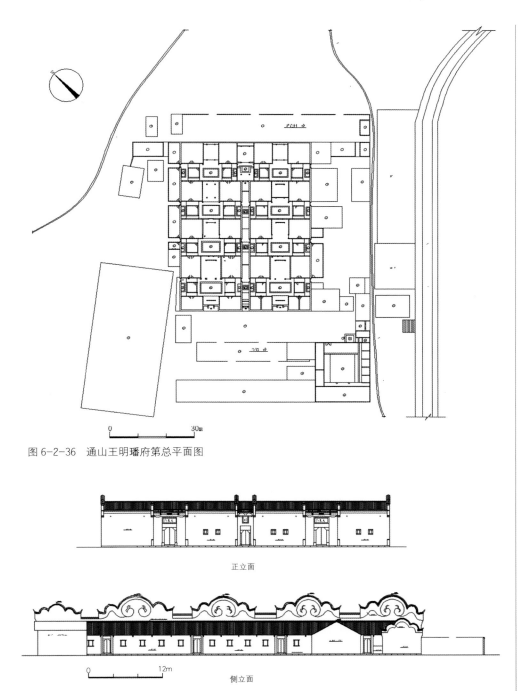

图 6-2-36　通山王明璠府第总平面图

图 6-2-37　通山王明璠府第正立面、侧立面图

室内空间。一种为穿斗式，用于东、西轴线的门厅，东、西轴线第四、五进主体房屋和天井之间的厢房。梁架采用明栿和草栿做法。穿斗式构架天花以下采用方柱，天花以上采用草栿，用材也较小（图 6-2-38）。

　　斗栱有如意斗栱、隔架科斗栱、丁字斗栱。如意斗栱用于戏楼明间。隔架科斗栱用于前檐大门梁架、东、西轴线第二进、第三进主房梁架之下。丁字拱主要用于大梁与柱子或梁与童柱之间的交接处。也有施在檩条与大梁交接处或双步梁头的檩条下的。

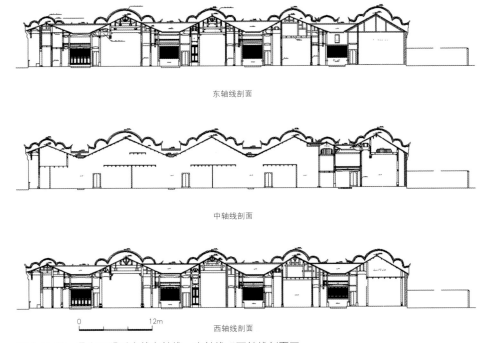

图 6-2-38　通山王明璠府第东轴线、中轴线、西轴线剖面图

图 6-2-39　通山王明璠府第戏楼斗栱

图 6-2-40　通山王明璠府第槅扇门

图 6-2-41　通山王明璠府第槛窗

①李晓峰，李百浩主编．湖北建筑集萃·湖北传统民居 [M]．北京：中国建筑工业出版社，2006。

戏楼顶饰八卦藻井，中间圆圈中绘制八卦图案，八边为阴阳八卦图。宗祠明间为方斗形藻井，次间为平顶天花（图 6-2-39）。

门有板门和槅扇门两种。三条轴线中的大门，第二、三、四进主房的后门，主体建筑侧门均为石门框，安双扇板门。第四、五进主房的前檐、第一进厢房前檐均为六抹头槅扇门，其余均为单扇板门。

各天井厢房前檐设四抹头槛窗，其他花窗设在轴线两边房屋的前、后檐墙上。窗的花纹有缕雕、浮雕人物故事和花鸟鱼虫，栏杆为瓶形雕花栏杆（图 6-2-40、图 6-2-41）。柱础式样多样，西轴线第一、二、四进主房为瓶式雕花柱础；东轴线各进主房、厢房前檐、中轴线戏楼、宗祠均为方形高础。

室内地面除 28 个天井为青石地面外，室内地面全为三合土地面，并在三合土地面上刻出方形花纹。三合土地面的质量非常好，虽经 1300 余年的历史，至今完好无损。

（二）阳新清代国师府——陈光亨宅

陈宅位于阳新枫林镇漆坊村，形成东西朝向、背山面水形态，整个村落沿山地势等高线，基本呈条状分布。①2008 年由湖北省人民政府公布为第五批省级文物保护单位。

该房屋建于清道光年间，这座颇具规模的宅第当地人称"国师府"或"国师堂"，皆因其原主人陈光亨曾做过咸丰帝为太子时的老师。这幢老宅是在他辞官归里后在家乡的住处，据传是清咸丰帝特拨国库银两为这位"国师"修建的，应属于"官宅"或"官厅"。

陈宅是一幢规模相当大的天井（合院）式住宅，以现在保留的规模（包括已毁坏但仍能确定的范围）来看，纵深三进，横向四路，可推断、确定的天井有 22 口。

在平面布局中，天井是各院落过渡、贯通的重要空间。各院落均是围绕天井空间布置，交通空间也是利用天井进行布置。每进每跨都有通向户外的通道和门、形成便利的交通。

　　陈宅别具特色地在开间方向沿外墙布置了两条狭长的天井空间。这两排天井包裹了横向外围的两排厢房，这些房间就朝向天井空间开窗、采光、开门；狭长的天井空间也根据厢房的开间进行了隔断，从而避免了东西日照对房间使用的影响，这种平面布局有利于调节建筑内的小环境。另外，天井形式多种多样，也是该宅平面布局的特色之一，灵活运用天井形式满足了各种功能要求。

　　主入口位于建筑一侧（由于部分建筑已毁），入口墙缩进 3 开间的宽度，门口立有 4 根高大立柱支撑屋檐，形成宽大的入口空间，屋檐下有曲面天花，额枋上还有雕饰；两侧外墙砌筑成八字影壁，显示宅主的非同一般的地位。

　　外墙用材并没有采用常见的空心斗砖墙的方式，而是全用青砖实砌，只在很不易受潮的墙体部分才用土坯砖。而在内部隔断上，围绕天井空间各房间的隔断都基本使用木料，以木板和镂空槅扇结合的方式分隔各使用空间、房间、阁楼也都是如此。其中对应每间房间都有同样面积的阁楼可放置杂物。阁楼并有镂花的窗扇和屋顶的亮瓦采光。

　　屋架做法也是穿斗式和抬梁式结合，以及硬山搁檩的做法。在这种较大规模多进多跨的住宅中，除了正门厅堂中所用材料比较讲究以外，其他空间的用材并不大。在较重要的空间，如厅堂等，也出现檩、枋使用曲材的情况（图 6-2-42 ~ 图 6-2-44）。

　　该宅原来装饰精美，如今仅能看见一些残存构件，主要存在正面厅堂、天井空间中。例如檩、枋构件上可见一些雕饰，叠梁构架上瓜柱也经过精心雕刻。还能见到一些精美的石雕，如正对主入口正厅天井的石栏板，上有精美草龙石雕；在栏杆转角处的望柱头雕有形态各异、栩栩如生的小狮子，堪称石雕精品，正门口也有一对雕刻十分精美的抱鼓石，基座还刻有狮、象等动物形象（图 6-2-45 ~ 图 6-2-47）。

　　厅堂地面以方砖磨砖对缝铺设，其他则为石灰、砂子、黄土掺糯米浆调合夯成的坚实的地面，历经 150 余年，有的地方至今仍很平滑；天井铺以青石排水口并被雕成螺纹状。

　　（三）通山润泉大夫第

　　这是一座晚清时期建造的宅第，位于南林桥镇青档村润泉山，为当年在朝为官

图 6-2-42　阳新清代国师府

图 6-2-43　阳新清代国师府梁架

图 6-2-44　阳新清代国师府槅扇门

图 6-2-45　阳新清代国师府挑檐

图 6-2-46　阳新清代国师府穿枋

图 6-2-47　阳新清代国师府天井石栏

图 6-2-48　通山润泉大夫第正面

图 6-2-49　通山润泉大夫第门廊

图 6-2-50　通山润泉大夫第装修
来源：李晓峰，李百浩主编. 湖北建
筑集萃·湖北传统民居 [M]. 北京：
中国建筑工业出版社，2006

的徐氏先人建造。①

　　该建筑占地约 540m²，背倚高坡林地，前有东流溪水，主体建筑坐北朝南，但
中路院门却向东开启。门墙比院墙高出 2m，两侧有向外伸展的短墙，平面呈八字形，
上部为跌落两段的马头墙：两侧墙间有屋檐连接，形成雨篷；石筑门洞上部有彩墨
描边的匾额，上书"绪衍南州"四字。

　　该宅第为三路联体天井院建筑，彼此之间有廊道相贯穿。右侧第一路宅院入口
立面颇具特色，2 层 3 开间之左右 2 间墙面高于居中一间，从而使入口十分突出：大
门上方有挑出墙面的木构门楼，正好嵌于左右墙体之间的"缺口"，其下为墨书门匾"大
夫第"。这种入口处理与鄂东南地区其他宅第"明间退进"的入口处理均不相同，却
有些徽派民居风格。大门内设木制屏门，屏门后为一天井，青石墁铺，两侧为 2 层厢房，
与倒座房一起，形成三面看楼，第二进屏风后有一木构板梯通看楼。

　　中路为面阔 5 间天井院，一进设有中门，东厢房槛墙以上为槅扇窗，西厢为通
体槅扇，雕饰精美。天井地面均为青石墁铺，通深 2 进，三面看楼，并有耳房 2 间。
左边靠南第三路，除无门楼、门匾外，余皆与右侧第一路相同（图 6-2-48 ～图 6-2-50）。

　　（四）阳新光禄大夫宅

　　光禄大夫宅位于阳新浮屠镇玉垱村，建筑坐东朝西，背倚秀美的黄姑山，面朝
两山山坳的地势高亢之处，周围建筑很少，四面都是青山绿野，视野开阔。②

　　该建筑建于清代，为清朝武官李蘅石故居，亦称"李氏官厅"。李蘅石（1838 ～ 1892
年），字守吾，号甲侯。曾游太学、任县丞、后投左宗棠部，随左出征新疆回民军，
曾以甘肃题奏道观察史职，出使俄国什坎城，与俄官员交涉俄所窃占我伊犁城事宜。
李使俄期间，据理力争，终以不动干戈，收复伊犁而不辱使命。钦赏二品封典，特
授新疆按察使，诰授光禄大夫。该宅院为李蘅石告老还乡所建。2002 年由湖北省人
民政府公布为第四批省级文物保护单位。

　　从布局看，面阔 5 间，纵深 3 进，长方形平面。中央明间退步为门，开间广大，
形成宽敞的门廊，入口檐下增加柱两根，用以承托檐口。

　　官厅由于用材硕大，开间宽阔，建筑体量较当地普通乡土民居高大很多。其内
有 2 组 5 个较大天井，使建筑内部得到充分采光。厅堂宽敞通透，由于是官宅，更
加讲究对称、有序。因此各进之间均有槅扇门可将两空间隔开，另外在二、三进之
间还做了垂花门。但是这些隔断又可完全打开，与前后门贯通形成风路，适应当地
夏季漫长、炎热潮湿的气候。同样，横轴方向每进也有通道和侧门，结合天井，能
保证宅内各个地点的通风和采光。

　　光禄大夫宅外墙是硬山封火墙，中间入口缩进，使正门外形成宽敞的门廊，体
现阳新民居的典型特色。从外立面看来，不仅整个建筑体量较大，门窗的洞口也开
得较多较大。外墙用材以砖为主，并在正立面施以白灰粉刷（图 6-2-51 ～图 6-2-53）。

　　光禄大夫宅的屋架是穿斗与抬梁相结合的做法，柱列整齐，柱距并不大，而且
檐下全做了平綦天花，其中间有 2 处还分别做了八角形和方形覆斗藻井。除最后一
进祖堂外，所有的房间上空都做了阁楼，这些阁楼仅作寻杖栏杆围合，由于彼此贯通，
使得内部空间显得很通透。

　　光禄大夫宅的装修总的来说并不华丽，虽然大量使用天花，在檐枋、穿插枋上也

①李晓峰，李百浩主编. 湖北建
筑集萃·湖北传统民居 [M]. 北京：
中国建筑工业出版社，2006。

②李晓峰，李百浩主编. 湖北建
筑集萃·湖北传统民居 [M]. 北京：
中国建筑工业出版社，2006。

图 6-2-51　阳新光禄大夫宅全景

图 6-2-52　阳新光禄大夫宅入口

图 6-2-53　阳新光禄大夫宅第一进天井

常见一些木雕纹饰，但这些雕刻以图案为主，较少有木雕精品，木构架用材较讲究，如雕饰精美的雀替、槅扇等。除了木材用料大外. 还大量用到砖石材料（图 6-2-54、图 6-2-55）。

图 6-2-54　阳新光禄大夫宅卷棚

室内厅堂铺地都是添加糯米浆的三合土筑成，卧室据说曾以木地板铺设，而天井附近主要以青石板铺设。石柱础在天井附近则衍生为整根的石柱，以防雨水潮湿。

（五）郧县徐大章府第

府第位于郧县五峰乡上塔村三组，建于清代，房主徐大章曾做过陕西耀州州官，返乡后建了这栋建筑。[①]建筑坐东朝西，四合院式布局三进二天井，由前厅、中厅、正房、东西厢房组成，共有房屋 23 间，天井 2 个，占地面积 528m²。砖木结构，穿斗式梁架，单檐硬山灰瓦顶。2014 年由湖北省人民政府公布为省级文物保护单位。

图 6-2-55　阳新光禄大夫宅藻井

前厅、中厅、正房面阔 5 间。第一进为南北向狭长的长方形院落，左右各分别为书房及厢房。第二进为后院，院正中及左右各设有台阶，两侧为南北厢房，各设置楼梯与二楼相连，二楼为回廊式。中厅穿廊与正房檐廊两边各有侧门，侧门为砖仿木贴墙式门楼。前厅、中厅硬山顶，前后出墀头，正房为五花山墙。整栋建筑装修精美，石构件及花窗、花罩、槅扇、栏板、斜撑等构件均雕有夔龙、蝙蝠及花草纹（图 6-2-56 ～图 6-2-65）。

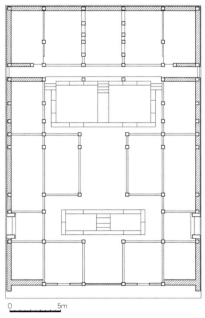

图 6-2-57　郧县徐大章府第俯视

图 6-2-58　郧县徐大章府第侧面

0　　　　5m

图 6-2-56　郧县徐大章府第平面图

①十堰市文物局编. 十堰传统民居 [M]. 武汉：长江出版社，2010。

图 6-2-59　郧县徐大章府第门厅正面

图 6-2-60　郧县徐大章府第正房正面

图 6-2-61　郧县徐大章府第梁架

图 6-2-62　郧县徐大章府第厢房天井

图 6-2-63　郧县徐大章府第廊轩

图 6-2-64　郧县徐大章府第石雕花窗

图 6-2-65　郧县徐大章府第侧门

1952 年土改运动后被分给 5 户村民居住。

（六）英山段氏府第

清代建筑，1992 年由湖北省人民政府公布为第三批省级文物保护单位。位在英山县南河镇灵芝垸村南 420m。系光绪年间（1875～1908 年）湖北候补知县段昭灼的府第及庄园。府第始建于清光绪二十四年（1898 年），以后不断续建和扩建，形成集住宅、园林于一体的建筑格局。[①]

府第坐北朝南，占地面积约 1700m²。平面布局为 3 进院落，左右对称，共有大小天井 24 个，房间、通道纵横交错，整个建筑平面布局如同迷宫一般。通面阔 9 间 47.25m，通进深 36.27m。主体建筑均为砖木结构，单檐硬山灰瓦顶，木构架采用穿斗式变体做法，很有地方特色。室内梁架均为草架，室内为平轩和菱角轩式天花，屋顶为两坡顶，上覆小青瓦。屋顶高低错落，变化多端。府第的石作、瓦作、木装修部分多具有浓厚的地方工艺性和艺术特点，如汉白玉石的柱础，屋脊上的龙脊和吻兽，墀头变化多端。檐下有砖砌斗栱及花鸟人物故事彩画（图 6-2-66～图 6-2-70）。

①湖北省志编纂委员会．湖北省志·文物名胜 [M]．武汉：湖北人民出版社，1996。

图 6-2-66　英山段氏府第全景
来源：浠水在线社区，探访英山南河镇段氏宅

图 6-2-67　英山段氏府第内景
来源：浠水在线社区，探访英山南河镇段氏宅

图 6-2-68　英山段氏府第顶板门抱鼓石
来源：浠水在线社区，探访英山南河镇段氏宅

图 6-2-69　英山段氏府第天井
来源：浠水在线社区，探访英山南河镇段氏宅

图 6-2-70　英山段氏府第装修
来源：浠水在线社区，探访英山南河镇段氏宅

第三节　文庙、书院

一、文庙

（一）郧阳府学宫

明代建筑，2002 年由湖北省人民政府公布为第四批省级文物保护单位。位于郧县城关镇郧阳汽车改装工厂内，占地面积 659.22m²，建筑面积 579.2m²。[1]

郧阳府学宫现存大成殿和南便门。整体构架保持完整。内檐设置 12 根金柱，外檐 20 根。大木构架为五架抬梁式。金柱与檐柱间由单步梁连接，檐柱上端设斗栱，无坐斗。

大成殿面阔 7 间，进深 3 间，单檐歇山顶，灰筒瓦覆顶，脊饰琉璃构件摆砌。但兽件已破损或散失不存。围护墙为后人改砌，并在其上开窗洞，均为矩形，檐下斗栱除柱头科保存基本完整外，平身科均已不存。槅扇门窗被砖砌围护墙所替代（图 6-3-1 ~ 图 6-3-3）。

图 6-3-1　郧阳府学宫大成殿

南便门面阔 3 间 12.82m，进深 1 间 5.38m，单檐硬山式屋面，总高 6.6m，大木构架为穿斗式，围护墙以青砖砌筑（图 6-3-4）。

该建筑是明成化年间（1465 ~ 1487 年）郧阳保存下来的唯一一处大型古建筑实物，府学宫殿建筑在全省范围内实属罕见。

（二）浠水文庙

明、清建筑，1992 年由湖北省人民政府公布为第三批省级文物保护单位。位于浠水县城东南隅，清河镇沿河街巷内，坐北朝南，面临浠水南门河，背靠儒学巷，地势开阔，环境优美。文庙，又名儒学，学宫、孔庙。据《浠水县志》载：始建于北宋，元末遭兵毁。明洪武七年（1374 年）在旧址上重建，明末又遭兵毁。清顺治七年（1650 年）又重建。后又经清康熙、乾隆、咸丰、同治、光绪等时期的修葺。

[1]湖北省文物考古研究所，南水北调工程资料。

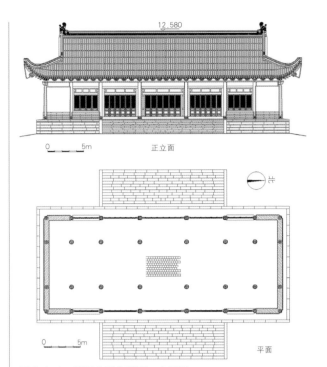

图 6-3-3　郧阳府学宫翼角

图 6-3-2　郧阳府学宫平面、立面图

图 6-3-4　郧阳府学宫南便门

　　文庙中轴线上建有棂星门、戟门、大成殿、崇圣祠，棂星门内有泮池，门内左为忠孝祠、名宦祠；右为节烈祠、乡贤祠；大成殿前左右为东、西廊庑，其后左有尊经阁，右有明伦堂，惜大部分被毁，现仅存棂星门、大成殿、尊经阁、崇圣祠及新中国成立后重建的东、西廊庑（图 6-3-5）。[①]

　　棂星门为 4 柱 3 间牌坊式门，全部石砌。柱门用石枋相连接。明间额枋上浮雕双龙戏珠，其上石枋，上书"棂星门" 3 个大字。其上又一枋上浮雕双凤朝阳，再上为额枋，枋中央置火焰纹石雕。两次间石枋上有人物故事浮雕。石柱前后有石雕狮、象抱鼓石，柱端雕石狮蹲坐（图 6-3-6、图 6-3-7）。

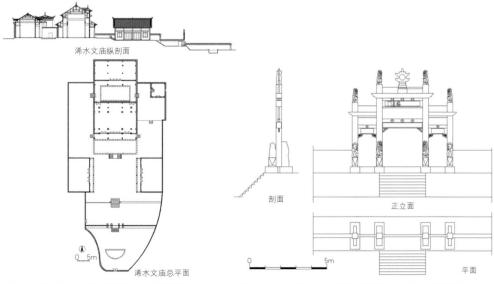

图 6-3-6　浠水文庙棂星门

① 李德喜. 浅谈浠水文庙大成殿的建筑特色 [J]. 江汉考古，1989(1)。

图 6-3-5　浠水文庙总平面、纵剖面图

图 6-3-7　浠水文庙棂星门平面、立面、剖面图

大成殿原名先师殿，明嘉靖九年（1530 年）更名为大成殿。大成殿是文庙的一座主体建筑，面阔 3 间 16.62m，进深 3 间 14.42m，高 14m，重檐歇山顶，小青瓦屋面，前檐明间带骑楼。耸立在宽 17.22m，深 5.7m，高 1m 的砖砌台基之上。月台中央设踏跺，中间为汉白玉石镌龙纹御路。大成殿梁架为抬梁式构架。斗栱为三踩如意斗栱，后檐和两山柱头科、角科斗栱采用插柱造。翼角采用江南嫩戗发戗，极具南方特色。前檐明间装修槅扇门、槛窗，后檐装修槅扇门，其余用砖墙封护。大成殿没有彩画，主要强调正立面的外观效果，在前檐额枋两端雕仙鹿图案，骑楼额枋浮雕四龙戏珠云纹图案，平板枋上雕云纹，骑楼两牌风板上雕卷草图案，加之前檐满布如意斗栱和精美的木雕，这就大大增强了大殿外观的艺术效果，同时也起到了画龙点睛的作用（图 6-3-8、图 6-3-9）。

大成殿前建有东西庑，平面长方形，面阔 5 间，进深 1 间，前设廊，钢筋混凝土结构，硬山顶，小灰瓦屋面（图 6-3-10）。尊经阁和崇圣祠平面方形，2 层，抬梁式构架，歇山式屋顶，小青瓦屋面（图 6-3-11）。

（三）恩施文昌祠

清代建筑，1992 年由湖北省人民政府公布为第三批省级文物保护单位。文昌祠，亦名文昌宫，又名文昌庙，位于恩施市城内鳌脊山顶。[①]为清代建筑。据《恩施县志》记载，文昌庙原建于城南门外，清嘉庆三年（1798 年），恩施知县尹英国移建于此。坐西朝东，占地面积约 1.36 万 m^2。3 进四合院式布局，有庙门、前楼、中殿、正殿和偏房（今前楼已毁）（图 6-3-12、图 6-3-13）。

正门中间为 4 柱 3 间 3 楼石牌坊大，出檐飞角，两侧接砖墙。宽 15.6m，高 9m。除明间开门外，均以砖墙封砌，门高 2m，宽 1.63m，门额嵌"文昌庙"石匾，周围雕刻龙云、花草、人物、山水、花草彩塑，石门框上则雕刻吼狮云龙，整个门墙富丽堂皇，为祠中建筑的精华图案（图 6-3-14）。

①恩施市文管会资料。

图 6-3-8　浠水文庙大殿

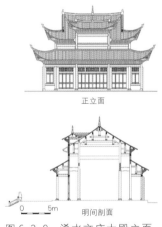

正立面

明间剖面

图 6-3-9　浠水文庙大殿立面、剖面图

图 6-3-10　浠水文庙东、西庑

图 6-3-11　浠水文庙尊经阁

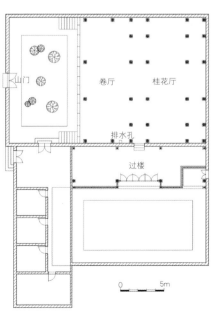

图 6-3-12　恩施文昌祠总平面图

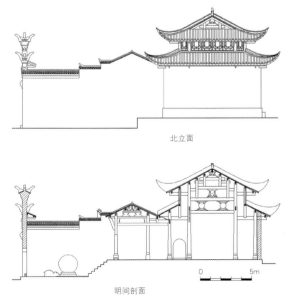

北立面

明间剖面

图 6-3-13　恩施文昌祠纵剖面、侧立面

图 6-3-14 恩施文昌祠门楼

图 6-3-15 恩施文昌祠卷厅梁架

图 6-6-16 恩施文昌祠正殿梁架

进门后为天井，中为卷厅。建于咸丰十年（1860年）。建筑为砖木结构建筑，面阔3间15.5m，进深2间7.5m，高4.5m，单檐硬山灰瓦顶，抬梁、穿斗混合结构，前后壁设槅扇槛墙，封火山墙。天井中原有戏台，是演唱鄂西地方戏——南戏的主要场所之一（图6-3-15）。后为正殿，又名"桂香殿"。面阔5间16.8m，进深2间8.5m，高10m，重檐歇山灰瓦顶，抬梁式构架，前有廊，前壁设槅扇槛墙、封火山墙。梁枋皆明栿，枋间及石柱础上雕刻麒麟、斗兽等动物及莲花、棋书等图案，线条简洁流畅。殿中原供奉文昌帝君神像1尊。祠右，原建有文昌楼，现已不存，仅存石碑，祠后有圆门通城皇庙，还有奎星阁，亦名奎星楼，惜已毁。另外，祠与奎星楼遗址之间有庙舍四楹（图6-3-16）。

（四）麻城文庙

文庙位于麻城市委大院内，四周围绕着办公室和职工宿舍。现仅存大殿，从大殿脊枋下题有"大清道光二十年"，可知为清末建筑[①]。为保护好文物，1993年迁建于麻城市博物馆内（图6-3-17）。

大殿面阔5间17.25m，进深3间10.15m，建筑面积175.1m²。高10.3m，重檐歇山顶，小青瓦屋面。抬梁式构架，下檐施单翘单昂三踩斗栱，上檐施单翘单昂五踩斗栱。明间平身科四攒，次间平身科二攒，稍间平身科一攒。柱头科斗栱直接插入柱身上，以柱头为坐斗。前檐明、次间装修槅扇门，稍间安槛窗。后檐明间装修槅扇门，其余用砖墙封护（图6-3-18~图6-3-21）。

大殿迁建完工后，为了完善这一景点，1995年又在大殿前重建了山门。山门位于中轴线上，距大殿20m，平面长方形，面阔3间11.8m，进深3间7.6m。抬梁式构架，室内为"彻上露明造"，前檐施单翘单昂五踩斗栱。硬山式顶，小青瓦屋面。前后檐明间开门洞，安双扇板门，次间安槛窗。油饰为铁红色。山门左右各建有6间平房，硬山顶，小青瓦屋面。前檐装修槅扇门，其余用砖墙封护（图6-3-22、图6-3-23）。

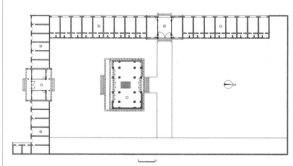

图 6-3-17 麻城文庙总平面图

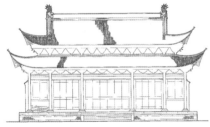

图 6-3-18 麻城文庙大成殿

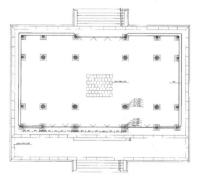

图 6-3-19 麻城文庙大成殿平面、立面图

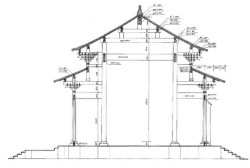

图 6-3-20　麻城文庙大成殿剖面图

图 6-3-21　麻城文庙大成殿斗栱

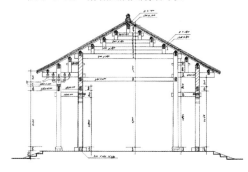

图 6-3-22　麻城文庙山门

图 6-3-23　麻城文庙山门平面、剖面图

（五）竹山文庙大成殿

清代建筑，2002 年由湖北省人民政府公布为第四批省级文物保护单位。位于竹山城关镇人民路东端南侧竹山县城一中校园内。据《竹山县志》记载："唐贞观诏州县皆立孔子庙"，遂于竹山始建文庙，初为学宫，后历代皆有重建修缮。现文庙始建于明洪武十三年（1380 年），明末毁，清初重修，道光二十一年（1841 年）修缮。原规模较大，现仅存大成殿。坐北朝南，面阔 5 间 21.2m，进深 1 间 8.1m。2 层，建筑面积 600m^2，重檐歇山灰瓦顶，砖木结构，抬梁式构架。四周设槅扇槛窗，外有回廊，方砖墁地（图 6-3-24 ～图 6-3-27）。脊檩墨书维修时间及主持人。[1]

图 6-3-26　竹山文庙大成殿剖面图

图 6-3-24　竹山文庙大成殿（李强摄）

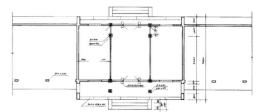

图 6-3-25　竹山文庙大成殿平面图

图 6-3-27　竹山文庙大成殿梁架

[1] 国家文物局主编. 中国文物地图集·湖北分册（下）[M]. 西安：西安地图出版社，2002。

①朱世学. 鄂西古建筑文化研究 [M]. 北京：新华出版社，2004。
②丁家元. 南平文庙大成殿木结构的作法及特点 [J]. 华中建筑，1990（1）。

图 6-3-28　建始文庙全景

图 6-3-29　建始文庙立面图
来源：朱世学. 鄂西古建筑文化研究 [M]. 北京：新华出版社，2004

图 6-3-30　建始文庙金声楼

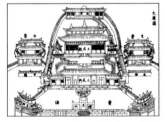

图 6-3-31　清同治公安县志文庙布局图

（六）建始文庙

原位于建始县业州镇人民大道奎星楼路（现已迁建于城郊）。始建于元大德年间（1297～1307 年），明洪武七年（1374 年）重修，明末遭兵焚毁；清初重建，清同治四年（1865 年）修葺。①坐北朝南，占地面积 6037m²。中轴对称布局，现仅存大成殿和金声楼、玉振楼。大成殿面阔 3 间 12.1m，进深 3 间 10.54m，通高 10.57m，重檐歇山灰瓦顶，抬梁、穿斗混合构架。金声楼、玉振楼左右对称建于大殿前、面阔、进深均为 5.72m，通高 8m，重檐歇山灰瓦顶，抬梁式构架。为州级文物保护单位（图 6-3-28～图 6-3-30）。

（七）公安文庙大成殿

南平文庙，位于长江中游荆江段南岸，原公安县旧县所在的南平镇。据史载，文庙在明代时就有簧墙、棂星门、礼门、义路、大成门、大成殿、启圣殿、东庑、西庑等建筑。②另在院落的东、西两侧还各建有 1 个较小的庭院，分别由照墙、东斋、西斋等组成。文庙的总体布局是由一个大院落和两个小庭院，以三条纵向中轴线用对称的形式构成，形成了既主次分明，而又统一的整体。其规模甚大，气势壮观（图 6-3-31）。

文庙建筑早年均毁于战乱之中，现仅存大成殿 1 座，下马碑 1 块。据《公安县志》载，大成殿系顺治九年（1652 年）知县王百男修。

大成殿面阔 3 间 14.98m，进深 5 间 11.35m，平面布置为明 3 暗 5 间（图 6-3-32～图 6-3-34）。梁架是穿斗式与抬梁式相结合的梁架结构形式，即抬梁式用于重檐中跨及排山，穿斗式用于四周上下檐部。翼角与苏州嫩戗发戗基本相同，檐口处起翘很大，屋角升起显著。上下外檐的檐部，不用重叠的斗栱，只在每根檐柱和角柱上施撑栱 1 根。撑栱的位置形式也不同：施于上下角柱的雕刻成龙形图案；施于下檐檐柱的雕刻成鸭形图案；施于上檐檐柱的不雕任何图案，只在中部向外的一面作束腰。屋架除用桁 2 根外，其余部分只置枋一道，枋上直接钉椽，上、下檐椽不再另加飞椽，正身不用望板，只铺檐望板，椽上直接覆瓦。这比一般建筑简单。

大成殿木结构有如下七个方面的特点：①平面配制及其柱网排列，采取明三暗五的作法，减柱、骑柱与落地柱交叉使用，这在我国古建筑中是不多见的；②同一殿内所置的柱础，有覆盆式，古镜式，八边形，圆台形等，这不能说不是它的特点；③大成殿等级较高的建筑，屋面不用琉璃瓦而用灰筒瓦；不用望板、飞椽等做法，

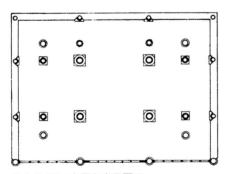

图 6-3-32　南平文庙平面图
来源：丁家元. 南平文庙大成殿木结构的作法及特点 [J]. 华中建筑，1990（1）

图 6-3-33　南平文庙大殿

图 6-3-34　南平文庙梁架

与大威殿本身的等级不相符合；④翼角起翘，与苏州地区建筑的嫩戗发戗的形式基本相同，而老戗，嫩戗的具体作法与《营造法源》所规定的又有差异；⑤木结构构件，除柱和二根桁外，其余全系扁作，这也均不同于南、北建筑；⑥上下檐部、不用重叠成攒的斗栱来挑承出檐和传递荷载，而在上下檐部各柱上用撑栱一根，承挑挑檐枋；⑦用抬梁式与穿斗式相结合梁架结构形式、也应是其特点。南平文庙大成殿是研究南、北古代建筑变化、融合的一处难得的实物资料。

此外，南平文庙还是一处革命纪念地。第一次国内革命战争时期，公安县属洪湖苏区地域。1926 ～ 1930 年，老一辈无产阶级革命家贺龙、周逸群、段德昌、柳直荀等先后在此进行过革命斗争。1930 年红二、红六军在南平会师，并在文庙成立了红二军团。所以，文庙具有新一层的历史意义，对于研究我国的古代建筑和革命斗争史，都有一定的价值。

（八）荆州文庙

荆州文庙在荆州城内西南隅。为古代祀孔专祠，亦为县学宫所在地。县文庙元代在沙市，明洪武年间（1368 ～ 1398 年）迁往江陵城东北隅，康熙六十年（1721 年）再迁至此，其时殿庑门仅楹俱①。乾隆九年（1744 年），集资建设文庙，大堂、亭阁、灵星门、泮池等建筑，创建如前规模，没多久又毁于洪水。嘉庆元年（1796 年），诏出帑金，重建大成殿、两庑、戟门、名宦乡贤祀，改建崇圣祠、尊经阁、棂星门、明伦堂、文明阁，增建节孝祠、更衣所、刑牲处、祭品乐器库、新旧碑亭（图 6-3-35）。至此，建筑显赫，规制大备，时人谓"足以壮一色之观瞻，行且卜科名之日盛"。2008 年由湖北省人民政府公布为第五批省级文物保护单位。

文庙内现存建筑有棂星门及大成殿。棂星门坐北朝南，石结构，4 柱 3 间，明间 3.56m，次间均为 3.17m，中柱、边柱均为方砖柱。中柱通高 6.65m，边柱通高 6.36m。

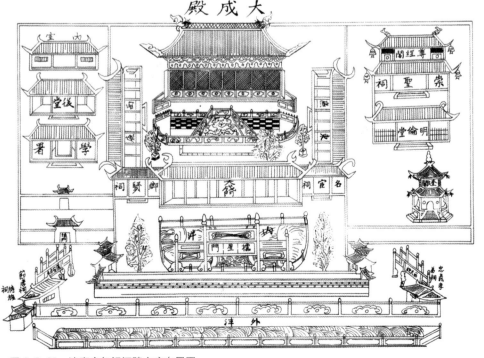

图 6-3-35　清嘉庆年间江陵文庙布局图

①王新生. 荆州文庙大成殿维修勘察测绘报告 [J]. 江汉考古，2006（1）。

图 6-3-36　江陵文庙棂星门

4根石柱用整条大青石加工而成，立于基座石之上，每根石柱两旁安装用整块青石雕刻的抱鼓石，石柱顶部装饰多为金瓜头。明间下枋正面浮雕"二龙戏珠"图案，背面阴刻"大清光绪二十二年岁次丙申六月吉日建"的题记，上枋正面浮雕"双凤朝阳"。两次间下枋正面分别浮雕"云纹游龙"，两次间石板上浮雕6组动物图案，右边为"松鹤图"、"群龙闹海"、"丹凤图"，左边为"麒麟图"、"鱼弄荷花"、"母鹿幼子"，背面均为素面。这些浮雕形象构图精细逼真，雕刻线条流畅，技艺独特。除此之外，还有六组窗扇式镂花镶嵌其中。整个牌坊古朴庄严（图6-3-36）。

大成殿为文庙的主要建筑，面阔5间，明间5.6m，次间分别为4.22m，4.20m，稍间分别为2.83m，2.81m，墙厚0.53m，两侧局部台基宽1.10m，通面阔23.26m。进深3间，明间5.68m，次间分别为2.83m，后檐墙厚0.50m，前檐墀头宽0.45m，前台基宽（含踏步）2.14m，通面深14.60m（图6-3-37～图6-3-39）。

大殿砖木结构，抬梁式构架，单檐歇山顶，灰筒瓦屋面。大殿大木结构：明间、次间均为抬梁式五架梁，但设计一反往常惯例，均做成双架带斗栱形式的五架梁，所以风格独特。其具体表现手法：在前后金柱之间首先用大穿枋连接固定，金柱顶部搁置五架底梁，造型做成弓形，底梁背上分立金瓜柱。金瓜柱造型做成重翘五踩灯笼榫斗栱，然后在灯笼榫斗栱中下部穿插五架二梁，其五架二梁既是斗栱正心桁，又能独立起到五架梁承重功能。五架二梁背上脊瓜柱居中构成三架梁，由此形成明间主体大木结构。另外在金柱与前后檐柱之间分别用单步梁组合造型，结构共分3层，顶层做成柱头科麻叶头挑尖梁，梁背正中立单步童柱，再用穿枋出头连接五架底梁，形成次间双步梁组合结构，挑尖梁为主要承重构件；二层用穿枋连接前端坐斗，后

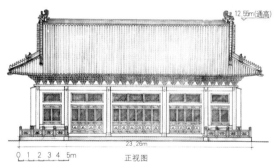

图 6-3-37　荆州文庙大成殿平面、立面图
来源：王新生. 荆州文庙大成殿维修勘察测绘报告 [J]. 江汉考古，2006（1）

图 6-3-38　荆州文庙大成殿

图 6-3-39　荆州文庙大成殿背面

尾穿过金柱用鼻栓固定，其功能一是穿插稳固斗栱，二是解决梁枋空间过大的矛盾，三是起装饰作用；底层为弓形月梁，截面较大，两端出头，均用鼻栓固定，主要功能连接金柱与檐柱，构成次间主要结构。所以大木结构的组合榫卯严谨，设计独特，其五架梁的组合结构，在荆楚现存古建筑中独一无二，有较高的历史价值和艺术价值（图 6-3-40、图 6-3-41）。

斗栱结构：前檐共有 34 攒重翘七踩如意斗栱，如意斗栱坐斗呈方形，底部颐为弧形，形如一个土钵。三才升、十八斗造型均同坐斗，只不过大小不一样。后檐及两侧面共有重翘六踩斗栱 34 攒，坐斗呈正方形，颐为曲线。单材栱、足材栱栱眼为异形。

梁上品字形五踩隔架斗栱 44 攒，其中角科灯笼榫斗栱 12 攒，金瓜柱灯笼榫斗栱 12 攒，平身科 20 攒，其结构造型同重翘六踩斗栱。前檐如意斗栱外拽保存完好，内拽部分构件流失。后檐重翘六踩斗栱内外拽有损失和流失的现象，隔架斗栱保存较完整，只有一个灯笼榫斗栱损坏。明间、次间、稍间隔架斗栱内拽架设的藻井天花保存完好（图 6-3-42）。

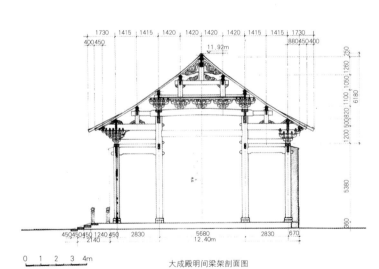

大成殿明间梁架剖面图

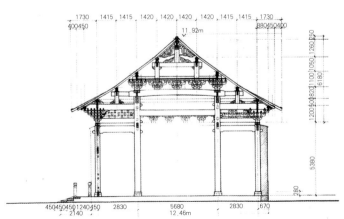

大成殿次间梁架剖面图

图 6-3-40　荆州文庙大成殿剖面图

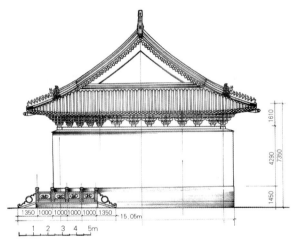

图 6-3-41　荆州文庙大成殿侧立面图

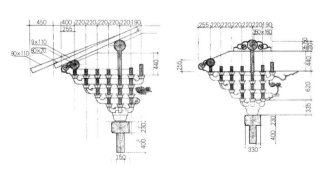

图 6-3-42　荆州文庙大成殿七踩如意斗栱（平身科、柱斗科）
来源：王新生. 荆州文庙大成殿维修勘察测绘报告 [J]. 江汉考古，2006（1）

图 6-3-43　利川龙水文庙全景

图 6-3-44　利川龙水文庙大殿
正面

图 6-3-45　利川龙水文庙正殿
梁架

图 6-3-46　利川龙水文庙厢房

　　彩画：殿内藻井天花、梁柱枋上面勾画的彩绘为人物故事、如意云纹、卷草花卉、飞禽走兽。虽有部分剥脱，灰尘满面，局部模糊不清，仍然可以看出昔日栩栩如生的景象。

　　（九）利川龙水文庙

　　位于利川市谋道镇龙水村船头寨。元、明为佛寺，明支罗峒黄中反明，曾于庙中设学，并点过一名蔡姓状元。清咸丰七年（1857 年）吴玉贞等始创文昌会，同治十二年（1873 年）改佛寺为义学，新中国成立后一直为当地小学校舍，是土家山寨中较早的义学建筑。2008 年由湖北省人民政府公布为第五批省级文物保护单位。

　　该建筑平面为四合院式，两进两厢一院一楼，木石砖结构，基址全系青砂条石垒砌，占地 1000 余 m²，建筑面积 640m²，正面为硬山式瓦顶，白灰墙面，中间开双扇大门，青石栏框，门前施鼓礅，门礅石正面雕松鹤图，造型生动，工艺精湛，门顶墙面做成匾额，可惜额中题记已毁，门前两株金桂分植左右，枝繁叶茂，花满枝头，浓香四溢，沁人心脾。大门内中间是一小的厅堂，两边为教室，教室靠院坝的墙壁上分别嵌长 2.92m，高 0.80m 的石碑一块，楷书阴刻，字迹清晰，保存完好，详细记述着修建文庙的始末缘由和捐修者姓名。

　　门厅顶上为戏楼，现为教师宿舍。戏楼两侧有楼道与两边厢房的彩楼相连，楼前院坝全用规整条石铺砌，长 11.85m，宽 11.7m，院坝两边各一排四列三间的厢房对称排列。正殿 4 列 3 间，面阔 13.7m，进深 8.7m，中间两列为抬梁式，两边为穿斗式，梁柱粗壮，梁托柱础精雕细刻，造型别致，工艺精湛。基址高出厢房 0.4m，整个院内宽敞整洁，明亮气派（图 6-3-43 ～图 6-3-46）。

　　（十）安陆文庙大成殿

　　位于安陆县城府城街道办事处儒学路 4 号，清代建筑。2002 年由湖北省人民政府公布为第四批省级文物保护单位。始建于北宋庆历六年（1046 年），嘉祐、淳熙年间及明洪武三年（1370 年）三易其位重建，清咸丰五年（1855 年）毁于战火，光绪十一年（1885 年）重建，现仅存大成殿，坐北朝南。面阔 5 间 27.4m，进深 3 间 15.9m，高 12.5m。重檐歇山黄瓦屋顶，明、次间抬梁式构架，两山为穿斗式构架。前檐明、次间装修隔扇门，稍间安槛窗，其他三面用砖墙封护（图 6-3-47 ～图 6-3-51）。

　　（十一）罗田文庙圣殿

　　位于罗田城关镇民建街，清代建筑。元大德八年（1304 年）迁县治官渡河（今县治），嗣后，建文庙于归厚坊西山之间（今东门一带），明洪武八年（1375 年）迁至县城南

图 6-3-47　安陆文庙大成殿正面

图 6-3-48　安陆文庙大成殿侧面

图 6-3-49　安陆文庙大成殿梁架

图 6-3-50　安陆文庙大成殿彩画

图 6-3-51　安陆文庙大成殿前檐装修

门河边，由大成门、大成殿、崇圣祠及东、西庑几大部分组成，明弘治四年（1491 年）被洪水冲毁。嘉靖十年（1531 年）重建于现址。嘉靖二十九年又曾修茸，有先师庙、明伦堂、戟门、石棂、星门、泮池、至圣坊、进德斋、修业斋、志学轩、敬一箴亭等建筑，形成一长方形棋盘状建筑群。清咸丰三年（1853 年）遭兵毁，同治八年（1869 年），知县王凤笙劝捐重修。民国年间（尤其是抗战期间）毁其大半。建国初期，从坊门、泮池至圣殿原貌犹存。1956 年因兴建礼堂及广场，该庙其他附属建筑物相继拆毁，仅圣殿尚存。

圣殿面阔 5 间 23.1m，进深 6 间 9.8m，面积约 22238m²。重檐歇山顶，抬梁式构架，立柱置于 1.6 高的石柱上，正脊饰双龙戏珠，垂脊为布瓦叠砌。文庙圣殿是罗田城关唯一的一座古代建筑（图 6-3-52、图 6-3-53）。2002 年由湖北省人民政府公布为第四批省级文物保护单位。

图 6-3-52　罗田文庙圣殿正面

图 6-3-53　罗田文庙圣殿侧面

二、书院

（一）新洲问津书院

新洲问津书院，又名孔庙，在新洲旧街镇孔子河村东北。据《问津书院志》记载，此院为汉淮南王刘安所建，其后迭有兴毁，历史上的书院依山傍水，气势恢宏，殿堂楼阁、祠馆斋亭，应有尽有。宋以后，硕学鸿儒登坛授业，四方学子咸聚闻道，一时名动海内。至清同治、光绪年间修复后，规模宏大，巍峨壮观，有康熙帝御书的"万世师表"匾额，仁宗帝御制的"圣集大成"匾额，还存有"孔子使子路问津处"精湛石刻一块，清末书法家张翼轸所书"问津书院"门匾。民国 2 年（1913 年）书院经历过历史上最后一次大规模修复[①]。2002 年由湖北省人民政府公布为第四批省级文物保护单位。

书院坐北朝南，占地面积约 4370m²。两进四合院式布局，现存的主体建筑有大成殿、讲堂、天井、碑廊，附属建筑有左右配殿、院门两侧房舍，整个建筑虽年久失修，但其布局结构基本保存完整（图 6-3-54）。

大成殿面阔 5 间 24.5m，进深 4 间 12.2m，单檐硬山灰瓦顶，穿斗式构架，前檐设轩顶；讲堂为硬山顶二层楼，面阔 3 间 14.5m，进深 3 间 14.2m；左右偏殿均面阔 9 间 32m，进深 1 间 7.2m，单檐硬山灰瓦顶，抬梁式构架。大成殿内壁嵌重修孔庙

图 6-3-54　新洲问津书院

①国家文物局主编. 中国文物地图集·湖北分册（下）[M]. 西安：西安地图出版社，2002。

①谭宗派. 利川民族文化览胜 [M].
北京：中国文联出版社，2002。

图 6-3-55　新洲问津书院大成殿

图 6-3-56　新洲问津书院西洋楼

碑 8 通。周围散存"坐石"刻石、"孔子使子路问津处"石碑等（图 6-3-55、图 6-3-56）。

孔叹桥在孔庙大成殿南侧，始建于明万历三十二年（1604 年），清咸丰元年（1851 年）重修。东北至西南向跨孔子河。三孔石梁桥，长 23m，宽 2.3m。墩作梭形分水尖（图 6-3-57、图 6-3-58）。

"坐石"刻石在孔庙内，刻于一不规则状巨石上。幅高 2.2m，宽 0.8m。楷书"坐石"，字径 0.8m×0.54m。

"孔子使子路问津处"碑在孔庙内，青石质，圆首。通高 1.75m，宽 0.65m，厚 0.17m。边框阳刻缠枝花纹，中部楷书"孔子使子路问津处"（图 6-3-59）。

（二）利川如膏书院

位于利川市南坪乡南坪村，始建于清乾隆五十八年（1793 年），浙江山阴供事王霖任南坪巡检时手建如膏书院，其建造年代在利川仅次于忠路双江书院，建南笔峰书院，与凉雾山水井村义学同时①。刻于清嘉庆六年（1801 年）王霖手撰的《重建南坪义学序》，具体描述了修建如膏书院的情况和环境，嘉庆二年（1797 年）重建，坐北朝南，东西宽 33m，南北长约 40m，占地面积约 1500m²。中轴对称布局，有门楼、前殿和后厅，共 3 进 1 院 2 天井。门楼为奎星楼，楼顶已毁。面阔 5 间 14.4m，明、次间为 2 层楼，屋顶高于两稍间，明间上层楼板前伸 2.5m 为戏台。奎星楼正面，白墙黑瓦，朴实古雅。门旁曾有一副楹联："道应不匡为帝铺，职司二级定科名"。门上方几尺许，嵌有一块石匾，阴刻"如膏书院"4 个大字。饱经风霜的木门上挂着一

图 6-3-57　新洲问津书院孔叹桥

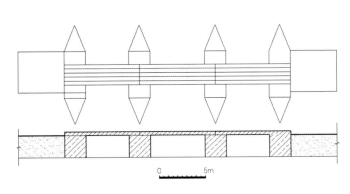

图 6-3-58　新洲问津书院孔叹桥平面、立面、剖面图

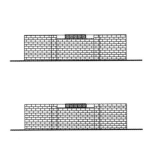

图 6-3-59　新洲问津书院孔子使子路问津处碑

把大铁锁，锁住了此门，亦锁住了往昔的记忆。2002 年由湖北省人民政府公布为第四批省级文物保护单位。

大殿面阔 3 间 14.4m，进深 3 间 10.2m，上部为阁楼，封火山墙，抬梁式构架。后厅面阔 3 间 14.4m，进深 2 间 9.2m，穿斗式构架。均为单檐悬山灰瓦顶。大殿两壁嵌碑刻四通，院内散放碑刻六通，字迹一律正楷阴刻，较为系统地记叙了南坪地方建书院，改学校的始末缘由，是研究利川教育历史不可多得的实物资料（图 6-3-60 ～图 6-3-63）。

出如膏书院东行约 500m，有重檐楼阁式 7 级石塔 1 座，塔名"凌云"。古人建造该塔，实望文风蔚起，多出人才，与当地建塔是为了镇压火神，减少火灾的传说毫无关系。

（三）蕲春金陵书院

位于蕲春蕲州镇小西门街胭脂山，是清代旅蕲南京人集资兴建，所以又称金陵会馆。[1]建于乾隆、嘉庆年间（1796 ～ 1820 年）。坐北朝南，四合院中轴对称布局，分左中右三路，

金陵书院位于中路，左路为聚德堂，右路为保婴堂。占地面积 352m²（图 6-3-64）。2002 年由湖北省人民政府公布为第四批省级文物保护单位。

金陵书院由门楼、厢房，大殿组成。门楼 2 柱 3 间 3 楼牌坊门，出檐飞角，明间设板门，门额嵌"金陵书院"石匾。上为三花山墙。进门是天井，两侧为厢房，厢房面阔 2 间，进深 1 间 10.93m，抬梁式构架，单坡小灰屋顶。大殿面阔 3 间 9.2m，进深 3 间 10.93m，前设廊，抬梁式构架，单檐小灰瓦屋顶。前檐设定槅扇门，其余用砖墙封护，前后出墀头，封火山墙，山墙为滚龙脊。梁架上镂雕花草蟠龙等图案。院内有"钟山遗秀"、"重修碑记"等碑刻 5 块，大门首"金陵书院"几个遒劲大字仍历历在目，现改为道观（图 6-3-65 ～图 6-3-68）。

图 6-3-60　利川如膏书院

图 6-3-61　利川如膏书院正厅

图 6-3-62　利川如膏书院戏台

图 6-3-63　利川如膏书院藻井

图 6-3-64　蕲春金陵书院

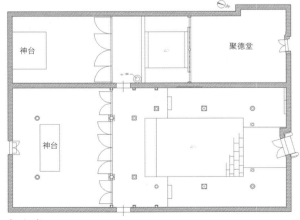

聚德堂

神台

神台

图 6-3-65　蕲春金陵书院总平面、纵剖面图

①国家文物局主编．中国文物地图集·湖北分册（下）[M]．西安：西安地图出版社，2002。

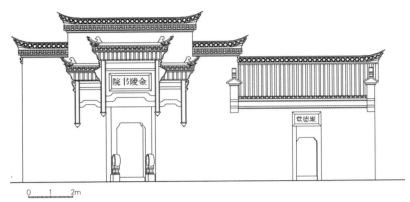

图 6-3-66　蕲春金陵书院立面图

图 6-3-67　蕲春金陵书院内景

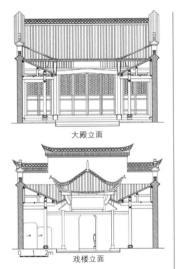

大殿立面

戏楼立面

图 6-3-68　蕲春金陵书院大殿
立面、戏楼立面图

左边是聚德堂,面阔 3 间 5.34m,进深 3 间 10.93m,抬梁式构架,单檐硬山灰瓦顶。

(四) 神农架三闾书院

清代建筑,位于神农架林区阳日镇老街中心,南河北岸,西距神农架林区政府松柏镇 23km 。历史上它是水运码头。三闾书院古建筑群始建于何时,史无确载,现存大殿梁下有"大清道光丁酉年 (1837 年) 九月吉旦"等题字,现存建筑为清代遗构。三闾书院当地俗称"武昌庙"或"武昌馆",因砖上模印有"武昌"字样,故名。现为神农架林区文物保护单位。书院建筑坐北朝南,南北长 40.3m,东西宽 48m,占地面积 1934.4m²。整个书院建筑由门楼、东西厢房、大殿及东西耳房所组成。由于历史沧桑,大部分建筑被毁,现仅存大殿和东耳房墙体 (图 6-3-69)。2002 年由湖北省人民政府公布为第四批省级文物保护单位。

门楼 20 世纪 50 年代被拆除,现存门楼门槛石仍旧在原位,长 1.90m,宽 0.45m,门槛的门臼直径 0.10m,门宽 1.55m。在房屋的台基上发现原门楼大门石门框,高 2.23m,宽 0.37m,厚 0.14m,正面斜方格纹清晰可见,保存完好。

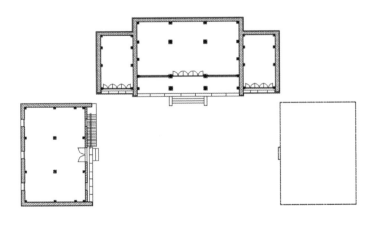

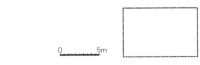

图 6-3-69　神农架三闾书院现状总平面

东西厢房位于大殿左右，早年被毁。现仅存遗址，面阔 3 间 12.40m；进深 2 间，每间宽 3.78m，通进深 7.6m，建筑面积 93.75m² （图 6-3-70、图 6-3-71）。

大殿位于最北端，面阔 3 间 12.90m，进深 3 间 8.80m，建筑面积 113.52m²。单檐硬山式屋顶，小青瓦屋面。室内地面、前檐阶条石保存完好。外走廊铺地砖无存。室内原用 0.28m×0.28m 砖斜纹铺地，有的保存较好。梁架明间为抬梁式构架，次间为穿斗式构架。基本保存较好。明间脊枋下方有"大清丁酉年九月吉旦"和"三间书院合众首士修建"题字，中间有"八卦太极图案"；两次间脊枋中间有装饰花纹。前檐廊上部装修有卷棚轩。

前檐明间原装修槅扇门，现改为现代门窗。其余用砖墙封护。室内后檐墙上绘有 3 幅壁画。明间大部分被石灰粉刷，只隐约可见。东次间为"双龙戏珠"，西次间为"白虎咆哮"。此壁画设色清雅，比之于工笔重彩佛教壁画又别具一格（图 6-3-72～图 6-3-75）。

东西耳房在大殿东西两侧。现仅存东耳房的后檐墙和山墙，屋面和装修全部被毁。但从大殿山墙上遗留下来的檩洞孔可知，东西耳房为面阔 1 间 11 阔 4.20m，进深 7.70m，建筑面积为 64.68m²。

图 6-3-71　神农架三间书院大殿、配殿

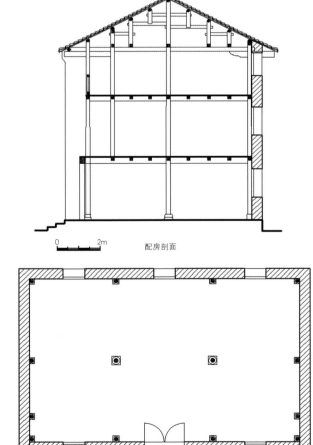

图 6-3-70　神农架三间书院配殿平面、剖面图

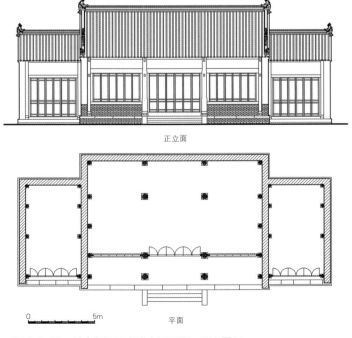

图 6-3-72　神农架三间书院大殿平面、正立面图

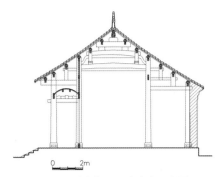

图 6-3-73　神农架三间书院大殿剖面图

图 6-3-74　神农架三间书院配殿梁架

图 6-3-75　神农架三间书院配殿廊轩

　　书院中遗有一口水井，直径 0.7m，应为当时书院的生活用水。现在人们仍然用它作为生活用水。

　　（五）建始五阳书院

　　位于建始业州镇人民大道奎星楼路。书院修建于清朝乾隆二十二年（1757 年），因县境内有建阳、当阳、朝阳、景阳、巫阳而得名。清道光二十一年（1841 年）重建[①]。书院现存建筑规模与布局，基本上保持了清朝道光年间（1821 ~ 1850 年）的重修布局，坐北朝南，占地面积 2530m²。中轴对称布局，有门厅、考棚、讲堂、连珠堂、书房及宿舍等（图 6-3-76）。主体建筑讲堂面阔 5 间 23.8m，进深 3 间 15.4m，前后三勾连搭式砖木结构，硬山顶，抬梁、穿斗混合构架；布瓦屋面。外砌石墙（已残）。连珠堂平面方形，边长 4.7m，攒尖灰瓦顶，存石碑 8 通（图 6-3-77 ~ 图 6-3-81）。2002 年由湖北省人民政府公布为第四批省级文物保护单位。

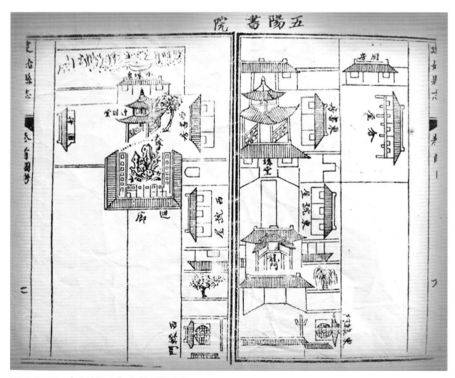

图 6-3-76　《建始县志》上的五阳书院

①国家文物局主编．中国文物地图集·湖北分册（下）[M]．西安：西安地图出版社，2002。

图 6-3-77　建始五阳院大门

图 6-3-78　建始五阳院俯视

图 6-3-79　建始五阳院侧面

图 6-3-80　建始五阳院梁架

图 6-3-81　建始五阳院内景

书院建筑风格，雅致大方，简洁艺术。清光绪三十一年（1905 年），建始五阳书院改为高等小学堂。

（六）荆门龙泉书院

清代建筑，坐落在荆门城西象山东麓碧波荡漾的文明湖畔，因旁有龙泉而得名。早在南宋绍兴年间（1131 ～ 1162 年）这里就曾设立书塾（洗心堂）课读子弟。经元、明两代，书塾早毁。清乾隆十九年（1754 年），荆门知州舒成龙集资在书塾旧址上兴建书院，并以书院西边新凿的龙泉命名，亲自撰写《龙泉书院碑纪》。清道光六年（1826 年）、同治六年（1867 年）2 次维修。现为龙泉中学校址[①]。2008 年由湖北省人民政府公布为第五批省级文物保护单位。

原先布局为三堂、两馆、两斋、两轩组成，以后又增建两楼，组成左中右三条轴线。

中轴线建有正门，上书"龙泉书院"。进门后为石拱桥，过石桥为三间讲堂（育德堂），讲堂东西两侧各有配房三间。讲堂北建有启秀门，进门后为一方整院落，背面是三栋并排的尺木楼。尺木楼东西各建有一排四间书斋，东为敬业斋，西为乐群斋。

书院西侧（右轴线）是全忠祠。

书院东侧（左轴线）是荆园，荆园原建有园门，清光绪十二年（1886 年）在园门址上建文明楼。园门内为一方形池塘，名方塘。塘中有五丈见方的石台，台上筑洗心堂，堂南有石桥通园门。北有石桥通方塘书屋。书屋东西翼各有一排三间书屋，东翼是寄畅轩，西翼为会心轩。

方塘东有一座用挖方塘的土石堆筑起的小山丘，山上苍松翠柏，山下泉水清清，梅、柳成片。山顶原筑有听泉亭，早已不存，后来在听泉亭遗址上重建白鹤亭。

荆园的北院东侧建有一排书屋，名东山草堂，房屋的东西两旁各建有书馆一间，

①中共荆门市委宣传部. 荆门古城纵横 [M]. 上海：学林出版社，1984。

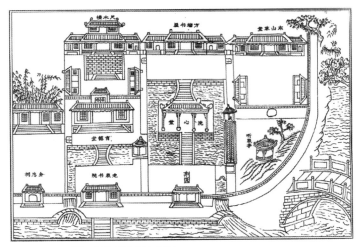

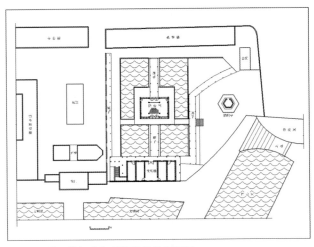

图 6-3-82　荆门龙泉书院原布局图

图 6-3-83　荆门龙泉书院现状总平面图

图 6-3-84　荆门龙泉书院洗心堂

名春华馆、秋实馆（图 6-3-82、图 6-3-83）。

　　这座布局严谨，错落有致，曲径回廊的书院建筑，由于岁月流逝和人为的损坏、拆除，现仅存清乾隆十九年（1754 年）所建洗心堂和清光绪十二年（1886 年）所建的文明楼。

　　洗心堂位于方池中的石台之上，始建于乾隆十九年（1754 年），同治、光绪年间（1875 ～ 1908 年）修缮。坐南朝北，面阔 3 间 12.8m，进深 3 间 9.8m。单檐硬山灰瓦顶，抬梁式构架，前设檐廊，前后檐装修隔扇门窗。其余用砖墙封檐（图 6-3-84 ～图 6-3-87）。

　　文明楼位于龙泉书院前部，建于清光绪十二年（1886 年）。坐北朝南，面阔 7 间

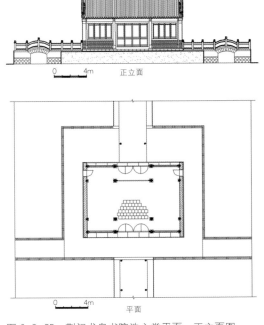

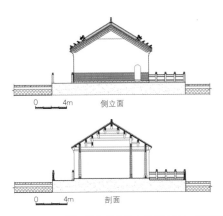

图 6-3-86　荆门龙泉书院洗心堂侧立面、剖面图

图 6-3-85　荆门龙泉书院洗心堂平面、正立面图

图 6-3-87　荆门龙泉书院洗心堂梁架

图 6-3-88　荆门龙泉书院文明楼

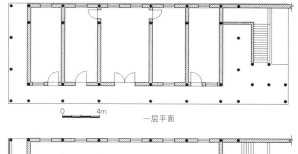

一层平面

图 6-3-91　荆门龙泉书院文明楼
梁架

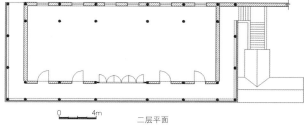

二层平面

图 6-3-89　荆门龙泉书院文明楼一、二层平面图

图 6-3-92　荆门龙泉书院文明楼
檐口

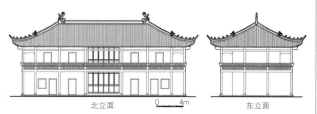

北立面　　　　　　　东立面

图 6-3-90　荆门龙泉书院文明楼北立面图

25m，进深 4 间 11m，廊宽 2.2m。2 层，砖木结构，抬梁式构架，单檐庑殿灰筒瓦顶。上、下 2 层前、后檐装修槅扇门窗。楼两侧各有 1 间单檐硬山顶耳房，面阔 3.7m，进深 7.5m。庑殿顶，灰筒瓦屋面（图 6-3-88～图 6-3-92）。

　　白鹤亭位于洗心堂东 10m，又名听泉亭。建于清乾隆十九年（1754 年）。后毁。后另在原址上建亭，名白鹤亭。为何改名，史无载。亭坐北朝南，六角单檐攒尖灰瓦顶，底边长 2.28m，青砖砌壁，北面开门，余五边设圆窗，条石基础，边长 4.28m，高 2.6m（图 6-3-93）。

图 6-3-93　荆门龙泉书院白鹤亭

（七）钟祥兰台书院

　　相传舜帝亲手在台上种下兰蕙，著名的高雅歌曲——"阳春白雪"曲故就产生于此。兰台也曾是楚王与群臣计议国事，恢复大业之地，宋玉的传世佳作《风赋》就产生于此。现兰台书院位于兰台之上，钟祥一中校内，占地约 27m×30m=810m^2。[1] 2008 年由湖北省人民政府公布为第五批省级文物保护单位。

　　兰台书院在清代为学社，建于乾隆年间（1736～1795 年）。现存的建筑呈四合院式。现仅存南北两座厢房，南边厢房为砖木结构，硬山式，面阔 6 间 26m，进深 12m；北边厢房为砖木结构，硬山顶，面阔 6 间 26m，进深 12m，两厢房间有 1.6m 宽，呈方形的环廊。中间的藻井宽 5m，长 3m。整个建筑保存较好（图 6-3-94～图 6-3-97）。

①国家文物局主编．中国文物地图集·湖北分册（下）[M]．西安：西安地图出版社，2002。

图 6-3-94　钟祥兰台书院平面、剖面图

图 6-3-96　钟祥兰台书院侧面

图 6-3-95　钟祥兰台书院门楼

图 6-3-97　钟祥兰台书院

第四节　祭祀、纪念建筑

一、祭祀建筑

（一）宜昌黄陵庙

明、清建筑，位于长江西陵峡中段黄牛崖南麓，为纪念大禹治水兴建，原名黄牛祠。相传始建于东汉建安十六年（211 年），三国时，诸葛亮率师入蜀，见祠破败，遂修其祠，后毁。唐大中元年（847 年）复建。宋欧阳修为令时，改庙名"黄陵"，供奉禹王像。后多次重修，占地面积 8300 余平方米[①]。原有的建筑早已毁圮，现仅存山门、禹王殿、武侯祠等建筑（图 6-4-1）。2006 年由国务院公布为第六批全国重点文物保护单位。

山门系清光绪十二年（1886 年）宜昌总镇罗缙绅主持修建。面阔 5 间 21m，进深 1 间 3.4m。单檐硬山灰瓦顶，砖木结构，穿斗式构架。两山挑出墀头。明间设 4 柱 3 间砖石牌坊式门楼，庑殿顶，斗栱飞檐。面饰雅五墨彩画，门上石匾上书"老黄陵庙"，匾下横排八仙石雕像。门框上镌"神佑行人布帆无恙，踵成善举栋宇维新"楹联。门前上下二层台阶，上 33 级代表 33 重天，下 18 级代表 18 层地狱，台基衬

①吴晓. 对宜昌黄陵庙禹王殿的初步分析 [J]. 江汉考古, 1989（3）；杜国荣，袁登春. 黄陵庙名称的由来 [J]. 江汉考古, 1997（4）。

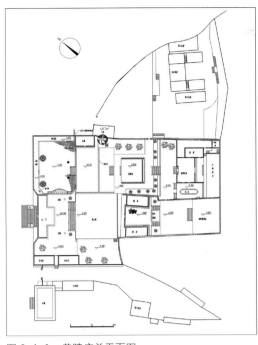

图 6-4-1 黄陵庙总平面图
来源：李克彪绘

图 6-4-2 黄陵庙山门

图 6-4-3 黄陵庙山门内戏台

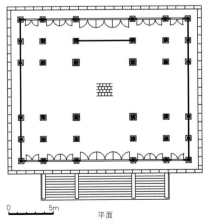

图 6-4-4 宜昌黄陵庙大殿平面、立面、剖面图
来源：李克彪绘

托出山门的高大雄伟。进门后明间后部为戏台，歇山顶，与山门组成一体。门前立
石雕獬豸 1 对（图 6-4-2、图 6-4-3）。

图 6-4-5　宜昌黄陵庙大殿

图 6-4-6　宜昌黄陵庙大殿梁架

图 6-4-7　宜昌黄陵庙大殿斗栱

图 6-4-8　宜昌黄陵庙武侯祠

禹王殿是庙内主体建筑，重建于明万历四十六年（1618 年），清雍乾年间、光绪十七年（1891 年）维修。殿面阔 5 间 18.44m，进深 5 间 16.02m，柱网面积为 295.4m²。穿斗式构架，高 15.84m，重檐歇山灰筒瓦顶。檐下施七踩斗栱 84 攒，斗栱无昂。方砖墁地，天花错缝排列，饰金龙、番莲。前、后檐装修槅扇门，其余用丹墙封护。明间金柱保存有清同治九年（1870 年）洪水题记，这是珍贵的水文资料，记录了有史以来长江最大的一次洪水。庙内还存有许多记载洪水水位的碑刻。上檐悬清乾隆十四年（1749 年）爱新觉罗·齐格公主书"砥定江澜"匾额；下檐悬明崇祯十四年（1641 年）惠王朱常润题"玄功万古"金匾。边框浮雕游龙，飞金走彩，富丽堂皇。殿中塑 6m 高的大禹像，内存有圭首石碑，刊《黄牛庙纪》，相传为诸葛亮所撰。殿前院内铁树 1 株，高约 3m，古老苍劲（图 6-4-4～图 6-4-7）。

武侯祠在禹王殿右侧，据《东湖县志》载："因武侯立黄陵祀禹及黄牛神，后人因于其侧建祠"。光绪十二年（1886 年）重建。面阔 3 间 12.2m，进深 4 间 12.58m，高 9.6m，单檐硬山灰瓦顶，砖木结构，穿斗式构架。方砖墁地。前壁满施槅扇门。门额悬"云霄一羽"木匾（图 6-4-8）。

庙内存"七绝四首"碑，刻于清乾隆三十五年（1770 年）。青石质。刊题咏"黄牛山"、"黄陵庙"、"诸葛祠"、"三珠石"七绝诗各 1 首。均为西蜀赐进士中宪大夫湖北分巡李拔率众治理三峡水道纤路驻黄陵庙时手书。

"黄牛庙记"碑，青石质。穿孔圭首。碑文篆书，21 行 229 字，乃诸葛亮率军入蜀途经黄牛峡所作"黄牛庙记"，碑跋被凿毁，清康熙六年（1667 年）将此碑文摘要重刻。

庙后有泉，泉水清冽，宋黄庭坚曾取水煮茶，色清味甘。清乾隆四十九年（1784 年）甃石为池，至今聚泉仍丰。

（二）汉阳禹稷行宫

清代建筑，位于汉阳龟山禹功矶头，为纪念大禹治水而建。它背倚龟山，俯瞰大江，气势磅礴，巍峨壮观[①]。1992 年由湖北省人民政府公布为第三批省级文物保护单位。2013 年由国务院公布为第七批全国重点文物保护单位。

明嘉靖《汉阳府志》记载："大禹庙在大别山禹功矶上，亦称禹王祠。"又据《大别山志》载，南宋绍兴年间（1311～1162 年），司农少卿张体江督修大别山禹王庙，独祭大禹。元大德八年（1304 年）重修禹王庙，明天启年间（1621～1627 年）改大禹庙为"禹稷行宫"，后毁。清同治二年（1863 年），再次重建禹稷行宫。20 世纪 80 年代曾对禹稷行宫进行全面维修，新增亭、苑、殿、廊、坊、碑、竹、木、花、卉，精心装点，成为武汉三镇景观之杰作。禹稷行宫是一座具有浓厚地方风格和体现精湛民间工艺的砖木结构建筑。整栋建筑由大殿、前殿、左右廊庑，构成院落式建筑（图 6-4-9、图 6-4-10）。

进牌坊门左转为禹稷行宫山门，山门面阔 3 间，进深 3 间，砖木结构，硬山顶，小灰瓦屋面。前设轩廊，檐口安如意斗栱，柱间安挂落，明间书"三楚胜境"牌匾（图 6-4-11）。

出山门台阶之上建有"古晴川阁"牌楼门，四柱三间三楼，砖石结构，庑殿顶，小灰瓦屋面。主楼书"古晴川阁"匾额（图 6-4-12、图 6-4-13）。

①晴川阁编辑委员会. 晴川阁 [M].
武汉：武汉大学出版社，1996。

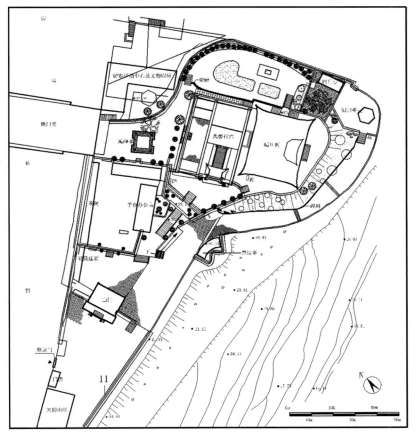

晴川阁总平面图

图 6-4-9　汉阳禹稷行宫总平面
来源：湖北省古建筑保护中心资料

图 6-4-10　汉阳禹稷行宫入口牌坊

图 6-4-11　汉阳禹稷行宫新山门

图 6-4-13　汉阳禹稷行宫"古晴川阁"牌楼

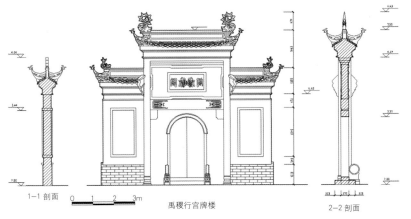

1-1 剖面　　禹稷行宫牌楼　　2-2 剖面

图 6-4-12　汉阳禹稷行宫"古晴川阁"牌楼正立面、剖面图
来源：湖北省古建筑保护中心资料

图 6-4-14　汉阳禹稷行宫正面

　　禹稷行宫正立面为砖砌牌楼式（四柱三楼三门）面墙，其他三面为砖砌风火墙。进门为前殿，前殿面阔 3 间，进深 1 间，屋面为内向单坡。正心间进深略为突出，屋面高出两侧，突出的翘角由嫩戗起翘，形式如歇山方亭的半边屋顶（图 6-4-14、图 6-4-15、图 6-4-16）。

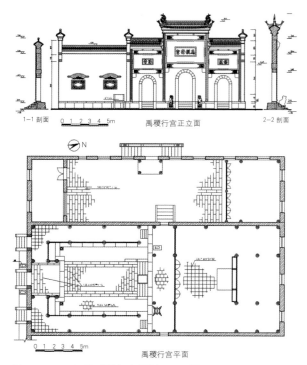

1-1 剖面　　禹稷行宫正立面　　2-2 剖面

禹稷行宫平面

图 6-4-15　汉阳禹稷行宫平面、正立面图
来源：湖北省古建筑保护中心资料

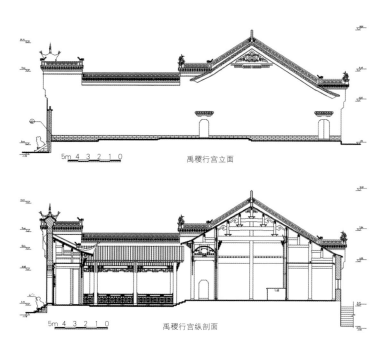

禹稷行宫立面

禹稷行宫纵剖面

图 6-4-16　汉阳禹稷行宫侧立面、纵剖面图
来源：湖北省古建筑保护中心资料

　　大殿面阔 3 间，进深 3 间，硬山顶。构架采用穿斗与抬梁相结合，即两侧加山柱，中间用抬梁，两山用穿斗。前檐用如意斗栱装饰并托出檐，正脊两端升山较大，但屋面无折水。前檐额坊、额垫板，均饰以具有浓郁地方风格的木雕饰，大殿前坡加轩，使之沿天井四周构成回廊。殿内门窗，罩类雕刻精细（图 6-4-17 ～图 6-4-19）。

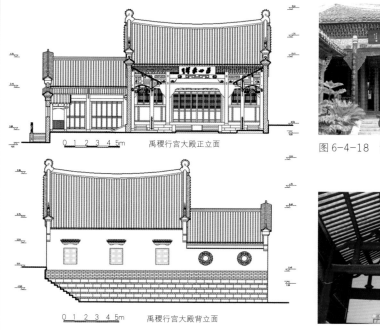

禹稷行宫大殿正立面

禹稷行宫大殿背立面

图 6-4-17　汉阳禹稷行宫大殿正立面、背立面图
来源：湖北省古建筑保护中心资料

图 6-4-18　汉阳禹稷行宫大殿

图 6-4-19　汉阳禹稷行宫大殿梁架

殿前一天井，小巧别致。天井左右两厢如廊式，均为内向单坡屋面。院落中用具有典型南方园林特色的落地罩，将院内空间进行分隔。这种隔而不断、虚实对比，使整座院落更显优雅而宁静。行宫屋面覆盖小青瓦，檐头装饰勾头、滴水、正脊两端安脊吻。禹稷行宫构思合理、制式相宜、用料讲究，是武汉地区现存不多的具有代表性的清末木构建筑（图 6-4-20）。

图 6-4-20　汉阳禹稷行宫天井

晴川阁位于汉阳龟山禹功矶头，它背倚青山，俯瞰大江，气势磅礴，巍峨壮观，与蛇山黄鹤楼隔江相望，为"三楚胜景，千古巨观"，是江城武汉著名古迹。阁始建于明嘉靖年间（1522 ～ 1566 年），据清许汝器《晴川阁序》曰：晴川阁为当时汉阳知府范之箴为勒记大禹治水之功德而倡议兴建的，命名中的。"晴川"之名是因唐崔颢《登黄鹤楼》诗"晴川历历汉阳树"之句而命名。阁因崔颢诗而闻名，崔颢诗也因晴川阁而流传久远。

晴川阁自兴建以来，明清两代经过六、七次的兴废。明代湖北提学姚宏谟《重修晴川阁记》载：晴川阁因"岁多而圮，久不事修葺"。至明万历元年（1573 年）来湖北任职的赵中承、舒侍御登黄鹤楼，遥望晴川阁旧址，"鞠为蓁莽"，一片荒凉。因此命令汉阳知府程金设法修葺。当时恰好"有大豪犯法，资入县官，甲第云构，撤而从事"，"不费官帑，不烦民力，三阅月成"。建筑壮丽宏伟，"飞甍绮疏，层轩曲楯，宏敞骞峙"。这是第一次重修。四十年后（明万历四十年，即公元 1612 年），汉阳知府马御丙主持，又进行了一次加修。至明末，因战乱兵祸，又遭到很大的破坏。

清代于顺治九年（1652 年）由侍御聂玠主持重修，熊伯龙作《重修晴川阁》诗，以志其事。康熙十九年（1680 年）名士毛会建出资，为晴川阁周围补植松柏，使禹功矶上楼台树木相映成趣，风采更胜往年。雍正五年（1727 年），又由汉阳知府主持，进行加修。此阁"百数十年来，巍焕实甚。"谁知乾隆年间因居民不慎致灾，晴川阁和禹王庙均毁于火，直到杨春芳任汉阳知府时，于乾隆五十二年（1787 年），"捐俸酿金，庀材鸠工"，重修晴川阁和禹王庙，"不数月而藏事，飞同层轩，规模宏敞，倍胜昔时"。这时的晴川阁又恢复了往日风貌。

嘉庆年间，裘行恕任汉阳知府时，晴川阁逐渐朽损，"飞甍曲槛，委诸草莽"，于是劝说当地富户"各出余资，遴能事者料量之……始于己巳（1809 年）之秋七月之朔日，告成于九月之晦日，计三月"。而"疏柱汩越，坻墀鲜新，宇噘高骞，栏翼轩翥，气象为之一新"。

咸丰二年（1853 年）太平军攻克汉阳之战时，晴川阁又毁于战火。12 年后，士绅"以为兹阁当还其旧"，请示知府钟谦，钟谦同意重建，并积极筹款，"绅商之好义者亦皆乐输。是役也，经始于仲秋，落成于季冬，阅五月而工竣"。这是再一次毁后重建。此后，晴川阁又不断繁盛兴旺。至光绪年间，汉阳知府余克循又进行了增修，并请张之洞题楹联为"洪水龙蛇循轨道，青春鹦鹉起楼台"于阁门两旁，概括了晴川阁四周开阔的境界，颇负盛名。

新中国成立后武汉市人民政府曾拨款修葺，但未恢复原样式。直到 1983 年在旧址上重建的晴川阁，始复旧观。

晴川阁为钢筋混凝土结构仿木建筑，其形制与清同治三年（1864 年）所建晴川阁基本相同，只是体量比原阁略大。阁坐西面东，面阔 5 间 20.8m，进深 4 间 16m，

图 6-4-21　重建汉阳晴川阁

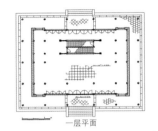

一层平面

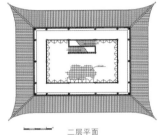

二层平面

图 6-4-22　重建汉阳晴川阁一
层平面、二层平面图
来源：湖北省古建筑保护中心资料

面积 382.8m²，2 层，高 17.5m，重檐歇山式屋顶，上覆青瓦，前加抱厦和回廊，正面题"晴川阁"3 字。梁架、斗栱、台阶、窗牖、栏杆、藻井，均精雕细琢，玲珑秀丽。特别是窗牖、栏杆、藻井、罩龛、匾额楹联均采用木制。至于彩绘，则是聘请民间木雕匠师，采用传统工艺制作。设计彩绘的"福禄双全"、"龙凤呈祥"、"四物八宝"等都体现了荆楚地方风俗民情图案，精心装点全阁。多层平台四周，或栏杆回护，或粉墙环卫，或置门洞穿廊，曲折多变，重叠多姿（图 6-4-21 ～图 6-4-25）。

晴川阁一楼大厅彩绘藻井，色彩华丽高雅。照壁正中，采用传统的中堂式布置。中央布挂仿明末"江汉三镇图"，画上方为清毛会建手书"山高水长"匾，左右为清湖广总督张之洞撰，当代书法家张成之手书的对联"洪水龙蛇循轨道，青春鹦鹉起楼台"。厅内还有宫灯、花几、木刻题记点缀其间，文化韵味浓郁。一层照壁后左右剪刀式双跑楼梯通往二层。晴川阁二层楼四周回廊，由栏杆与坐凳结合而成的美人靠可供游人小憩，也可凭栏远眺水天一色之旖旎风光。

晴川阁二楼抱厦正中的巨匾"晴川阁"3 字，为中国著名书法家赵朴初先生所书。阁内其他楹联、匾额、碑记等，均由陆俨少、龚望、张舜徽等名家润笔。重建后的晴川阁，依山傍水，巍峨壮观，古色古香，传统文化韵味浓郁，堪称湖北武汉一大景观。

（三）襄樊水星台

明、清代祭祀建筑，位于襄樊城区水星台街道办事处定中门西 200m。因在城基上筑台建庙祭祀水星而得名。相传为晋代喜占卜之术，由文学家郭璞始建。始建于东晋，明嘉靖十九年（1540 年）重修，清雍正十三年（1735 年）题匾"水星台"，乾隆四年（1739 年）至光绪十年（1884 年）5 次扩建整修。砖石围砌夯土台基，高 8m，长 30m，宽 22.4m。1992 年由湖北省人民政府公布为第三批省级文物保护单位。

台上建筑坐北朝南，两进院落。前殿前檐仿木结构的牌楼门额上竖匾书"水星台"3 个大字。中院前、后殿为勾连搭式单层硬山顶式建筑，面阔 3 间 9.85m，进深

正立面　　　　　　侧立面

图 6-4-23　重建汉阳晴川阁正立面、侧立面图
来源：湖北省古建筑保护中心资料

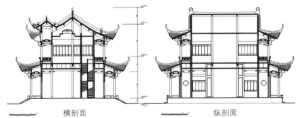

横剖面　　　　　　纵剖面

图 6-4-24　重建汉阳晴川阁横剖面、纵剖面图
来源：湖北省古建筑保护中心资料

图 6-4-25　重建汉阳晴川阁轩廊

2 间，分别为 8.92m、9.32m，单檐硬山灰瓦顶，两山穿斗式构架，中部抬梁式构架（图 6-4-26 ~ 图 6-4-28）。

东西两侧各接一套民居式小四合院。面阔均为 3 间 8.22m，进深 2 间，深 7.61m、8m，单檐硬山灰瓦顶，两山抬梁式构架，中部穿斗式构架。壁嵌记事、功德碑 8 通。水星台还是当年最雄伟的建筑。站在城外方圆 20 多里的郊区，人们都能遥望到水星台的英姿。

（四）巴东地藏殿

清代祠庙建筑，因殿外墙均涂成红色，当地人又称之为红庙。位于长江北岸巴东县与秭归县交界处的红庙岭下，隶属巴东县东滚口乡红庙岭村。[①] 2002 年由湖北省人民政府公布为第四批省级文物保护单位。

地藏殿建于清乾隆三十年（1765 年）。其功能是供奉主管阴间的地藏王菩萨，室内有塑像三尊，后逐渐毁坏。地藏殿的修建与它所处的地理位置及长江的航运交通历史紧密相关。在清代，长江上的航运已很活跃，而三峡的江面水急浪大，遍布暗礁险滩，行船稍有不慎，就会船毁人亡，故常有人在江上遇难。地藏殿前的江面正好是长江水流较缓的转弯处，江中有礁石若隐若现，形成较大的漩涡（当地称为大沱），江面上漂来浮来物往往在此盘旋而不前去。故当地常在这里发现上游的遇难者尸体。当地人迷信，以为此处有地藏王菩萨接应阴灵，于是将尸体打捞埋于山上，并在山包上建白骨塔，塔附近为埋葬无名尸的坟墓。

地藏殿为面阔 3 间 14m，进深 3 间 10m，建筑面积 156m²。硬山木结构建筑，明间用抬梁式构架，梁与梁之间用驼峰承托。次间用穿斗式构架，11 檩，8 柱落地。建筑四周用混水砖墙围护，仅于中轴线上前后开门，其中前门正面用四柱三间式砖牌楼贴面。

地藏殿的屋面用小青瓦覆盖，檐口置如意勾头及滴水，正脊用镂空彩色花脊，上贴青花瓷片，脊两端有龙吻，中央置宝顶。两山墙为如意式五花山墙，墙帽及墀头均有装饰浮雕和彩色纹饰，具有较高的水平（图 6-4-29 ~ 图 6-4-32）。

① 国务院三峡工程建设委员会办公室、国家文物局. 三峡湖北库区传统建筑 [M]. 北京: 科学出版社，2003.

图 6-4-26　襄樊水星台

图 6-4-27　襄樊水星台梁架

图 6-4-28　襄樊水星台卷棚

图 6-4-29　巴东地藏殿

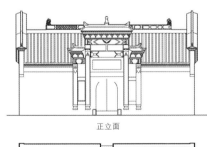
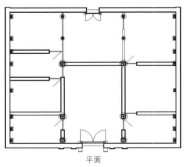

图 6-4-30　巴东地藏殿平面、正立面图

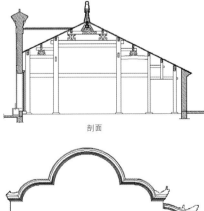

图 6-4-31　巴东地藏殿侧立面、纵剖面图

①作者调查测绘时，发现《三皇殿吕仙洞修建碑记》，乾隆五十九年碑，现存白云洞内。
②李德喜. 荆门白云洞与白云楼 [J]. 华中建筑，1990 (4)。

图 6-4-32　巴东地藏殿梁架

（五）荆门白云楼

白云洞坐落在荆门市北岭的青龙山西麓，坐东朝西，偏南 10°。面对象山，背负青龙山，幽静古雅，风物宜人。据清乾隆《三皇殿吕仙洞修建碑记》载："……正殿扩大之，添建东西两楹，头门，厨寮，次第新修，恭塑三皇圣像……，三皇殿之修犹属有因，吕祖洞宾为创始……，阅岁而正洞，并斜月成矣，阅岁而拜殿修矣，迄今数载，则前殿告成，周以辽垣。"①白云洞内有清"乾隆丙午三春吉旦"题字。从碑文和题字可知，白云洞建于清乾隆五十一年（1786 年），完工于乾隆五十九年（1794 年），是为祭祀八仙之一的吕洞宾而修建（图 6-4-33）。1992 年由湖北省人民政府公布为第三批省级文物保护单位。

白云洞是为纪念吕洞宾而修建的建筑群，于清嘉庆年间（1796 ~ 1820 年）维修，惜大部被毁，现仅存清乾隆五十一年（1786 年）的白云洞和清同治元年（1862 年）重建的白云楼。②

白云洞平面由正洞、斜月所组成。正洞中间有一石墙将洞分为前、后二室，前室洞宽 3.2m，深 5.35m，紧接着石墙，墙上开半圆满券门，安双扇板门。券门上方置长 2.3m，高 0.7m 的石匾，上书"白云生处"4 个大字，南有"乾隆丙午年三春之吉"，北有"最善堂敬建"字样。门两旁刻有楹联，南边是"灵窍欲开新洞府"，北边是"良缘重话好沧浪"。进门为后室，宽 3m，深 3.5m。再后是神台，宽 2.6m，深 1.15m，高 0.9m。神台上方（洞东壁上方）嵌有一方 1.4m 见方的松、鹤、剑线刻石雕，雕工之精，可称上品。后室北壁中央开有宽 0.6m，高 1.8m 的门洞通斜月，门上方镌"斜月"2 字，斜月洞宽 2.7m，深 2m。

白云洞立面由三部分组成，下为须弥座台基，中为台身，上为陡板、平盘檐。须弥座高 1.6m，由土衬石、圭脚、下枋、上枋组成。基座上安地槛，槛上立有高 5.3m，宽 0.35m 的倚柱把台分为三间，明间 4.35m，次间 4.2m，明间开半圆形券，券洞上有月梁额枋，枋上置石匾，长 2.2m，高 1.2m，镌"卧云"二字。两次间中央为直径 1.75m 石雕云龙纹图案，蛟龙栩栩如生，云纹线条流畅。柱上有一层横贯三间的云纹石雕额枋。额枋上为陡板，陡板上为两层枭线平盘檐口。白云洞全部用青石雕建，分段组装，其雕刻之巧，装配之精，形制之伟，是荆楚古代建筑雕刻艺术中不可多得的瑰宝（图 6-4-34）。

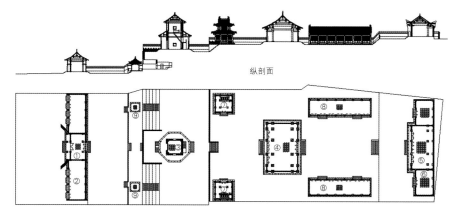

纵剖面

1. 山门；2. 厢房；3. 白云楼；4. 三清殿；5. 纯阳殿；6. 耳房；7. 钟鼓楼；8. 配房；9. 招鹤亭

总平面

图 6-4-33　荆门白云楼总平面、纵剖面图

图 6-4-34　荆门白云洞斯台、白云楼

　　白云洞顶的石砌高台称"斯台"。台顶南、西、北围以石栏。斯台东西长 21.5m，南北宽 14.1m。白云楼就坐落在斯台之上高 1m 的八角形石砌台基之上。白云楼平面方形，面阔、进深均为 1 间，长、宽均为 6.7m。楼四周为八角形围廊，每边长 5.2m，径 12.5m。正面设踏跺上下，宽 4.5m，长 1.6m，踏跺中央为宽 0.8m 的青石浮雕龙、云、水纹御路。白云楼平面为内方外八角形，就目前所发表的古代建筑资料中，全国很少见到这种奇特的平面布局。

　　白云楼梁架采用抬梁式构架，室内四根金柱直通上层檐下，柱上架梁，梁上立柱，柱上再架梁，梁上再立柱，形成人字坡屋顶。金柱与金柱间用枋连接。由于白云楼未使用斗栱，因而上檐采用挑枋来承托挑檐檩。八根檐柱下为八角形石柱，上为圆木柱，檐柱直接承托檐檩，四周用穿枋，檩枋连接。由于楼身平面方形，围廊八角形，围廊梁架无法与楼身金柱连接。为了解决这一矛盾，聪明的匠师们采用了加宽楼身墙体（墙厚 0.75m），很好地解决了这一矛盾。其具体做法是，围廊梁架的双步梁后尾直接砌在楼身墙体内，前端伸出柱外挑着挑檐檩，穿枋上立童柱，童柱与墙体用穿枋连接，形成围廊梁架（图 6-4-35）。

　　下檐老角梁头搁在挑檐檩上，后尾搁在墙上的承椽枋上。上檐老角梁做法同下檐。为了加强老角梁的承受能力，上、下檐老角梁后尾都伸到墙体内。上、下层子角梁均采用嫩戗起翘的做法。

　　屋顶为重檐歇山顶，覆盖灰色筒、板瓦。正脊两端安龙形正吻，正中安瓷塔。垂脊、戗脊前端安鱼形兽，垂脊、戗脊各安 2 个走兽，无戗兽。下层无走兽。垂脊上安走兽。

　　白云楼下檐正面安双扇板门，上檐正面安六抹头槅扇门。上、下层山面各开一外圆内方槛窗。围廊东面砌石阶供人登楼远眺。其余用砖墙封护。每当你徘徊窗前，俯瞰城郭，西郊的象山、雨山、白龙山、十八罗汉山、西宝山上的亭台楼阁和名胜古迹尽收眼底。真是"白云楼与白云齐，云影迷离月渐西。举手抑攀群宿冷，荡怀俯瞰万山低"。

　　1998 年复原山门，面阔、进深均为 3 间，两山出"八"字影壁，抬梁式构架，歇山顶，灰筒瓦屋面。[①] 左右挟屋 4 间，抬梁式构架，灰筒瓦层面。前檐设门，后檐安槛窗（图 6-4-36、图 6-4-37）

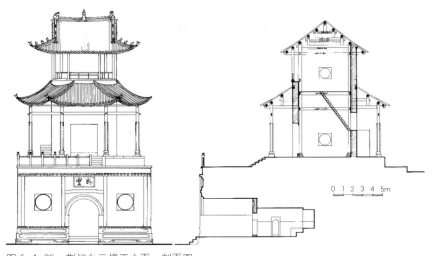

图 6-4-36　荆门白云楼山门

图 6-4-35　荆门白云楼正立面、剖面图

① 李德喜. 荆门白云楼重建山门、三清殿、纯阳殿、钟鼓楼设计 [J]. 华中建筑，2004(8)。

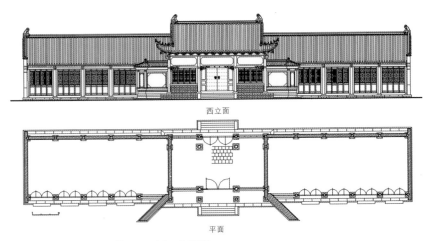

西立面

平面

图 6-4-37　荆门白云楼山门平面、立面图

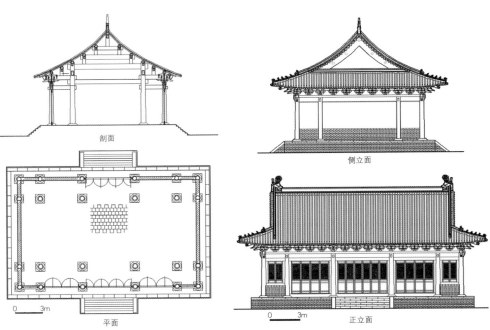

剖面

侧立面

平面

正立面

图 6-4-38　荆门白云楼三清殿平面、剖面图　　　图 6-4-39　荆门白云楼三清殿正立面、侧立面图

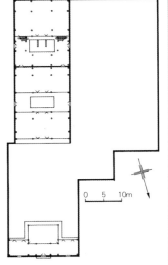

图 6-4-40　荆门白云楼三清殿

图 6-4-41　谷城三神殿总平面图

　　2008 年复原三清殿，面阔 5 间，进深 3 间，抬梁式构架，歇山顶，灰筒瓦屋面。前檐设门，后檐安槛窗（图 6-5-38 ～图 6-4-40）。

（六）谷城三神殿

　　清代建筑，位于谷城县城关镇中码头街，临南河靠汉江，历史上是水陆码头的门户，各地商贾云集之地。始建于明末清初，清道光二十三年（1843 年）、二十七年（1847 年）、咸丰年间（1851 ～ 1861 年）、民国二十五年（1936 年）维修。三神殿据清咸丰年间重修山门残碑记载，原名古淮堤庵，后毁。从现存建筑脊枋上题记，可知为清道光年间(1821 ～ 1850 年)，由各省回民出资在旧址上重建。因殿内供奉财神、水神和雷神，故名。建筑坐北向南，由山门、戏楼、前殿、中殿、后殿组成（图 6-4-41、图 6-4-42）。1992 年由湖北省人民政府公布为第三批省级文物保护单位。

　　山门与戏楼连在一起，山门面阔 3 间 18.5m，进深 1 间 4.17m，高 10m，抬梁式

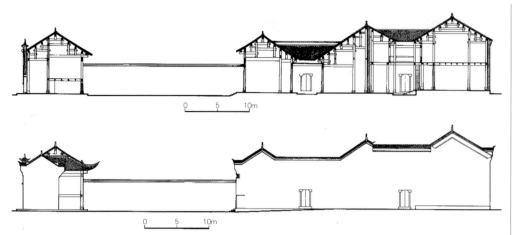

图 6-4-42　谷城三神殿纵剖面、侧立面图

图 6-4-43　谷城三神殿山门

图 6-4-44　谷城三神殿戏楼

图 6-4-45　谷城三神殿中殿内景

构架，硬山式屋顶。明间有 4 柱 3 间牌坊式门楼，庑殿式顶。前檐明间开双扇板门，左右次间开窗，后檐次间安槅扇门。后檐明间为戏楼，伸出山门外，戏楼面阔 1 间 8.1m，进深 1 间 5.24m。抬梁式构架，歇山式屋顶，小青瓦屋面。戏楼左右两边原有厢房（看楼）已拆除。山门脊枋下有"大清道光二十三年岁次癸卯蒲念四日各省回民全建"题记（图6-4-43、图 6-4-44）。

前殿面阔 3 间 14.3m，进深 2 间 7.5m，抬梁式构架，硬山式屋顶。前檐柱上施如意斗栱，室内彻上露明造。前后明间安槅扇门，次间安槛窗。脊枋下有"大清道光二十七年岁次丁未四月初七日卯时各省回民全建"题字。天井两边有厢房与中殿相接。

中殿面阔 3 间 14.3m，进深 3 间 10.25m，高 10.5m，脊檩下用砖墙间隔，分前后两部分。前部一层，后部二层，与后殿二层相符。抬梁式构架，硬山式屋顶。前檐明间安槅扇门，次间安槛窗，中间间墙，次间开门与后殿相通。脊枋下题字与前殿相同（图 6-4-45）。

后殿面阔 3 间 14.3m，进深 3 间 10.1m，2 层，高 11.5m。抬梁式构架，硬山式屋顶。殿前天井左右有厢房与中殿、后殿相接，组成一四合小院。前檐装修槅扇门窗。其余用砖墙封护。二层上设木栏杆。脊枋下有"大清道光二十五年岁次乙巳□十日卯时各省回民全建"题记（图 6-4-46）。

三神殿墙体是用特别优质灰砖砌成，砖侧面上有"癸卯重修"阳文刻字（图 6-4-47）。

图 6-4-46　谷城三神殿后殿天井

①国务院三峡工程建设委员会办公室，国家文物局.三峡湖北库区传统建筑 [M].北京:科学出版社，2003。

图 6-4-47　谷城三神殿特制砖

图 6-4-48　秭归水府庙全景

（七）秭归水府庙

清代建筑，又名镇江王爷庙，亦称"紫云宫"，位于秭归县香溪镇香溪河东的长江北岸。坐落在长江与香溪河交汇处的蛤蟆山西南角坨之上，建筑面积 473m²。[①]后整体搬迁到秭归凤凰山，水府庙是秭归凤凰山古建筑群中组成部分，2006 年由国务院公布为第六批全国重点文物保护单位。

该建筑坐东向西，庙宇平面作四合院形制，前后高差达 6m 余，平面对称布局，通面宽 12.51m，通进深 24.92m。前殿大门布局为歪门，入口偏东北（图 6-4-48、图 6-4-49）。

前殿为七架抬梁，中殿为五架抬梁，后殿则为全砖结构建筑，梁与梁之间用雕刻细腻的驼峰相连，所有梁的造型均带有月梁的形制，木构件保存基本完整。屋面均为硬山式，但前殿与中殿的山墙有所区别，前殿为五花屏风猫拱背式，中殿、后殿则为"人"字式。屋面均用小青瓦覆盖（图 6-4-50～图 6-4-53）。山墙和檐墙均为青片砖砌筑，内夹以碎砖灌灰浆叠砌。内墙粉刷多以黄土砂浆打底，外罩白灰砂浆

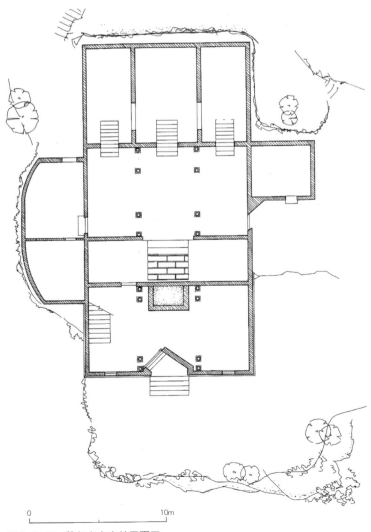

图 6-4-49　秭归水府庙总平面图

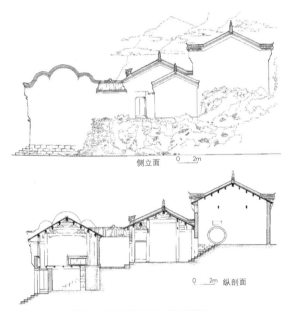

侧立面

纵剖面

图 6-4-50　秭归水府庙侧立面、纵剖面图
来源：国务院三峡工程建设委员会办公室，国家文物局.三峡湖北库区传统建筑 [M].北京：科学出版社，2003

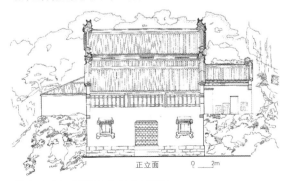

正立面

图 6-4-51　秭归水府庙正立面图

图 6-4-52　秭归水府庙中殿正立面图　　　　　　　　　　　图 6-4-53　秭归水府庙后殿正立面图

抹面轧光，外墙则直接以白灰砂浆抹面轧光。在距该庙东南角 5m 远的崖壁上，有清乾隆年刻的"香溪孕秀"4 字。水府庙的墙壁上存有石碑 8 通，其中北厢房东墙上嵌有《镇江王爷神龛序》碑一通。

　　水府庙的瓦头皆以白灰塑成如意形，滴水则用黏土烧制，饰飞鸟图案。屋面脊饰均为镂空花脊，并有吻兽，墀头也做得很精细。水府庙的门窗，有板门，也有槅扇门、槅扇窗；槅扇门为六抹头，槅芯为锦纹等图案。装修上的其他装饰图案还有暗八仙、铁拐李、蝙蝠、栀花等。水府庙的彩画较多，在窗口、窗楣、檐口等处均绘有墨线淡彩退晕彩画，所取题材也较广泛，很有地方特色，其图案多为卷草、云纹等；所用色泽较单一，除墨线外，尚以明黄、土红、石青等点缀。

　　水府庙具体始建时间已无从考证，但根据庙内斑驳不清的碑刻《镇江王爷神龛序》残存的只言片语中，我们可以推断庙始建于乾隆早期。碑文曰："□□伏以鸟啼花落欢韶光之易逝春去秋来知人生之有……香溪之镇江王爷庙西来山色千重翠黛映夕阳……龛觉其衰颓生父谭悦于乾隆十二年孟春月瞻祀……陋不堪爱□□□之念固动雕刻之恩会议乡长同结良缘……有拔贡向治助银一两信士向希周助银一两……囊英与生父披星戴月奔波江湖苦积贰拾余金……生征诸同志而结缘有待孰意历十年来并无嗣□之……本境士庶与登临过客有不全不备之欢即生父亦有……体父志捐金拾余两成此良因将瞻金光之灿烂□□王……之观祝万载常新岂非一方胜举人生乐事而心田福田……本乡信善生员谭国鼎熏沐敬撰同弟谭国辅乾隆二十三年重阳月吉日立住持道胡云嵩镌匠王志良"。在前殿西南角脚基石南侧上也有这样一段题刻："乾隆二拾一年五月二拾六修造路橙（磴）信士□谭维信拾橙（磴）姜荣齐五橙（磴）周亮公三橙（磴）。"

　　从《归州志》中记载的《募修香溪水府庙文昌宫序》中，我们也可以领略到这一建筑与自然环境的有机结合："香溪为归兴二地孔道峡口，为楚蜀咽喉，人烟所聚，舟楫所经，旧于溪口峡山之足，立水府庙文昌宫观音殿镇江阁，为一方之以锁，此为州城风水所关阜财恒于斯兴起人文钟灵毓秀恒于斯，……"

　　水府庙还是自然崇拜和人神崇拜的产物。《礼记·王制》载："天下祭天下名山大川，五岳视三公，四渎视诸侯。"《尔雅·释水》载："江、河、淮、济为四渎。"民间亦将长江分为上、中、下 3 段，而各有江神主之，因此有扬子江三水府或水府三官之说。

而《三教源流搜神大全》里又说："江渎，楚屈原大夫也。"由此可见水府庙在当地人民心目中的崇高地位。

（八）恩施武圣宫

武圣宫，又名关帝庙，开元寺。据《恩施市志》载："关帝庙又称武圣宫大观阁，初建于唐开元（713～741年）年间，曾为开元寺，后圮。清顺治四年（1647年）由督师何腾蛟主持修复。清时成为施南操防祭祀的宫……"。明、清时期曾多次维修。另据清同治《施南县志•坛庙》记载："关帝庙，通礼，岁以春，秋仲月，及五月旬有三日致祭，府，知县主之；县，知县主之"。2002年由湖北省人民政府公布为第四批省级文物保护单位。

武圣宫位于恩施古城南门外城乡街104号，坐落在清江河西岸葫芦坪的高地上，与东岸五峰山上的连珠塔，隔江相望。该建筑坐西北朝东南，长方形平面，四合院式布局，南北长68.05m，东西宽21.85m，占地面积1486.89m²。武圣宫采用中轴对称布局，由2进1天井组成。依次由山门（戏楼）、回廊、前殿、大殿及配房组成。砖石木结构。山门（戏楼）2层，抬梁式构架，歇山顶，小布瓦屋面；回廊2层；前殿、后殿、配房均为抬梁式构架，硬山式屋顶，小布瓦屋面。建筑面积528.80m²（图6-4-54、图6-4-55）。①

山门（戏楼）平面呈"凸"字形，2层，面阔5间12.28m，进深2间9.225m。建筑面积113.30m²。山门前檐明间为砖牌楼式门楼，两边为檐墙，两山为三花山墙，

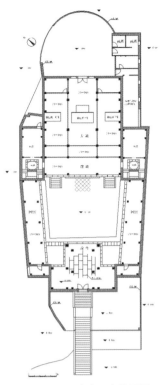

图6-4-54　恩施武圣宫总平面图

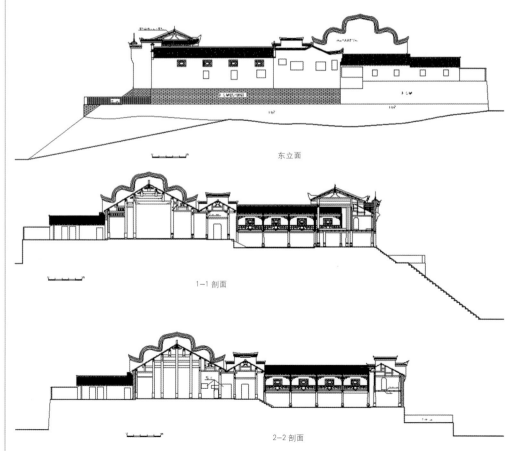

东立面

1—1剖面

2—2剖面

图6-4-55　恩施武圣宫纵剖面、侧立面图

① 李德喜. 恩施武圣宫建筑特色[M]. 高介华主编. 全国第九次建筑与文化论集(第九卷). 北京：清华大学出版社，2008。

山墙前、后檐出墀头。内墙用白灰粉刷（图 6-4-56）。

后檐（院内）凸出部分为戏台，二层，明间梁架原为抬梁式构架，2003 年维修时改为现代人字形构架，高 9.65m，戏楼前、后檐柱落地，高石础。柱间用梁、枋连接。前、后檐出挑檐檩。二层前部为戏台演出，后部为化妆间。

戏楼次间梁架为穿斗式构架，2 层，一层为通道，二层为休息间。高 8.50m。2 柱 3 棋 6 檩，前、后檐柱落地，高石础。柱间用穿枋连接，前檐（室外）用砖墙封护，后檐（天井内）出挑檐檩。室内一层地面为方石、条石墁地；二层为木楼板。前檐台基高 2.41m，东面台基高 3.5m，西面台基高 6m。

戏台屋面为单檐歇山顶，小布瓦覆盖，正脊、垂脊、戗脊为灰色花脊筒，正脊正中安"寿"字，正脊两端安鱼形大吻。垂脊、戗脊无饰。山门为单檐硬山顶，小布瓦覆盖，砖砌石灰粉脊（图 6-4-57）。

前殿长方形平面。面阔 3 间 14.622m；进深 1 间 3.70m，通高 7.16m，建筑面积 54.10m^2。前殿院内台基高 1.23m，院外东面高 6m，西面高 3.5m（连同墙基下保坎），用规整的条石砌筑在山崖上。前檐次间各设一踏跺，成双阶，硕有古制遗风。梁架为抬梁式构架，前、后檐柱落地，高石础。前、后檐柱间用五架梁、三架梁连接。前、后檐出挑檐枋，承托檐檩。屋面为单檐硬山顶，小布瓦覆盖，砖砌脊，白灰粉脊。东、西山墙为三花砖山墙，前檐出墀头。前、后檐装修无存（图 6-4-58）。

后殿与前殿采用勾连搭连为一体，平面长方形。面阔 3 间 14.622m，进深 5 间 15.17m，通高 10.27m，建筑面积 221.82m^2。后殿内原有塑像，不知何时毁圮，已无从查考。明间梁架为抬梁式构架，前、后 5 柱落地，高石础。前、后金柱间用六架梁、五架梁、三架梁连接。前金柱与前檐柱间用四架梁、三架梁连接；后金柱与后檐柱间用双步梁、穿枋连接。前檐出挑檐枋，承托檐檩，后檐用砖墙封护。次间梁架为穿斗式构架，高石础。中间 5 柱用 3 层穿枋连接，前檐金柱与檐柱间用四架梁，上立童柱，承托檩条；后檐金柱与檐柱间用双步梁连，上立童柱，承托檩条。屋面为单檐硬山顶，小灰瓦覆盖，屋脊为莲花脊筒，东、西山墙为猫弓式山墙，前、后出墀头（图 6-4-59）。

东、西回廊呈南北长方形，2 层，南与山门（戏台），北与配房相连。面阔 4 间 15.70m，进深 1 间 3.80m，通高 6.50m。建筑面积 119.32m^2。室内一层为三合土地面，二层为木楼板。东、西回廊构架为抬梁式构架，5 柱 6 檩，前、后檐柱落地，高石础。二层在楼板枋上再挑出方形抹角檐柱，下置木柱础。前、后柱之间用三架梁、随梁枋连接。前檐出挑檐檩，檩下无枋。二层设有楼层，作为观看演戏之用。后檐用砖墙封护。屋面有举无折，单檐硬山顶，小布瓦覆盖，砖砌脊，石灰粉脊（图 6-4-60）。

二、纪念建筑

（一）汉阳古琴台

清代建筑，古琴台又名伯牙台。位于汉阳龟山西麓，月湖之畔。相传春秋时期楚国琴师俞伯牙在此鼓琴，樵夫钟子期识其音律志在高山，志在流水，两人遂结为知交。钟子期死后，伯牙痛失知音，碎琴绝弦，发誓终身不再操琴。后人感其情谊深厚，

图 6-4-56 恩施武圣宫山门

图 6-4-57 恩施武圣宫戏台

图 6-4-58 恩施武圣宫前殿

图 6-4-59 恩施武圣宫后殿梁架

图 6-4-60 恩施武圣宫回廊

① 皮明庥，李权时主编.武汉通览 [M].武汉：武汉出版社，1988。

② 张新明.修建屈原祠工作的体会 [G].葛洲坝文物考古成果汇编；徐世康主编.荆楚名胜概览 [M].武汉：湖北科学技术出版社，1992；国务院三峡工程建设委员会办公室，国家文物局.三峡湖北库区传统建筑 [M].北京：科学出版社，2003。

图 6-4-61　清代汉阳古琴台原貌

在此筑台缅怀先贤，以资纪念。1992 年由湖北省人民政府公布为第三批省级文物保护单位。

据记载，台建于北宋，历尽沧桑，屡建屡毁。清嘉庆年间（1796 ~ 1820 年）湖广总督毕源重建，咸丰年间毁于兵火，光绪八年（1882 年）重修。坐北朝南，占地面积约 1 万 m²。有门厅、碑廊、照壁、琴台、琴堂等构成一组曲径回廊的庭院（图 6-4-61）。[①]

门厅面阔 3 间，进深 1 间，单檐硬山绿琉璃瓦顶，如意式封火山墙，明间正中匾额为杨守敬书"古琴台"三字（图 6-4-62）。

图 6-4-62　汉阳古琴台门厅

进门厅为塑像馆，面阔 3 间，进深 3 间，单檐硬山绿琉璃瓦顶。内塑伯牙鼓琴，钟子期识音像（图 6-4-63）。

图 6-4-63　汉阳古琴台塑像馆

右转为庭院，内有"印心石屋"碑亭，碑亭面阔、进深均为 1 间，单檐歇山绿琉璃瓦顶。过"印心石屋"为琴台碑廊，碑廊上嵌有《汉上珍台之铭并序》、《伯牙事考》、《琴台题壁诗》等石刻。其中清代书法家宋湘诗兴大发时以竹叶代笔蘸墨书写的《琴台题壁诗》，其字酣畅淋漓，大气磅礴，历来深受书法家所赏识。廊西有浪沧亭，飞角流丹，造型秀丽（图 6-4-64）。

图 6-4-64　汉阳古琴台"印心石屋"碑亭

后端的主体殿堂——琴堂，面阔 3 间，进深 3 间，单檐歇山绿琉璃瓦顶。前檐明间出歇山式抱厦，檐下悬"高山流水"匾，涂金抹粉，宏丽辉煌。殿前有汉白玉石方形石台，传为伯牙抚琴遗址。中立方形石碑，高 1.75m，正面镌"琴台"二字，据说是北宋著名书法家米芾的手迹。北面镌"重修琴台记"。四周置石栏，栏板饰"伯牙摔琴谢知音"故事浮雕，甚为感人（图 6-4-65、6-4-66）。

图 6-4-65　汉阳古琴台碑

（二）秭归屈原祠

清代建筑，又名清烈公祠。位于秭归县城归州镇东 1.5km，长江北岸向家坪。屈原（约公元前 340 ~ 前 278）名平，字原，战国楚人，是我国历史上伟大的思想家、政治家和爱国诗人，曾辅佐怀王，任左徒、三闾大夫之职，后因秦兵入侵，攻破郢都，他既无力挽救楚国的危亡，又深感政治理想无法实现，后自投汨罗江而死。遗著有《离骚》、《九章》、《九歌》等传世。[②]

图 6-4-66　汉阳古琴台大殿

祠系唐元和十五年（820 年）归州刺史王茂元首建屈原祠于州城东 5 里之屈沱，并作《楚三闾大夫屈先生祠堂铭并序》。宋元丰三年（1080 年），宋神宗封屈原为清烈公，百姓集资在屈沱建清烈公祠。四合院式，由山门、配房、大殿、后殿组成，建筑面积 350m²。元泰定初年（1324 年）知州王秃哥不花，至正四年（1344 年）知州密几

图 6-4-67　清末屈原祠模型

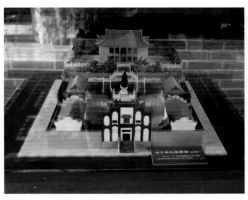
图 6-4-68　20 世纪 70 年代屈原祠模型

图 6-4-69　21 世纪屈原祠模型

哈玛，明万历二十五年（1597 年）知州孙鹤年，清康熙八年（1669 年）知州王景昭，雍正十一年（1733 年）湖北学政凌如焕，乾隆四十六年（1781 年）知州王沛膏，嘉庆二十五年（1820 年）知州李炘相继维修。新中国成立后，1963 年和 1965 年曾 2 次维修。后因葛洲坝水利工程兴建，库区水位升高，1978 年迁建于秭归县城东郊复建，建有山门、大殿、碑廊、左右配房、屈原大夫墓、围墙等建筑，占地 20.7 亩。三峡大坝建成后，整体又搬迁到秭归凤凰山，是秭归凤凰山古建筑群的组成部分，2006 年由国务院公布为第六批全国重点文物保护单位。屈原祠平面布局分 3 路，中轴线上建有山门、屈原祠、大殿，两侧轴线为四合布局（图 6-4-67～图 6-4-69）。

山门外形为牌楼式，6 柱 5 间 5 楼，绿色琉璃瓦顶，屋顶角脊饰有鳌鱼、卷龙、草龙，脊中安有宝瓶。牌楼正中为天明堂，左右二龙盘柱住，中嵌郭沫若手书"屈原词"3 字，两边额枋上有书法家王树人先生所书"孤忠"、"流芳"。大门匾额上镌"光争日月"，为书法家张秀所书。墙面花纹多以龙、凤、回纹等民族风格的花纹装饰。远望山门，红柱白墙，庄严凝重，气势磅礴（图 6-4-70）。

牌楼后为面阔 5 间，进深 3 间，3 层，重檐歇山顶山门，明间为通道，系钢筋混凝土结构，二层三面设回廊，一层左右为楼梯上下，抬梁式构架，重檐歇山灰筒瓦屋面。后檐二层明间安槅扇门，次间安槅扇窗，3 层安槅扇窗（图 6-4-71）。

进山门，上二层台基，为新建屈原祠，祠面阔 5 间，进深 3 间，四周设廊，钢筋混凝土结构，抬梁式构架，单檐歇山顶，灰筒瓦屋面，正脊两端安正吻，戗脊安鱼形兽。檐下施斗栱，明间安槅扇门，次间安槛窗，回廊柱间安挂落，额枋间点缀彩画，

图 6-4-70　秭归屈原祠牌楼

图 6-4-71　秭归屈原祠山门背面

朴素大方（图 6-4-72）。

图 6-4-72　秭归屈原祠

图 6-4-73　秭归屈原祠大殿

出屈原祠，上三级台基，为新建屈原祠大殿，大殿面阔 7 间，进深 5 间，四周设廊，钢筋混凝土结构，抬梁式构架，重檐歇山顶，灰筒瓦屋面。正脊两端安正吻，戗脊安鱼形兽。上、下檐下施斗栱，一层明间、次间安槅扇门，稍间安槛窗，回廊柱间安挂落，额枋间点缀彩画，朴素大方（图 6-4-73）。

大殿内供奉屈原青铜铸像，花岗石基座。突出表现屈原"低头沉思，顶风徐步"中的"思"字。着力刻画屈原的深邃思想，以表达主人公"路漫漫其修远兮，吾将上下而求索"的思想意境，造型肃穆庄重，色调古朴（图 6-4-74）。

东西配房平面为四合院式建筑，硬山式屋顶，灰筒瓦屋面。室内陈列历代名人的书画题刻（图 6-4-75）。

（三）襄阳隆中武侯祠

清代建筑，位于襄阳城西 13km 的隆中山上，是三国时期著名的政治家、军事家、蜀汉丞相诸葛亮青年时躬耕读书之处。晋永兴中（304 ～ 306 年），镇南将军刘弘镇守襄阳，"观亮故宅，立碣表闾"，命太傅掾犍为李兴作《祭诸葛丞相文》，并勒石立碑。东晋著名历史学家习凿齿来隆中，又作《诸葛武侯故宅铭》。后人就此修祠。唐时树《蜀丞相武乡侯诸葛公碑》、《唐改封诸葛亮为武灵王碑》，北宋文学家苏轼至隆中，在瞻仰了武侯遗像后写下了《游隆中诗》；元至正年间建立隆中书院；明成化初年，吴绶将宋代所建三顾门改为三顾堂，弘治二年（1489 年），明藩王修陵墓，将三顾堂移至山左，后又移至东山洼，明武宗朱厚照赐额"忠武"。正德二年（1507 年）重建，清康熙时重修山门，后经历代重修，形成今日之规模[①]。1996 年由国务院公布为第四批全国重点文物保护单位。

祠依山势而建，占地面积约 2km²。自前往后有石牌坊、"古隆中"牌坊、抱膝亭、武侯祠、三顾堂、草庐亭、"卧龙深处"等主要建筑。现存石碑 48 通（图 6-4-76）。

图 6-4-74　大殿内屈原青铜铸像

图 6-4-75　屈原祠西配房

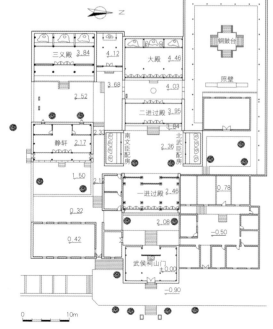

图 6-4-76　武侯祠总平面图

①楚英.古隆中诸葛故宅 [J].华中建筑，1989（1）；丁宝斋主编.襄樊名城保护与建设 [M].北京：人民出版社，1993；杨力行，王炎松.荆楚遗风——隆中古建筑实测综述 [J].华中建筑，1998（3）。

图 6-4-77 襄阳隆中石牌坊

石牌坊位于进入隆中的必经之路的老龙洞冲入口处，坐西朝东，建于清光绪十六年（1890 年），青石结构，四柱三间三楼仿木结构建筑，中门宽 2.7m，侧门宽 1.94m，中楼高 7.5m，次楼高 5.56m。柱前后安抱鼓石。楼顶屋面四角微翘，正脊安吻兽，檐下施斗栱，正楼正面额枋上浮雕 "八仙过海"、"二龙戏珠"。正中额书 "古隆中" 三字，柱楹联为 "三顾频频天下计，两朝开济老臣心"。次档额枋上雕有 "渔、樵、耕、读"、"琴、棋、书、画" 及人物、花鸟等图案。左匾书 "宁静致远"，右匾书 "淡泊明志"。背面正楼额枋上浮雕 "同乐图" 和 "双凤逐日" 图案，正中额书 "三代下一人"，柱楹联为 "伯仲之间见伊侣，指挥若定失肖曹"。边楼石匾上镌刻 "光绪庚寅年款"（1890年）及建筑人员名单。边柱镌刻锦上添花及暗八仙、花鸟图，柱上均作寓意吉祥兴旺的各种鸟兽、人物浮雕，雕刻精细，形象生动逼真（图 6-4-77、图 6-4-78）。

武侯祠位于隆中山半山腰，诸葛故居原被襄简王朱见淑折毁，据为陵墓。数十年后，光化朱祐质暂管襄阳府事，在草庐右侧重建 "亮庙"，后圮。明嘉靖、万历及清康熙年间都有重修。乾隆时定名为 "汉诸葛丞相武侯祠"。祠依山就势，台基逐层升高呈阶梯形，平面为四进三天井，中路由山门、前殿、中殿、后殿组成，左右各建有两重套院，占地 1000m²（图 6-4-79）。

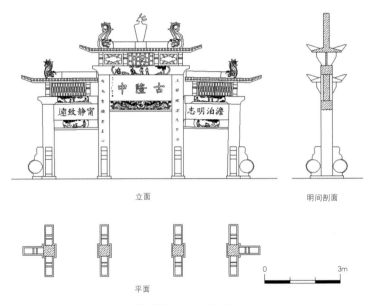

立面   明间剖面

平面

0   3m

图 6-4-78 襄阳隆中石牌坊平面、立面、剖面

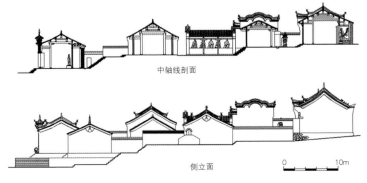

中轴线剖面

侧立面

0   10m

图 6-4-79 襄阳隆中武侯祠纵剖面、侧立面

图 6-4-80　襄阳隆中武侯祠山门

图 6-4-81　襄阳隆中武侯祠山门梁架

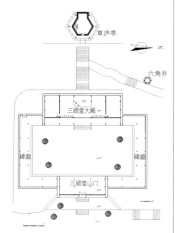
图 6-4-82　襄阳隆中三顾堂平面图

图 6-4-83　襄阳古隆中草庐亭

山门砖木结构,面阔 3 间 12.3m,进深 6.8m,抬梁式构架,硬山式屋顶,正脊平直,两端饰正吻,正脊中央饰二层子牙屋,两边对称排列驮塔、海马、天马、獬豸。左右山墙不出墀头。前檐正中有砖仿木结构四柱三间牌楼,明间庑殿顶,高出山门屋脊。檐下施三层斗栱。明间正中竖匾,上书"汉诸葛丞相武侯祠",匾下浮雕福、绿、寿三星。明间石门框上书"岗枕南阳依旧田园淡泊,统开西蜀尚留遗像清高"对联。门前的圆鼓石上浮雕松鹤、凤凰图案。后檐明间阑额呈拱形,上雕双龙,次间装修槅扇窗(图 6-4-80、图 6-4-81)。

前殿建在高 13 级台基之上。4 柱 3 间,宽 11.5m,进深 6.66m,面积 76.59m²。砖木结构,抬梁式构架,硬山式屋顶。前檐装修槅扇门,后檐装木板壁。明间脊枋下有"大明嘉靖四年(1525 年)岁次乙酉吉旦监察御史王秀重修",左次间脊枋下书"皇清康熙岁次戊寅(1698 年)季冬下浣之吉钦差湖广湖北分守下荆南道布政使司参议加三级蒋光芭建立",右次间脊枋下书"大清乾隆二十一年(1756 年)丙子菊月吉湖北分守襄郧道兼理水利事务记录三十三次李敏学修督工襄阳县典史王文元建立"字样。前殿于 1982 年曾落架大修。左右建有厢房,内供三国时随刘备入蜀的荆州文臣武将泥塑。再上石阶 8 级,就是过殿。

过殿砖木结构,面阔 3 间 12.1m,进深 4.95m,高 4.47m,面积 59.90m²。抬梁式构架,八檩卷棚顶。前檐装修槅扇门,后檐明间装修槅扇门,次间为木板壁墙。

最后一重为大殿,砖木结构,面阔 3 间 12.15m,进深 8.23m,高 6.5m,面积约 100m²。抬梁式构架,11 檩硬山式屋顶。前檐檐下装饰斜纹格,无门窗。室内龛内供诸葛亮及二童子像,龛左右塑诸葛亮子孙诸葛瞻、诸葛尚坐像。

武侯祠左右各建有两重套院,均为 3 间硬山式屋顶。

三顾堂位于武侯祠西 500m 处,坐北朝南,占地面积约 360m²。始建于明成化年间(1465 ~ 1487 年),原堂已毁。现存建筑为清康熙五十九年(1720 年)重建,光绪年间(1875 ~ 1908 年)维修。三顾堂由门厅、正堂和左右廊庑组成。至今门前有古柏,传为当年刘、张、关系马处(图 6-4-82)。

三顾堂门厅面阔 3 间 11.4m,进深 3 间 5.9m,穿斗式构架,硬山式屋顶。门前设八字照壁,上嵌大幅汉白玉浮雕,刻"三顾茅庐"、"躬耕志阳"故事,点化了建筑主题加强了纪念气氛。

三顾堂面阔 5 间 17.9m,进深 3 间 6.77m。面积 121.18m²。高 5.8m,抬梁式构架,硬山式屋顶。前檐设槅扇。

碑亭内陈有诸葛亮布衣草鞋石刻像、前后《出师表》、《隆中对》石刻及历代诗文石刻数十方。堂后侧有六角井,据载此井当年在宅院内,为诸葛亮用水之井。

三顾堂后的草庐亭,紧靠明襄简王朱见淑墓。清康熙年间重建。是一座楼阁式重檐六角亭,底边长 2.06m。下为石柱,上为木构架。石柱上刻楹联,"扇摇战月三分鼎,石黯阴云八阵图",楷书,落款为"清嘉庆十六年重建"。两侧柱下层砖墙嵌石碑 3 通。额题"草庐遗址",清末名"幼像亭",内塑诸葛青年时期像(图 6-4-83、图 6-4-84)。

抱膝亭在三顾堂前坡下台地上,平面六角,每边宽 3.71m,高 12m,是一座 3 层檐楼阁式攒尖顶亭。下层为石柱,上为木构架。一层正面开门,其余五面开窗。二、

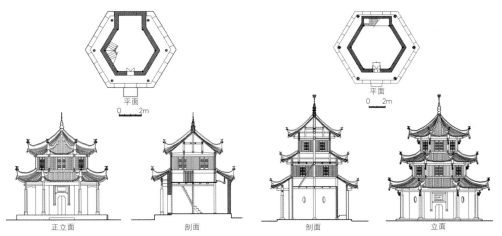

图 6-4-84　襄阳古隆中草庐亭平面、立面、剖面图　　图 6-4-85　襄阳古隆中抱膝亭平面、立面、剖面图

三层木板壁上开窗。亭前有清光绪十八年（1892 年）程文炳楷书"抱膝处"碑，碑高 2.66m，宽 1.02m，厚 0.31m，圆首碑头。前檐石柱上镌："亭势凌云，抱膝回留千古胜；台形丽日，观星总括万年奇"楹联。亭前山下有跨溪的"小虹桥"，相传刘备三顾茅庐时，曾在此遇见黄承彦骑毛驴来草庐。桥后有明嘉靖十九年（1540 年）的草庐指示碑，碑身高 5m，上浮雕蟠龙碑帽，下为巨大赑屃驮碑。碑正面书"草庐"，背面书"卧龙处"（图 6-4-85）。

　　野云庵位于隆中最高处，始建于清雍正七年（1729 年），襄阳知府尹会一重修时，初名"隆中草庐"。乾隆时更名为"卧云深处"，后又改名为"野云庵"。野云庵坐北朝南，占地面积约 440m²。为一组四合院建筑，有前堂、正房及厢房。前堂面阔 3 间 12.1m，进深 3 间 5.6m，正房面阔 3 间 12.1m，进深 3 间，7.26m，单檐硬山灰瓦顶，抬梁式构架；厢房面阔 3 间 8.8m，进深 1 间 4.2m，单檐硬山灰瓦顶，穿斗式构架。门为贴墙耸立高出屋面的仿木构砖雕的牌坊式门楼。庭院中立有一碑亭，嵌有羽扇纶巾武侯石像。

（四）樊城米公祠

　　清代建筑，位于樊城米公路南端的柜子城上。米公祠又名米家庵，为纪念宋代书法家米芾而建。米芾（1051～1107 年），字元章，号"鹿门居士"、"襄阳漫士"，世称"米襄阳"，官至礼部员外郎。人称"米南官"。原籍山西太原人，先辈早年来樊城，居柜子城。[①] 2006 年由国务院公布为第六批全国重点文物保护单位。

　　祠坐北朝南，占地面积 31795m²，中轴对称布局，3 进院落。始建于元末，明初毁于兵火，明代曾重建，并由太子保吏部尚书郑继之于万历四十七年（1619 年）撰写《米氏世系碑》，记述米氏故里沿革，原祠已不存。清康熙十一年（1672 年）吴公碗、郑五云二人在荒径草丛中发现《米氏世系碑》残碑，因残碑莫辩，难识碑文全意。二人好友王谨微诗高此事云："三尺残碑卧道旁，剜泥认是米襄阳。一船书画人争羡，半亩荒庄仍自荒。"清康熙三十二年（1693 年），江南学政、御史邵嗣尧来樊，从米氏故里寻得又一残碑，与前碑恰为一体，经辨认，得知自宋以来，樊城柜子城陈庄柳堰铺一带，是米芾后人世代居住之处。为纪念这位历史上的书画大师，邵嗣尧会同地方官绅协商，由米芾十八代孙米瓒、十九代孙米永爵立碑建祠，供后人祭祀。

①张家芳. 米公祠及其石刻 [J]. 江汉考古，1987(1)。

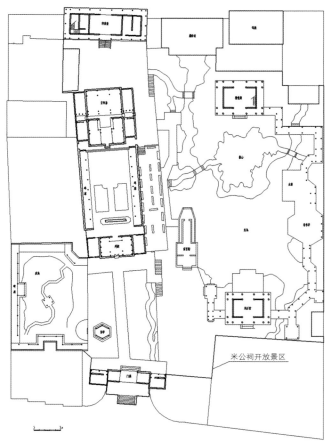

图 6-4-86　米公祠总平面图
来源：张毅提供

图 6-4-87　米公祠拜殿门楼

年久祀毁，又由第二十代孙米澍督工重建，并置田产 32 亩作为祭祀之用。又将米芾、孙过庭、黄庭坚、蔡襄、赵子昂等书画名家墨迹上石，还重新镌刻郑继之《米氏世系碑》于祠前。祠内原供有 3 块神位，即"宋米贤米芾先生之位"、"宋江防都统米玄之位"、"宋敷文阁直学士米友仁之位"。每年农历五月十五日米芾生日这天，米氏后人齐集米公祠，举行祭祀活动。

　　现存建筑采用中轴线对称布局，二进一天井。前为拜殿、殿前有六角形亭一座，殿后东西两侧为碑廊，其后为宝晋斋，仰高楼、占地面积 47.74 亩（图 6-4-86、图 6-4-87）。

　　拜殿康熙三十二年（1693 年）重建，光绪元年（1875 年）维修。面阔 3 间 11.9m，进深 1 间 7.75m，建筑面积 89.25m²。砖木结构，穿斗式构架，七檩硬山灰瓦顶，室内彻上露明造。前檐明间上有砖雕仿木构牌坊式门楼，面阔 3 间，屋角翘起，庑殿式顶。门楼阑额、枋、雀替上饰以龙、凤、花鸟、鱼虫、渔、樵、耕、读，并用黑、白、灰三色描绘，给人一种朴素恬静之感。"拜殿"门额嵌"米公祠"石匾，题有"光绪六年（1880 年）十二月谷旦，文渊阁大学士单懋谦敬书"。左、右额枋分刻"怪石"、"奇峰"，均为楷书。近代在两旁各加建一间，硬山式顶。面宽各 4.3m，进深 7.75m，面积 66.65m²（图 6-4-88、图 6-4-89）。

　　宝晋殿在拜殿后侧，建于同治五年（1866 年）。是一座小型四合院，有 2 进 3 间

图 6-4-88　米公祠拜殿

图 6-4-89　米公祠拜殿梁架

图 6-4-90　米公祠宝晋斋梁架

厅堂，通面阔 12.6m，通进深 19.6m，占地 246.96m²。第一进明间与次间用槅扇窗间隔，次间与东西厢房相通，明间成为通道直通天井及第二进厅堂，穿斗式构架，室内彻上露明造，硬山灰瓦屋顶。前厅门额阴刻楷书"宝晋斋"，门额题"同治五年（1866年）岁次丙寅春三月重建"字样（图 6-4-90）。

碑廊位于拜殿与宝晋斋之间的两侧，面阔均为 8 间 29.6m，进深 2.8m，建筑面积 165.76m²。抬梁式构架，五檩硬山式屋顶。各间檐柱下设有方格纹栏杆，木构饰深红色，衬以白墙、灰瓦，朴素大方。廊内石刻为清康熙以来的碑文石刻，是米公祠内文物精华（图 6-4-91）。

仰高楼面阔 5 间，2 层，重檐歇山顶（图 6-4-92）。

（五）南漳徐庶祠

清代建筑，位于南漳城关镇徐庶庙村。又名单公祠、徐庶庙。[①]徐庶（? ～ 232 年），字元直，河南颍川人，东汉初平年间（190 ～ 193 年），徐庶隐居荆州，在此向刘备推荐诸葛亮，徐庶后投奔了曹操，官至右中郎将、御史中丞。祠始建于清嘉庆元年（1796 年），1949 年后多次维修。祠坐北朝南，占地面积 1658.7m²。中轴对称布局，有门楼、前厅、正殿（图 6-4-93）。1992 年由湖北省人民政府公布为第三批省级文物保护单位。

门楼坐落在祠前端，四柱三间单檐楼阁式。面阔 5.52m，进深 1.56m。中部屋顶抬高 0.80m，开宽 1.3m，高 2m 的大门，左右砖墙分别行书"龙吟"、"虎啸"，字径 0.88m×0.80m（图 6-4-94）。

前厅在祠的中部，面阔 3 间 11.40m，进深 1 间 3.82m。单檐硬山灰瓦顶，抬梁式构架。前、后壁设槅扇、槛窗，前后廊宽 0.64m，0.78m（图 6-4-95、图 6-4-96）。

图 6-4-91　米公祠碑廊

图 6-4-92　米公祠仰高楼

图 6-4-93　南漳徐庶祠全景

图 6-4-94　南漳徐庶祠门楼

图 6-4-95　南漳徐庶祠前厅

图 6-4-96　南漳徐庶祠前厅梁架

①叶植主编．襄樊市文放史迹普查实录 [M]．北京：今日中国出版社，1995。

①国家文物局主编. 中国文物地图集·湖北分册（下）[M]. 西安：西安地图出版社，2002。

图 6-4-97 南漳徐庶祠正殿梁架

图 6-4-98 南漳徐庶祠墀头

图 6-4-99 巴东秋风亭

正殿在祠北部，面阔 3 间 11.40m，进深 1 间 6.5m。单檐硬山灰瓦顶，抬梁式构架。前壁设槅扇、槛窗，前廊宽 0.95m（图 6-4-97、图 6-4-98）。

（六）巴东秋风亭

清代建筑，位于巴东县城中金子山下，面临长江。北宋太平天国年间（976～984年）寇准任巴东县令时，在江北旧县城（今旧县坪村）内建秋风、白云二亭。据《巴东县志》载："秋风亭，在旧县治左，寇莱公建。"后白云亭毁，秋风亭至南宋乾道五年（1169 年）尚完好。明正德年间（1506～1521 年）巴东县城南迁今址，亭随县城南迁于今址。后经战火兵燹，几经倾圮。又经清康熙、嘉庆、同治、光绪维修和重建。现存的秋风亭是清光绪二十四年（1898 年）巴东知县宋继增、朱祖荫重建的修秋风亭，现存秋风亭系此时重建之物。①1992 年由湖北省人民政府公布为第三批省级文物保护单位。

秋风亭方形平面，2 层，抬梁式构架，重檐歇山顶，灰筒瓦屋面。建筑面积 146m²，占地面积 220m²。抬梁式构架，全部使用驼峰，不用童柱，上、下檐四角均以木雕镂空斜拱承托翼角，下檐前后檐装修槅扇门，二层四周开窗。登二层可览峡江风光。亭内立有苏轼、苏辙、陆游等人的题诗碑刻（图 6-4-99～图 6-4-102）。

（七）黄冈东坡赤壁

清、民国建筑，位于黄冈赤壁街道办事处沿江路北。西晋初年，龙骧将军蒯思为纪念三国赤壁大战始建横江馆，后代多有增建。北宋元丰三年（1080 年），文学家苏轼贬谪黄州期间游赤壁作《前赤壁赋》、《后赤壁赋》，赤壁因此得名。后修建多座纪念建筑。南宋末毁于兵燹，元、明、清三代屡毁屡建。依山势而建，占地面积约 3

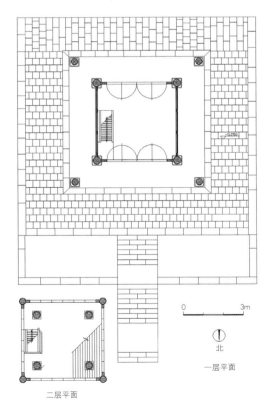
图 6-4-100 巴东秋风亭一层平面、二层平面图

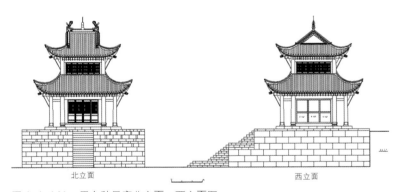
图 6-4-101 巴东秋风亭北立面、西立面图

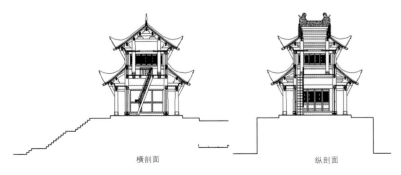
图 6-4-102 巴东秋风亭北横剖面、纵剖面图

万 m²。现存二赋堂、坡仙亭、睡仙亭、问鹤亭、酹江亭、放龟亭、挹爽楼、涵晖楼、留仙阁、乌石塔、栖霞楼等（图 6-4-103）①。2006 年由国务院公布为第六批全国重点文物保护单位。

图 6-4-103　黄冈东坡赤壁

二赋堂在东坡赤壁天门北侧。始建于康熙年间，同治七年（1868 年）重修。坐北朝南。面阔 3 间 11m，进深 3 间 11m，高 16m。单檐悬山小青瓦顶，砖木结构，抬梁式构架。堂内中部以高 3m 的木屏将堂分成前、后室。木屏前壁镌刻近人程桢帧书《前赤壁赋》，后壁镌刻近人李开铣书《后赤壁赋》。室内保存杨守敬、徐世昌等人书法石刻多件（图 6-4-104）。

图 6-4-104　黄冈东坡赤壁二赋堂

坡仙亭在赤壁矶头。建于同治七年（1868 年）。面阔 6m，进探 4m，高 6m。单檐歇山琉璃瓦顶，砖木结构，四壁砖墙围砌。四角飞檐外挑。壁嵌明郭凤仪刻苏轼《念奴娇·赤壁怀古》等石碑 22 通（图 6-4-105）。

睡仙亭在坡仙亭前石阶下。因唐代诗人杜牧"平生睡足处，云梦泽南洲"句命名。面阔 6m，进深 4m，高 6m。单檐歇山琉璃瓦顶，砖木结构。亭内置石床、石枕。

图 6-4-105　黄冈东坡赤壁坡仙亭

留仙阁在二赋堂左侧。建于光绪十年（1884 年）。面阔 6m，进深 8m。单檐悬山琉璃瓦顶，高 8.5m。内壁嵌苏轼书《乳母任氏墓志铭》、杨守敬书《留仙阁记》和近代画家范之杰作《东坡游赤壁图》等石刻。

问鹤亭在留仙阁下。原名玩月台，1922 年扩建赤壁时改今名。平面六角形，底边长 1.2m，通高 6m。单檐攒尖琉璃瓦顶，砖木结构。放龟亭在问鹤亭下，建于同治七年（1868 年）。平面正方形，底边长 2m，通高 4m。四角攒尖琉璃瓦顶（图 6-4-106）。挹爽楼在问鹤亭下。1925 年萧耀南出资修建。面阔 5 间 21m，进深 3 间 10m。单檐歇山琉璃瓦顶，砖木结构 2 层楼，抬梁、穿斗式混合构架。壁嵌摹刻苏轼《景苏园帖》等石刻百余方。酹江亭在乌石塔左侧。清代建筑。面阔 5.4m，进深 4.8m。单檐歇山琉璃瓦顶，砖木结构，抬梁式构架，三面砖墙围砌。壁嵌康熙御书《前赤壁赋》、《后赤壁赋》等石碑 7 通（图 6-4-107）。

赤壁摩崖石刻在东坡赤壁西侧。清代刻于赤壁矶头岩壁上，共二题：一题幅面高 0.85m，宽 0.3m，书"赤壁矶"；一题幅面高 1.2m，宽 0.65m，书"赤壁"，款"钟谷书"、"清光绪年立"。均阴刻楷书。

（八）黄陂双凤亭

清代建筑，位于黄陂县城东鲁台山巅。为纪念北宋理学家程颢、程颐所建。相传程母梦双凤投怀而生颢、颐，后以名亭。亭原在县城内，明天顺七年（1463 年）

图 6-4-106　黄冈东坡赤壁放龟亭、睡仙亭

图 6-4-107　黄冈东坡赤壁酹江亭

①国家文物局主编. 中国文物地图集·湖北分册（下）[M]. 西安：西安地图出版社，2002

重建于县城东鲁台山麓之二程祠内，清康熙五年（1666 年）迁建于此，道光二十三年（1843 年）毁于风暴，道光二十八年（1848 年）重建。[1]

　　亭为石木结构，六角平面，高约 10m，3 层，攒尖顶，灰屋面。下层柱、枋皆为石材，上层柱、枋、梁架为上等楠木与樟木，檐下施斗栱，翼角高举，亭内藻井典雅。亭内立石砌方形碑阁，碑阁四面镶碑记，碑额东刻"双凤沐日"，西刻"及第登科"，南刻"富贵容华"，北刻"父母教子"等人物故事，形神兼备，仪态生动。亭额"双凤亭"3 字为郭沫若手书（图 6-4-108～图 6-4-110）。1992 年由湖北省人民政府公布为第三批省级文物保护单位。

　　（九）荆门魁星阁

　　清代建筑，市文物保护单位。位于荆门城工商街北段东侧，竹皮河畔北岸。魁星阁于何年创建，无处查考。调查中发现随梁枋下题有"皇清道光三年岁次癸孟冬月吉旦□□□□□州士民鼎建"的墨迹。据题记可知阁为清道光三年（1823 年）所建。[2]

　　阁坐东向西。平面六角，每边长 3m，3 层，攒尖灰筒瓦顶。石砌台基，每边长 5.4m，周长 32.4m，高 2.2m。前檐设踏跺上下，踏跺及台基曾设置石质栏杆（已毁）。阁内 6 根檐柱直贯上层，檐柱在穿枋、楼板枋的连接下组成一个牢固的六角形框架。一、二层出檐靠穿枋和墙体支撑。第三层构架，6 根柱头上采用 2 层穿枋向内外挑出，外穿枋承托挑檐檩，室内二层穿枋上立童柱。童柱之间用枋联系，枋上承托随梁枋和大梁。梁上立雷公柱，6 根老角梁后尾延长，交于雷公柱上。角梁与角梁间架设檩条，构成第三层梁架（图 6-4-111）。

　　魁星阁底层正面设板门，其余用 0.8m 厚的砖墙封闭。二层各面设 1.3m 的圆形窗，三层各面设方形窗。室内一、二层右边设单跑木楼梯，供人登阁远眺（图 6-4-112、图 6-4-113）。

　　（十）荆州关羽庙

　　关羽庙在荆州城南门内北侧繁华闹市区，正对南门城楼，据《江陵县志》记载：南门关庙原为三国时期蜀汉名将关羽督荆州的官邸。[3]庙始建于明洪武二十九年（1396 年），万历年间（1573～1620 年）又予以重建。清雍正十年（1732 年），朝廷投资加以扩建，建有头门、二门、仪门、正殿、三义殿、崇圣祠，左右还建有钟鼓楼、东西廊、三元阁、真武阁等，规模宏大，殿堂雄伟。江陵关庙与山西解州关祠、湖北当阳关陵并列为全国三大关公纪念圣地。雍正皇帝还下旨以关平之子关樾为大宗嫡裔（关羽五十代孙），关榜世袭封号，奉祀关庙，每年专拨银两维修和祭祀。1940～1945 年，为日本侵略军占领荆州期间，庙宇遭到严重破坏，仅高大木牌楼（即头门）和正殿幸存。现存建筑系 1987 年在原址上复原重建。

　　关帝庙平面长方形，南北长，东西短。主体建筑分布在南北轴线上，由仪门、正殿、三义殿。两厢附属建筑有陈列馆、碑廊、门楼等环绕其间，庙内古银杏参天挺拔，建筑高低错落有致，白墙青瓦，宏伟壮观。

　　仪门面阔 5 间，进深 3 间，前、后出廊，面积约 78m²。砖木结构，抬梁式构梁，顶置藻井天花，施青、绿线描彩绘。单檐歇山式青瓦顶。正脊安装龙吻兽，垂脊、戗脊分别安装垂兽、戗兽。明间正面檐下有木雕龙圔。上题"关帝庙"楷书阳刻描金大字。前、后出廊，枋下木制葵式万川挂落。仪门前明间、稍间、仪门背后各间

图 6-4-108　黄陂双凤亭

图 6-4-109　黄陂双凤亭台基

图 6-4-110　黄陂双凤亭细部

图 6-4-111　荆门魁星阁

①皮明庥，李权时主编．武汉通览[M]．武汉：武汉出版社，1988
②董贤清．荆门城区古建筑调查[J]．江汉考古，1990(4)．
③肖代贤主编．中国历史文化名城丛书·江陵[M]．北京：中国建筑工业出版社，1992．

图 6-4-113　荆门魁星阁三层窗

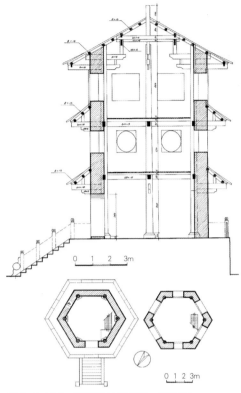

图 6-4-112　荆门魁星阁平面、剖面图

图 6-4-114　荆州关羽庙仪门

图 6-4-115　荆州关羽庙大殿

图 6-4-116　荆州关羽庙大殿
梁架

安装槅扇门窗，图案为井字嵌菱纹。殿前两侧有石狮 1 对。室内地面石板铺设，正中供关羽铜铸立像 1 尊，上首梁枋嵌匾额，有乾隆五十三年（1788 年）御题"泽安南纪"行楷阴刻 4 字（图 6-4-114）。

　　正殿在原基础上扩展建成，基本上维持原风貌。正殿建在 2m 高的石砌台基上，面阔 5 间，进深 4 间，四面回廊，面积 240m²。砖木结构，抬梁式构梁，单檐歇山式青筒瓦屋顶。正脊安装龙吻兽，前后浮雕二龙戏珠，垂脊、戗脊兽件齐全。檐下安装斗栱，老角梁头有套兽。正殿前后明间额枋之上嵌匾额，正面题"威霞华夏"4 字，为同治御笔。背面题"乾坤正气"4 字，为雍正御笔，额枋下有木制挂落，葵式万川式样。正殿前、后各间开槅扇门。室内藻井天花，天花板上绘制蟠龙图案。明间正中供关羽坐像，两侧立周仓、马良塑像，关羽宽额红脸，美髯垂胸，威风凛凛，手执《春秋》，威武庄严。关羽塑像后为木质浮雕屏风墙，背面有江陵关公馆撰写的关羽生平简介（图 6-4-115、图 6-4-116）。

　　正殿后院内，铸有关羽立像，关羽手持青龙偃月刀，威风凛凛，目视前方，塑像下设基座，正面基座上题"神龙远镇"4 字。塑像前、后有铁铸香炉、蜡台，两侧两棵古银杏枝虬叶茂，高耸挺拔，环境庄严肃穆。据传为明万历年间栽种，至今已有 400 余年的历史了。现代诗人贺敬之曾赋诗赞曰："古庙生古树，名城开名花。"

　　最后是三义殿，上下 2 层（明 2 层，暗 3 层），面阔 3 间，进深 2 间，正面、两侧面出廊，单檐歇山式青瓦屋顶，通高约 13m。一层明间正面开槅扇门，两侧为槅扇窗。殿内正中供奉刘备、关羽、张飞桃园结义塑像，两侧木雕内容为"长坂雄风"、

图 6-4-117　荆州关羽庙三义殿　　　　　　图 6-4-118　荆州关羽庙三义殿塑像

"三顾茅庐"、"借荆州"故事情节。殿下石质基座砌筑，殿后两侧有门可进出，殿内陈列刘备、关公、张飞和蜀国文臣武将的塑像、壁画等（图 6-4-117、图 6-4-118）。

第五节　宗教建筑——佛寺、古塔、道观

一、佛寺

（一）当阳玉泉寺

明、清建筑。位于当阳县城西 15km 的玉泉山东麓。玉泉寺依复船山而建，中轴线上有三楚名山坊、天王殿、大雄宝殿、毗卢殿，坐西朝东。东汉建安年间（196 ~ 220年），普净禅师结茅于此。南北朝时梁武帝大通二年（528 年），梁武帝敕建覆船山寺。隋开皇年间（581 ~ 604 年），高僧智者奉诏回故乡荆州，倡立法门，主持重建玉泉寺，智者大师因见山下珍珠泉清澈晶亮，泡似珠玉，将其改名为玉泉，山以泉名，寺名亦由此而定，隋文帝敕额"玉泉寺"。与当时南京栖霞寺、山东灵岩寺、浙江国清寺并称为天下丛林"四绝"。唐仪凤年间（676 ~ 679 年），神秀从黄梅五祖寺来此弘扬禅法，四海倾仰，成为当时海内外佛教徒景仰的圣地。宋天禧年间（1017 ~ 1021 年），宋真宗明肃皇后捐资兴建，并改额为"景德禅林"，其规模达到"为楼者九，为殿者十八，僧舍三千七百。星环云绕，"被称为"荆楚丛林之冠"。元、明、清三代均有修葺。只可惜宋以前的建筑全部被毁，仅存有隋代大铁镬、宋代铁塔、明、清重建之建筑物（图6-5-1 ~ 图 6-5-3）。1982 年由国务院公布为第二批全国重点文物保护单位。[①]

三楚名山坊，俗称"三圆门"，位于当阳西玉泉山东麓玉泉寺天王殿前，背后有小溪环绕而过，致使它的位置向南偏离了玉泉寺的主轴线。三圆门始建于隋，初建时，雕檐画拱，宏伟壮观，隋文帝赐"智者道场"额，宋代敕赐"景德禅寺"，明代敕赐"荆楚第一丛林"。明万历年间（1573 ~ 1620 年），寺僧性美重建，改为砖砌牌坊，清代以来，屡次维修和彩画。坊面阔 3 间，各开一半圆形券门，故名三圆门。坊砖石结构，总面阔 15m，墙高 5m，墙厚 0.5m，墙肩有明显的收分。三圆门顶部，三檐错落，中间檐部抬高，为庑殿顶，两边硬山顶。中间正脊两端以堆灰手法雕卷尾小吻，正

①玉泉寺志编纂委员会．玉泉寺志[Z]．2000。

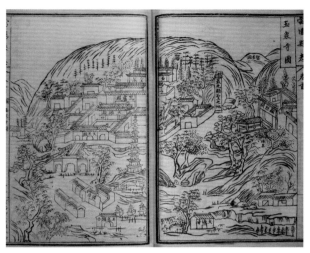

图 6-5-1　清《当阳县志》玉泉寺图

图 6-5-2　当阳玉泉寺全景

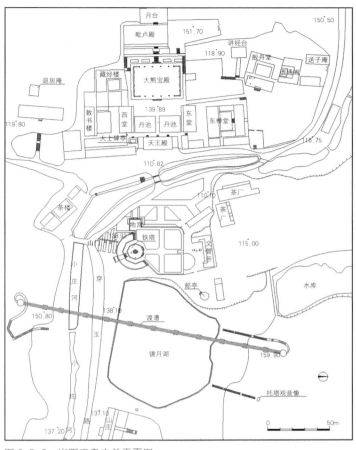

图 6-5-3　当阳玉泉寺总平面图
来源：李克彪绘

脊下两坡水盖小青瓦，用白石灰做瓦头，下面砖砌斗栱。中门略高，在中间正面坊心上镶嵌"三楚名山"横匾，为中国佛教协会会长赵朴初亲笔所题。三圆门坊心背后中也有 4 字："邮亭夕照"。坊心两侧，有清淡的水墨山水画（图 6-5-4）。

天王殿是中轴线上的第一座建筑，坐西朝东，门前有宽阔的广场。殿面阔 7 间，进深 3 间，除了高大的中门外，在尽间各开一圆窗。墙高 5m，屋面为单檐硬山灰筒瓦顶，正脊的云龙拼版和吞脊大吻，全部是灰陶制品（图 6-5-5）。

图 6-5-4　当阳玉泉寺三楚名山坊

大门门框以青麻石磨制，门侧用青砖凸砌，做成仿木结构的 4 柱 3 间小门楼。其顶三檐错落，覆盖小青瓦，挑檐下做成弧形拱，作为简单的装饰。坊心上有"玉泉寺" 3 个颜体。殿内梁架为穿斗式，是鄂西地方民居的一般做法。次间与梢间用墙隔断，留园门作为过道。殿内造像全为现代重塑。殿内明间塑有弥勒化身的布袋和尚坐像，汉白玉石料。殿南北梢间，塑四大天王像，四大天王个个足踏小鬼，威武雄壮。

图 6-5-5　当阳玉泉寺天王殿

天王殿始建年代不详，重修重建见于记载的有：明成化年间（1465 ~ 1487 年）寺僧静空重修。崇祯十五年（1642 年），寺僧海福重修。清乾隆八年（1743 年）寺僧淳中、印寇重修。乾隆二十四年（1759 年），当阳知县苗肇岱重修。道光年间（1821 ~ 1850 年），寺僧慧山重修。光绪十年（1884 年），寺僧捐资重修。抗日战争爆发前，寺内八堂共同出资重建，将屋面改为小青瓦两坡水民居式屋顶，吞脊大吻的鳞甲，以细小河卵石堆砌。1990 年，当阳市地方财政拨款，全落架大修天王殿。

图 6-5-6　当阳玉泉寺大殿

大雄宝殿在天王殿后，两殿之间有丹池、青石甬道相连。现存大殿为明代风格的建筑，通高 21m，台明面阔 40m，进深 30m，高 0.40m，建筑面积 1253m²。台明上立柱三层，即廊柱、檐柱、金柱，各 24 根。72 根立柱全部是金丝楠木，台明中间的金柱，每根高 12m，净材积近 4m³。金柱是承受梁架的主构件，子角梁依附老角梁，老角梁穿过角金柱，使下檐翼角出檐深远。下檐梁架以抬梁式为主。上檐排山梁架以穿逗式为主，通过斗栱联结檐访、正心访，传递屋面重量，节点严谨，受力均衡。整体梁架吸收了我国南北古建筑的优良传统，采用了穿逗与抬梁相结合的手法，立柱有收分和侧脚，榫卯结构，具有很好的防震功能。明间立柱的中心距 6.44m，次间 6m，用材硕大，是长江中下游一带，屈指可数的单体大佛殿之一（图 6-5-6 ～图 6-5-9）。

殿中斗栱分内槽、外槽两种，共 154 攒。外槽斗栱起到实际承担负荷的作用，分柱头铺作、补间铺作、转角铺作三种。下檐补间铺作斗栱的后尾（挑斡），保存了宋元时代的建筑风格，雕刻手法十分精细。内槽斗栱安装在金柱顶部之间的联系梁上，散斗的斗口卡住十字梁，梁上开有凹槽，扣住天花板。天花板共 91 块，每块 1.66m 见方，上面用矿物颜色粘贴彩画，彩画种类有火珠、云龙、莲荷，色彩边缘以松烟墨重重勾勒，不失传统风貌（图 6-5-10）。

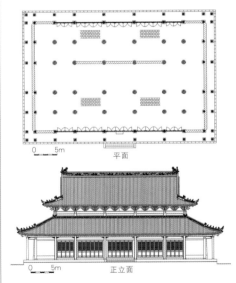
图 6-5-7　当阳玉泉寺大殿平面、正立面图
来源：李克彪绘

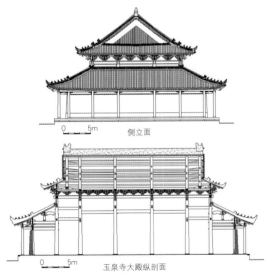
图 6-5-8　当阳玉泉寺大殿侧立面、纵剖面图
来源：李克彪绘

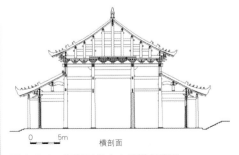
图 6-5-9　当阳玉泉寺大殿横剖面图
来源：李克彪绘

图 6-5-10　当阳玉泉寺大殿翼角斗栱

大殿屋面为重檐歇山灰色筒板瓦顶，正脊高 1.3m，以 40 余块灰陶花板拼成，两面各有高浮雕 5 条腾云驾雾的蛟龙。正脊两端的吞脊大吻，各高 1.8m，大吻似短尾龙，龙头龇牙咧嘴，身披鳞甲，圆圆的卷尾下，插了一支剑把，是明代典型的官式建筑造型手法。在屋面的 2260 余件艺术构件中，大吻是唯一的明代原件。其余艺术构件，是 1982 年大修时，聘请山西应县老工艺师迟亮夫妇重新塑制的。

殿上檐"智者道场"直匾，是中国佛教协会会长赵朴初的手笔。

殿内明间塑释迦牟尼佛坐像，南次间供奉阿弥陀佛，北次间供奉药师佛。佛坛背后，是海岛观音雕塑。殿内南北山墙下，各塑罗汉九尊，皆为坐姿。

大雄宝殿始建于隋开皇十三年（593 年），历代重修。明万历三十年（1602 年），寺僧无迹大修。崇祯十五年（1642 年），荆州惠王捐银，寺僧海福主持全落架大修，这次大修增加了周围廊。清康熙十八年（1679 年），川湖总督蔡毓荣捐银重修。道光年间（1821 ～ 1850 年）寺僧慧山重修。咸丰四年（1854 年）湖北布政使庄受祺等捐银重修。光绪五年（1879 年）、九年（1879 年）、十一年（1885 年），寺僧妙心、大登、亮山补修。1932 年，当阳县政府重修。1953 年由省文化部门拨款修下檐屋面。1979 年对中空的 54 根立柱进行了化学高分子加固，1982 年～ 1984 年由国家文物局拨款全落架大修。

图 6-5-11　当阳玉泉寺毗卢殿

毗卢殿在大雄宝殿后面，高高的 43 步台阶之上，是毗卢殿的门楼，门楼两侧，各有三间僧寮，小青瓦顶薄页灰砖斗墙，外墙半腰砌有横向的砖框，门楼内卧，顶部以小青瓦盖顶，放一灰陶小塔。大门两侧以青砖凸砌立柱、横枋的枋心内书"西竺遗风"四个行书大字。下有砖雕楹联："箭透新罗大展拈花之案；灯传临济宏开选佛之场"（图 6-5-11）。

进入门楼，是 2m 高的台阶，台阶之上是面宽 5 间带前走廊的大堂，进深 3 间。大堂檐下悬挂"毗卢上方"匾，王任重题。大堂经历次改建，形成两坡水，硬山小青瓦顶，结构简单。

图 6-5-12　当阳玉泉寺般舟堂

大堂南山墙有小门通观音堂，堂中塑千手千眼观音像 1 尊，堂中有小天井，天井内有小假山。毗卢殿天井边僧寮的西墙上有 4 幅水墨画：其一是济颠醉酒，题"长醉世间有何求"；其二是风波和尚扫秦桧，题"扫尽尘劳万事休"；其三是周文王访贤，即姜太公钓鱼；其四是画庐山东林寺慧远虎溪送客。

般舟堂位于东禅堂北侧，有一条东西轴线，四合院式布局。前面牌坊以青砖砌成，高 6m，四柱三间三楼，中间顶部略高，做成歇山顶式样，大吻以堆灰法塑成，翼角高挑。墙面土黄色，坊心上刻"般舟堂"三字，坊心下是一幅清晨入古寺的水墨画，门框内点缀写意花鸟画（图 6-5-12）。

入牌坊进院内，正面面宽 5 间，山墙为马头墙，大门为卧槽门。进大门经过过道，前面是天井，天井中墁铺青砖，并排有 2 个大花坛，各植月月桂 1 棵。

天井南北侧各有厢房 3 间，南厢房门框上写楹联一副："看破世界惊破胆，识透人情冷透心"。

天井以西是玉佛殿。玉佛殿是 1994 年请回玉佛后所改殿名，为二层楼木结构建筑。殿内正面本尊是汉白玉雕刻的阿弥陀佛立像，右边是观世音菩萨立像，左边是缅甸玉石卧佛，长 3m，作吉祥卧。

图 6-5-13 · 谷城承恩寺全景

般舟堂为宋代敕建，明代太史黄辉曾题写堂名。清同治年间（1862～1874年）寺僧亮山重修，1949年前寺僧圆妙、白义大修。1994年重修。

（二）谷城承恩寺

明、清建筑。位于谷城县城东南约45km处茨河镇五朵山（一各万铜山，又名永安山）狮子峰下。该寺建在五朵山之阳，负阴抱阳，背倚狮子峰，远眺如雄狮伏卧，山上苍松翠柏，"突兀狮子峰，蜿蜒护梵宫"。寺前案山——金字山，有诗云："寺前金字山，苍翠覆幽间。"左有青龙，右有白虎围护，如拱似屏；山门内有灵泉池及玉带水，泉水从寺后西北狮子峰下龙泉池流出，"一派龙泉池，泉水浑浑然"；绕寺西流经东南，其势如带，"一水潺潺泻，真如玉带御"；泉水经山门前锁风桥东南出，真所谓"天地门户"，当地人称此桥为"聚气藏风"之桥，"长桥卧白云，风水锁氤氲"。该寺就坐落在这负阴抱阳、环山抱水、峰峦环拱、聚气藏风、水源贯通的小盆地之中，此地确是一处吉祥如意的风水宝地。就是从中国风水学理论来讲，点穴之奇，堪称一绝。[1] 2006年由国务院公布为第六批全国重点文物保护单位。

相传隋大业年间（605～618年），隋炀帝的公主因用此地的龙泉水治愈了头上的癞癣，炀帝为感恩神灵而建此寺，取名"宝严禅寺"。唐广德年间（764～765年）重修，以年号为寺，曰"广德寺"。宋元以来，废兴频仍，元末毁于火。明洪武年间（1368～1398年）修葺未完，仅蔽风雨而已。永乐二十一年（1423年）由少林僧觉成住持在旧基上重建，先后建成堂殿、廊庑、经藏、钟楼、方丈、庖厨、僧房，凡数百楹，伟然有隆盛之势。复塑三身、四智、千佛、诸天王、伽蓝圣僧像。明正统八年（1443年），"复以中前殿基，改建为水陆崇圣宝殿，高五十七尺，重檐垒拱，极其壮丽，雄冠诸刹"。天顺年间（1457～1464年），襄王朱瞻墡想将五朵山作为寿茔，奏请于朝廷，英宗朱祁镇念其叔父"赤胆辅国，忠孝著闻"，特允所请，并敕工部主事刘春于此山兴建殿宇、桥道。襄宪王感恩不尽。故复请改山为永安山，改寺为承恩寺。英宗帝又敕赐"大承恩寺"匾额，承恩寺因此而得名，又敕赐钟楼。明成化、嘉靖、万历，清康熙、乾隆、道光、咸丰、光绪等均有修缮。该寺虽历经沧桑，殿堂斋舍多有毁圮，但原格局保存较完整（图6-5-13～图6-5-16）。

① 李德喜．谷城承恩寺[M]// 高介华主编．建筑与文化2002年国际学术讨论会论集（第七卷）．武汉：湖北科学技术出版社，2004。

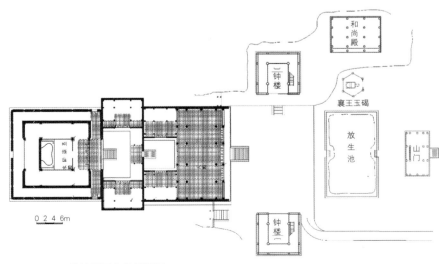

图 6-5-14　谷城承恩寺总平面图

图 6-5-15　谷城承恩寺纵剖面图

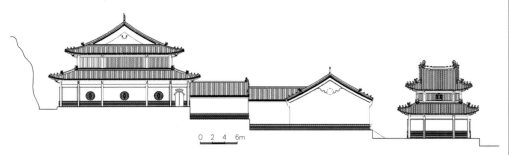

图 6-5-16　谷城承恩寺侧立面图

图 6-5-17　谷城承恩寺钟楼

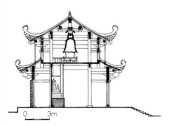

图 6-5-18　谷城承恩寺钟楼剖面图

图 6-5-19　谷城承恩寺钟楼铜钟

　　该寺充分利用地形，依山筑殿，沿中轴线对称布局，构成四合院式的建筑群体，建筑层层上升，从山门至大殿高差相近 20 余米。其布局为：前为山门（现为八一电影制片厂办公楼）、灵泉池，左右蹬道直达天王殿平台，殿前两侧钟楼、鼓楼对峙（鼓楼已毁），进天王殿过四合小院，两侧为厢房，拾级登"永安招提"门楼，又一四合小院，两侧为客堂，拾级而上为寺之主殿——水陆崇圣殿。

　　相传该寺修建时无镇寺之宝，因此屡建屡毁，明成化十一年（1475 年）宪宗赐铜钟 1 口，作为镇寺之宝，并敕建钟楼①。钟楼方形平面，面阔、进深均为 3 间11.20m，2 层，高 12.50m，抬梁式构架，重檐歇山顶，灰筒瓦屋面。二层不设天花，为"彻上露明造"。楼顶悬挂高 2.3m，口径 1.57m，重约万斤的铜钟。钟顶铸有双龙钮，钟身相对铸有"皇帝万岁万岁万万岁"字样，其余以梵文、游龙、法轮、八卦太极图作为装饰，纹饰精细，造型优美，钟声洪亮，能传数十里。有诗云："万铜山里钟，寂寞冷清松。不敢轻轻击，恐惊洞底龙。"钟身梵文不知难倒多少佛家弟子和佛学大师，至今仍无人能解其意，成了一个千古之谜。下层明间供奉释迦牟尼和二弟子，木雕金身，头带宝珠，面部娴雅恬静，右肩袒露，左手置于腹心，掌心向上，右手扶膝跏趺坐于莲花台上。钟楼上檐四周明间设窗，其余用走马板维护；下檐明间装修六抹头槅扇门，次间安四抹头槛窗，其余用砖墙封护，古朴庄重（图 6-5-17 ~ 图6-5-19）。

　　天王殿面阔 5 间 24.25m，进深 3 间 12.5m，高 10.5m，硬山顶，灰筒瓦屋面。明、次间用抬梁式构架，用以扩大空间，具有内聚性，是供奉佛像理想的场所。两山用穿斗式构架，以增加稳定性。这种做法在湖北地区明清建筑中极为普遍，似可认为是湖北地区明清建筑的一大特色。室内不设天花藻井，为"彻上露明造"。梁枋上都饰有旋子彩画。殿内原供有四大天王、弥勒佛及韦驮。现仅存弥勒佛像，他袒胸露腹，喜笑颜开地坐在莲花座上，使人一进门，见到此像，无不受他那坦荡笑容的感染而

① 《题大承恩寺钟碑记》。

图 6-5-20　谷城承恩寺天王殿

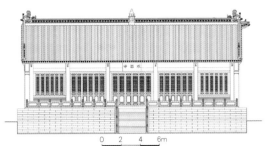

图 6-5-21　谷城承恩寺天王殿正立面图

忘却自身的烦恼。前檐明间装修两扇板门，两边各安一扇六抹头槅扇门，显然为后世维修所致。次间装修四抹头槛窗。天王殿耸立在高 2.7m 的石砌台基之上，显得十分雄伟壮观（图 6-5-20、图 6-5-21）。

大殿名水陆崇圣殿，殿于明正统八年（1443 年）在中前殿基上改建，高 19m，重檐叠拱，极其壮丽，雄冠诸刹（明正统八年《广德宝严禅寺水陆崇圣殿碑记》）。嘉靖四十二年（1563 年）重修（《重修大承恩寺碑记》）。现存大殿为明万历年间的遗构，大殿梁枋上题有"大明万历四十七年岁次己未八月三日襄王重建，募修禅僧真龙"字样，可以为证。

大殿面阔 5 间 22.1m，进深 5 间 21.5m，高 14.5m，明间特宽，达 7.3m。抬梁式构架，重檐歇山顶，小青瓦屋面，正脊两端施龙吻，中央为两层亭式，上立宝瓶，两边饰二蹲兽，八戗脊端饰鱼龙吻。室内明间设天花 20 块，彩绘龙、凤、麒麟、天马、牡丹花卉等图案，形态生动，余下为"彻上露明造"（图 6-5-22 ～图 6-5-25）。

图 6-5-22　谷城承恩寺大殿

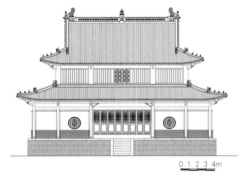

图 6-5-23　谷城承恩寺大殿正立面图

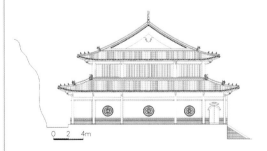

图 6-5-24　谷城承恩寺大殿侧立面图

图 6-5-25　谷城承恩寺大殿天花

明间佛龛做工精细，内奉毗卢遮那佛，意为"光明遍照"、"遍一切处"、"大太阳"，所以又名"大日如来佛"，是佛教密宗寺院中供奉的主佛像。他头戴三佛二龙冠，肩披袈裟，身穿广袖长袍，腰束彩带，合掌于胸前，结跏趺坐于莲花台上，下为精雕细刻的须弥座佛坛。他与释迦牟尼、卢那舍佛一起供奉，合称三身佛。三身佛是根据大乘佛教的说法，表示释迦牟尼的三种不同的身。他与东方阿閦佛（表觉性）、西方阿弥陀佛（表智慧）、南方宝生佛（珠福德）、北方不完成就佛（珠事业）一起供奉，合称五方佛，又叫"五智如来"、"五方五智"。五方佛属于中国佛教密宗系统（图6-5-26）。

图 6-5-26　谷城承恩寺大殿毗卢遮那佛像

此殿檐下未用斗栱，较少见。但用材粗壮，结构严谨。抬梁式构架系柱上开卯口，梁端削出榫头，从上往下套在柱头的卯口里，与一般官式抬梁式构架不同，这种做法是湖北地区明清建筑常用的手法。

殿前紧接客堂，客堂面阔 3 间 9.20m，进深 3 间 8m。明间抬梁式，两山穿斗式构架，硬山顶，小青瓦屋面。前檐明间装修槅扇门，次间安槛窗。客堂南联以披檐，中间有"永安招提"门楼，做工极为精细，为道光年间（1821 ～ 1850 年）的遗构。

厢房紧接天王殿和大殿，面阔 2 间 7.8m，进深 3 间 6.75m，2 层，抬梁式构架，硬山式屋顶，小青瓦屋面（图 6-5-27）。

寺内遗有明、清时期的石碑数通，记述此寺的兴废始末。其中以明成化十二年（1476 年）襄宪王朱瞻墡所刻汉白玉石碑最为精致。碑位于天王殿前灵泉池之东的山坡上，碑分碑座、碑身、碑首。碑座为龟趺，或曰"赑屃"。碑首浮雕二龙戏珠，线条流畅，形态逼真。正面为楷书碑文，内容为明英宗正统十四年（1449 年）北狩被俘，其弟朱祁钰政变登基，即代宗，年号景泰。天顺元年（1457 年）英宗复位，念其叔父朱瞻墡"赤心辅国，忠孝著闻"，特恩准把五朵山作为襄王朱瞻墡的寿莹，并命工部主事刘春修茸该寺。襄王朱瞻墡为感恩皇上，特立此碑纪事。有诗云："一片贞岷石，千秋纪事碑。襄王何处去，唯有大名垂。"赑屃下垫以青石基座，板面浮雕海水。龟、鱼、神马等动物，好似赑屃托着巨大石碑，游于波浪汹涌的大海中，两旁鱼兽护卫。此碑设计不俗，制作精良，实为一件不可多得的明代珍品。为保护好石碑，20 世纪80 年代修建了六角形攒尖顶碑亭。

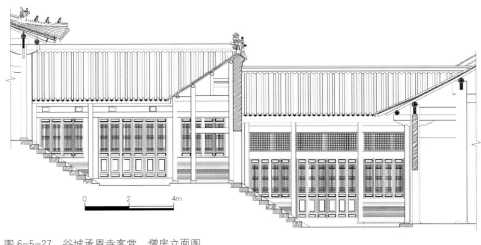

图 6-5-27　谷城承恩寺客堂、僧房立面图

（三）利川石龙寺

位于利川市团堡镇石龙村北侧的团凸山上，因大佛殿前天井中有灵石盘卧如龙，寺因此而得名。明洪武初年，该寺为酉阳土司后裔冉如龙所建家庙，清代重修数次，范围不断扩大。清乾隆三十二年（1767年），周大坤等人与冉氏协商，认为"此山钟灵，上有石龙，前临金字，有关文风，与其秀毓一家，不如荣分众姓"（冉氏家庙碑），协商结果，改家庙为佛寺，塑诸佛神像，金碧辉煌。乾隆五十四年（1789年）再次重修。同治四年（1865年），知县何惠馨手中有军需余款二百缗，交给付太学生边华春经理，以此经费开创学校，过了8年，到同治十二年（1873年），学校在石龙寺开学，光绪九年（1883年）施南知府王庭桢因事来利川，进寺后，看见"义学"二字，随后登上楼阁，看见神像、儒家塑像混杂一起，孔夫子像竟偏安一隅，怒斥谬妄，责令士绅将义学迁于团凸山下，石龙寺仍为寺庙。民国26年（1937年），石龙寺前增建碉楼，后建厅堂[1]。2002年由湖北省人民政府公布为第四批文物保护单位。

寺坐北朝南，3进四合院式布局，占地面积约2000m^2。有山门、正殿、大佛殿、后殿及厢房（图6-5-28）。

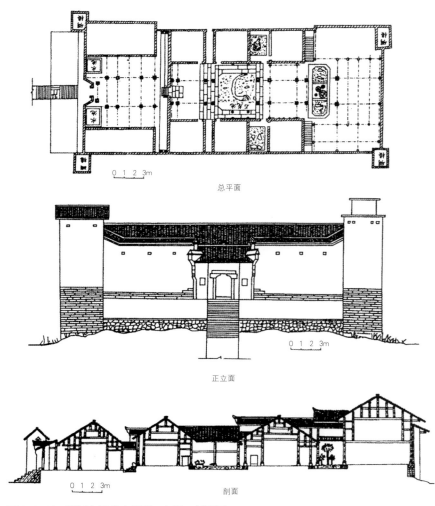

总平面

正立面

剖面

图6-5-28　利川市石龙寺平面、立面、剖面图
来源：朱世学. 鄂西古建筑文化研究 [M]. 北京：新华出版社，2004

① 谭宗派. 利川民族文字经览胜 [M]. 北京：中国文联出版社，2002；朱世学. 鄂西古建筑文化研究 [M]. 北京：新华出版社，2004。

山门面阔 1 间 9.25m，进深 1 间 4m，单檐歇山灰瓦顶，抬梁式构架。正殿面阔 5 间 25m，进深 4 间 10m；大佛殿面阔 5 间 25m，进深 4 间 12.5m。后殿面阔 3 间 14m，进深 3 间 8.5m。三殿均为单檐硬山灰瓦顶，明间抬梁式构架，次间、稍间用穿斗式构架。柱、枋及门、窗施多种图案，浮雕精细。寺内大小天井共 7 个，小天井中有石如龟，中心天井内灵石盘卧，宛然如龙，头高 1m，鳞角峥嵘，腾腾然有飞意。清人张定模诗云："怪石盘根幻作龙，浑身鳞甲白云封。若非老衲料雕琢，早乘风雷上九重！"绘声绘色，令人遐想（图 6-5-29 ~ 图 6-5-33）。

庙内有石碑 22 通，记述了该寺的兴建始末。这些碑刻年代上起乾隆，下至光绪，内容涉及当地政治、经济、诉讼、宗族、宗教、教育诸方面，十分珍贵。尤其是对于冉氏家族记载得更为详细。据载，冉氏先祖共 8 人：如彪、如龙、如虎、如豹、如狼、如蛟、如漳、如鹤。冉如彪为元末酉阳土司主。明洪武五年（1372年），如彪为酉阳州知州。庙内碑文记载："我祖如龙公以光绿大夫之职，奉长兄彪命，来抚利邑之都会坝，即今之下马溪也。拓地数十里，日与土司讲明忠孝大节。民赖以安，功亦伟矣。""团堡一带山顶石龙寺，创自前明洪武初年，系冉公如龙者建修。"

（四）襄阳广德寺

寺位于襄阳城西约 13km 处隆中山北侧平地上，南北长 250m，东部宽 180m，四周辟有 10m 宽的护寺壕，与众不同。其地势如山门楹联所言："地接隆中鹫岭千峰云叠嶂，塔悬汉上虎溪一派水环流"。据寺内碑文和史书记载，原址在襄阳城西隆中山上。寺系汉、唐以来的古刹，原名"云居寺"，唐末废圮。明景泰年间（1450 ~ 1456年），大云和尚募款建云居寺，后承皇恩，被点为住持。明成化年间（1465 ~ 1487年），简王朱见淑的妃子杜氏因病辞世，朱见淑遂将妃子杜氏葬于寺旁，以压夺风水。此事引起道园住持和众僧的反感，襄简王为慰抚众僧，平息不满，启奏皇上重建寺庙，明宪宗皇帝颁圣旨，由礼部就近择址建寺，并御笔赐额"广德禅林"，改名为广德寺。明弘治七年至九年（1494 ~ 1496年），在道园和尚主持下，由襄府赵福保等众人舍资财，在大殿后建多宝佛塔，为寺主山，"而气象之宏远，隆中尤盛"。此后寺院香火兴旺，遂出现"钟鸣三峡，塔耸五星，千峰叠嶂，百川汇流"的景象，被誉为"历朝之胜迹，襄阳之一大观"。明末遭兵毁，唯存多宝佛塔。清康熙年间（1662 ~ 1722年）重修殿宇，但其规模不及原貌，后又毁，到乾隆年间（1736 ~ 1795年），由觉圣和尚募捐建东西耳房和两厢客房，嘉庆十四年（1809 年）同觉圣的徒孙源江重建山门、斋堂、厨房，维修大雄宝殿，重塑各殿金像，并开挖四周壕沟。道光、咸丰年间（1821 ~ 1861 年），妙玺和尚又不断对殿宇进行维修和新建，逐步形成了以中轴线上山门、天王殿、伽蓝殿、驼殿、大雄宝殿、钟楼、鼓楼、观音殿、藏经楼和多宝佛塔为主体的寺院建筑群（图 6-5-34 ~ 图 6-5-37）。清末至"文革"前，由于维修甚少及人为损毁，寺院建筑逐渐趋于颓废，现仅存多宝佛塔、天王殿、藏经楼、方丈室、知客堂、东西客堂等建筑。[①]

藏经楼在塔的南面，清代重建。面阔 3 间 16.15m，进深 3 间 12.25m，2 层，高 12.25m。抬梁和穿斗式构架，重檐硬山式顶，外砌砖墙。下层明间设木梯可登二层。由于年久失修，现已破烂不堪（图 6-5-38）。

图 6-5-29　利川市石龙寺山门

图 6-5-30　利川市石龙寺前殿梁架

图 6-5-31　利川市石龙寺后殿梁架

图 6-5-32　利川市石龙寺后部

图 6-5-33　利川市石龙寺山墙

①丁宝斋主编．襄樊名城保护与建设 [M]．北京：人民出版社，1993。

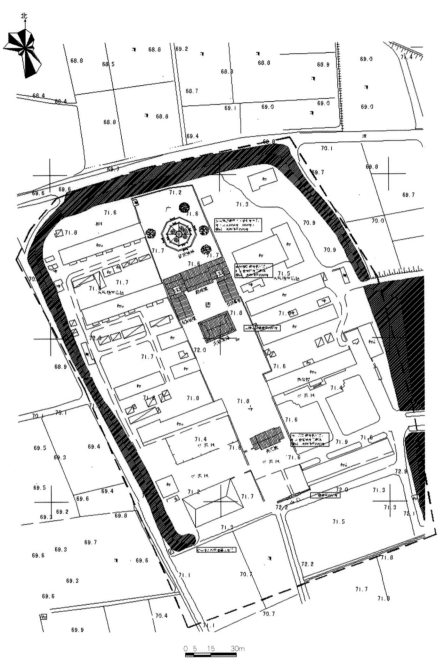

图 6-5-34　襄阳广德寺总平面图
来源：张毅绘

图 6-5-35　襄阳广德寺山门

图 6-5-36　襄阳广德寺天王殿

图 6-5-37　襄阳广德寺大雄宝殿

图 6-5-38　襄阳广德寺地藏殿
（一层是地藏殿，二层是藏经楼）

图 6-5-39　襄阳广德寺方丈室

　　方丈堂在藏经楼东侧，平面为一小四合院，中间为天井，南、北各有小屋 1 间。北面的一间建在砖台上，硬山顶，小青瓦屋面。台前设石栏，上雕凤凰、牡丹、麒麟、仙鹤、天马、神牛等祥瑞图案（图 6-5-39）。

　　知客堂在藏经楼西侧，平面为一四合小院，南、北是硬山式平房，现已残破。东西客堂在藏经楼前面两侧，对称排列，均为面阔 3 间的二层楼房，单檐硬山顶，门窗已被改造。

多宝佛塔建于明弘治七年至九年（1494～1496 年）在大殿后建造了这座古塔。[①] 塔为砖石仿木构建筑，分塔座和塔身两部分。塔基座平面八角，边长 7.7m，高 6.23m，每角均有砖雕倚柱，周围承叠涩平檐。东、西、南、北四面设石砌券门，进门后有甬道入塔室，称"八方四门"，意为佛光普照四面八方。南门券上凿一小龛，龛内雕一坐佛。龛上石匾内镌刻"多宝佛塔"四字，下横列斗大的 3 个"佛"字。塔内砌八角形柱，壁龛雕坐佛，北面甬道一侧，有石阶盘旋至顶观光（图 6-5-40、图 6-5-41、图 6-5-42）。

台座上耸立五塔，居中者为一喇嘛塔，高 9.62m，下为八角形须弥座，上刻覆莲瓣 4 层，其上承覆钵式塔肚，其上再承须弥座，座上置相轮，上为铜制宝顶、宝盖。宝盖下沿悬挂 8 只小铁铎，微风吹动，清脆悦耳。主塔四隅，各立一座六角形密檐式小塔，3 层，高 6.6m，攒尖顶，均置于精细的石须弥座之上。石座和小塔的外壁，都嵌有石雕佛龛，每龛供石佛 1 尊，共计 48 尊，故名"多宝佛塔"。佛像或庄重严肃，或俊逸慈祥，或憨态可掬。此塔以喇嘛塔和六角形密檐式塔组合成一体，建筑别致，出口处立一座四角攒尖顶小亭，严谨中富于变化，从远处看，似五峰突出云表，被誉为"寺之高山"。此塔结构严谨，比例均衡。形制古朴，在荆楚古塔中，堪称一奇构。1988 年被国务院公布为第五批全国重点文物保护单位。

古塔旁有银杏一株，4 人合抱，高约 35m。明嘉靖帝曾效汉武帝封松柏故事，赐以"大将军"封号；以后，清乾隆帝又加封为"感应大将军"，树旁尚有碑刻记其事。

（五）云梦泗洲寺

泗洲寺位于云梦下辛店镇泗洲村南 150m，寺四周多湖泊，常年被水环绕，故名。始建于南朝梁，唐代修葺，据寺前元代石碑记载，元泰定四年（1327 年）重建，后毁，清代重修[②]。1992 年由湖北省人民政府公布为第三批省级文物保护单位。

该寺坐北向南，占地面积 336 m²。原布局呈"品"字形，中轴线上原建有山门、大殿、殿前建有钟、鼓楼。山门及围墙已毁，鼓楼 1954 年被洪水冲毁。现仅存大殿、钟楼。

正殿面阔 3 间 17.2m，进深 4 间 11m，砖木构，抬梁式构架，重檐歇山顶，灰筒瓦屋面。上、下檐施斗栱，明间施"井"字形天花藻井，前后檐明间安槅扇门，次间这槛窗（图 6-5-43～图 6-5-46）。

钟楼东西向，平面方形，鼓楼面阔 3 间 14.6m，进深 3 间 9m，穿斗式构架，卷棚式前廊。均为重檐歇山灰瓦顶，檐下施斗栱，四壁砖墙围砌。现存石碑 1 通。"重

① 孙启康. 记襄阳广德寺多宝佛塔 [J]. 江汉考古，1980（1）。
② 国家文物局主编. 中国文物地图集·湖北分册（下）[M]. 西安：西安地图出版社，2002。

图 6-5-40　襄樊多宝佛塔

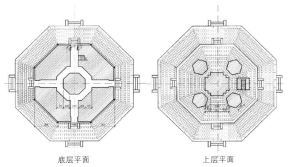

底层平面　　　　　上层平面

图 6-5-41　襄樊多宝佛塔平面图

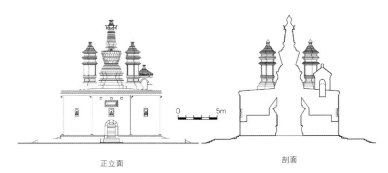

正立面　　　　　剖面

图 6-5-42　襄樊多宝佛塔立面、剖面图

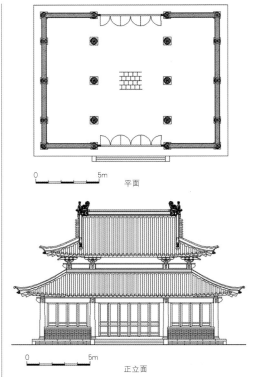

平面

图 6-5-43 云梦泗洲寺大殿平面、正立面图
来源：李晓峰，李百浩主编.湖北建筑集萃·湖北传统民
居 [M].北京：中国建筑工业出版社，2006

正立面

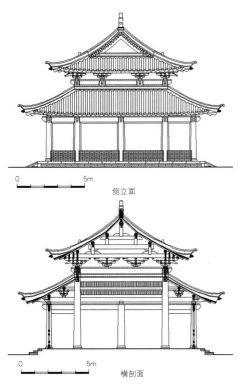

侧立面

横剖面

图 6-5-44 云梦泗洲寺大殿侧立面、剖面图
来源：李晓峰，李百浩主编.湖北建筑集萃·湖北传统
民居 [M].北京：中国建筑工业出版社，2006

图 6-5-45 云梦泗洲寺梁架
来源：李晓峰，李百浩主编.湖北建筑集萃·湖北传统
民居 [M].北京：中国建筑工业出版社，2006

图 6-5-46 云梦泗洲寺斗栱
来源：李晓峰，李百浩主编.湖北建筑集萃·湖北传统民
居 [M].北京：中国建筑工业出版社，2006

建圣寿山泗洲寺"碑，刻于泰定四年（1327 年）。青石质，圆首，座已佚。额篆"重
建圣寿山泗洲寺"，碑文楷书，记重建泗洲寺经过及佛言、祀文。原立于泗洲寺正殿前，
现移至县城文庙大成殿内。

　　该寺地处僻野，环境优美，古代文人墨客多有涉足，明代德安府推官黄巩曾诗
涌泗洲寺："孤村风雨掩柴扉，一道松篁拥翠微。地僻时闻山鸟语，江空暮卷野云飞。
断碑岁久无文字，废圃春深老蕨微，又得浮生闲半日，红尘回首几人非。"

　　（六）荆门纪山寺

　　纪山寺位于荆门市南 55km 的纪山。因在纪山之巅，故名。据《江陵县志》载："纪
山在城北四十里，郡之镇也。"纪山西邻当阳，北连荆门诸山，东面是烟波浩渺的长湖，

南面是楚国故都纪南城遗址，这里山峦起伏，楚冢毗连，佳木遍布，地势开阔。纪山寺就坐落在这样一个环境优美的山冈上，坐北朝南。平面布局采用中国传统的均衡对称形式，在南北中轴线上依次布置着山门，正殿，后殿，左右配以东大宫，西大宫等建筑（图 6-5-47）。[①]

纪山寺的建筑年代，据《江陵县志》载：纪山寺"在纪山之巅，隋开皇中建，有反掌祖师塔。"从文献可知纪山寺创建于隋开皇年间（581～600 年），由智者禅师所建。另从寺内遗留下来的明代永乐十年（1412 年）所铸铁钟上有"隋开皇年间，智者禅师开山所建。"铸字与文献记载相吻合，说明纪山寺历史悠久。但现存建筑已不是创建时的原构。

纪山寺，历代兴废频仍，明、清多有重建，重修。今寺残存遗构为清乾隆十九年（1754 年）和清同治三年（1864 年）的重建之物。

山门是寺庙的标志性建筑，该寺山门是一座砖石结构的牌坊门。通面阔 8.1m，厚 0.55m，正楼高 8.6m，次楼高 6.5m，屋顶为庑殿顶，覆盖小青瓦。山门中间开半圆形券门，安 2 扇板门。券门额枋上置长方形石匾，上书正楷"纪山寺"3 个大字（图 6-5-48、图 6-5-49）。现改为面阔 3 间，进深 1 间，钢筋混凝土结构，灰筒瓦屋面，歇山式屋顶（图 6-5-50）。

正殿距山门 15.5m，面阔 5 间 27m，进深 3 间 14.2m，建筑面积 383.4m²。砖木结构，抬梁式构架，硬山式屋顶，覆盖小青瓦。前檐明间和次间及后檐明间装修槅扇门，其余用砖墙封护（图 6-5-51）。

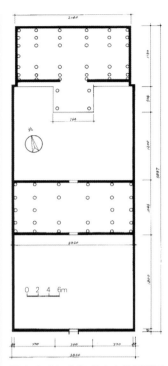

图 6-5-47　荆门纪山寺总平面图

图 6-5-48　荆门纪山寺原山门

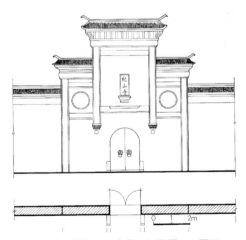

图 6-5-49　荆门纪山寺原山门平面、立面图

图 6-5-50　新建荆门纪山寺山门

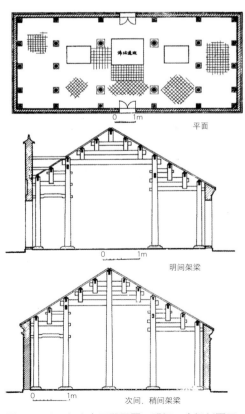

平面

明间架梁

次间、稍间架梁

图 6-5-51　纪山寺正殿平面，明间、次间剖面图

①李德喜．荆门古刹纪山寺 [J]．江汉考古，1991(2)。

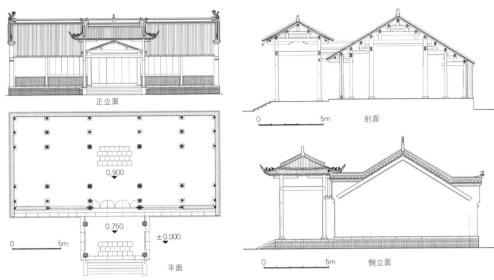

正立面

0.900

0.750   ±0.000

剖面

平面   侧立面

图 6-5-53　纪山寺后殿平面、正立面图　　　图 6-5-54　纪山寺后殿侧立面、剖面图

图 6-5-52　纪山寺后殿

图 6-5-55　武昌宝通禅寺山门

①梁方. 宝通禅寺 [M]. 武汉：武汉出版社，2001。

后殿距正殿 10m，面阔 5 间 21.4m，进深 4 间 11.3m，建筑面积 241.82m²。砖木结构，抬梁式构架，硬山式屋顶，小青瓦屋面。前檐明间布置一敞式过厅，面阔、进深均为 1 间，歇山式屋顶，小青瓦屋面（图 6-5-52 ～图 6-5-54）。

寺内和周围原有五座龙潭，今仅存寺前的孽龙潭，寺内东北的乌龙潭，其他潭已湮没。

（七）武昌宝通禅寺

寺位于武汉市武昌洪山南麓。据记载，洪山，原名东山，宝通寺亦称东山寺。相传南朝时（420 ～ 480 年）始建"东山寺"。唐贞观年间（627 ～ 649 年）唐初鄂国公尉迟敬德监制铁佛，扩建殿宇，更名为"弥陀寺"，与正觉寺、莲溪寺、归元寺合称武汉四大丛林。北宋末战乱，寺毁于兵燹。南宋端平年间（1235 ～ 1236 年）为避兵乱，荆湖制置使孟珙和都统张顺将随州大洪山之幽济禅院迁来此地，就原弥陀寺基础加以扩建修整，朝廷赐名"崇宁万寿禅寺"，改东山为洪山。明洪武十五年（1382 年），楚昭王朱桢曾经奉旨重修寺院殿宇。天顺初（1457 年）楚靖王朱均鈚又大修大雄宝殿等建筑。成化二十一年（1485 年）改名"宝通寺"，沿用至今。明代还于弘治、正德、嘉靖、万历年间陆续进行过修葺。万历三十七年（1609 年）曾遭火灾，部分建筑被毁，不久修复。明末遭兵燹，寺内殿宇建筑绝大部分被毁，仅存正殿 3 间。清康熙年间，逐步恢复并扩建寺内各殿堂，规模较前更宏丽，被誉为"江南第一"。乾隆五十七年（1792 年）再次修葺。咸丰初年，又毁于战火。现存寺内建筑是同治四年（1865 年）至光绪五年（1879 年）间先后重建的，占地面积 80 余亩。① 1992 年由湖北省人民政府公布为第三批省级文物保护单位。

宝通寺建筑群依山就势布置，坐北向南。由山门、放生池、圣僧桥、接引殿、天王殿、大雄宝殿、祖师殿、藏经楼等主要建筑，东西有禅室、右有方丈室，后部原有铁佛寺、洪山宝塔、华严洞、华严亭、法界宫（图 6-5-55）。

现山门为牌楼式，宽 16m，高 16m。四柱三间三楼，中央开半圆形券门。斗栱承檐，黄琉璃歇山式屋顶。明间横匾上书"宝通禅寺"鎏金大字，为中国佛教协会会长赵朴初亲笔所书。门前一对石狮，形体伟岸，生动威武。

　　进门为"清静园"，左有放生池。过圣僧桥，左右钟、鼓楼对峙。钟、鼓楼方形平面，钢筋混凝土结构，三层三檐，歇山式黄琉璃瓦顶（图 6-5-56）。

　　经石阶而上为弥勒殿，面阔、进深均为 5 间，抬梁式构架，歇山顶，黄琉璃瓦顶。殿门两面侧楹联为："开口便笑笑古笑今凡事付之一笑，大肚能容容天容地于人无所不容"，为今人傅洪胜书。殿内正中塑一尊弥勒佛像。殿两侧为左右花厅，为重大法事接待和安置来宾之所（图 6-5-57）。

　　大雄宝殿面阔 5 间，进深 3 间，抬梁式构架，彻上露明造，单檐歇山式黄琉璃瓦顶。前设廊，廊内用卷棚轩装饰。檐下用撑栱支承出檐。门窗槅扇做工精细。殿内正中供奉释迦牟尼主像，两边站立迦叶、阿难两弟子。两山神柜中供奉 18 金身罗汉，姿态栩栩如生。佛像背光后面为观音像，善财、龙女各立左右（图 6-5-58、图 6-5-59）。

　　出大殿是玉佛殿和藏经楼，楼东为禅堂，楼西为方丈室。玉佛殿面阔 7 间，砖木结构，2 层（下为玉佛殿，上为藏经楼），重檐歇山顶，黄琉璃瓦屋面。后院东为斋堂，西为伽蓝殿和客堂（图 6-5-60）。

　　寺后有洪山宝塔，原名临济塔，为该寺住持赠缘寇所建。塔位于武昌宝通禅寺（原崇宁万寿禅寺）后山上。明成化二十一年（1485 年），崇宁万寿寺改为宝通禅寺，此塔随之亦更名为宝通寺塔。所谓洪山宝塔，是时人因塔建于洪山，依山名塔。塔于元至元十七年（1280 年）动工，至元二十八年（1291 年）竣工，历时 11 年建成。为纪念开山祖师灵济慈忍大师，命名"灵济塔"。塔平面八角，7 级，砖石砌成，塔身高 13 丈 3 尺，基宽 11 丈 2 尺，顶高 1 丈 3 尺。据志书记载：原建时每层外围均有木质飞檐和护栏，塔下周围为砖木结构的围廊，每层八角悬挂风铃，设计之精巧，工程之浩大，实为鄂中第一。此塔在明、清两代陆续进行过几次小的修缮。清同治初，塔身逐渐朽损。清同治十年(1871 年)又进行了大规模的重修工程，至十三年(1874 年)才完工。这次大修时，将原木质飞檐改为石檐，易木栏为铁栏，塔下围廊改为八方石阶。塔顶照原样增高 5 尺，安上了铸铜塔刹，重达 650kg，以求永固。中华人民共和国成立前，塔已损坏不堪。新中国成立后，人民政府十分重视寺庙和文物保护工作，1953 年对洪山宝塔进行了全面维修，使千年之古塔焕发了青春，为祖国山河增添了新的景色。[①]

　　塔平面八角，7 级，砖石仿木构楼阁式塔。高 45.6m，底边长 5.1m，顶边长 4m。由下而上层层内收而成，每层各面均有窗口，窗外环以铁护栏。塔身外每层设平座，每层每面用两个花纹撑栱，转角处为兽形撑栱，支承石枋，其上铺石板，石板出 2 层鱼牙砖和 1 层平砖，鱼牙砖上铺石板为平座。塔檐下撑栱与平座撑栱制式相同，屋面为石雕筒瓦、板瓦屋面，勾头、滴水雕刻精良。屋面翼角脊上为鱼龙形吻，张口吞脊。一层塔心室内，八角设有倚柱，柱上额枋、平板枋，上置五踩斗栱，斗栱上为 2 层鱼牙砖和 1 层平砖装饰。除一层塔心室未设佛龛外，二至七层均设有佛龛，内供佛像。塔身内空，从底层到最上层有旋转式石阶，拾级盘旋而上，直达顶层。登上塔顶，极目远眺，武汉三镇，群山起伏，重湖环布，三镇美景尽收眼底。塔外墙壁嵌有元大德十一年（1307 年）塔记 5 方，元至大元年（1308 年）塔记 1 方，延祐元年（1314 年）、二年（1315 年）塔记各 1 方。游览宝塔文人学士为宝塔每层

图 6-5-56　武昌宝通禅寺钟鼓楼

图 6-5-57　武昌宝通禅寺天王殿

图 6-5-58　武昌宝通禅寺大殿

图 6-5-59　武昌宝通禅寺大殿梁架

图 6-5-60　武昌宝通禅寺藏经楼

①梁方.武汉旅游文化丛书——宝通祥寺[M].武汉：武汉出版社，2001；王正明.武昌洪山宝塔[J].江汉考古，1980（2）。

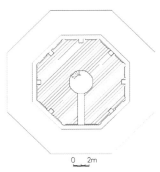

图 6-5-61　武昌宝通寺洪山宝塔平面图

0　　2m

图 6-5-62　武昌宝通寺洪山宝塔

均取了一个雅号:一柱擎天,二仪高下,三山半落,四顾茫然,五云多处,六合清朗,七级浮屠,这些名字都颇有诗意,引人入胜(图 6-5-61、图 6-5-62)。

此塔有三大特点:其一,塔内石阶为左旋转式。湖北的塔石阶大部分为顺时针(向右)方向,洪山宝塔为逆时针(向左)方向。松滋凌云塔也是为逆时针(向左)方向;其二,湖北塔的石阶大部分是在塔壁内旋转,而洪山宝塔的石阶是围着塔心室转;其三,登塔观光都在塔心室或甬道内向外观光。洪山宝塔而是在塔外壁开辟阶梯甬道,二层下到一层、三层下到二层、四层上到五层、下到三层、五层下到四层、上到六层、七层下到六层,如此往返到平座上观光。

塔后的山峰下,有洪山八景中的"栖霞"、"云扁"等摩崖石刻。塔下有华严洞,白龙泉等名胜古迹,周围古树参天,风物秀美,是历史文化名城武汉的一处幽奇胜景。1956 年由湖北省人民政府公布为第一批省级文物保护单位。

(八)汉阳归元禅寺

寺位于武汉市汉阳翠微峰前。旧址原为明末名士王章甫的别墅,名葵园。明末毁于兵燹。不久王氏子孙将园址卖给汉川张恭存,一年后张又转售给定南王孔有德。清顺治十五年(1658 年)白光和尚募得明代王章甫葵园旧址为道场,开始兴土动木,筹建归元寺。寺名取佛经偈语"归元性不一,方便有多门"的"归元"命名之,曾与宝通寺、莲溪寺、正觉寺合称武汉四大丛林。清顺治十七年(1660 年)建成普同塔,用以掩埋野遗白骨,十八年(1661 年)建成大雄宝殿、斋堂、客堂;康熙三年(1664 年)建成祖堂、韦驮殿和方丈室,并正式打开山门,接待善男信女。康熙八年(1669 年),建成藏经阁、钟鼓楼、涅槃堂、山门、客寮、厨房;康熙十三年(1674 年)建成观音堂、云水堂、内外寮舍、三塔院、大小寮房等。道光十四年(1834 年),在寺内增建了 1 座罗汉堂。咸丰二年(1852 年),该寺毁于战火,至同治、光绪年间又逐步恢复。辛亥革命武昌起义爆发后,清军利用该寺大雄宝殿储存弹药,因弹药爆炸起火,焚毁了大部分建筑,仅普同塔、罗汉堂幸存。自 1914 年至 1927 年间,又相继重建了大雄宝殿、藏经阁、念佛堂等。归元寺占地约 70 亩,现存建筑面积约 2 万 m²,大小殿舍 200 余间(图 6-5-63 ～图 6-5-66)。[①] 1956 年由湖北省人民政府公布为第一批省级文物保护单位。

①俞汉民.归元禅寺 [M].武汉:武汉出版社,2000。

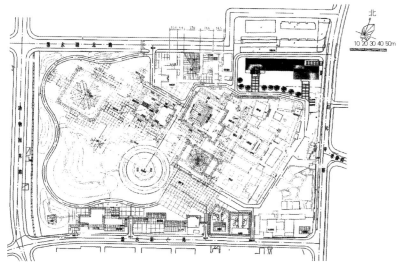

图 6-5-63　汉阳归元寺总平面图

图 6-5-64　汉阳归元寺旧山门

图 6-5-66　汉阳归元寺新山门

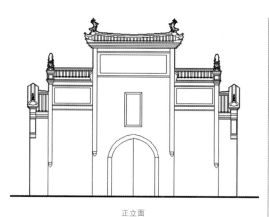

正立面

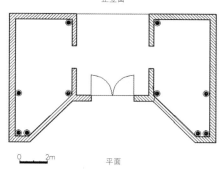

0　　　2m

平面

图 6-5-65　汉阳归元寺旧山门平面、立面图

图 6-5-67　汉阳归元寺钟楼

图 6-5-68　汉阳归元寺韦驮殿

图 6-5-69　汉阳归元寺大雄宝殿

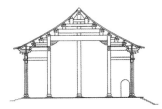

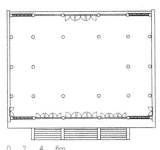

0 2   4   6m

图 6-5-70　汉阳归元寺大雄宝
殿平面、剖面图

0 1 2 3 4m

图 6-5-71　汉阳归元寺大雄宝
殿正立面图

全寺布局整齐，四周围墙呈橘黄色，山门外有宽广庭院。山门上方悬直书"归元禅寺"鎏金字直匾。进山门后分中、南、北三院。

中院殿堂前方有长方形"放生池"，长 25m，宽 15.6m。两侧有钟、鼓楼对峙，平面方形，重檐歇山黄琉璃瓦顶（图 6-5-67）。

池后的韦驮殿，大门上方悬挂着一块巨匾，"归元古刹"醒目的鎏金大字，笔法苍劲有力，是民国大总统黎元洪的手书，留传至今。殿大门两旁"大别迎江侍，方城涧日朝"楹联，为近代书法家陈义经手书。殿内韦驮佛像，头戴金盔，身穿铠甲，手挚降魔棒，威武雄壮。

大雄宝殿在韦驮殿后，两殿之间由一天井相连。南厢为客堂，北厢为斋堂（图 6-5-68）。

大雄宝殿平面长方形，面阔 5 间，进深 3 间，抬梁式构架，单檐歇山黄琉璃瓦顶。前檐明间上方悬挂"大雄宝殿" 4 个鎏金大字，系清光绪年间大书法家汉家浩的亲笔，挥写流畅，笔力遒劲。殿内明间佛龛内供奉释迦牟尼金身佛像，左右为阿难、迦叶像，庄严肃穆。殿内梁枋上悬挂有"佛光普照"、"胜大宏阔"、"三乘广运"等匾额（图 6-5-69 ~ 图 6-5-71）。

罗汉堂是南院的主体建筑，也是佛教艺术精华之所在。罗汉堂始建于清道光三十年（1850 年），毁于咸丰二年（1852 年），光绪十九年〔1893 年〕募化重建，光绪二十六年（1900 年）竣工。罗汉堂建筑结构精巧，"田"字形平面，在"十"字线上分割成为 4 个天井式的内院，保证了罗汉堂内通风和采光。堂内整齐排列着 500 金身罗汉，是十分精致的艺术品，相传是黄陂县民间雕塑工王姓父子俩用 9 年时间塑成的。

图 6-5-72　汉阳归元寺罗汉堂门楼

图 6-5-74　汉阳归元寺藏经阁

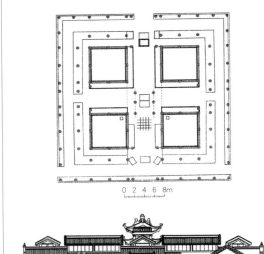

图 6-5-73　汉阳归元寺罗汉堂的平面、立面图

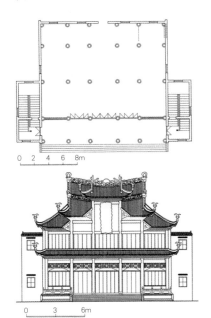

图 6-5-75　汉阳归元寺藏经阁平面、立面图

躯体大小如同真人，塑像细腻，栩栩如生，无一重复，形态优美，表情姿态各显其特，或神态自若，或笑容可掬，或凝睇沉思，或横眉怒目，或悲喜交集，或乐不可支，千姿百态，妙趣横生，反映了人们千变万化的生活场景，富有浪漫色彩和浓郁的生活气息，给人一种美的感受，生活中的启示，是国内稀世珍品。堂内还供奉释迦牟尼、观音、文殊、普贤等佛和菩萨像，形体高大雄伟（图 6-5-72、图 6-5-73）。

　　进山门后往右拐是北院，院门呈圆形，上端横书"婆若婆海"，反面门额是"翠微妙境"；院内有藏经阁、念佛堂、翠微古泉、翠微古池和几座小亭，造型美观，错落有致。

　　藏经阁是北院"翠微妙境"的主体建筑，为寺内最高的建筑，复建于 1920 年，阁面阔 5 间，2 层，高约 25m，二层以上为 6 柱 5 楼牌坊式形制，装修典雅。阁是收藏佛教经典和艺术珍品处所。阁上收藏着佛教经典 7180 卷，有《龙藏》、《华严经》、《贝叶经》、《大正经》等珍贵经书。阁下为文物陈列室，展览自北魏以来的文物珍品。此外还保存有大量的玉佛、象牙、玉石雕刻和铜铸佛像等珍贵文物。其中阁内正中供奉着 1 座乳白玉石雕释迦牟尼佛的坐像，是归元禅寺一大珍奇，在全国佛教丛林之中颇有盛名。这尊玉佛由缅甸仰光佛教弟子于 1935 年 8 月赠送。玉佛是中缅两国佛教文化交流的结晶，不仅体现了中缅两国人民的深情厚谊，同时也显示了缅甸国劳动人民高超的文化艺术水平（图 6-5-74、图 6-5-75）。

大士阁位于藏经阁南端，墙上端有 4 组泥塑图案，高山、松柏、飞鹊浑然一体，花瓶、小鹿形象逼真，意境深透，巧夺天工。阁内供观音菩萨。唐太宗李世民在位时，由于避皇上讳，佛门信徒只得去"世"字，称观世音为观音。大士阁的前身是百子堂，堂内供奉送子娘娘。阁内左侧墙壁上镶嵌着一块高 2.2m，宽 0.9m 石碑，碑上摹刻着唐阎立本画的观音像，人物半侧身，前胸半裸，双脚赤露，呈缓行状态，手捧杨枝甘露，面部文静端详，形体质感强，衣褶飘带，层次分明。

念佛堂硬山顶式建筑，重修于清光绪三十四年（1908 年）。《重修归元寺大雄宝殿念佛堂碑记》中讲到重修大雄宝殿后，"并以其樗栎，增一堂宇，额曰念佛"。堂内佛龛高 6m，宽 5m，其顶端雕刻图案，是红日高照，双龙出海，两侧的双凤展翅有龙凤吉祥之意。佛龛中供奉着"西方三圣"，三尊佛像立于长 4m 的莲台之上。

寺后尚有翠微亭、翠微泉、翠微古池，翠微峰上有汪家政于清道光七年（1827 年）手书的"汉西一境"摩崖石刻和白光和尚所题的翠微泉诗刻石。

（九）武汉莲溪寺

莲溪寺位于武昌洪山莲溪乡盘龙山，创建于明代，明末曾全部被毁。清康熙（1662 ～ 1723 年）年间，由一位名为"法融"的长老重建。咸丰六年（1856 年），太平军与清军在洪山一带激战，莲溪寺被焚毁于兵火。光绪十五年（1889 年），住持医僧道明和尚自己先出积蓄二千余金，并参加劝募，筹备资金，重建寺庙，现有主要建筑大都为这时所建。寺坐北朝南，占地面积约 1 万 m²。中轴线上有山门、弥陀殿、大雄宝殿、藏经楼；东西两侧分别为祖堂、禅堂，仓廪仓厨等附属建筑都在东边（图 6-5-76）。[①]

寺院现存建筑物前后共分 4 进：入山门之后，有一院落，院落之东为祖堂，西为禅堂，中为弥陀殿。从弥陀殿再进即为大雄宝殿，面阔 5 间，进深 5 间，抬梁、穿斗混合构架，单檐硬山灰瓦顶。更后一进为藏经楼，廪库庖厨等附属建筑都在东侧。莲溪寺周围地势开阔，庙貌亦显得恢宏壮观。清宣统三年（1911 年）莲溪寺奏准藏经，所藏经卷到新中国成立后仍保存完好。"文化大革命"中寺内藏经和其他许多珍贵的

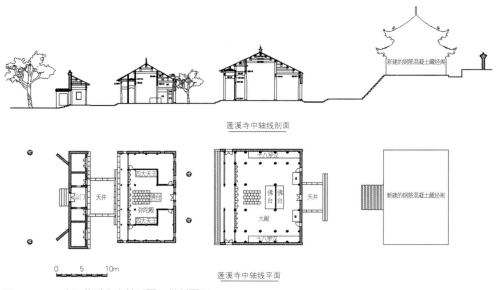

图 6-5-76　武昌莲溪寺中轴平面、纵剖面图

①李权时，皮明庥. 武汉通览 [M].
武汉：武汉出版社，1988。

佛教文物散失殆尽。民国 17 年（1928 年）莲溪寺体空和尚主持筹款开办华严大学，聘请性沏、机通、体如等法师为教职员，于旧历四月初开学上课，这所大学为当时全国最高佛学学府。在莲溪寺四周的山丘和平地上，原来古木参天，葱茏茂密，时有"林章"之称。国民党统治时期，"林章"被砍伐殆尽。现今寺后尚有古树数株，为幸存的"林章"遗物，也具有保护价值。被列为武汉市文物保护单位（图 6-5-77 ～图 6-5-85）。

图 6-5-77　武昌莲溪寺山门

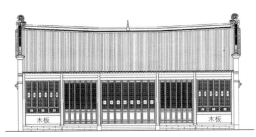

正立面

图 6-5-78　武昌莲溪寺弥勒殿

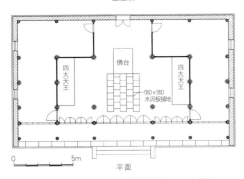

平面

图 6-5-79　武昌莲溪寺弥勒殿平面、正立面图

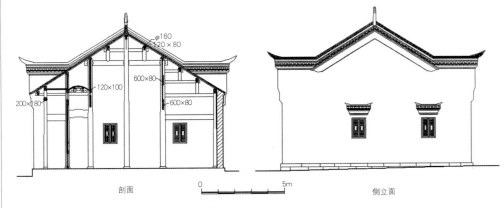

剖面

侧立面

图 6-5-80　武昌莲溪寺弥勒殿剖面、侧立面图

图 6-5-81　武昌莲溪寺弥勒殿架前檐卷棚轩

图 6-5-82　武昌莲溪寺大殿

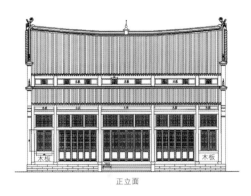

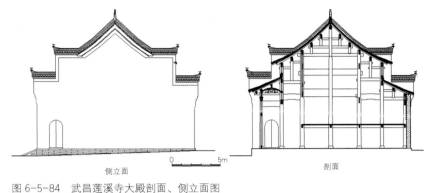

图 6-5-84　武昌莲溪寺大殿剖面、侧立面图

图 6-5-83　武昌莲溪寺大殿平面、正立面图　　图 6-5-85　武昌莲溪寺大殿梁架　　图 6-5-86　汉口古德寺外景

（十）汉口古德寺

位于汉口解放大道下段黄浦路上滑坡路 74 号。创建于清光绪三年（1877 年），由隆希禅师开山。原名"古德茅棚"。清光绪三十一年（1905 年），由一位法号叫隆常的禅师在汉口今解放大道东段、黄浦路北段一带的坡地扩建，面积达 3600 多平方米。"文革"前古德寺与归元寺、宝通寺、莲溪寺并称为武汉地区四大佛教丛林。辛亥革命后，1914 ～ 1916 年先后改建原来的大殿和各殿廊庑，改名为古德禅寺。1921年秋，开始建现有的大雄宝殿并塑造殿内供奉的佛像，历经 13 年方告完成。1931 年汉口大水时，寺内除正在建的大雄殿和方丈室、觉幻舍外，其余建筑均被淹没。原寺院占地 2 万多平方米[①]。中轴线上建有山门、天王殿、大雄宝殿，左侧为方丈室、觉幻室、观音堂、藏经楼，右侧为僧寮房、客堂、斋堂。1992 年由湖北省人民政府公布为第三批省级文物保护单位。2013 年由国务院公布为第七批全国重点文物保护单位。

山门上为黎元洪所书"古德禅寺"大字横额。进山门过甬道为天王殿，供奉韦陀和四大天王像。殿后有院落，两旁各辟小花园。院后是具有特殊建筑形式的大雄宝殿。古德寺的核心建筑是圆通宝殿。此殿仿照缅甸阿难陀寺建造，是一座典型的具有浓郁异域建筑风格的、装饰精美华丽而功能完善、环境优美的寺庙，为汉传佛教唯一、世界仅存两座此类风格的佛教建筑之一，具有重要的宗教、建筑和文化历史价值（图 6-5-86 ～ 图 6-5-89）。

大雄宝殿坐东朝西，面阔、进深均为 5 间，正方形平面，宽 27m，高达 16m，钢筋混凝土结构，仿照缅甸著名佛寺"阿难陀寺"的建筑艺术风格建造，采用国

①李权时，皮明庥. 武汉通览 [M]. 武汉：武汉出版社，1988。

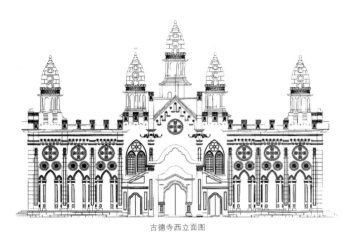

古德寺西立面图

图 6-5-87　汉口古德寺西立面图
来源：李晓峰、李百浩主编.湖北建筑集萃——湖北近代建筑[M].北京：中国
建筑工业出版社，2005

古德寺东立面图

图 6-5-88　汉口古德寺东立面图
来源：李晓峰、李百浩主编.湖北建筑集萃——湖北近代建筑[M].北京：中
国建筑工业出版社，2005

古德寺剖面图

图 6-5-89　汉口古德寺剖面图
来源：李晓峰、李百浩主编.湖北建筑集萃——湖北近代建筑[M].北京：
中国建筑工业出版社，2005

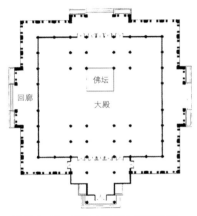

图 6-5-90　汉口古德寺大殿平面图

图 6-5-91　汉口古德寺大殿入
口细部

内少有的圆通殿建筑格局，其宏大宽绰也是其他汉传佛教的大雄宝殿所鲜见的（图 6-5-90、图 6-5-91）。

大雄宝殿的门廊呈三角形分两层朝后递收向上，烘托着顶部中心高耸的山花，具有古罗马建筑的表现手法，这种处理，强化了宗教的神秘感。它的内外墙之间的回形步廊和许多方柱，又具有希腊神庙的风韵。总体上看，整座建筑又充满了哥特式教堂的上升感。与一般寺庙的大雄宝殿最为不同的是它的顶部，上面有大小佛塔共 9 座，象征五佛（即东、南、西、北、中五方佛，又名五智如来。中为法身佛，即毗卢遮那佛；南方宝生佛，表福德；东方阿网佛，表觉性；西方阿弥陀佛，表智慧；北方不空成就佛，表事业）四菩萨（即文殊、普贤、观世音、大势至四菩萨）。塔周围有 96 个莲花墩和 24 诸天菩萨像。96 个莲花方墩，寓"国之四维，天圆地方"。这种融汇大乘、小乘和藏密三大佛教流派于一身，并具有多元化建筑风格的建筑，在汉传佛寺中实属罕见。9 座佛塔的塔刹，既像风向标又像十字架，在中国塔文化中独树一帜。

殿中供奉三位主尊：释迦牟尼、药师、弥陀，三尊托纱丈六金身大佛盘坐在 8

级莲花座上。这种三佛同殿的安排，近世少见。三尊大佛前还保留着古德茅棚时代所供奉的三尊同名佛像，是古德茅棚时代的遗物。三主尊佛坛的背后为西方三圣，两廊为楞严二十五圆通及文殊、普贤佛像，但这些佛像在"文化大革命"时期全部被毁。

大雄宝殿左侧有方丈室、觉幻室、观音堂、藏经楼等，右侧为生活区，有寺僧寮房、客堂、斋堂等。

二、塔

（一）武昌胜象宝塔

塔位于武昌蛇山西端的黄鹤矶头，与黄鹤楼相对。清光绪十年（1884 年）黄鹤楼遭火灾焚毁，仅存此塔。1955 年因建武汉长江大桥而迁建，1957 年大桥竣工后，复建在蛇山上（现黄鹤楼前）。宝塔的形制、名称及年代，据清代刘献廷的《广阳杂记》载："黄鹤楼前有浮屠，工丽无比，为西番阿育王塔式，四周镌大梵书，不能译其语，南向建石坊，题曰胜象宝塔。大元至正威顺王太子建。"从记载可知，此塔为大元至正三年（1343 年）威顺王宽彻普化的世子所建，明洪武二十七年（1394 年）修复。此塔全为白石所砌，故称为"白塔"。塔身四周有花纹和文字，构造精美。蛇山的白塔，与北京阜成门的妙应寺白塔形制相同，只是体量小了。"白塔"是随佛教密宗在元代传入后而出现的一种新的塔形[①]。1956 年由湖北省人民政府公布为第一批省级文物保护单位。2013 年由国务院公布为第七批全国重点文物保护单位。

塔基座为多折角方形塔座，宽 5.65m，外石内砖，叠积而成。塔高 9.36m。由基座、塔身（圆瓶）、相轮 3 部分组成，层层上拔，内收外展，遒健自然，色泽白润。塔座周围，分别雕以云神、水兽、莲花、羯摩杵花纹和大书梵文等，生动精妙，为雕刻艺术之佳作（图 6-5-92、图 6-5-93）。

塔基座为须弥座式，呈十字折角形，四周分别雕刻精巧的云神、水兽、莲瓣、金刚杵、梵文等装饰。生动精妙，为雕刻艺术之佳作。塔身为素洁的覆钵体。塔刹

图 6-5-92　武昌圣像宝塔

图 6-5-93　武昌圣像宝塔立面、剖面图

①蓝蔚. 武昌黄鹤楼"圣像宝塔"的拆迁工作报道 [J]. 文物参考资料，1955（10）。

的基座也为须弥座形，刹身相轮 13 层，上刻莲瓣承托石刻宝盖，下面刻"八宝"花纹。刹顶为铁制宝瓶。塔内为中空式，全部密封，设有地宫。1955 年拆迁此塔时，在塔心柱处清理出石经幢 1 个，铜瓶 1 个。石经幢高 1.03m，下为圆座，幢身八角形，顶刻各种莲花装饰，雕刻精巧。铜瓶内装佛舍利。瓶底为凹形，平面刻双勾字两行，内容为："洪武二十七岁在甲戌九月乙卯谨志"，瓶腹上刻有"如来宝塔，奉安舍利，国宁民安，永承佛庇"16 字。这些铭文告诉我们，瓶内装有舍利，刻记的时间为明洪武二十七年（1394 年），以此推断此塔应为佛塔。

（二）钟祥文峰塔

文峰塔又名文风塔、白乳高僧塔，位于钟祥郢中镇古城东南隅的龙山之巅，与龙山报恩寺构成一组古建筑群，为郢中镇二十四奇胜之"龙山晓钟"、"白塔穿云"的胜景，誉驰郢楚，韵传千古。

据史料记载：塔创建于唐僖宗广明元年（880 年），初为土塔，曰"白乳高僧塔"，后毁。"塔在弥勒院（龙山报恩寺前身），昔黄巢戮一僧，刀方加，白乳流出，巢异之。邦人敬礼，累土为浮屠"。明洪武二十二年（1389 年）在土塔外加建砖石，修建为圆形锥体实心砖石塔。该塔通体雪白，似矗立的巨笔，寓意"文风鼎盛"，故名"文风塔"。嘉靖十九年（1540 年）御敕修建塔前"龙山报恩寺"。清末"龙山报恩寺"被毁，仅存文风塔保留至今。[①]2006 年被国务院公布第六批全国重点文物保护单位。

图 6-5-94　钟祥文峰塔

文风塔为砖混结构，覆钵式喇嘛塔。由塔座、覆钵、塔刹 3 大部分组成，通高 21.94m。塔基座平面呈八角形，用青砖石灰糯米浆砌筑勾缝，分别由 3 个部分组成，通高 2.68m：底部八角形，中部设置八角形束腰，上部为八角形，高 0.6m。覆钵设在基座之上，通体为白色，底小肩宽，犹如佛家法器——盂钵置于塔座之上。底部镶嵌两道金刚圈，覆钵肩部直径 3.8m，肩宽直径 3.3m，通高 3.89m。覆钵正面设有眼光门（即佛龛），呈拱形，龛内供有一尊石雕佛像，慈眉善目，跌坐于莲花座上。塔身由下而上逐层递减为 21 层重圆环形，每层下均有类似斗栱的艺术装饰（图 6-5-94、图 6-5-95）。

塔刹为铁制，形制十分奇特。塔刹立于覆钵之上，分别由塔脖子、相轮、宝盖、利刹冲天戟四部分组成。上层宝盖面上有 8 个对称式长方形椭圆形孔洞，3 个宝盖四周安装 8 个风铎。宝珠周围有 4 个环，是固定宝盖的装置。刹杆串以 3 层铜制圆盘宝盖，上面嵌有 3 个"元"字，象征着乡试、会试、殿试连中三元，意会"三元及第"。宝盖之上为一宝瓶。此塔形若锥体，矫健耸立，挺拔秀俊。东面、西面分别镶嵌石制碑刻 2 块，碑刻中记载了古塔的建造历史及信徒捐资修塔名单，北面石碑被毁。据传此塔建成后，使邑中文风大盛。此塔应属喇嘛塔，但比北京妙应寺白塔、北海白塔，以及武昌蛇山胜象宝塔在各部分比例都显得较纤瘦，不像元、明喇嘛塔各部位比例粗壮有力。这想必是因为此塔为文峰塔之名，而不是佛塔的缘故吧。此塔别具风采，象征竖立的毛笔，直插云霄，颇具文采之风。龙山面临镜月湖，背倚古城，西与元祐宫毗邻，东连绵绵群山。登龙山瞰四周，奇情美景美不胜收，是人们游览的好去处。

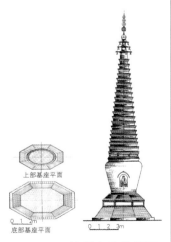

上部基座平面

底部基座平面

图 6-5-95　钟祥文峰塔平面、立面图

①王新生.钟祥文风塔建造艺术 [J].
华中建筑，2006（9）。

（三）武穴郑公塔

又名椿山塔，位于武穴市郑公塔镇东太白湖之滨，相传为唐初当地一郑姓官吏所建，故名郑公。据清《广济县志》载："因郑公者不知其名，宦居兹地土，舍地建塔，名椿山塔，俗呼郑公塔，不忘所自也。"始建于五代后晋天福年间（936 ～ 941

年），明成化三年（1467 年）重建。[1] 1992 年由湖北省人民政府公布为第三批省级文物保护单位。2013 年由国务院公布为第七批全国重点文物保护单位。

塔为砖石结构，石基，砖身，铜顶。平面八角形，边长 2.3m，7 级，高 19.9m。塔身层层设檐，每层门窗隔间相错。一层墙厚 1.1m，高 4.45m，对角内空 3.8m，成锥体形。塔内用 3 层木楼间隔至顶，塔外二至七层，每层每面设有一佛龛，古朴大方。外墙正壁嵌有古朴花纹图案，并有："十方祖师"、"观音菩萨"、"地藏菩萨"、"多宝如来"、"文殊菩萨"、"泗洲大圣"、"诸天星斗"、"天曹三界"、"四府万灵"、"诸百王神"、"名山大川"、"五岳五帝"、"城隍社令"、"九龙三圣"等刻字。塔顶用不同式样的琉璃青瓦铺盖，塔刹为葫芦形，3 级，铜铸，并由，8 条铜链系至八角，每角安有风铎。进塔门，内设木楼梯，可上塔顶层，远眺湖光山色美景（图 6-5-96、图 6-5-97）。《广济县志》有诗赞曰："一塔犹今古，孤危耐雨风；湖山环锁外，烟月影笼中；渔唱闻归艇，闲行数落鸿。何年藏舍利，长此梵王宫。二梅绕胜迹，塔影晃虚空。阅历经唐晋，周围半桧松。晓钟飞宿羽，清馨破愁容。野老浑忘事，犹然识郑公。"

（四）沙市万寿宝塔

万寿宝塔，亦名接引塔，位于荆州市长江北岸古观音矶头万寿园内[2]。据《辽王宪㸅鼎建万寿宝塔记》碑文记载：该塔系明藩王第七代辽王朱宪㸅遵照嫡母太妃毛氏贞之命为嘉靖皇帝祈寿而建。"祝延我圣天子万万寿，用敷锡余福，以庇下民。爰协灵辰，肇基观音阁之净土，创建浮屠。接引诸佛，修人天供"。塔于明嘉靖二十七年（1548 年）动土兴建，至嘉靖三十一年（1552 年）建成，历时 4 年。清康熙、乾隆、道光年间曾作修缮。又据《沙市志略》记载："接引塔，在观音寺石矶内，七层架峙，矗立江面，为全市望。"万寿宝塔为观音寺整体建筑群中的一个组成部分。宝塔观音寺，始建于唐代，有前、后二寺。观音石矶两侧，有乾隆五十三年（1788 年）铸造的铁牛 1 对，为荆江段镇水铁牛之一，其上铸有铭文。宝塔观音寺毁于战乱，镇水铁牛 1 尊被埋于荆堤之下，1 尊坠入江中（图 6-5-98）。2006 年被国务院公布为第六批全国重点文物保护单位。

图 6-5-96　广济郑公塔

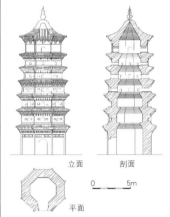

图 6-5-97　广济郑公塔平面、立面、剖面图

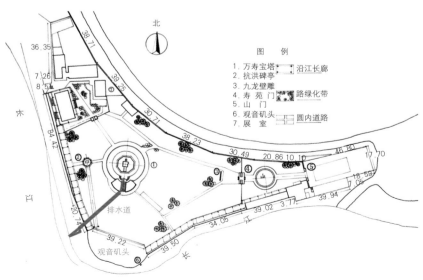

图 6-5-98　荆州万寿宝塔总平面图
来源：王新生绘

①国家文物局主编. 中国文物地图集·湖北分册（下）[M]. 西安：西安地图出版社，2002。

②肖代贤主编. 中国历史文化名城丛书·江陵 [M]. 北京：中国建筑工业出版社，1992。

图 6-5-99　荆州万寿宝塔

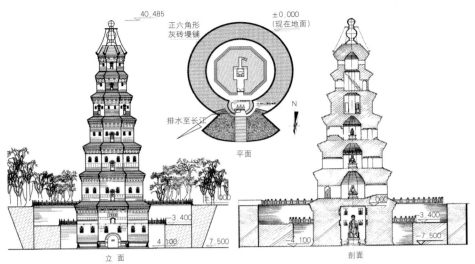

图 6-5-100　荆州万寿宝塔平面、立面、剖面图

　　塔平面八角，7 级，通高 40.485m，塔身以砖石仿楼阁式建筑砌筑，因泥砂淤积，长江河床逐年增高，塔身下部已掩埋于随河床增高而逐年高筑的荆江大堤堤身之中，塔基低于现堤面 7.23m。成为荆江变迁的历史见证。

　　塔下设高大的须弥座基座，高 1.23m，八角各雕一托塔力士。底层每边宽 5.1m，南面设券门，可入塔内，内设螺旋阶梯，可登顶层。一至七层塔身的柱、额、斗栱仿木结构。每层塔檐均用青砖特制圆椽、方椽仿木结构形制，重叠出檐，并在圆椽下用混线砖承接，每层每面按奇数，安装 1 斗 3 升砖雕斗栱，制作精细，拱眼处镶嵌砖雕佛像及花鸟、动物、卷草图案。塔身用标准青砖按比例收砌，浑厚稳重。每层塔檐屋面用青砖呈阶梯形制砌筑，比例协调，大小一致，每层翼角用青砖特制，带有圆弧形图案的梁头出檐。整座塔简洁明快，线条雄峙美观（图 6-5-99、图 6-5-100）。

　　塔身外壁各层嵌有汉白玉雕佛像，计 99 尊，每尊汉白玉佛像，冰清玉润，慈眉善目，造型生动活泼，栩栩如生。塔身内外壁共设佛龛 142 个，龛内镶嵌汉白玉石雕坐佛，现存 88 尊，其中塔内底层镶嵌佛像 6 尊，佛像或肃立，或端坐，各具神韵风姿。每层塔身内外镶嵌方砖，现存浮雕佛像方砖、花纹砖、铭文砖共计 1953 块。浮雕佛像或坐，或蹲，或肃立，各具风姿，神态各异，栩栩如生。塔身内外壁各种石雕造像、石碑以及浮雕佛砖、花纹砖、铭文砖上均刻有捐资修塔者姓名、地址、捐银、砖数目，为全国 8 省 17 州、府、县信士所捐献，至今仍清晰可见。顶层塔刹为宝瓶式，青铜铸造，表层鎏金，瓶颈中部用圆形铁件牵引固定，造型浑厚，形制独特，光彩夺目，具有很高的艺术观赏价值。

　　底层南面墙上设有石质拱门，券顶雕刻二龙戏珠图案。由此进塔，盘旋而上，登临塔顶，凭栏俯瞰荆州城郭，街市规整，大江襟带。西望虎渡河口，巨闸扼江，雪帆片片，尽览"虎渡晴帆"胜景。

　　（五）荆门东山宝塔

　　塔位于荆门东郊东宝山主峰太平顶上（古称东山），东山又名东堡山，东山宝塔以山得名。据史载：早在春秋时期，楚徙都郢，在东山太平顶上建楚望亭，后毁。隋开皇十二年（592 年），隋文帝（杨坚）派天台山国清寺精通天文、地理高僧智者禅师陈德安（荆州人）来主持构建东山宝塔。以后历代均有修葺。抗日战争时期，顶层被炸毁，新中国成立后修复。[①]1956 年由湖北省人民政府公布为第一批省级文物保护单位。

塔为砖石结构，平面八角，7 级，每边长 3.9m，通高 28.5m。石砌塔基，各隅各雕托塔金刚石像一尊，刚毅威武。第一层塔身石砌，正门朝西，门楣上置石匾，上刻"长林头角"（当时荆门为长林县）。进门后为塔室，内设螺旋式阶梯盘旋至顶层，每层设塔室可供憩息。塔身每层用砖叠涩出檐，二层以上每层隔间设窗。此塔形态稳健，气势轩昂。晴天登塔远眺，清代荆门人胡作炳有诗云："七层突兀起风烟，面面开门势若悬。暗转危楼疑人间，乍看绝顶似登天"（图 6-5-101 ～图 6-5-103）。

据第一层塔室内元顺帝至元五年（1339 年）《重修东山宝塔记》记载："东山宝塔……自宋绍兴辛亥年（1131 年），迄今二百余载。至元三年（1337 年）丁丑夏六月，前翰林侍读学士中奉大（夫）知制诰同修国史前湖北道宣慰使月鲁不花因公驰驿来适于州……，诸郡属同登斯山，瞻礼宝塔，因见其座之颓圮，公之心有未慊焉。于是启诚善之心，克捐己俸至元一百贯文，重新砌筑"。这说明宋代曾维修过一次。据元至元五年（1339 年）《重修东山宝塔题名记》记载："东山七级宝塔者，乃宋僧宗愍之所建也。历年既久，其或倾圮。住山妙珍弗忍坐视焉，俾寺之执事者，持疏恳诸贤士大夫好事者，哀集金资重修而新之。复塑以石佛像，以安于内，永镇斯山。今已告成其功"。据《荆门直隶州志》载，后经元、明两代，直到清乾隆四十九年（1784 年）农历五月二十八日，宝塔在一场"迅雷疾雨"中坍塌，第二年修复。仁宗嘉庆十三、十四年（1808 年、1809 年）再次重修。抗日战争期间，日机空袭荆门，塔顶受损。1995 年省人民政府拨款修复。

东山宝塔始建于隋开皇十二年（592 年）。但从实物勘查和史料分析，东山宝塔已不是隋开皇十二年（592 年）的原构，是清乾隆四十九年（1784 年）在一场"迅雷疾雨"中坍塌，清嘉庆时重修时的遗构。

① 李德喜．荆门东山宝塔维修设计方案[Z].（湖北省文物局已审批）。

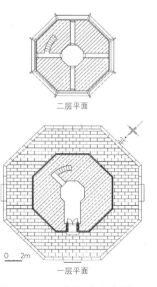

图 6-5-101 荆门东山宝塔

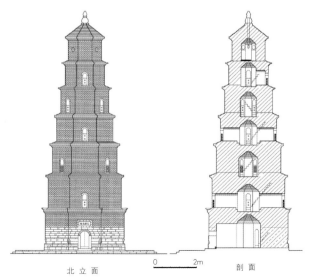

图 6-5-102 荆门东山宝塔一、二层平面图

图 6-5-103 荆门东山宝塔北立面、剖面图

　　东山宝塔建成后至今,其间虽经几次大规模的维修,但塔址位置一直未变。东山宝塔修建之初应是浮屠塔,后人也作文峰塔、风水塔来看待。如元代学士刘巽的:"石笋花嵬独阵东,当年智者立禅宗。时人莫作浮屠看,此是荆门文笔峰"诗文可证。同时也寄寓荆门人才辈出。清代胡作柄诗:"七层突兀起云烟,四面开门势若悬。暗转危梯疑人洞,乍登绝顶似升天。日光碍处阴群壑,江色收来近两泉。藉使棘阳人到此,也应高兴斗诗篇。"

　　所以当清朝人舒成龙到荆门任知州时,当地人就告诉他说,东山宝塔关乎荆门"文运",是荆门的"眉目"(即脸面)。

　　(六)鄂州文星塔

　　塔位于鄂城区古楼街道办事处文星路中段,又名文峰塔,因塔原在古城南门外[①]。俗名南门塔。明嘉靖二十一年(1542年)知县谌谦、教谕朱瓒为激励学子奋发读书所建,后废圮。清康熙七年(1668年)知县熊登看到文星塔渐渐颓废,于是易地重建,距旧址60步,在学宫(今明塘小学)南隅。相传此塔建成之后,武昌文风炽盛一时。塔7级(塔身5层加塔基和顶,故称7级)。清孟振祖有文记其壮观:"势插层云,锐摩天际。若虹桥渡汉,云路可通;若长鲸吸雾,不云而起。登斯塔者,联八座之星辰,依闾阖之日月。"塔也是鄂州现存的唯一古塔。1958年公布为县级文物保护单位,1984年公布为市级文物保护单位,1988年鄂州市人民政府拨专款修葺。

　　塔平面八角,石仿木构楼阁式塔。通高23.13m。2层塔基,第一层塔基八角形,边长4.58m,高0.85m,南面设踏跺上下,其余周围安有汉白玉栏杆。第二层塔基,八角形须弥座式,边长2.68m,高1.6m。塔身5级,高19.08m,塔刹高1.8m。一层塔身南面设门,其余外设壁龛,以上4层门隔间相错,其余四面设壁龛。塔檐下每层每面安平身科1攒,角科2攒,木制三踩斗栱,斗栱之上为3层鱼牙砖,再上为木制檩椽,上盖灰筒瓦。塔檐之上为3层砖平座,承托上一层塔身。塔刹为葫芦形,3级,铁铸,并由8条铜链系至八角。塔身二层南壁置石匾,阴刻楷书"文峰"二字,书法古朴秀逸。塔内设石阶,游客可拾级而上,直登塔顶,可览钢城新貌(图6-5-104、图6-5-105)。

　　(七)宜昌天然塔

　　塔位于宜昌长江北岸。据《东湖县志》记载,俗传为晋代(265~420年)著

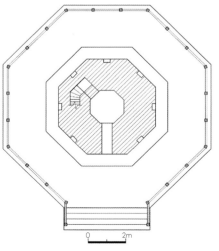

名文学家郭璞于西晋末年侨居夷陵（今宜昌市）时所建。至明代崇祯末年，大学士文安之（夷陵人，约 1582 ～ 1659 年），认为原塔塔体低卑，且年久失修，愿慷慨投资，将原来小塔折掉，建一座高大宏伟的塔。在一切就绪，即将动工兴建之时，明崇祯帝兵败，清兵骤临宜昌外围，文安之无奈只得将建塔事宜停止，急离宜昌赴广西、川东及鄂西各地联合明末各农民起义军余部从事反清复明活动，最后兵败流亡他乡，未能实现重建大塔的愿望。时至清乾隆十年（1745 年），东湖县（今宜昌市）的士民们曾捐资在原塔基处重建。但后因资缺匠寡，屡建屡圮，仅建塔基二级。直至乾隆五十五年（1790 年）春，才由东湖县的士绅徐经业、王永焱、卢鸿儒、覃永泰、张占魁（张文学）等十余人捐资重建天然塔。

建塔期间，东湖县的佛教居士和僧侣向徐经业等提出于塔后方增建寺庙的请求，得到徐、王等士绅的允准，继又捐资在天然塔后方增建了寺院。院内建有庙宇 3 栋，设有禅堂、斋房、僧舍、会客室等与亭、榭多座，还建有花园、辟有场坪，占地面积达 30 余亩，其中仅塔与殿堂及附属房屋基地达 10 亩，命名为"天然塔庙"。现在仅存孤塔一座，"天然塔庙"全毁。[①]

塔为砖石结构，平面八角，7 级，楼阁式砖石塔，为壁内折上式结构的塔，高 42.44m，底边长 4.37m。塔基座有石雕八大金刚力士，协力负塔，形象极为传神。塔身层层出檐，檐下有三踩如意斗栱装饰，塔刹为铜质葫芦形塔刹，有圆形伞盖等构件。底层塔门面向大江，门楣上镌刻"天然塔"和"乾隆五十七年"字样。石额边框雕刻二龙戏珠及云纹图案。塔门左右石柱上，镌刻楹联 1 对。一层以上对开 4 门，分层交错设置。塔内设石阶，可盘旋至顶。每层四面设窗，可临窗远眺。登临塔顶，俯瞰宜昌港，舳舻相接，帆樯如林；对江五龙山，五峰连嶂，苍翠欲滴，状若五龙蜿蜒临江。每当朝阳初起时，塔光山影倒映江面，宛如一条巨型钢鞭，压在五龙之上，因而又有"鞭打五龙"之称，这就是夷陵"鞭打五龙"的著名胜景（图 6-5-106 ～图 6-5-108）。1992 年由湖北省人民政府公布为第三批省级文物保护单位。

①湖北省志文物名胜编纂委员会. 湖北省志·文物名胜 [M]. 武汉：湖北人民出版社，1996：105。

图 6-5-106　宜昌天然塔

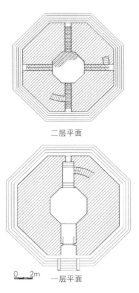
图 6-5-107　宜昌天然塔一、二层平面图

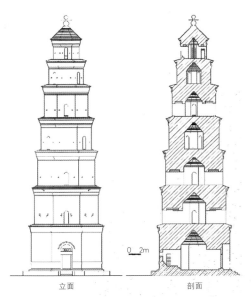
图 6-5-108　宜昌天然塔立面、剖面图

天然塔"取以人为之力，而行天然之事"。"东湖为古彝陵州，西南滨江，江之南有葛道山，为客山，屹立高耸，城东主山卑弱，受其镇压，且江水自西峡一束，经县城而东，直泻荆门，非高标凌跨，无以束其势，故城南青草铺，有塔岿然耸峙江干，旧传晋郭景纯侨寓时所建，培地脉，壮文峰，制客山，镇水口。"塔石门框上就刻有"玉柱耸江干威镇荆门十二，文峰凌汉表雄当蜀道三千"，可见当初建塔的功用非常明显。今天，这座古塔已经成为宜昌市重要的名胜古迹，成为宜昌市著名的标志建筑。1962年公布为宜昌市市级文物保护单位。

（八）恩施连珠塔

塔位于恩施市城东1km的清江峡口五峰山之巅。因五峰山相连不断，犹如五珠相连，又名连珠峰，塔因山而得名。连珠塔的修建，前后历经数十年。据《恩施县志》记载，最先在此建塔的是清乾隆三十六年（1771年）。由太守张应桃主持修建7层佛塔，经过多次修建，没有成功。60年后，即道光十一年（1831年），蜀人如朝缙以歌舞娱乐士绅和民众，以此招募筹款，但仅建造2层，又停工。次年，知县陈肖仪同准贡生朱荣录、杨联绶、李大魁等决心成全民意，继续建造，该塔终于建成。知府王协梦《五峰山建塔记》载："天下不尽皆可待之事，而有不能不待之时，施州初立郡县，规模草创，尚沿朴塞之风，官斯土者，筑城凿池，相阴阳，观流泉，虽未明言其坐向环卫之势若何，而证之形家言，固无不吻合也。尝过通都大邑，崒诸波多峙于异方，说者以为异方，木火有文明之象。《青囊》、《大王》、《催官》诸书亦未有不以此方为最吉者。往往无塔之区，或就城东南隅，建危楼以祀奎宿，燕榜频登，历有明验。（清）乾隆辛卯（1771年）前太守铅山张公来守是邦，创修府志，募建考棚，政通人和，百废毕举，复验士人无奋迹于科名者，周览五峰之南，地当异维，而适清江、药溪、巴溪、麟溪四水之胜，议置七级浮屠，以肖木星，以象文笔，经始未几，旋即罢去。道光壬辰（1832年），余复继来守郡，盖去张公建议之时逾60年矣，先是蜀人如大令枚恩邑痒，鼓舞绅庶，仅甃七层有二，岁且不登，士功亦辍。甲午（1834年）弋阳陈君捧檄斯土，禾黍有秋，乃锐意成之，民志即同，士气亦奋……"可见，前人建塔，一是地处四水之汇，山清水秀，景物宜人，是建塔的最佳地点；二是通过建塔等景点，繁荣当地文化，促进文化发展。

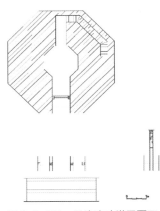

图6-5-109　恩施连珠塔平面图

清道光十一年至十五年（1831～1835，）又于塔之前建石坊，左侧建斋堂数楹，周围建花墙、院门等。石坊三间四柱，中门高3m，宽2m，两旁小门各高2m，宽1m，中门石柱前后，各有一对石狮、石象雄踞。石柱及门额雕刻万字花纹和人物故事造像，门额前面镌刻"胜览"，背面镌刻"钟灵毓秀"。塔西临悬崖，清江绕山东流，加之塔前林木衬托，峰峻、清流、塔雄，真乃绝妙之胜景。

塔为砖石结构，仿木构楼阁式塔。平面八角，底边长1.7m。7级，高34.8余米（图6-5-109、图6-5-110）。塔基及一层下半部为青石构筑，以上青砖砌成。各角隅有托塔金刚力士，威武雄壮。每层以叠涩出檐，层檐微展。四面设门，正面双扇石门，门额嵌"连珠塔"石匾，门楣上雕二龙戏珠，栩栩如生。门框石柱上镌刻"七级庄严人际风云瞻气候，五峰卓天秀开图画助文明"楹联，落款"道光十一年岁次辛卯七月施南府知事吴式敏撰并书"。整个塔第一层最为高大，其下半部及基脚全部为巨大条块青石砌成，圆锥顶藻井花饰鲜明，正中供奉佛像。从第一层至第七层有石

图6-5-110　恩施连珠塔

级而上，越往上越窄越陡，除第五层只有 3 个门外，其他各层均有 4 个高 1.8m，宽 0.6m 的拱形门，向东南、东北、西南、西北四方开着，供游客登高远望。在第七层中央，有一根大木柱将塔刹撑起。塔内砌有旋梯，可盘旋至顶，临窗俯瞰，古城风光，清江碧波，尽收眼底。清代褚上林《登连珠塔》诗赞曰："连珠有望与天齐，佛塔孤高出小溪。四面烟云空依傍，一城楼廓认高低。盘旋石磴携娇女，指点峰鬟话老妻。无数好山看不厌，归车已趁夕阳西。"1992 年由湖北省人民政府公布为第三批省级文物保护单位。

（九）利川凌云塔

塔位于利川城西北 20km 南坪乡南坪村。形若巨笋，高耸入云，故名。清乾隆五十八年（1803 年）浙江山阴人王霖任南坪巡检署巡检时，毅然把创办南坪义学作为己任，邀集绅士，捐俸劝输，修建南坪如膏书院，延师启馆，设立义学。据碑文记载："凡愿子弟肄业及无力延师者，悉来听学，行见敬业乐群，人之焕然。"当时所有经费"未改妄耗，积有余资"。其后"院内余资营建石塔"，以此激励后人，作此塔为念。当时为教育而两秀清风，李永畅自述："此心可以对天地，质神人，非敢有功，庶告无罪于先进。"①

清道光七年（1828 年），为进一步培植当地文风，他又利用修建如膏书院余资在书院东南 200m 处建造了凌云塔。塔石砌。平面六角，七级空心楼阁式塔，面向东南。通高 14m，底边长 2.14m，宝瓶形塔刹。第一层高 2.5m，门高 2m，宽 1.1m，中空 2.8m。门两侧行书楹联："撑天剑气连齐岳，拔地文星映少微"。内侧浮雕意八仙、麒麟图案；额雕鱼、樵、耕、读。靠近塔门的两侧各嵌塔志一方，左边书："唐韦肇登弟题其名于雁塔，至今传为故事。如南坪所属士庶，其建如膏书院，历有年，所凡士习文风，颇亦称盛。而观光上国者卒鲜，母亦栽培之未至耶！兹因司至张，率领义学首人出院内余资，营建石塔，额曰：'凌云'，曾效司马赋凌云而邀王眷耳。今幸落成矣，望地灵人杰，文风蒸蒸日上，将名之所题或且浮于雁塔焉，未必非此日意中也。爱刊始末以后之有志者"。右刻建塔年月（图 6-5-111）。第二层每方各开凌形窗口一洞，正面窗口的上方嵌一石匾，楷书阴刻"凌云塔"三个大字。第三层每方各开方形窗口一洞，正面窗口上方嵌一石匾，篆书阴刻"霞蔚云蒸"四个大字。第四、五层的每方各开圆形窗口一洞。第六、七层为实心塔。利川三塔（凌云塔、培风塔、宜影塔）2008 年由湖北省人民政府公布为第五批省级文物保护单位。

（十）赤壁峨石宝塔

塔位于赤壁市蒲圻办事处西南郊宝塔山北面，马鞍山巅。②据《蒲圻县志》载：峨石宝塔建于清道光十六年（1836 年），由知县李先泰主持修建。塔座西北朝东南，乃青石糯米浆垒筑而成。塔基平面八角，边长 3m，高 0.85m。四周有石质护栏（已毁）。塔身八角，7 级，楼阁式石塔，通高 19.7m。一层设半圆形券门，宽 0.94m，高 1.96m，门额嵌"云起处"石匾。进门后为塔室。第二层、三层、五层、六层均设塔门，第四层有圆形窗。每层塔檐翼角上安象鼻形脊饰，塔顶上为莲花刹座，其上为铸铁宝珠塔刹。一层塔身设门可入塔内，内设螺旋式石阶可登塔顶，环顾四周风光。塔身层层翘角飞檐，铜铎悬挂，风声铎响，数里可闻。第四层窗顶刻"点元"，旁有塔铭，楷书"道光十六年（1836 年），知县劳光泰倡建，谢上恩、陈修荣、陈逢清监

图 6-5-111　利川凌云塔

①第五批省保资料；谭宗派. 利川民族文化览胜 [M]. 北京：中国文联出版社，2002。
②作者与陈树祥、黄大建调查。

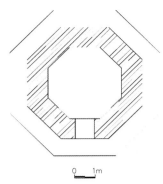

图6-5-112　赤壁峨石宝塔平面图

图6-5-113　赤壁峨石宝塔

图6-5-114　黄冈青云塔

工"。塔内顶上刻太极八卦图。塔南侧山顶原大峨石上有石刻多处，有隶书"峨石"、"露台"、"胡平"等石刻（图6-5-112、图6-5-113）。2008年由湖北省人民政府公布为第五批省级文物保护单位。

清末宝塔周围建有"观澜阁"、"上峨厅"、"下峨厅"、"三峨书屋"等建筑，山门上有张霖若先生的一副楹联："浮屠倒影鱼穿塔，游客登山鸟唤之"，惜已全毁，现仅存石塔立于石峭壁上。

峨石宝塔是为了镇龙除水患而修建的风水塔，人们赋予了它更多承载，它又成为人们寄托理想、祭祀祈福、镇灾避祸的象征性符号。塔各个部位比例恰当，制作精细，整个塔身线条柔和流畅，建造精巧奇妙，匠心独运，十分壮观，是建筑结构与使用功能的完美结合，也是造型艺术的光辉典范。1989年被公布为第二批市级文物保护单位。

（十一）黄冈青云塔

又名安国寺塔、南塔，俗称宝塔。位于黄冈市城南1.5km的钵盂峰上，因塔形如文笔，故又名文峰塔（图6-5-114）。该塔始建于明万历二年（1574年），由黄州籍郡丞李时芳、别驾黄士元筹资修建。明万历三十六年（1608年）倒入泖湖，清道光二十八年（1848年）重建，清光绪三年（1877年）雷震顶毁，光绪五年（1879年）冬修复。塔为青灰色石块砌成，仿木结构楼阁式塔，平面八角，7级，高约39.89m。塔基周围原有青石栏杆，"文革"中被毁。塔身第一层边长4.45m，一层7.15m，以上各层逐层递减。塔身每层叠涩出檐，挺拔高耸。塔身为双层套筒式结构，内环为塔心室，每层塔中心留有0.5m粗的圆孔垂直相通，供上下人任意观看。外环为厚壁，设旋转式楼梯而上。塔身每面设有一门。塔身第一层外部八方门楣上分别嵌有阴文楷书"乾门、坤门、坎门、离门、震门、艮门、巽门、兑门"石匾。该塔第一层西北石门（乾门）为青云塔正门，门楣嵌有楷书阴刻"全楚文峰"石匾，笔力刚劲。东南面的巽门，是通塔的唯一通道，直通塔顶。门内的石壁上刻有"青云直上"4个大字。其余五门为虚设，不能进出。塔内设螺旋式阶梯，可登塔顶，第七层西南设一窗，可俯瞰长江。此塔塔门按八卦排名，这在古塔中极为少见。青云塔原为佛教建筑之一，但其独特的八面设门营造方式，并明确标明八卦方位，各层开设实门与虚门，塔心室"通天孔"的设置，其虚实、方位的设计理念又与中国传统的道教有关，是研究明清时期宗教建筑的重要历史文物。1992年由湖北省人民政府公布为第三批省级文物保护单位。

青云塔顶上还有一棵韧性很强的大叶朴树，形如巨伞，虬枝苍干，枝繁叶茂，大旱不枯，每逢春夏，枝叶茂盛，实为塔中一绝。中外游客，到此观塔赏树，个个赞不绝口。登上塔顶，可俯瞰奔腾浩荡的长江，可望名胜东坡赤壁，还可远眺江南吴都——鄂州。数十里风光，尽收眼底，令人心旷神怡（图6-5-115、图6-5-116）。

（十二）松滋云联塔

塔位于松滋县老县城东北的东宝塔山上，现属于老县城宝塔村。建于清道光二十八年（1848年），由文林郎知松滋县事陆锡镁监修。[①]平面六角，底层边长3.68m，上层边长2m，5级，高25m。石木结构，石仿楼阁式塔。青石塔身，糯米捣浆砌筑。外壁厚约1m，内壁厚约0.5m，壁巷设有石阶，只容一人通过，旋绕而上可直达塔顶。

①作者与王新生调查，湖北省第五批省文保档案资料。

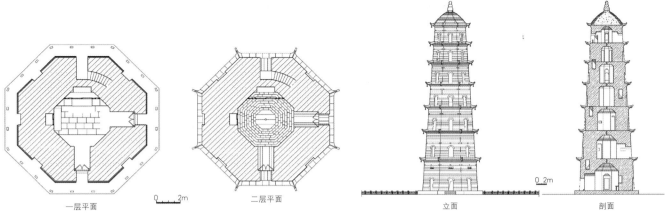

图 6-5-115 黄冈青云塔一、二层平面图　　　　图 6-5-116 黄冈青云塔立面、剖面图

第一层地面为砖石铺地，第二层为青石镶嵌楼面，三、四、五层为木板楼（已损坏）。塔外每层出三角形青石昂嘴，嘴端有孔，曾悬挂铜制风铎。2008 年由湖北省人民政府公布为第五批省级文物保护单位。

第一层塔身设有圆拱塔门，高 1.85m，宽 0.8m，青石门板早年被盗。二层圆拱门高 1.63m，宽 0.53m，圆洞一个，直径 0.77m。三层圆拱门，高 1.67m，宽 0.63m，圆洞两个，直径 0.66m。四层圆拱门，高 1.58m，宽 0.52m，圆洞两个，直径 0.55m，顶层圆拱门高 1.51m，宽 0.51m，圆洞两个，直径 0.54m。有的塔砖上刻有铭文："文林郎知松滋县事陆锡镶监修，李宗望、龙鸿翔暨邑绅耆士庶鼎选，皇清道光二十八年岁次戊申孟冬月吉旦"。

云联塔建筑材料精良，设计精巧。第一层全部采用巨型条石基座，条石塔身，一楼天花板为浮雕石龙，精雕细琢，栩栩如生，具有极高的艺术价值。石拱门和塔内的通道设计科学，游人上下楼道不觉窄矮。每层楼都有圆形窗口，既透光，又通风。塔身的上层用特制的青砖砌成（砖上印有建塔年号），采用糯米浆伴灰砌成，非常坚固。塔的入口门和塔的顶层门都是朝北方向，正对着当时松滋县衙衙门，由此可见当时的领修人——松滋县知县陆锡镶匠心独运，别出心裁（图 6-5-117、图 6-5-118、图 6-5-119）。

云联塔建在黑石溪水库北侧的山梁之上，登塔四望，北有长江帆影，东有渠网村烟，南有岗峦逶迤，回眸俯瞰，脚下一库碧水，澄如明镜。天光云影，尽收眼底。云联塔现已列入了"松滋八景"之一。

（十三）京山文笔塔

塔位于京山新市镇东端山川坛，因形若文笔而名。"文峰夕照"，被誉为邑中胜景之一[①]。最初在道光年间（1821～1850 年），于山川坛北首（今烈士纪念碑南侧）建塔，筑到 6～7 尺高时，因遭到精于"堪舆"的权威人士议论，说塔建在这个方位不吉利，建塔工程也终止了。直到清光绪五年（1879 年），又由当时宦绅曾宪德、吴云轩、陈光堂、申子万、查佐卿等人制定筹建文笔峰的具体计划，并得到全县当时齐集城内应试诸廪生的积极支持与拥护，并联名上书，最后由县长戴禹卿批准，分乡团劝募资。在明朝文笔峰遗址处，于清光绪五年（1875 年）动工兴建，至光绪八年（1882 年）7 月 29 日告成，历时 3 年余。

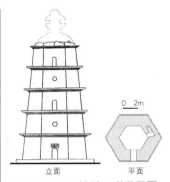

图 6-5-117 松滋云联塔平面、立面图

图 6-5-118 松滋云联塔

图 6-5-119 松滋联云塔覆式塔刹

①作者与董云清、杜文成调查。

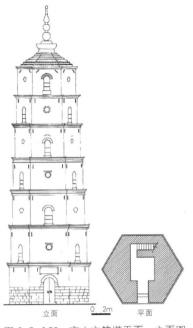

图 6-5-120　京山文笔塔平面、立面图

立面　　　0 2m　　　平面

图 6-5-121　京山文笔塔

　　塔平面六角，7 层，楼阁式砖石塔，高 33m。巨石为基，青砖砌身，宝刹作顶，自下而上，逐层内收。每层 3 门 3 窗，隔层相对。底层门额上嵌有曾庆兰（光绪举人，曾任均州训导）的题字"青云直上"石匾。一言塔之雄伟，二是寓意人才的士进。语意双关，可窥建塔之孤诣。塔内设石阶，登临顶层，可览苍莽洪山，逶迤山水风光（图 6-5-120、图 6-5-121）。塔竣工后，用余下的资金在文笔峰北首又修建文昌阁 1 座。可惜文昌阁已毁，仅存一孤塔耸立在原地。2002 年由湖北省人民政府公布为第四批文物保护单位。

三、道教宫观

　　武当山道教宫观是明代最大规模的道教建筑群。武当山又名"太和山"、"大岳山"、"仙室山"、"参上山"，位于湖北均县（今丹江口市）境内，方圆 800 余里，为道教七十二福地之一，据道书称，真武曾于此修炼 42 年，功成"飞升"。后世因谓非玄武不足以当，故名"武当"。[①]

　　武当山道教源远流长，历代方士、道人隐居修炼的胜地。相传周之尹喜、汉之阴长生、晋之谢允、唐之吕洞宾、孙思邈、五代之陈抟、宋之寂然子、元之张守清、明之张三丰等曾在此隐居修炼，但都似乎没有留下什么遗迹。

　　武当山道教建筑始于唐代，据史载，唐贞观年间（627 ~ 649 年）均州大旱，均州州守姚简奉敕在武当山祈雨，"得五龙显圣，普降甘露"，即在灵应峰下建五龙祠。唐至德至大历年间（757 ~ 779 年）建"太乙"、"延昌"二祠，唐乾宁三年（896 年）建"神威武公新庙"。唐吕洞宾诗云："石缕状成飞凤势，龛纹绾就碧嵫寰"，可见唐时已有雕梁画栋的雄伟建筑了。

①武当山志编纂委员会. 武当山志 [M]. 北京：新华出版社，1994；民国《太和山志》。

宋代自太平兴国至宣和年间（976 ～ 1125 年），道教建筑比唐时更大，已形成一定的规模。宋真宗天禧二年（1018 年）下诏升祠为观。宋政和六年（1116 年）敕建"五龙灵应之观"、"紫霄元圣观"。其后毁于"靖康之乱"。南宋理宗时（1225 ～ 1264 年），诏道人刘真人住南岩宫，兴建殿宇。南宋亡，全山建筑毁于"金兵之术"。

元初，蒙古族入主中原，道教建筑有了较大的扩建。元至元十二年（1275 年）重开武当山道场，道士汪真常、鲁洞云、张守清等率众重建五龙、紫霄、南岩诸宫。至元二十三年（1286 年）下诏，将五龙灵应观改为"五龙灵应宫"，以叶云莱主持。皇庆元年（1312 年）加五龙灵应宫为"大五龙灵应万寿宫"，并敕建玄武殿。元至大三年（1310 年）武宗皇帝、仪天兴圣慈仁昭懿寿元皇太后，派遣使者祈雨，果然灵验，于是赐额"天乙真庆万寿宫"。元延祐元年（1314 年）命令师乘骑带香币，到武当山致祭，赐宫额"大天乙真庆万寿宫"。元代建成较大的宫观有：五龙、南岩、紫霄、太和、元圣、真庆（蒿口），观有：佑仁、云霞、仁威、威烈、回龙、太玄、三清，还有许多小观、庵、祠、庙等，这些建筑大部分在元末毁坏，现仅存南岩元代"天乙真庆宫"和小莲峰上转藏殿之元代铜殿。

明代传奇道人张三丰游武当山后曾预言："此山异日必大兴。"明太祖朱元璋闻其名，派人到处寻访，他避入四川，后又回武当山。成祖朱棣登基后，又遣使者虔请，均不遇。恰好武当山道士李素希两次派人送"榔梅仙果"，敬奉永乐皇帝。永乐十分高兴，由此而得知武当乃北方玄武之神得道成仙之地。为感恩"真武帝君，显助灵威"，永乐决定在武当山大兴土木，宣扬真武显圣和"君权神授"的舆论，达到进一步巩固政权的目的。

明永乐十年（1412 年），朱棣下诏，命孙碧云前往武当实地勘察紫霄、南岩、五龙、遇真等宫观建筑规模，同年十月，规划工作就绪。十一月又下颁《敕官员军民工匠人等》圣旨，大兴土木，以报神恩。特命隆平侯张信、驸马都尉沐昕等，率军民工匠 20 万人，开赴武当营建宫观，费以数百万计。于永乐二十二年（1424 年），历时 13 年，建成 9 宫（净乐、遇真、玉虚、五龙、南岩、紫霄、朝天、清微、太和），8 观（元和、回龙、八仙、太玄、复真、龙泉、威烈、太常、仁威），36 庵堂，72 崖庙等 33 处大小建筑群，殿堂房宇 1800 余间和 39 座桥梁及蹬山神道等规模宏大的建筑群（图 6-5-122、图 6-5-123）。明成祖之所以要如此兴师动众，据永乐十年七月十一日，敕谕文告称："……真武阐扬灵化，阴祐国家，福被生民，十分显应。我自奉天靖难之初，神明显助，威灵感应至多，……及即位之初，思想武当山正是真武显化去处，即欲兴工创造，缘军民方得休息，是以延缓至今，而今起遣些军民去那里创建宫观，报答神惠，上资荐扬皇考皇批，下为天下生灵祈福。"[①]可见朱棣是想借北方真武之神的"显助"来巩固他"靖难"之后的地位。

宫观建成后，成祖赐名"大岳太和山"，并选道士 200 人，以供洒扫，给田 277 顷及农户，以资赡养庙宇，又选任道士任自垣等九人为提点，官至正六品，设官和铸印，以守庙宇，分别主管宫观祀事。其子孙一直把武当山当作"祖宗创业栖神之所"的"家庙"，皇室宗教园林。新皇帝登基后，无不"效法祖制"。派太监朝奉，并修建宫观。明成化二年（1466 年），武当山太监韦贵奏请，出资建"迎恩观"，成化十九年（1483 年），宪宗皇帝赐额"迎恩宫"。明嘉靖皇帝更加信奉神灵，于嘉靖三十一年至

①转引自：间野潜龙著、明朝与武当山 [J]. 王建译. 世界宗教资料，1990（3）。

图 6-5-122　明代武当山道教建筑分布略图
来源：摹自明方升：《大岳场略》

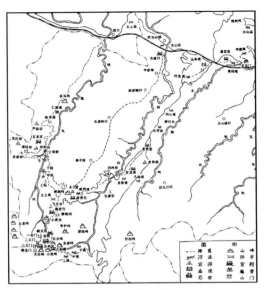

图 6-5-123　武当山建筑分布示意图
来源：王红星主编. 尘封的瑰宝[M]. 武汉：湖北美术出版社，2004

图 6-5-124　武当山治世玄岳坊

三十二年（1452～1453 年），命工部右侍郎陆杰等人负责维修、增建宫观。拨银 11 万两，维修房屋大小 2441 间，费时 2 年完成。特别兴建了"治世玄岳"石牌坊 1 座。完善了皇室家庙的格局，使山上山下有了明确的标志，使武当山成为一座"真武道场"。有诗曰："五里一庵十里宫，丹墙碧瓦望玲珑。档台隐映金银气，林岫回环画镜中。"

整个建筑群沿太岳山北麓的两条溪流（螃蟹夹子河及剑河）自下而上展开布置。西河沿线早在唐宋时期已经开发，如五龙宫即是明朝在旧址上的重建，东河沿线是明永乐年间的新兴工程。从而形成从均州城（今已淹没于丹江水库中）出发，进玄岳门石坊过遇真宫，而后分两路进山至各宫观的参拜路线两路的终点是太和宫和金殿，全线长 60 余公里。其中称"宫"的规格最高，规模最大，"观"与"庵"次之，从而形成全山三级道教建筑体制。可惜宫内建筑已大部毁于火，现存建筑仍较多保存着元、明、清时期构件的有："治世玄岳"坊（1552 年）、遇真宫、元和观、磨镇井、复真观、天津桥、紫霄宫、天乙真庆宫石殿、三天门、太和宫、紫禁城与金殿等建筑。1994 年武当山古建筑群被联合国教科文组织列为世界文化遗产，2006 年由国务院公布为第六批全国重点文物保护单位。

（一）治世玄岳坊

位于丹江口市武当山北麓，建于明嘉靖三十一年（1552 年）。4 柱 3 间 5 楼，石仿木结构。正楼石额上系明嘉靖皇帝赐额"治世玄岳"。其意以大岳太和山为五岳之冠，以北极玄武镇守北方。额枋、花板分别以浮雕、镂雕和圆雕手法，雕有仙鹤、游云、道教人物等花纹图案。顶饰龙吻吞镂空脊，正脊中央立葫芦宝顶。主、次、边楼檐下皆施五踩斗栱，中柱上、中、下枋及边柱大额枋下施卷云拱。正楼额枋下鳌鱼雀替相对，卷尾支承。柱脚贴夹杆石，无抱鼓石，古朴雄浑。造型生动瑰丽，予人以壮丽中有柔美飘逸之感，堪称明中叶石雕艺术精品（图 6-5-124）。1988 年由国务院公布为第三批全国重点文物保护单位。

（二）遇真宫

遇真宫位于武当山北麓，背依凤凰山，面对九龙山，左为望仙台，右为黑虎洞。山水环绕如城，旧名黄土城。《大岳太和山纪略》载，明洪武年间（1368 ～ 1398 年），道士张三丰曾在此结庵修炼，名会仙馆，民间传为"真仙"。遇真宫建于明永乐十五年（1417 年），在此兴建真仙殿、山门、廊庑、东西方丈、斋堂、厨室、道房、仓库、浴室等大小 97 间。到明嘉靖年间（1552 ～ 1566 年），此宫扩建成 296 间，并赐额"遇真宫"，以表对张三丰这位"真仙"的纪念。现存宫墙较为完整，长 697m，高 3.85m，厚 1.15m。中轴线上由宫门、龙虎殿、真仙殿、东西配房及左右廊屋等组成。建筑面积 1459m²，占地面积 56780m²（图 6-5-125 ～ 图 6-5-130）。

（三）玉虚宫

玉虚宫，全称玄天玉虚宫。相传玉帝封真武为"玉虚师相"，故名玉虚。俗称老营宫，

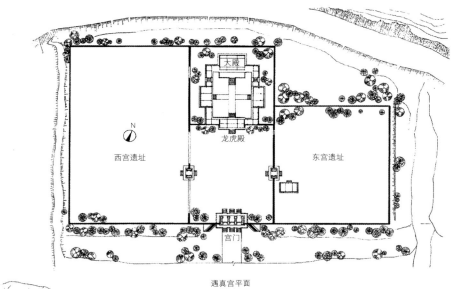

遇真宫平面

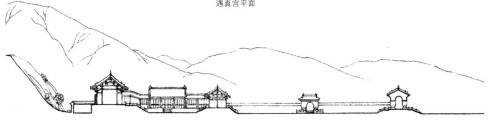

遇真宫剖面

图 6-5-125　武当山遇真宫总平面、纵剖面图

图 6-5-129　武当山遇真宫大殿

图 6-5-126　武当山遇真宫全景

图 6-5-127　武当山遇真宫宫门

图 6-5-128　武当山遇真宫龙虎殿

图 6-5-130　武当山遇真宫厢房

其说有二：一说明代营建武当山时，这里是大本营；一说是李自成部队曾在此扎营，故名。玉虚宫位于武当山北麓，是八宫中建筑规模最大的，宫城东西宽 170m，南北深 370m，此宫布局严谨，轴线分明。由外乐、紫禁、内乐三城组成，建于明永乐十一年（1413 年）。中路建有玄帝大殿、启圣殿、元君殿、小观殿、宫门、东西圣旨碑亭、神厨、神库、方丈、斋堂、厨堂、钵堂、圜堂、井亭、客堂，宫之左建有圣师殿、祖师殿、仙楼、仙衣亭、仙衣库、西道院，宫之右有东道院，宫门外左右有真宫祠、东岳庙（亦称泰山庙）、真武坛，大小 534 间。其宫外设有东天门、西天门、北天门，均有道院。到嘉靖年间（1522 ~ 1566 年），本宫已扩建成殿宇达 2200 间，是武当山建筑群中规模最大的宫城。其建筑面积达 5 万 m²。清乾隆十年（1745 年）大部毁于火。现存庙宇有宫门、父母殿、云堂、配房等 43 间，多为清乾隆后重建，建筑面积 645m²，遗址占地面积 15600m²（图 6-5-131 ~ 图 6-5-135）。

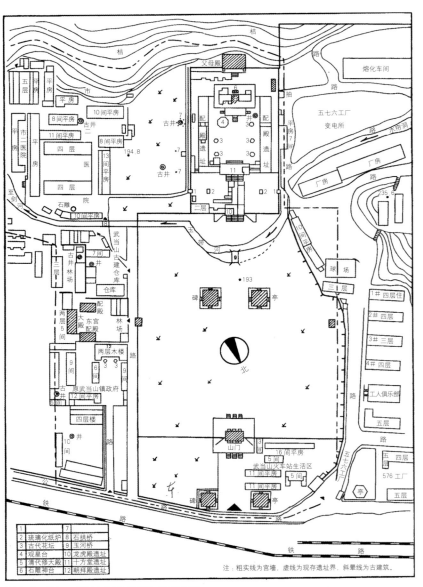

图 6-5-131　武当山玉虚宫现存总平面图
来源：武当山志编纂委员会．武当山志 [M]．北京：新华出版社，1994

图 6-5-132　武当山玉虚宫宫门

图 6-5-133　武当山玉虚宫明永乐碑亭

图 6-5-135　武当山玉虚宫里乐城

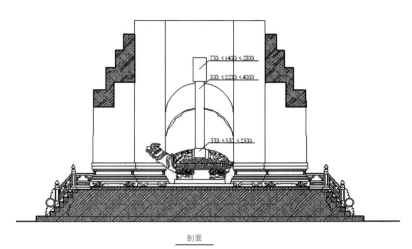

剖面

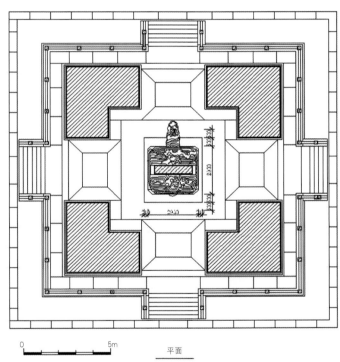

平面

图 6-5-134　武当山玉虚宫明嘉靖碑亭平面、剖面图

（四）紫霄宫

紫霄宫在天柱峰东北展旗峰下，坐西朝东，面对三公、五老、宝珠、照壁、福地诸峰，后有太子亭、太子岩，右有雷神洞，左有蓬莱第一峰，周围山势形成二龙戏珠之势，紫霄宫坐落其间。

紫霄宫据史载，宋宣和时(1119 ~ 1125 年)创建。元至元二年(1336 年)重开山门，名"紫霄元圣宫"。明永乐十一年（1413 年）落成。宫前小溪有意处理成"~"形，以象太极，颇为别致。宫内层层崇台，依山叠砌，殿堂屋宇，建于崇台之上，间以斜长蹬道相联系。其格局亦严格按中轴对称布置，建有山门、十方堂、左右圣旨碑亭、大殿、祖师殿、圣父母殿、廊庑、神厨、神库、方丈、钵堂、斋堂、厨室、仓库、池亭等 160 间，赐额"太玄紫霄宫"。明嘉靖三十二年（1553 年），本宫建筑扩大到

紫霄宫剖面图

紫霄宫平面

图 6-5-136　武当山紫霄宫总平面、纵剖面图
来源：武当山志编纂委员会．武当山志 [M]．北京：新华出版社，1994

图 6-5-137　武当山紫霄宫远眺

图 6-5-138　武当山紫霄宫龙虎殿

图 6-5-139　武当山紫霄宫紫霄殿

860 间。到清光绪年间（1875 ～ 1908 年），多有倾圮，道士杨来旺、徐本善等募捐经费，修缮倾圮建筑，恢复了原有建筑面貌。现存殿宇 182 间，建筑面积 8553m²。建筑和遗址占地面积约 74000m²，是武当山保存最为完整的宫殿群之一（图 6-5-136 ～图 6-5-138）。1982 年由国务院公布为第二批全国重点文物保护单位。

　　三层崇台之上是本宫主殿——祖师殿，亦名紫霄殿。殿面阔 5 间 26.27m，进深 5 间 18.38m，通高 18.7m。重檐歇山顶，绿琉璃瓦顶。抬梁式构架，下檐用五踩重昂斗栱，上檐施七踩单翘重昂斗栱，室内施隔架科斗栱。殿内额枋、斗栱、天花板，彩绘旋子、流云、神仙人物等图案，藻井浮雕二龙戏珠。殿内设主副神龛 6 座，雕饰极尽华丽，供玉皇大帝及真武诸神，飞金流碧，令人凝睇眼花。下层屋面围脊为镂空的黄琉璃花板，嵌有圆雕人物，上下八戗脊端皆施彩凤；上层正脊为黄琉璃作，圆蜷形龙吻，中央为叠加四宝珠宝顶。整个屋面琉璃艺术构件逼真，显得庄严神奇。前檐装修五抹头三交六碗槅扇门窗，后檐明间同前檐明间，其余用砖墙封护。大殿两侧有南北配房。殿后有天乙真庆泉，泉上石雕玄武，泉水从龟口中流出。殿后左右有石阶达父母殿（图 6-5-139 ～图 6-5-144）。

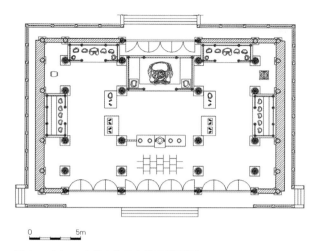

图 6-5-140　武当山紫霄宫紫霄殿平面图

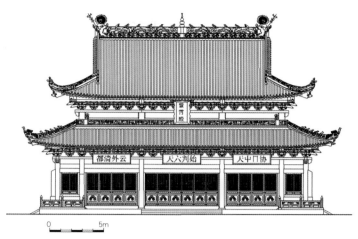

图 6-5-141　武当山紫霄宫紫霄殿正立面图

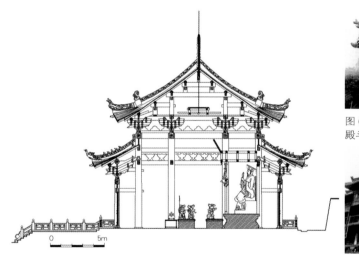

图 6-5-142　武当山紫霄宫紫霄殿剖面图

图 6-5-143　武当山紫霄宫紫霄殿斗栱

图 6-5-144　武当山紫霄宫父母殿

（五）南岩宫

南岩宫位于武当山的南岩上，峰岭奇峭，林木苍翠，上接碧霄，下临绝涧，是武当山 36 岩中最美的一岩。南岩宫据《大天一真庆万寿宫碑》载：元至元十二年（1275 年）汪真常道士结茅南岩。至元二十三年（1286 年）凿岩平谷，广建殿宇，高堂飞阁，庖库寮次，积工累资巨万计，历 20 余年乃成。元至大三年（1310 年），皇太后赐额"天一真庆万寿宫"。元延祐元年（1314 年）大司徒臣罗原奉皇太后旨，还山致祭。元末此宫建筑大部分毁于兵火，仅存天乙真庆宫石殿。

明永乐十年（1412 年）建有玄帝殿、山门、廊庑、祖师石殿、父母殿、左右亭馆，宫前有左右圣旨碑亭、五师殿、真宫祠、圆光殿、神库、方丈、斋堂、厨堂、云堂、钵堂、圜堂、客堂、寮室、仓库、南天门、北天门等 150 余间，赐额"大圣南岩宫"。明嘉靖三十二年（1553 年）本宫扩建大小 640 间。到清朝末年，由于年久失修，宫观朽坏不堪。清同治初年，大修殿宇，历十余年竣工，宫貌为之一新。光绪二十七年（1901 年）开办十方丛林。民国初年，募建万圣楼、功德祠、灵官殿、天合院、道院、东西卫屋 20 余间。民国十五年（1926 年）火焚大殿及周围道房。民国十六年（1927 年）

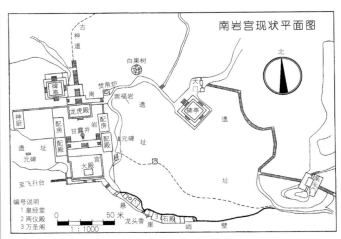

图 6-5-145　武当山南岩宫总平面图
来源：武当山志编纂委员会．武当山志[M].北京：新华出版社，1994

图 6-5-146　武当山南岩宫南
天门

图 6-5-147　武当山南岩宫碑亭

图 6-5-148　武当山南岩宫玄
帝殿

图 6-5-149　武当山南岩宫厢房

重修龙虎殿及配房。新中国成立初期，又遭火灾。后经湖北省人民政府拨款维修部分殿宇、亭台、故道。此宫现存建筑 83 间，建筑面积为 5539m²，占地面积 61187m²（图6-5-145～图6-5-149）。1988 年由国务院公布为第三批全国重点文物保护单位。

天乙真庆宫建于元至元二十三年（1286 年），石仿木结构，面阔 3 间 9.77m，进深 3 间 6.65m。前坡为单檐歇山，后檐依崖作悬山式。其柱梁、斗栱、门窗均为青石雕琢，榫卯拼装。雕刻精细，技艺高超，为武当山现存最早最大的石构建筑物。殿内四壁嵌有 500 铁铸鎏金灵官，为珍贵的铸像艺术品。殿右侧为两仪殿，面阔 3 间10.03m，进深 3 间 3.9m，高 7.29m。砖木结构，歇山式顶，绿琉璃瓦顶。殿前有一龙头香，悬挑于绝壁之外，前临万丈深渊。悬挑达 2.9m，宽仅 0.4m，前雕龙首，上置香炉。两仪殿右有八卦亭、皇经堂、藏经阁等建筑（图 6-5-150、图 6-5-151）。

南岩西南突起一峰，绝壁千仞，直刺云霄，这就是著名的飞身崖（又名舍身崖），上建梳妆台。相传为真武大帝舍身成仙之处。下有试心石，势极惊险（图 6-5-152）。

（六）太和宫

太和宫位于武当山主峰——天柱峰绝顶，海拔 1613m，众峰拱拥、直插云霄，被誉为"一柱擎天"，是武当山的最高胜境。宫室整体布局充分利用天柱峰高耸霄汉的气势，巧妙的进行布局，突出了皇权（神权）至高无上的思想。太和宫建筑分峰

图 6-5-150　武当山南岩宫天乙真庆宫石殿

图 6-5-151　武当山南岩宫天乙真庆宫前龙头香

图 6-5-152　武当山南岩宫梳妆台

图 6-5-153　武当山太和宫俯瞰

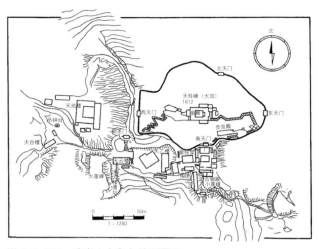

图 6-5-154　武当山太和宫总平面图

图 6-5-155　武当山太和宫一天门

上和峰下两部分。天柱峰上原有元初石殿，内供玄帝像，一铜亭，内置香炉。元大德十一年（1307 年），铸铜殿于山顶，内奉玄帝像。明永乐十年至十四年（1412 ~ 1416 年），在其顶建金殿。明永乐十七年（1419 年）建紫禁城。南天门内建灵官殿。峰下（南天门外）建朝圣殿、左右钟鼓楼、元君殿、圣父母殿、皇经堂、真官殿、神库、神厨、斋堂、方丈、道房、廊庑等共 78 间。赐额“大岳太和宫”。在峰西建朝圣门，峰北建一天门、二天门、三天门、道房、斋堂、修筑石阶，安装石栏，状若云梯。到嘉靖年间（1522 ~ 1562 年），本宫扩大为房屋 520 间。由于年久失修，大部分建筑已圯。尚存建筑物 150 余间，建筑面积 3000 余平方米（图 6-5-153 ~ 图 6-5-155）。

紫禁城，亦名红城，又名皇城。城沿天柱峰腰的峭壁而建，落成于永乐二十一年（1423 年）。城垣用每块重达千斤的条石垒砌，底宽 2.4m，顶宽 1.26m。因地势有别，垣高 5.2 ~ 11.7m，周长 344.43m。远观如一道光环围绕金顶。城有东、西、南、北四“天门”，象征天阙。东、西、北三门形制相同。在建门的地方，城垣增厚升高，以此为城楼台基，城楼设门，但不可通行，号曰“神门”。惟南门有“神”（中）、“鬼”（左）、“人”（右）三门并列，“人”门可通行。四城门上建有城楼，亦为石作。楼面阔 3.6m，深 2.4m。楼下作须弥座，周绕石栏，楼身四隅立柱，上下槛相连，枋上施斗栱承托屋宇，单檐歇山式顶。前后檐嵌六扇四抹头槅扇，两山装四扇四抹头槅扇。城临崖建造，即使在今天以现代建筑技术建造，也是非常艰巨的（图 6-5-156、图 6-5-157）。

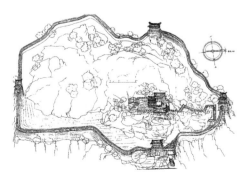

图 6-5-156　武当山紫禁城鸟瞰图

图 6-5-157　武当山金殿远眺

金顶为一不规则多面折线平台。其建筑布局，主轴线朝东，金殿居中，前设月台，护以石栏，台南为签房，北为印房，为清康熙四十二年（1703 年）建。砖木结构，硬山顶，青灰瓦屋面。金殿月台前列钟、磬铜亭。亭方形，四角攒尖顶，下设石须弥座。亭内悬挂铜钟、玉磬，皆明代遗物。殿前月台右有倚岩砌筑的石栏蹬道，迂回九折，名曰九连蹬。台阶下接南天门。天门内有明造锡制小殿，名灵官殿。殿内供奉锡制灵官像，是全山现存稀有的锡制品和锡制艺术造像。

金殿建于明永乐十四年（1416 年），是将元代铜殿移至小莲峰上的转展殿内，在此基地上建造金殿。殿为铜铸鎏金的重檐庑殿式仿木构建筑。面阔、进深均为 3 间 4.4m，深 3.15m，高 5.54m。殿四周 12 根檐柱，下有宝装莲花，柱础，柱之间以槛、枋、阑额、平板枋承连接，平板上施斗栱。斗栱下层檐为单翘重昂七踩斗栱，下檐为重翘重昂九踩斗栱。屋顶正脊两端饰龙吻，垂脊圆和，上、下层翼角舒展，其上饰仙人走兽。梁、枋、天花皆饰流云、旋子彩画，线条柔和流畅，工艺精细。殿四周柱间装有四抹头三交六碗槅扇门，只前檐明间两扇可以开启。殿内神案，礼器亦皆铜铸鎏金作。内奉真武大帝鎏金铜像，正襟危坐于方形的流云宝座之上。神案下置玄武——龟蛇合体，昂首内视，栩栩如生。左侍金童捧册，右侍玉女捧印，拘谨恭敬，娴雅俊逸；水火二将，执旗捧剑，拱拥两厢，勇武威严。殿内后壁上方，悬鎏金匾额 1 方，上铸"金光妙相"4 字，系清康熙皇帝手迹。殿外上檐悬"金殿"鎏金铜匾。殿前"凸"字形月台四周绕以石栏，正面设御路（图 6-5-158 ～图 6-5-163）。1961 年由国务院公布为第一批全国重点文物保护单位。

图 6-5-158　武当山金殿

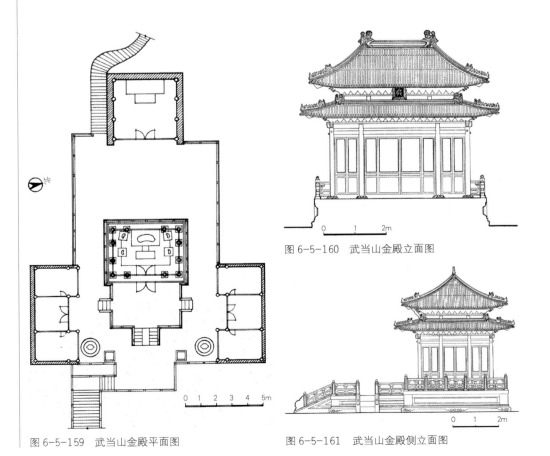

图 6-5-159　武当山金殿平面图

图 6-5-160　武当山金殿立面图

图 6-5-161　武当山金殿侧立面图

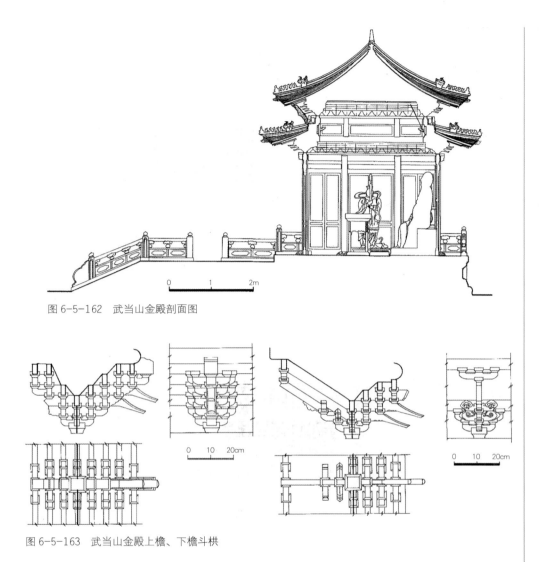

图 6-5-162 武当山金殿剖面图

图 6-5-163 武当山金殿上檐、下檐斗栱

（七）复真观

复真观，又名太子坡。相传净乐国太子进山学道，曾居于此，故名。她背依狮子山，面对千丈幽壑，左临天池，下雨时飞瀑千丈，右为下十八盘故道。此观建于明永乐十一年（1413年）。

明嘉靖三十二年扩建殿宇至200余间。清代康熙年间，曾先后三次修葺。清代乾隆二十年至二十六年又重修大殿、山门等殿宇。后因年久失修，损坏严重。1982年经国家投资，对复真观开展全面修缮，现存殿堂105间，建筑面积16000m²（图6-5-164、图6-5-165）。此观建筑充分利用陡险岩上一片狭窄坡地，进行纵横序列布局，使建筑与环境紧密结合，曲院层台，真容不露，而空间的分割组织幽深莫测，体现了道教的"玄妙"和"清虚"，是武当山建筑群中最富有江南园林气息的一组（图6-5-166～图6-5-171）。

复真观五云楼采用了民族传统的营造工艺，墙体、隔间、门窗均为木构，各层内部厅堂房间因地制宜，各有变化。五云楼最有名之处就是它最顶层的"一柱十二梁"，也就是说，在一根主体立柱上，有十二根梁枋穿凿在上，交叉叠搁，计算周密。

图 6-5-164 武当山太子坡俯瞰

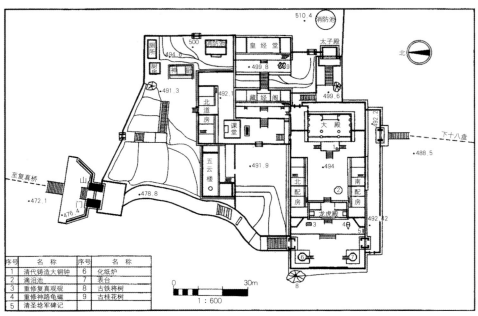

图 6-5-165　武当山太子坡总平面图
来源：武当山志编纂委员会 . 武当山志 [M]. 北京：新华出版社，1994

图 6-5-166　武当山太子坡山门

图 6-5-167　武当山太子坡九曲黄河墙

图 6-5-168　武当山太子坡焚帛炉

图 6-5-169　武当山太子坡龙虎殿

图 6-5-170　武当山太子坡大殿

图 6-5-171　武当山太子坡大殿梁架

图 6-5-172　武当山太子坡太子殿

这一纯建筑学上的构架，是古代木结构建筑的杰作，历来受到人们的高度赞誉，因而也成了复真观里的一大奇观（图 6-5-172 ～图 6-5-174）。

（八）磨针井

磨针井，又名纯阳宫。它出于一则优美动人的神话故事。道经《三宝大有》曾记述：净乐国太子初进山学道，因心志不坚，欲下山还俗。至此遇一姥姆，在井边磨铁杵，太子甚感惊讶。便问："铁杵能磨成针耶？"姥姆对曰："铁杵磨成针，功到自然成。"太子顿时恍然大悟，遂转回继续修炼，复入山修炼。历 42 年终于得道成仙，他就是道教供奉的真武大帝。后人为纪念真武奇遇，便建造了一组道观——磨针井。

磨针井位于上山的公路旁，创建于明代。原在五龙宫北，清康熙年间（1662 ～ 1722 年），知府杜养性等人重建于今址，后又遭火灾。现存建筑是清咸丰二年（1852 年）重建之物。

磨针井突破了严谨的对称布局，是一座纤巧玲珑、布局紧凑的小型道院。从北登山道经北配房进入院内，主体建筑立于崇台之上，殿抬梁式构架，硬山式顶，灰筒瓦屋面。殿内雕花神龛，供奉紫元君铁像，精心塑造了姥姆磨针形象。四壁满绘《真武修真图》壁画，设色清雅，具有民间画风（图 6-5-175、图 6-5-176）。

姥姆亭方形平面，四周带回廊。重檐歇山顶，灰筒瓦屋面。翼角飞翘，脊饰繁

图 6-5-173　武当山太子坡皇经堂

图 6-5-174　武当山太子坡
五层楼一柱十二梁

图 6-5-176　武当山磨针大殿、
姥姆亭

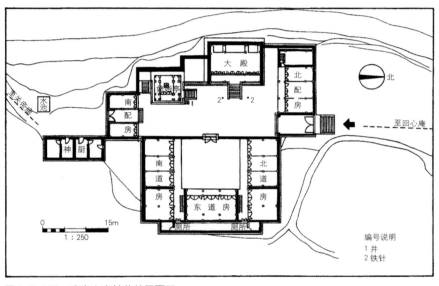

图 6-5-175　武当山磨针井总平面图
来源：武当山志编纂委员会.武当山志 [M]. 北京：新华出版社，1994

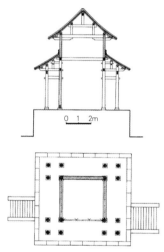

图 6-5-177　武当山磨针井姥姆
亭平面、剖面图

褥精巧，轻巧秀雅，别具一格。亭内有井一口，上有八卦藻井。神龛内有姥姆点化
真武磨针的塑像（图 6-5-177、图 6-5-178）。

（九）襄府庵

襄府庵位于玄岳门与玉虚宫之间，始建于明万历年间（1573 ~ 1620 年），原名
茶庵，是武当山道士们制茶的场所。[1]因系襄王出资所建，故名。原建殿宇 64 间。
今仅存龙虎殿、皇经堂、配房等 27 间。占地面积 5927m² （图 6-5-179）。

龙虎殿面阔 3 间 12.9m，进深 3 间 7.9m，高 7.3m。抬梁式构架，硬山式顶，小
青瓦屋面。过龙虎殿为皇经堂，2 层，面阔 5 间 21m，进深 3 间 9.45m，前檐披檐高
4.95m，形成重檐，脊高 10.4m。抬梁式构架，硬山式顶，小青瓦屋面。左、右配房
各 3 间 19.73m，进深 3 间 6.8m，高 7.9m。砖木结构，2 层，抬梁式构架，硬山式顶，
小青瓦屋面。此庵是武当山三十六庵堂之一（图 6-5-180 ~ 图 6-5-182）。

（十）荆州太晖观

明代道观建筑。太晖观据《江陵县志》载：宋、元时曾有草殿。明洪武二十六年(1393
年)，湘献王朱柏易而新焉，次年落成[2]。又据明万历寅子年（1600 年）《重修太晖

图 6-5-178　武当山磨针井姥姆
亭脊饰

[1]南水北调工程资料，现存湖北省
　文物考古研究所。
[2]《江陵县志·卷五十七·寺观》，
　清光绪二年。

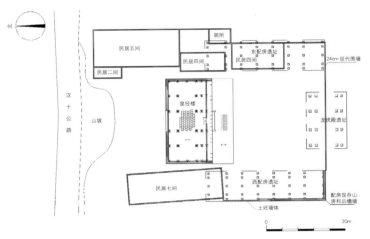

图 6-5-179 武当山襄府庵总平面图

图 6-5-180 武当山襄府庵皇经堂

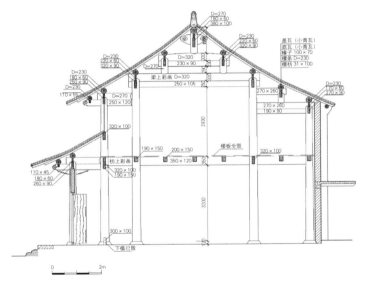

图 6-5-181 武当山襄府庵皇经堂明间剖面图

图 6-5-182 武当山襄府庵皇经堂梁架

①《重修太晖观金殿显灵碑记》，《湘
献王碑记》，载《江陵县志·.卷
五十二·艺文·碑记》，清光绪二年。

②《重修太晖观金殿显灵碑记》，《湘
献王碑记》，载《江陵县志·.卷
五十二·艺文·碑记》，清光绪二年。

③丁安民.武当山出土文物简介 [J].
江汉考古，1988(4)；姚天国.武
当山碑刻鉴赏 [M].北京：北京
美术出版社，2007。

观金殿显灵碑记》载："西郊有观，曰太晖，为国立者。其来已远。设有殿阁、天门、帏城、左右廊庑，遍数琳宫，独此雄甲荆楚，人称赛武当焉。"①国立太晖观，当与湘献王朱柏有关。朱柏乃朱元璋第十二子。明洪武十一年（1378年）册封，十八年（1385年）藩于荆州。他自幼爱道家经典，每遇名山胜景，流连忘返。尤其精通道家言论，自号"子虚子"②。洪武二十六年（1383年）朱柏在宋、元草殿旧址上建道观，只是在建筑规模和装饰上逾越了当时的等级制度（如蟠龙石柱、鎏金铜瓦等），竣工后被人告发谋反。这时朱元璋已死，惠帝继位，忙遣使问罪。朱柏畏罪，便将王宫改为道观，命太史占卜，取了"太晖"这个玄名。湘献王朱柏为"福国裕民、济生渡死"，于建文元年（1399年）正月十五日丙戌在武当山紫霄宫福地殿设立了罗天大醮，由太晖观经箓法师周思礼主持，按等级设斋位1200份，经五天五夜后又选吉时投关，宣告醮事，结束。同时向道教圣地——武当山投简（一金龙，一玉简），以求神灵保佑平安无事③。之后又从安陆运来一尊大型铜铸祖师像供于金殿内。朱柏虽用心良苦，仍逃脱不了问罪的厄运。明惠帝以谋反罪名逮捕朱柏。朱柏不甘受捕，赴火自焚，灵堂设在太晖观内，陵墓建在太晖右侧的太晖山上。明惠帝加害朱柏，乃是他推行"削藩计划"的一部分，但最终酿成一场争夺皇权的"靖难之变"，惠帝也丧失皇位出逃，不知下落。朱棣即位，年号永乐。

太晖观坐北朝南，四周建有环壕和围墙，东西长 300m，南北宽 180m，占地面积为 5.4 万 m^2。中轴线上由山门、四圣殿、会仙桥、石牌坊、玉皇阁、雷神殿、观音殿、石牌坊，最后置高台，上建朝圣门、祖师殿及左右配房，两侧有钟鼓楼，东西配房，东宫、西宫等建筑。惜大部分毁坯，现仅存中轴线山门、四圣殿、金殿及帏城，东轴线上有文昌官、药王殿、圣母殿，西轴线上建筑全毁[①]（图 6-5-183）。荆州三观（太晖观、开元观、玄妙观）2006 年由国务院公布为第六批全国重点文物保护单位。

山门面阔 3 间，进深 1 间，采用 4 柱 3 间 3 楼砖石仿木结构建筑。中间高，歇山顶，两边低，硬山顶。各间开半圆形券门，各安双扇板门。前檐门上方嵌石匾，镌"太晖观"三字。山门石基座与八字影壁采用典型的明代须弥座，更具皇家气魄。门前小溪上建单孔石桥。山门基座上的柱、枋、斗拱、檩、椽比例适度，八字影壁线角，椽子瓦饰皆制作精良。这种影壁入口大门给人以无限壮丽、雄伟的气魄，更令人神往（图 6-5-184、图 6-5-185）。

① 李德喜. 中国建筑·江陵三观 [M]. 台北：台湾锦绣出版社，2002。

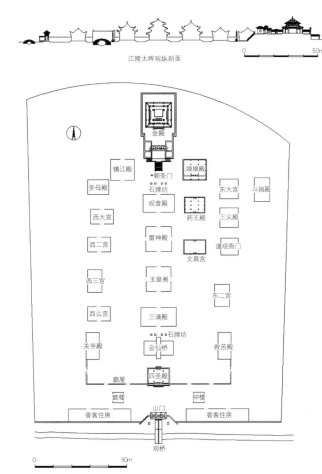

图 6-5-183　荆州太晖观总平面、纵剖面图

图 6-5-184　荆州太晖观山门

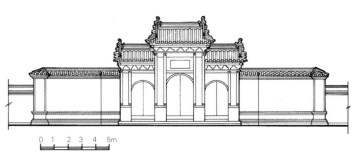

图 6-5-185　荆州太晖观山门立面图

图 6-5-186　荆州太晖观高台建筑

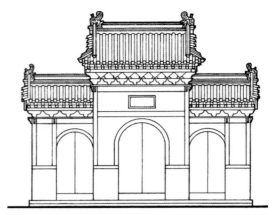

图 6-5-187　荆州太晖观朝圣门

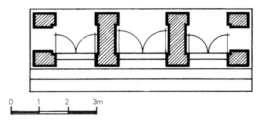

图 6-5-188　荆州太晖观朝圣门立面图

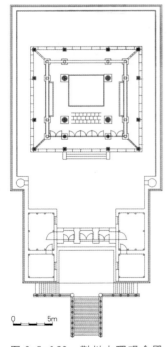

图 6-5-189　荆州太晖观金殿平面图

　　太晖观最北端置高台,高台南北长 38.3m,东西宽 18.9m,高 9m。前面布置朝圣门,两边设有签房和印房。朝圣门为砖石仿木构建筑,立面三间三楼,中间高,歇山屋顶,两边低,硬山屋顶。各开半圆形券门,安板门。朝圣门上方置石匾,上镌"朝圣门"。朝圣门即众神朝圣之门,这"众妙之门",妙者神仙之意也。门楼基座上的倚柱、枋、斗栱、檩、椽比例适度,制作精良。签房、印房面阔、进深均为 1 间,抬梁式构架,卷棚歇山顶,黄琉璃瓦屋面(图 6-5-186 ~ 图 6-5-188)。

　　金殿建在崇台中央,面阔、进深均为 3 间,方形平面,重檐歇山顶。平面柱网为 3 圈柱子,四周回廊,故与一般三开间平面柱网布局有所不同,实为可贵。梁架结构属穿斗式构架,室内 4 根金柱上用穿枋连接,组成一个方形牢固的"井"字构架,上安隔架科斗栱,斗栱之上安枋子,枋上立童柱,脊瓜柱,用枋子连接,构成穿斗式构架。这种构架比一柱一檩和隔柱相间的穿斗式构架有较大的空间,内部空间高大,是供奉神像的理想场所。这种穿斗式构架体系几乎成为湖北地区明清时期建筑特点之一。如当阳玉泉寺宋代大雄宝殿,宜昌黄陵庙明代禹王殿,江陵城内开元观明代祖师殿等都属于这一体系。其檐柱、外金柱(重檐檐柱)与内金柱用穿枋连接,增强了建筑结构的整体性,四周回廊采用轩棚顶。檐柱皆为八角石柱,其中 6 根浮雕蟠龙(前檐 4 根檐柱,后檐 2 根角柱),使大殿的整体结构,静中有动,稳重而又灵活(图 6-5-189 ~ 图 6-5-191)。

　　金殿斗栱有 4 种类型,分别为:下檐檐柱内侧为五踩如意斗栱,廊内外金柱外侧为三踩异形斗栱,上檐外檐为五踩重昂斗栱,室内隔架科为五踩重翘品字斗栱。斗栱除拽架基本符合明式规定外,其他均不符合。如各拱比官式长;斗、升比官式大。可见太晖观虽为国立,但斗栱的形制与做法并未受官式建筑影响。

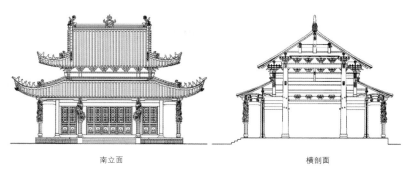

南立面　　　　　横剖面

图 6-5-190　荆州太晖观金殿　　　　　　图 6-5-191　荆州太晖观金殿正立面、剖面图

殿前左右配殿，单檐卷棚歇山顶。殿前正中建"朝圣门"，砖石仿木结构，3 间 3 楼，中间歇山顶，两边硬山顶。檐下砖雕斗栱、枋、檩、椽皆制作精良。高台东、西、北三面砌以帏城，城内壁上镶嵌着高约尺许的石雕 500 灵官，姿态神异，生动逼真。帏城的修建，在内容上烘托了"天国"神秘威严的气氛，在形式上使祖师殿更加雄伟。当人们在台下仰望高台上的门楼、殿宇，那翼角飞翘，斗栱飞檐，吻兽交错，好似天宫琼阁（图 6-5-192）。

图 6-5-192　荆州太晖观帏城上的灵官

太晖观金殿装饰雕刻技艺集金、石、木、彩为一体，极具地方特色，是研究明代建筑的可贵资料。

金：太晖观修建时，金殿、玉皇阁屋顶覆盖鎏金铜瓦，每当骄阳映照，闪光夺目，使它享有"小金顶"、"赛武当"之美誉。

石：太晖观内有 2 座 4 柱 3 间冲天式牌坊，雕刻精良。惜早毁，但遗有抱鼓石。高台前青石踏跺两侧安有雕刻精美的石栏、望柱。栏板上浮雕有人物故事、飞禽走兽、花草树木等图案，均很生动别致。金殿四周 12 根石檐柱，前檐 4 根和后檐 2 根角柱上端浮雕蟠龙，龙首上昂，伸出柱外 1 尺许，凌空欲飞，栩栩如生，巧夺天工，闪耀着我国古代匠人们聪明才智（图 6-5-193）。

图 6-5-193　荆州太晖观金殿蟠龙柱

木：金殿下檐四周额枋正面浮雕有人物故事、花卉林木、小桥流水、飞禽走兽等，以代替彩画，枋四周和底部雕有绵纹、钱纹、菱形几何纹样花饰。回廊月梁上浮雕动物、花卉图案。正面明间内额枋上浮雕二龙戏珠，云绕蟠龙，穿行于云雾之中，虽有残破，但仍能看到生动的形象和细腻的刀法，此枋为清乾隆丁卯年（1747 年）沙市六铺信士弟子所捐。次间额枋浮雕仙鹤，翩翩起舞，技艺精湛。8 根老檐柱下和室内 4 根金柱下的鼓形木质柱礩，更显古老。

彩绘：室内额枋以上满饰彩画。4 根金柱满饰云纹，穿枋、递角梁饰苏式彩画，室内明间跨空枋上绘二龙戏珠云纹图案，天花板上绘云龙纹彩画，外檐上檐斗栱、檩枋满饰彩画，彩画形式不拘一格，内容丰富多彩，不像官式彩画那样呆板，极具地方特色。

（十一）江陵开元观

位于荆州古城西门内北侧，始建于唐开元年间（714 ～ 741 年），相传唐玄宗李隆基曾在梦中闻巨人说："吾欲出，建道场。"不久便接到荆州奏报说，在江陵城西地里涌出一铁巨人。李隆基即下诏就地建观，敕曰"开元"。宋、元、明、清皆有修茸。

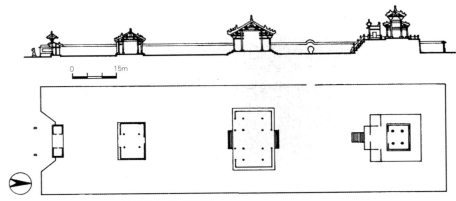

图 6-5-194　荆州开元观总平面、纵剖面图

图 6-5-195　荆州开元观山门

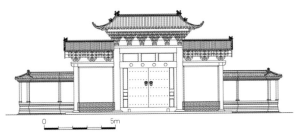

图 6-5-196　荆州开元观山门立面图

图 6-5-197　荆州开元观雷神殿

坐北朝南，占地面积约 5000m²。中轴线上存有山门、雷祖殿、三清殿、天门、耳房、祖师殿等[①]（图 6-5-194）。荆州三观（太晖观、开元观、玄妙观）2006 年由国务院公布为第六批全国重点文物保护单位。

　　山门采用带标志性的牌坊式门楼结构。面阔 3 间，进深 1 间，4 柱 3 楼，庑殿顶，绿琉璃瓦顶，斗栱飞檐。中间为门道，两侧次间后拖为室，中间高，两边低，具有开敞性和引导性。门两侧有八字影壁，门前蹲 1 对石狮。狮子是兽中之王，具有辟邪增威的作用，又是石雕艺术品（图 6-5-195、图 6-5-196）。

　　雷神殿位于山门之后，面阔 3 间 12.7m，进深 3 间 9.25m。为无斗栱大式硬山建筑，内檐大木结构为五架梁前后廊式，室内为"彻上露明造"。前檐装修槅扇门窗，庄严典雅。系清嘉庆二十四年（1819 年）重建（图 6-5-197 ~ 图 6-5-199）。

　　三清殿是观中主殿，体量最大。面阔 5 间 21m，进深 3 间 13.6m，高 9m。歇山顶，绿琉璃瓦屋面。殿内 24 根柱子排列整齐，为抬梁式五架梁前后廊结构。梁的断面呈椭圆形，结构具有明代风格。室内无天花藻井，为"彻上露明造"。檐下四周用五踩品字科斗栱。前后檐装修槅扇门窗，两山用砖墙封护，形式庄重（图 6-5-200 ~ 图 6-5-203）。

　　祖师殿建在最北端的崇台之上，台南北长 15.3m，宽 14m，高 4m。台前设月台，中间设石阶上下。祖师殿平面方形，面阔、进深均为 3 间，高 8m，重檐歇山式顶，绿琉璃瓦屋面。大木结构用重檐金柱，构成"井"字结构，上为穿斗式构架。脊檩下皮题有"大明万历戊戌岁拾贰月吉旦"字样。檩、枋侧面用黑、白、红、黄、蓝等色彩绘龙、云纹图案。室内天花板上的五色龙凤图案甚为精致。上下层檐皆施斗栱，上檐为双下昂五踩斗栱，假昂，昂嘴呈五角形，下檐用单翘三踩斗栱。前檐装修槅扇门，

①丁家元．荆州开元观木结构及石雕艺术 [J]．华中建筑，1997(4)．

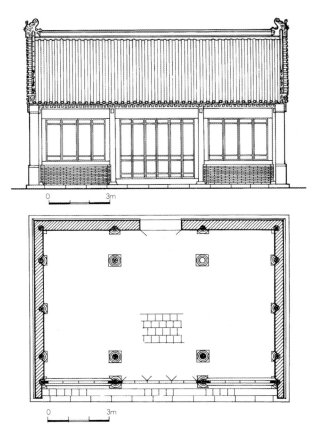

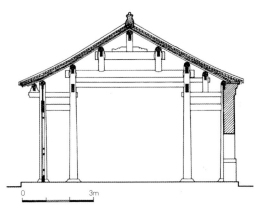

图 6-5-199 荆州开元观雷神殿剖面图

图 6-5-198 荆州开元观雷神殿平面、立面图

图 6-5-200 荆州开元观三清殿

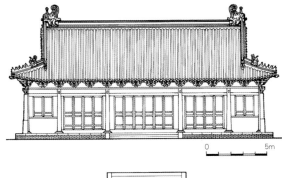

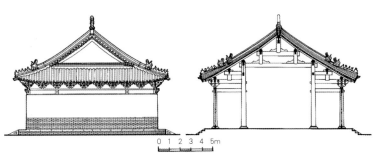

图 6-5-202 荆州开元观三清殿侧立面、剖面图

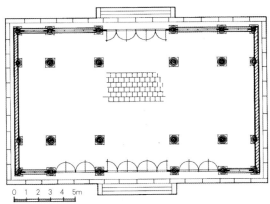

图 6-5-201 荆州开元观三清殿平面、正立面图

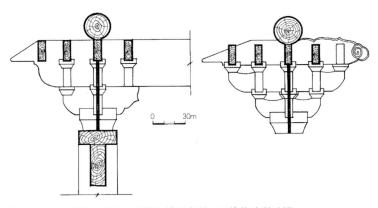

图 6-5-203 荆州开元观三清殿上檐平身科、下檐柱头科斗栱

图 6-5-204　荆州开元观祖师殿

图 6-5-205　荆州开元观三天门

其余用砖墙封护（图 6-5-204）。殿前两侧各建耳房 1 间，硬山顶。两耳房之间耸立一砖石结构的"天门"，为牌坊式。中间开半圆形门洞，庑殿式顶，脊饰蟠龙，鳞甲飞动，势欲腾空而去。门前设石阶，石阶两侧石栏板上雕刻珍禽瑞兽、八仙人物及几何图案，雕工精细（图 6-5-205）。

（十二）江陵玄妙观

位于荆州古城北部中段，背依北城垣。南北纵长 178m，总面积约为 13350m²。玄妙观以玉皇阁为主体，中轴线上依次布置山门、四圣殿、三清殿、玉皇阁、玄武阁（图 6-5-206）。[①]荆州三观（太晖观、开元观、玄妙观）2006 年由国务院公布为第六批全国重点文物保护单位。

据《江陵县志》载："元妙观即天庆观，唐开元中建，宋真宗祥符二年（1009年）诏天下州府监县建道观一所，以天庆为名。又内出圣祖神化金宝牌送诸路，天庆观迄元成宗大德年间（1297～1307 年）诏易诸路天庆观改为元妙观"。到了明代沈一中"元妙观玉皇阁碑记"则谓"称观地系城中张氏故居，今漫不可考"。由此可知，元妙观始建于唐开元年间（713～741 年），观名无可考，宋真宗祥符二年改名为"天庆观"，元成宗大德年间又易名"元妙观"。沈氏在碑文中接着写到"国初（明

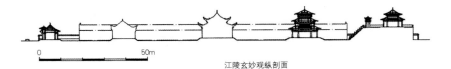
江陵玄妙观纵剖面

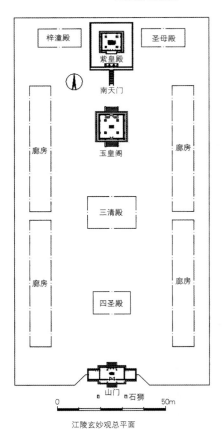
江陵玄妙观总平面

图 6-5-206　荆州玄妙观总平面、纵剖面图

①李德喜．江陵玄妙观现有建筑实测概述 [J]．华中建筑，1989(4)．

初）在行省旁，正德癸酉（1513 年）毁于火，改建在江陵县学前东南，后宪副杨守礼废为书院，复建今城北。观有四圣殿、三清殿、左右有廊庑、后置高台，为元武阁，台东为圣母、西为梓潼二殿，而玉皇阁居台前"。《江陵志余》记载更为详细，元妙观"唐开元中建，旧在府治西北，明朝改置于东，后以其扩修书院，仍迁子城之北，元妙观现在的基地为'九老仙都宫'，后九老仙都宫被毁，元妙观遂迁于此"。元妙观重建于明神宗庚辰（1580 年）。现存在玉皇阁右前元代大石碑可证。碑文是元代大学士欧阳元在元至正三年（1343 年）撰文，大书法家危素手书，楷书。碑文的内容可分为三部分，开头概述了"九老仙都宫"的营建始末和"九老仙都宫"这一名称的来历；继而叙述了当时"九老仙都宫"的主持"中贞明教元静真人唐洞云"的家世以及他从师学道的经历；最后叙述了"九老仙都宫"在江陵的建立，乃是"山川蓄泄之灵"，所谓"地以人而胜，神依人而行"。元妙观的建筑群体，惜大部分被毁，现仅存明万历八年（1580 年）重建之玉皇阁、三天门及清乾隆五十三年（1788 年）依明代旧基重建之紫皇殿。

山门 1987 年重建，其目的是为了完善这一景点，不甚受宗教局限。山门设计以清代早期建筑为蓝本，采用湖北风格的歇山顶以与其他建筑相协调[1]。平面为 3 间堂屋，左右各 2 间厢房。堂屋前设前廊。室内梁架采用抬梁式构架。堂屋明间檐柱、金柱加高，构成骑楼梁架。骑楼檐下用三踩斗栱，堂屋檐下用一斗三升交麻叶斗栱。屋顶堂屋为歇山顶，厢房为硬山顶，上覆灰色筒板瓦。堂屋明间装修双扇板门，后檐明间为槅扇门，前后檐次间安槛窗，两山用砖墙封护（图 6-5-207、图 6-5-208）。

玉皇阁建在长、宽各 14m，高 1.5m 的砖砌台基之上。面阔、进深均为 3 间 11.35m，方形平面，高 15m。3 层檐，四角攒尖顶，黄琉璃瓦顶。3 层檐从大到小，其状如塔，顶端承托一青铜莲花宝座和鎏金宝顶，上铸"大明万历庚辰年（1580 年）拾贰月吉旦"字样，内藏经书。室内 4 根金柱直通上层檐下，室内 3 层，透空，高大宽敞，二层四周设围楼，三层装有天花。外檐施五踩重翘斗栱，但做法各有差异。下层前后檐开半圆形券门，安双扇板门，中、上层四周各安花窗（图 6-5-209 ～图 6-5-211）。

图 6-5-207　江陵玄妙观山门

图 6-5-209　江陵玄妙观玉皇阁

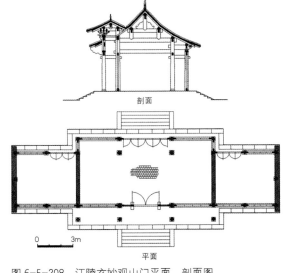

剖面

平面

0　　3m

图 6-5-208　江陵玄妙观山门平面、剖面图
来源：李德喜. 江陵玄妙观重建山门设计 [J]. 华中建筑, 1989（1）

[1] 李德喜. 江陵玄妙观重建山门设计 [J]. 华中建筑, 1989(1)。

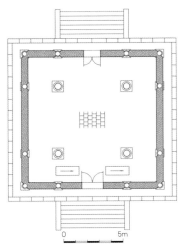

图 6-5-210　江陵玄妙观玉皇阁平面图

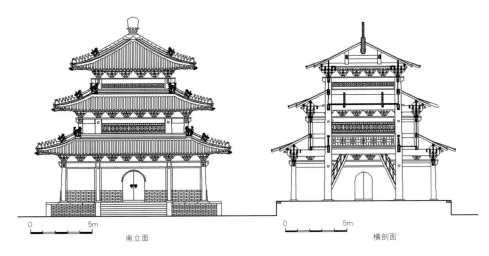

南立面　　　　　　　　　　　横剖面

图 6-5-211　江陵玄妙观玉皇阁正立面、剖面图

　　紫皇殿原名玄武阁，与玉皇阁同时重建于明万历庚辰年前后，以后又毁，史书无载。1985 年维修时在脊檩下发现有"大清乾隆五十年岁次乙巳谨同众□□□信士黄陆杨安弟子郑□□□□□监隆弟子李□□"的墨迹。经实查，柱础石与柱径之比，斗栱的形制均不像明构。据此，现有紫皇殿是乾隆五十年（1785 年）依明代旧址重建的。

　　该殿建在玉皇阁之北的高台之上，台南北长 23.07m，东西宽 19.8m，高 6.1m。殿面阔 3 间 9.2m，进深 3 间 8.56m。室内构架用穿斗式构架。上层檐用五踩重昂斗栱，下檐用三踩单翘斗栱。前檐明间装修槅扇门，其余用砖墙封护。三开间的小殿，高不过 9m，但屹立于 6.1m 的高台之上，在北面城垣的衬托下，显得格外宏伟壮观（图6-5-212 ～图 6-5-214）。

图 6-5-212　江陵玄妙观紫皇殿

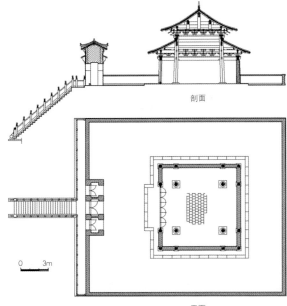

剖面

平面

图 6-5-213　江陵玄妙观紫皇殿平面、剖面图

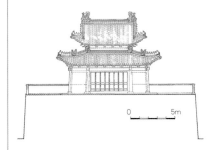

图 6-5-214　江陵玄妙观紫皇殿立面图
来源：李德喜.江陵玄妙观现有建筑实测概述
[J].华中建筑，1989（4）

殿前南面耸立着"三天门"。门面阔 3 间 6.2m，进深 1 间 2m，中间高 5.5m，歇山式屋顶，两边高 4.2m，硬山式屋顶。3 间各开一半圆形券门，安双扇板门。正中券门上方镌"三天门"石匾。天门是后谓众妙之门，妙有神仙之意，就是说这里是众糖果朝供之地。三天门外留有走道，外安护栏。台中安石阶上下，两旁安石栏（图 6-5-215）。

图 6-5-215　江陵玄妙观三天门

（十三）钟祥元祐宫

位于钟祥郢中街道办事处元祐路 41 号，据史载:元祐宫始建于元，名"天庆观"，元末毁于兵火；明洪武三年（1370 年）重建，七年（1374 年）改名"玄妙观"。明嘉靖帝登基后，于嘉靖十八年（1539 年）南巡至钟祥，回到北京之后，在第二年进行大规模扩建。嘉靖二十九年（1540 年），赐名"元祐宫"，占地 1.4 万 m²。明末毁于兵火，清乾隆二十五年（1760 年），改前殿为"万寿宫"，光绪十九年（1839 年），部分毁于火。元祐宫据《兴都志》载："元祐宫，在城南一里，即玄妙观旧址，嘉靖十九年建……前为殿五间，曰元祐殿，……元祐殿后复为殿五间，曰降祥殿前；降祥殿后复为阁，三洞阁……；阁后偏殿两座各 3 间；元祐殿前左右复为殿两座各 3 间，东曰宣法，西曰衍真，制与偏殿同；最后道房三所，门各一座，前后厅八间，厢房各五间……"[1]明世宗《纪成碑》也有相同的记载："朕念斯地庆源所自，特启建元祐宫，以崇圣、保国、恤民。乃命巡抚诸臣，相度会计，集材饬具，经始于嘉靖乙酉，迄戊午而告成。中为元祐殿，后为降祥殿，最后为三洞阁；其配殿左为宣法，右为衍真，其前为元祐门，又前为储祉门；钟鼓二楼，拱侍环列。丹艧之施，金碧之饰，绚丽辉煌。抚臣具奏，请以文记。朕惟我太祖、成祖，定鼎两京，并建朝天宫；以小宗奉玄元，祈天永命，谨法皇祖，式建斯宫。又设宫以领焚修，降敕以谕群下，给田以瞻宫。礼无不周，事无不备……"这段记述，清楚地告诉了我们修建元祐宫的原因，以及具体的时间和规模。这时的元祐宫，经过近 10 年的修建，比以前显得更为宏伟壮观了。

可惜的是，如此壮观的元祐宫，在明末毁于兵燹。清朝初期，由元祐宫的主持募化集资，才又得以重修。对此事，《钟祥县志》也作了详细的记载："元祐宫在城南一里，明嘉靖己酉（1525 年）敕建，迄戊午（1538 年）告成。明季闯贼纵火焚毁，清初道人陈贞一募化修建费，三万余金。乾隆二十五年（1760 年）改前殿为万寿宫，前事颇加整理。光绪十九年（1893 年）五月十四日，三洞阁火余，亦多遭焚，如颓垣败瓦刀……"[2]由此得知，元祐宫在明末和晚清，曾先后遭受了 2 次火灾。元祐宫的现状，就是在清代光绪十九年（1893 年）遭火灾后遗留下来的。

宫坐北朝南，中轴线上自南而北建有照壁、宫门、元祐殿、降样殿和三洞阁，两侧配有钟楼、鼓楼、廊房、宣法殿、衍真殿。宫门外两侧设有延禧、保祉二牌坊。降祥殿、三洞阁仅存基址[3]（图 6-5-216）。2006 年由国务院公布为第六批全国重点文物保护单位。

照壁是一座琉璃仿木构建筑物。长 12m，宽 1.4m，高 3.3m。单檐歇山七色琉璃瓦顶。檐下四周檐椽、飞椽、檩、枋、额、斗栱等均琉璃仿木构件。下部须弥座为琉璃仿石作。照壁正面（北面）四角镶嵌有琉璃琼花、牡丹、卷草等纹样拼装镶嵌而成，花、蕾、茎、叶，疏密有致，晶莹瑰丽。中间软心粉刷红浆，两侧和南面均

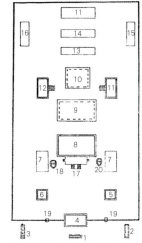

图例说明：1. 细线是已经不存在的建筑；
2. 外细内粗虚线是原台基址；
3. 外细内粗实线是现仍保存的建筑。

1. 照壁　2. 保作坊　3. 延禧房　4. 元祐宫门　5. 钟楼　6. 鼓楼　7. 东西库房　8. 万寿宫　9. 降祥殿基址　10. 三洞阁基址　11. 宣法殿　12. 衍真殿　13. 三贤殿　14. 总圣殿　15. 知客堂　16. 十六堂　17. 来鹤轩　18. 勒渝碑　19. 侧门　20. 纪成碑

图 6-5-216　钟祥元祐宫总平面
来源：丁家元. 钟祥元祐宫 [M]. 江汉考古，1994（3）

① 《兴都志·卷八·典制八》，中华民国二十六石印本。
② 《钟祥县志·卷五·古迹下》，中华民国二十六石印本。
③ 丁家元. 钟祥元祐宫 [J]. 江汉考古，1994(3).

图 6-5-217　钟祥元祐宫延禧坊
来源：国宝档案资料

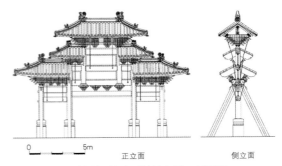

图 6-5-218　钟祥元祐宫延禧坊立面、剖面图

为软心粉刷红浆做法。设计精细，造型优美，具有较高的艺术价值。

延禧坊为木结构，四柱三间五楼，坊上题记为"大清同治四年（1865 年）"张应翔、聂合鼎主持重建。位于照壁和宫门西侧（东面边原有保祚坊相对，已毁）。牌坊为四柱三间五楼，重檐木构牌坊，庑殿式琉璃瓦顶，中门高 3.96m，宽 5.17m，边门各高 3.12m，宽 2.12m。檐部设斗栱，中楼随四攒五昂十一踩斗栱，左右夹楼各施两攒重昂五踩斗栱，两边楼各施四攒四昂九踩斗栱，额枋刻"大浦同治四年建"。此牌坊结构合理，造型精致优美，具有很高的艺术价值（图 6-5-217、图 6-5-218）。

宫门在照壁北侧，面阔 3 间 14.4m，进深 3 间 8.4m，砖石结构，抬梁式构架，单檐硬山绿琉璃瓦顶。外壁四角及木柱对应部位下层为汉白玉立柱，上层琉璃立柱。汉白玉拱形门、窗。门额嵌"元祐宫门"石匾。前后檐下有檐椽、飞椽、檩、枋、斗栱、大小额枋均为琉璃仿木构件，饰旋子彩画，称得上艺术珍品。两山博缝板也是琉璃作（图 6-5-219、图 6-5-220）。

钟楼、鼓楼位于宫门内东西两侧，面阔 3 间 11.2m，进深 3 间 11.4m，方形平面，抬梁式构架，重檐歇山筒瓦顶。上、下檐均用一斗三升斗栱承檩，阑额头作三分头，具有清官式建筑特征下层四壁砖墙围砌，汉白玉拱形门窗，上层四壁设槅扇，枋施旋子彩画（图 6-5-221）。

元祐殿又名万寿宫。系清代在明代元祐宫旧址上重建。面阔 7 间 30.4m，进深 3 间 12.4m。抬梁式构架，单檐歇山琉璃瓦顶。室内柱、梁、枋、檩垫板上全部饰"雅五墨旋子彩画"。外檐柱、枋、阑额、斗栱均不饰彩画，只作红土色。但前檐明、次间额枋上浮雕龙凤图案，明间雕凤戏龙，次间雕二龙戏珠图案。台基为石须弥座式，前面设有宽大的月台。台基和月台四周设有石栏。南面中央设御路，御路乃一整块长 3.2m，宽 1.6m 的汉白玉石，上雕龙凤图案，极为精致（图 6-5-222～图 6-5-224）。

宣法、衍圣二殿，位于万寿宫后。两殿又称东宫、西宫。宣法殿平面长方形，面阔 3 间 11.1m，进深 2 间 8.5m，前设 1m 宽的檐廊，为砖木结构的高台建筑，台基高 3m。明间用抬梁式构架，两山用穿斗式构架，室内空间宽敞无柱，两山墙作五花封火山墙（图 6-5-225）。四周墙体嵌"直隶安府知府选"、"江西南昌府康县造"等字样铭文砖多块。

衍真殿为砖木结构高台建筑，台基高 3m。面阔 3 间 11.1m，进深 3 间 8.5m。单檐硬山灰瓦顶，抬梁式构架，前设 1m 宽的檐廊，五花封火山墙（图 6-5-226）。

其后的三官殿，面阔 5 间，进深 3 间，单檐硬山灰瓦顶，抬梁式构架，五花封

图 6-5-219　钟祥元祐宫照壁

图 6-5-220　钟祥元祐宫宫门

图 6-5-221　钟祥元祐宫鼓楼

图 6-5-222　钟祥元祐宫元祐殿

图 6-5-223　钟祥元祐宫元祐殿石栏

图 6-5-225　钟祥元祐宫宣法殿

图 6-5-226　钟祥元祐宫衍圣殿

图 6-5-224　钟祥元祐宫元祐殿槅扇门

图 6-5-227　钟祥元祐宫三官殿

火山墙（图 6-5-227）。

　　此外在万寿宫后，还残存两座台基，它们原是降祥殿、三洞阁的基址。现仅存石质柱础和部分须弥座。

　　在元祐殿前西侧有明代"敕谕"碑，刻于嘉靖二十一年（1552 年）。青石质。螭首趺坐，额篆"敕谕"；碑文楷书 11 行，满行 32 字，刊禁止骚扰元祐宫的告示。

　　（十四）武昌长春观

　　位于武昌城外双峰山南麓。据载，元至元二十四年（1287 年）为纪念长春真人邱处机而建，故名。邱处机（1148 ～ 1227 年），道教全真教"北七真"之一，字通密，号长春子，登州栖霞（今属山东）人。19 岁出家拜王重阳为师，后成为龙门派的创始人。曾力劝元太祖不嗜杀人，拜大宗师，死后，元世祖赐号"长春演道主教真人"。

　　元世宗至大三年（1310 年）加封为"长春全德神化明应真君"，后世称其长春真人。双峰山古有"松岛"之称，相传老子曾应弟子恭请，"西入长松之岛、双峰之山、湖港之乡，即江夏焉；施教，设先农坛，神祇坛"[①]。

　　观始建于元至元二十四年（1287 年），明永乐十二年（1414 年）和清康熙二十六年（1687 年）曾 2 次维修和重建，后毁，清同治二年（1863 年）住持何合春率道友四处募捐修葺，使"庙貌森严回复旧观"。1931 年按明代风格复建。现存建筑坐北朝南，占地面积约 4.5 万 m²。现存建筑坐北向南，中轴线上为 5 进：灵祖殿、二神殿、大清、古神祇坛、古先农坛。坛与坛之间有"地步天机"和"会仙桥"，左

① 傅钧烈. 长春观与道藏 [J]. 武汉春秋，1982（5）；张九赋. 长春观 [M]. 武汉：武汉出版社，2001。

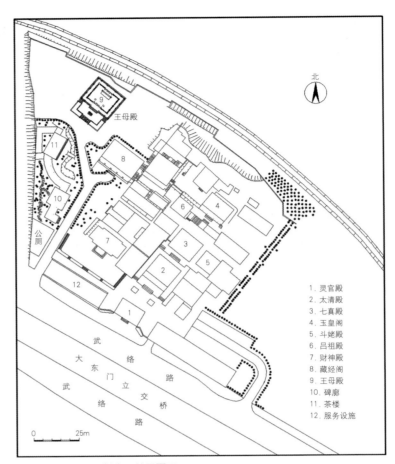

图 6-5-228　武昌长春观总平面图

图中图例：

1. 灵官殿
2. 太清殿
3. 七真殿
4. 玉皇阁
5. 斗姥殿
6. 吕祖殿
7. 财神殿
8. 藏经阁
9. 王母殿
10. 碑廊
11. 茶楼
12. 服务设施

图 6-5-229　武昌长春观山门

图 6-5-230　武昌长春观太清殿

图 6-5-231　武昌长春观太清殿斗栱

路为十方堂、经堂、大客堂、功德祠、大士阁、来世殿、和藏经阁等，右路为斋堂、寮房、邱祖殿、方丈室、世谱堂、纯阳祠等建筑（图 6-5-228）。1992 年由湖北省人民政府公布为第三批省级文物保护单位。

山门又称灵官殿，中国传统道教丛林，总是以灵官殿设在山门，殿内供奉着王灵官，长春观也不例外。王灵官原名正善，是宋徽宗手下的一员大将，萨守坚祖师的弟子，后加封"玉枢火府大将"，为道观第一殿护法主神。山门面阔 3 间，进深 3 间，抬梁式构架，硬山顶，灰筒瓦屋面。（图 6-5-229）。

过灵官殿，便是一开阔地，人称吉祥苑。苑内正中是一尊石雕老子立像，游人总是要触摸一下他的手和脚，以求长生永福，吉祥如意，以致石像手足光滑如玉。老子像后石阶中间刻着"五龙捧瑞图"。上石阶便是二进太清殿，正中供奉着道教最高神三清之一的道德天尊，亦称太上老君。左供奉尹喜真人（关尹子），道教尊其为无上真人、文始先生，著有《关尹子》，又称《文始真经》。右供奉南华真人（庄子），战国时人，名周，字子休，著有《庄子》，唐代奉为《南华真经》。

主体建筑太清殿为砖木结构，面阔 5 间 16m，进深 5 间 15m，抬梁、穿斗混合构架，重檐歇山小青瓦顶（图 6-5-230、图 6-5-231）。

七真殿原为古神祇坛，1931 年改为紫微殿，殿内供奉紫微帝君、文昌帝君。现改为七真殿，供奉全真七真人像。大殿为清代木构建筑，抬梁与穿斗式组合构架，重檐歇山顶式，小青瓦屋面。平面布局为长方形，二环柱列，立柱共 28 根，面阔 5 间 15.18m，进深 4 间 13.45m，建筑面积达 204.14m²。底层檐高为 5.5m，二层檐高为 9m，正脊（明间）高为 13.44m。该建筑依山而建，故殿前做月台，台明通长 15.18m，宽 3.38m，面积达 51.16m²。台明正立面做简单青石须弥座，圭脚、斗板上刻浅浮雕几何花纹，上部周边置放青石罗汉栏板、望柱，共 10 档，中间为登级踏步，宽与明间一致。

大殿正立面下层檐部做五踩状如意斗栱，既起装饰作用又能承托出檐荷载。上层檐部用挑梁头承托檐檩，木梁下装雕花撑栱辅助承力，二层檐柱与柱之间用平身科五踩斗栱装饰檐部。整个檐部正立面出檐合理，装饰大方，外形美观庄重。山墙立面有连升三级墀头，泥塑倒爬狮装饰。大殿 2 层翼角，即在挑梁头端承横直交叉挑檐檩，上皮用老、嫩戗做法接立角飞椽，使翼角起翘，嫩戗与老戗突起角度约 130°，与《营造法原》做法相似。这样做法，起翘自然，轻盈舒展（图 6-5-232 ～图 6-5-234）。

三皇殿（玉皇楼），出七真殿过会仙桥便是长春观最高处三皇殿，现为重檐歇山式建筑。面阔 5 间，进深 3 间，砖木结构，抬梁式构架，绿琉璃瓦顶。上层为皇经堂（亦称玉皇楼），供奉玉皇大帝；下层为三皇殿，供奉伏羲、神农、轩辕。殿左供奉财神（赵

图 6-5-232　武昌长春观七真殿

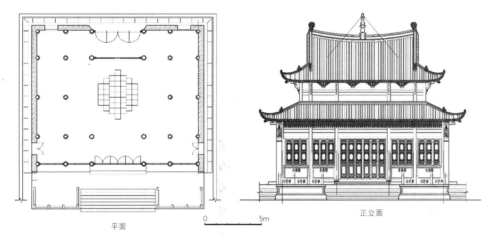

平面　　　　0　　　　5m　　　　正立面

图 6-5-233　武昌长春观七真殿平面、正立面图

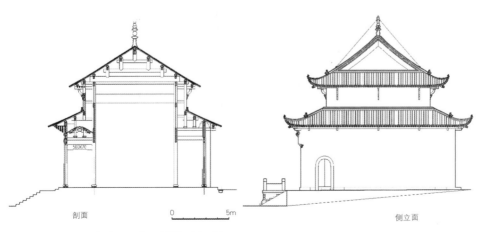

剖面　　　　0　　　　5m　　　　侧立面

图 6-5-234　武昌长春观七真殿剖面、侧立面图

图 6-5-235　武昌长春观三皇殿

图 6-5-236　武昌长春观道藏阁

图 6-5-237　武昌长春观王母殿

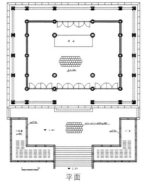

正立面

平面

图 6-5-238　武昌长春观王母殿平面、正立面图

公明），殿右供奉观音，此楼在北伐战争时为北伐军前敌指挥部，张发奎、叶挺、郭沫若等曾驻此指挥议事（图 6-5-235）。

道藏阁位于长春观西区，道藏阁是西区的重要建筑之一，此阁 1931 年建，为道教藏经重地，1999 年修复。道藏阁正门前是用鹅卵石拼成的阴阳太极八卦图，左为乾隆时石刻"甘棠"（图 6-5-236）。

王母殿位于道藏阁西面，为独立式殿堂，平面呈长方形，建筑面阔 5 间 19.30m，进深 4 间 16.20m，建筑面积为 312.66m²。外设回廊，因此柱分三环柱列。檐柱径 0.35m，重檐柱径 0.40m，金柱径 0.45m，童柱径 0.30m，略小于清《工部工程做法》规定的檐柱径 6 斗口，重檐柱径 6.6 斗口，金柱径 7.2 斗口。殿前阅台通长 13.88m，通宽 3.30m，高 1.2m。其下为瑶池，阅台和踏跺围以石栏杆，壮观宏伟。

王母殿抬梁式构架，歇山顶，黑色亚光筒瓦屋面，前、后檐明间安隔六抹头扇门，前檐次间安四抹头槛窗。其余四周用砖墙封护，室外下为清水墙，上为白灰粉刷墙面。室内全为白灰粉刷墙面（图 6-5-237 ~ 图 6-5-239）。

（十五）建始石柱观

石柱观古称朝真观，位于湖北建始县城西 45km 青高坪镇望坪村望坪山上，因观建在石灰岩孤峰顶端而得名。石柱拔地崛起，巍然屹立，犹如擎天大柱，俗称"蟠龙山"，或谓"冲天石柱"（图 6-5-240）。高 50 余米，柱顶有小坪，周 223m，有石阶 238 级，依山势盘旋而上。海拔高程 1076m。[①] 1992 年由湖北省人民政府公布为第三批省级文物保护单位。

观坐北朝南，屹立柱顶，亭阁耸立，加上山石奇特，景色显得分外秀丽。据碑文记载，观建于明嘉靖年间（1552 ~ 1566 年），明末屡遭兵焚，几经破坏，清乾隆元年（1736 年）有施主倡导，曾作补葺。乾隆十一年（1746 年）又有信士捐银兴修登石柱观路，由脚下至石柱观顶，道光年间（1821 ~ 1850 年）、同治年间（1862 ~ 1874 年）重修扩建。坐北朝南，占地面积约 700m²。中轴对称布局，现存前堂、后殿、耳房、小庙及三通记事碑（图 6-5-241）。

前堂面阔 3 间 10.5m，进深 1 间 4.75m。单檐悬山灰瓦顶，抬梁式构架。明间为穿堂式门道，高石级通往正殿，次间设楼三层，通高 7.17m。殿前有三级石阶。

石阶南侧有小型庙一座，长 3m，宽 2m，高 3m，为单檐硬山灰瓦顶，土木结构，抬梁式构架。

耳房位于正殿、前殿间，面阔 2.17m，进深 4.18m。单檐硬山灰瓦顶，土木结构，抬梁式构架。

① 朱世学. 鄂西古建筑文化研究 [M]. 北京：新华出版社，2004。

侧立面

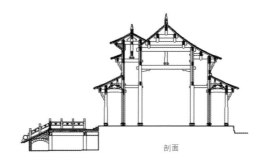

剖面

图 6-5-239　武昌长春观王母殿侧立面、剖面图

图 6-5-240　建始石柱观远眺

图 6-5-241　建始石柱观山门

图 6-5-242　建始石柱观后殿

图 6-5-243　建始石柱观后殿六角攒尖顶亭

　　后殿长方形平面，底层 3 间，面阔 3 间 12.15m，进深 3 间 7.35m。重檐歇山灰瓦顶，砖石木结构 4 层楼，通高 10.97m。立有圆柱 12 根，柱础为鼓墩形石座。架梁为圆、方形杂木结构。一层、二层建六角攒尖顶亭，高 10.97m。屋顶为六面重檐攒尖灰布瓦顶，飞角为鸥首以木板裹檐，底层四周以石块砌墙，二至三层均以木板装修亭角。亭上绘有山水花鸟，穿枋上绘彩画"日月"，窗户为方形棋盘式，楼梯旋转，可依木梯盘旋而上亭顶，远眺青山秀水与山峦叠翠，石柱孤峰，更显奇特（图 6-5-242、图 6-5-243）。

　　石柱接地面部分，有三个溶洞相通。石柱东有一深潭，碧波荡漾，俗称"堰池"。每逢月出，水放白光，月形倒映，潭底好像真有金盆，故称"金盆映月"。石柱腰西路岩壁上生一石乳，酷似蛤蟆头向下，滴水从口中流出，此景《建始县志》记载为"蛤蟆吐涎"，为全县"八景"之最。观下有地名"捞月"，每当风清月白，水中宫殿隐现，谓之"望坪假月"。天光潭影，景色绝妙。

　　此外，石柱上下存有石碑 12 块，阴刻碑文，有 5 块字迹不清，其余可辨认。

（十六）利川三元堂

　　位于利川市忠路镇木坝河村。始建年代不详，但据《利川县志》（光绪版）关于三教观在忠路二十七保的记载可以推断，该观始建年代最迟也在清光绪十八年（1892年）以前。现存主体建筑传说为谋道长坪支罗人罗宗题于光绪二十七年（1901 年）所扩建。[①]

　　三元堂坐北朝南，依山而建，东西宽 50m，南北长 60m，占地面积约 3000m²，中轴对称布局，依地势逐级升高成台阶式布局。有门楼、玉皇阁、正殿及偏楼、厢房等（图 6-5-244 ～ 图 6-5-247）。2002 年由湖北省人民政府公布为第四批省级文物保护单位。

　　正门阶沿用一长 10m，宽 0.55m，厚 0.2m 的规整条石铺成，用料十分讲究。门楼、正殿均面阔 3 间，进深 1 间，单檐歇山灰瓦顶，抬梁式构架，门楼明间屋顶高出两次间；玉皇阁及左右偏楼面阔、进深均为 1 间，重檐歇山灰瓦顶。中心玉皇楼突兀于整个建筑之上，总览全局，构思布局巧妙严谨。

　　三元堂是恩施州境内保存最好，规模较大的道教建筑之一，建筑形式独特，建筑技艺精湛，建筑用料考究，特别是建筑内的双层镂空石雕柱础，鹿鸣鹤舞，玲珑剔透，更是匠心独运，工艺之精湛实属罕见。

① 朱世学.鄂西古建筑文化研究[M].北京：新华出版社，2004；谭宗派.利川民族文化览胜[M].北京：中国文联出版社，2002。

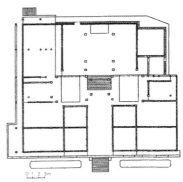

图 6-5-245　利川市三元堂全景

图 6-5-244　利川市三元堂俯视
来源：辛克靖.民族建筑线描艺术 [M].武汉：湖北美术出版社，1993

图 6-5-246　利川市三元堂总平面图

图 6-5-247　利川市三元堂正立面
来源：朱世学.鄂西古建筑文化研究 [M].北京：新华出版社，2004

　　观后有道姑墓碑 3 座，高浮雕蝙蝠栩栩如生。观前有石碑 3 通记载了南津设渡等情况，十分珍贵。

　　（十七）鄂州观音阁

　　观音阁位于在鄂州小东门外江心的龙蟠矶上，又名蟠龙矶寺。龙蟠矶，原是一群巨大礁石，屹立于江心，石势蜿蜒，矫若金龙。相传孙权定都鄂州之前，有黄龙蟠卧矶上，积日方去，故名蟠龙石。它与城东的凤凰台相呼应，并称“龙蟠凤集”。蟠龙石龙头翘首西望，观音阁突兀在龙头之上，虚悬于大江之上。元至元十七年（1280年），监邑铁山建，明代弘治、嘉靖及清代均有修葺。清同治三年（1864 年），大学士湖广总督官文驻守黄州，偶望鄂州江心，见有小岛，蜿蜒轮回，横江而峙，上有亭台楼阁，奇而询之，为县志八景之一，乃书“龙蟠晓渡”刻于石。

　　阁坐北朝南，占地面积 10565m²。建于江心砖砌夯土台基上，不规则平面布局，有东方朔殿、观音殿、老君殿、纯阳楼、观澜亭、斋厨等①。2006 年由国务院公布为第六批全国重点文物保护单位。

东方朔殿在观音阁前部，面阔 3 间 8.02m，进深 1 间 5.84m。单檐歇山灰瓦顶，砖木结构，抬梁式构架。内供东方朔像。

观音殿在观音阁中部，面阔 3 间 7.24m，进深 1 间 5.84m。单檐歇山灰瓦顶，砖木结构，明间抬梁式构架，两山脊檩直接承于砖墙上。前后壁设槅扇门。内供石刻观音。

老君殿在观音阁中部，面阔 3 间 9.28m，进深 1 间 5.7m。单檐歇山灰瓦顶，砖木结构，明间抬梁式构架，两山脊檩直接承于砖墙上。前后壁设槅扇门。内供太上老君像。

纯阳楼在观音阁后部，面阔 3 间 11.89m，进深 1 间 3.43m。四角攒尖灰瓦顶，二层砖木结构楼房，四壁设槅扇（图 6-5-248 ～图 6-5-253）。

图 6-5-248　鄂州观音阁全景

图 6-5-249　鄂州观音阁山门

图 6-5-250　鄂州观音阁小蓬莱

（十八）黄陂木兰山古建筑

木兰山风景区位于黄陂区境内，山势峭拔，奇石嶙峋，松柏叠翠，寺庙林立，是历代佛教、道教荟萃之胜地。木兰山曾称牛头山、青狮岭。木兰山始称于南齐永明三年（485 年），木兰山因木兰将军而得名。相传花木兰代父从军后，屡立战功，被封为"孝烈将军"。后人感其忠、孝、勇、节，为其立庙、树坊、建祠，先后启建了木兰殿、木兰庙、唐木兰将军坊、木兰祠，山也因其而更名为"木兰山"。唐武宗会昌三年（843 年）大诗人杜牧登木兰山题写了千古名句《题木兰庙》："弯弓征战作男儿，梦里曾经与画眉。几度思归还把酒，拂云堆上祝明妃"，就是对木兰将军英雄壮举的真实写照。②

图 6-5-251　鄂州观音阁观音殿梁架

木兰山是千年香火鼎盛的宗教圣地，其宗教活动始于隋唐、历宋、明、清三代，形成规模宏大的建筑群，山上先后共建有七宫八观三十六殿，加上附属设施，建筑面积 3.6 万 m²。佛道两教和睦共处一山，独具特色，全国罕见。木兰山宗教建筑的特点是：一是"佛中有道，道中有佛"，把佛教与道教建筑融为一体；二是寺庙建筑注重结构，用石块交错嵌压而成，不用泥浆，即干砌石墙。后因年久失修大部分建筑先后被废毁。现存主要建筑有一天门、雷祖殿、讲经堂、南天门、木兰寨、二天门、木兰将军坊、木兰殿、斗姆宫、报恩殿、帝王宫、三清殿、三天门、玉皇阁、金殿等（图 6-5-254、图 6-5-255）。2008 年由湖北省人民政府公布为第五批省级文物保护单位。

图 6-5-252　鄂州观音阁殿神龛

1. 木兰将军坊

唐木兰将军坊建于唐朝，修复于明代。为白云石长片岩建造，坊高 6.539m，宽 5.76m，4 柱 3 间 3 楼，顶上立匾刻"灵杰"2 字，横额是"忠孝勇节"4 字，横额上刻有双凤朝阳，下刻有二龙戏珠图案。石坊背面由一女书法家题的"唐木兰将军坊"6 个大字。此坊建于唐朝，修复于明代，是仅存的一座较完整的石牌坊（图 6-5-256、图 6-5-257 年）。

2. 金顶牌楼

坐落在木兰山最高处，海拔 545m，坊高 6.994m，宽 4.7m，拱门垂直高 2.48m，宽 1.1m，深 3m，单檐，正面有"金顶"2 个石刻大字，石坊背面有"帝庭"2 字，

图 6-5-253　鄂州观音阁观澜亭

①艾三明，胡茂新.鄂州名胜古迹鉴赏 [M].北京:北京燕山出版社，2001。

②国家文物局主编.中国文物地图集·湖北分册（下）[M].西安:西安地图出版社，2002。

图 6-5-254　黄陂木兰山远眺

图 6-5-255　黄陂木兰山门楼

图 6-5-256　黄陂木兰山木兰将军坊

图 6-5-257　黄陂木兰山木兰将军坊立面图

图 6-5-258　黄陂木兰山金顶牌楼

正立面

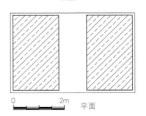

平面

图 6-5-259　黄陂木兰山金顶牌楼平面、正立面图

草书石雕，两旁有小字，左边是："大清光绪二十年"，右边是"宁波无名氏捐修"，坊上刻有宋代花纹图案，但整个建筑格局为明代所建，清代复修，至今保持良好（图 6-5-258、图 6-5-259）。

3. 玉皇阁

坐落在木兰山金顶西侧海拔 520m 的千尺峰上，该阁始建于唐朝，修复于明朝洪武二年（1369 年），阁中供奉玉皇大帝像，是木兰山历经"文革"浩劫后，唯一幸存并保存较完整的阁。阁平面六角，外边长 3.7m，内径 3.7m，高 15m，六角攒尖顶，均有石雕龙头吐水，总建筑面积为 125m²，外围周长 21.6m，该阁全部由绿帘线石垒起，采用石灰与糯米浆工艺勾缝，造型古朴典雅。该阁在革命时期既是革命先辈吴光浩和当时黄陂第一任县委书记吴光荣秘密会晤的地点，也是万昭虚道长设计掩护吴光浩脱险的地方，更是中国工农革命军第七军隐蔽打游的重要地点之一（图 6-5-260、图 6-5-261）。

4. 玉皇阁牌坊

玉皇阁牌坊位于木兰山千尺峰上，明代建筑，四柱三间三楼，全石结构。坊高 6.87m，宽 4.52m，全石结构，坊正面书"第一天峰"四个大字，左书"日华"，右书"月映"，正面雕刻有"天马行空"和"双壁虎"浮雕。背面书"清虚胜境"四字（图 6-5-262、图 6-5-263）。

图 6-5-260 黄陂木兰山玉皇阁

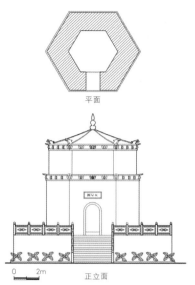

图 6-5-261 黄陂木兰山玉皇阁平面、
正立面图

图 6-5-262 黄陂木兰山玉皇阁牌坊

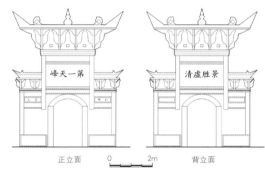

图 6-5-263 黄陂木兰山玉皇阁牌坊正立面、背立面图

第六节 会馆、戏楼

会馆是商客聚此而建，是当地商业、手工业发展的产物，是为客居此地的同乡人提供聚会、联络和居住的处所。

一、会馆

（一）襄樊山陕会馆

位于襄樊樊城内邵家巷。襄樊自古地处南北要道，水陆交通便利，明清时期商贾云集。[①]清康熙五十二年（1713 年）由山西、陕西旅居樊城的商人集资在瓷器街西头兴建了山陕庙，乾隆三十九年（1774 年），又在此兴建祭天、地、水的三官庙。嘉庆六年（1801 年）重修山门、戏楼，光绪年间（1875 ～ 1908 年）又增建花园、

①叶植主编．襄樊市文物史迹普查实录 [M]．北京：今日中国出版社，1995。

图 6-6-1　襄樊山陕会馆俯视

图 6-6-2　襄樊山陕会馆八字形照壁

图 6-6-3　襄樊山陕会馆戏楼

图 6-6-4　襄樊山陕会馆前殿

图 6-6-5　襄樊山陕会馆前殿梁架

图 6-6-6　襄樊山陕会馆后殿

① 叶植主编. 襄樊市文物史迹普查实录 [M]. 北京：今日中国出版社，1995。

荷花池及僧房，总面积达数千平方米，有石牌门楼、戏楼、钟鼓楼、拜殿和正殿，殿堂楼台达百余间。现存建筑仅原有建筑的 1/10（图 6-6-1）。2002 年由湖北省人民政府公布为第四批省级文物保护单位。

会馆坐西向东，东西长 83m，南北宽 27m。3 进 2 天井四合院式。门楼为石牌楼，现仅存左、右"八"字照壁，高 12m（图 6-6-2）。左右八字墙上嵌圆形黄绿琉璃云龙纹、人物、花草图案。石柱上镌"神域赫奕千秋俎豆如新，庙貌巍峨百世仪型宛在"对联。上下各浮雕西番莲及宝花瓶纹饰，玲珑美观。门前一对石狮，活泼秀丽。门后为戏楼，面阔 1 间，2 层，庑殿式顶，琉璃瓦顶。柱枋雕刻各类图案，细致精美。庭院宽敞，可容数百人观戏。左右两旁方形台基之上，建有钟楼、鼓楼，方形平面，单檐歇山顶。四角高翘，檐下施如意斗栱。室内方形藻井，额枋上饰有彩画。

戏楼平面方形，攒尖顶，檐部施如意斗栱，建于边长 2.2m，高 4m 的砖砌台基上；面阔 1 间 16.6m，进深 1 间 14.2m，单檐硬山绿琉璃瓦顶，抬梁式构架（图 6-6-3）。

前殿面阔 3 间 16.6m，进深 14.2m，高 10.2m，硬山卷棚顶，上覆琉璃瓦顶。抬梁式构架，门窗已被拆除。殿前方石墁地，石栏被毁，但基础依然在。再后为正殿，面阔 3 间 16.6m，进深 13.4m，高 12.35m，硬山顶，上覆琉璃瓦。前檐石柱，柱槛上镌刻"光武穆而王大宋千古大汉千古，后文宣而对山东一人山西一人"对联。抬梁式构架，檐柱下设有云纹撑栱，檐口以各种花卉斗枋装饰，显得十分华贵、庄重。脊枋下有"山陕两省众首士虔诚同立，光绪岁次丁亥十三年后四月吉日修葺大吉"（图 6-6-4 ～图 6-6-9）。

殿内存"创建山陕庙碑记"、"樊镇西庙创建三官殿碑记"、"山陕会馆重修山门西乐楼碑序"等碑，均为圭首，方座。碑文楷书，记载捐资重建会馆事，分别刻于康熙五十二年（1713 年）、乾隆二十九年（1774 年）、嘉庆六年（1801 年）。

会馆内现存十余通石碑，是研究我国资本主义发展史的参考资料。

（二）襄樊抚州会馆

襄樊抚州会馆是江西临川商贾在樊城沿江路陈老巷口的工商行帮机构。①会馆坐北向南，占地面积约 2000m²。中轴对称布局，有戏楼、正殿及后殿。由于历史原因，

图 6-6-7　襄樊山陕会馆后殿梁架

图 6-6-8　襄樊山陕会馆后殿槅扇门

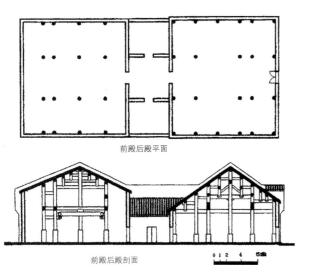

前殿后殿平面

前殿后殿剖面

图 6-6-9　襄樊抚州会馆平面、剖面图

图 6-6-10　襄樊抚州会馆戏楼

图 6-6-11　襄樊抚州会馆戏楼立面
来源：李晓峰，李百浩主编．湖北建筑集萃·湖北传统
民居 [M]．北京：中国建筑工业出版社，2006

图 6-6-12　襄樊抚州会馆梁架

现仅存红楼、正殿、后殿建筑（图 6-6-9）。1992 年由湖北省人民政府公布为第三批省级文物保护单位。

戏楼筑于长 13.6m，宽 10.1m，高 1.86m 的石砌台基上。戏楼为 4 柱 3 间 5 楼的牌坊，宽 12.4m，进深 8.4m，高 12.4m，单檐庑殿琉璃瓦顶。明间上下以木板相隔，楼下中间为通道，戏楼面向正殿。明间抬梁式构架，两山穿斗式构架。檐下满饰如意斗栱，且雕有龙头、兽头、麻叶头等装饰。阑额浮雕双龙戏珠，室内攒尖式八角藻井，中有莲花垂柱装饰。正面匾额题"抚馆"二字，戏楼左右厢房，相互对称（图 6-6-10 ～ 图 6-6-13）。

正殿、后殿其尺宽基本相同，面阔 3 间 16.4m，进深 14.1m。明间抬梁式构架，两山穿斗式构架，硬山式顶，门窗已改，并非原貌。馆内存一石碑，为清嘉庆七年（1802 年）禁止骡马进入会馆的告示碑。

（三）十堰武昌会馆

位于十堰市张湾区黄龙镇黄龙上街，建于嘉庆二十四年（1819 年）。坐北朝南，占地面积约 1700m²。三进四合院式布局，有门厅、戏楼、前殿、拜殿、正殿。[①]戏楼及前殿已毁，仅存门厅和拜殿。2014 年由湖北省人民政府公布为第六批省级文物保护单位。

门厅面阔 5 间 20.8m，进深 3 间 10.8m，高 7.85m，单檐硬山灰瓦顶，穿斗式构架，明间前部探头挑出，檐下施斗栱（图 6-6-14 ～ 图 6-6-16）。

拜殿面阔 5 间 24m，进深 3 间 7.8m，高 7.8m。正殿面阔 3 间 13.2m，进深 3 间 8.16m，高 7.85m；两殿均砖木结构，单檐硬山灰瓦顶，抬梁式构架。砖上有"鄂郡"二字，条石砌墙基，抬梁和穿斗相结合构架，风火堞头，砖檐，正间设望楼，小青瓦覆顶。

图 6-6-13　襄樊抚州会馆戏楼
斗栱、木雕

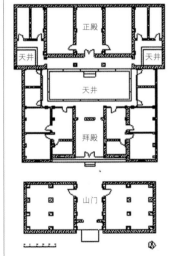

图 6-6-14　十堰武昌会馆平面图

图 6-6-15　十堰武昌会馆俯视

图 6-6-16　十堰武昌会馆山门

①湖北省文物考古研究所，南水北
调工程资料。

图 6-6-17　十堰武昌会馆前殿

图 6-6-18　十堰武昌会馆后殿

图 6-6-19　十堰武昌会馆后殿梁架

图 6-6-20　十堰武昌会馆配房

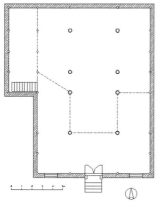

图 6-6-21　十堰黄州会馆平面图

五架梁，偏房为 2 层并有天井，部分檐墙和墀头有彩绘（图 6-6-17 ～图 6-6-20）。

（四）十堰黄州会馆

位于十堰市张湾区黄龙镇黄龙老街后，北邻 316 国道，南距前街 60m，东为武昌会馆，西为民居。[①]会馆坐北朝南，轴线与武昌会馆平行，规模较武昌会馆小。由于年久失修，会馆周边建筑已荡然无存，现仅存正殿一组建筑，基本保持原会馆的形式。建筑平面似"凸"字形，为四合院式建筑，带有天井和两侧厢房。前部面阔 3 间 12m，后部面阔 5 间 20m，进深共 5 间 18m。砖木混合，中部抬梁式构架，单檐硬山灰瓦顶。整个建筑面积为 340m²。2014 年由湖北省人民政府公布为第六批省级文物保护单位。

黄州会馆正殿正立面不像武昌会馆门厅那样采用多重且形式多样的封火山墙装饰，而是采用鄂西北民居前堂做法，用砖石材料砌筑牌楼式骑楼门罩，单檐硬山，后为砖檐，砖垒正脊。牌楼略高于屋面，强调了正殿的入口，这样入口显得较为庄重实在。正殿山墙十分简洁，仅用硬山，没有墀头装饰。外墙的多处砖面上显现出"黄州"两个凸起字样，说明当时各会馆建造时均十分重视用专门制作的建筑材料（图 6-6-21 ～图 6-6-25）。

图 6-6-22　十堰黄州会馆俯视

图 6-6-23　十堰黄州会馆前殿

图 6-6-24　十堰黄州会馆后殿梁架

图 6-6-25　十堰黄州会馆前殿轩顶

①湖北省文物考古研究所，南水北调工程资料。

该会馆是黄州商客聚此而建。是当地商业、手工业发展的产物。是为客居此地的同乡人提供聚会、联络和居住的处所。该会馆建筑对于研究鄂西北传统建筑风貌及当地的商业、手工业发展有一定的研究与保护价值，建议作原地保护处理。

（五）十堰江西会馆

位于十堰市张湾区黄龙镇黄龙前街 132 号后，南距前街 24m，西为堵河，北为 316 国道。①坐北朝南，单檐硬山，砖木结构建筑，抬梁、穿斗构架并用，风火垛头，后为砖檐，砖垒正脊，小青瓦覆顶。整体建筑完整，梁架保存较好。面阔 3 间 12.28m，进深 6 间 25.8m，中间有一天井，长 2.23m，宽 3.17m。整个建筑面积为 255m²。风火山墙及垛头等砌作精致。四周墙上砌有"江西"字样的青条砖。房屋梁架均为穿斗式构架，平面为合院式建筑，带有天井和两侧厢房（图 6-6-26 ~ 图 6-6-29）。2014 年由湖北省人民政府公布为第六批省级文物保护单位。

该会馆是江西商客聚此而建。是当地商业、手工业发展的产物。是为客居此地的同乡人提供聚会、联络和居住的处所。该会馆建筑对于研究鄂西北传统建筑风貌及当地的商业、手工业发展有一定的研究与保护价值，建议作搬迁保护处理。

（六）丹江口陕山会馆

孙家湾山陕会馆，位于丹江口市六里坪镇孙家湾村老街中心，四周均为现代民居。建筑面积 81m²，占地面积 90m²。②

该建筑坐北朝南，保存基本完整，单檐硬山合院式建筑，小青瓦覆顶，青砖砌筑围护墙，砌筑方式讲究、精美。平面布局为四合院式布局，单檐硬山小青瓦覆顶。南北向为主体建筑，东北两侧为回廊式建筑，中间设天井院，东西侧有券门可入内，门上首为砖砌仿木构牌楼，保存较完整（图 6-6-30 ~ 图 6-6-34）。

该建筑始建于清初，是专门用于接待山西和陕西到武当山朝拜的香客的场所，是一所专门的驿站。目前，该房屋构架保存较好。它对研究明清时期武当文化对周边地区的文化渗透与同化现象以及朝山香客的地域分布情况，有较重要的价值。

（七）竹山黄州会馆（清代早期）

黄州会馆位于竹山县境内，为清代早期建筑。③

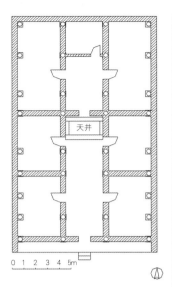

图 6-6-26　十堰江西会馆平面图

图 6-6-27　十堰江西会馆侧面

图 6-6-28　十堰江西会馆后殿山墙

图 6-6-29　十堰江西会馆厢房垛头

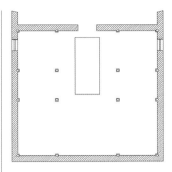

图 6-6-30　丹江口山陕会馆平面图

图 6-6-31　丹江口山陕会馆侧面

图 6-6-32　丹江口山陕会馆后殿

图 6-6-33　丹江口山陕会馆门罩

图 6-6-34　丹江口山陕会馆天井

①湖北省文物考古研究所，南水北调工程资料。
②湖北省文物考古研究所，南水北调工程资料。
③十堰市第三次文物普查资料。

图 6-6-35　竹山黄州会馆正面

图 6-6-36　竹山黄州会馆全景

图 6-6-37　竹山黄州会馆撑栱、
卷棚

图 6-6-38　竹山黄州会馆墀头

①十堰市第三次文物普查资料。
②十堰市第三次文物普查资料。
③李德喜国. 大悟中原军区司令部
旧址勘察维修设计方案 [R]. 国家
文物局已审批。

图 6-6-39　竹山黄州会馆脊饰

图 6-6-40　郧西城黄州会馆山面

图 6-6-41　郧西黄州会馆前殿
梁架

图 6-6-42　郧西黄州会馆后殿

图 6-6-43　郧西黄州会馆后殿
梁架

图 6-6-44　郧西黄州会馆柱础

砖木结构，硬山顶，现存 2 进 3 开间，但明间两侧已用砖墙砌起，将一进隔为 3 间房作为仓库使用。建筑周边散存大量雕刻精细石柱础、石梁等构件，建筑内部存放有十多块匾、石碑及石梁。建筑墙身用砖烧制有"黄州"字样（图 6-6-35 ～图 6-6-39）。

（八）郧西黄州会馆

黄州会馆位于郧西县城南城关镇民联村，建于清雍正年间(1723 ～ 1735 年)，占地面积约 1000 余平方米，整个建筑中轴线对称，布局十分严谨，临街是戏楼连配房，两边是厢房，北和江西会馆一墙之隔。①两进一天井，面阔 14m，总进深 27.6m，殿中是天井，后殿建在一个平台上，抬梁式构架，小青瓦屋面。前殿为五花山墙，后殿为猫弓式山墙。天井南北两旁的配房中有卷顶小门通向外边，新中国成立前改建县中学礼堂，现为县医院库房。大殿门前封闭，只走南侧门，南北厢房由于长年失修，檩条、椽子糟，瓦件脱落。会馆临街之东部，东接杨泗庙，南连两西馆（郧西山西、陕西会馆），西临街道，北邻江西馆。该殿和两西馆、杨泗庙浑然一体，古朴严谨，形成一古代建筑群，人们休闲之时来此观光，颇有一番情趣。（图 6-6-40 ～图 6-6-44）。

（九）郧西上津山陕会馆

位于湖北省十堰市郧西县上津镇津城村四组。②清代中期。该馆砖木结构，面阔 3 间，2 进 1 天井，抬梁藏构架，单檐硬山，小筒瓦屋面，两边山墙为弧形封火马头墙，天井右有一卷顶小门，前檐有檐棚。内部有改造，前房后檐损坏，其他完好。处在上津下马岭坡脚下，古城南北角。西南为上津古城（图 6-6-45 ～图 6-6-50）。2013 年上津古城被国务院公布为第七批重点文物保护单位。

（十）大悟湖北会馆

位于大悟县东北 66km 宣化店竹竿河西岸。明末清初，这里是鄂、豫两省边界贸易的中心，来往商人络绎不绝，贸易活跃，生意兴隆，颇负盛名。清同治九年（1870 年），湖北商人与当地豪绅共建一所洽谈商务的建筑，因会馆由湖北商人出资所建，故名"湖北会馆"。③会馆始建于清道光年间（1821 ～ 1850 年），平面四合院式，占地面积约 450m²，砖木结构，硬山顶，小灰瓦屋面（图 6-6-51）。

会馆坐北向南，3 进 2 天井，砖木结构。前殿面阔

图 6-6-45 郧西山陕会馆全景　图 6-6-46 郧西山陕会馆正面　图 6-6-47 郧西山陕会馆前殿梁架　图 6-6-48 郧西山陕会馆后殿梁架

5 间，分上、下 2 层，上层为戏楼，下层中间为过道，左右各有客房 2 间（图 6-6-52）。

　　后殿面阔 5 间，进深 2 间，前带廊，砖木结构，抬梁式构架，硬山式顶。正中 3 间为客堂，左右 2 间为内室。前有天井，左右有厢房 3 间，硬山屋顶。

　　抗日战争胜利后，国民党当局集中 5 个战区 20 多个师及 9 个游击纵队，对鄂豫皖湘赣解放区实行全面包围。1946 年 4 月底，蒋介石密令围困中原部队的国民党军 30 余万人，于 5 月初向中原解放军发起总攻。为制止内战，周恩来与美蒋代表于 5 月 8 日在此谈判，迫使美蒋代表于 5 月 10 日在汉口杨森花园签订了《汉口协议》，从而推迟了内战的爆发（图 6-6-53 ～ 图 6-6-58）。会馆作为中原军区旧址（中原军区司令部旧址、周恩来与美蒋代表谈判旧址、中原军区大会裳旧址、中原军区首长旧居）的组成部分，2006 年由国务院公布为第六批全国重点文物保护单位。

图 6-6-49 郧西山陕会馆墀头

（十一）枣阳陕山会馆

　　陕山会馆原址位于湖北省枣阳市鹿头镇，有文字记载，其始建清初，乾隆壬子年（1792 年）修缮过一次。[1]

　　陕山会馆是由陕西、山西两地商人于清代乾隆年间集资在此创建。历经近百年发展，到了清道光年间，陕山会馆已经发展成一组规模较大的建筑群体。后又因战乱及文革时期的破坏等各种因素，让陕山会馆只遗留下前厅及后堂部分。为了保护好陕山会馆，整体搬迁到黄陂木兰湖明清古民居建筑博物馆内。此次抢救性搬迁复原工程在设计和施工过程中，参考同地区的襄樊市樊城区皮坊街的清代山陕会馆，沿主殿中轴线方向复原了其入口门楼及戏楼、钟楼、鼓楼（图 6-6-59）。

　　该建筑由门楼、中、后殿组成，前院左右设钟楼、鼓楼（图 6-6-60 ～ 图 6-6-62）。

　　门楼面阔 3 间，进深 3 间，前设廊，明间为通道，背面二层为戏楼，前殿前壁为砖墙，抬梁式构架，戏

图 6-6-50 郧西山陕会馆侧拱门

图 6-6-52 大悟湖北会馆前殿

图 6-6-53 大悟湖北会馆大殿侧面

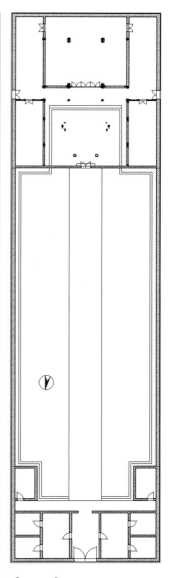

图 6-6-51 大悟湖北会馆总平面图

0　　5m

①王玉德，沈远跃主编. 湖痛民居[M]. 武汉：崇文书局，2008。

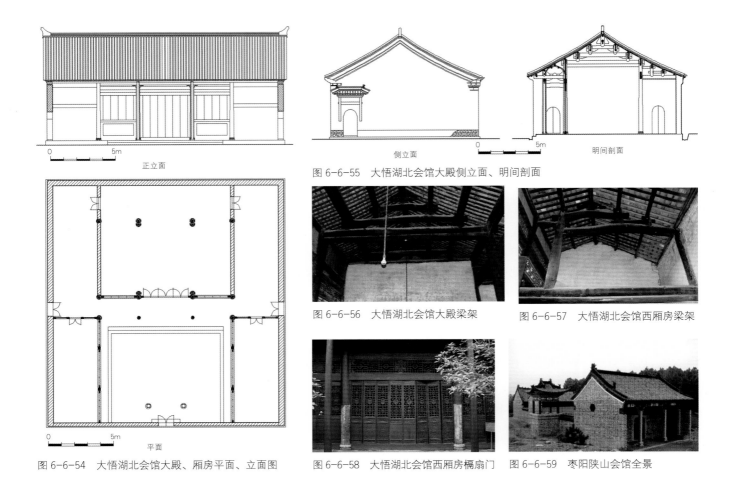

正立面

侧立面

明间剖面

图 6-6-55　大悟湖北会馆大殿侧立面、明间剖面

图 6-6-56　大悟湖北会馆大殿梁架

图 6-6-57　大悟湖北会馆西厢房梁架

平面

图 6-6-54　大悟湖北会馆大殿、厢房平面、立面图

图 6-6-58　大悟湖北会馆西厢房槅扇门

图 6-6-59　枣阳陕山会馆全景

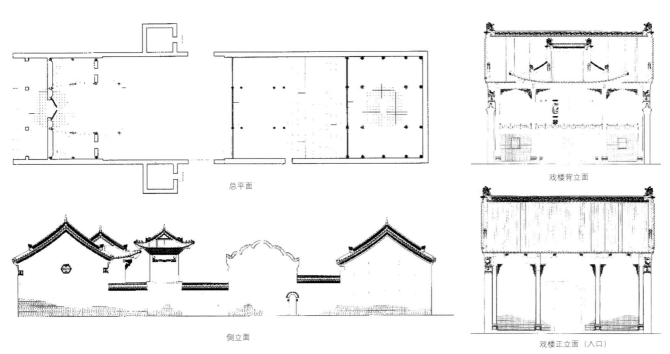

总平面

戏楼背立面

侧立面

戏楼正立面（入口）

图 6-6-60　枣阳陕山会馆戏楼平面、侧立面图

来源：王玉德、沈远跃. 湖北古民居 [M]. 武汉：崇文书局，2008

图 6-6-61　枣阳陕山会馆戏楼正面、背立面图

图 6-6-62　枣阳陕山会馆钟楼、鼓楼

图 6-6-63　枣阳陕山会馆戏楼

①叶植主编．襄樊市文物史迹普查实录 [M]．北京：今日中国出版社，1995。

楼单檐歇山顶，灰筒瓦屋面。明间设板门，前檐安撑栱（图 6-6-63）。

　　前后两殿结构相同。为抬梁式砖木结构，硬山顶，灰筒瓦屋面。前、后殿通面阔 12m，前、后殿通进深分别为 7.4m、8.5m。其中明间面阔 4.5m，次间面阔 3.75m。柱下有鼓形柱础。前殿前檐明间安槅扇门，次间安 4 扇槛窗，东、西侧各开 1 门。其两侧山墙上耸，呈波浪式。前有一宽 0.78m 的走廊。殿前有一砖砌平台，呈长方形，长 1.25m，宽 6.5m，高 0.95m。后殿前檐设廊，有如意斗栱，前檐明间安槅扇门，次间安 4 扇槛窗，其余用砖寺封护（图 6-6-64 ～图 6-6-66）。

二、戏楼

（一）随州解河戏楼

　　位于随州新城镇解河村电影院内，建于"大清乾隆三十二年七月（1767 年）"。坐南朝北，可分前、后台两部分。前台平面呈圆角方形，面阔 5.1m，进深 3.6m，台高 1.7m。中间以土夯筑，外围以青砖及石块垒砌，台面铺木板。台上建筑为歇山顶，木圆柱，下垫鼓形石础，抬梁式构架，屋脊两端各雕一含珠龙首。两侧檐下各搭斜坡式屋顶，以砖柱（角柱）支撑。[①]

　　后台平面呈长方形，面阔 8.2m，进深 4m，硬山砖木结构，抬梁式构架。两侧为砖墙，其上各开一圆形望孔，孔上雕刻花瓶。中部与前台以木板相隔，木板两端各开一高 2.4m，宽 0.7m 的拱形门。

　　台基结构与前台同，其夯土内埋有 2 块断碑，白色大理石质，两边均刻有碑文，字体大部分模糊，见有多名捐款人姓名及数额，周边饰云纹、莲花瓣纹（图 6-6-67 ～图 6-6-69）。2008 年由湖北省人民政府公布为第五批省级文物保护单位。

图 6-6-64　枣阳陕山会馆前殿

图 6-6-65　枣阳陕山会馆后殿梁架

图 6-6-66　枣阳陕山会馆后殿斗栱

图 6-6-67　随州解河戏楼正面

图 6-6-68　随州解河戏楼侧面

图 6-6-69　随州解河戏楼梁架

图 6-6-70　随州东岳庙戏楼正面

图 6-6-71　随州东岳庙戏楼侧面

图 6-6-72　随州东岳庙戏楼梁架

图 6-6-73　随州东岳庙戏楼瓦面、脊饰

（二）随州东岳庙戏楼

东岳庙戏楼位于随州殷店镇东岳庙村，西南距市区约 64km，西靠随（州）信（阳）公路，南至庙前头自然村约 0.5km，东北至店子湾约 300m。[①]戏楼地处群山环绕的一小块平缓盆地上。其坐西南朝东北，分前台、后室两部分：

前台即戏台。其先以土夯筑，四周以石条围砌，面铺青砖。平面呈长方形，面阔 6.2m，进深 4.65m，高 1.3m，4 根圆形杉木角柱，抬梁式构架，歇山小青瓦屋面，屋脊饰二龙戏珠。前额枋及雕刻二龙戏珠图案。前台两侧各有一高大白果树。

后室在前台之后，两侧下七级台阶入后室，其实应为休息及化妆室。硬山式砖木结构，面阔 10m，进深 4.6m。前壁正对台阶各有 1 扇拱形门框，高 1.8m，宽 0.6m，后壁开 2 窗。前后檐下墨绘花卉图案（图 6-6-70 ~ 图 6-6-73）。

（三）钟祥石牌戏楼

又名关帝庙戏楼，位于钟祥县城西南约 30km 的石牌镇。原属关帝庙戏楼，庙已毁，仅存戏楼。戏楼建于清康熙五十三年至五十六年（1714 ~ 1717 年），重建于清乾隆四十二年（1777 年）。戏楼平面呈“凸”字形，长 12m，宽 9m，高 12m，面积 108m²。一层原为关帝庙山门，二层分前台和后室，砖木结构，明间为抬梁式构架，两山为穿斗式构架。前后为歇山灰瓦屋顶组合，间杂有黄色琉璃瓦。檐下人字形斗栱繁复精致，形式独特。1992 年由湖北省人民政府公布为第三批省级文物保护单位。

室内均髹红漆，前台天花板上绘红黑龙凤图案。戏楼分前后两部分，前台为演出地，后台两厢为化装和更衣之所。台前石柱上镌刻“似演麟经善恶收场分衮钺，羞怡凤目笙歌振响叶琅王敖”对联。历年各戏班社在楼内题字二十余条，最早为清嘉庆八年（1803 年）金翠班题字，根据所题残存 10 本戏剧目录推测，可能为二黄戏班，抑或湖北越调班社在此活动过。其他尚有嘉庆九年（1804 年）、十七年（1812 年），以及道光二年（1822 年）等演出班社题字（图 6-6-74 ~ 图 6-6-78）。

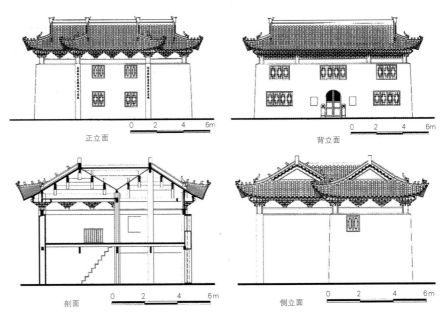

正立面　　　　　　　　　　背立面

剖面　　　　　　　　　　侧立面

图 6-6-74　钟祥石牌戏楼正立面、背立面、侧立面、剖面图
来源：李晓峰、李百浩主编. 湖北建筑集萃·湖北传统民居 [M]. 北京：中国建筑工业出版社，2006

①国家文物局主编. 中国文物地图集·湖北分册（下）[M]. 西安：西安地图出版社，2002。

图 6-6-75　钟祥石牌戏楼

图 6-6-76　钟祥石牌戏楼梁架

图 6-6-77　钟祥石牌戏楼斗栱

图 6-6-78　钟祥石牌戏楼脊饰

图 6-6-79　蕲春万年台戏楼

图 6-6-80　蕲春万年台戏楼后台梁架

图 6-6-81　蕲春万年台戏楼脊饰

图 6-6-82　蕲春万年台戏楼天花

图 6-6-83　蕲春万年台戏楼槅扇门

（四）蕲春万年台戏楼

位于蕲春横车镇长石村石湾西 20m。始建于乾隆十年（1745 年），光绪十年（1884 年）扩修。[①]平面"凸"字形，分前、后台，前台面阔 5.5m，进深 5m，单檐歇山灰瓦顶，青石台面高 1.8m。后台面阔 3 间 8.93m，进深 1 间 4.32m，单檐硬山灰瓦顶，抬梁式构架（图 6-6-79 ~ 图 6-6-83）。2002 年由湖北省人民政府公布为第四批省级文物保护单位。

图 6-6-84　浠水福祖寺万年台

（五）浠水福祖寺戏台

在浠水县城马垅镇福祖寺内，寺院早毁，仅存戏台。台分前后两部分，前为戏台，面阔 1 间 6m，进深 1 间 5m；后为化妆和更衣之所，面阔 3 间 12m，进深 1 间 5.1m。抬梁式构架，前台重檐歇山顶，后部硬山顶，上覆小青瓦。脊饰吻兽。前台台基下为方形竹节柱，上为木柱，柱与额枋间有圆雕狮子撑栱，檐下施如意斗栱，额枋上横匾上书"云管阳春"4 个大字。台上施藻井，前台与后部中间设板壁，两边设门与后部相通。戏楼柱枋、梁架、门窗都油饰红漆，惜部分脱落（图 6-6-84 ~ 图 6-6-88）。1992 年由湖北省人民政府公布为第三批省级文物保护单位。2013 年由国务院公布为第七批全国重点文物保护单位。

①国家文物局主编．中国文物地图集·湖北分册（下）[M]．西安：西安地图出版社，2002

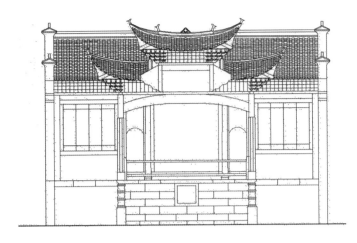

正立面

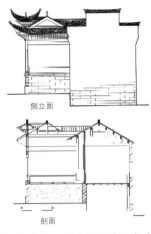

图 6-6-86 浠水福祖寺万年台
侧立面、剖面图

图 6-6-87 浠水福祖寺万年台
藻井

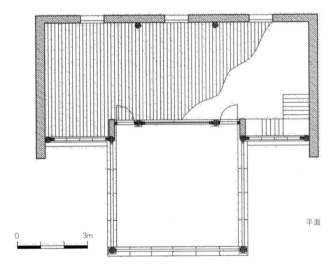

图 6-6-85 浠水福祖寺万年台平面、正立面图

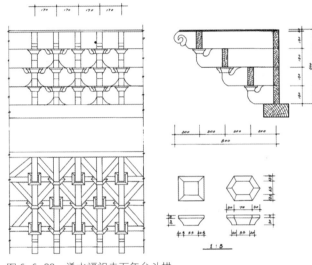

图 6-6-88 浠水福祖寺万年台斗栱

（六）郧西河南会馆戏楼

河南会馆位于郧西县城关镇老北街街头，始建于清代，现仅存戏楼，其戏楼与会馆山门相连，坐南朝北，与原会馆正堂相对，共同围合成一庭院式观演空间，分上下 2 层，上层为戏台，下层为过道，平面形式为"凸"字形，分前台、后台，前台面阔 1 间 7m，进深 1 间 3.5m，后台面阔 3 间 14m，进深 1 间 3.5m。现戏台前台、后台的台口均被实墙砌筑，抬梁式构架，墙体材料为清水灰砖墙，前台为单檐歇山筒瓦顶，后台为硬山筒瓦顶。[①]

该戏楼建筑装饰极尽繁琐细致，显示出很高的艺术价值，戏台前台前檐下大额枋上施斗栱 5 攒，前台侧面与后台侧檐下施斗栱 3 攒，斗栱形式为重翘无昂七踩斗栱。戏楼墀头装饰最为细腻，其中后台两山墙墀头正面绘有黑黄相间的莲花彩画，面绘有精致的红色菊花图案；后台中部伸出的两外纵墙墀头上一处正面绘有彩色梅花图案，并于下部书有"瑞气西来"四字，另一处正面书有"三阳日照兴隆地五福星临

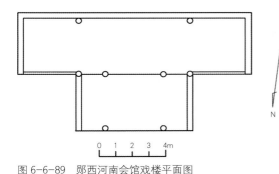

图 6-6-89　郧西河南会馆戏楼平面图

图 6-6-90　郧西河南会馆戏楼

图 6-6-91　郧西河南会馆戏楼侧面

图 6-6-92　郧西河南会馆戏楼斗栱

图 6-6-93　郧西河南会馆戏楼藻井

吉庆祥"14 个大字；其下有一篆刻，为"福自西来"四字。戏楼前台、后台山墙处的博风板上均绘有彩画，为碧竹、秋菊以及七彩祥云等图案；两面山墙的山花处绘有精美的悬鱼图案。戏楼额枋上方木雕连排祥云图案，即使是前台的正脊上，亦有灰砖雕刻的祥云图案（图 6-6-89 ～图 6-6-93）。

该河南会馆的正立面，即上门处嵌有一匾额，上书"开天明道"4 个大字。前檐檐部绘有通长的民间戏曲故事彩画，现已模糊不清，难以辨认；另绘有黑色游龙与祥云图案，尚可辨认。

（七）丹江口过街戏楼

位于丹江口市六里坪镇六里坪村的后街，东距六里坪泰山庙小学 1500m，南临前街和官山街。始建于明代，清代重修。原为孙家湾火星庙戏楼，戏楼两侧附有一组配套建筑。火星庙为武当山建筑群之一，前殿于民国二十一年（1932 年）被官山河洪水冲毁，后民国三十五年（1946 年）因官山河行洪，该过街楼被迫被迁至现址。[①]

戏楼占地面积 30m²，建筑面积 92.43m²，通高 7m，台口高 3m，共 2 层，上层为戏楼，平面形式为长方形，下层为过道，跨街而立，因地制宜，每逢神祇诞日，便于二层台上演戏酬神，行人从一层台下通过，街道两侧居民可直接在家门口看戏。

设过街戏楼坐西朝东，横跨孙家湾后街道，砖木结构，抬梁式构架，单檐硬山小青瓦覆顶，但无存脊饰和兽件。两山墙为青砖砌筑。戏台两前后并排的额枋上雕刻有精美的"双龙戏珠"和"八仙过海"。建筑横梁与檩条上都有精美的彩绘。

现仅存主体建筑戏台部分，即过街楼。过街楼造型拙朴，建筑工艺考究，木雕、彩绘精美，是研究丹江口地区民间建筑难得的实物资料。现该过街楼两山墙已与两侧民居连接，成为民宅的外墙，并在山墙的一层处开有门洞。南水北调大坝加高后该戏楼所在地将成为淹没区，2004 年 2 月经南水北调丹江口淹没区湖北省文物复查，该戏楼同篙口泰山庙戏楼一同列为南水北调中线工程淹没区地面文物保护项目（图6-6-94 ～图 6-6-98）。

（八）竹山大庙戏楼

位于竹山县大庙乡大庙村一组，建于清代，隔河与大庙祠堂相望，原架有木制桥，始建于清代，由大庙籍人王年清、陈明胜捐资修建，桥铭文现刻于新建的石拱水泥桥上。[②]戏台坐南朝北。平面呈"凸"字形，分前台、后台，砖木结构。前台面阔 3.5m，进深 6m，前台屋顶形式为单檐歇山灰瓦顶。后台面阔 3 间 13.56m，进深 4.5m，单檐硬山灰筒瓦顶，两山为云状山墙，戏楼后台两山墙开有圆窗。

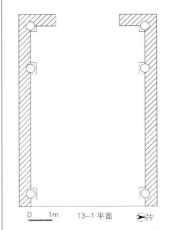

图 6-6-94　丹江口市孙家湾过街戏楼平面图

来源：湖北省文物考古研究所. 南水北调工程资料 [Z]

①南水北调工程资料，存湖北省文物考古研究所。

②十堰市第三次文物普查资料。

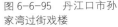

图 6-6-95　丹江口市孙家湾过街戏楼

图 6-6-96　丹江口市孙家湾过街戏楼梁架

图 6-6-97　丹江口市孙家湾过街戏楼雕花额枋

图 6-6-98　丹江口市孙家湾过街戏楼彩画

　　该戏楼做工与装饰极其精致，建筑细部绘有色彩艳丽的彩画，但是现在整个戏楼已经破败不堪，其上大量的雕刻与彩画也难以辨认，该戏楼装饰最为精美且保存最为完好的为其后台云状山墙，山墙正面绘有红色祥云及大幅以黑色为主色调的花卉和人物，侧面及墀头处绘有如教子、农耕等中国古代人物生活图案，其人物轮廓尚清晰，形象栩栩如生。山墙另一侧面雕有色彩艳丽的佛像、宝剑及鲤鱼瑞兽，山墙博风板上另雕刻有大量花卉与农作物浮雕，形象亦较为清晰，由此推断，该戏楼的前身很有可能为佛教庙宇（图 6-6-99 ～图 6-6-102）。

　　（九）沙市春秋阁

　　清代建筑，原在崇文街道办事处公园路东，清嘉庆十一年（1806 年）所建金龙寺正殿前的一座戏楼，民国十六年（1927 年）金龙寺正殿毁于火灾，仅存此阁。民国二十三年（1934 年）迁建于现沙市中山公园东北隅高阜之上。因阁内供奉三国时蜀将关羽拜读《春秋》塑像，故名。[①]2008 年由湖北省人民政府公布为第五批省级文物保护单位。

　　阁坐北朝南，占地面积 504m²。底座台基平面略呈方形，用条石平砌，宽12.98m，深 13.14m，高 2.70m，总面积 170.56m²。基座分上、下 2 层。上为阁，下为室，承以高达 3m 的石柱，前、后设石栏呈"八"字形，两侧可登阁，中设圆形石拱门，直径 1.80m。

　　阁建在高大厚实的台基上，面阔 3 间，进深 2 间，面积 108.26m²。二层，高13.65m。单檐歇山琉璃瓦顶，抬梁式构架，外檐施重昂五踩如意斗栱，分平身科、柱科、角科 3 种形式，而且有 3 种做法。阁前斗栱头及昂嘴雕饰龙头、凤头并作鎏金彩绘，

①肖代贤主编. 中国历史文化名城丛书·江陵 [M]. 北京：中国建筑工业出版社，1992。

图 6-6-99　竹山大庙戏楼全景

图 6-6-100　竹山大庙戏楼侧面

图 6-6-101　竹山大庙戏楼背面

阁后及两侧斗栱耍头雕饰卷云等图案，昂作象鼻状，脊饰二龙戏珠。整座阁宇结构
严谨，装修雕工精细，梁枋饰鎏金彩绘，小巧玲珑，绮丽多姿，阁三面环水，绿树掩映，
远望之如瑶台琼阁（图 6-6-103 ～图 6-6-106）。

图 6-6-102　竹山大庙戏楼碑文

图 6-6-104　沙市春秋阁正面

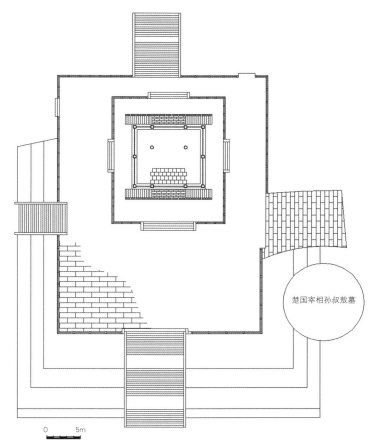

图 6-6-103　沙市春秋阁平面图

图 6-6-105　沙市春秋阁侧面

图 6-6-106　沙市春秋阁斗栱

第七节　宗祠、民居

一、宗祠

(一) 阳新梁氏宗祠

梁氏宗祠位于阳新县白沙镇梁公铺,始建于清康熙三十六年 (1699) 年间,距今约有 300 多年的历史,供奉从山东迁移而来的梁氏家族的始祖梁灏 (距今大约七百多年)。当年主持祠堂修建的是清朝正二品大臣梁勇孟 (梁灏第十八代孙),并由当时分布于阳新境内及附近地区的梁氏宗族的六大户头出资出力共建[①]。梁氏宗祠居于老村口的咽喉地段,坐北朝南,前有案山,背靠高坡,门前地势缓降,视野开阔。平面略呈长方形,面宽 45m,进深 55m,建筑总面积 2475m²。主体建筑位于中轴线上,由大门、前厅、戏楼、享堂、过厅、拜殿及左右廊庑组成前后两进两天井的建筑组群。2008 年由湖北省人民政府公布为第五批省级文物保护单位 (图 6-7-1、图 6-7-2)。

宗祠规模宏大,正面三个入口呈中轴对称,两边为次入口,中央主入口面阔 3 间,八字门墙,有抱鼓石分立两侧。门楣上方镶嵌有人物故事浅浮雕及楷书"梁氏宗祠"石雕匾额。两边内山墙为猫弓背形式,正脊上方为砂锅型瓦叠造型,堰头上装饰有狮子等堆塑和宫灯砖雕,八字照墙与内山墙相连,檐口下装饰有彩色堆塑夔龙、花卉和人物故事等。八字墙上看面彩绘松、柏、鹿、人物等图案,寓意族人以忠孝义为本、福禄寿齐全。

图 6-7-2　阳新梁氏宗祠全景

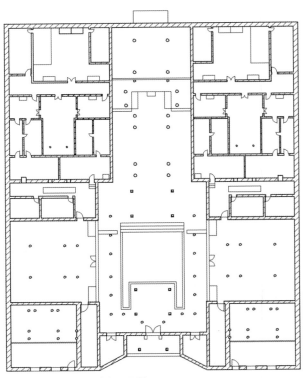

图 6-7-1　阳新梁氏宗祠平面图

①李晓峰,李百浩主编. 湖北建筑集萃·湖北传统民居 [M]. 北京:中国建筑工业出版社,2006。

戏楼与前厅相连，并向后突出，平面呈方形，木结构，单檐歇山顶，戏台三面透空，后台设有木制屏风板，左右两侧各开一小门，为演员出入通道并与两侧看廊相连。戏台上方为淡墨绘饰有八卦图案的八角形藻井，前后依次悬挂有"望仙"、"五凤来仪"木牌匾。两边翼角下方老角梁上有狮面兽，歇山正脊两边为鱼尾状吻，中央为四层宝顶装饰。前厅戏台前檐柱础为高 1.2m 的雕花瓶石柱础（图 6-7-3）。

天井两侧的看廊饰有花罩，无梁架，采用硬山搁檩。分别由六根方形石檐柱支撑，均为四方形石柱础，与戏楼呈"凹"字形状。

享堂为祭祀的场所，同时也是宗族议事的地方。享堂平面布置严谨，屋架有举无折，为直坡扣瓦搭交。内部空间是整个祠堂最大的场所，内空高约 9m，屋顶有亮瓦采光。其结构为抬梁式，设有檐柱、金柱、老檐柱，天花装饰有八角形和圆形藻井，淡墨素描分别绘画八卦云龙图和双凤朝阳、鱼戏图。梁上前后左右依次悬挂有"宗振育作"、"光前裕后"、"博士第""武功文治"等木牌匾（图 6-7-4）。

过厅位于享堂与寝室之间。由享堂两侧上三级踏步到过厅，中央有一长方形天井，当中设有二级御路踏跺，以区别尊卑长幼到寝室叩拜先祖之分，御路长 1.3m，宽 1.2m，上刻有双狮滚绣球图案，两边饰有垂带。御路踏跺前摆设有一石雕香炉，供乡人敬神拜祖焚香之用。天井正上部与前后檐口相搭连有一八角形藻井。过厅两侧上部耳房为鼓乐楼，为宗族祭祀时演奏礼乐之场所。

拜殿为宗族敬神拜祖的场所，处于祠堂主体建筑的最高处。面阔 12m，进深 9m，内空高约 6m。供奉祖先牌位的木雕神龛位于后墙体处且向外凸出，神龛下部为砖石神台，宽 4.5m，深 3m，看面由雕刻有麒麟、狮、梅花鹿等瑞兽的石雕花板镶嵌而成，两边石构件上雕刻有寿字纹图案，神台上供奉有一关公塑像。

次要建筑位于主体建筑两侧的左右纵轴线上，左侧布置有花厅、受胙所、厨房、宾兴馆、先贤祠，右侧布置有花厅、饮福厅、厨房、钱谷房、乡贤祠等。建筑结构和形式相同，均为硬山搁檩，2 层，砖木结构，硬山顶小青瓦屋面（图 6-7-5）。

梁氏宗祠不仅整体规模宏大，许多细部做法也颇具特色。封火墙头的滚龙脊是鄂东南一带宗族祠堂的典型标志；入口八字门墙有别于其他宗祠的牌坊门样式，配合较大的尺度，颇有气势。大门背后，石柱将戏台抬起的高度恰好适合入口尺度。享堂为十六柱，规格甚高，抱厦顶与戏台相映成趣。梁氏宗祠内部算上阁楼共 99 间房，整个祠堂建筑面积达 2400 多平方米。

（二）宜昌望家祠堂

望家祠堂位于长江三峡大坝坝头库首的北岸，即宜昌市夷陵区太平溪新镇。祠

图 6-7-3 阳新梁氏宗祠戏楼

图 6-7-4 阳新梁氏宗祠享堂

图 6-7-5 阳新梁氏宗祠受胙所

①袁登春. 湖北宜昌夷陵区望家祠堂 [J]. 江汉考古, 2002(3)；国务院三峡工程建设委员会办公室, 国家文物局. 三峡湖北库区传统建筑 [M]. 北京: 科学出版社, 2003。

堂建于清代中叶, 是三峡地区望氏家族供奉祖宗、神灵和其他祭祀活动的祠堂①。望家祠堂为砖木混合结构建筑, 纵长方形平面布局, 面宽14m, 进深22m, 占地面积308m², 建筑面积598m²（图6-7-6～图6-7-9）。2002年由湖北省人民政府公布为第四批省级文物保护单位。

两进一天井, 第一进为门厅, 第二进为堂屋, 两侧有厢房。门厅穿斗式木构架, 正立面为牌楼装饰。后堂明间为抬梁式木构架, 次间为穿斗式木构架, 梁与梁之间用驼峰或大斗支垫。建筑高约8m, 檐口高约5m。二楼天井四周设有回廊, 既有良好的通风采光功能, 又有民间常说的"走马转过楼, 下雨不湿鞋"的特点。四周墙体用薄青砖封檐, 硬山屋顶, 小青瓦屋面。

建筑布局及其构架不同于一般祠堂, 也不同于民居布局, 砖作、瓦作、木作制作都很讲究, 木构架也很有特点, 是三峡地区民间建筑所仅有的一种特殊结构, 具有独特的个性和鲜明的时代特色, 充分体现出地方工匠高超的建筑技艺（图6-7-10、图6-7-11）。

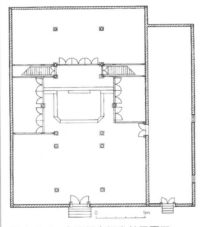

图6-7-6　宜昌望家祠堂总平面图

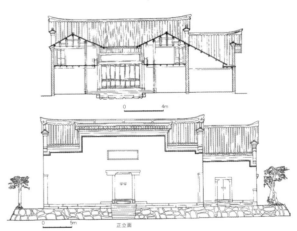

图6-7-7　宜昌望家祠堂正立面、明间剖面图

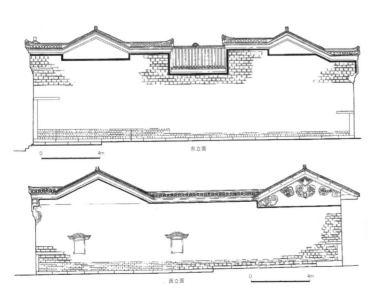

图6-7-8　宜昌望家祠堂东立面、西立面图

图6-7-9　宜昌望家祠堂厢房剖面图
来源：国务院三峡工程建设委员会办公室, 国家文物局. 三峡湖北库区传统建筑 [M]. 北京：科学出版社, 2003

图6-7-10　宜昌望家祠堂东面　　图6-7-11　宜昌望家祠堂梁架

（三）麻城雷氏祠

雷氏祠位于黄冈市麻城市盐田河镇东界岭街道办事处百亩堰村，始建于清嘉庆六年（1801 年），民国 3 年（1914 年），雷氏族人以光宗耀祖，激励后人，重修雷氏祠，祠内立有祖宗昭穆牌位（图 6-7-12）。20 世纪中期曾被用作学校和东界岭乡的公共办事机关用房，由于当地雷姓为望族，故该建筑在那个非常时期得以完整保护。[①]2008 年由湖北省人民政府公布为湖北省第五批省级文物保护单位。

雷氏祠坐西朝东，平面呈矩形，面阔 23.46m，进深 29.30m，占地面积约700m²。中间主体建筑为面阔 3 间，中轴三进房屋木柱抬梁式构架，左右对称的东西厢房，青砖砌筑，硬山顶，小青瓦屋面（图 6-7-13、图 6-7-14）。东西厢房为生活区域，中间主体建筑，其功用各不相同。前殿正门两侧设有门房，楼上为戏楼，中为天井，天井池中设置一石构曲拱桥；中殿宽敞是聚众的场所，前方可观看前厅楼上的戏曲。后殿立有祖宗牌位，是专门举行祭祀典礼的地方。

门厅面阔 3 间，进深 1 间，砖木结构，抬梁式构架，硬山顶小青瓦屋面（图 6-7-15）。前檐墙上以砖砌出 4 柱 3 间 5 楼牌楼式门楼，并以石雕和壁画装饰。进门下为通道，其上为戏楼，内部多用高浮雕石构件装饰，戏楼两前柱以高浮雕盘龙绕柱，龙首高昂，戏楼柱间栏以透雕龙纹石栏装饰，左右两侧以高浮雕人物故事木雕装饰（图 6-7-16）。

①作者与余志乐调查。

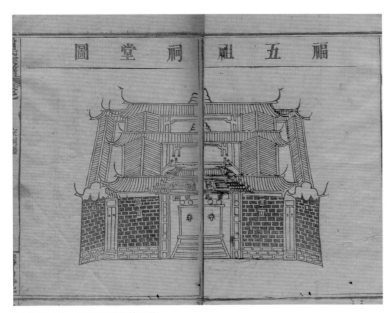

图 6-7-12　雷氏家谱中的祠堂

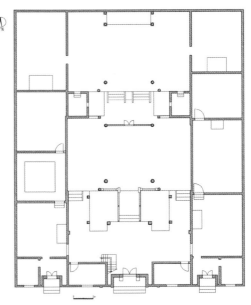

图 6-7-13　麻城雷氏祠总平面图

图 6-7-14　麻城雷氏祠俯视

图 6-7-15　麻城雷氏祠正面

图 6-7-16　麻城雷氏祠戏台石雕、木雕

正门左右置立式石狮一对，上悬挂对联一副：面慧南背龟山山山环抱脉脉朝宗山仰泰；襟长江带巴水水水相依支支归一水东流，横额为：化龙衍庆。

天井中设置一石构曲拱桥，中殿在天井之后，面阔 3 间，进深 3 间，砖木结构，抬梁式构架，硬山顶小青瓦屋面（图 6-7-17）。中殿室内枋上装饰大场面浮雕人物，屋檐四周的彩绘人物故事图案，完整无损，色彩鲜艳如新。

后殿面阔 3 间，进深 3 间，砖木结构，抬梁式构架，硬山顶小青瓦屋面。室内明间布神龛，上立有祖宗牌位，是专门举行祭祀典礼的地方。

左右对称为 3 进 2 天井厢房，砖木结构，抬梁式构架，硬山顶，小青瓦屋面。

雷氏祠是一座晚清时期的宗祠建筑，是这一地区民间宗祠文化的载体，代表着这一区域在特定的时期的宗祠建筑的一种风格。雷氏祠以为数众多的石雕艺术品作为构件装饰，其雕刻技法有平雕、圆雕、浮雕、高浮雕、透雕、塑雕等，图案有盘龙、变形龙、麒麟、瑞兽、花草、人物故事场景等，具有极高的艺术价值。

（四）利川李氏宗祠

清代建筑，位于利川市西 47km 柏杨坝区水井乡阎王三碥的半山腰上。由李氏宗祠及庄园组成，宗祠与庄园东西相距 200m。占地约 20000m²，建筑总面积 12000m²[①]。2001 年由国务院公布为第五批全国重点文物保护单位。

李氏宗祠坐南朝北，原名"魁山堂"。据李氏后人李祖盛所撰《魁山堂纪》载："先考讳廷龙、叔考廷凤，天魁、岐山其字……盛不敢令遗德就淹，因联字以名其堂。"另据前殿、祖宗殿脊枋下题有"大清道光二十九年闰四月初六建立"，魁山堂为 1849 年在旧址上重建，占地面积 3800 余平方米。

宗祠前方是用巨石纵联砌成的高约 9m 的挡土墙，左、右、后方是一圈城堡。城堡是元、明时期龙潭安抚司黄土司的旧构，建于明中叶，土家族堡垒式建筑，平面呈长方形，长 120m，宽 90m，城墙高约 8m，厚约 3m，全部用重达千斤的条石垒砌。为便于防卫，在城墙外侧高 4m 的地方悬挑 0.4m，其上砌斜雉堞，雉堞上留箭孔，以利防御。城堡的东南角和西南角分别建有望楼，居高临下监视四周山野。东北角和西北角分别建有高耸的门楼，分别为"望华门"和"承恩门"。祠堂东北角有一口水井，水井城墙正面刻有"大水井"三字。

祠堂分 3 路，各 3 进，采取院落式布局，中路以 3 进硬山式殿宇为主体，东西两路环以厢房，6 个天井，连以廊阁，用月门相通，形成内外院连套。厢房中分别设有神堂、配殿、会议堂、仓库、银库、财房、族长住房、客房和守卫房等数十间房屋组成（图 6-7-18 ～图 6-7-21）。

前殿正中有牌坊式门楼，殿前置坤石，青石槛框，柱角施鼓墩。门楼上中置匾额，上书"李氏宗祠"。两边用彩色瓷片镶嵌"黄鹤楼"和"洛阳桥"彩画。抬梁式构架，硬山顶。

穿越天井后为拜殿，是李氏家族三月清明、七月孟兰、十月冬至跪拜祖宗的地方。拜殿台基高于前殿，两山墀头上墨书一个"忍"字，上有"先辈勤俭持家做出许多事业，吾侪耕读为本莫忘这个根源"楹联。明间檐柱上有"一等人忠心臣孝子；二件事读书耕田。皇王上圣贤可耕可读；天地德父母恩当酬当报"。殿内挂有《家规》、《家训》、《劝孝文》等牌匾，明间下置条形供桌和香案，隔间壁板屏下置太师椅。室内抬梁式

图 6-7-17　麻城雷氏祠梁架

图 6-7-18　利川李氏宗祠远眺

① 祝建华. 罕见的封建宗法式土围子——鄂西土家族苗放自治州大水井古建筑群 [J]. 华中建筑，1997（4）；谭宗派. 利川民族文化览胜 [M]. 北京：中国文联出版社，2002。

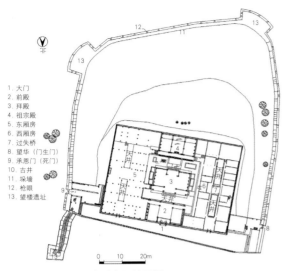

1. 大门
2. 前殿
3. 拜殿
4. 祖宗殿
5. 东厢房
6. 西厢房
7. 过失桥
8. 望华（门生门）
9. 承恩门（死门）
10. 古井
11. 垛墙
12. 枪眼
13. 望楼遗址

图 6-7-19　利川李氏宗祠总平面图

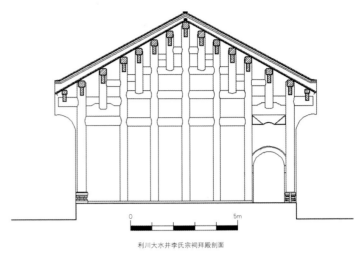

利川大水井李氏宗祠拜殿剖面

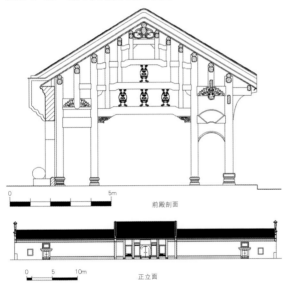

前殿剖面

正立面

图 6-7-20　利川李氏宗祠正立面、前殿剖面图

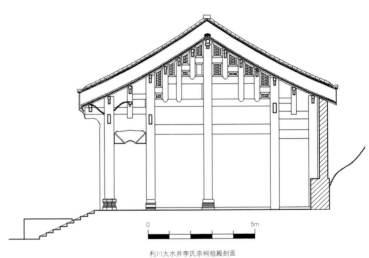

利川大水井李氏宗祠祖殿剖面

图 6-7-21　利川李氏宗祠拜殿、祖殿剖面图
来源：祝建华. 罕见的封建宗法式土围子——鄂西土家族苗放自治州大水井古建筑群 [J]. 华中建筑，1987（3）

构架，硬山式屋顶，室内彻上露明造（图 6-7-22 ～图 6-7-24）。

　　第三进祖宗殿是祠堂的核心，因其尊严，只有在祀祖时才能打开。殿基又高于拜殿。殿前悬挂"魁山堂"黑漆描金匾额。殿内供李氏先祖李廷龙、李廷凤夫妇木雕像及后裔亡主灵位，香案上供有珍贵彝器、法器。

图 6-7-22　利川李氏宗祠正面

图 6-7-23　利川李氏宗祠穿斗式构架

图 6-7-24　利川李氏宗祠拜殿内景

图 6-7-25　咸丰严家祠堂全景
来源：辛克靖．民族建筑线描艺术 [M]．武汉：湖北美术出版社，1993

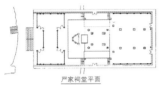

图 6-7-26　咸丰严家祠堂总平面图

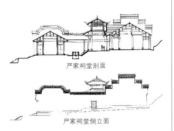

图 6-7-27　咸丰严家祠堂剖面、侧立面图
来源：李晓峰，李百浩主编．湖北建筑集萃·湖北传统民居 [M]．北京：中国建筑工业出版社，2006

图 6-7-28　咸丰严家祠堂祭亭与水井

① 李晓峰，李百浩主编．湖北建筑集萃·湖北传统民居 [M]．北京：中国建筑工业出版社，2006；朱世学．鄂西古建筑文化研究 [M]．北京：新华出版社，2004。
② 十堰市文物局第三次文物普查资料。

（五）咸丰严家祠堂

清代建筑，位于咸丰县大水坪乡龙洞村，又名龙洞祠堂。始建于嘉庆年间（1796～1820 年），清光绪元年（1875 年）扩建，坐北朝南，占地面积 736 m²。是一座砖木结构的四合院式建筑，建筑由门厅、亭院、正殿三部分组成①（图 6-7-25～图 6-7-28）。1992 年由湖北省人民政府公布为第三批省级文物保护单位。

门厅位于祠堂前部，面阔 3 间 10.7m，进深 1 间 7.6m。明间抬梁式构架，次间穿斗式构架，单檐硬山灰瓦顶。前檐明间装修槅扇门，次间安窗。两山为半圆形封火山墙，进门后为一正方形天井，边长 12.8m，天井条石墁地。前部有半圆形水池，直径 1.8m，深 1.7m。两侧为配房，单坡屋顶。天井中为一放生池。

过天井拾级而上，是一方形亭阁，面阔、进深均为 1 间 5.2m，抬梁式构架，重檐歇山灰瓦顶。前檐柱下石雕石狮柱础，左为狮子滚绣球，右为狮子戏幼狮，石础下刻有"武松打虎"，"孟宗哭竹"等民间故事图案。额枋上题有"光绪元年（1875 年）恩锡者元孙道，美命男萝儒经工，久处心沐手敬书□□□□，□□□□翎印补分司翩嗣孙首镶督造"。亭前台阶中央置一块长 2.6m，宽 2.6m 的盘龙石，上雕三龙戏珠，鲤鱼跳龙门，鱼龙交错，体态遒劲，堪称石雕艺术珍品（图 6-7-28）。

正殿位于祠堂后部，前抵庭阁后檐，面阔 3 间 17m，进深 3 间带前廊，12.2m，明间抬梁式构架，两山穿斗式构架，硬山式屋顶，两山为五花山墙封护。前壁设槅扇槛窗。明间后部设神龛，置"严氏历代昭穆考妣神主位"木牌，边框雕卷草。左右各立石碑两通，分刻"族规"、"戒规"和"奖励章程"、"建祠序"等。正殿脊枋上题有"大清光绪元年岁次乙亥小阳月二十之吉监立"字样（图 6-7-29）。

祠堂内保存有"严氏宗祠创造宗祠序"、"严氏家训十六条"等碑刻，用简洁明畅的语言概括出了各种规章制度，无论书写和雕刻者工整老练，极见功底。祠内还有的石雕和木刻文物，均保存完好。祠堂高墙紧围，亭阁高耸，庄严古朴，保存完好（图 6-7-30）。

（六）郧西府济阳宗祠

济阳宗祠位于十堰市郧西县马安镇下河庙村四组②，建于光绪七年（1881 年），该祠坐北朝南，砖木结构，硬山顶，面阔 3 间，2 进 1 天井四合院式布局，回廊式长方形天井，建筑面积约为 240m²。主要构架保存基本完好，二进正脊高度接近 9m，砖木结构，梁柱用料粗大，石柱础造型各异。明间采用抬梁式结构，两侧为砖墙承重。

图 6-7-29　咸丰严家祠堂大殿梁架

图 6-7-30　咸丰严家祠堂石雕花窗

图 6-7-31 郧西府济阳宗祠

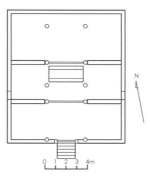

图 6-7-32 郧西府济阳宗祠平面图

图 6-7-33 郧西府济阳宗祠山面

图 6-7-34 郧西府济阳宗祠轩梁架

图 6-7-35 郧西府济阳宗祠轩

图 6-7-36 郧西王氏宗祠

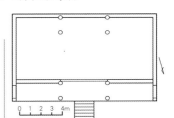

图 6-7-37 郧西王氏宗祠平面图

图 6-7-38 郧西王氏宗祠梁架

图 6-7-39 郧西王氏宗祠脊饰

小灰瓦屋面，外四壁均为封檐，祠堂两边有一小券门，山墙为封火马头墙，内部木装修，砖用铭文砖"汪氏祠堂"，大门全部石质构件组成，檐下有木纹底，暗八仙图案彩绘，并有精美的雕刻（图 6-7-31 ～图 6-7-36）。

（七）郧西王氏宗祠

位于陨西县香口乡黄云铺中心小学内，为清代中晚期建筑[1]。现存 1 进，面阔 3 间，建筑面积约为 150m²，砖木结构，硬山顶，小青瓦屋面，屋顶正脊高度近 7m。明间抬梁式结构，两侧砖墙承重，明间柱础采用汉白玉石材，且雕刻精细，前廊顶部为卷棚顶，驼峰雕刻细致，施有"寿"字图案，正脊与垂脊均有泥塑图案，前檐廊下用卷棚轩装修（图 6-7-36 ～图 6-7-40）。

（八）通山谭氏宗祠

谭氏宗祠位于通山大畈镇白泥村，建于清代[2]。坐北朝南，占地面积约 1470m²。中轴对称布局，自前至后逐步抬高，有门厅、前厅、后厅、祖堂及配房、厢房。门厅面阔 5 间 21.2m，进深 3 间 7.2m，前厅、后厅、祖堂均面阔 3 间 11.5m，分别进深 10.4m、11.7m、10m。抬梁式构架，单檐硬山灰瓦顶。前壁明间设拱形墀头，祖堂设藻井。前、后厅外侧为通廊式偏房，祖堂外侧及主体建筑之间设厢房，为上下 2 层楼。2008 年由湖北省人民政府公布为第五批省级文物保护单位。

祖堂、厢房前壁设槅扇，梁柱、枋、门、窗施多种图案木雕构件。1930 年 3 月，通山县苏维埃政府在此召开一、二次代表大会，选举了政府主席，通过了土地法令，成立了县、区、乡三级政府（图 6-7-41 ～图 6-7-46）。

（九）阳新贾氏宗祠

贾氏宗祠位于阳新县陶港镇贾清伍村，始建于康熙年间，现存建筑面积约

①十堰市文物局第三次文物普查资料。
②国家文物局主编. 中国文物地图集·湖北分册（下）[M]. 西安：西安地图出版社，2002。

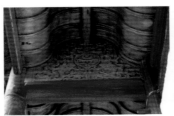
图 6-7-40　郧西王氏宗祠卷棚轩

图 6-7-41　通山谭氏宗祠

图 6-7-42　通山谭氏宗祠前厅

图 6-7-43　通山谭氏宗祠厢房

图 6-7-44　通山谭氏宗祠梁架

图 6-7-45　通山谭氏宗祠戏台藻井

图 6-7-46　通山谭氏宗祠回廊木雕

图 6-7-47　阳新贾氏宗祠

图 6-7-48　阳新贾氏宗祠正面

图 6-7-49　阳新贾氏宗祠山面

图 6-7-50　阳新贾氏宗祠第二进房屋

图 6-7-51　阳新贾氏宗祠梁架

800m²。①祠堂坐北朝南。平面长方形，3 进 2 天井，面宽 18.4m，进深 42.8m，建筑面积约 788m²。由前厅、享堂、祖堂组成，单檐砖木结构，抬梁式构架，青砖墙体，小青瓦屋面。前厅两边山墙为滚龙脊（猫弓式），享堂、祖堂两边山墙为五花墙（五岳朝天式），两边山墙于前厅和享堂之间对称布局，两侧开设有侧门，在墙体 1m 处采用厚 0.10m 青石砌成腰线以防潮防虫，后檐墙对称开有两个石雕花窗，内墙、前檐墙及外墙檐口均采用白灰粉抹。该建筑整体木结构保存尚好。木梁、枋上的木雕，门口的门墩、抱鼓石，大厅柱础的石雕，都十分浑厚、精美，尽管不少已经在"文革"时遭到破坏，但仍然有不少幸存（图 6-7-47 ～图 6-7-52）。2008 年由湖北省人民政府公布为第五批省级文物保护单位。

（十）阳新伍氏宗祠

伍氏宗祠位于阳新县王英镇大田村大田畈，建筑面积约 2832m²，始建于清顺治

图 6-7-52　阳新贾氏宗祠木雕

① 阳新县第五批湖北省文物保护单位推荐材料。

十年（1653 年）。伍氏宗祠的前身是伍子胥祠，始建于北宋初年，后毁于元代兵火，明初又复建，明末又遭乱兵焚毁。清顺治十年易址大岐山下重建，并更名"伍氏宗祠"，后经历朝几次扩建、修建，形成现规模。祠坐南朝北，背倚屏山。宗祠由门楼、戏台、广场、跨门亭、正殿、鼓乐楼和灵神龛等组成[①]。2008 年由湖北省人民政府公布为第五批省级文物保护单位。

宗祠正面有三个入口，中间主入口是一座完整的三间五楼砖砌牌坊门。两个次入口位于两侧对称位置，亦作牌坊式门楼，但高度比中间低．且立柱不落地。门楼上施以较多的灰塑和彩绘。主入口石制过梁和转角石均有精致的雕刻，尤其转角石上对称布置一对石狮雕刻栩栩如生：门两侧有一对高大的抱鼓石，显示该建筑气度不凡。

祠堂主体建筑面阔 3 间，纵深 3 进，两侧有附属用房构成的跨院。前厅向戏台所在的场院开敞，其檐柱为木石双料，尤以明间二柱石料高大：两侧硬山山墙紧贴于木构架排山相连，但不作为承托屋面的支承，其出屋面部分作云墙式样，明间挑檐檩下作四根垂花短柱，柱底木雕花篮极其精美。

前两进平面为矩形，每面 3 间（面阔开间比进深开间稍大）。两进之间以东西向狭长的窄天井相连。进入前两进空间没有阻隔，只有进入第三进院落有门墙相隔。

最后一进院落是设祭坛的祖堂空间，周围环以双层连廊，中间抱厅，联通中厅和祭台。祭台地坪抬高，强调其重要性。

伍氏宗祠的建筑用材大且讲究，抬梁式构架，使得柱距相当大，形成室内大空间。窄天井是该祠堂空间的另一特点，除前两进厅堂之间的东西向窄天井外，第三进院落中间作抱厅式祭台，室内神龛上有"树德堂"三个镏金大字，上方和左右雕有各种姿态的龙凤共九块花板。正中是伍子胥太公神像，神像左右放置伍氏祖宗牌位。神龛前有石案三张、香炉三个。

伍氏祠堂内做天花，并在前两进殿堂明间的正中和抱厅下做斗四、覆斗等多个藻井，藻井内运用大量如意斗栱、龙、蝠等等吉祥图案。门楼处装饰以石浮雕为主，内容以人物、典故为主。祠堂内前两进殿堂空间宽敞但装饰较为节制，但在第三进殿堂中就出现大量精美的木雕、石雕，木雕主要展现在檩、枋、梁、柱、雀替以及槅扇、栏杆、垂花门等构件上，雕刻手法有浮雕，镂雕，透雕等等：雕刻题材包括花纹、人物、动物、植物等多种造型。精美石雕不仅出现在门框、柱础上，还有一个石香炉置于祭台前中心的位置，其底座为八边形，中段束腰为上下两段圆形截面，而上部焚香钵又呈六边形，通体上下各面均有雕饰，题材多为动植物图案，是一个十分罕见的石雕艺术品（图 6-7-53 ~ 图 6-7-61）。

图 6-7-53　阳新伍氏宗祠正面

图 6-7-54　阳新伍氏宗祠正殿内景

图 6-7-55　阳新伍氏宗祠卷棚轩

①阳新县第五批湖北省文物保护单位推荐材料；李晓峰，李百浩主编．湖北建筑集萃·湖北传统民居 [M]．北京：中国建筑工业出版社，2006。

图 6-7-56　阳新伍氏宗祠木匾、
藻井

图 6-7-57　阳新伍氏宗祠天花　　图 6-7-58　阳新伍氏宗祠祖堂陈设

图 6-7-59　阳新伍氏宗祠装修

图 6-7-60　阳新伍氏宗祠木雕

图 6-7-61　阳新伍氏宗祠石雕

①李德喜. 鄂中吴氏祠的地方特色
[M]. 高介华主编. 建筑与文化
论集（三）. 武汉：华中理工大
学出版社，1996。

图 6-7-63　红安吴氏祠鸟瞰

图 6-7-64　红安吴氏祠侧面

（十一）红安吴氏祠

红安吴氏祠位于红安县城东北 38km 的八里镇陡山湾。据《吴氏家谱》载"吴氏祠由三世祖琬公于清乾隆壬午年（1762 年）创建，癸酉年（1763 年）中和节祠始落成。上正下厅，共计六间，东西两厢，乃公捐修，以为诵读处"。同治十年（1871 年）和光绪二十六年（1900 年）两次重修。现存规模与文献记载相符。后殿脊枋下有"清乾隆癸未年中和节之琬公同众建立"，中殿、戏楼脊枋下有"皇清光绪壬寅年六世祖趾公后裔同建"题字。①

祠之朝向北，偏东 15°，背靠陡山，前为平野。平面为三进二天井四合院式，东西宽 21.50m，南北深 52.95m，占地面积 1138.43m²。由前殿、戏楼、中殿、后殿组成（图 6-7-62 ～ 图 6-7-64）。2006 年由国务院公布为第六批全国重点文物保护单位。

前殿面阔 7 间 21.1m，进深 2 间 5.4m，脊高 8.25m，砖木结构，明间抬梁式构架，次、稍间穿斗式构架，硬山式猫弓形山墙，小青瓦屋面。前檐明间带 4 柱 3 间 3 楼石牌坊门楼，宽 7.3m，高 9.8m，檐下施 3 层如意斗栱，庑殿式小青瓦屋面。牌楼明间开双扇板门，呈正南北向，明显是由风水定向（图 6-7-65、图 6-7-66）。

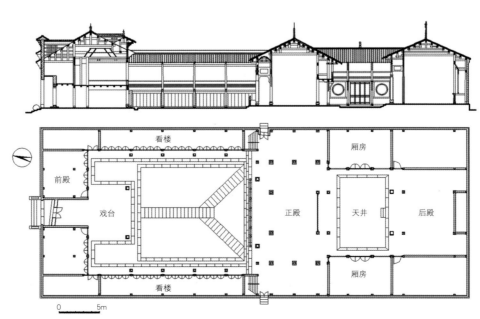

图 6-7-62　红安吴氏祠总平面、纵剖面图

图 6-7-65　红安吴氏祠前殿牌坊门楼

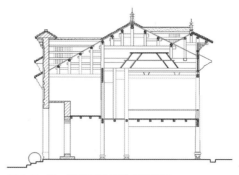

图 6-7-66　红安吴氏祠前殿剖面图

进门后下为通道，上为戏楼，伸出院内天井中，面阔 1 间 6.15m，进深 1 间 4.9m，高 9.35m。庑殿式小青瓦屋面，翼角、戗脊高高翘起，前端饰鱼形小兽，行龙正脊，鱼龙纹大吻。戏楼前檐额枋上划分成 3 间，明间呈骑楼式，主楼下匾书"观乐楼"。檐下施四层如意斗栱，两山除转角斗栱外，均用半匾作鹤颈轩装修，翼角下施一木雕凤凰作为撑栱。戏楼内为八角藻井，2 层，呈宝塔形。下层绘戏剧人物和花鸟，上层八方绘"暗八仙"，顶上绘有"八卦"和"太极图"。采用道教图案，表示有神仙来临之意，象征吉祥如意。戏楼楼枋上雕有武汉三镇城市风光，全长 6m，画面雄伟壮观，气势非凡（图 6-7-67、图 6-7-68）。

戏楼、中殿之间，东西建有厢房（看楼），面阔 5 间宽 20.95m，进深 1 间带前廊 3.15m。南北与前、中殿相接。二层设门通前殿和戏台，中殿稍间有石阶上厢房二层。一、二层装修槅扇门。

中殿面阔 5 间 21.1m，进深 4 间 8.8m，高 7.85m，明间抬梁式构架，次、稍间穿斗式构架，彻上露明造，硬山式小青瓦屋面。前檐开敞，明间以石栏引隔，行人通行由次间进出，次、稍间安有雕花槛墙。明间檐柱额枋下雕有一雄狮撑栱，明间挂落为一《百鼠图》，次间为卷草花卉图案。东西山墙上各开一侧门。明间后金柱间设木板壁。次、稍间皆有暗楼与后厢房相接（图 6-7-69 ～ 图 6-7-71）。

后殿面阔 5 间，宽 21.1m，进深 3 间，深 9.4m，高 8.05m，明间抬梁式构架，次、稍间穿斗式构架，彻上露明造，硬山式小青瓦屋面。明间后座设神龛，供奉祖宗牌位。中、后殿之间有厢房相连，面阔 3 间 7.9m，进深 1 间 4.9m，高 6.9m。2 层。下层明间装槅扇门，次间安木雕槛墙，槛墙以龙、凤头、花结、建筑、人物花纹组成。槛

图 6-7-67　红安吴氏祠戏楼

图 6-7-68　红安吴氏祠戏楼撑栱

图 6-7-69　红安吴氏祠中殿、看楼

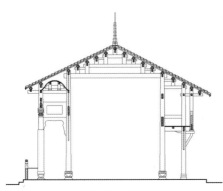

图 6-7-70　红安吴氏祠中殿剖面图

图 6-7-71　红安吴氏祠中殿木雕

①李德喜与查逢志调查。

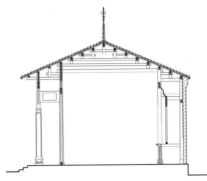

图 6-7-72　红安吴氏祠后殿剖面图

图 6-7-73　红安吴氏祠厢房槛窗

图 6-7-74　大悟陈氏祠堂

图 6-7-77　大悟陈氏祠堂侧面

窗以"渔、樵、耕、读"为主题，字体笔画由龙、凤、花草组成，四周以镂空花纹填充。上层各间安木栏杆（图 6-7-72、图 6-7-73）。

（十二）大悟陈氏祠堂

陈氏祠堂位于大悟阳平镇陈湾村陈家湾西。1941 ~ 1945 年，新四军第五师主力部队十三旅旅部设此①。

陈氏祠堂，建于清代。东西长 19.28m，南北宽 16.4m，占地面积约 319.2m²。2进 1 天井，砖木结构，四合院式建筑。前殿面阔 5 间，进深 1 间，2 层，砖木结构，硬山顶，小灰瓦屋面。前檐明间设板门，次间和稍间设窗，明间设门楼，屋顶高于两边屋顶。室内设楼梯上二层。后殿面阔 5 间，进深 2 间，砖木结构，抬梁式构架，硬山顶，小灰瓦屋面。前檐明、次间安槅扇门和槛窗，其余用砖墙封护。前、后殿山墙做五花山墙，前后出墀头。厢房 2 层，二层设廊，前檐木装修，后檐砖墙封护（图6-7-74 ~ 图 6-7-77）。

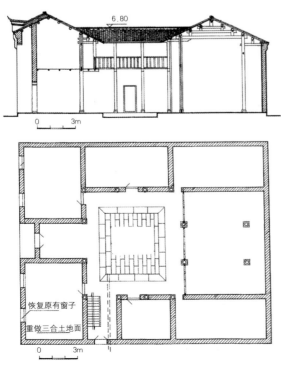

图 6-7-75　大悟陈氏祠堂总平面、纵剖面图

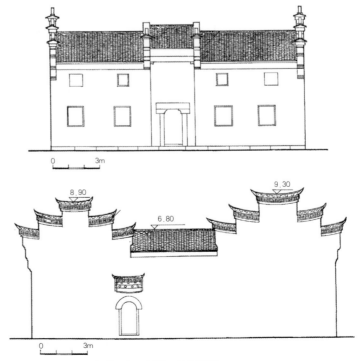

图 6-7-76　大悟陈氏祠堂正立面、侧立面图

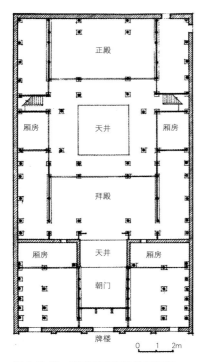

图 6-7-78　洪湖瞿家祠堂总平面图
来源：丁家元．湖北洪湖瞿家湾民居调查．华中建筑，2004（7）

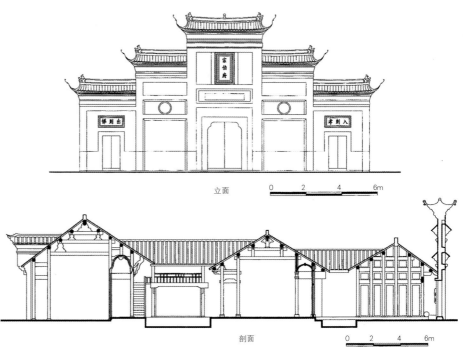

立面

剖面

图 6-7-79　洪湖瞿家祠堂正立面、纵剖面图
来源：李晓峰，李百浩主编．湖北建筑集萃·湖北传统民居 [M]．北京：中国建筑工业出版社，2006

（十三）洪湖瞿家祠堂

瞿家湾镇在洪湖市城北 65km 处的洪湖北岸，是著名的鱼米之乡。北宋前，瞿家湾人烟稀少，属云梦泽区管辖。从北宋始，有少数外地渔民至此，以捕鱼狩猎为业，兼开荒种田。明弘治九年（1496 年），江陵东门外草市瞿文暹因与妻发生口角，一气之下，离家出走至洪湖边。明嘉靖年间（1522～1566 年），瞿文暹之子胜祥、胜禄在此始建村落。因当时人们以打铳，猎野鸭为生，村名"打铳湾"。随着瞿氏家族的繁衍，清乾隆年间（1736～1795 年）将"打铳湾"改名瞿家湾，至道光、咸丰年间，瞿家湾集镇的雏形已初步形成。清光绪年间（1875～1908 年），瞿姓中出了一位经营商业的开拓者瞿宏亮，他惨淡经营，开拓了瞿家湾的商业[①]。

瞿家祠堂为湘鄂西革命根据地苏维埃政府旧址，1988 年由国务院公布为第三批全国重点文物保护单位。

瞿氏宗祠面阔 5 间 16.20m，进深 30.36m，2 天井。由牌楼、朝门、拜殿、正殿和 4 个厢房组成，建筑面积 500m²（图 6-7-78、图 6-7-79）。

牌楼系砖仿木结构，六柱五间五楼，与朝门贴面相建，朝门没有前檐墙。五楼的屋面覆绿色小琉璃瓦，吻兽鳌鱼吞脊，翼角飞檐起翘，在牌楼的明间和两稍间有门，进入祠堂的朝门（图 6-7-80）。

朝门为穿斗式梁架结构，6 柱 7 檩，柱头承托檩敷，柱之间上下用穿枋连接，柱枋之间的空档装木质鼓皮（薄木板），以作隔断。朝门前檐与牌楼连为一体，明间内凹，形成大门内凹的朝门，置有砷石、门槛石等，装双扇板门，朝门上檐出挑用丁头拱，作卷棚轩。

拜殿是祠堂中最早的一座建筑。据《瞿氏族谱·祠堂志》载："我族祠宇之创造，

图 6-7-80　洪湖瞿家祠堂牌楼
来源：李晓峰，李百浩主编．湖北建筑集萃·湖北传统民居 [M]．北京：中国建筑工业出版社，2006

①丁家元．湖北洪湖瞿家湾民居调查 [J]．华中建筑，2004（7）。

图 6-7-81　洪湖瞿家祠堂天井

约当乾隆中叶，祠一重，可由朝门直达寝殿。道光年间大水，有浮尸撞入院墙，族众目击心伤。经户首传忠公移建街头，将原祠改作拜殿，添修正殿并朝门为三重。"拜殿为抬梁、穿斗式混合梁架结构。明间抬梁式，用五架梁；次间、稍间穿斗式，用 7 柱 9 檩前后廊式。抬梁上的瓜柱立在梁上不用角背、驼峰之类的构件，而是在梁上置一斗形的构件围护瓜柱柱脚。前檐明间、次间檐廊上作卷棚轩，轩下有圆光落地罩，在廊轩檐额枋正面作浮雕人物故事，雕工精细、刀法流畅、形象逼真。后檐的明间、次间挑檐用丁头拱。

正殿为抬梁、穿斗式相结合的梁架结构。明间抬梁式用六架梁。次间、稍间穿斗式用 7 柱 9 檩，前后设廊。梁架抬起时，不用瓜柱，而用一扁形雕刻的木块置于梁头，木块正面雕刻二龙戏珠图案，有浓厚的地方色彩。前檐廊下和后檐内廊设有挂落飞罩。前檐廊轩枋正面雕刻人物故事、山水花鸟等。

厢房有四个，在拜殿的前后两稍间与朝门和正殿相连接，形成一个三院落的大四合院。两后厢房为二层阁楼式，面阔 1 间，进深 2 间，前檐上下设廊，廊柱与檐柱之间用月梁连接。四根月梁正面内侧雕有"棋、琴、书、画"。下层廊柱与楼的出檐部分施花牙子撑拱，正面雕刻"渔、樵、耕、读"及其他花纹图案。

瞿氏堂系砖木结构，内部用木梁架，外围用空斗砖墙，多为硬山，在厢房后坡屋面以上砌女儿墙，山墙的檐头作墀头，前后对称。墀头上分两坡水，盖灰色小瓦，檐口安瓦头、滴水，中间作垛头脊饰，做工讲究，题材有龙、凤、孔雀等吉祥的飞禽走兽。除瞿氏宗祠的牌楼覆绿色琉璃瓦外，余皆盖小灰瓦。正脊的端头不装吻兽，用白灰和碎砖瓦砾堆塑龙、凤、孔雀等，中央部位堆砌火焰宝珠，象征家族的吉祥兴旺，有浓厚的地方色彩（图 6-7-81）。

（十四）竹溪甘氏宗祠

位于十堰市竹溪县中峰镇甘家岭村[①]，建于清乾隆二十二年（1757 年），清乾隆五十年（1785 年）扩建，平面为三进二天井，四合院式布局占地面积约 400m²。正门东侧有民国三年修筑的官厅，猫弓式山墙。前厅、后堂面阔 5 间 21.2m，进深分别为 6.8m，7.26m，砖木结构，明间抬梁式，两山穿斗式构架，单檐硬山顶，小灰瓦屋面。后堂前设檐廊，明间为槅扇门装修（图 6-7-82 ～图 6-7-90）。2008 年由湖北省人民政府公布为第五批省级文物保护单位。

（十五）郧县王家祠堂

王家祠堂位于十堰市郧县梅铺镇王河村四组上河[②]，王河电站西南部，清代建筑。坐西北朝东南，祠堂前有树龄逾百年的古柏树二棵和古井一口。祠堂三进二天井四合院式布局，二、三重之间有 60m 宽通道。前拜厅，后祭厅，均为木质结构，抬梁林构

①十堰市文物局第三次文物普查资料。
②十堰市文物局第三次文物普查资料。

图 6-7-82　竹溪甘氏宗祠全景

图 6-7-83　竹溪甘氏宗祠

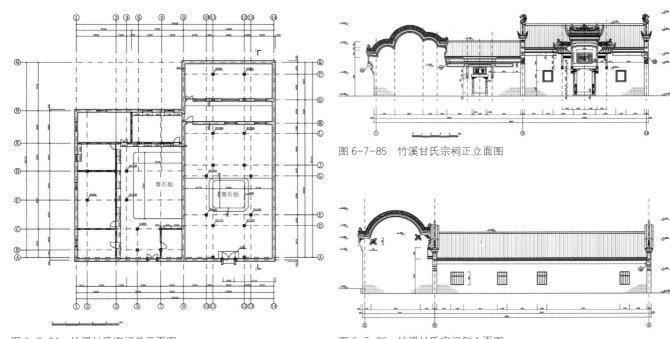

图 6-7-84　竹溪甘氏宗祠总平面图

图 6-7-85　竹溪甘氏宗祠正立面图

图 6-7-86　竹溪甘氏宗祠侧立面图

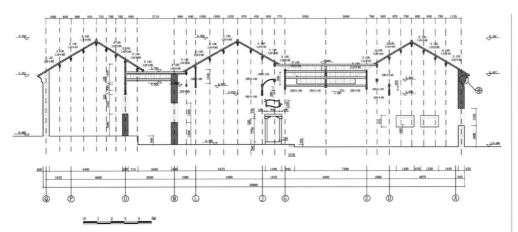

图 6-7-87　竹溪甘氏宗祠正剖面图

图 6-7-88　竹溪甘氏宗祠门楼

图 6-7-89　竹溪甘氏宗祠抱鼓石

图 6-7-90　竹溪甘氏宗祠石窗

架，硬山顶，小灰瓦屋面。梁上有光绪七年（1881 年）题字，祠内仍保留有祠堂界碑。建筑保留了原有筑的风格，有部分山墙倒塌，为后人用红砖重修（图 6-7-91 ～图 6-7-96）。

图 6-7-96　王家祠堂山墙彩画

图 6-7-91　王家祠堂平面示意图

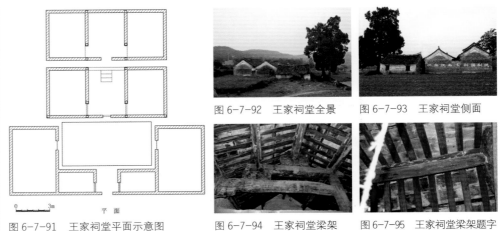

图 6-7-92　王家祠堂全景　　　　图 6-7-93　王家祠堂侧面

图 6-7-94　王家祠堂梁架　　　　图 6-7-95　王家祠堂梁架题字

二、民居

（一）黄陂大余湾民居

明、清建筑，位于黄陂中部木兰山峰脉西峰山下，因村中居民大多为余氏家族，故称大余湾①。村落四面环山，村东山体绵延似青龙，村西山体兀立似白虎，村后的葫芦山（包）与西峰脉一脉相承，百子堂和德记院分别位于葫芦山腰，村前不远处的两座形似乌龟的小山锁住湾的咽喉。正如村中民谣所传诵的那样"左边青龙游，右边白虎守，前面双龟朝北斗，后面金线钓葫芦，中间流水太极图"（图 6-7-97）。2002 年由湖北省人民政府公布为第四批省级文物保护单位。

村中民居建筑多为民国时所建，并保留有部分明、清时的布局。村中有一条横东西的主街，导致整个村落成线性，这条线便将村落的四个组团串联起来。街巷小道成网状与主街相连，广场和池塘作为道路骨架的节点，组团围绕道路节点展开布局。由西向东第一组团便是宗祠，20 世纪 80 年代被拆，现为村小学所在地；第二个组团原为"百子堂"，有十来户人家；第三组团是几列并排的房屋，主街从中间穿过；第四组团为"德记院"。第二、第三个道路节点上均有小广场，是村民晒场和闲聊、休息的地方。

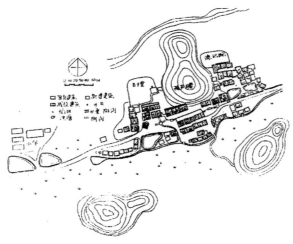

图 6-7-97　黄陂大余湾民居总平面示意图

① 谭刚毅. 湖北黄陂大余湾民居研究 [J]. 华中建筑，1999(4)。

来源：谭刚毅. 湖北黄陂大余湾民居研究 [J]. 华中建筑，1999（4）

余氏宗祠——毓秀　　　　　　余氏宗祠——毓秀
堂（摹自余氏宗谱）　　　　　堂（摹自余氏宗谱）

图 6-7-98　黄陂大余湾余氏祠堂
来源：谭刚毅. 湖北黄陂大余湾民居研究 [J]. 华中建筑，1999（4）

　　祠堂是氏族用于祭祀祖宗和举行宗教活动的地方。据余氏宗谱描绘，余氏祠堂是邻近村落余氏家族的总祠。宗祠建于民国二年，建成于民国八年。祠堂面阔 3 间，3 进 2 天井，砖木结构，硬山式屋顶。在天井处逐渐抬高，最后一进为祠堂的最高点，在最后一进厅堂里供奉祖宗牌位，将厅堂内的槅扇门拆下，整个祠堂可容纳千余人。祠堂附近建有围屋，供祠堂管理人员居住以及祭祀时烧火做饭之用。祠堂外部格局背山面水，建在村头的高地上，前面有水塘，再前面是乌龟形山包，无须赘言，这在风水上是吉相（图 6-7-98）。

　　民居平面形式一般采用三合院式，由 3 间正房、两厢和天井组成，称"一正二厢房，四水落丹池"。正房为穿斗式构架，硬山封火山墙。正房明间前为堂屋，后为灶房，左右 2 间为卧室，有的隔为 4 间。堂屋正中设神龛，供祖宗牌位或"天地君亲师"位。厢房 1 ~ 2 间，加上 5 间正房，当地叫"联五转七"。正屋为 1 层，厢房 2 层，有楼梯可上二层，上面楼阁互为连通。正房较高，为双坡硬山顶，厢房屋顶为不对称的双坡顶，坡短的向外，长坡向内。正房与厢房屋顶相交，上覆小青瓦。四周外墙一般不开窗，而通过天井和屋面明瓦来采光。大门内侧建有走廊，与正房、厢房的廊沿相连，利于雨天通行（图 6-7-99）。

　　房屋一般坐北向南，但有的房屋朝向及开门因受风水的影响。如余绍木住宅朝西，门面向池塘，完全是遵照风水师的"指示"所为（图 6-7-100）。

　　大型的房屋，一般为三合院串联，呈三重院落，如余传进住宅。一般前院为长工和仆人居住，所以用材上都不如正院和后院讲究。面墙上端便用青砖代替石材，后院多种植花草或种菜。村里房屋呈三合院并联式的，这并联的两家，主要往往是兄弟或亲戚。两家有共有的墙和相连的屋架，相邻的两间正房前端则被打通作为两家联系的过道。单体建筑的外墙均用厚重的石墀头封火山墙，户与户之间既相连又分隔，便于防火防盗，更有家族自保之功效。

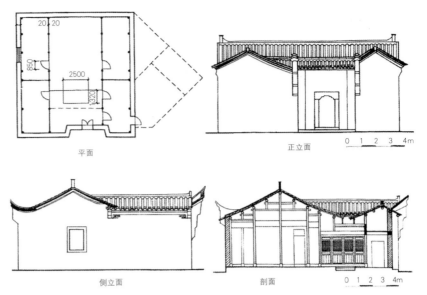

图 6-7-99　黄陂大余湾民居平面、正立面、侧立面、剖面图
来源：谭刚毅. 湖北黄陂大余湾民居研究 [J]. 华中建筑，1999（4）

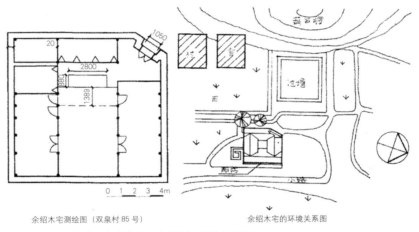

余绍木宅测绘图（双泉村 85 号）　　　余绍木宅的环境关系图

图 6-7-100　黄陂大余湾余绍木宅平面、环境关系图

　　大余湾民居一般面阔 3 间，由四榀屋架加上梁上檩枋组成木构架为承重结构，有的山墙也作承重墙。柱、梁一般选用上等湘杉制作。柱下端垫有石质柱础，利于防潮、防腐。柱间用木板拼装成鼓皮墙（当地叫法），天井与堂屋之间为 8 扇或 6 扇槅扇门。槅扇门的多少可以衡量宅子的大小和主人地位的高低。必要时槅扇门和地槛都可以拆卸，这样天井和堂屋的空间连为一体，是婚丧承办酒筵的地方（图 6-7-101 ～图 6-7-103）。

图 6-7-101　黄陂大余湾民居

图 6-7-102　黄陂大余湾余传进宅

图 6-7-103　黄陂大余湾古亭

大门门洞都安有石门框，其上均有砖或木制的出檐门楣。木装修一般集中在槅扇门、脊檩等处。槅扇门或为直棂或为规则排列的透空雕饰，花纹多采用蝙蝠、牡丹等主题，取其音和其意——福（富）贵，在脊檩和中柱交接处或挑檐檩处的斜撑雕刻精美，层次丰富，人物形象多为观音或仙灵人物。外墙多为封火山墙，其砌法为干垒和糯米浆砌法（图 6-7-104）。

①李德喜，杨忠平．新洲徐源泉公馆维修方案 [R]．武汉：武汉市文化局已审批。

（二）新洲徐源泉旧居

公馆坐落在新洲区仓埠镇南下街。徐源泉（1886 ～ 1960 年），字克成，湖北新洲人，曾任国民党陆军上将。1931 年在家乡建公馆，公馆由门厅、警卫室、配房、前院（徐公园）、凉亭、退园、主楼等建筑物组成，总占地面积 3600m²。新中国成立前为徐家私邸，并利用公馆开办"正源学校"。新中国成立后，公馆被定为公产，交由教育部门使用，更校名为"湖北新洲二中"，曾作教工宿舍，现为该校的校史陈列场馆，故能保存至今。①2014 年由湖北省人民政府公布为第七批省级文物保护单位。

公馆主楼坐东朝西，呈长方形布局。面阔 3 间 15m，5 进 4 天井，通深 39.96m，底层占地面积 599.4m²；上、下两层的建筑面积共约 1200m²。二层砖木结构，穿斗式连体构架，小青瓦屋面，屋面排水单、双坡组合"四水归一"，统由每天井（池）排入地下涵管。两山及前、后檐四周风火墙，墙体厚实高峭，前高后低"包脊裹檐"。前、后立面做石库门入口，上镶匾额，其文字内容，言明了营建者的社会背景和心意。门上铺首造势森严。前门外另做西式门璇，配麻石外"八"字形垂带登级踏步。双立柱及券顶则采用水泥砂浆堆饰图案。外墙面做粉层，墙顶做线砖盖顶，并在墙体上分上下 2 层开窗采光。对外门扇用中式板门，窗扇则用西式玻璃窗。门楣、窗楣、墙顶均采用西式做法。室内格局和装修则以民族传统风格为主，特别重视露明部分的装修。绕每进天井四周立面，槅扇门窗、栏杆挂落、装饰等构件，制作精良讲究，用浮雕点缀重点，用描金显现华贵，用色朴素大方，别具匠心。但在室内可采光部位，如天井加采光罩、间隔支摘窗等构件上均配以进口彩色玻璃等手法，重在表现"奇光异彩、富丽堂皇"。整座建筑外西内中、中西合璧的构造特色，是武汉地区较为难得的建筑实例（图 6-7-105 ～ 图 6-7-110）。

图 6-7-104　黄陂大余湾民居大门

图 6-7-105　新洲徐源泉公馆鸟瞰

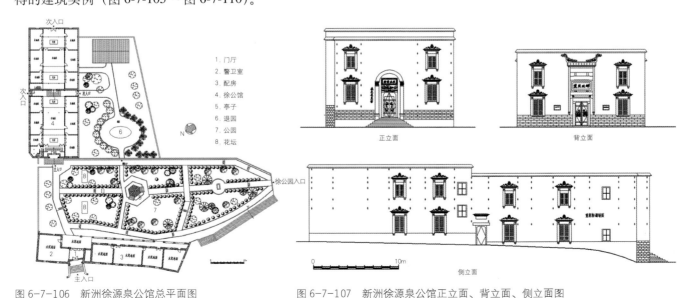

图 6-7-106　新洲徐源泉公馆总平面图　　　　图 6-7-107　新洲徐源泉公馆正立面、背立面、侧立面图

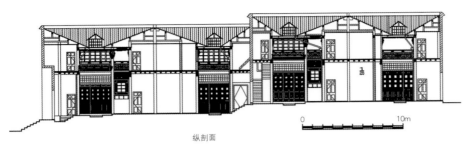

纵剖面

图 6-7-108　新洲徐源泉公馆纵剖面图

图 6-7-109　新洲徐源泉公馆大门

图 6-7-110　新洲徐源泉公馆槅扇门

图 6-7-112　新洲徐源泉公馆门厅、配房全景

公馆入口门厅、警卫室及配房为主楼的附属建筑，是一栋条形连体、功能分割，同样具有"中西合璧"手法的建筑物。通长45m，通深约8.8m，建筑面积共396m²。门厅两重外西内中，择门扭向，讲究传统风水。屋面改用近代"人"字形木屋架，双坡屋面盖小青瓦，外墙体硬山硬檐，森严壁垒，以利防护。内檐则为穿道走廊供蔽风雨。总之，构造特点明显，有别于一般民居。该建筑现屋面渗漏严重，屋架檩椽内檐板有局部朽坏，室内有部分天花板垮塌（纸筋灰粉泥板条），门厅的内门槛、抱柱、槅扇门、窗散失，墙体粉层疏脱，有待维修（图6-7-111、图6-7-112）。

徐公园地势呈长方形，面积约为1776m²。园北侧尽端有一条甬道连主楼，沿道边做砖砌外粉条式花坛，园内名贵花木，有故乡的桂花、紫薇，也有从日本引进的樱花等。园中心建有一座中式六角形凉亭，面积约20m²，砖混仿木构形制，厚重。

（三）阳新彭德怀旧居

彭德怀旧居位于龙港老街中段，建于清末，原为朱同太的宅第，坐东面西，占地637.56m²[①]。平面布局为刀把形，长52.65m，前宽8.08m，后宽12.32m。建筑面积559.32m²。平面由五进四天井组成，二层楼房，单檐砖木结构，穿斗式构架，小青瓦屋面，封火硬山墙（图6-7-113、图6-7-114）。彭德怀旧居作为龙港革命旧址的组成部分，2001年由国务院公布为第五批全国重点文物保护单位。

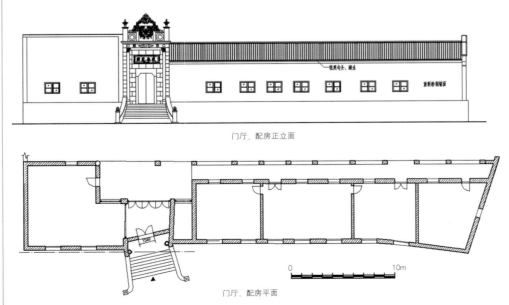

门厅、配房正立面

门厅、配房平面

①李德喜.阳新彭德怀旧居维修方案[R].国家文物局已审批。

图 6-7-111　新洲徐源泉公馆门厅、配房平面、立面图

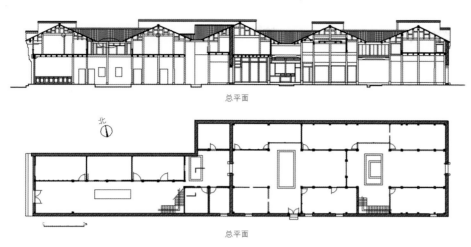

总平面

北

总平面

图 6-7-113　阳新彭德怀旧居总平面、纵剖面图

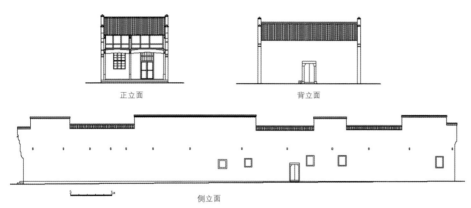

正立面　　　　　背立面

侧立面

图 6-7-114　阳新彭德怀旧居正立面、背立面、侧立面图

　　第一、二进仅两开间，临街店面，一间为铺面，一间为通道。第一进室内柜台仍存，柜台上已用木板封闭，北边一间以现代红砖隔成住房居住。第三进为三开间，中间用间墙分为前后两部，前面整个建筑的过厅，进深不大，前部南北两边均以红砖砌成小屋，中间开双扇门通后部。第四、五重均为三开间，当年为户主居住，基本保存较好，梁架基本为原构。彭德怀同志当年就居住在第四进南次间，第四、五进其余房屋，为司令部机关办公用房。五进房屋木构架均为穿斗式构架。

　　第一进中间木构架为 3 柱 15 檩，2 层。柱与柱之间用穿枋连接。南边现为二柱，北边靠墙壁为硬山搁檩。一层原用木板壁装修。楼上厢房下用木板壁，中间开窗。第二进中间木构架为 4 柱 13 檩，2 层。柱与柱之间用穿枋连接。南、北两边靠墙壁为硬山搁檩。一层原用木板壁装修。楼上用木板壁装修。第三进中间用间墙隔成前后两部，中间开双扇板门通后面，前部 2 柱 7 檩，柱与柱之间用穿枋连接。后部木构架为 2 柱 9 檩，2 层。柱与柱之间用穿枋连接。明间原用木板壁装修。第三、四进之间的厢房为半坡屋架，靠天井处装修槅扇槛窗。第四进木构架为 5 柱 15 檩，柱与柱之间用穿枋连接。柱与柱之间用穿枋连接。明间原用木板壁装修。第五进木构架为 5 柱 15 檩，柱与柱之间用穿枋连接。柱与柱之间用穿枋连接。明间原用木板壁装修（图 6-7-115～图 6-7-117）。

图 6-7-117　阳新彭德怀旧居第四进卷棚

图 6-7-115　阳新彭德怀旧居正面

图 6-7-116　阳新彭德怀旧居第四进梁架

整个房屋设有两部楼梯，一部设在二进与三进之间的南边靠墙处，一部设在第四进与第五进之间的南边靠墙处。

建筑内部全用木板壁和槅扇门窗装修。前檐额枋下，原系木板壁和板门装修。第四进房屋明间装修八角形素天花，前檐檐下装修卷棚轩，其他檐下无装饰。

整个建筑两山墙和后檐用砖墙围护，墙体均为空斗灌土墙。两山墙还起着承重墙的作用。内墙为白灰粉刷，外墙为清水墙，山墙前、后檐砌有不同曲线的墀头。前檐为木板壁和板门装修。后檐墙正中设双扇板门，门枕石两旁设有石制的龙凤洞，方石圆孔。

四天井均用石块砌成，且做工较精细。第三进和后檐墙上的石门框、门枕石、柱础均用石材精制。

（四）宜昌杨家湾老屋

清代民居建筑，省文物保护单位。位于宜昌县三斗坪镇东岳庙村一组，现属三峡工程施工区域，建筑面积约 1300m²。[①]

老屋平面为横长方形布局，纵深两进，横连十一屋，共有天井七个，主体部分对称布局。建筑结构为砖木混合结构，明间及主要厅堂的梁架均为穿斗式木构架，其他房屋则以墙体支撑屋面，即硬山搁檩式。杨家湾老屋的现有规模，不是一次性完成的，而是随着时间的推移和人口的增加逐渐扩建而成。因此，有的外墙后来成了内墙，新旧不同的建筑彼此搭配，但就总体而言，整体效果是协调的，并且增加了建筑造型的变化与层次（图 6-7-118、图 6-7-119）。2013 年由国务院公布为第七批全国重点文物保护单位。

① 国务院三峡工程建设委员会办公室等.三峡湖北库区传统建筑 [M].北京：科学出版社，2003。

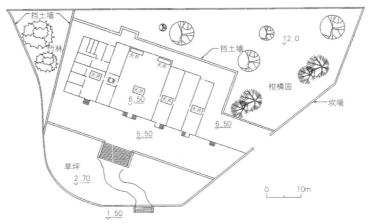

图 6-7-118　宜昌杨家湾老屋总平面图

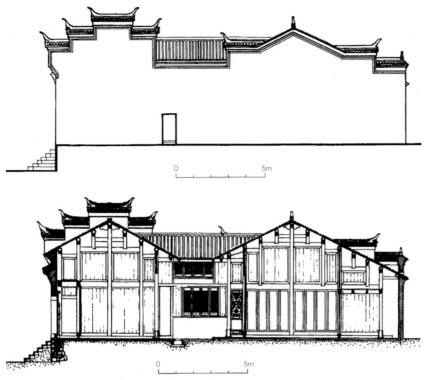

图 6-7-120　宜昌杨家湾老屋

图 6-7-119　宜昌杨家湾老屋侧立面、剖面图
来源：国务院三峡工程建设委员会办公室等．三峡湖北库区传统建筑 [M]．北京：科学出版社，2003

图 6-7-121　宜昌杨家湾老屋门楼

杨家湾老屋的木构件均制作精细，梁、檩、枋、柱用料讲究，做工规整，特别是装修部分精雕细刻。前后槅扇门、窗的槅芯式样有：方格类、平行直棂、灯笼锦、高窗均为连锁纹、拼合锦、套方锦等。所有檐口墨绘装饰纹饰也各不相同，主体建筑的滴水下有菱角牙子，天井檐口还有特制的瓦头滴水，都极大地丰富了建筑的艺术特色。其他造型艺术处理也很有地方特色。大小不一的天井设置，高低错落的屋面组合，风格独特的风火山墙及前后檐墙，都较好体现了老屋的整体风貌（图 6-7-120～图 6-7-123）。

图 6-7-122　宜昌杨家湾老屋槅扇门

（五）巴东万明兴老屋

该建筑坐北朝南，为三间二层带阁楼式建筑，平面呈"L"形，亦为二层带阁楼，单檐悬山顶[①]。建筑通面阔 20.12m，进深 12.95m，建筑占地面积 268m²。北、东两面为走廊，吊脚楼悬挑结构。院落地面基本与二层楼地面水平，主要入口均在院落内。该民居原有一完整院落，现门房已毁，仅存柱基、残破墙体、石门槛、门枕石等。据房主介绍，该老屋初建于晚清，为万明兴前辈所创，最初仅有正房、东厢房为后来扩建（图 6-7-124、图 6-7-125）。

正屋平面长方形。一层面阔 4 间，长 20.12m，进深 4.83～5.88m，层高 3.09m；二层正屋面阔 3 间 13.92m，进深 7.63mm，明间层高 2.7m，次间层高 2.61m，正脊高 9.43m；二层东厢房面阔 3 间，长 5.95m，进深 7.92m，脊高 5.62m；吊脚楼面阔、进深 1 间，宽 5.35m，深 7m，脊高 5.05m（图 6-7-126、图 6-7-127）。

图 6-7-123　宜昌杨家湾老屋槛窗

正屋梁架二层，明间为 11 柱 13 檩，3 柱落地，前后檐出挑檐檩。檐条断面为圆形。前檐为方形石柱，后檐为木柱础，柱础间用木枋连接。明间室内设有楼层（但

① 作者三峡工程搬迁设计。

图 6-7-124　巴东万明兴老屋远景　　　　　　图 6-7-125　巴东万明兴老屋正面

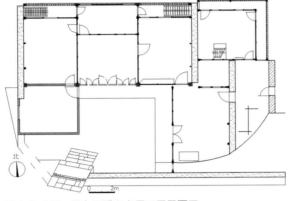

图 6-7-126　巴东万明兴老屋二层平面图

图 6-7-127　巴东万明兴老屋西立面、北
立面图

不居住），只起隔尘作用。西次间为穿斗式构架，用 11 柱 13 檩，前后 3 柱落地；东
次间楼层上梁架已毁，只存 3 柱，其余檩条搁在山墙上。厢房南部明间梁架为穿斗
式，用 8 柱 9 檩，前后檐柱落地。前檐出挑檐檩，后接坡屋（后建）。北部次间梁架
为穿斗式梁架，用 8 柱 9 檩，3 柱落地。吊脚楼南北和东西方向均半屋架，8 柱 9 檩，
3 柱落地，45°方向抹角梁，梁上搁檩条（图 6-7-128、图 6-7-129）。

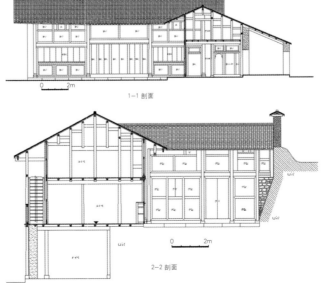

1—1 剖面

2—2 剖面

图 6-7-128　巴东万明兴老屋剖面图

图 6-7-129　巴东万明兴老屋正
屋梁架

正屋明间和两次间均设阁楼。老屋北、东两面走廊为吊脚楼悬挑结构，正屋后檐东、西次间设木楼梯，厢房北部设木楼梯。

（六）巴东费世泽老屋

该建筑为土木结构建筑，坐东朝西，建筑为土墙承重吞口屋，阴阳灰布瓦，扣板瓦脊，单檐悬山顶。地势稍有倾斜，对面为主街道，四周皆为民居，向西 80m 处为神农溪河流。

平面呈凹字形，当地称"吞口屋"。面阔 5 间 27.53m，进深 1 间 10.3m；厢房一间，宽 6.45m，进深 1 间，深 8.3m，建筑面积 781.26m²。明间靠后墙设走廊，高 3.37m，靠南墙设楼梯一座。明间在 5.3m 处设木楼板，进入次、稍间均由明间走廊出入。吞口屋亦为二层，上层为木楼板。一层地面原为夯土地面，现改为水泥地面（图 6-7-130、图 6-7-131、图 6-7-132）。

建筑为土木混合结构，二层。正屋四周围墙及隔墙均为夯土墙承重，无一立柱，正屋架为 14 檩。檩条直径 0.18m，檩下无随檩枋。下层夯土承重墙，上层为穿斗式构架，用 6 柱 10 檩。檩径 0.13m，檩下无随檩枋，仅挑檐檩有枋。前后檐墙、山墙为夯土墙。四周墙下用条石砌筑。台明条石砌筑。

此房用材规矩，是江北沿渡河区传统民居的代表作。一般为富户所建，据调查，原住户身份为当地地主（图 6-7-133～图 6-7-135）。

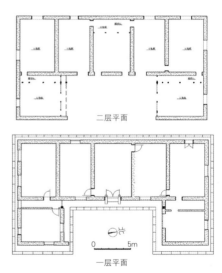

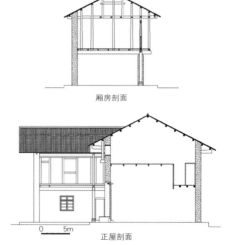

图 6-7-130　巴东费世泽老屋一、二层平面图

图 6-7-132　巴东费世泽老屋正屋、厢房剖面图

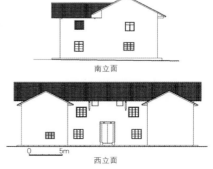

图 6-7-131　巴东费世泽老屋南立面、西立面图　图 6-7-133　巴东费世泽老屋正面

图 6-7-134　巴东费世泽老屋厢房

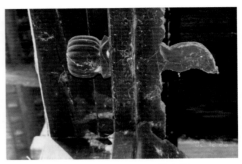

图 6-7-135　巴东费世泽老屋门簪大样

（七）巴东毛文甫老屋

毛文甫老屋位于巴东楠木园乡楠木园村二组中部，海拔高程 112m。老屋建于晚清，坐南朝北，倚山坡而建，面对长江，距长江约 150m 左右①。建筑面阔 3 间，建筑台基占地面积 107m²。明间面阔 3.8m，次间面阔 3.75m，通面阔 11.3m，进深 2 间，前次间深 3.84m，后次间深 3.74m，通进深 8.64m。穿斗式构架，9 柱 10 檩。前、后檐柱径为 0.2m，中柱径 0.22m，单檐悬山顶，阴阳灰布瓦，扣板瓦脊（图 6-7-136 ～图 6-7-139）。

两山及后部为毛石砌筑墙体，明间后部两山为夯土墙，前部楼层下部构架间全部用木板壁装修，靠中柱各设一单扇板门通次间。前檐明间中央为双扇板门，两侧为圆棱窗。两次间靠山墙各设一单扇板门，其余为木板壁装修。楼上部同样用木板壁装修。

室内为夯土地面，前部有条石铺砌的平台，平台前为陡坎，形成高台。

（八）巴东李光全老屋

李光全老屋位于巴东县楠木园乡楠木园村一组，从码头进楠木园主石阶路入口左侧②。该建筑为土木结构建筑，坐东朝西，倚山而建，地势南高北低，后有橘林，自然环境优美。平面长方形，面阔 17.16m，进深 12.66m，建筑面积 217.25m²。原为一天井四合院，建筑均为 2 层，在楠木园来讲，当时是最讲究、规模最大的房屋之一。

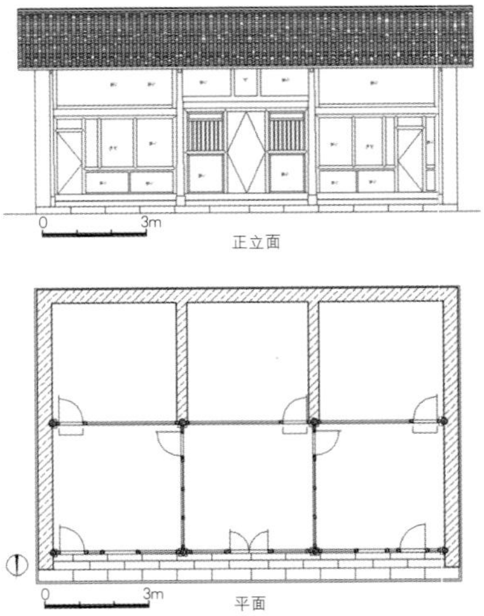

图 6-7-136　巴东毛文甫老屋正面

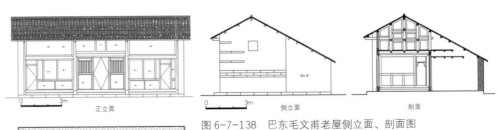

图 6-7-138　巴东毛文甫老屋侧立面、剖面图

图 6-7-137　巴东毛文甫老屋平面、正立面图

图 6-7-139　巴东毛文甫老屋梁架

①作者三峡工程搬迁设计。
②作者三峡工程搬迁设计。

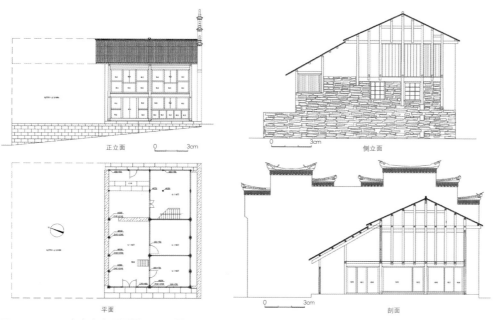

图 6-7-140 李光全老屋平面、正立面图   图 6-7-141 李光全老屋侧立面、剖面图

可惜老屋现仅存房屋 2 间，宽 8.76m，进深 12.66m，高 7.97m，建筑面积 110.90m²。其他房屋已毁，后又在此基础上补为单层房屋（图 6-7-140）。

该房屋为穿斗式构架，2 层。一层用 3 柱，中柱及前、后檐柱均为通柱。二层用 9 柱 11 檩。柱下有八角形柱础，上部为鼓形状。柱础间有石地栿，纵横布置，上装木板壁。檩条直径 0.15m，檩下无随檩枋（除脊檩下有随梁枋外）。檐柱径为 0.2m，中柱径 0.2m（图 6-7-142、图 6-7-141）。

前、后檐用木板壁装修，前檐明间开双扇板门，两次间为木板壁。室内间隔全部采用木板壁装修。屋面为单檐硬山顶，屋面有举高，无折水。屋顶干摆小青瓦，间用玻璃瓦采光。瓦下既无沾背也无望板，瓦直接铺放于椽板上。

（九）恩施余家老屋

位于恩施市沙地乡杨柳池村一组五号，距市区约 80km。余家老屋始建于晚清，坐西北朝东南。面对清江，背依板壁崖，面对老水沟山。平面长方形，为两进一天井房屋（后房已毁），现仅存第一进房屋，房屋面阔 3 间，进深 3 间。建筑为砖石木混合结构，2 层，穿斗式构架，硬山顶，小布瓦屋面，三花山墙，前、后檐用木板壁装修。现存前房占地面积 374.4m²（不包括后房遗址面积）。室内全部采用木装修（图 6-7-143 ～图 6-7-146）。

图 6-7-142 李光全老屋侧面

房屋前面设有月台，东西宽 15.6m，南北深 9.5m，月台用规整的大条石砌筑。室内明间为三合土地面，西次间为木地板，木地板基本保存完好。东次间原为木地板，已毁。梁架为穿斗式构架，明间用 5 柱 4 骑 11 檩，5 柱落地。次间与明间构架相同。前、后檐出挑檐檩。檩条断面为圆形。柱均为圆木柱，柱间用穿枋连接。明间室内设有楼层（但不居住），只起隔尘作用（图 6-7-147）。

余家老屋具有典型的土家族民居建筑，此房用材纤细，装修丰富多彩，有木板壁、梅花花纹窗、直棂窗、乱石墙等。其中最具装修特色的是前檐明间板门两边的花形

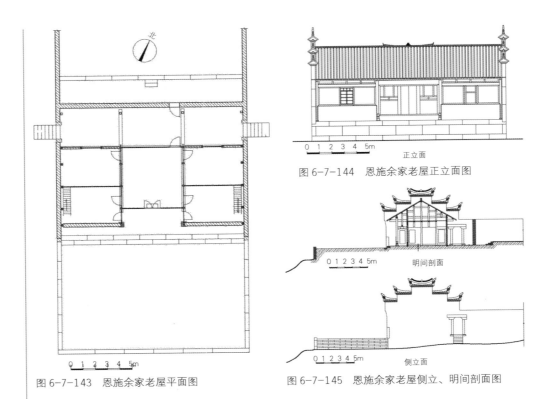

图 6-7-143　恩施余家老屋平面图

图 6-7-144　恩施余家老屋正立面图

正立面

明间剖面

侧立面

图 6-7-145　恩施余家老屋侧立、明间剖面图

图 6-7-146　恩施余家老屋正面

图 6-7-147　恩施余家老屋梁架

图 6-7-148　恩施余家老屋大门

花窗。花窗槅心为横 19 根槅条，竖为 15 根槅条，在横、竖十字交接处，共有 12 朵不同形状的梅花，镶嵌在槅心内，显得特别高贵、素雅。前檐东次间槛墙上为直槅窗，也更显古老（图 6-7-148）。

老屋原为谭成峰老屋，解放土改时分给两位五保户居住，1962 年两位五保户先后去世。余德荣从当时大队购得老屋，当时价值人民币 400 余元。后一直为余德荣家居住。

（十）建始刘家老屋

刘家老屋位于建始土家族自治县东南面的景阳镇田峡口方坪村三组，清江中段景阳河北岸，距县城 87.5km。该建筑面对清江，背依山崖。

刘家老屋始建于晚清，为石木结构建筑，坐北朝南，系一正两横，占地面积 370m²。正房平面呈"凹"字形，面阔 3 间，进深 2 间，前置走廊，穿斗式构架，悬山顶，小青瓦屋面。东、西厢房面阔 2 间，进深 1 间，前置走廊，廊宽 0.85m。悬山顶，小青瓦屋面。正房、厢房前檐出挑檐檩。檐条断面为圆形。柱均为圆木柱，柱间用穿枋连接。正房明间室内前端设有楼层（但不居住），只起隔尘作用（图 6-7-149 ～图 6-7-153）。

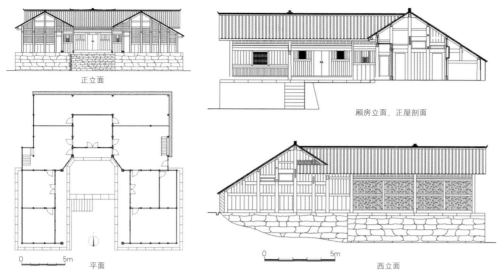

图 6-7-149 建始刘家老屋平面、正立面图   图 6-7-150 建始刘家老屋厢房立面、正屋剖面、西立面

图 6-7-151 建始刘家老屋正面   图 6-7-152 建始刘家老屋正房   图 6-7-153 建始刘家老屋西厢房
                                        梁架

正屋前檐明间中间装修双扇板门，门两边装修木板壁；西山墙下部为石板墙，上部为木装修。厢房两间，靠正房一间设双扇板门，西厢房门两边设窗；靠外面一间中间开窗。东厢房后檐和东山墙下为石板墙，上为木板壁封护。西厢房前檐墙下部为石板墙，上为木板壁封护；后檐为竹片墙。

刘家老屋是典型的土家族民居建筑，装修丰富多彩，有木板壁、一马三箭直棂窗；板门上装有连楹、门笋和门簪；墙体有石板墙、竹片墙、乱石墙等，其中尤以竹片墙独具地域特色。

（十一）鹤峰王金珠老屋

王金珠老屋，建于晚清，房屋平面呈"L"形，是恩施土家族房屋中最普遍的一种平面，又称"一头吊"、"拐子头"或"钥匙头"。其特点是只有一边厢房悬空吊脚。杉木穿斗式架梁，悬山顶瓦屋面吊脚楼，占地面积 324m²。原为商铺，现房屋产权属村民王万胜（江西人，早年迁入）之女王金珠所有。

老屋背山坡而建，坐东北朝西南。房屋平面系一正一横，平面呈"L"形，面阔4 间，进深 2 间，吊脚楼西面悬廊为双层悬挑结构，站在悬廊上可远眺山河，景色秀丽。

正房 2 层，穿斗式构架，明间用 7 柱 10 檩，前 2 柱落地，后 4 柱落地。前、后檐出挑檐檩。檩条断面为圆形。前、后檐柱及中柱均为抹角柱，柱间用木枋连接。明间室内设有楼层（但不居住），只起隔尘作用。前檐走廊上为棚轩装修。厢房西部用 9 柱 11 檩，东面 4 柱落地。后檐出挑檐檩。檩条断面为圆形。柱间用木枋连接。

图 6-7-156　鹤峰王金珠老屋
山面

图 6-7-157　鹤峰王金珠老屋明
间梁架

图 6-7-158　鹤峰王金珠老屋前
檐卷棚

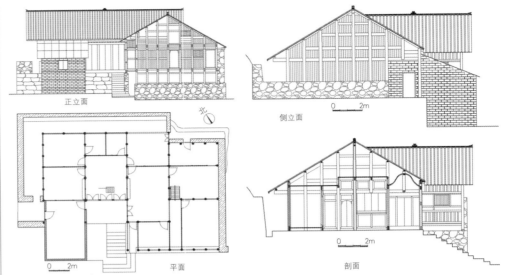

图 6-7-154　鹤峰王金珠老屋平面、正立面图　　图 6-7-155　鹤峰王金珠老屋侧立面、剖面图

山面为穿斗式构架，用 9 柱 10 檩，柱间用 5 层穿枋连接，悬挑双层悬廊。后檐出挑檐檩。室内设有楼层。

　　正房为前店后寝，明间为厅，次间为商铺，前部设有柜台。正屋前檐明间装修 6 扇板门，次间下为木板壁，上设窗，已改成木板壁。前檐走廊上为棚轩顶。后檐檐柱间全部为木板壁。室内楼板以下均为木板壁。明间中柱与金柱之间设板门。正屋、厢房山面为木板壁。

　　老屋在第二次国内革命战争时期，相继成为红四军五路军指挥部、巴建鹤（指巴东、建始、鹤峰三县）游击司令部、巴建鹤五特区游击大队等红军部队和地方武装的指挥机关和修整之地（图 6-7-154 ～ 图 6-7-158）。

　　（十二）利川李氏庄园

　　李氏庄园位于利川市大水井乡，可分为左右两大群落。左边（西南侧）建筑群的主要入口已难以明确识别，屋宇失修，部分毁坍。右边（东北侧）建筑群保存较好，规模庞大，有大小楼房百余间，天井 9 个，总建筑面积约 5000m²。从实地调查及庄园建筑的风格看，其建造年代应在民国初期。[①]李氏庄园作为大水井古建筑群的组成部分，2001 年由国务院公布为第五批全国重点文物保护单位。

　　该建筑群主体建筑可分为左、中、右三路，主要入口位于右路边沿前侧，朝向正北，采用土家族"午朝门"形制，屋顶为歇山式，但门的一侧与三层吊脚楼式偏屋相连，因此仅左侧面呈歇山形，造型别具异趣，门前石级层叠，呈弯牛角状，斜向逶迤，如此处理与土家族的"风水观"有关（图 6-7-159 ～ 图 6-7-161）。

　　该建筑群总体布局与宗祠相似，由主体建筑两侧各出偏屋，与主体建筑前筑于高台基上的坎墙相连，在大门前围合成一集散兼眺望的院坝；坎墙造型丰富多变，两侧为跌落式墙体，饰以墙檐及线脚、彩绘，中间为西式花瓶形栏杆组成的 1.5m 高矮墙，以 4 根矮柱分隔为 3 段，与主立面正门之墙面分隔，和西式柱廊相呼应，轻快剔透，给人以亲切感（图 6-7-162、图 6-7-163）。

　　中路主体建筑是三进厅堂，正门前为 11 级石台阶，墙面亦以壁柱分隔，饰以线脚。

①谭宗派. 利川民族文化览胜 [M].
　北京：中国文联出版社，2002。

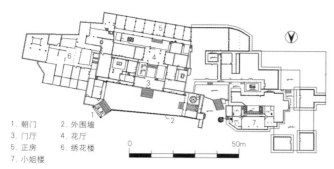

1. 朝门　　2. 外围墙
3. 门厅　　4. 花厅
5. 正房　　6. 绣花楼
7. 小姐楼

图 6-7-159　利川李氏庄园总平面图

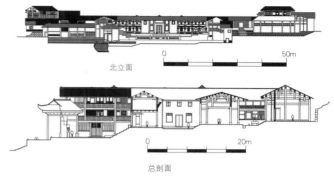

北立面

总剖面

图 6-7-160　利川李氏庄园北立面、纵剖面图

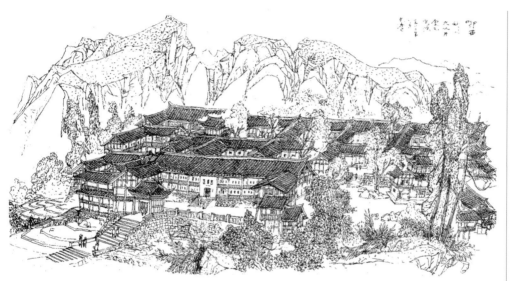

图 6-7-161　利川李氏庄园鸟瞰

图 6-7-162　利川李氏庄园全景

图 6-7-163　利川李氏庄园"青莲美荫"门楼

正门上横额已无字迹存留，惟午朝门之匾额有"青莲美荫"4 字，可知房主自托太白后裔。前厅为楼厅，次间侧墙处为穿斗式木构架，中间则为抬梁式。门厅立面为壁柱、线脚分隔的实墙面，面对中厅的一面朝向东南，以大片冰裂纹式花窗作次间的隔断，轻灵雅致，门厅靠正门的侧墙上，有侧门与左、右两路的西式柱廊相通。中厅虽为 3 间，但因面阔小于前厅，故作此处理，似为后厅堂屋的小空间作过渡，以避免空间变化有突兀之感。中厅侧壁仍为穿斗式木构架，中间则为抬梁与穿斗结合的混合式

梁架，构件富装饰性，又有照壁板分隔于后，应是房主会客之处。后厅三间，一明二暗，中为堂屋，两旁为卧室，已无厅堂之制，纯为起居之需要，其构架为穿斗式（图6-7-164～图6-7-166）。

左路（西南侧）主体建筑，前半部西式柱廊之后有小室3间，后临天井，天井中有水池，池前壁上刻一大"忍"字，有小廊，可与左侧建筑群落相通；正对"忍"字的雅室，有廊前挑，通宽开窗，环境幽静，似为书斋；后有通道可直通后进，后进房屋为子女住房（图6-7-167、图6-7-168）。

右路（东北侧）主体建筑，前有西式柱廊，后有花厅、天井，为房主宴客雅叙之处；其上有楼，可直通后进房屋。

该建筑群两侧，左侧为侧面入口，设月洞门，有园林趣味，上有楼房，可与主体建筑左路诸室相通；右侧屋随地形上下展开，极尽错落变化之灵巧，并双开侧门通往李氏宗祠；侧屋后部及上部，又随地势建小院及绣花楼，且有通廊与后进宅院相连。

整座建筑群造型丰富，具有土家族特色的门楼、吊脚楼、绣花楼等与西洋式柱廊、坎墙相映衬，檐角、屋脊用五彩缤纷的碎瓷碗片镶嵌成各种花纹图案，加上汉族式样的花台花缸、柱础、彩画以及数十种雕花窗格，组成一组别具风格的庄园建筑。

（十三）利川李盖五旧宅

位于利川高仰村李氏庄园的东北，建于1942～1947年，坐东朝西，占地面积约2000m²。四合院式，有四个天井，保存房屋60余间，其中正厅面阔30m，进深11m，高8m。宅北建有一座桥形亭楼，宽15m，进深8.3m，高11.44m。整栋建筑系砖木结构，抬梁式构架，小青瓦屋面（图6-7-169～图6-7-172）。李盖五旧宅作为大水井古建筑群的组成部分，2001年由国务院公布为第五批全国重点文物保护单位。

图6-7-164　利川李氏庄园主楼

图6-7-165　利川李氏庄园正堂

图6-7-166　利川李氏庄园天井

图6-7-167　利川李氏庄园绣楼

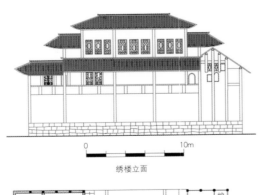

绣楼立面

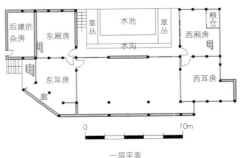

图6-7-168　利川李氏庄园绣楼平面、立面图

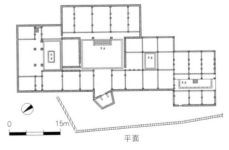

图6-7-169　利川李盖五旧宅总平面

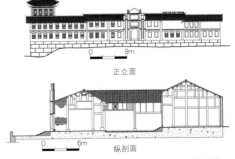

正立面

纵剖面

图6-7-170　利川李盖五旧宅正立面、纵剖面图

（十四）利川向氏老屋

向氏老屋又名"六吉堂"，位于利川鱼木寨大湾下，堪称鱼木寨木构房屋建筑的代表作[①]。建筑始建于清末，建成于民国九年。坐西朝东，占地 1000 余平方米，三进四合院式布局。中心院坝用规整块石墁铺，两厢彩楼浮雕精细。主体建筑面阔 3 间，进深 3 间，单檐硬山灰瓦顶，砖木结构。堂前出抱厦（实为戏楼），飞檐翘角，朱漆生辉（图 6-7-173 ~ 图 6-7-177）。抱厦基座高出院坝 1.5m，正中建踏跺，左右两侧雕刻人物山水。前廊阶壁左右各嵌石刻一通，长 4m，高 1m，正楷阴刻《南阳柴夫子训子格言》，书法稳健，刀法娴熟，长短句式，语言生动。现抄录如下：

"费尽了殷殷教子心，激不起好学勤修志。恨不得头顶你步云梯，恨不得手扶你攀桂枝！你怎不寻思？试看那读书的千人景仰，不读书的一世无知；读书的如金如玉，不读书的如土如泥；读书的光宗耀祖，不读书的颠连子妻。纵学不得程夫子道学齐鸣，也要学宋状元联科及第；再不能够也要学苏学士文章并美，天下听知。倘再不然，转眼四十、五十，那时节，即使你进个学，补个廪，也是日落西山还有什么长济？又不需你凿壁爱萤，现放着明窗净几。只见你白日里，浪淘淘闲游戏；到晚来，昏沉沉睡迷迷。待轻你，你全然不理；待重你，犹恐伤了父子恩和义。勤学也由你，懒学也由你，只恐他日面墙悔之晚矣！那时节，只令我忍气吞声恨到底。

民国九年庚申岁小阳吉日向光远建修，
命次男孝士书录格言，世守勿替"

向氏老屋在鱼木寨内。鱼木寨 2006 年由国务院公布为第六批全国重点文物保护单位。

图 6-7-171 利川李盖五旧宅全景

图 6-7-172 利川李盖五旧宅入口

图 6-7-173 利川向氏老屋总平面
来源：朱世学. 鄂西古建筑文化研究 [M].
北京：新华出版社，2004

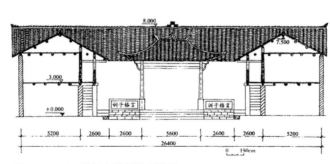

图 6-7-174 利川向氏老屋立面图
来源：朱世学. 鄂西古建筑文化研究 [M]. 北京：新华出版社，2004

图 6-7-175 利川向氏老屋内景

图 6-7-176 利川向氏老屋戏楼

图 6-7-177 利川向氏老屋戏楼石雕

①朱世学. 鄂西古建筑文化研究 [M]. 北京：新华出版社，2004。

图 6-7-178　竹山三盛院府视

图 6-7-179　竹山三盛院梁架

图 6-7-181　竹山三盛装修

图 6-7-182　竹山三盛院内景

图 6-7-180　竹山三盛院石门框

图 6-7-183　竹山三盛院石窗

图 6-7-184　竹山三盛院柱础

（十五）竹山王三盛院

位于竹山田家坝镇竹溪泗河与竹山堵河交汇处的平坝上，三盛院建于 19 世纪初，原为麻城县八角庙三盛湾的王应魁三兄弟来竹山经商，逐步成为雄踞一方的大商号，王三盛乃商号名[①]。发家之后，王三盛买田置地、大兴土木，于嘉庆末年在两河口建造三盛大院。据史载，整个建筑坐北向南，占地面积包括四周围墙，约 100 余亩。建筑结构为同式 3 幢并列，一进八重 48 个天井，计千余间，正中一条横道。大院平面呈"王"字形。每幢青石花雕门楼，门前陈置石雕青狮白象，四檐雕虎画凤，栩栩如生，门窗户扇连环花雕，有传统戏剧中的人物及风景花卉。可惜这座规模宏大、工艺精湛的建筑随着王氏家族的衰落也逐渐凋敝。抗日时期，著名的"自忠中学"以此处为校舍。土改时期，三盛院分给了附近竹山、竹溪两县的贫民（图 6-7-178 ～图 6-7-184）。

（十六）竹山高家花屋

位于竹山县竹坪乡解家沟，建于清中晚期。[②]坐西北朝东南，砖木结构，硬山顶，3 进 2 天井，面阔 5 间 29.12m，进深 47.17m。建筑依山而建，层层递增，气势宏伟。一进基础用青石垒起，外墙上有"福、禄、寿、喜"图案的石窗共 10 个。大门设有八字门楼，门楼八字墙上部绘有壁画、石雕，下部为砖雕须弥座，须弥座束腰及下枭部分雕刻极为精细。大门两侧抱鼓石造型独特，上部为八角形石鼓，下部为束腰基座，基座上刻有"青龙"、"白虎"图案。一进背后设有戏楼，撑栱、横梁等构件雕刻精细。二进高于一进，基础用块石垒起，设有十七步台阶，台阶两侧栏杆上刻有梅花、莲花等图案。二进抬梁式构架，小青瓦屋面。三进略高于二进，设五级台阶，穿斗式

①湖北省古建筑保护中心资料。
②十堰市文物局第三次文物普查资料。

构架，小青瓦屋面。一进厢房面阔三间，8.2m，进深二间，6.3m，二层，穿斗式构架，小青瓦屋面。二进厢房面阔 2 间 7.5m，进深 2 间 6.3m，2 层，穿斗式构架，小青瓦屋面。室内槅扇造型有圆有方。整幢建筑内有大量石刻、木雕壁画，取材内容丰富，雕刻技法娴熟，雕工极为细致，人物刻画细致生动，线条简洁流畅，栩栩如生（图 6-7-185～图 6-7-195）。2014 年由湖北省人民政府公布为第六批省级文物保护单位。

图 6-7-188　竹山高家花屋全景

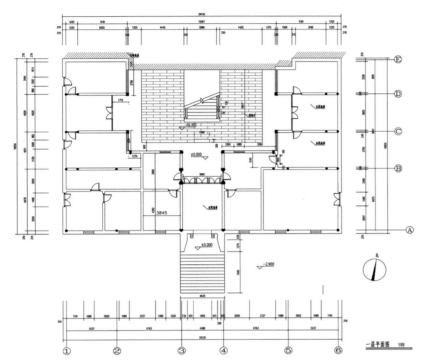

图 6-7-185　竹山高家花屋一层平面图

图 6-7-189　竹山高家花屋正面

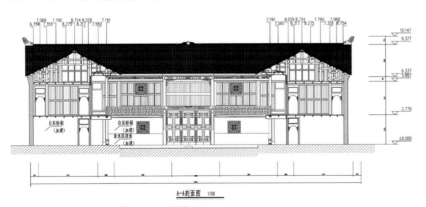

图 6-7-186　竹山高家花屋 A—A 剖面图

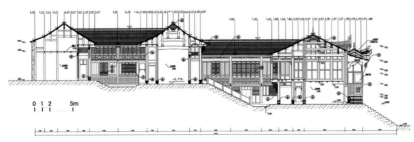

图 6-7-187　竹山高家花屋 B—B 剖面图

图 6-7-190　竹山高家花屋门楼

图 6-7-194　竹山高家花屋撑栱

图 6-7-195　竹山高家花屋石窗

图 6-7-200　饶氏庄园一庄园门楼石雕

图 6-7-191　竹山高家花屋正厅与厢房

图 6-7-192　竹山高家花屋后厅正面

图 6-7-193　竹山高家花屋栏杆、槅扇门、窗

（十七）丹江口饶氏庄园

位于十堰市丹江口市浪河镇黄龙村，由一庄园、二庄园、三庄园组成。[①] 1992年由湖北省人民政府公布为第三批省级文物保护单位。

一庄园始建于嘉靖元年（1522年），分两次修建，坐西北向东南。第一次建主房三间、门厅三间、侧房五间，组成三合院。砖木结构，抬梁式构架，单檐硬山顶，小灰瓦屋面。

第二次建房坐西南向东北，建有前厅五间、正房五间、厢房二间，组成四合院，中间为一天井。为二层楼建筑。正厅前面带廊，砖木结构，抬梁式构架，单檐硬山顶，小灰瓦屋面。庄园总建筑面积为 720 m² （图 6-7-196 ~ 图 6-7-200）。

二庄园为饶氏家族第二座建筑，时代晚于一庄园，坐西北向东南。整个庄园由两条轴线（主轴线为 3 进 2 天井，附轴线由 2 进 1 天井）组成。主轴线由前厅、正厅、后厅、厢房、天井组成。门厅、正厅为三开间，砖木结构，抬梁式结构，单檐硬山、正厅山墙为猫弓山墙，小灰瓦屋面。后厅面阔 5 间，砖木结构，单檐硬山、小灰瓦屋面。附轴线呈由碉楼、正房、厢房、偏房、天井、围墙等组成。

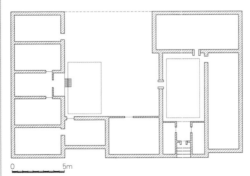

图 6-7-196　饶氏庄园一庄园平面图

图 6-7-197　饶氏庄园一庄园正房

图 6-7-198　饶氏庄园一庄园石窗

图 6-7-199　饶氏庄园一庄园抱鼓石

①十堰市文物局第三次文物普查资料。

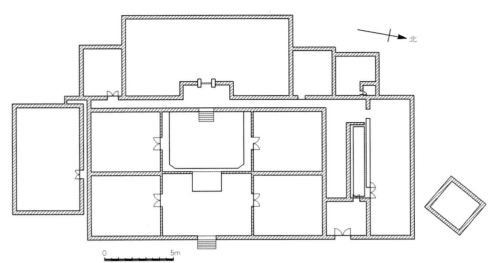

北

图 6-7-202 饶氏庄园二庄园门楼

图 6-7-203 饶氏庄园二庄园炮楼

0 5m

图 6-7-201 饶氏庄园二庄园平面示意图

正厅三开间，坐西南向东北，砖木结构，抬梁式结构。单檐硬山、小灰瓦屋面。

碉楼面积为 6m²，高 12m，3 层，四角攒尖顶，小灰瓦屋面。围墙采用随山就势的方法，利用绝壁、山体、岩石作围墙，余缺部分用石块砌筑连接（图 6-7-201～图 6-7-203）。

三庄园为饶氏第三次所建庄园，建于清末民初。坐西北向东南，南北长 45m，东西宽 31.8m，占地面积为 1431 m²。整个庄园由四合院、三合院、碉楼、后花园组成。四合院为主要建筑。由门楼、小天井、厅堂、大天井、厢房、正房组成。门楼面阔 1 间，进深 1 间，硬山顶小青瓦屋面。厅堂、正房面阔均为 5 间，明、次间全部为抬梁式结构，砖木结构，单檐硬山，厅堂半圆形三级马头墙，小灰瓦屋面。正房所有柱础、门额、梁枋、栏板上全部装饰木雕图案（图 6-7-204～图 6-7-212）。

图 6-7-204 饶氏庄园三庄园全景

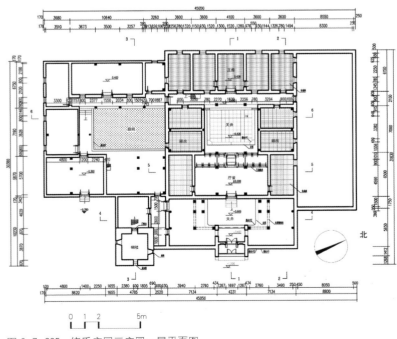

北

0 1 2 5m

图 6-7-205 饶氏庄园三庄园一层平面图

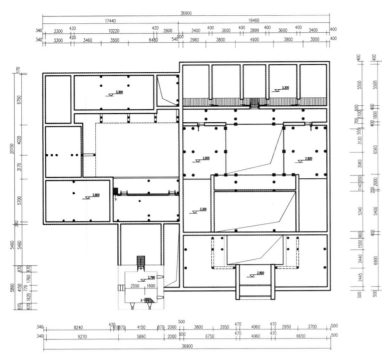

图 6-7-206　饶氏庄园三庄园二层平面图

图 6-7-207　饶氏庄园三庄园正立面图

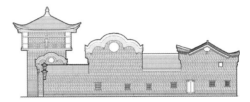

图 6-7-208　饶氏庄园三庄园北立面图

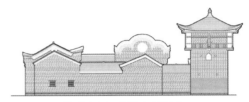

图 6-7-209　饶氏庄园三庄园南立面图

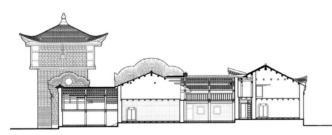

图 6-7-210　饶氏庄园三庄园 1-1 剖面图

图 6-7-211　饶氏庄园三庄园 2-2 剖面图

图 6-7-212　饶氏庄园三庄园梁架

　　三合院由正房、厢房、庭院等组成，砖木结构，抬梁式构架，单檐硬山顶，小灰瓦屋面。

　　碉楼在庄园的右侧，方形平面，高四层、攒尖顶，小青瓦屋面。一层设一门，二层以上三面各设两个枪眼，上设四周廊，以供瞭望（图 6-7-213 ~ 图 6-7-215）。

　　整幢建筑内有大量木雕，取材内容丰富，雕刻技法娴熟，雕工极为细致，线条简洁流畅。

图 6-7-213　饶氏庄园三庄园天井

图 6-7-214　饶氏庄园三庄园撑栱

图 6-7-215　饶氏庄园三庄园门簪、楹连

（十八）郧西刘家老屋

位于十堰市郧西县涧池乡风景村七组[①]。清中期建筑。该屋坐西北朝东南，3 进 2 天井，面阔 5 间，砖木结构，抬梁、穿斗式构架，单檐硬山，小灰瓦屋面，有兽形瓦当，两边山墙为封火马头墙。前院为院墙门楼，院子大，有四个马桩石，后四合院，前封檐，内装修木格板，门窗为木雕，整个院子规整，在正院左侧有一小四合院，正房顺正院方向，一排九间，直抵前院墙，横房接正房（矮）三横间。除前院墙、门楼已毁，其余保留原貌（图 6-7-216 ～图 6-7-223）。2014 年由湖北省人民政府公布为第六批省级文物保护单位。

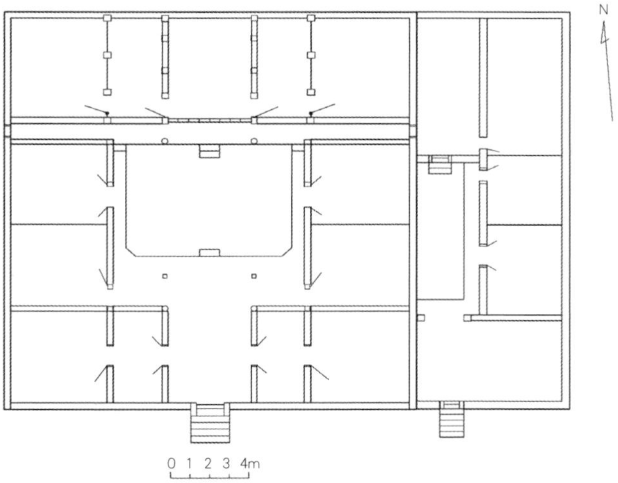

①十堰市文物局第三次文物普查资料。

图 6-7-216　郧西刘家老屋平面示意图

图 6-7-217　郧西刘家老屋全景

图 6-7-218　郧西刘家老屋正面

图 6-7-219　郧西刘家老屋侧面

图 6-7-220　郧西刘家老屋梁架之一

图 6-7-221　郧西刘家老屋梁架之二

图 6-7-222　郧西刘家老屋木雕

图 6-7-223　郧西刘家老屋槅扇门

第八节　墓葬建筑

一、大型墓

（一）武昌楚王陵园

楚王陵园位于江夏龙泉乡龙泉山（灵泉山）。这里是一处历史悠久、闻名遐迩的风景名胜区，周围有天马、龙帐、笔架、宝盖、玉屏诸峰环抱，前有梁子湖清波荡漾，因而也被江湖术士们视为风水宝地。

龙泉山在汉至隋代，名叫江夏山。唐初称夹山，取两山夹道而行之义。唐天宝末年，宰相李溪开基造屋，凿地得泉，形成东、西两井，东井冒气则晴，西井无气则雨，占验灵准，故称为灵泉山。宋代后更名为龙泉山。

龙泉山系由天马峰和玉屏峰两条山脉组成，呈东西走向，会合于梁子湖畔，犹如两条巨龙蟠卧。在两山会合处有一座圆圆的珠山，故称为"二龙戏珠"，两山之间面积约 7.6km^2。

明洪武十四年（1381 年）朱桢定灵泉山为"仙壤"，辟为"寝山"，营造陵区。至崇祯十七年（1664 年）明代灭亡，在这长达 274 年中，相继建起了昭、庄、宪、康、靖、端、愍、恭、贺陵，素有"三龟九寝十二景"之称，一代代楚王也就在他们的阴宅里享受着灵泉山的无限风光（图 6-8-1）。原宏大的地上建筑被毁，地下建筑亦有破坏。[①] 2001年由国务院公布为第五批全国重点文物保护单位。

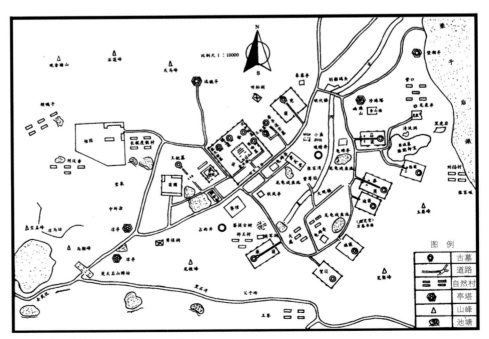

图 6-8-1　武昌明楚王墓群平面示意图
来源：袁农新主编 . 楚天名胜龙泉山 [M]. 武汉：武汉出版社，1995

①徐忠影 . "楚昭园"与明陵群 [J].
江汉考古，1980(2)；袁农新主编 . 楚天名胜龙泉山 [M]. 武汉：武汉出版社，1995。

武昌明楚藩王陵园表　　　　　　　　　　　　　　　　　　　表 6-8-1

序号	寝名	姓名	世系	在位年代	亨年	附葬王后	所在地
1	楚昭王寝	朱桢	明太祖六子	1370～1424	61	王氏	龙泉山
2	楚庄王寝	朱孟烷	昭王长子	1424～1439	58	邓氏	龙泉山
3	楚宪王寝	朱季坱	庄王长子	1439～1443		傅氏	龙泉山
4	楚康王寝	朱季埱	庄王次子宪王弟	1444～1462		杜氏	龙泉山
5	楚靖王寝	朱均鈋	庄王三弟朱季坱长子	1465～1510		周氏	龙泉山
6	楚端王寝	朱荣㳦	靖王长子	1512～1534		姚氏	龙泉山
7	楚愍王寝	朱显榕	端王长子	1536～1545		吴氏	龙泉山
8	楚恭王寝	朱英㷿	愍王二子	1551～1572			龙泉山
9	楚贺王寝	朱华奎	恭王长子	1580～1644			龙泉山

九王陵寝全部是历代楚王生前所建，但其建造规模，却是大相径庭、大体可分为二类：

一类是不受丧葬礼制的制约，耗资大，花费时间长。如楚昭王陵园的建筑构件全部是用明代官窑出产的沉泥大青砖、汉白玉和上等木料建成，耗资白银 30 万两，其规模在九王陵中最大，面积 169.2 亩，建造工艺十分精湛，富丽堂皇。

二类是受丧葬礼制的制约，耗资小，花费时间短。明正统十二年（1448 年）后，对皇室的丧葬有明确规定：皇帝的陵地不超过 150 亩，王的寝地不超过 50 亩。虽然庄、宪、康三陵墓也是丧葬制出台的前期所建，但因皇室斗争激烈，换帝频繁，藩王一是财力拮据，二是无心修陵。故其建造规模和工艺都比昭王陵寝小而粗糙。其他 5 个王陵都是丧葬制出台后，严格按 50 亩面积修建的，其建造工艺虽不及昭王陵墓，但作为藩王也是奢侈有余。

（二）武昌楚昭王陵墓

楚昭王陵是太祖朱元璋第六子朱桢的陵寝。位于武昌灵泉山主峰天马峰下，建于明洪武十五年（1382 年）。陵寝坐北朝南，方向 147°。依山围成陵园，为九座陵园中规模最大者。昭园有内外两重长方形莹垣，平面呈"回"字形（图 6-8-2）。外莹垣南北长 355m，东西宽 335m，垣体是石基砖墙，现存最高 3.3m，厚约 1m，占地面积 11.28 万 m²。全部由官窑特制的沉泥大青砖"磨砖对缝"砌成，浑圆无接痕、精致细腻。其中，南、北垣的垣基均设有券孔式泄水口。内垣位于园内中部，平面呈横长方形，平地起筑，只残存砖砌基址，园内地下设有排水暗沟。主要的寝庙建筑群便置于内垣中，均只残存基址。

昭园布局规整，沿中轴线自南向北有三道门。其中第一道门是园门，是昭园的正门，园门前后分设外、内神道。在园门左右两侧各设一个角门，沿内神道北进，过三孔式金水桥，便进入第二道门——棱恩门门，此为内垣正门。棱恩门两侧的东西垣墙上各设一个掖门（图 6-8-3）。正对棱恩门殿门的是享殿，享殿的东西两侧各设一配殿，其中东配殿前有一座神帛炉。享殿北面是第三道门——棂星门。出棂星

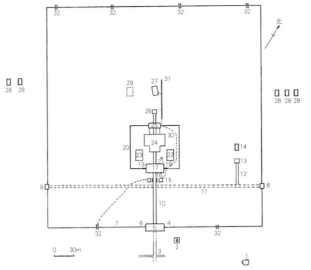

图 6-8-3　武昌楚昭王陵园西掖门

1. 荷花池 2. 碑亭 3. 外神道 4. 东角门 5. 园门 6. 西角门 7. 外垣 8. 东侧门 9. 西侧门 10. 内神道
11. 横道 12. 樊哙墓神道 13. 樊哙墓石几筵 14. 樊哙墓 15. 水池 16. 金水桥 17. 殿门 18. 东掖门
19. 西掖门 20. 内垣 21. 神帛炉 22. 东配殿 23. 西配殿 24. 享殿 25. 棂星门 26. 石几筵 27. 昭王墓
28. 夫人墓 29. 王妃墓 30. 排水暗沟 31. 自然山沟 32. 泄水口

图 6-8-2　武昌明昭王陵园平面示意图
来源：湖北省文物考古研究所等.武昌龙泉山明代楚昭王墓发掘简报 [J].
文物，2003（2）

图 6-8-4　武昌明昭王陵园碑亭

图 6-8-5　武昌明昭王陵园园门

图 6-8-6　武昌明昭王陵园金
水桥

图 6-8-7　武昌明昭王陵园棱恩
门遗址

门便进入地宫区，依次为石拜台、昭王地宫。此外，在园门外东侧设一座龟碑亭，亭之东南有一处荷花池。

　　昭王墓位于园内中轴线北端的地宫区，在一座南北走向的小山丘上，也是依山而建。据考古钻探，其西侧 40 余米处还有一墓，依据明制，应为昭王元妃王氏墓。昭园外的东西两侧共有五座明墓（东二西三）。西侧一座已发掘，其中一座可能是楚昭王第五位夫人程氏墓。

　　碑亭坐落在楚昭王陵前左侧，是朱桢的孙子楚宪王于正统十二年（1447 年）建立的（图 6-8-4），后毁。现存碑亭重建于 1990 年，方形平面，东、西、南三面开半圆形券门，建筑面积 128m²，为券顶式门洞，檐下施五踩斗栱，单檐歇山顶，绿色琉璃瓦屋面，整个建筑古朴壮观。亭内竖石碑一座。碑下龟高 1.4m，碑高 5m，宽 1.5m，亭内巨型龟碑上镌刻着楚昭王朱桢的生平功德及妃子、子女分封情况。

　　城墙南面是昭园正门楼，于 1984 年在原址上重建。矩形平面，建筑面积 350m²，前后为三券顶门洞，檐下施五踩斗栱，单檐歇山顶，绿琉璃屋顶，雄伟庄严，是楚昭王陵寝的入口处。进正门是 1m 见方的汉白玉石铺成的神道，直通金水桥（图 6-8-5）。

　　金水桥坐落在昭园神道后端，为单孔券顶式石拱桥，三桥并列，桥面石、栏杆保存较好。正中的金水桥，为历代楚王来昭园内祭祀昭王出入时使用。两边的金水桥为楚王以下的达官贵人及随从行走的（图 6-8-6）。

　　陵恩门是昭园内红城的正门，台基须弥座式，宽 29.8m，深 14.2m，高 1.2m。建筑面阔 5 间 22.8m，进深 2 间 7.46m（柱中至柱中），建筑面积 423m²，毁于崇祯十七年（1644 年），现仅存遗址（图 6-8-7）。

　　神帛炉位于东配房的前面，是在祭祀活动期间用于焚化金银帛和祭文的炉子。

面阔、进深均为 1 间，面积 6.25m²。单檐歇山绿琉璃瓦顶。

东、西配殿位于棱恩殿前左右两侧，属祭祀性建筑，重建于 1988 年。台基宽 16.68m，深 9.97m，高 1.15m。建筑面阔 3 间 13.5m，进深 2 间 7.33m（柱中至柱中），总高 7.05m，东、西配房建筑面积 333m²。五花山墙，七架梁带前廊悬山顶式，绿琉璃瓦顶，檐下置一斗二升交麻叶斗栱，保持了明代建筑风格。在祭祀活动期间，东配殿用于置放祝板，西配殿供和尚念经。

棱恩殿是楚昭王陵寝中最大的一座建筑，建于洪武十四年（1381 年），毁于崇祯十七年（1644 年），重建于 1988 年。台基须弥座式，宽 32.4m，深 19.12m，前面月台宽 18.4m，深 9.3m，高 1.35m。月台前设云龙丹陛，左右各设一踏跺上下。建筑面阔 5 间 24.8m，进深 3 间 11.48m（柱中至柱中），建筑总高 14m，建筑面积 620m²。抬梁式构架，檐下施单翘单昂五踩斗栱。单檐歇山式顶，绿色琉璃瓦屋面。它是楚昭王死后安放神位，"藏衣冠几杖，起居藏物"的地方和进行祭祀活动的场所（图 6-8-8、图 6-8-9）。

内红门位于棱恩殿后，是第三道门。台基须弥座式，宽 18.57m，深 7.45m，建筑面阔 3 间 15.85m，进深 1 间 4.65m，设三券顶门洞，单檐歇山顶，绿色琉璃瓦屋顶，雄伟庄严。

出门为拜台，平面方形，现仅存基址。

明楼位于楚昭王墓道入口处，重建于 1991 年，建筑面积 160m²，单檐卷棚歇山式顶，绿色琉璃瓦屋面。

楚昭王墓位于陵园中轴线北端的地宫区，天马峰下，依山而建（图 6-8-10）。1990～1991 年，湖北省文物考古研究所、武汉市博物馆等文物部门对楚昭王墓进行了发掘。[①]宝顶下地宫为砖砌墓室，墓室为长方形土圹砖室墓，全长 27.1m（图 6-8-11）。墓上有封土堆，略呈圆锥体，底径约 24m，高 4～8m。墓门南端有一条斜坡墓道，坡度 6°。东南角有 1 条排水管道。封土层坚硬，墓顶四周均填充木炭，然后用砖纵列成筒拱券砌成。

墓室为单室砖室墓，券顶，南北长 13.84m，东西宽 5.78m，高 4.78m。南壁并列有 3 个长方形石质墓门，均由门楣、立颊、门槛组成。中门略大，左右门略小。各门都安装内开式的双扇石扉，石扉内外均砌砖墙。封门墙砖大多有石灰书写的文字，一般是数字和方位，如"王一左"、"十五正"、"林三右"等。其中写有"左"字的砖都出自左门，带"正"字的砖均出自中门，带"右"字者则出自右门，不相混淆。主室长方形，前设石供桌，桌前竖立石质的《大明楚王圹志》。桌后有一石棺床（图 6-8-12、图 6-8-13）。棺椁漆木质，置于石棺床上，已朽。棺床上及其周围散布着大量棺椁的朽木、漆皮、铁钉等。据其朽痕分析，葬具系一椁一棺，南北向置于棺床上。墓主位于棺床东侧，骨架已朽。仰身直肢，头朝北。室内设东、西、北 3 个壁龛，平面呈"凸"字形，各有一长方形石龛门。墓室四壁用青灰砖砌成，以石灰为粘合料。墓随葬品有金腰带、铜镜（半面）和铝锡炉、盘、壶、杯、瓷坛、碗等文物 318 件。

楚昭王墓有其特点如下：

（1）昭园茔园规模最大，而墓室规模较小。从发掘的全国各地明藩王墓看，成

图 6-8-8　武昌明昭王陵园棱恩殿

图 6-8-9　武昌明昭王陵园棱恩殿斗栱、彩画

图 6-8-10　武昌明昭王墓

图 6-8-11　武昌明昭王墓墓道

① 湖北省文物考古研究等. 武昌龙泉山明代楚昭王墓发掘简报 [J]. 文物，2003（2）。

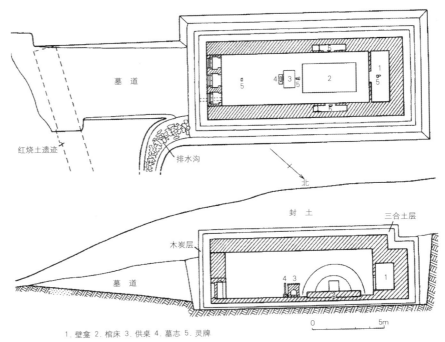

1.壁龛 2.棺床 3.供桌 4.墓志 5.灵牌

图 6-8-12　武昌明昭王墓室平面、剖面图
来源：湖北省文物考古研究等．武昌龙泉山明代楚昭王墓发掘简报 [J]．文物，2003（2）

图 6-8-13　武昌明昭王墓墓室

图 6-8-14　荆州湘献王墓封土堆

①山东省博物馆．发掘明朱檀墓纪实 [J]．文物，1972（5）。
②社会科学院考古所等．成都凤凰山明墓 [J]．考古，1978（5）；陈文华．江西新建明朱权墓发掘 [J]．考古，1962（4）。
③荆州地区博物馆等．江陵八岭山明代辽简王墓发掘简报 [J]．考古，1995（8）。
④山西省文物管理委员会．山西太原七府坟明墓清理简报 [J]．考古，1961（2）。
⑤荆州博物馆．湖北荆州明湘献王墓发掘简报 [J]．文物，2009（4）

都凤凰山鲁荒王茔园南北长 206m，东西宽 80m①；梁庄王茔园只存北半部，东西宽 250m。相比之下，楚昭王茔园要大得多，长 355m，宽 335m。但其墓室全长只有 13.84m，不及蜀世子朱悦𤊻墓（通长 33m）、江西宁献王朱权墓墓室（通长 31.7m）的一半②，比荆州辽简王朱植墓（通长 21.8m）小。③仅以墓室规模而论，楚昭王墓只相当于同期的郡王一级，如葬于宣德三年（1428 年）的山西太原晋悼平王朱济熺墓（墓室全长 13.1m）。④楚昭王墓还是明前期唯一的单室藩王墓。

（2）墓葬偏离茔园中轴线。昭园中轴方向为 147°，而昭王墓的中轴方向是 137°，二者相差 10°。此外，昭园"回"字形的茔园布局虽与钟祥梁庄王的相同，但后者的地宫设在内茔园里，昭王地宫则在内茔园外。

（3）随葬器物明器化。这一点与荆州明湘献王朱柏墓类似。但朱柏（朱元璋第十二子）因怕建文帝报复而自杀身亡，其丧事从简或降格实属情理之中，随葬品明器化也不足为奇。而朱桢本人为宗人府宗正，却随葬明器，其原因尚待研究。

（三）荆州湘献王陵墓

湘献王朱柏墓位于荆州古城西门外 1.5km 处的太晖观西侧，封土直径 25m，高 3m。湘献王朱柏（1371～1399 年），太祖第十二子，洪武十一年（1378 年）封湘王，建文元年（1399 年），被诬谋反，"柏惧，无以自明，阖宫焚死"。初谥"戾"，永乐初改谥"献"。⑤

永乐元年（1403 年），朱棣打着"清君侧"、"诛奸臣"、"奉天靖难"旗号，取代朱允炆当上了永乐皇帝，他感念朱柏的忠挚之情，下诏将朱柏改谥为"献"，之后，葬湘献王衣冠冢于荆州太晖观旁（图 6-8-14）。1956 年由湖北省人民政府公布为第一批省级文物保护单位。

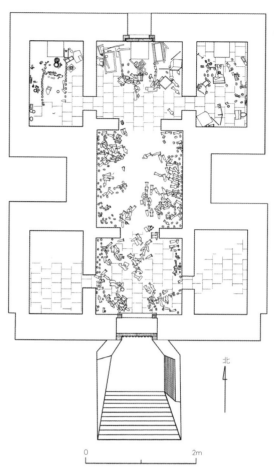

图 6-8-15 荆州湘献王墓室平面图
来源：荆州博物馆 . 湖北荆州明湘献王墓发掘简报 [J]. 文物，2009（4）

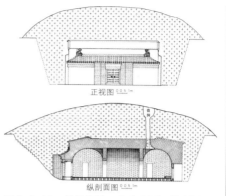

图 6-8-16 荆州湘献王墓室立面、纵剖面图
来源：荆州博物馆 . 湖北荆州明湘献王墓发掘简报 [J].
文物，2009（4）

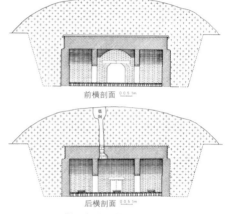

图 6-8-17 荆州湘献王墓前室剖面、后室剖面图
来源：荆州博物馆 . 湖北荆州明湘献王墓发掘简报 [J].
文物，2009（4）

1998 年文物考古工作者对太晖观西侧的湘献王墓进行了发掘清理，该墓是一座长方形竖穴土坑带墓道的砖石多室墓。南北向，方向 180°。由土坑、墓道、挡土墙、"八"字形影壁、墓室大门、门厅、二门、前室、中室、后室、前左右耳室、后左右耳室、后门和地面砖以下的排水系统等组成，是一座仿地上宫殿建筑结构的墓葬（图 6-8-15 ~ 图 6-8-17）。

墓道向南，不规则，长约 4m，前宽 1.85m，后宽 3m，有 11 级台阶下至墓室，东侧有一道长 1.95m,且与"八"字形影壁相连的挡土墙,高与影壁平齐。门厅石结构。室外面阔 7.1m，庑殿式屋顶（图 6-8-18），大门两侧有砖砌的"八"字形影壁，室内平顶，内宽 1.5m，进深 0.68m，高 1.6m。前室砖石结构，与前左右耳室一道构成一座面阔 3 间的硬山式建筑。正脊用 6 种绿色琉璃装饰，室外两侧用砖砌筑 0.28m 宽的披檐。室内宽 3.14m，深 2.86m，高 2.98m。券顶三券三伏，厚 1m。中室与前室和后室相连，室内宽 3.1m，深 3.15m，高 3m，券顶三券三伏，厚 1m，东西两墙做墙肩，高 1.4m。中室前后设有通向前室和后室的门框，门框的两上端内角出 4 层翼形砖，呈牙子状，门框上部用条石作横梁。后室与前室的结构相同，宽 3.1m，深 2.86m，高 3m，券顶三券三伏，厚 1m。后室的北墙设有后门，后门与北墙内壁平齐，安装

图 6-8-18 荆州湘献王墓影壁屋顶

双扇素面石板门，宽 0.9m，高 1.3m。门的下边有 0.15m 被埋在地面砖下，后门实际不起开关作用。耳室共有 4 个，即前左耳室、前右耳室、后左耳室、后右耳室。4 个耳室的形制、大小相同，长 3m，宽 1.9m，高 3m。

地面与排水系统　墓室内的地面均用 0.36m×0.36m×0.08m 的方砖磨砖错缝铺墁，以前、中、后三室的中心为轴线分别向两侧铺墁。中轴线上平铺一列，然后向两边的外侧微作斜铺，形成中间高、两边低的反水做法。在整个墓室地面砖以下用砖砌成网格状排水道，横竖呈"十"字形相通，水道高 0.23m。

出土的随葬器物共计 883 件（套），有木俑、鎏金锡质明器、饰品、铜香炉、"湘献王室"贴金木印和永乐帝所赐两副谥册，弥为珍贵。湘献王墓室内未见棺床和葬具，随葬器物以冥品为主，又出有"湘献王室"木印和永乐帝所赐两副谥册，因此，此墓应为永乐年间所建衣冠墓。

（四）荆州辽简王陵墓

明辽简王墓位于荆州城西八岭山中部，八岭山位于荆州城西北 20km。八岭山，又称龙山。这里风景优美，林木葱郁，"纵岭八道，蜿蜒若游龙"，因此被古人视为风水宝地。山中古墓密集，现已探明，大型封土堆古墓葬就有 498 座，无封土堆古墓不计其数，其中以东周时期楚墓和明代藩王墓最为著名。史载"楚庄王冢在城西龙山乡"，"前后陪葬十冢，皆成行列"。五代南平武信王高季兴墓、文献王高从晦墓、餐懿王高保融墓三代俱在龙山。辽简王陵墓属八岭山古墓群的一部分，1988 年由国务院公布为第三批全国重点文物保护单位。

明辽简王墓城西北八岭山，松滋安惠王墓、益阳安熹王墓、麻阳悼喜王墓、应山悼恭王墓、枝江庄惠王墓俱在八岭山，"肃王贵绶墓、靖王豪盛墓、惠王恩稽墓、恭王宠绶墓、庄王致格墓俱在八岭山"[①] 现仅辽简王墓有迹可循（表 6-8-2）。

辽简王朱植，系明太祖朱元璋第十五子，于洪武二十五年（1392 年）封辽王，就藩广宁（今辽宁北镇县），因先得封辽东而获辽王称谓。建文皇帝中期，"靖难"兵起，建文皇帝召辽王朱植回京，以荆州之湘王身死国除，辽王朱植于永乐二年（1404 年）年改封于荆州。永乐二十二年（1424 年）薨,谥曰简,洪熙元年（1425 年）下葬于此。

荆州明辽藩王陵寝世系表　　　　　　　　　　　　　　　表 6-8-2

称号	姓名	世系	在位年代	亨年	附葬王后	所在地
辽简王	朱植	太祖庶十五子	1378～1424			八岭山
辽王	朱贵烚	简王庶二子	1425～1439			八岭山
辽肃王	朱贵绶	简王庶四子	1439～1471			八岭山
辽靖王	朱豪壏	肃王嫡一子	1473～1478			八岭山
辽惠王	朱恩鑐	靖王嫡二子	1480～1495			八岭山
辽恭王	朱宠浸	惠王嫡一子	1497～1521			八岭山
辽庄王	朱致格	恭王嫡二子	1524～1537			八岭山
辽愍王	朱宪㸅	庄王庶一子	1540～1568			八岭山

① 《江陵县志》卷二十六《名胜·冢墓》，清光绪二年。

来源：明史·列传第四·诸王二（卷 117）[J]. 北京：中华书局，1974。

该墓于明末被盗。1987 年文物考古工作者对位于八岭山南麓的明辽王墓进行了发掘清理①。

墓区占地 60 余亩，四周砌有茔城。茔城墙是按北方干打垒即土筑方式修筑的，院墙上部用带卷草的花纹图案砖出檐，上盖大型筒瓦。院墙周长 837m，高约 1.5m。

辽简王墓中轴线上自南而北依次布置着金水桥、正门、石牌坊、棱恩门、棱恩殿、拜台、宝顶地宫等建筑。这些建筑大部分毁于战火。现在的这组建筑群，是根据明代建筑形制重建的。

金水桥坐落在墓的最前端，三桥并列。正中的金水桥，为历代辽王来祭祀辽王出入时使用。两边的金水桥为辽王以下的达官贵人及随从行走的。

过桥后是新建的陵园门，门面阔 3 间，进深 3 间，抬梁式构架，歇山顶，灰筒瓦屋面。门两侧各建有 5 间配房，灰砖墙，小青瓦屋面，显得古朴（图 6-8-19）。

进门后不远处，立有四柱三间冲天式牌坊一座，中间横枋上书"辽简王之墓"五字（图 6-8-20）。

东西配殿位于墓前左右两侧，属祭祀性建筑。面阔 5 间，进深 3 间。钢筋混凝土结构，抬梁式构架，硬山顶，小青瓦屋面。现已辟为陈列馆，展出明代帝陵和明藩王史迹，供游人参观游览。

明辽简王墓封土底径约 60m，残高 4.5m，周围有砖砌茔墙，高 1.2m，宽 0.4m。墓道在墓冢的南面，长 17m，上口两端宽，中间窄，平面呈喇叭形，墓道底为斜坡状，坡底为 18°。近墓门处有一段长 2.12m 的平地，墓志铭即埋在距门 1.2m 的夯土层中（图 6-8-21）。

墓室为砖结构，由甬道、前室、中室、后室及左右耳室组成，纵长 21.8m，横宽 10.6m。平面呈"十"形，内空面积 102m²（图 6-8-22）。墙裙为磨砖对缝，工艺精细，室内地面铺有方砖。封门墙用砖石砌筑，外砖内石，高 3.6m，宽 3.68m，砖墙厚宽 0.2m，石墙厚 0.44 ～ 0.67m，用石灰糯米浆砌缝。前室甬道平面呈长方形，

图 6-8-19　荆州辽简王陵园金水桥

图 6-8-20　荆州辽简王陵园牌坊

图 6-8-21　荆州辽简王墓墓道

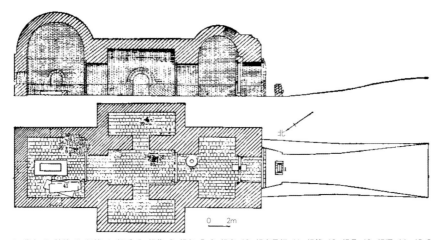

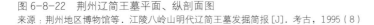

1. 墓志 2. 铁锁 3. 铜锁 4. 银币 5. 锡瓮 6. 锡勺 7-9. 锡盘 10. 锡高足杯 11. 锡筷 12. 锡鼎 13. 锡碾 14、15.C 型锡盘 16.B 型锡壶 17. 锡钵 18.A 型锡壶 19.I 式锡钵 20. 锡盏托 21. 锡盘 22、23. 锡盖 24. 铁楔 25. 铜提梁炉 26. 铜鼎 27. 铜盘 28. 铜器盖 29. 铜锅 30. 漆盖盘 31. 锡龟 32. 漆碗 33. 漆盘 34. 锡鼎盖 35. 金钉 36. 铜锁 37. 陶缸 38. 漆壶形器 39. 木桶 40. 车马 41. 棺板 42. 锡杯 43. 木俑

图 6-8-22　荆州辽简王墓平面、纵剖面图
来源：荆州地区博物馆等. 江陵八岭山明代辽简王墓发掘简报 [J]. 考古, 1995（8）

①荆州地区博物馆等. 江陵八岭山明代辽简王墓发掘简报 [J]. 考古, 1995（8）。

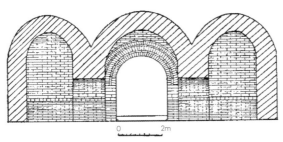

图 6-8-23　荆州明辽简王墓室中室、耳室剖面图
来源：荆州地区博物馆等. 江陵八岭山明代辽简王墓发掘简报[J].
考古，1995（8）

图 6-8-24　荆州明辽简王墓室中室

长 2.48m，券顶宽 1.88m，高 3.28m。两壁平砌，券顶三券三伏。前室平面呈长方形，东西长 5.88m，南北宽 3.48m，券顶高 5.76m。两壁平砌。前室与甬道相连处设石门坎，坎上立有石门柱，安双扇石门，门上雕门钉，5 行，每行 9 颗。中室通道略呈方形，长 2.48m，宽 2.08m，高 3.12m。两壁平砌，横向起券。中室平面呈长方形，南北长 6.28m，东西宽 3.28m，券顶高 4.48m。两壁平砌。中室与甬道间设有石门坎，安双扇木门。中室两侧各设一个耳室，两耳室形状、大小一样，平面呈长方形，长 6.28m，宽 2.28m，券顶高 4.34m（图 6-8-23）。耳室与中室间有甬道相连，甬道长 1.4m，宽 1.54m，券顶高 2.07m，券顶砌法为二平二竖（图 6-8-24）。后室甬道，平面略呈方形，长 2m，宽 2.48m，高 3.02m。后室平面呈长方形，长 5.28m，宽 5.84m，券顶高 6.88m。后室与甬道相连处设石门坎，安双扇木门。后室东西两壁正中设有壁龛，宽 1.12m，深 0.8m，高 1.16m。后室北壁正中设有壁龛，宽 1.12m，深 0.96m，高 1.2m。后室中部为石砌棺床，长 3.08m，宽 1.6m，高 0.4m。棺床为须弥座式。上置木棺，棺长 3.08m，宽 1.28m，高 1.22m。

　　该墓在历史上虽多次被盗掘，但仍出土有 120 余件身着北方少数民族服饰的木俑，30 余件金、银、铜、漆宴器以及一盒墓志铭等珍贵文物。铜器有锁、带盖锅、盘、瓢、提梁炉及器盖等，锡器有圜底钵、盘、壶、鼎、杯、勺、筷子等，漆木器有碗、盘、车、马、龟、木俑等，其他有金钉、银币、铁锁、陶缸等文物。

　　辽简王墓平面设有墓道、封门墙、甬道，以及前、中、后室及左右耳室，后室置棺床。这种形制与明神宗朱翔钧定陵形制基本一样，如定陵地宫设有砖隧道、石隧道（墓道）、金刚墙（封门墙）、隧道券（甬道），前、中、后殿，左右配殿，后殿置棺床。[①] 只是定陵的墓道全用砖石砌筑，结构复杂，而辽王墓仅设一道沟状的斜坡墓道。定陵各室规模大，甬道长，如定陵地宫连同隧道券前后长 87.34m，左右横跨 47.28m，建筑面积 1195m²，而辽简王墓室长 21.8m，左右横跨 10.8m，建筑面积 124.3m²，不及定陵的 1/9。定陵前室长 20m，宽 6m，高 7.2m，而辽王墓前室长 5.88m，宽 3.48m，高 7.6m，室长不及定陵的 1/3。定陵中室内有 3 个宝座，1 个香炉，1 盏长明灯（青花瓷缸，内贮灯油），而辽王墓的中室内仅有 1 个长明灯陶缸。定陵地宫有 5 室，设 7 道门，各门构造讲究，制作精良，而辽王墓只设 3 门，构造简单。定陵后室棺床上置三棺合葬，辽王墓后室仅置一棺单葬。从辽王墓葬的形制可以看出，明代各地藩王墓室构造基本上是仿中央皇帝地宫修建的，他们的建筑布局一样，只是在规模和结构上有所区别。

① 中国社会科学院考古研究所
　等. 定陵[M]. 北京：文物出版社，
　1990。

明辽简王墓为目前我国南方发掘清理的明代藩王墓，被誉为"南方的地下宫殿"。现已修复了墓室、墓道、牌坊，并辟有陈列馆，1988 年辽王墓对游客开放。如今的辽王墓景区绿树成荫，古朴肃穆，与八岭山森林公园的原始风貌交相辉映，这里已成为中外客人观光游览的新景点。

（五）钟祥郢靖王陵墓

郢靖王墓位于钟祥三岔河村皇城湾之西，墓区的东、西、北三面环山，茂林森森，呈青龙、白虎、玄武环抱之势；南面地势开阔，溪水环绕，形势极佳。

《钟祥县志》卷五《古迹下》载："王，讳栋，生于洪武戊辰（1388 年）五月十七日，辛未（1391 年）四月十三日册封为郢王，永乐六年（1408 年）特命之国，十二年（1414 年）十一月一日王疾逝，享年二十七。……永乐十三年（1415 年）四月初六日葬于宝鹤山之原。"[1] 2002 年由湖北省人民政府公布为第四批省级文物保护单位。

墓地面积约 36000m²。封土堆呈椭圆状，高 8m，东西长 40m，南北宽 20m，周长 120m。地表散布砖及琉璃瓦残片（图 6-8-25）。墓前有龟座碑 1 通，碑文记墓主生平。最近几年来，郢靖王墓遭到盗墓分子十多次疯狂炸盗，其中有 4 次炸盗触及地宫券顶。为了有效地保护文物免遭破坏，经报国家文物局批准，湖北省文物局组织湖北省文物考古研究所、荆门市文物考古研究所、钟祥市博物馆联合组成联合考古队，2005 年 11 月至 2006 年 8 月对郢靖王墓进行了科学的考古发掘。[2]

该墓为岩坑"亚"形砖石结构墓，墓室上有高大的封土，墓室前有宽长的墓道，墓道为斜坡阶梯状，南高北低，开口呈倒"八字"形。墓门外用 3 块巨大的青石板密封墓门。巨石重达数吨，巨石上部有铸铁件固定，四周缝隙用石灰掺合糯米浆灌注。这种封堵形制也是迄今为止的首次发现。在墓门前发现了墓志铭及硕大的堵门石。封门石后为拱形门，门用砖封堵。封门砖用石灰掺合糯米浆砌筑。墓门为两扇厚实的朱红色石门。

墓室由墓道、前室、中室、后室及左右耳室组成。前室为长方形，长 6.32m，宽 2.84m，高 3.85m，券顶。中室亦为长方形，长 5.6m，宽 2.94m，高 3.85m，券顶。从残留物及痕迹判断中室主要放置木箱，箱内物品皆已腐烂。中室东、西两边各有一耳室，皆为长方形，长 4.32m，宽 3.28m，高 3.65m，券顶。后室较为宽大，长 6m，宽 5.6m，高 4.44m，券顶。后室中部为棺床，棺床长 3.52m，宽 3.2m，高 0.35m。棺床上东、西各放置木棺 1 具，两棺中间布置有木箱。棺木已腐朽，但从随葬品的放置可以分别出郢王棺木位于东边，王妃棺木位于西边。王妃棺木位置处随葬有较多的金器（图 6-8-26 ～图 6-8-28）。

郢靖王墓保存较完好，未被盗掘。随葬品也较为丰富，有金、银、玉、铜、铁、铅、锡、瓷、陶、漆木等质地器物 200 余件。其中发现于主棺床前的青花龙纹梅瓶和青花四爱图纹梅瓶尤为珍贵，其历史价值、艺术价值、文物价值极高。

（六）襄阳襄宪王墓

据《明史·卷一百十九·列传第七·诸王四》载：明襄阳王藩始于明正统元年（1436 年），终于崇祯十四年（1641 年），历宪、定、简、惠、康、庄、靖、忠七代八王，其中襄忠王朱翊铭因张献忠攻陷襄阳后，遭火焚而未建陵墓外。其中襄简王墓建在隆中山上，其余六座王墓均建在谷城与南漳两县交界的一条西北至东南走向的山脉

图 6-8-25　钟祥郢靖王墓

图 6-8-26　钟祥郢靖王墓墓室

图 6-8-27　钟祥郢靖王陵园遗址

图 6-8-28　钟祥郢靖王陵园龙首龟趺

① 《钟祥县志》卷五《古迹下》，中华民国二十六年印本。
② 院文清，周代玮，龙永芳. 湖北省钟祥市明代郢靖王墓发掘收获重大 [J]. 江汉考古 2007（3）。

明襄系藩王陵园表　　　　　表 6-8-3

称号	姓名	关系	在位年代	注记
襄宪王	朱瞻墡	仁宗嫡五子	1424 ~ 1478	谷城县茨河镇承恩寺村殿沟
襄定王	朱祁镛	宪王嫡一子	1479 ~ 1488	南漳县龙门镇古林坪村莲花寨南麓
襄简王	朱见淑	定王庶一子	1489 ~ 1490	襄阳隆中座山中腰
襄惠王	朱祐材	简王庶一子	1491 ~ 1504	谷城县茨河镇前庄村
襄康王	朱祐櫍	简王庶二子	1508 ~ 1550	南漳县龙门镇柏香寺村墩子寨
襄庄王	朱厚颎	厚　庶一子	1551 ~ 1566	南漳县龙门镇古林坪村遇事湾
襄靖王	朱载尧	庄王庶一子	1569 ~ 1595	南漳县龙门镇古林坪村遇事湾
襄忠王	朱翊铭	靖王庶一子	1601 ~ 1641	未建

来源：襄樊市考古队等. 明襄阳王墓调查 [J]. 江汉考古，1999（4）：93-96。

图 6-8-29　襄阳襄王陵墓位置
分布图
来源：襄樊市考古队等.明襄阳王墓
调查 [J]. 江汉考古，1999（4）

图 6-8-30　谷城襄宪王墓 "御
制" 碑

上（图 6-8-29、表 6-8-3）。茔地选择十分考究，背倚山冈，面向谷地，并有河流萦绕，左右矮丘护卫。[①]

襄宪王朱瞻墡，系明仁宗第五子，永乐二十二年（1424 年）封。宣德四年（1429 年）就藩长沙。正统元年（1436 年）徙襄阳。明天顺元年（1457 年），朱瞻墡奏请英宗选五朵山为寿茔，病故于成化十四年（1478 年）。明英宗为感其迎助复位的功绩，而追封为襄宪王，特赐工部主事刘春在五朵山为朱瞻墡修茔地，兴建殿宇桥道，历时三年建成。1992 年由湖北省人民政府公布为第三批省级文物保护单位。

襄宪王墓据《谷城县志·卷一·古迹》载："明襄宪王墓在城南五朵山，……为明贤王首称，葬后更名为永安山"。墓地面积约 10 万 m²。残高 15m 左右。墓前有神道遗迹，残存御制龟碑 1 通。

陵墓地处风景秀丽的五朵山怀抱之中，墓前设三级拜台。第一层拜台长 50m，宽 20m；第二层拜台长 40m，宽 30m，高出前部地面约 1 ~ 2m，青砖墁地，已残；第三层拜台呈半圆形，径约 10m，高出二层拜台约 2m。第一层拜台前竖有石碑二通，相距约 20m，一通仅存龟座，碑龟座长 2.3m，高 0.82m。一通完好，碑体高 3.6m，宽 1.1m，厚 0.3m，上有一碑帽，帽略宽厚于体，上浮雕二盘龙，龙嘴相对间篆书阴刻 "御制" 二字和小楷祭文（图 6-8-30）。碑体周边饰龙纹，碑文为襄定王祁镛祭文，碑文记墓主生平。碑文为楷书阴刻，凡十三行，满行 22 字。碑前 15m 处有一单拱砖桥，长 4m，宽 2m。桥前有宽约 4m 的小路直通山外，长约 1km，路两旁散置许多青砖，估计可能为神道。墓冢右侧的千峰庵，系一组为守陵而设的四合院建筑。

襄宪王陵墓冢背靠山冈，面朝沟水，青山绿水，相映成趣。墓冢劈山而建，外以石条、青砖围砌。由千峰庵至墓冢须蹬三层月台。月台为砖石砌筑，高大雄伟。墓封土直径约 50m，高约 15m，周围砌以青砖条石。墓室已被盗。墓室平面呈 "凸" 字形，单室石作。长 6.4m，宽 4.8m，高 3.8m。墓壁以长条石错缝平砌，顶呈半圆形券。前为甬道，甬道与墓室之间设双扇石门，单扇门高 1.8m，宽 1.3m，厚 0.0185m。门前有封门砖。墓室后部设石棺床。

①襄樊市考古队等. 明襄阳王墓调
查 [J]. 江汉考古，1999(4)。

（七）南漳襄康王墓

襄康王名朱祐櫹，襄惠王朱祐材之弟，生年不详，弘治十七年（1504 年）嗣襄王，嘉靖二十九年（1550 年）薨。据《南漳县志》卷四载，"襄康王祐櫹墓在县西北四十五里柏香山上，世宗御制圹志"，就是现在的南漳县龙门镇柏香寺村墩子寨东腰。现存封土堆底径 35m，高约 6m。墓前约 20m 处有一条长 27m 的石砌墙护坡，坡上可能为祭台。

墓室呈"凸"字形双室石墓，用条石砌筑，方向 90°，由甬道、前室、后甬道和后室组成。甬道长 1.6m，内空宽 2.15m，高 2.88m，半圆形券。甬道与前室之间设石槛，安双扇石门。门前用条砖错缝平砌封门。前室长 2.55m，宽 3.45m，高 3.8m。墓壁在 1.95m 处用楔形块石横向起券，内外 2 层。后甬道长 0.93m，内空宽 2.3m，高 2.88m，半圆形拱券，中间安石槛，设双扇石板门，门高 2.65m，宽 1.35m，厚 0.15m，上雕狮首衔环铺首。后室长 5.65m，宽 4.75m，高 4.1m，墓壁在 1.6m 高处用楔形石块横向起券，内外 2 层。墓底用条石墁地（图 6-8-31）。

墓前约 20m 处有一条长 27m，宽 3 ～ 4m 的石墙护坡，坡上可能为祭台遗址。

墓早年被盗，仅征集到墓志一方，圹志方形，边长 0.62m，厚 0.15m。周边突出，线刻龙纹花边，盖铭阴刻篆书"皇帝御制襄康王圹志文"十字。

（八）南漳襄庄王墓

襄庄王名朱厚颎，襄惠王朱祐材子。嘉靖十年（1531 年）生，嘉靖二十五年（1546 年）封阳山王，三十一年（1552 年）嗣襄王，四十五年（1566 年）薨。

襄庄王墓位于南漳县龙门镇古坪村事弯东北约 300m 箕形山地中部，坐东向西。北部长岭与南部补岭左右相对，墓前有泗堵河狭长谷地。现存封土底径约 25m，高约 4m。墓前拜台已毁，台前砖铺神道已埋入地下，墓西南立一石碑，圆首，方座，通高 3.2m，宽 0.8m，厚 0.35m。阴刻楷书"官员人等至此下马"八个大字。

墓室平面呈"土"字形石墓，由八字影壁、前甬道、前室、后甬道和后室组成，墓壁厚度不明，石铺地面（图 6-8-32）。

八字影壁位于墓门两侧，石砌，影壁由须弥座、墙身、屋顶组成。须弥座上、下枋平直，束腰上雕有二龙戏珠图案。墙身素面无饰。屋顶为庑殿式，瓦垄整石雕成，

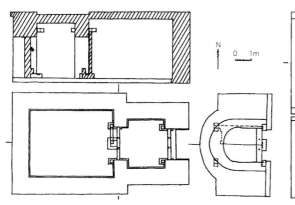

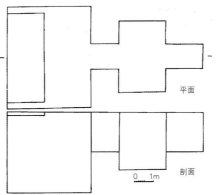

图 6-8-31 南漳襄康王墓平面、剖面图
来源：襄樊市考古队等．明襄阳王墓调查 [J]．江汉考古, 1999（4）

图 6-8-32 南漳襄庄王墓平面、剖面图
来源：襄樊市考古队等．明襄阳王墓调查 [J]．江汉考古, 1999（4）

图 6-8-33　南漳襄康王墓门前八字影壁

图 6-8-34　南漳襄康王墓后室及棺床

一端安大吻（图 6-8-33）。墓门洞石砌，四券二伏。内为前甬道，长 2m，内空宽 1.4m，高 2.2m。墓壁用青石错缝横砌，甬道与前室之间设石门、石槛，安双扇石板门，门上浮雕有狮首衔环铺首，门框部位与青石方柱相扣，带上、下槛和石门转轴，下坎石中部凿有两个小圆孔，为套穿绳索拉封抵门石用。

前室内空长 2.5m，宽 4m，高 3.2m，青石券顶。后甬道长 1.45m，宽 1.4m，高 2.2m，三层券顶，与后室之间安有石槛，其形制、结构与头道石门相同，雕刻较前者更为精细（图 6-8-34）。后室内空长 4.5m，宽 5.7m，高 4.5m，青石券顶。后部设有石棺床，长 5m，宽 2m，高 0.18m。四周雕仰覆莲花纹（图 6-8-34）。

墓早已被盗，墓室内已被破坏。仅征集到墓志一方。墓志方形，边长 0.61m，厚 0.24m，四周线刻双龙戏珠，盖铭阴刻篆书"皇帝御制襄庄王圹志文"，其中首行四字。余两行各三字。志文为小楷阴刻，凡 17 行，满行 20 个字，记述墓主生平及其家世。葬于嘉靖四十五年（1566 年）。

由于墓室内随葬遗物均被毁坏，地下剩余的石雕亦被砸碎，无法复原，所幸的是墓室结构尚保存完整，这对于研究该地余存的襄王墓具有极高的参考价值。

（九）钟祥梁庄王陵墓

梁庄王墓位于钟祥市长滩镇大洪村雷家湾，龙山坡山脉的一座小山上，坐北朝南，海拔约 68m。朱瞻垍是明仁宗的第九子，生于永乐九年（1411 年），永乐二十二年（1424 年）被册封为梁王，其封地是湖广安陆州（今钟祥市）。宣德四年（1429 年）就国，正统六年（1441 年）薨，享年 30 岁。王妃魏氏是南城兵马指挥魏亨之女，宣德八年（1433 年）被册封为梁王妃，景泰二年（1451 年）薨，享年 38 岁。另据《明史》卷一百十九《列传第七·诸王四》载，朱瞻垍于宣德四年"就藩安陆，故郢邸也（即沿用已故的郢靖王府）"。正统六年（1441 年）薨，因"无子，封除，梁故得郢田宅园湖，后皆赐襄王。及睿宗（即兴献王）封安陆，尽得郢、梁邸田，供二王祠祀"。据《兴都志》卷六《典制六》载："瑜灵山园坟田地三十八顷三十六亩四分六厘。"实测陵园占地约 2.5 万 m²。墓地设内外茔园，实测外茔园占地面积约 8 万 m²。[①]

《兴都志》卷之七《典制七》记载：梁庄王墓在兴都城南 45 里城南村瑜灵山，妃魏氏合葬，夫人张氏附葬。建有"享殿五间、东西厢十有二间，神厨五间，碑亭两座，直宿房六间，宰牲房三间，棂星门三间，券门三间，红墙周回一百三十四丈、内官住宅一所。嘉靖三年（1524 年），上赐修葺，寝阁帷帐与靖王，一时并新"（图 6-8-35、图 6-8-36）。2008 年由湖北省人民政府公布为第五批省级文物保护单位。

梁庄王陵园建筑历经沧桑，现今除地宫保存完整外，地面建筑已荡然无存，内外茔垣只剩下北半部基址，地上散布着残砖破瓦。内、外茔园均呈长方形，南北向。现存外茔园南北残长 200m，东西宽 250m，外垣基宽 1.3m，为石皮土心墙，并培土做成护坡。内茔园南北残长 75m，东西宽 55m，基宽 1m，属砖皮石心墙，也培土做成护坡。经解剖，内茔墙基沟槽底宽 1.35m，口宽 1.4m，基宽 1m（复原）。垣心的小石块只保存 1 层，是用不规则的自然山石平铺。

梁庄王朱瞻垍与梁庄王妃魏氏的合葬墓位于钟祥长滩镇大洪村雷家湾，龙山坡山脉的一座小山上，坐北朝南，海拔约 68m。

地宫构筑在内茔园里的一座小山坡上，平面呈"中"字形，属崖洞砖室墓。封

①湖北省文物考古研究所等 . 梁庄王墓 [M]. 北京：文物出版社，2007。

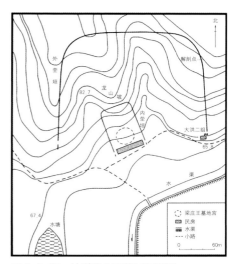

图 6-8-35　钟祥梁庄王陵园平面图
来源:湖北省文物考古研究所等. 梁庄王墓[M]. 北京:
文物出版社，2007

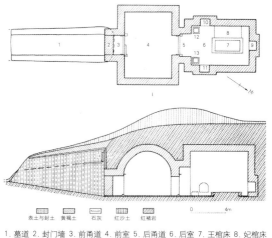

1. 墓道 2. 封门墙 3. 前甬道 4. 前室 5. 后甬道 6. 后室 7. 王棺床 8. 妃棺床
9. 后龛 10. 右龛 11. 左龛 12. 右灯台 13. 左灯台

图 6-8-36　钟祥梁庄王墓平面、剖面图
来源:湖北省文物考古研究所等. 梁庄王墓[M]. 北京:文物出
版社，2007

土近圆锥形，高约 9m，底径约 25m。墓室南端有一条斜坡墓道，平面长 10.6m，口
最宽 4.3m，坡度 10°～ 12°。墓道北壁的墓口处，发现一堵砖筑的"嵌碑墙"，东
西向贴"挡土墙"壁面满砌，高 1.17m，黏合料为石灰。"嵌碑墙"上东西并列竖嵌
两合石质墓志,两墓志的盖与底扣合后各用两道铁箍加固。其中东边一合较大，为"梁
庄王墓"墓志；西边一合较小，为"大明梁庄王妃圹志文"墓志。墓道北壁贴壁满
砌一面单层砖壁的挡土墙，其下为 6 层砖券的拱顶门洞和封门墙，总高 5.5m，挡土
墙头外壁，还贴壁加筑一堵单砖碑墙，均用石灰作黏合料。

该墓凿石为圹，墓室乃是从墓道北端向内凿岩，形成隧洞，再在洞内用砖砌成，
以石灰浆为粘合料。墓室由前甬道、前室墓门、后甬道、后室墓门和后室组成。前、
后室墙壁为平砖错缝顺砌，室内地面横列平铺一层砖。所用长方形青灰砖有大、中、
小 3 种规格，铺地砖所用为小的一种。墓室内长 15.4m，最宽 7.88m，高 5.3m。

前甬道长方形，内空南北长 1.25m，宽 2.35m，高 2.35m。为券洞式，有 6 层砖券，
为平砖丁砌与侧砖丁砌相间。前室墓门在前室与前甬道之间。横长方形，为石槛铁臼，
双石扉。出土时只见东扇门扉，西扇门扉已佚。西门扉后的地面上有倒塌的朽木板，
应是西扇门板。石槛长 2.35m，宽 0.14m，高 0.14m。

究其原因，应与入葬王妃有关。据墓志记载，"王以疾薨，(妃)欲随王逝，承奉司奏，
蒙圣恩怜悯，遂降旨存留"，俟妃薨，才得以"同王之圹"。说明自梁庄王薨后，该
墓经历了一个由单葬改为合葬的过程。梁庄王是正统六年（1441 年）入葬，王妃则
于景泰二年（1451 年）入葬，两者间隔 10 年。梁庄王入葬后，关闭墓门，门后以"自
来石"顶牢;等到王妃入葬时，可能因墓门打不开，无奈之下，撞破西边的一扇石扉，
才得以进入墓室。俟葬毕王妃，便将撞破的石扉及"自来石"搬走，制作一扇漆木门。
此扇木门在出土时已朽，其倒塌方向是朝北，即向前室内倒塌。

前室横长方形，内空南北长 5.34m，东西宽 7.88m，高 5.3m。在前室的内壁面上，
发现有的砖上模印或刻写铭文。

后甬道为连接前、后室的券洞，券洞内设后室门，其门前的一段窄而低，门后

图 6-8-37　钟祥梁庄王墓后室及棺床

段则宽而高。内空南北长 2.25m，前宽 2m，后宽 2.7m，前高 2m，后高 3.35m。后室门为石槛铁臼，双扇漆木扉。漆木扉已塌杇。石槛长 2m，宽 0.14m，0.14m。

后室长方形，内空南北长 6.6m，宽 4.7m，高 5.3m。室内设有并列的双棺床，对称的双灯台和 "品" 字形分布的 3 个壁龛。棺床长方形，室中央的一座较大，为梁庄王的棺床，是用石条砌边，以预留的原生红赭岩为芯。接砌在其西侧略小的一座，则是王纪的棺床，是以砖为边，以填土为芯。砖砌灯台均系正方形，大小相同，分置甬道东西两侧。壁龛为弧顶长方形，东、西、北壁各辟一个（图 6-8-37）。

棺椁为漆木质，原置于棺床上，后均移位垮朽。从棺椁的残片及附件分析，梁庄王为一椁一棺，王妃可能为单棺。

墓内出土各类随葬品共计 1400 件（套），计入附件数达 5340 件，有金、银、玉、瓷、陶、铜、铁、铅锡、漆木器，其功用主要有实用器、丧葬器和法器三类。

（十）钟祥显陵

明代嘉靖帝登基之前是封在钟祥的兴王，即位后，在钟祥设置承天府，与北京、南京一道成为当时朝廷三大直辖府。钟祥，历史上曾先后 6 次 "封王"，被称为 "帝王之乡"。

嘉靖皇帝即位后，他的父亲朱祐杬由原来的兴献藩王追尊为睿宗献皇帝，王坟也扩建为皇陵——明显陵，这在全国是唯一的。明显陵是明藩王文化的集大成者，特别是因其重要的文物价值，1988 年由国务院公布为第三批全国重点文物保护单位。2000 年 11 月 30 日被联合国教科文组织批准列入《世界遗产名录》。

显陵位于钟祥城北 7.5km 的处松林山，西临汉水，南濒莫愁湖。周围有聊崛、三尖、章山、花山等山峦，形势绝佳。是明世宗嘉靖皇帝的父亲恭睿皇帝和母亲章圣皇太后的合葬墓，始建于明正德十四年（1519 年），陵墓面积据《兴都志》卷之六《典制六》载："纯德山园陵田地二十七顷四十七亩三分二毫"。实测陵墓面为 1.83km²，是我国明代帝陵中最大的单体陵墓，也是中南地区唯一的一座明代帝王陵墓。[①] 其 "一陵两冢" 的陵寝结构，为历代帝王陵墓中绝无仅有（图 6-8-38）。

明嘉靖十年（1531 年），嘉靖皇帝改祖陵名基运山，改皇陵名翌圣山，改孝陵名神烈山，改显陵名纯德山，及天寿山，四方从祀，所在有祭示的，要告各陵地神。[②]

朱祐杬是明宪宗次子，成化二十二年（1486 年）被册封为兴王，食湖广安陆（今钟祥），正德十四年（1519 年）病故，按明礼，谥号为献，称兴献王。

显陵从明正德十四年（1519 年）开始修建，一直到嘉靖十九年（1540 年）竣工，长达 20 余年。显陵坐北向南，偏东 30°。外围建有狭长椭圆形砖墙茔城一道，周长 3438m，茔城内两端窄，中间宽，宽 300 ～ 463.9m，南北深 1656.2m。茔墙随山势蜿蜒，高 6.45m，厚 1.95m。墙顶覆盖绿色琉璃瓦顶。从城东北引山泉入城的御河，因在城内弯曲 5 道，名曰 "九曲河"，由西南流入莫愁湖，故城内有 5 座桥梁（图 6-8-39）。

陵园布局从祭祀功能上将建筑空间划分为三大部分：第一部分为接待区域和陵卫区，第二部分为祭祀区，第三部分为神灵区。

接待区和陵卫区建有服务性设施和守陵卫士的生活用房，供皇帝谒陵及随行人员休息。大红门（称新红门）前左右耸立着一对汉白玉石碑，碑高 2.9m，宽 0.76m，

① 钟祥博物馆. 钟祥明显陵调查记 [J]. 江汉考古，1984（4）；丁家元. 明显陵及其地面建筑 [J]. 华中建筑，1994（4）

② 明史·卷六十·志第三十六·礼十四·凶礼三 [M]. 北京：中华书局，1974。

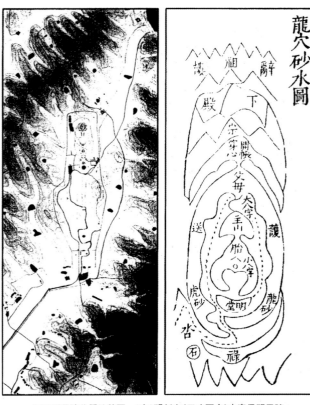

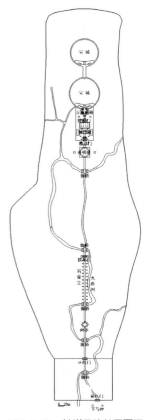

（左）明显陵位置地貌图　（右）明刻本《三才图会》中表示明显陵

图 6-8-38　钟祥显陵龙穴砂水图

图 6-8-39　钟祥显陵总平面图
来源：李克彪绘

厚 0.3m，严嵩楷书"官员人等至此下马"，作为进入陵区的标志，为警示谒陵人员恭敬步行。碑后的大红门，中轴线略偏东 147m，是因为外明塘居中轴线上而为之。门砖石结构，歇山顶，上覆琉璃瓦。进新红门向西拐过第一道石桥，至旧红门，即第二道门为祭祀区（图 6-8-40）。

祭祀区按周礼天子格局设有"五门""三朝"。中轴线上依次建有大红门（称旧红门）、龙凤门、棱恩门、陵寝门、和方城门；整个陵区外沿建外罗城，从陵恩门至方城建内罗城，方城又与前后主城合围，从而形成"三朝"。从大红门至陵恩门为引导性空间。在长达 1300 余米的神道上，依次布置有石桥、碑亭、石象生、龙凤门等建筑。

神灵区由方城、明楼、宝顶组成，是皇帝、皇后梓宫安放之所。

从第一道石桥至旧红门，三桥并列，中桥长 16.2m，宽 4.5m，左、右桥长 13m，均宽 3.5m。旧红门面阔 3 间 18.8m，进深 7.9m，砖石结构，歇山顶，上覆琉璃瓦。门下部为汉白玉石基座，其间雕刻椀花及莲瓣图案，檐下有仿木结构的黄色和绿色琉璃柱枋，上饰花卉图案，光彩夺目。中间门高 3.8m，左右门高 3.2m，宽 2.6m。门两侧各建有一侧门，现已毁（图 6-8-41）。

从大红门过第二道石桥，三桥并列。中桥长 16.2m，宽 4.5m；左、右桥长 13m，宽 3.5m。神道正中建有方形碑亭，占地面积 344m²。面阔 18.5m，进深 18.57m，汉白玉石台基，下设须弥座，四周开半圆形券门，门高 4.4m，宽 3.9m，

图 6-8-40　钟祥显陵新红门

图 6-8-41　钟祥显陵第一道御桥、旧红门

图 6-8-42　钟祥显陵碑亭　　图 6-8-43　钟祥显陵神道华表、　图 6-8-44　钟祥显陵龙凤门
　　　　　　　　　　　　　　　　　　　　　　石象生

图 6-8-45　钟祥显陵龙凤门立面
来源：国宝档案资料

图 6-8-46　钟祥显陵棱恩门、
棱恩殿遗址

墙厚 4.05m。门上方雕有四龙戏珠图案。碑亭顶部已毁。内置赑屃，上立御制睿功德碑（图 6-8-42）。

碑亭后为第三道石桥，三桥并列。三桥长 17.1m，宽 4.9m。过桥迎面耸立着华表 1 对，高 12m，下为方形须弥座，上为六棱形，柱头上为 2 层束腰云盘托着圆柱形云龙纹浮雕。其后依次排列着 12 对石象生：坐狮、獬豸、骆驼、卧象、卧麒麟、立麒麟、立马、卧马、文臣、勋臣各 1 对，武士 2 对（图 6-8-43）。这些石象生身材高大，形象逼真，线条流畅，雕刻精细，具有较高的工艺水平和一定的艺术价值。石人、石兽之间的间距 12m，神道全长近 150m。

石象生后龙凤门，作为石象生的依托，设计十分精巧，以六柱三门夹着影壁墙组成。影壁墙下设须弥座，上覆黄琉璃瓦顶。门仿木作设额枋、花板、抱框，额枋上安有门簪，方柱前后安有抱鼓石。方形门柱上悬出云板，上覆莲座圆雕独角兽，额枋上立火焰宝珠石墩。当心间门宽 3.1m，高 3.2m，左右门宽 2.55m，高 3.1m（图 6-8-44、图 6-8-45）。

进门为第四道石桥，三桥并列。中桥长 16.3m，宽 4.8m，左、右桥长 12m，宽 4.8m。过桥为一条长 290m 的神道，作弯曲行龙状，为神龙道。接神龙道为第五道石桥，三桥并列，中桥长 10m，边桥长 8.4m，三桥宽均为 4.7m。过桥便是内明塘，俗称九曲池，周长 46.3m，砖石砌筑。池后为棱恩门。

从棱恩门到明楼，以一个小型的方城墙将棱恩门与明楼围在一起，明楼又与最后两个茔城连在一起，这就构成了一个小城，名"紫禁城"，是祭祀活动的主要场所。建筑分隔成 3 进。第一进由棱恩门、配殿等组成（图 6-8-46）。

棱恩门耸立在月台之上，面阔 3 间 15.9m，进深 3 间 11.2m，上部已毁，仅存汉白玉石台基。台前正中云龙丹陛，长 3.45m，宽 1.45m，两旁如意阶梯 9 级。四隅设汉白玉石散水龙头 20 个。棱恩门两侧，建有精美的琉璃影壁，宽 3m，高 1.9m，正

图 6-8-47 钟祥显陵方城、明楼

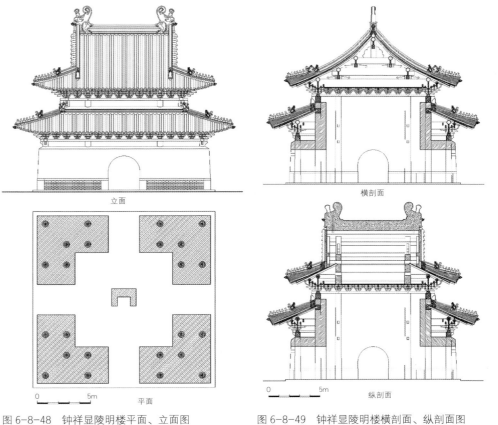

立面

横剖面

平面

0   5m

纵剖面

0   5m

图 6-8-48 钟祥显陵明楼平面、立面图
来源：国宝档案资料

图 6-8-49 钟祥显陵明楼横剖面、纵剖面图
来源：国宝档案资料

面为绿色琉璃的蟠枝图案，背面为双龙腾跃。是明代帝陵中的孤例。

庭院正中为享殿——棱恩殿，明末被毁，基础尚存。现存石基、石栏、螭首和散水等物。殿面阔 5 间 39m，进深 4 间 25.4m，四周环以围廊。殿前云龙丹陛，长 3.45m，宽 1.45m，两旁设阶梯 11 级；殿后阶梯 4 级，长 2.7m，宽 1.25m。殿之东西两旁各建配房 5 间，宽 22.2m，进深 3 间，深 9m。明末被毁。配房左右各建燎炉 1 座。

棱恩殿后为陵寝门 3 间，已毁。门后为冲天式牌楼门，石柱高 6.75m，柱上立獬豸，守卫着陵寝。其后设石祭台，上供石五供，祭台须弥座式，长 2.8m，宽 1.3m，高 1.1m。左右有小碑亭，亭内立"御制文"碑，和"御赐册志文"碑。

后为明楼和宝顶，是陵区的核心，是皇帝朝祀的场所。城墙下设须弥座，正中开拱券门，门下设踏跺上明楼。城上设箭垛，正中建方形明楼。明楼面阔、进深均为 9.2m，墙高 6.8m，明楼为后来复建（图 6-8-47 ～ 图 6-8-49）。尚存石碑 3 通。楼内正中耸立"恭睿献皇帝之陵"碑，碑额书"大明"二字。方城与宝顶之间建有哑巴院，院中建有琉璃影壁，高 1m，宽 5.4m，厚 0.8m。两侧设蹬道直通宝顶。

明楼后为 2 个相连的宝顶，也称"茔城"。南茔城南北深 125m，东西宽 112.1m，墙高 5m，厚 2.9m。城内中心为大封土堆，内为玄宫。前一玄宫建于明正德十五年（1520年），是陵主位在藩王时所建。周围有散水龙头 16 个，为排水所用。后"茔城"呈圆形，径 103m，墙高 5.5m，厚 3m，城内中心为大封土堆，建于嘉靖十八年（1539 年），为追封皇帝后，夫妻合葬之玄宫。周围有散水龙头 16 个。茔城南有影壁 1 座，形制、

图 6-8-50　钟祥显陵瑶台

大小与前相同。南北莹城之间连以瑶台，长 40.5m，宽 16.5m，两侧每边有散水龙头 8 个（图 6-8-50）。

（十一）荆州张居正墓

明代首辅张居正墓位于沙市市西北郊的立新乡荆沙村五组张家台[①]。据《沙市志略》记载："张文忠公居正墓，在北湖，明江陵尹石应嵩改葬，碑尚可读也。"张居正墓筑于明万历十年（1582 年），占地面积约 1 万 m²。但在"文革"期间墓上地面建筑设施和地下墓室均遭严重破坏，地上碑刻、石象生等当四旧破除，地下墓室棺内的 1 副玉带，1 件蟒衣及其墓室内的其他随葬品均遭破坏。

该墓在"文革"前的墓地范围和地上建筑设施，根据现在尚存的部分残留遗迹进行实地调查，其大体布局是：原墓地范围地势平坦，北靠荆襄河，南临荆沙路，为南北走向，呈带状，全长约 250m，宽约 180m，墓南向。在神道两侧，自南向北依次排列着石狮 1 对，石羊 1 对，石马 1 对，石象 1 对，石人 1 对，石望柱（即八角形华表）1 对，皆东西相向。其后有半月形池塘，池塘后有石蜡台、香炉。石蜡台，香炉有石 3 座，呈"一"字形排列，中间一座碑上刻"明相太师太傅张文忠公之墓"几个大字，其后即墓茔所在。石碑之后有墓冢 3 座，呈"品"字形排列，前面中央为张居正墓冢，左右两侧（稍后）的 2 座墓冢当地人称之为陪冢。再后有约 3m 高呈弧形的土墙。另外，在墓冢的左侧（即东面）还有龟碑 1 座，为明万历四十七年（1619 年）十二月江陵县令石应嵩撰"改葬张文忠公碑记"。整个墓葬布局从前至后逐级升高，墓茔居最高处（图 6-8-51 ~ 图 6-8-54）。2008 年由湖北省人民政府公布为第五批省级文物保护单位。

图 6-8-52　荆州张居正陵园门楼

图 6-8-53　荆州张居正墓冢与石碑

图 6-8-54　荆州张居正墓碑亭与回廊

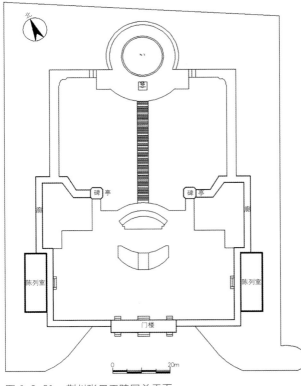

图 6-8-51　荆州张居正陵园总平面

①湖北省文物局第三次文物普查资料。

张居正生于明嘉靖四年（1525 年），明万历十年（1582 年）六月卒于京都，神宗皇帝"命四品京卿、锦衣堂上官、司礼太监护丧归葬"[①]。

根据对该墓地的实测和文献相对照，张居正墓地地上设施虽少了 1 对石虎，但增加了 1 对狮子，1 对石像，茔地面积也有所扩大，这都超过了明代礼制中所规定对一品官殁后的待遇。

（十二）当阳关陵

明、清建筑，位于当阳玉阳街道办事处关陵路西，为纪念三国蜀将关羽而建。始建于东汉末年，南宋淳熙十五年（1188 年），襄阳太守王铢在墓前建祭亭，元初，玉泉寺主持慧珍在修建墓门和墓道；明成化三年（1467 年），当阳县令黄恕奏请朝廷，开始建庙宇，供人们祭祀；明嘉靖十五年（1536 年）形成规模，占地面积约 4.6 万 m²，中轴对称布局。现存有：神道碑亭、"汉室忠良"石牌坊、三圆门、马殿、拜殿、正殿、寝殿、碑亭和陵墓。附属建筑有：牌坊前左右华表，三圆门后的钟楼、鼓楼（已毁），拜殿前的画廊（现为碑廊），拜殿左右火房和来止斋，正殿左右的圣像亭，寝殿前的春秋阁和伯子祠，寝殿左右的启圣宫和佛堂等建筑，占地 4.6 万 m²，四周砌以红墙（图 6-8-55）。2006 年由国务院公布为第六批全国重点文物保护单位。

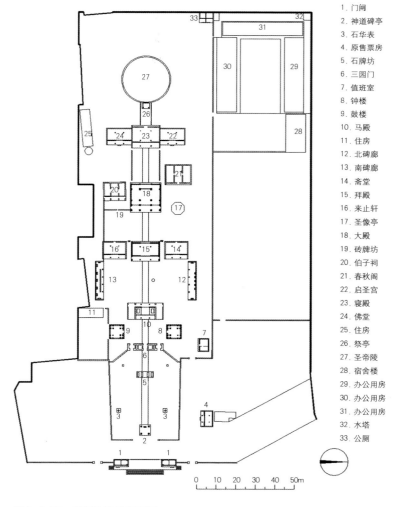

1. 门阙
2. 神道碑亭
3. 石华表
4. 原售票房
5. 石牌坊
6. 三圆门
7. 值班室
8. 钟楼
9. 鼓楼
10. 马殿
11. 住房
12. 北碑廊
13. 南碑廊
14. 斋堂
15. 拜殿
16. 来止轩
17. 圣像亭
18. 大殿
19. 砖牌坊
20. 伯子祠
21. 春秋阁
22. 启圣宫
23. 寝殿
24. 佛堂
25. 住房
26. 祭亭
27. 圣帝陵
28. 宿舍楼
29. 办公用房
30. 办公用房
31. 办公用房
32. 水塔
33. 公厕

0 10 20 30 40 50m

图 6-8-55 当阳关陵总平面图

① 《明史·张居正传》。

图 6-8-56　当阳关陵神道碑亭

图 6-8-57　当阳关陵三园门

图 6-8-58　当阳关陵大殿

神道碑亭平面长方形，石结构，单檐歇山顶。内竖高大石碑。石柱上镌有"夕阳丘首三分土，古道江头一片碑"；"滩水夜号蛟龙饮泣三分恨，秋山昼啸草木声诛两贼魂"。牌坊为四柱三间冲天式牌坊，石结构。明间石额上书"汉室忠良"，柱上书"当年正气扶元气，万世人心仰赤心"（图 6-8-56）。

石牌坊在关陵前部，四柱三间华表式。面阔 8.6m，高 5.3m。两中柱顶端的仰覆莲座上立相对麒麟，边柱顶端各置宝瓶，柱前、后有抱鼓石。中枋楷书"汉室忠良"，款署"嘉靖戊午秋吉旦立。"

三圆门重建于同治七年（1868 年），为一砖结构的建筑，面阔 3 间 12m，进深 4.25m。明、次楼分别为单檐庑殿、歇山黄琉璃瓦顶。明、次间中部各间开一半圆形拱门，明间拱门上书"关陵"二字。两边接"八"字形影壁（图 6-8-57）。

马殿、拜殿、寝殿均为面阔 3 间，抬梁式构架，硬山顶，灰瓦屋面。

正殿重建于同治八年（1869 年），是陵墓中的主体建筑。平面长方形，面阔 3 间 14.52m，进深均为 3 间 10m，高约 14m，抬梁和穿斗式混合构架，重檐歇山黄琉璃瓦顶。上下檐设斗栱，殿内望板彩绘团龙，正中雕八角龙头藻井，下层前壁设槅扇。前檐明间立柱上浮雕蟠龙，殿顶正脊两端饰以龙吻，垂脊上饰以龙、凤、狮、马等兽件。前檐明间上方悬清同治帝题"威震华夏"金字横匾。整座建筑结构严谨，肃穆壮观（图 6-8-58 ~ 图 6-8-60）。

墓冢在关陵后部，为一圆形封土堆，周长 70 余米，高 7m。东汉建安二十四年（219 年）孙权部攻打荆州，关羽兵败身亡，孙权将其首级运至洛阳献给曹操，同时以诸

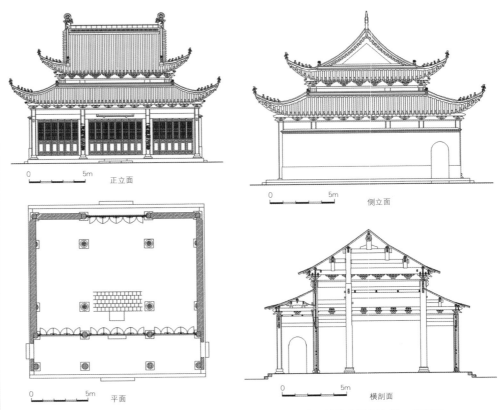

正立面

侧立面

平面

横剖面

图 6-8-59　当阳关陵大殿平面、正立面图　　图 6-8-60　当阳关陵大殿侧立面、剖面图

图 6-8-61　当阳关陵墓碑与墓冢

0 1 2 3 4 5m

侯礼葬其躯于此。南宋淳熙十五年（1188 年）修祭亭。墓周下沿用条石垒砌，上装石栏一周，栏板上浮雕鸟兽、花卉。墓冢前方门正中立有明万历四年（1576 年）石碑，上书"汉寿亭侯墓"五个大字，"敕守巡荆西道王邓题"，款"万历丙子夏日立"。墓前有方形祭亭，单檐歇山绿琉璃瓦顶（图 6-8-61、图 6-8-62）。

（十三）咸丰土司皇坟

土司王坟位于咸丰县城西北 30km 尖山唐崖土司王城后，玄武山下。[①]现仅存其墓葬的石室建筑。墓室分前、中、后三部分。前设祭奠拜台，地铺规整的条石。地宫用青石砌成，外有廊，廊顶以石雕藻井花纹和斗栱结构装饰，廊后设有 8 扇石门。后为主室，内分四室，四室之间石门可以开启，门楣上浮雕花鸟鱼虫图案。室内设有棺床，分置棺椁，室后设牌位龛。墓前建有重檐仿木构建筑，雕饰筒瓦，脊顶以宝瓶和吻兽装饰。整座王墓以石建造，犹如房屋建筑一样，其建筑格局及装饰不失为当时当地文化之精品，代表了这一时期较高的石雕工艺水平，十分精美（图 6-8-63 ～图 6-8-65）。土司皇坟作为唐崖土司城址的一部分，2006 年由国务院公布为第六批全国重点文物保护单位。

图 6-8-62　当阳关陵墓碑

图 6-8-63　咸丰土司皇坟

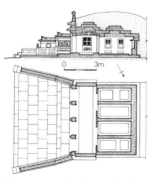

图 6-8-64　咸丰土司皇坟平面、剖面图

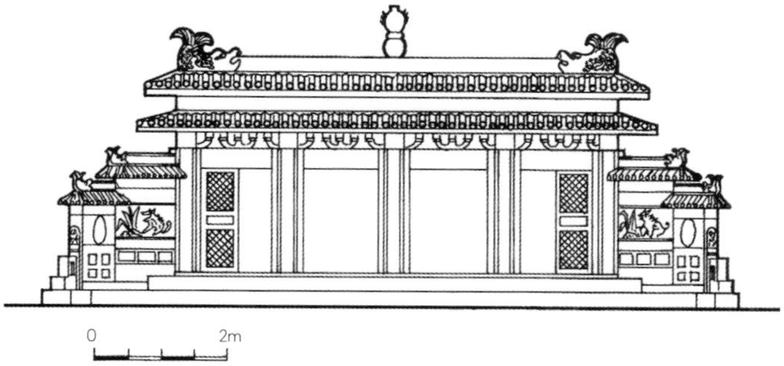

0 3m

图 6-8-65　咸丰土司皇坟立面图

0 2m

① 邓辉.土家族区域的考古文化[M].北京：中央民族大学出版社，1999。

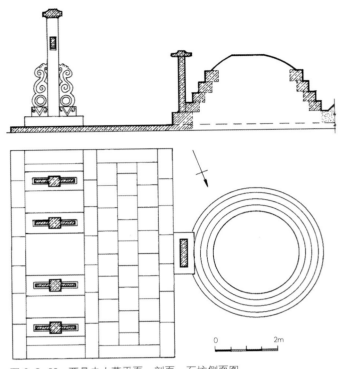

图 6-8-66　覃鼎夫人墓平面、剖面、石坊侧面图

图 6-8-67　覃鼎夫人墓石坊

图 6-8-68　武昌楚昭王妃程氏墓墓道

图 6-8-69　武昌楚昭王妃程氏墓室

① 袁家新主编. 楚天名胜龙泉山 [M]. 武汉：武汉出版社，1995。

② 陈官涛. 江陵八岭山明王妃墓清理简报 [J]. 江汉考古，1988（4）。

墓侧后有覃鼎夫人田氏墓、墓前建有仿木结构石坊，斗栱重檐。墓前石碑上上刻有"明显妣诰封武略将军覃太夫人田氏之墓"前记"孝男印官覃宗尧祀"，后题"皇明崇祯岁庚午季夏吉旦立"（图 6-8-66）。

田氏夫人墓后有武略将军覃鼎之墓、将军覃光烈等墓群。

二、中型墓

（一）武昌楚昭王妃墓

楚昭王共有五位王妃，死后葬在楚昭王陵园外园垣东、西两侧。东侧葬有一妃、二妃两人，西侧葬有三位王妃（三妃胡氏、四妃刘氏、五妃程氏）。三妃胡氏生于洪武八年（1375 年），死于永乐十二年（1414 年），享年 39 岁。四妃刘氏生于洪武十二年（1379 年），死于永乐二十年（1422 年），享年 43 岁。五妃程氏氏生于洪武十年（1377 年），扬州人，十五岁入宫，深得楚王朱桢宠爱，永乐十三年（1415 年）因患腹绞痛病而亡，享年 38 岁。墓葬前原有祭祀建筑物，可惜已毁，只残留部分台基。墓已被盗，1981 年清理发掘了五妃程氏墓。①

该墓位于楚昭园西侧，封土层 1.5m，术炭层 0.3m，三合土层 0.5m，采用明代官窑特制的沉泥大青砖构筑，为 6 圈层。结构为三道石门，一主室，两耳室，一龛室，面积 40m²，棺木和尸体已腐烂。墓内出土文物有金香包，金衣扣及陶瓷器皿等近百件，其中以金凤冠最为珍贵（图 6-8-68、图 6-8-69）。

（二）江陵明王妃曹氏墓

明王妃墓位于荆州城西 10km 的八宝茶场周家湾村②。墓坐西向东，平面为"一"

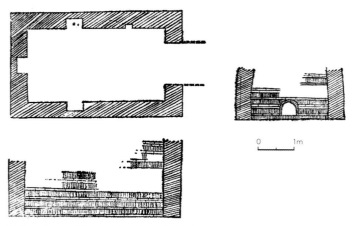

图 6-8-70　江陵明王妃墓平面、剖面图
来源：陈官涛 . 江陵八岭山明王妃墓清理简报 [J]. 江汉考古，1988（4）

字形券顶单室砖墓，长 5.2m，宽 3.3m，高 2.4m。墓壁的砌法为"一平一竖，再两平一竖"，这样逐次向上内收起券成拱顶。墓门位于墓室东壁，宽 1.3m，高 2.4m。墓门用 0.26m×0.13m×0.05m 的灰砖一层一层平砌。在墓门中央封门砖内，放一盒墓志。室内用灰砖砌成棺床，长 2.2m，宽 1m，高已残。棺床四周设有宽 0.10m、高 0.16m 的排水道。墓室西、南、北墓壁上砌有壁龛。墓早年被盗，仅出土墓志和少量随葬品。墓志一盒，由 2 块同样大小的石灰质白石相扣而成，外套两条铁箍。墓志石为边长 0.38m 的正方形，每块厚 0.075m。楷书阴刻"王妃曹氏墓志"，字刻得很粗糙，很浅。由于被盗后墓室积水、潮湿，墓志石腐蚀严重，大部分铭文已无法辨认。残存的文字有"……癸未年七月二十九"，"……洪熙元年二月十六日"，"……正统二年五月初一日"，"王妃正统四年随夫守信……"，"成化六年十一月"等字（图 6-8-70）。

据墓志铭文分析，墓主人是"王妃曹氏"。在墓志右起第一行残刻有"癸未年七月二十九"字样。"癸未年"，按明代帝王年顺序，应为明成祖永乐元年，即公元 1403 年，这一年应是曹氏出生之年。另外还有"正统二年"、"成化六年"等有关墓葬年代和墓主人生平记载，从铭文中分析，成化六年（1470 年）前后，为下葬时间。由于墓志残破严重，不知是那位王子的爱妃。

（三）江夏明景陵王朱孟昭夫妇墓

武汉江夏二妃山明景陵王朱孟昭夫妻墓位于武汉市江夏区流芳街佛祖岭村。此处是一个三面环山，一面临水的天然小盆地，北部紧靠大王山，西南有高妃山，东南有二妃山，形成锁匙之势。

M1、M2 位于大王山主峰之下，为同茔并穴墓。原有长方形茔园和地面建筑，早年被毁，现仅残留部分茔垣墙基，地面可见少量绿色琉璃瓦残片。茔园南北长约 102m，东西宽约 48.5m，两墓位于茔园的北部，坐北向南，间距 2.5m，M1 向前错位仅 2m（图 6-8-71）。① M1 的墓主人为明楚藩第一代王朱桢第八子朱孟昭，M2 墓主人为朱孟昭之妃贲氏之墓。

M1 为长方形土坑砖室墓。墓上封土早年被毁，土坑呈"凸"字形。有长方形斜坡墓道，墓口距地表深 0.4m，长 13.9m，宽 7.7～8.6m。

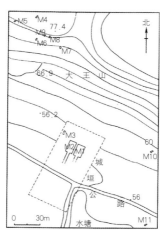

图 6-8-71　江夏明景陵王朱孟昭夫妇墓茔平面图
来源：武汉市文物考古研究所等 . 武汉江夏二妃山明景陵王朱孟昭夫妻墓发掘简报 [J]. 江汉考古，2010（2）

①武汉市文物考古研究所等 . 武汉江夏二妃山明景陵王朱孟昭夫妻墓发掘简报 [J]. 江汉考古，2010(2)。

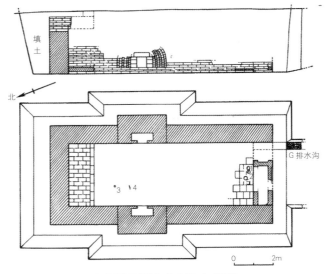

1、2、5青花云龙纹盘　3.铜镜　4.铜钥匙

图 6-8-72　江夏明景陵王朱孟昭墓平面、剖面图
来源：武汉市文物考古研究所等.武汉江夏二妃山明景陵王朱孟昭夫妻墓发掘
简报[J].江汉考古，2010（2）

图 6-8-73　江夏明景陵王朱孟昭墓
来源：武汉市文物考古研究所等.武汉江夏二妃山明景陵王朱孟昭夫妻墓发掘简报[J].江汉考古，2010（2）

　　此墓因早年生产队取砖修仓库，将大部分墓室结构毁掉，棺木、棺床及人骨架无存。墓室为单室，券顶，东西各有一小耳室，后面有一小后室。方向200°。墓室通长11.36m，宽5.2m，残高2.76m，东耳室高0.85m，宽0.5m，进深0.56m。墓室四壁用澄泥大青灰砖砌成，砖长0.44m，宽0.22m，厚0.1m，以石灰为粘合料，墙体较厚，共6层砖，厚0.96m。墓室东北角有一条由北向南的排水沟，延至山坡下的低洼地带，宽0.4m，深0.2m，内存积石。铺地砖为正方形，边长0.36m，厚0.07m，分两层铺设。在清理墓室内淤泥时发现3件青花云龙纹盘（其中两件残破），1件铜钥匙，1件小铜镜（图6-8-72、图6-8-73）。

　　M2为长方形土坑砖室墓。墓上封土早年被毁。土坑呈"凸"字形。坑口长12.5m，宽7.2m，底长11.3m，宽6.3m。有长方形斜坡墓道，墓道口长9.3m，宽3.3～3.75m，深0.65～3.7m，斜长10m。墓道中部有横长方形祭祀坑。

　　墓室为单室，平面呈长方形。墓室外壁先裹一层三合土，系用糯米浆搅拌沙、土、石灰而成，厚0.1～0.18m，墓外壁放1层木炭，封闭严密，厚0.12～0.16m。方向200°。墓室通长9.32m，宽3.64m，南壁并列有3个长方形石质墓门，均由门楣、立颊、门槛组成。中门略大，高0.54m，宽0.49m；左右门略小，高0.48m，宽0.44m；主室内空长6.4m，宽2.24m，高2.44m；后室进深1.14m，宽2.24m，高1.2m，门宽0.77m，高0.42m；东西耳室进深0.7m，宽1.64m，高0.6m，门宽0.32m，高0.34m（图6-8-74、图6-8-75）。

　　墓室四壁用青灰砖错缝平砌而成，以石灰为粘合料，砖长0.44m，宽0.22m，厚0.11～0.12m，部分砖侧面模印有"官"、"官造"等字样（图6-8-76）。墓室内壁均经打磨，墙体较厚，共有4层砖，厚0.70m。铺地砖为正方形砖，平铺两层，砖边长0.35m，厚0.07m。

　　主室内有石质棺床，由5块条石雕凿而成，长2.5m，宽1.25m，厚0.25m。棺

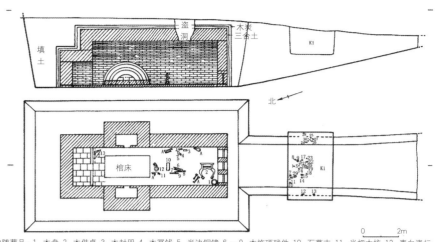

墓室内随葬品：1. 木盘 2. 木供桌 3. 木封册 4. 木冥钱 5. 半边铜镜 6～9. 木旌顶残件 10. 石墓志 11. 半把木梳 12. 青白瓷坛 13. 木旌顶 14. 铜锁 A. 均为人骨骸；祭祀坑随葬品：1. 铜炉 2. 铜锁 3. 铜熨斗 4. 铜剪刀 5. 铅锡瓶 6. 铜镜 7. 铜锁 8. 鎏金铜凤簪 9. 珍珠串珠 10. 铜锁 11. 滑石圭 12. 铜锁 13. 铜锁 14. 铅锡锅 15. 铅锡壶 16. 铅锡烛台（腐蚀）17. 铅锡盆 18. 铅锡杯（腐蚀）19. 铅锡瓶 20. 铅锡香炉 21. 铅锡砧 22 铅锡瓶 23. 铅锡罐 24. 铅锡执壶 25. 铜炉 26. 铅锡瓶 27. 铅锡盘（27、27-1、2）28. 铅锡烛台 29. 铜锁 30. 铅锡盂

图 6-8-74　江夏明景陵王朱孟昭之妃贲氏墓平面、剖面图
来源：武汉市文物考古研究所等 . 武汉江夏二妃山明景陵王朱孟昭夫妻墓发掘简报 [J]. 江汉考古，2010（2）

图 6-8-75　江夏明景陵王朱孟昭之妃贲氏墓
来源：武汉市文物考古研究所等 . 武汉江夏二妃山明景陵王朱孟昭夫妻墓发掘简报 [J]. 江汉考古，2010（2）

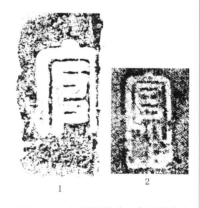

图 6-8-76　江夏明景陵王朱孟昭夫人贲氏墓模印有 "官"、"官造" 字样
来源：武汉市文物考古研究所等 . 武汉江夏二妃山明景陵王朱孟昭夫妻墓发掘简报 [J]. 江汉考古，2010（2）

床上置一棺木，外表涂红漆，内涂黑漆，棺木头大尾小，金长 2.42m，宽 0.90～1.10m，高 0.95～1.29m。

此墓早期被盗掘，少量的残骸零乱地分布在墓室内。

祭祀坑位于 2 号墓主室南墙 3m 的墓道中部，为横长方形土坑，东西宽，南北窄，坑口大，底稍小，四壁加工规整，东西长 3.8、南北宽 2.5、深 1.32～1.55m。出土铅、锡、铜、珍珠、滑石质地的器物 32 件，其中 1 件木封册，其内容为：永乐九年封襄阳指挥佥事贲玉之女为朱桢第八子孟昭之妃。朱孟昭出生年月不详，为朱桢第八庶子，永乐二年（1404 年）封景陵郡王，正统十二年（1447 年）年薨，葬于永丰山（即二妃山），无子，封除。

（四）蕲春镇国将军怡仙家族墓

1986 年 11 月 9 日，蕲春县西驿石英砂厂增建硅钙板厂，在基建中发现明代

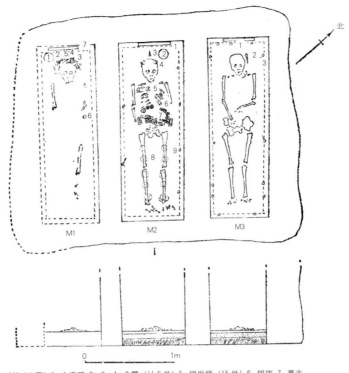

M1 (女墓) 1.白瓷碗 2、3、4.金簪 (计6件) 5.银发插 (15件) 6.银斑 7.墓志
M2 (朱东溟墓) 1.墓志 2.青花瓷碗 3.盔顶尖 4.金环 (2件) 5.金钱 6.I式佩牌
　　 (7件) 7.II式佩牌 (10件) 8.冥钱 9.棺钉
M3 (朱怡仙墓) 1.墓志 2.银簪 3.棺钉

图 6-8-77　蕲春西驿明代墓葬平面、剖面图
来源：李从喜.湖北蕲春县西驿明代墓葬[J].考古，1995（9）

墓葬，考古工作者对墓葬进行了抢救性发掘。[①]墓地位于蕲春县城北面约 6km 处，东距蕲河 300m 左右。四周有山环绕，墓葬在高出附近地面约 5m 的一个山坡上，同一个大封土堆内共有一排三座墓坑。墓向均 135°，由西至东编号为 M1、M2、M3（图 6-8-77）。

M1 封土层已被毁。墓坑底至地表深约 3.5m，坑长 2.15m，宽 0.7 ~ 0.65m，坑东壁厚 0.25 ~ 0.28m，西壁和南北壁厚 0.3 ~ 0.4m，坑壁均为石灰糯米浇浆，坑底铺垫厚 0.18m 石灰层。墓坑东侧与 M2 相接。坑壁均为石灰糯米浇浆，棺木已腐朽，在坑北出土一方无字碑，随葬有首饰等物。因墓内结构被破坏，葬式不清。M1 墓志虽无刻铭，但根据其随葬较多首饰可断定墓主为女性，该墓紧靠于 M2 的右侧，按明墓一般形制和埋葬习俗，可能与 M2 为夫妻异穴合葬或是女子陪葬。

M2 墓口至地表深约 3.8m，坑长 2.15m，宽 0.7 ~ 0.76m，深 0.9m，坑东壁厚 0.26 ~ 0.28m，北壁厚 0.3m，南壁厚 0.28m。坑壁均为石灰糯米浇浆，东壁与 M3 相接。坑底铺垫有厚 0.08m 的木炭，上面再铺垫厚 0.05m 的黄沙。棺木及死者身上服饰已腐朽，四周只见棺钉数枚。人骨枯干，骨架尚完好，死者系成年男性，仰身直肢，骨架全长 1.86m。左手腕骨残缺，咽喉部见横穿一枚铁质小箭镞，似属非正常死亡。头枕骨两侧有 2 个小金环，顶骨上有一枚铜质盔顶尖，胸部置有一枚金钱，腹部斜排方形和圆形佩牌，脚骨两边铺垫相对称的银质冥钱，在头骨右侧放有一个青花白瓷碗。坑北安置一方墓志。据墓志称墓主为："明荆国樊山五府辅国将军别号东溟者，

①李从喜.湖北蕲春县西驿明代墓葬[J].考古，1995（9）。

已薨镇国将军号怡仙之家嗣也"，"薨于嘉靖丙申（1536 年）"，于嘉靖"乙亥（1539 年）十二月十九日申时之吉，奉殡于西河驿广教寺广教坛，附厥考怡仙之次"。

M3 墓口距地表深约 3.5m，墓坑长 2.15m，宽 0.65～0.7m，深 0.9m，东壁厚 0.2～0.4m，北壁厚 0.3m，南壁厚 0.3m，坑壁均为石灰糯米浇浆。坑底铺垫厚 0.08m 的木炭，上面再铺垫 0.06m 厚的黄沙，葬具置于其上，棺木已腐朽，坑四周遗有棺钉数枚。骨架尚完好，死者为成年男性，仰身直肢，上肢右手斜放于小腹下，左手置于腹上，骨架全长 1.73m。骨架上铺盖厚 0.04～0.06m 的石灰层，头骨右上端有二枚银簪，距头骨上方 0.24m 处放有一方墓志。M3 的墓志则称"明荆国樊山五府镇国将军讳别号怡仙者，我太祖高皇帝六世孙也"，"薨于嘉靖丙戌（1526 年）"，"丁亥岁殡于郡郭之右冷水井"，"乙亥冬十月，攒发果罗蚁蚀之患，夫人不胜悲恸，遂易棺改附西河驿广教坛"，"卜十二月十九日申时之吉，与继爵故家嗣讳号东溟者联圹焉"。根据墓志引知，M2 墓主为朱东溟，M3 墓主则为其父朱怡仙。位置上 M3 位于 M2 左侧也与墓志相合。M3 属于二次迁葬，也与《蕲州志卷八》"樊王温懿王第三子镇国将军墓在缺齿山冷水井"记载相同。

这三座墓为明代封于蕲春的朱氏皇族一支的父子、夫妻合葬。它们的发现，充分反映了"明代中期为了防止宫廷政变，除皇帝的嫡子继承帝位外，其余皇子和亲族加衔和褒赠王号，分居全国各地"的历史情况。怡仙墓志称墓主为"我太祖高皇帝六世孙也"。另据蕲春县志载："明太祖朱元璋的曾孙、仁宗朱高炽的第六子朱瞻堈封为荆宪王，在明英宗朱祁镇正统十年（1445 年），建荆王府于蕲州"。

三座墓出土文物有出土有头饰、金器、银器、佩牌、瓷碗等器物（图 3-3-82）。

（五）蕲春明朱燮元墓

第三次文物普查发现朱燮元墓，位于湖北省黄冈市蕲春县大同镇石坪村。[①]墓地名蜈蚣地，坐东北朝西南，面对开阔山冲，墓位于半山腰，其余三面环山。墓封土堆底径约 5m，高 1.2m。墓前立 3 块石碑，宽 2.83m，高 1.25m，两边有抱鼓石相夹。碑心大理石质，中碑刻"朱公燮元之墓"，侧碑简介其生平，落款清"光绪辛巳年"。碑额上刻"人杰地灵"4 字，中间两立柱上刻七言对联一副，字迹漫漶不清。碑楼前设拜台（图 6-8-78、图 6-8-79）。

朱燮元，明荆宪王 15 世孙，讳定炎，号礼臣。生于清道光壬辰年（1832 年），清咸丰戊午（1858 年）年中举，历任知县、政评讼理，钦加五品，卒于清光绪乙卯年（1879 年）。

（六）钟祥范氏墓园

范氏一品夫人墓，俗称小皇陵，墓位于钟祥城东 9km 处高庙村蒋家庙。墓主范氏是嘉靖年间（1522～1566 年）太保兼少傅锦衣卫掌卫事后军都督陆炳的母亲，明世宗嘉靖皇帝初生时的奶媪。其夫陆松初就职于兴献之国，后迁锦衣卫副千户，累人官后府都督金事。均深受皇帝信任，获得殊荣。1956 年由湖北省人民政府公布为第一批省级文物保护单位。

范氏墓南向，三面丘陵环绕一小冲之中，前方舒展开阔。从南向北有一条长约 250m 的南北中轴线，神道两旁由南向北排列着石狮 1 对，石羊 1 对，石骆驼 1 对，石马 1 对，武士 1 对，立碑 1 对，龟趺 1 对，华表 1 对，牌楼 1 座，牌楼之后约

图 6-8-78　蕲春朱燮元墓全景

图 6-8-79　蕲春朱燮元墓墓碑

①湖北省文物局第三次文物普查资料。

图 6-8-80 钟祥范氏墓园石狮

图 6-8-81 钟祥范氏墓园华表

60m 处为墓葬封土所在（图 6-8-80）。石刻体态庞大，造型逼真，身长 1.40 ～ 2.45m，体宽 0.60 ～ 0.65m，因多作蹲坐状或跪卧状，且有半截埋入地下，确切身高不详。石刻排列整齐，左右对称，前后衔接，相互间距约在 10m 左右。惟石羊至石骆驼间相距近 20m。这之间应有一对石象生存在。据明代礼志及现存各地石刻情况，这组石象生中正好还缺石虎一对，是否有虎还有待考证。①

从武士以后整个中轴线略向东移，武士之后向北约 20m 处，有石碑 3 座，呈"一"字形排列，间距约 10m。中间 1 座碑保存完好，为明嘉靖三十九年（1560 年）谕祭陆母范氏一品夫人墓碑，螭首龟趺，螭首高 0.95m，宽 1.15m，厚 0.38m，碑身高 2.4m，宽 1.05m，厚 0.37m，保存完好，更是非常气派。由此可见明世宗嘉靖皇帝对乳母的孝敬、感恩之情。旁边 2 座仅存龟趺，不见碑身。查《钟祥金石考》亦未见其碑文。石碑之后约 10m，有水塘一口，呈长方形，面积为 3000m²。据显陵布局，此水塘疑为明堂之制。水塘往北约 25m，有华表一对，东西相距 10m，一个尚立地面，一个已倒跌成数段。华表有八角形基座，柱身断面亦为八角棱形，柱身上置有二层圆盘状盖，盖上冠已毁，柱身满饰云气纹，二圆盘状盖之间饰以联珠纹（图 6-8-81）。华表之后约 5m，有牌楼 1 座，现存石柱 2 根，石刻庑殿式屋顶 3 块，均已倒塌在地。石柱下端为正方形，饰以云气纹，云气纹之上雕以宝珠莲花座，座上立一圆雕蹲坐的石狮。牌楼往北约 60m 为墓茔。整个布局从前至后逐级升高，墓茔居最高处，封土残存高 2.4m，周长 19.2m，经钻探封土之下为一砖室结构墓室。查明代礼志及现存地面相同身份的墓葬资料得知，从牌楼至封土约 60m 之间应有享殿之类的建筑，但今日地面已无迹可寻。

墓上建筑整体布局严谨齐整，对称有致，石刻体态庞大，造型逼真，雕刻精细。范氏墓葬的规格大致相当于当时封王一级。虽然在石质、数量、尺寸、规模方面还不如帝王陵墓，但就其石刻艺术来说，仍不失为一组明代有代表性的石刻。从其雕刻手法来看，这组石刻以圆雕为主，很少用透雕的手法，为适应这一特点，石象生多采用蹲卧的形象，圆雕较透雕省工而又不失端庄稳重，较适合于墓葬的气氛。就其造型风格来看，作风朴实，写实为主。大多数石刻只求形态维肖，很少有多余的华饰之笔。但是在石刻的关键部位，却着意精心雕琢，成为画龙点睛之笔。如羊、驼、马的躯体及四肢部位很简练，只有大体的形，没有细部的雕琢。但其头部却精雕细琢，从而使虚实、动静、粗细、朴实与华美都得到了巧妙的结合，这些特点都与以孝陵、长陵为代表的典型明代石刻完全相同，是为了适应陵墓要求肃穆、朴实、稳重的需要而创造出来的一组有其独特风格和艺术价值的石刻艺术珍品。

（七）蕲春李时珍墓

明代建筑，位于蕲春新州镇竹林湖村王福嘴风景如画的雨湖之滨。李时珍（1518 ～ 1593 年）是我国古代伟大的医药学家。字东璧，号濒湖，蕲州（治今湖北蕲春）人。一生著书十余种，其中《本草纲目》是我国本草学之集大成之作，被译为多种外国文字，流传于世②。

陵园坐东北向西南，呈长方形，占地 80 亩。陵园由药物碑廊、纪念馆、药物馆、百草药园和墓区等 5 个部分组成，其中碑廊、纪念馆、药物馆为完整的仿明代风格建筑群（图 6-8-82）。1982 年由国务院公布为第二批全国重点文物保护单位。

①江边 . 明范氏一品夫人墓考析 [J].
江汉考古，1984（2）.
②徐世康主编 . 荆楚名胜概览 [M].
武汉：湖北科学技术出版社，
1992。

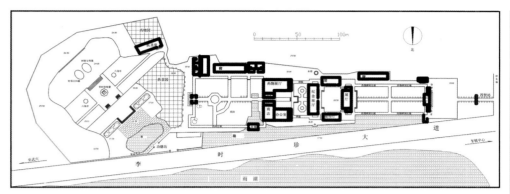

图 6-8-82 蕲春李时珍陵园平面

墓区在陵园最后，由三级台地组成，占地约 30 市亩，李时珍与妻吴氏合葬墓，位于最高一层台地中部，左为其父李言闻与母张氏合葬墓，封土底径均为 6m，高 2m。墓前有明万历二十一年（1593 年）中秋其子李建元、建中、建方所立李时珍夫妇合葬墓碑。墓后护壁前有古樟一棵，传为李时珍次子建中所植。在第二层台地中央，耸立李时珍半身塑像，白色水泥塑制，像高 1.5m；底座高 2m，正面镌刻郭沫若于 1956 年撰写的碑文，反面镌刻着李时珍生平简介（图 6-8-83、图 6-8-84）。像前有"荷池"，面积 2 市亩，种植莲藕。

荷池北侧，为四柱三间石牌坊式门楼，高宽各 9m，十分壮观。横梁内外分别书有"科学之光"和"医中之圣"匾额（图 6-8-85）。

（八）通山李自成墓

明代建筑，位于通山县城南 40km 的九宫山下牛迹岭小月仙山上。李自成（1606～1645 年），陕西米脂人，本名鸿基。著名的明末农民起义领袖，人称"闯王"。早年在陕西以"均田免赋"为口号，发起武装起义，从者数十万人，转战十余年。明崇祯十七年（1644 年），建立大顺政权，年号永昌。不久攻克北京，推翻明王朝，后被清军战败，退出北京。据记载，大顺永昌二年（1645 年）初夏，到达通山九宫山转战江西时，在山下李家铺突遭清军袭击，仓促突围，单骑误入葫芦槽，遭小源口寨勇头目程九伯杀害，遂葬于此。1988 年由国务院公布为第三批全国重点文物保护单位。

"闯王陵"墓因山就势，坐南朝北，占地 200 亩。新中国成立前湮没于荒山野草丛中。新中国成立后，经调查考证，确定墓葬位置，并对墓地多次维修和增建。其主体建筑有牌楼、墓冢、陈列馆、休息厅、拱桥、层台、花坛，四周建有围墙及附设建筑，占地 8100m^2（图 6-8-86）。

牌楼，为四柱三间，脊筒滴水，顶鸱尾。牌坊门楣镶嵌大理石匾额，上镌"闯王陵"。两侧分列着石狮、石象。前横溪水、架单拱石桥，牌楼两侧建"李自成之墓"标记和郭沫若所书墓志（图 6-8-87）。

穿过牌楼沿石阶拾级而上，为李自成坟墓。墓为麻石砌成的椭圆形石圈坟台，以半米高花岗石围护，封土高约 3m，绿草如茵，面积 24m^2，墓前大理石墓碑高 2m，上镌"李自成之墓"，系郭沫若所题。墓后高处耸立着"下马亭"。附近还有"落印荡"、"激战坡"等遗址，供游人参观游览。四周植有梅、槿、李、椿、柏、栀、樟、

图 6-8-83 蕲春李时珍墓

图 6-8-84 蕲春李时珍与李时珍父母墓

图 6-8-85 蕲春李时珍石牌坊

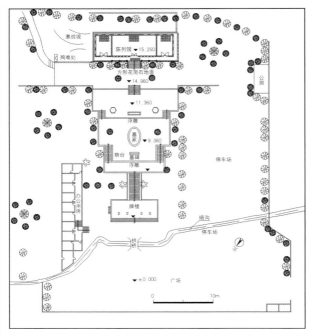

图 6-8-86　通山李自成墓总平面图

图 6-8-87　通山李自成墓石坊

图 6-8-88　通山李自成墓墓冢

图 6-8-89　通山李自成陈列馆

棕等花卉树木（图 6-8-88）。

李自成陈列馆坐落在山坡上，东西长 50m，南北宽 30m，面积为 15000m²。主楼面阔 5 间，两侧各带 1 间耳房。主楼明间 5.55m，次间、稍间均为 2.95m，通面阔 17.35m；进深 1 间 8.65m，前廊深 1.86m，通进深 10.51m，高 9.35m，建筑面积 208.18m²。陈列馆主楼梁架为木、石结构。前廊立柱为钢筋混凝土柱，墙体为毛石墙，屋架为木构人字构架，檩条、椽子为杉木。屋面为歇山顶，小青瓦阴阳合盖，屋脊砖砌，水泥砂浆粉刷，大吻为水泥制品（图 6-8-89）。

耳房 2 间，各宽 6.43m，进深 1 间 8.650m，高 5.72m，建筑面积 122.4m²。总面积为 330.58m²。耳房为钢筋水泥预制板平屋面。

（九）利川成永高夫妇墓

成永高夫妇墓位于利川鱼木寨洞堂湾，建成于清同治五年（1866 年），三门二院，占地近 100m²，俨然一座宫殿。[①] 墓碑四周建护墙，前墙雕花蹲狮，长 8.2m，高 1.1m，后墙起垛，依地势拔高 3 层。左右开侧门进入碑院，右名"自在宫"，半圆门顶。门楣浮雕"迎亲图"，或抬轿，或鼓吹，构图造型与当地风俗相同；门内额刻"千秋乐"，浮雕"双凤朝阳"，线条细腻流畅，构图新颖。左门与右门对称，外额刻"五龙捧圣"匾额，匾中阴刻"逍遥亭"3 字，匾下雕"荣照图"，或扬鞭走马，或举旗扬幡，气氛热烈，形态逼真。二门内额阴刻"万年芳"，浮雕凤凰牡丹及打虎图，刚柔并用，相映成。整个墓院青石铺地，中间以石墙隔开，前廊后院，气派大方。间墙正中建门楼，飞檐 3 层，额刻"双寿居"，肃穆庄严。门侧两厢呈八字形展开，草书阳刻"福"、"寿"两个大字分列左右，一气呵成，技法圆润。门后额阴刻"藏寿"，两厢刻诗词及神人变化形象，天上人间，手法浪漫。后院两侧依护墙各立墓志一通，记叙成氏沿革。正碑"宛岁宫"4 柱 3 层，通高 5.2m，总宽 5.3m。底层镂空，墓主

① 谭宗派 . 利川民族文化览胜 [M]. 北京：中国文联出版社，2002；朱世学 . 鄂西古建筑文化研究 [M]. 北京：新华出版社，2004。

姓名、碑序、诗词等文字，掩于镂空缠枝花卉之后。碑上二层或刻忠孝故事，或刻本地风物，总数多达 100 余件，整个墓碑富丽堂皇，美不胜收（图 6-8-90、图 6-8-91）。

（十）利川向梓墓

向梓墓位于利川鱼木寨山寨中部松林湾。[1]建于清同治四年（1865 年），同治六年（1867 年）竣工，历时 3 年，"计工八千余零"。墓坐西南朝东北，占地面积 117m^2，封土底径约 13m，高 3m，向梓生前文才出众，曾入国子监，钦赐九品，官虽小而当地声名显赫。其墓前立有四柱三间三楼石牌坊，高 5.4m，宽 6m，碑顶高托印缓，中嵌"皇恩宠锡"匾额，全碑金漆涂饰，碑上浮雕凤首龙身、八卦、博古等各种图案。最引人注目的是阳刻于向梓墓抱厦顶板上的圆形草书"福"字。该"福"字直径 1m，周边阳刻八卦兼以博古图案，中心"福"字由 2 凤首龙身交尾组成。凤首张嘴扬冠相对啼鸣，龙身相应绕动至尾部轻盈交合，其乐融融。远观是画，细看是字，亦字亦画，构图立意极为巧妙。碑上还铭刻多幅楹联，"鱼目当醒临吉壤，螺峰层出护佳城"，"秋信渐高红树老，日光忽暮白云封"，"千秋功名承雨露，一身啸傲寄烟霞"，"数声蛙鼓传江岸，万点萤灯绕夜台"，"溪号大龙彼是当年发迹地，寨名鱼木此为异日返魂乡"。上述楹联多出自川东文人之手，对仗工整，写景抒情，意境高远（图 6-8-92、图 6-8-93）。

（十一）阳新陈献甲墓

陈献甲墓，当地名献甲花坟，位于阳新浮屠镇西南 5km 的献甲村。墓地所处的山丘有如蛇形，墓葬位于"蛇"嘴，这在乡间被附会为"王侯（蛇）吐信"的风水宝地。[2]

据宗谱记载，该墓建于明朝万历年间（1573 ～ 1620 年），建筑面积约 200m^2，青石质地，由牌坊、前室、祭坛、墓室、墓碑、护栏等构成前后 3 个层次的建筑群，保存十分完整。其中石碑坊高 7m，宽约 15m，宏伟壮观，正面中额枋是双凤朝阳，两旁分别是麒麟、狻猊，左右八字墙是仙鹤、白鹿。背面中额坊是渔、樵、耕、读，余为凤凰与仙鹤。中门的内侧浮雕出文官侍臣，其中一个手执官帽，另一个捧着一只小鹿，表示"爵、禄"。周围护栏分别有猴、羊、鱼、马、牛、鹤、鹿、喜鹊、兔、麒麟、凤凰、狮子、海兽、大象等动物以及奇花异草，组成图案有"双凤朝阳"、"犀牛望月"、"鹿鹤同春"、"鱼跃龙门"、"祥云海兽"等鸟兽虫鱼，工艺精湛，形象逼真，堪称艺术珍品（图 6-8-94 ～ 图 6-8-97）。墓主陈献甲，为明代商人，富甲一方，因其急公好义、乐善好施而享誉鄂东南。其祖陈任远于明朝正德年间 2 万余担赈灾，当朝明武宗正德皇帝曾经书"旌表义民陈任远之一门"金匾一块赐给陈家，作为嘉奖。该墓因具有重要的历史文物价值和艺术价值，2002 年由湖北省人民政府公布为第四批省级文物保护单位。

图 6-8-90　利川成永高夫妇墓

图 6-8-91　利川成永高夫妇墓牌坊

图 6-8-92　利川向梓墓牌坊

图 6-8-93　利川向梓墓坊石雕

图 6-8-94　阳新陈献甲墓全景

图 6-8-95　阳新陈献甲墓牌坊

图 6-8-96　阳新陈献甲墓

图 6-8-97　阳新陈献甲墓祭台

陈献甲墓靠山面湖。墓前湖水荡漾，墓后松柏成林，周围十分开阔，风景优美。但只要稍稍细看，就会发现陈献甲墓的墓碑竟然是无字碑，关于墓主人的生平亦是说法不一。一说陈献甲的祖人是陈友谅旧部，陈友谅兵败后，其先人为躲避朱洪武的追杀，从江西逃到阳新，隐姓埋名，故而死后不敢铭刻碑文；一说墓主陈献甲是当时享誉乡里之富商巨贾，并多乐善好施之义举，其祖曾于明正德年间输谷赈灾，受到皇帝嘉奖，并赐金匾。如果是后一种说法，这种事迹照理应广为宣传，以光宗耀祖、荫及后人，无必要隐晦，况且既然要树碑，必然该立传，因为树 1 座牌坊已经够显眼了。可为什么又有碑无文呢？因为无字碑，许多历史事实成了一个待解的谜团，至今陈献甲的确切生辰和事迹等都给世人留下悬念。

（十二）秭归狮子包明墓

包明墓位于秭归茅坪镇中坝子村狮子包，1995 年因建秭归县风茅公路（风水芳—茅坪）中被发现。[①]墓为砖石结构，有并列两室（分别称南室、北室），两室形制、结构完全一致，虽各自起券，但前壁封门砖外共用一堵挡墙，应为同茔异室制。墓室长 3.04m，宽 1.4m，高 1.28m。墓壁为平砖错缝叠砌，由下往上至第 12 层以楔形砖起券。平砖长 0.32m，宽 0.18m，厚 0.05～6m，楔形砖长 0.32m，宽 0.18～2m，厚 0.045～0.65m，砖呈青灰色，素面无纹，砖缝以石灰涂抹。两室后壁上方各有一高 0.34m，宽 0.45m 的大壁龛，内置墓志砖（字迹脱落不清），大龛以下两侧各有一小龛，高 0.22m，宽 0.18m 龛内置随葬日用器。北室左壁及南室右壁后下方各有一小龛，高 0.420m，宽 0.30m，龛内均置陶楼明器；前壁外另加一堵挡墙，略高出券顶。墓室地面除东面外，其他三面沿墓壁各铺一层平砖，形成回廊，剩余地面以沙浆填实，非常坚硬。葬具除若干棺钉外，尚残存少量人体骨骸（图 6-8-98）。

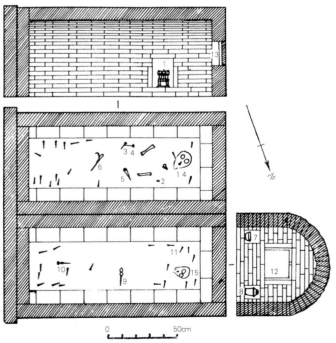

0　　　　50cm

1.陶楼 2.金耳环 3、4.银笄 5.银簪 6、9.铁锥形器
7.瓷碗 8.陶罐 11.铁棺钉 12、13.墓志 14、15.头盖骨

图 6-8-98　秭归狮子包明墓平面、剖面图

①宜昌博物馆等．三峡库区狮子包明墓清理简报 [J]．江汉考古，1997（2）。

该墓出土遗物丰富，有陶瓷器、金银器、铁器及墓志等，总计 57 件。其中出土两件陶楼，极具地方特色，为研究三峡地区古建筑亦不无价值。

陶楼阁 2 件。均泥质黑陶。北室 1 件，通高 0.392m，进深 0.132m，置于北室边龛内。平面为二进一天井楼阁，前厅与后堂后阁之间以天井相隔，均为悬山式屋顶，上铺筒瓦，壁形瓦当。前厅檐柱两侧各立一动物雕塑，似狗和鸡，前厅脊兽似为龙首。后堂脊兽为飞鸟，前厅筒瓦下饰垂嶂纹（一种花纹式样），前厅、后阁均作直棂窗。南室 1 件，通高 0.26m，进深 0.108m，置于南室边龛内，为 2 层悬山式楼阁，正脊及垂脊均作简化吻兽，略上翘。此楼阁不如北室所出精细，不注重细部表现（图 6-8-99）。

1. 陶楼（北室：14）2. 陶楼（南室：1）

图 6-8-99　秭归狮子包明墓出土陶楼

第九节　桥、坊

一、桥

（一）风雨桥

1. 秭归千善桥

千善桥位于长江北岸，秭归县新滩镇龙马溪二组。该桥建于清光绪二十七年（1901年），保存较好。[①]

千善桥地处村落中，长江南岸古驿道上。建筑为石结构，桥面长 6.6m，宽 2.7m，高 5.3m。桥面呈长方形，建筑面积 17.82m²。花岗岩石砌筑，保存较好。桥正面拱券上嵌有一石匾，长 1.2m，高 0.5m。横书"千善桥"三字，竖书"清光绪二十七年春月立"字样（图 6-9-1 ~ 图 6-9-3）。

图 6-9-1　搬迁前秭归千善桥

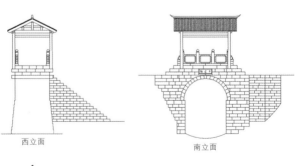

西立面　　南立面

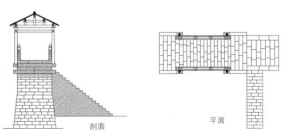

剖面　　平面

图 6-9-2　搬迁后秭归千善桥

图 6-9-3　秭归千善桥平面、立面、剖面图

①作者三峡搬迁设计项目。

① 朱世学.鄂西古建筑文化研究[M].北京：新华出版社，2004。
② 湖北省志编纂委员会.湖北省志·文物名胜[M].武汉：湖北人民出版社，1996；武汉晚报1963年1月10日3版。
③ 湖北省古建筑保护中心调查资料。

图 6-9-10　巴东风雨桥梁架

图 6-9-11　巴东风雨桥撑栱

图 6-9-12　咸安刘家风雨桥

图 6-9-13　咸安刘家风雨桥山面

图 6-9-14　咸安刘家风雨桥梁架

该桥桥体小巧，精致，做工考究。花岗岩石砌筑，单孔，一券一伏，拱券纵列砌筑。桥墩直接坐于岩石之上，桥孔跨度较小，矢高为跨度的1/2，拱券呈半圆拱形式，承重合理。桥上建有凉亭，凉亭立柱悬挑于桥面之外的挑石上，在当地古桥中别有一番风味，这在其他古桥中是不多见的。三峡大坝建成后，搬迁到秭归凤凰山重建，是秭归凤凰山古建筑群中组成部分，2006年由国务院公布为第六批全国重点文物保护单位。

2. 咸丰十字路凉桥

咸丰十字路凉桥位于咸丰县城西北8km丁寨十字集镇东南街口的野猫河上。[①]据载：凉桥建于民国五年（1916年）岁次丙辰一月中旬，为当地原清朝诰封朝仪大夫秦朝品出资兴建。桥身为长廊亭阁式建筑，河中3个青石墩立于水中，高出水面3.1m，全长44.8m，宽8.78m，共12间，桥正中廊顶建一亭阁。除桥墩外，上部全为木结构，12间梁架为抬梁式构架，双坡顶，上覆小青瓦。正中的亭阁平面方形，抬梁式构架，攒尖顶，上覆小青瓦。出檐翘角，美观大方（图6-9-4～图6-9-7）。桥两侧设有坐凳，供行人休息。旧时夏季暑热之际，桥中设有凉粉铺，专卖凉豆粉，供行人解渴充饥。桥下水流湍急，水声震耳。1992年由湖北省人民政府公布为第三批省级文物保护单位。

3. 巴东风雨桥

位于巴东县茶店子镇朱砂土村，说是风雨桥，实际上是1座旱桥，处在巴东至恩施的公路之上，全木结构，桥面阔4间，进深1间，穿斗式构架，歇山顶，小灰瓦屋面（图6-9-8～图6-9-11）。桥两侧设有坐凳，供行人休息。旧时夏季暑热之际，桥中设有凉粉铺，专卖凉豆粉，供行人解渴充饥。[②]

4. 咸安刘家风雨桥

位于咸安刘家村，建于清代。[③]单孔石拱风雨桥，拱券单券单伏。上建桥屋，面阔3间，进深3间，抬梁式构架，硬山顶，小青瓦屋面。桥两侧木柱间安有木栏。

图 6-9-4　咸丰十字路凉桥全景

图 6-9-5　咸丰十字路凉桥中间亭

图 6-9-6　咸丰十字路凉桥梁架

图 6-9-7　咸丰十字路凉桥侧面

图 6-9-8　巴东风雨桥

图 6-9-9　巴东风雨桥山面

2008 年由湖北省人民政府公布为第五批省级文物保护单位（图 6-9-12 ～图 6-9-14）。

（二）石拱桥

1. 通城灵官桥

南宋建筑，位于通城九岭乡灵官桥村东 100m，又名招贤桥，黄庭坚第八代孙黄子贤始建于南宋景定五年（1264 年），清乾隆年间（1736 ～ 1795 年）乡绅杨品乾、杨名显、杨子常主持大修。[①]西北至东南向跨陆水上游支流。单孔石拱桥，长 20m，宽 4.5m，孔跨 12.5m。拱券纵联砌置，桥面中部平，两端为石阶。桥拱上壁嵌石匾，楷书"大清道光四年黄师洞夏江源黄家山三门整"、"□□□□月黄子贤修此招贤桥"（图 6-9-15）。2002 年由湖北省人民政府公布为第四批省级文物保护单位。

图 6-9-15　通城灵官桥全景

2. 咸宁汀泗桥

南宋建筑，位于咸宁市城西南 15km 汀泗镇老街中的泗水河上，始建于南宋，系石条砌筑，桥东群山耸峙，桥西湖泊散布，地势险要。[②]

图 6-9-16　咸宁汀泗桥全景

1926 年 8 月，北伐军从湖南挺进湖北，军阀吴佩孚调集重兵扼守汀泗桥，企图阻挡北伐军北上。8 月 20 日，北伐军开始发起进攻，但遭到敌军顽强抵抗。8 月 27 日，由中共党员吁挺率领的国民革命军第四军独立团向敌军发动猛烈攻击，敌军主力全线崩溃，北伐军占领汀泗桥，为北伐军攻取武汉打开了大门，作为北伐先遣队的独立团因而被誉为"铁军"。

桥头尚存有当时的明碉暗堡，并修建有长方形券顶的阵亡将士墓、方锥形纪念碑和圆顶六角纪念亭。纪念碑上镌"国民革命军第四军北伐阵亡将士纪念碑"，周围环以矮墙和松柏，气氛庄严肃穆（图 6-9-16 ～图 6-9-18）。汀泗桥作为北伐汀泗桥战役遗址的重要组成部分，1988 年由国务院公布为第三批全国重点文物保护单位。

3. 嘉鱼下舒桥

元代建筑，位于嘉鱼舒桥镇大屋陈村北 50m。[③]据县志载，至正元年（1341 年）嘉鱼知县李夒主持修建。西北至东南向跨舒桥港。单孔石拱桥，长 11m，宽 3.4m，孔跨 4.5m。拱券纵联砌置（图 6-9-19）。2002 年由湖北省人民政府公布为第四批省

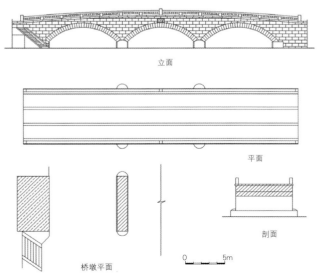

立面

平面

剖面

桥墩平面

0　　　　5m

图 6-9-17　咸宁汀泗桥平面、立面、剖面图

图 6-9-18　"咸宁汀泗桥战役遗址"纪念亭

图 6-9-19　嘉鱼下舒桥

①湖北省地方志编纂委员会. 湖北省志·文物名胜 [M]. 武汉：湖北人民出版社，1996。
②国家文物局主编. 中国文物地图集·湖北分册（下）[M]. 西安：西安地图出版社，2002。
③国家文物局主编. 中国文物地图集·湖北分册（下）[M]. 西安：西安地图出版社，2002。

图 6-9-20　武昌贺站乡南桥

图 6-9-21　洪山北洋桥

图 6-9-22　黄陂半河桥

图 6-9-23　江陵梅槐桥

图 6-9-24　江陵梅槐桥近景

图 6-9-25　江陵梅槐桥栏杆

① 皮明庥，李权时主编．武汉通览
[M]．武汉：武汉出版社，1988。
② 皮明庥，李权时主编．武汉通览
[M]．武汉：武汉出版社，1988。
③ 国家文物局主编．中国文物地图
集·湖北分册（下）[M]．西安：
西安地图出版社，2002。
④ 肖代贤主编．中国历史文化名城
丛书·江陵 [M]．北京：中国建
筑工业出版社，1992。

级文物保护单位。

　　4. 武昌南桥

　　位于武昌县贺站乡大屋湾东北约 1km 处的古港上，是武汉南下咸宁的古道。桥建于元代。①桥为单孔石砌，长 36.7m，宽 6.3m。桥身用红砂石块砌成，内填石块和黄土。桥面铺设大石板。桥拱净跨为 6.9m，桥身采用拱券石纵连砌法。桥两侧用红砂条石驳岸。拱券底部中央刻有"至正九年己丑春江夏南一鼎"等字，桥西头南面嵌有"清康熙三十六年"石碑一块。由此可知，此桥建于元至正干九年（1349 年），清康熙年间曾加以修葺（图 6-9-20）。此桥是武汉地区现存年代最早，且有确切年代可考的桥梁。1992 年由湖北省人民政府公布为第三批省级文物保护单位。

　　5. 洪山北洋桥

　　又名白杨桥、白洋矫。②位于洪山区和平乡北洋桥村东湖港上。始建于唐代。明万历三十年（1602 年）重建，清代和民国初年曾屡加修缮，是武汉城区内现存年代最早的一座桥。桥为单孔拱券，全长 50m。宽 7.76m，净跨 10m，双圆心拱，桥身为红砂条石砌筑。桥东端北侧立有明万历年间（1573 ～ 1620 年）"楚城白杨桥碑记"和民国初年"乡人李凌重修北洋桥碑记"，碑文记载了该桥的历史沿革，是武汉市作为水乡桥城的历史见征（图 6-9-21）。1988 年由武汉市人民政府公布为武汉市文物保护单位。

　　6. 黄陂半河桥

　　位于武汉市黄陂区罗汉寺街河李湾的龙须河上，明代建筑。③该桥为五孔石拱桥，桥面呈"之"字形，好像两座只修了半截的桥梁在河中搭接而成，故得名"半河桥"。桥长 61m，宽 4.5m，孔跨 4.5m，条石结构，镶边纵联式砌筑券拱。由于注重利用河心旧有的礁石为桥基，所以桥身分成东、中、西 3 段。桥共 5 个孔：拱形桥孔 3 个，均采用拱券石镶边纵联砌置法砌筑，拱跨 3m 左右；长方形孔 2 个，是在两段桥身之上平铺厚大青石板而成，孔宽 2m 左右。桥身选用打磨规整的青石条为石料，以石灰为基本粘合料，平铺顺砌，错落相衔。两侧原建有青石桥栏，现俱已损毁（图 6-9-22）。1988 年公布为武汉市文物保护单位。

　　7. 荆州梅槐桥

　　清代建筑，位于荆州城西 15km 的太湖农场梅槐分场，又作梅回桥。一说早年此处本无桥，有梅槐一树垂枝相连，行人得过，谓梅槐连理合生，其后即以名桥。一说此地与东汉权臣桓玄被诛之地权回洲相接，桥由此洲得名。④桥据《荆州府志》载："国朝康熙四十九年（1710 年），因木桥朽坏，郑继周等，巨资改建石桥，后圮，同治十三年（1874 年）官民捐资迁地重建"。

　　该桥系三孔条石拱桥，东西向横跨太湖港。三孔石拱桥，桥面略呈弧形，长 36m，宽 8m，主孔跨 6.4m，次孔跨 5.7m。桥两侧设石望柱和石栏板，两侧装有排水龙头。栏柱完整，柱上端有金瓜、狮、象等石雕。栏板雕有人物、花鸟、云龙、梅槐等图案，画面生动活泼，并镌诗一首："玉质冰姿数十高，叩求雨露下天曹。昨夜花木成灰土，二度梅花古古桥。"梅槐桥之东，为古朴的梅槐街，南去百余米为商周时代的龚家台古文化遗址。桥下水波鄰鄰，莲荷飘香，清幽典雅（图 6-9-23 ～图 6-9-25）。2008 年由湖北省人民政府公布为第五批省级文物保护单位。

8. 鹤峰九峰桥

清代建筑，位于鹤峰容美镇张家村，容美土司田舜年建于康熙二十五年（1686），为容美土司田舜所建。田舜年号"九峰"，此桥因其号而得名。[1]南北向跨深潭溪。单孔石拱桥，长 25.1m，宽 4m，孔跨 6m。拱券纵联砌置，单券单伏。桥北立石碑 2 通，前后相距 1m。均为青石质，前碑圆首，碑文楷书。额题"彪炳千秋"，记维修九峰桥经过；后碑中竖书"九峰桥"，记修桥捐款人姓名（图 6-9-26）。1992 年由湖北省人民政府公布为第三批省级文物保护单位。

图 6-9-26　鹤峰九峰桥

9. 通城南虹桥

清代建筑位于通城黄袍镇大虹村东北 200m，建于咸丰七年（1857 年）。东北至西南向跨陆水上游支流。五孔石拱桥，长 64.5m，宽 5.3m，五孔等跨，孔跨 8.2m。拱券纵联砌置，桥面两侧设石护栏。中间两墩各嵌"南虹桥"、"渡江春"石匾 1 方（图 6-9-27）。[2] 1992 年由湖北省人民政府公布为第三批省级文物保护单位。

图 6-9-27　通城南虹桥

10. 利川步青桥

步青桥位于利川毛坝乡青岩双泉村，建于清同治十三年（1874 年）。[3]南北向跨太平河支流。单孔石拱桥，长 10m，宽 3m，孔跨 8.82m。拱券纵联砌置。古为咸丰经沙溪到川东人行要道，即古川盐运输要道之一。桥北建有字库塔 1 座，塔建于清光绪元年（1875 年），3 层楼阁式空心石塔，通高 5.7m，以 6 块青石板嵌成，方形石基座。分 2 级，第一级高 0.7m，宽 1.7m；第二级高 0.2m，宽 1.6m。塔身为六角形，每层都有翘檐，第一层边长 0.63m，高 1.3m，上面镌刻各地捐修者姓名及捐钱数量。第一层的背面（北面）凿有直径为 0.2m 的圆孔 1 个。第二层高 1.45m，边长 0.5m，正对桥面一边开有 0.5m×0.25m 的小窗，窗额上楷书阴刻"步青桥"三字，再上呈扇形布局刻"文不再兹"4 字，窗的两边楷书阳刻"结善缘须列善士，铸吱字可培文风"的联语。其余几面刻《复修步青桥记》，字迹清晰，保存完整，塔铭文详细记述修建步青桥的始末缘由。第三层高 0.37m，边长 0.24m，正面顶额楷书阳刻"字库"二字，下面两面各浮雕人物像一尊。整个字库石刻文字清晰，内容丰富，保存完整，为鄂西仅存（图 6-9-28、图 6-9-29）。2008 年由湖北省人民政府公布为第五批省级文物保护单位。

桥北 50m 处有"奉旨旌表刘肇珍之妻杨秀万之女刘玉成之母节孝碑"，与字库塔隔河相望。碑由碑座、碑身、碑帽三部分组成。通高 5.2m，为一整石制成。正面刻："奉旨旌表刘肇珍之妻杨秀万之女刘玉成之母节孝碑"。额刻"圣旨"二字。背面上半部楷书阴刻"特授湖北施南府利川县戍府天庆大人题赠，特授湖北施南府利川县学正堂李公忠恕大人题赠，特授湖北施南府利川县右堂田公鸣玉大人题赠"三排大字，

图 6-9-28　利川步青桥塔
来源：湖北省第五批省保资料

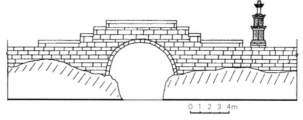

图 6-9-29　利川步青桥塔立面
来源：湖北省第五批省保资料

0 1 2 3 4m

①国家文物局主编．中国文物地图集·湖北分册（下）[M]．西安：西安地图出版社，2002。

②国家文物局主编．中国文物地图集·湖北分册（下）[M]．西安：西安地图出版社，2002

③谭宗派．利川民族文化览胜[M]．北京：中国文联出版社，2002。

图 6-9-30　巴东迎宾桥

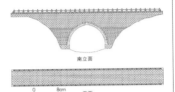

图 6-9-31　巴东迎宾桥平面、南立面图

图 6-9-32　巴东无源桥

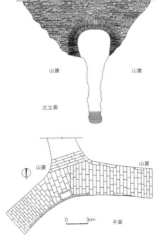

图 6-9-33　巴东无源桥平面、立面图

下半部刻三公所题赠文，额刻"旌表"二字；左边刻"湖北武昌全省羹羹鳌公大人题赠志节可风"，右边刻"钦加三品衔即补道湖北襄霓室正堂柔题赠敬姜遗范"。碑帽四角翘檐，中间攒尖。

步青桥及字库塔既彰显了鄂西地区土家族人舍己救人、行善积德的社会风尚，又体现了该地区尊重知识、崇尚文化的良好氛围。字库塔镌刻文字之多，内容之广，书法刀法之精，保存之好为鄂西仅有，是研究当地民俗的重要实物资料，具有很高的历史价值、艺术价值、科学价值。

11. 巴东迎宾桥

又名古石桥，建于清末。位于巴东县东襄口乡与秭归县牛口乡交接处。单孔石桥，桥长 50.2m，宽 5.8m，高 11.4m。桥北为孩儿堡，南面土坡上为红庙，地势西高东低，桥南北横跨于韩家河上。

桥面用条石铺砌，两边原有栏杆望柱，地栿完好，栏杆已毁。桥墩用规整的条石垒砌，内用白灰砂浆粘接。桥身雁翅向外呈八字形，在桥的两边各有石砌护体，到桥面形成一直线。拱券用统一条石，内用白灰砂浆粘接。拱跨 12m，券呈尖状，矢高 6.84m。如此大跨度桥梁在三峡中级为少见。

砌筑中用白灰浆，并用白灰勾缝，在其他桥梁中未发现这种特点，另一特点是该桥拱券呈两圆心发券，这在三峡桥梁中也极少见到，值得研究（图 6-9-30、图 6-9-31）。三峡大坝建成后，搬迁到巴东狮子包重建，是巴东狮子包古建筑群古建筑群中组成部分，2002 年由湖北省人民政府公布为第四批省级文物保护单位。

12. 巴东无源桥

巴东无源桥地处长江南岸信陵镇东南 1400m 的无源溪上，海拔高程 80m。该桥始建于明代，后被洪水多次冲击，又经多次维修，现存为清光绪二十九年（1903 年）重建之遗构，基本保存较好。桥面长 17.8m，宽 4.2m，高 18m。桥为毛石结构，单孔，双层拱券石桥。

桥墩用毛石直接起券，砌于山岩之上。拱券为单孔，双层拱券，跨度 4m，矢高 3.84m。以毛石错缝干摆的形式纵向砌筑，桥拱直接坐于岩石之上，桥孔跨度较小，矢高与跨度基本相等。该桥始建于明代，后被洪水多次冲击，又经多次维修，现存南、北桥身明显为不同时期所建（图 6-9-32、图 6-9-33）。

该桥北岸立有一通修桥石碑，桥上游小溪两岸有多处摩崖石刻。桥北侧现存有建筑基址，据碑文载：为"无源洞观音阁"基址。

13. 巴东见龙桥

巴东见龙桥位于巴东县襄口镇江寺下一条南北小溪上。此桥东、西坡地为农田果园，西边为无名山，北上 70m 为公路，南下 60m 为长江，海拔高程 90m。该桥建于清代，为单孔石桥。桥长 15m，宽 4m，高 7.7m。桥面用大小不一的条石铺面，两侧各有五幅栏杆，栏板外侧无饰，内侧雕有各种珍禽走兽，其花纹图案有龙、凤、鹿、麒麟等。桥两端望柱外侧各安一抱鼓石抵夹望柱。

拱券为半圆形，券石为纵联砌置，券脸为一券一伏。券石用料规整，干摆砌筑。拱券跨度 5.8m，矢高 2.58m。桥身用条石砌筑。桥墩依山坡而建，直接砌在岩石上，高 4.14 ~ 4.26m。两桥墩从下往上呈喇叭状（图 6-9-34 ~ 图 6-9-36）。

图 6-9-34　巴东见龙桥

图 6-9-36　巴东见龙桥栏杆

图 6-9-37　秭归江渎桥

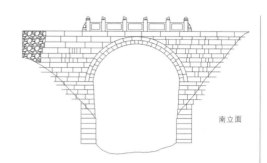

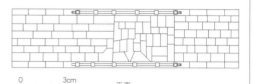

图 6-9-35　巴东见龙桥平面、立面图

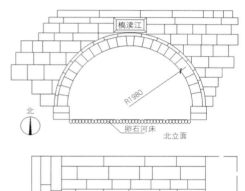

图 6-9-38　秭归江渎桥平面、北立面图

14. 秭归江渎桥

位于秭归县规林村（原南坪村）南边，紧靠长江边，横跨于南北向小溪上。三峡大坝建成后，搬迁到秭归凤凰山重建[1]，是秭归凤凰山古建筑群中组成部分，2006年由国务院公布为第六批全国重点文物保护单位。

此桥为郑姓宗族出资兴建于民国初年。桥为单孔石桥。桥长 6.5m，宽 2.6m，高3.85m。桥面用规格大小不一的条石铺砌，桥面中心为七路条石纵向铺砌，两端为三路条石横向铺砌。桥拱券为单孔半圆拱，跨度 3.96m，矢高 1.98m，券为一券一伏。券石宽窄不一，但砌法规整，保存完好。桥北面券上嵌有一石匾，上镌"江渎桥"三字。桥墩为二层条石砌筑，河床为大圆石平铺（图 6-9-37、图 6-9-38）。

15. 秭归屈子桥

秭归屈子桥，位于秭归县西陵村东南的小溪上，桥北紧临长江，桥东、西为果园菜地，桥北 120m 为长江，海拔高程 90m。该桥为郑姓宗族出资兴建于"民国六年冬月"（1917 年），至今已有 90 多年的历史了。

①作者三峡搬迁设计项目。

图 6-9-39 秭归屈子桥

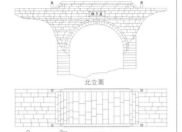

图 6-9-40 秭归屈子桥平面、立面图

图 6-9-41 兴山竹溪桥

桥为单孔石桥，长 14m，宽 3.6m，高 7m。桥面为规格不一的条石横铺。两侧设有地栿，上设栏杆望柱，惜全部被毁，仅存桥两头的望柱。拱券为单孔半圆拱券，跨度 5m，矢高 2.55m，发券 30 道，券面为一券一伏。券面石宽窄不一，宽者 0.3m，窄者 0.2m，但砌法规整。桥身用厚度不一的条石砌筑。桥北面券面上嵌有石匾，上镌"屈子桥"三字。北刻"民中六年冬月建"，南刻"陈宦题"等字。桥墩用条石砌筑，高 2.3m（图 6-9-39、图 6-9-40）。

（三）石平桥

1. 兴山竹溪桥

清代桥梁，位于兴山峡口镇秀龙村一组，占地面积 22m²。该桥始建于明代，清代咸丰元年（1851 年）重建。据《兴山县志·卷九·水志》记载："香溪水自邑口南流十里，经泗湘溪滩，又南流经竹溪墓，古墓也，有竹溪桥，为左司把总驻防处，竹溪水东流注之。竹溪水源出归州草池坪，东流五里经狮子坪入兴山界，又东流五里经孙家湾为竹溪，又东流五里经竹溪桥入香溪。"《兴山县志·卷十五·营造志》中还记载说："竹溪桥在泗湘溪西，明知县邹守谦建，久废，咸丰元年邑人吴善兴等重建，以石为之，长五丈，广四尺，钜工也。"

该桥梁为石梁结构桥，两孔一墩，两头搭在用石块垒砌的驳岸上，桥墩用条石叠涩挑出，以减少梁板净跨。该桥梁保存不好，桥面仅存 1/2。现存桥面为三块长 8m，厚 0.53m 的条石组成，桥面宽 1.48m，桥面距桥底高 2.75m。条石叠涩的桥墩也残缺不全，以前石桥墩上还有雕刻的龙头龙尾，现已荡然无存。现在桥体已失去了原有的功能，其功能已被近处的公路桥所取代（图 6-9-41、图 6-9-42）。

2. 荆门两河口桥

荆门两河口石桥，位于荆门市东北 15km 的八角乡两河口上。始建于清乾隆六十年（1795 年），清道光十三年（1833 年）和同治八年（1869 年），两度倾圮殆尽。同治九年（1870 年）由张德元等人主持重修。桥为四孔平桥，用条石垒砌，全长 16.6m，宽 4.15m，桥高 2.2m，桥孔宽 2.35m，桥墩宽 1.4m，为减少水流对桥墩的危害，两边做成分水尖。桥面长 3m，宽 0.8m，厚 0.3m 条石平铺。桥墩、挡土墙、桥底石间均用石灰掺糯米汁粘结，所以显得非常牢固。现在仍在使用。桥头立有 2 通石碑，一块记载建桥和重修的历史；一块记载重建时捐资的人名和钱两，总共捐资九百六十七串六百文，建桥费用为九百六十五串七百六十三文。两碑是研究古代用工制度不可多得的历史资料（图 6-9-43）。

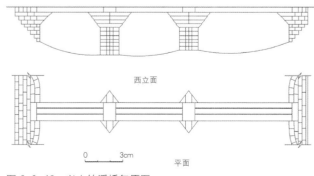

图 6-9-42 兴山竹溪桥复原图

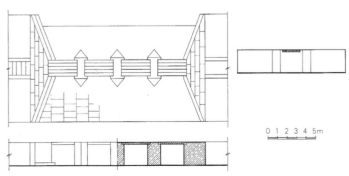

图 6-9-43 荆门两河口桥平面、立面、剖面图

3. 阳新彭家寺石桥

彭家寺桥位于湖北省黄石市阳新县王英镇和彭塊村西面 300m 处。[①]该桥呈南北向，面积约为 6m²，桥面用双长条石铺成，通长为 5.4m，宽为 0.8m，高 1.4m，墩南北宽 1m（图 6-9-44）。

4. 阳新港边明石桥

位于湖北省黄石市阳新县太子镇港泉村港边明西北边（港边港上），[②]面积约为 34m²，通长为 12.5m，宽 2.7m，始建于清中期，为东西向。桥面原用两块青条长石以东西方向铺成，1998 年洪水时把桥面冲毁，现残存两块桥面石在桥的西北面。桥墩用方条石错缝垒砌，平面为梭子状，当地人说该桥为三孔平板桥（图 6-9-45）。

5. 阳新下竹林石桥

位于湖北省黄石市阳新县白沙镇五珠村下竹林组南 40m。[③]该桥南北向，面积约为 8m²，桥全长 7.4m，高 3.6m，桥面宽 1m，桥墩宽 1m，长 2m. 为青石双孔石板桥，由桥面、桥墩、雁翅泊岸组成，桥墩迎水向呈尖状，顺水向呈方状。桥下水流由下竹林湾通向潘桥方向（图 6-9-46）。

6. 阳新黄锡湾石桥

位于湖北省黄石市阳新县白沙镇吴东城黄锡组湾中部。[④]该桥为南北向，面积约为 28m²，总长 9.8m，宽 3m，高 3m. 为青石三孔石板桥，由桥面、桥墩、雁翅泊岸组成，桥墩呈菱形状，桥面原二块石板上现用水泥平铺。桥下水流由吴东城（赤马山水库）流入潘桥至网湖（图 6-9-47）。

二、坊

（一）木牌坊

秭归屈原故里牌坊

屈原故里牌坊建于清光绪十年（1884 年），位于归州古城东门外约 150m 处的洗马桥之桥头。[⑤]木结构，四柱三间三楼，庑殿顶，灰筒板瓦屋面。建筑高约 7m，面宽 5.2m，明间 2.7m，次间 1.25m。牌坊立于花岗岩基石之上，柱前后有夹杆石加固。明间柱四方抹角，边长 0.32m；次间柱为圆柱，直径 0.23m。牌坊明间的楼匾双面皆有郭沫若先生题写的"屈原故里"四字，白底红字。在牌坊的左边还有"大清光绪十二年正月吉日立"的"楚大夫屈原故里"石碑和"汉昭君王嫱故里"石碑。碑身各宽 0.9m，厚 0.2m，高 1.9m，总高 2.6m。碑文皆楷书阴刻。这是两件极有价值的附属文物（图 6-9-48）。

该牌坊不仅建筑造型充满了浓厚的地方气息而且在木作、瓦作和石作方面都显示出独特的艺术匠心和精湛的装饰工艺，其斜撑、脊饰、瓦当、滴水以及夹杆石等构件上的精雕细作，正是民间建筑艺术在牌坊上的体现。由于该牌坊位于三峡水库水位下，现已搬迁到新秭归县凤凰山上重建，是秭归凤凰山古建筑群中组成部分，2006 年由国务院公布为第六批全国重点文物保护单位（图 6-9-49、图 6-9-50）。

（二）石牌坊

1. 钟祥少司马坊

明代建筑，位于钟祥鄂中街道办事处古兰台右侧。建于明万历九年（1581 年），

图 6-9-44　阳新彭家寺石桥

图 6-9-45　阳新港边明石桥

图 6-9-46　阳新下竹林石桥

图 6-9-47　阳新黄锡湾石桥

图 6-9-48　搬迁前秭归屈原故里牌坊

①阳新文物局第三次文物普查资料。
②阳新文物局第三次文物普查资料
③阳新文物局第三次文物普查资料
④阳新文物局第三次文物普查资料。
⑤国务院三峡工程建设委员会办公室等 . 三峡湖北库区传统建筑 [M]. 北京：科学出版社，2003。

图 6-9-49　搬迁后秭归屈原故里牌坊

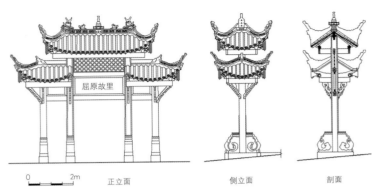

图 6-9-50　秭归屈原故里牌坊平面、立面、剖面图
来源：国务院三峡工程建设委员会办公室，国家文物局编著．三峡湖北库区传统建筑［M］．北京：科学出版社，2003

系明左兵部左侍郎曾省吾主持建造。[①]坊全仿木结构石作，六柱三间五楼，">-<"字形平面，明间面阔 4.75m，次间面阔分别为 2.14m，通面阔 9.03m；次间进深 1.85m。三重檐庑殿顶，通高约 12.5m。

明间至上往下部由平板枋、上、中、下额枋、大小花板、高栱柱、斗栱和楼檐构成；次间以平板枋、上、下额枋、斗栱、楼檐及上层斗栱檐楼组成；明间二柱前后均有圆雕石狮夹石，另四柱前面均有抱鼓石夹杆。上下斗栱均为仿木构六铺作重翘偷心造。明间共 6 攒，高栱柱上也有六铺作插栱造；次间补间 1 攒，转角 1 攒。斗栱下部刻有方形大斗。明间正楼两攒补间铺作之间悬挂一石匾，镌刻"恩荣"二字，其意为感谢皇恩赐给的荣耀，两旁有高浮雕双龙云纹装饰。上层花板上阴刻"少司马"三个大字。横枋两边采用深、浅浮雕精细花纹，内容有凤凰、牡丹、双龙戏珠、如意云纹盘绕、松鹤遐岭、麒麟、鲤鱼跃龙门等图案，精美而生动，栩栩如生。该坊石雕精美，形象生动，是明中叶石雕艺术中的精品，2002 年由湖北省人民政府公布为第四批省级文物保护单位（图 6-9-51 ～图 6-9-53）。

2. 荆门蔡氏节孝坊

位于荆门仙居乡三泉村，建于清乾隆十二年（1747 年）。[②]据牌坊所刻文字记载，蔡氏应在"乾隆十一年"（1746 年）被"准其旌表"，牌坊是在乾隆十二年（1747 年）冬月完工，至今已有 260 年的历史。蔡氏节孝坊是监生廖世熏为其母蔡氏所建。蔡氏节孝坊为四柱三间三楼，仿木结构牌楼，斗栱飞檐，纯石材建造，临街立有一对石狮子。在牌坊正面中枋石匾之上赫然刻着"敕命"二字，上额枋刻文"旌表儒士廖恺发妻蔡氏节孝"。牌坊背面枋顶檐下石匾镌"恩荣"二字，上额枋刻文"闺中完

①李登勤．少司马坊［J］．江汉考古，1984（2）。
②作者与杜文成调查。

图 6-9-51　搬迁前的钟祥少司马坊

图 6-9-52　搬迁维修后的钟祥少司马坊

图 6-9-53　钟祥少司马坊细部

图 6-9-54　荆门蔡氏节孝坊　　　　　图 6-9-55　荆门蔡氏节孝坊雕刻

人"四字。方柱上部及枋额浮雕吉祥图案。整座牌坊做工繁复，雕刻精细，玲珑剔透，有二龙戏珠纹、云纹、琴棋书画各式人物，雕镂极有特色，集传统的圆雕、透雕、浮雕、阴刻、阳刻等石雕技法于一体，不仅看起来纯美细腻，庄重威严，而且其精美的图案历经数百年沧桑后，仍然栩栩如生，观者无不为之惊叹。2008 年由湖北省人民政府公布为第五批省级文物保护单位（图 6-9-54、图 6-9-55）。

3. 阳新陈氏节孝坊

该牌坊位于阳新浮屠镇赵兴祖湾罗北口水库库底（1964 年建水库时淹没）。据县志和赵氏宗谱记载，该牌坊建于清嘉庆十三年（1808 年），因陈氏太婆 19 岁丧夫，此后她一直守寡，一人独力侍候公婆，养老送终，并将遗腹子养大教其读书成人，后来她的子孙百余人五代同堂，当时的乡绅被她的事迹感动，上报朝廷，嘉庆皇帝亲笔批字旌表建牌坊，让其事迹世代流传。[1]

该牌坊为四柱三间冲天式牌坊，明间宽 2.04m，次间 1.1m，总宽 4.6m，残高约 3.15m（下部被土淹埋）。牌坊立柱下部有一对石狮子和石象，所有立柱横枋均用红砂石建成，正面雕有中国传统吉祥动物和故事人物，有松、竹、云朵、笔、如意、剑、龙、狮子、麒麟、文官、武官等图案和形象，栩栩如生。其中明间横匾上阴刻"儒行赵圣赞之妻陈氏"字样。其他横匾已残。据老人回忆，原牌坊横匾上有"节孝坊"和"皇恩旌表"等字（图 6-9-56 ～图 6-9-58）。

①陈杏兰等.阳新复现嘉庆年间节孝牌坊 [N].东楚晚报，2007-1-31。

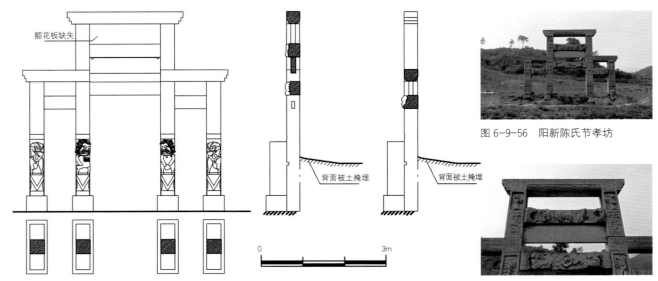

图 6-9-57　阳新陈氏节孝坊平面、立面、剖面图

图 6-9-56　阳新陈氏节孝坊

图 6-9-58　阳新陈氏节孝坊细部

图 6-9-59　利川谌家牌坊

图 6-9-60　利川谌家牌坊匾额

图 6-9-61　利川谌家牌坊细部

①谭宗派. 利川民族文化览胜 [M].
北京：中国文联出版社，2002。
②国家文物局主编. 中国文物地图
集·湖北分册（下）[M]. 西安：
西安地图出版社，2002。
③国家文物局主编. 中国文物地图
集·湖北分册（下）[M]. 西安：
西安地图出版社，2002。

4. 利川谌家牌坊

谌家牌坊位于谋道长坪牟家洞金箍棒，牌坊是清光绪二十一年（1895 年）为旌表谌满氏守节 27 年而建立的。[①]牌坊为亭阁式石构建筑，四柱三间 4 层，高 10.5m，宽 7.35m。中门宽 1.85m，侧门各宽 1.1m。外石柱附梯形驼峰，稳固壮观。中石柱基部两边各有夹杆石狮一对，神态自若。中门顶部为大象雀替，象鼻上卷，生意盎然。上部 3 层，每层 4 个鸥尾上翘，玲珑剔透。整个牌坊雕刻以戏剧、花草、民风、民俗、风物为内容的各种浮雕图案及以颂扬节孝为内容的楹联、诗词数十幅，技艺精湛，鬼斧神工。2008 年由湖北省人民政府公布为第五批省级文物保护单位(图 6-9-59 ～图 6-9-61)。

5. 团风"春秋万古"牌坊

位于团风杜皮乡百丈岩中湾村北面山坡上，建于清光绪二十一年（1895 年），是林氏家族歌颂其祖功而建立的。[②]大理石质，4 柱 3 间 5 楼式。通高 6.5m，宽 5.1m。牌坊构建非常精致，仿木结构，由 4 根高大的大理石柱支承二层阑额，重檐歇山顶式，下层阑额有楷书阴刻"建坊修坊序"，两旁阑额对称刻有"苍松"、"翠柏"，上层阑额楷书阴刻 4 字"春秋万古"。阑额托梁，正面均雕刻有"双龙戏珠"、"麒麟绣球"、凤、鸟、鹿、花草等浮雕图案。整个牌坊保存完好，气势宏大，古朴庄严而不失精致（图 6-9-62、图 6-9-63）。

在牌坊后原建有典雅古朴的祠堂，毁于 1958 年。

6. 钟祥节孝可风坊

位于钟祥中山镇中山村碾盘山西，建于宣统元年（1909 年）。[③]4 柱 3 间 5 楼仿木结构青灰石牌坊，上下 3 层。通高 8.76m，宽 6m，深 2.8m。6 柱 3 间 5 楼，庑殿顶。明间上层梁枋刻"旌表"，下层梁枋刻坊名、建坊者及时间，柱下有石狮相夹。坊上刻有浮雕石狮、石象、白鹤、龙凤、人物等，精细生动，栩栩如生，非常壮观。石坊上方刻有"孝□"二字，中层横额刻有"钟祥县儒童魏元善之妻常氏之坊"，下层横额和两旁竖档上分别刻有"节孝可风"和"钤今"，"湖广总督郭堂赵、湖北提学使司高"及"钟祥县儒童魏元善之妻常氏立，大清宣统元年喜月吉日建"等字样，字迹古朴苍劲，颇有大家风范（图 6-9-64、图 6-9-65）。2008 年由湖北省人民政府公布为第五批省级文物保护单位。

图 6-9-62　团风"春秋万古"牌坊

图 6-9-63　团风"春秋万古"牌坊石雕

（三）牌坊屋

1. 阳新龙港圣旨牌坊

现存比较完整的旌表牌楼有龙港镇富水片石角村牌楼杨家（俗称牌楼地）。杨家祠堂门前一建于明正统六年（1441 年）的牌楼，是皇帝旌表杨昭仗义赈灾的纪念牌楼，鄂东南地区仅此一处。[①]

圣旨牌坊又称圣旨牌楼，坐落在富水大坝北端的石角村牌楼地，建于明英宗正统六年（1441 年），已有 560 多年历史，目前保存尚好。牌楼正面朝南，通高 14m，宽 12m，为木质结构，分上下 2 层。下层 4 柱 3 门，中门宽 6m，门楣有"旌表义坊"4 个大字，为明英宗手迹，今已不存。门楣上方原有 100 个鹤形斗栱，现只存模糊的痕迹，上铺木桁条，盖青布瓦。上层宽 8m，高 6m，中悬"圣旨"牌。"圣旨"二字 1m 见方，结构严谨，笔力遒劲，乃英宗亲笔。牌坊正面（南）屋檐下挂有一圣旨木雕匾额，匾额下方刻有"旌表杨昭仗义之门"，"正统六年四月二十八日"等字样。牌坊门楼为木结构，木过梁正面雕的二凤朝日图案仍依稀可辨（图 6-9-66～图 6-9-68）。2008 年由湖北省人民政府公布为第五批省级文物保护单位。

据说过去曾塑有 100 只凤凰面朝圣旨。鹤形斗栱上托"圣旨"牌，寓意为"百鹤朝圣"。牌楼褒奖的助人为乐的义举还作为村落的一种精神被代代相传。牌坊门楼周围场地比较开阔，至今都被杨家村人作为重大事情和活动相聚相商的地方。

据《杨氏家谱》载，明英宗正统六年（1441 年），正值饥荒，杨昭（字德明，庠生秀才）购买 1000 余担谷，送交州府赈济饥民。英宗皇帝得知此事，遂下旨赐建牌坊，以旌表杨昭义举。"圣旨"牌楼设计新颖，工艺精巧，是罕见的明代建筑，具有较高的历史价值和艺术价值。圣旨牌楼不是孤立存在的，它是后面民居群落与杨家祠堂的大门，而且大致与杨家祠堂连为空间的整体。圣旨牌楼门楼北面，原有一栋杨家宗祠，堂上悬挂有"清白堂"和"进士门第"等匾额，后由于陈旧房屋翻修一新，传统风貌荡然无存，十分可惜。明清时期，杨家村紧临富水河畔的古老重镇阳辛，阳辛曾经是古县治的所在，也是与邻县通山交界的口岸。因此圣旨牌楼出现在偏僻的杨家村不是一件奇怪的事情，而且在阳辛古镇古街中央就曾经立有高 15m，雕刻精美的跨街石牌坊。阳辛古镇现在已经没入富水水库，只有这座圣旨牌楼依旧屹立，多多少少能够向世人述说当年这一带的情形。而圣旨牌楼作为木质结构，经历近 600 年保存如此完好，特别是在鄂东南阳新一带，不能不说尤其难得。

2. 通山唐家垅牌坊屋

位于通山县通羊镇唐家垅。牌坊屋建于清同治六年（1867 年），占地面积仅 30m²。[②]但牌坊的式样却非常正式，装饰档次也不低。牌坊屋坐北朝南，背倚山坡，

图 6-9-64　钟祥节孝可风坊

图 6-9-65　钟祥节孝可风坊"旌表"浮雕

图 6-9-66　阳新龙港圣旨牌坊

图 6-9-67　阳新龙港圣旨匾额

图 6-9-68　阳新龙港圣旨牌坊梁架

①阳新文物局第三次文物普查资料。
②李晓峰、李百浩主编 . 湖北建筑集萃·湖北传统民居 [M]. 北京：中国建筑工业出版社，2006。

图 6-9-69　通山唐家垄牌坊屋
来源：李晓峰，李百浩主编.湖北建
筑集萃·湖北传统民居 [M]. 北京：
中国建筑工业出版社，2006

图 6-9-70　通山唐家垄牌坊屋
细部
来源：李晓峰，李百浩主编.湖北建
筑集萃·湖北传统民居 [M]. 北京：
中国建筑工业出版社，2006

图 6-9-71　通山唐家垄牌坊屋
匾额
来源：李晓峰，李百浩主编.湖北建
筑集萃·湖北传统民居 [M]. 北京：
中国建筑工业出版社，2006

面向池塘。牌坊为青石梁柱，三间三楼，嵌于这座硬山顶的小屋正立面上，与房屋融为一体。从牌坊上的铭文看，这是一座"节孝"牌坊，楼檐下为砖制如意斗栱，中间最高处悬挂"皇恩旌表"的石雕牌匾，其下就是石刻阳文"节孝"两个大字，字匾两侧还有人物故事彩墨灰塑，格调雅致。

当心间上下额枋表面均有精美的砖雕，上额枋为"八仙过海"，下额枋为"二龙戏珠"，之间的牌匾上刻有"儒士许颢达妻成氏"字样；左右次间牌匾各有"冰清"、"玉洁"字样。房屋入口开在当心间，门墩作抱鼓石样式，两边墙面均为六边形龟背纹面砖镶砌。整个牌坊屋汇聚砖雕、石艺、灰塑和彩墨绘画于一体，有较高的艺术价值，堪称鄂东南民间工匠技艺的代表（图 6-9-69 ～图 6-9-71）。

3. 通山张氏节孝坊屋

位于通山杨芳乡株林村，建于清光绪十一年（1885 年），是光绪皇帝为彰扬儒士黄保赤结发之妻张氏从 24 岁到 64 岁之间 40 年的守节尽孝的感人事迹而诏建，亦属贞节牌坊，它反映出封建社会女子所受的巨大的生理和精神上的压迫，是研究中国封建社会传统文化的一个重要组成部分。[1]

节孝坊屋面阔 3 间 8.7m，进深 1 间 7.85m，通高 8.65m，建筑面积 134.64m²。牌坊四柱三间三楼，砖、石仿木结构，上、下檐均为庑殿顶，青砖饰脊，置正吻合宝瓶。从依稀可辨的石制牌匾上，还可以看出"旨□皇恩旌表"、"节孝坊"、"儒士黄保赤之发妻张氏"以及"冰洁"、"霜操"等字样。三层横枋均有砖雕或彩墨灰塑。凸出墙面的立柱皆以青砖砌筑，抹灰粉刷后即为牌坊立柱的形象。当心间开门，石门框用料颇大，作方形石门墩（图 6-9-72 ～图 6-9-75）。张氏节孝坊屋整体搬迁到黄

图 6-9-72　通山张氏贞节牌坊屋

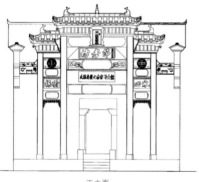

正立面

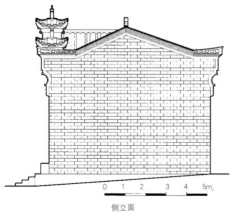

侧立面

图 6-9-74　通山张氏贞节牌坊屋侧立面图

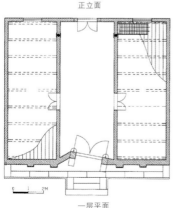

一层平面

图 6-9-73　通山张氏贞节牌坊屋平面、立面图

①王玉德，沈远跃.湖北古民居 [M].
武汉：崇文书局，2008。

图 6-9-75　通山张氏贞节牌坊"皇恩旌表"

图 6-9-76　通山宝石牌坊屋
来源：李晓峰，李百浩主编. 湖北建筑集萃·湖北传统民居 [M]. 北京：中国建筑工业出版社，2006

①李晓峰，李百浩主编. 湖北建筑集萃·湖北传统民居 [M]. 北京：中国建筑工业出版社，2006。

陂木兰山复建，是木兰山古建筑群的组成部分，2008 年由湖北省人民政府公布为第五批省级文物保护单位。

4. 通山宝石牌坊屋

位于通山宝石村，是清朝末代皇帝御批修建的①，不过，立面上已无"皇恩旌表"字样，只是房屋厅堂里还有一块红漆木牌记录着宣统皇帝的御批："宣统辛亥年"，"旌表节孝准予建坊"，"儒士舒朴夫之妻陈氏立"等字样。牌坊为五间三楼式，但 6 根立柱皆不落地，因此这个牌坊屋更像是一个放大了的垂花门。3 组坊楼檐下有砖制如意斗栱，次间、梢间额枋做成扇面月梁式样，其上几乎没有任何雕饰。坊间墙体以六边形龟背锦面砖贴饰。当心间大门石过梁较为讲究，有 4 个凸起的圆形石刻象征门簪，门下有方形石门墩。总体上，这个牌坊虽然简易，但对这座本为"五间三天井"式的宅院来说，牌坊使主立面天际线轮廓的变化丰富，显示出与众不同的风格（图 6-9-76）。

附表 1
湖北传统建筑大事件年表

历朝年代	公元纪年	重大建置大事记
旧石器时代	距今约 100 万年	巴东庙宇镇和建始县金堂村发现"巨猿"化石
旧石器时代	距今约 100 万年	郧县曲远河口发现"郧阳人"化石遗址
旧石器时代	距今约 50 万年 ~ 100 万年	郧西县城东神雾岭发现"郧西猿人"遗址
旧石器时代	距今约 5 万年	江陵鸡公山旧石器时代房屋居住遗址
新石器时代	公元前 8000 ~ 前 7000 年	宜都城背溪文化遗址
新石器时代	公元前 6000 ~ 前 5000 年	枣阳雕龙碑半地穴式、地面式房屋居住遗址
新石器时代	公元前 4400 ~ 前 3300 年	宜都红花套半地穴式、地面式房屋居住遗址
新石器时代	公元前 4400 ~ 前 3300 年	枝江关庙山半地穴式、地面式房屋居住遗址
新石器时代	公元前 3000 ~ 前 2500 年	京山屈家岭地面式房屋居住遗址
新石器时代	公元前 2500 ~ 前 2000 年	京山石家河古城遗址、房屋居住遗址
新石器时代	公元前 2500 ~ 前 2000 年	石首走马岭古城址
新石器时代	公元前 2500 ~ 前 2000 年	江陵阴湘古城址
新石器时代	公元前 2500 ~ 前 2000 年	荆门马家垸古城址
新石器时代	公元前 2500 ~ 前 2000 年	应城门板湾地面式房屋居住遗址
商	约公元前 15 世纪前后	黄陂盘龙城商代中期城址及宫殿遗址
商	约公元前 15 ~ 前 11 世纪	宜昌中堡岛商代巴人房屋居住遗址
西周	约公元前 1000 年	蕲春毛家嘴干阑式木构建筑遗址
春秋	约公元前 6 世纪	当阳季家湖古城址
春秋	约公元前 689 年	楚国建郢都（今江陵纪南城遗址）
春秋中期	约公元前 7 世纪	楚国在今江陵城内建渚宫（水上离宫）
春秋中期	约公元前 540 年	楚灵王元年建章华之宫（今潜江龙湾遗址）
春秋中期	约公元前 541 年	楚灵王貌蒲草建蒲宫（临时王宫）

续表

历朝年代	公元纪年	重大建置大事记
春秋中期	约公元前 515 ~ 前 565 年	楚昭王建麦城
春秋	约公元前 770 ~ 前 476 年	宜城楚皇城遗址
春秋战国	约公元前 770 ~ 前 221 年	大冶铜绿山用木框架支护的矿井遗址
春秋战国	约公元前 770 ~ 前 221 年	大冶鄂王城址
春秋战国	约公元前 770 ~ 前 221 年	大冶草王嘴古城址
春秋战国	约公元前 770 ~ 前 221 年	云梦楚王城遗址
春秋战国	约公元前 770 ~ 前 221 年	大悟吕王城址
春秋战国	约公元前 770 ~ 前 221 年	黄冈汝王城址
战国	约公元前 475 ~ 前 221 年	黄玻作京城址（为〝亚〞字形平面）
战国	约公元前 475 ~ 前 221 年	襄樊邓城
战国早期	约公元前 433 或稍后	随县擂鼓墩曾侯乙大型木椁墓
战国中期	约公元前 361 ~ 340	江陵天星观 1 号大型木椁墓
战国中期	约公元前 316	荆门包山 2 号大型木椁墓
汉代	约公元前 206 ~ 220 年	始建宜昌九龙山麓黄牛祠
西汉	约公元前 206 ~ 8 年	蕲春罗州古县城（汉—宋蕲春县城）
西汉	约公元前 206 ~ 8 年	江陵郢城（汉江陵县城）
东汉建安年间	公元 196 ~ 220 年	普净禅师在当阳城西泉山东麓结茅为庵
东晋太元年间	公元 376 ~ 396 年	三国吴王孙权避暑宫故址创建灵泉寺（资福寺）
三国	公元 220 ~ 260 年	江陵荆州古城
三国	公元 221 ~ 229 年	鄂城武昌城
西晋	公元 265 ~ 316 年	襄阳武当山寺
南北朝时期	公元 420 ~ 589 年	江陵建长沙寺
南北朝时期	公元 559 年	梁宣帝敕建覆船山寺
隋开皇十三年	公元 593 年	当阳建玉泉寺
隋开皇十三年	公元 593 年	荆门建东山宝塔
唐武德七年	公元 624 年	黄梅破额山禅宗四祖寺
唐贞观年间	公元 627 ~ 649 年	武当当吏姚简灵应峰下建五龙祠
唐贞观十四年	公元 640 年	当阳建紫盖寺
唐永徽二年	公元 651 年	黄梅西山四祖寺西侧山坡毗卢塔
唐咸亨年间	公元 670 ~ 674 年	黄梅东山禅宗五祖寺
唐神龙二年	公元 706 年	当阳建神秀国师塔
唐开元年间	公元 713 ~ 741 年	江陵建开元观
唐建中四年	公元 783 年	麻城东北九龙山建柏子塔

续表

历朝年代	公元纪年	重大建置大事记
唐大中元年	公元 847 年	复建宜昌黄牛祠，后毁
北宋建隆元年	公元 960 年	江陵太晖观上曾建有草殿
北宋大中祥符二年	公元 1009 年	江陵建天庆观（后改玄妙观）
北宋大中祥符八年	公元 1017 年	黄梅县城东南隅建高塔寺塔
北宋嘉祐六年	公元 1061 年	当阳玉泉寺前小丘上建玉泉铁塔
北宋宣和三年	公元 1121 年	黄梅县城东山南麓五祖寺一天门内建释迦多宝如来佛塔
北宋宣和间	公元 1119 ~ 1125 年	武当山创建紫霄宫
南宋景定年间	公元 1260 年	通城九岭乡建灵官桥
南宋咸淳六年	公元 1270 年	武昌洪山东端山麓建无影塔（兴福寺塔）
元至元十二年至延祐年间	公元 1274 ~ 1320 年	在武当山修五龙观，敕建"五龙灵应宫"
元至元二十四年	公元 1287 年	武昌大东门双峰山南麓建长春观
元大德十一年	公元 1307 年	武昌路梅亭山炉主万王大铸铜殿
元大德十一年	公元 1307 年	广济城东北的太白湖滨建郑公塔
元泰定四年	公元 1327 年	云梦县城南新店建泗洲寺
元元统年间	公元 1334 ~ 1335 年	嘉鱼建净堡桥
元（后）至元年间	公元 1335 ~ 1340 年	在武当山紫霄宫后展旗峰腰建太子石殿
元（后）至元年间	公元 1335 ~ 1340 年	元静真人唐公洞云创建九老仙都宫
元至正三年	公元 1343 年	嘉鱼建上、下舒桥
元至正三年	公元 1343 年	武昌蛇山黄鹤矶头建武昌圣象宝塔
元至正三年	公元 1343 年	枣阳城南狮子山上始建白水寺
元至正三年	公元 1343 年	武昌蛇山西端的黄鹤矶头建胜像宝塔
元至正九年	公元 1349 年	江夏贺站乡大屋湾古港上建南桥
元至正十年	公元 1350 年	黄梅城西四祖寺内岩泉小溪建灵润桥（花桥）
明洪武年间	公元 1368 ~ 1398 年	襄阳汉水南岸襄阳城及夫人城
明洪武年间	公元 1368 ~ 1398 年	道士张三丰武当山北麓结庵修炼，名会仙馆
明洪武三年	分元 1370 年	建德安府（安陆）文灿大成殿
明洪武十四年	分元 1381 年	武昌龙泉明藩王墓群
明洪武二十二年	公元 1389 年	钟祥县城东龙山上建文峰塔
明永乐十年至二十一年	公元 1412 ~ 1423 年	在武当山建成 9 宫、9 观、12 亭、36 庵堂、72 岩庙、39 座桥梁，2 万余间，面积约 160 万 m² 的建筑群
明永乐十四年	公元 1416 年	建金殿于武当山天柱峰上
明永乐二十一年	公元 1423 年	在天柱峰山腰建紫金城

续表

历朝年代	公元纪年	重大建置大事记
明正统元年	公元 1436 年	建襄阳绿影壁
明正统八年	公元 1443 年	谷城县城东南五朵山狮子峰下建承恩寺
明成化十二年	公元 1476 年	随州市东北洪山寺建洪山寺塔
明成化十七年	公元 1481 年	在石板滩关帝庙旧址上建迎恩观，十九年改观为宫
明成化二十一年	公元 1485 年	武昌宝通禅寺内建洪山宝塔
明成化年间年	公元 1465 ~ 1487 年	建郧阳学府宫大成殿
明弘治七年	公元 1494 年	在襄阳广德寺大殿后建多宝佛塔
明正德十五年至嘉靖十八年	公元 1520 ~ 1539 年	钟祥县城北松林山建显陵
明嘉靖十五年	公元 1536 年	当阳建成陵园建筑群，始名关陵
明嘉靖二十七年至三十一年	公元 1548 ~ 1552 年	荆州沙市荆江大堤象鼻矶上建万寿宝塔
明嘉靖二十九年	公元 1540 年	钟祥县城南隅建成元祐宫
明嘉靖三十一年	公元 1552 年	在武当山北麓建"治世玄岳"石坊
明嘉靖三十二年	公元 1553 年	维修玉虚宫，增建龟碑亭
明嘉靖三十四年	公元 1555 年	应城城南富水河畔建文峰塔（凌云塔）
明嘉靖年间	公元 1522 ~ 1566 年	建始县蟠龙山上建石柱观
明万历九年	公元 1581 年	钟祥少司马坊
明万历二十一年	公元 1593	蕲春县城东门外雨湖之滨李时珍墓
明万历四十六年	公元 1618 年	重建宜昌黄陵庙禹王殿
明代	公元 1568 ~ 1644 年	天门皂市镇五华山上建白龙寺
明代	公元 1568 ~ 1644 年	郧西建铁山寺宝塔
明代	公元 1568 ~ 1644 年	蕲春蕲州城改土城为砖城
明代至清雍正十三年	公元 1368 ~ 1735 年	咸丰城西北尖山玄武山下建唐崖土司城
明代至清代	公元 1368 ~ 1911 年	鄂城重建维修庾亮楼
明代至清代	公元 1368 ~ 1911 年	鄂城重建维修观音阁
明代至清代	公元 1368 ~ 1911 年	襄阳始建重修水星台
明嘉靖二年至清嘉庆七年	公元 1523 ~ 1802 年	郧西始建及修葺上津古城
清代	公元 1644 ~ 1911 年	建古隆中
清代	公元 1644 ~ 1911 年	重建麻城五脑山庙
清代	公元 1644 ~ 1911 年	建襄樊抚顺会馆
清顺治三年	公元 1646 年	依旧基重建江陵荆州城

续表

历朝年代	公元纪年	重大建置大事记
清顺治七年	公元 1650 年	浠水县城东南隅文庙
清顺治十七年	公元 1660 年	汉阳翠微峰前建归元禅寺主体建筑
清顺治二十五年	公元 1713 年	建襄樊山陕会馆
清康熙七年	公元 1668 年	鄂城城内重建文星塔
清康熙四十九年	公元 1710 年	荆州城西太湖建梅槐桥
清雍正五年	公元 1727 年	复建襄阳谯楼
清乾隆年间	公元 1736 ~ 1795 年	恩施重修武圣宫
清乾隆年间	公元 1736 ~ 1795 年	蕲春建金陵书院
清乾隆年间	公元 1736 ~ 1795 年	重建房县观音洞道教建筑
清乾隆十年	公元 1745 年	始建蕲春万年台戏楼
清乾隆十一年	公元 1746 年	长阳盐井寺建河神亭
清乾隆十七年	公元 1752 年	襄樊重修铁佛寺
清乾隆四十二年	公元 1777 年	钟祥石牌建戏楼
清乾隆五十一年至五十九年	公元 1786 ~ 1794 年	荆门北青龙山西麓辟洞建白云楼
清乾隆五十二年	公元 1787 年	武汉汉阳建禹稷行宫
清乾隆五十七年	公元 1792 年	宜昌市东的长江左岸建天然塔
清嘉庆年间	公元 1796 ~ 1820 年	枣阳重修簧学
清嘉庆年间	公元 1796 ~ 1820 年	通山重建通山圣庙
清嘉庆年间	公元 1796 ~ 1820 年	汉阳建古琴台
清嘉庆二年	公元 1797 年	利川重建如膏书院
清嘉庆十六年	公元 1811 年	蕲春重修达城庙
清嘉庆二十二年	公元 1817 年	浠水建万年台
清道光年间	公元 1821 ~ 1850 年	京山新市镇东端山川坛上建文笔塔
清道光二年	公元 1822 年	襄阳建学古大成殿
清道光七年	公元 1827 年	恩施城东五峰山建连珠塔
清道光十一年	公元 1831 年	神农架建三闾书院
清道光十一年	公元 1831 年	竹山县重修文庙大成殿
清道光二十一年	公元 1841 年	建始县重建五阳书院
清道光二十三年至二十七年	公元 1843 ~ 1847 年	在谷城准堤庵旧址上重建三神殿
清同治四年至光绪五年	公元 1865 ~ 1879 年	重建武昌洪山南麓宝通禅寺
清同治六年	公元 1867 年	维修荆门龙泉书院

续表

历朝年代	公元纪年	重大建置大事记
清光绪二十四年	公元 1898 年	巴东县城中金子山下秋风亭（纪念寇准）
清光绪二十七年	公元 1901 年	秭归县新滩镇龙马溪建千善桥
清道光七年	公元 1828 年	利川城西北南坪建凌云塔
清道光二十八年	公元 1848 年	黄冈县城南 1.5km 的钵孟峰上建青云塔
清道光二十八年	公元 1848 年	应城城南 2.5km 富水河畔建文峰塔（凌云塔）
清道光二十八年	公元 1848 年	松滋县城东北宝塔山上建云联塔
清道光二十八年	公元 1848 年	黄陂城东重建双凤亭（纪念程颢、程颐）
清同治十三年	公元 1874 年	利川毛坝乡太平河上建步青桥
清光绪三年	公元 1877 年	创建汉口古德寺
清光绪十五年	公元 1889 年	重建武昌盘龙山莲溪寺
清光绪二十五年	公元 1899 年	丹江口市西北 31km 的龙山上建文笔塔
中华民国五年	公元 1916 年	咸丰城西北野猫河上建风雨凉桥

湖北现存戏台略表

序号	地点与名称	时代	平面	面阔(m)	进深(m)	台高(m)	梁架	斗栱	藻井	屋顶	备注
1	荆州川主宫古戏楼	1745年	凸字	5.68	4.94		抬梁	如意斗栱	藻井	单檐歇山灰瓦顶	原为川主宫戏楼，宫已毁
2	房县泰山庙戏楼	1763年	凸字形	5.6	4.58		抬梁			单檐歇山灰瓦顶	庙已毁
3	随州解河戏楼	1767年	圆角方形	5.1	5.1	1.7	抬梁			单檐歇山灰瓦顶	
4	钟祥石牌戏楼	1777年	长方形	9		1.5	抬梁			单檐歇山琉璃瓦顶	庙已毁
5	襄阳牛首镇戏楼	1781年	长方形				抬梁			单檐歇山灰瓦顶	
6	孝南陡岗戏楼	1794年	长方形	5			抬梁			单檐歇山灰瓦顶	
7	应山徐店戏楼	1799年	长方形	5	7	2.3	抬梁	斗栱		单檐歇山灰瓦顶	
8	广水徐店戏楼	1799年	凸字形	5	3.7		抬梁			单檐歇山灰瓦顶	
9	荆州春秋阁	1806年	长方形	12.98	13.14	2.7	抬梁	五踩斗栱		单檐歇山琉璃瓦顶	原为山陕会馆戏楼，寺已毁
10	宣恩禹王宫戏楼	1820年	凸字形	6.8	4.6		抬梁			单檐歇山灰瓦顶	宫已毁
11	郧西侯王庙戏楼	1869年	凸字形	4.11	5		抬梁			单檐歇山顶、灰瓦	庙已毁

续表

序号	地点与名称	时代	平面	面阔(m)	进深(m)	台高(m)	梁架	斗栱	藻井	屋顶	备注
12	郧县罗公庙戏楼	1871年	长方形	5.25	3.18		抬梁		藻井	单檐歇山灰瓦顶	庙已毁
13	竹溪药王庙戏楼	1881年	凸字形	7.5	7		抬梁		五彩藻井	单檐歇山灰瓦顶	庙已毁
14	蕲春万年台戏楼	1884年	凸字形	5.5	5	1.8	抬梁			重檐歇山灰瓦顶	
15	浠水福祖寺万年台	清代	凸字形	6	5	2	抬梁	如意斗栱	藻井	单檐歇山灰瓦顶	寺已毁
16	郧县高庙戏楼	清代	凸字形	4.64	3.28		抬梁			单檐歇山灰瓦	
17	郧县柏营戏楼	清代	凸字形				抬梁			单檐歇山灰瓦	
18	郧西河南会馆戏楼	清代	凸字形	7	3.5		抬梁			单檐歇山灰筒瓦	会馆已毁
19	竹山大庙戏楼	清代	凸字形	4	6		抬梁			单檐歇山灰筒瓦	庙已毁
20	竹山火神庙戏楼	清代	凸字形	6.25	4.4		抬梁			单檐歇山灰瓦	庙已毁
21	随州东岳庙戏楼	清代	凸字形	6.2	4.65	1.3	抬梁			庑殿琉璃瓦	庙已毁
22	随州九里湾戏楼	清代	凸字形	6.5	5	1.65	抬梁			单檐歇山灰瓦	
23	鄂州城隍庙戏楼	清代	凸字形	4.8	5.2		抬梁			单檐歇山灰瓦	
24	丹江市孙家湾过街楼	清代	凸字形				抬梁			单檐歇山灰瓦	
25	丹江口青石铺古戏楼	清代	凸字形	5.4	7.8	2.4	抬梁				

注：1. 此表列入的戏楼均为寺庙道观、会馆戏楼，其寺庙道观、会馆主体建筑已毁，仅存戏楼。
　　2. 此表未列入保存完好寺庙戏楼、道观戏楼、祠堂戏楼和宅院戏楼。

来源：1. 国家文物局主编. 中国文物地图集·湖北分册（下）[M]. 西安：西安地图出版社，2002。
　　2. 李德喜. 湖北传统戏台 [J]. 华中建筑，2008（4）。
　　3. 彭然. 鄂西北山革传统戏场建筑丛考·戏场建筑的产生及其发展沿革 [J]. 华中建筑，2009（7、8）。

图版目录

第五章　隋、唐、宋时期的建筑（公元581～1271年）

后记

  自 1979 年从事文物建筑保护、设计工作以来，我在工作中一直注重湖北传统建筑资料的收集和整理。本书的撰写是在 2006 年调入湖北省古建筑保护中心之后，中心领导决定出版一套"湖北古代建筑丛书"，我在对湖北古塔进行专题研究和完成湖北省文物局湖北省第三次文物普查专项调查报告中的《湖北明藩王遗迹调查报告》、《湖北山寨查报告》的同时，对湖北传统建筑资料进行了整理，经过一年多的写作，今天终于完成了《湖北传统建筑》，也完成了我的一个心愿。

  通过初步的探究，有一点我们似可认定：湖北传统建筑在全国建筑史上应占一席之地，但是由于前人未作研究，使得湖北古建筑被人认知甚少。如湖北新石器时代古城、居住遗址，都是中国传统建筑发展中不可或缺的组成部分。又如春秋战国时期的城址和建筑遗址，特别是楚都纪南城，是春秋战国时期最大的古城，潜江龙湾章华台遗址是当时最华丽的建筑。唐宋时期的佛教建筑，如麻城柏子塔，建于唐德宗年间（780～805 年），平面六角，属大型仿楼阁式砖结构的佛塔，是已知现存最早的楼阁式佛塔。又如当阳玉泉寺铁塔，铸造工艺之精，体量之大，都体现了当时的金属冶炼技艺。黄梅的四祖寺、五祖寺，是弘仁大和尚的道场，号称"天下祖庭"、"天下禅林"，其禅法智慧之要妙，令历代禅师们仰视。在中国禅宗发展史上前无古制，后无来者，令人望尘莫及，叹为观止，崇尚不已。元、明、清时期的建筑，有历史文化名城荆州城、襄阳城，王府建筑有钟祥兴王府、襄阳襄王府等，陵墓建筑有武昌楚王陵园、钟祥显陵等，宗教建筑有武当山宫观、江陵太晖观、当阳玉泉寺、谷城承恩寺、武汉古德寺等，民居有黄陂大余湾民居、利川李氏庄园等，都代表湖北传统建筑的最高水平，具有重要的历史、艺术、科学价值。在收集资料和写作过程中，得到了湖北省文物局、湖北省古建筑保护中心的领导和同志们的鼎力支持和协助，同时到了湖北省各市、州、县文化局（文物局）和博物馆同志们的大力支持和帮助。

  书中线图除注明出处外，大部分为李克彪先生、谢辉女士、李德喜绘制；照片注明某某提供以外，余为作者拍摄。本人有繁重的本职工作，在多年的写作过程中，深得夫人陈善钰女士尽心竭力支持，解除后顾之忧。我们还应当感谢中国建筑工业出版社领导和编审吴宇江先生为此书的出版付出了辛勤的劳动。拙著之所以能早日问世，幸赖有上述诸先生、同仁们的关心和支持。在此书付印之时，谨此一并致以诚挚的谢忱和崇高的致意！

　　感谢湖北省文物局和湖北省古建筑保护中心对本书的出版给予的鼎力支持！

作者

2012 年仲夏于武昌东湖之滨